专 | 家 | 推 | 荐

**周忠和**

中国科学院院士,美国科学院外籍院士,中国科学院古脊椎动物与古人类研究所所长,国际古生物学会主席

该书描绘了大量最新发现的神奇生命印记,生动再现了一亿多年前发生在我国西南地区的远古故事,令人印象深刻。

**迈克·本顿**

英国皇家学会院士,布里斯托大学教授,国际古生物学会前主席

中国的化石记录包罗万象,每每让人醍醐灌顶,而且新的发现还在不断涌现。邢立达和他的团队描述了大量恐龙足迹和其他脊椎动物化石的新证据,在这个领域里挥洒出了精彩绝伦的篇章。他们的成就对全球化石研究来说都具有重要意义。

**林鍾悳**

大韩民国国立文化遗产科学研究院自然遗产部总策展人

本书以流畅生动的语言对恐龙足迹进行了全面介绍,是该领域不可多得的入门佳作,是了解恐龙足迹学和行为学的上乘之选!

# Early Cretaceous Dinosaur and Other Tetrapod Tracks of Southwestern China

# Early Cretaceous Dinosaur and Other Tetrapod Tracks of Southwestern China

# 中国西南早白垩世恐龙及其他四足类足迹

邢立达　（英）马丁·洛克利　张建平　著

Lida Xing　Martin G. Lockley　Jianping Zhang

图书在版编目（CIP）数据

中国西南早白垩世恐龙及其他四足类足迹/邢立达，（英）马丁·洛克利（Martin G. Lockley），张建平著. —宁波：宁波出版社，2016.12
　ISBN 978-7-5526-2768-8

　Ⅰ.①中… Ⅱ.①邢… ②马… ③张… Ⅲ.①早白垩世—恐龙—足迹—研究—西南地区 Ⅳ.①Q915.864

中国版本图书馆CIP数据核字（2016）第315319号

## 中国西南早白垩世恐龙及其他四足类足迹
邢立达　（英）马丁·洛克利（Martin G. Lockley）　张建平　著

| | |
|---|---|
| **责任编辑** | 何培瑶 |
| **责任校对** | 尤佳敏　虞姬颖 |
| **装帧设计** | 金字斋 |
| **出版发行** | 宁波出版社 |
| 　地　　址 | 宁波市甬江大道1号宁波书城8号楼6楼　315040 |
| 　电　　话 | 0574-87279895 |
| 　网　　址 | http://www.nbcbs.com |
| **印　　刷** | 浙江新华数码印务有限公司 |
| **开　　本** | 787毫米×1092毫米　1/16 |
| **印　　张** | 26.75 |
| **字　　数** | 561千 |
| **版　　次** | 2016年12月第1版 |
| **印　　次** | 2016年12月第1次印刷 |
| **标准书号** | ISBN 978-7-5526-2768-8 |
| **定　　价** | 350.00元 |

如发现缺页或倒装，影响阅读，请与承印厂联系调换　电话：0571-85155604

# 序

过去的二十多年是中国恐龙研究的黄金时期,尤其是带羽毛恐龙化石的发现,帮助我们更好地认知了中生代时期的地球生命系统,也吸引了科学工作者和公众的广泛关注。这些发现如此耀眼,以至于我们忽视了另外一个欣欣向荣的研究领域:恐龙及其同时期的四足动物足迹化石的研究。

恐龙足迹学是恐龙研究的一个重要分支,能够为恐龙骨骼化石研究提供重要的补充信息;尤其是在骨骼化石缺乏的情况下,足迹信息能够帮助我们了解中生代时期恐龙动物群的诸多方面。在过去的十几年中,中国的足迹化石研究也取得了大量的成果,其中一部分反映在邢立达博士的《中国西南早白垩世恐龙及其他四足类足迹》一书中。

这本书基于邢立达博士对中国西南地区20余个足迹化石点的大量野外考察而成,是一本基础资料非常扎实的专著。他在书中报道了至少13种不同的非鸟恐龙足迹(包括3个新种)、2种鸟类足迹,以及翼龙和龟类足迹,极大地丰富了我们对于中国西南地区白垩纪早期陆相生态系统的认识。通过分析这些足迹化石,邢立达博士总结了中国西南地区白垩纪早期足迹群的特点,显示西南地区不同盆地四足动物足迹群具有不同特点,指出了西南地区和中国同时期其他动物群的紧密联系,也阐述了以中国西南地区为代表的东北亚早白垩世四足动物足迹群和其他一些同时期足迹群的明显差异。当然,这本书不仅涉及了作者大量原创性工作,还介绍了中国足迹学的研究历史,介绍了中国及至世界白垩纪早期足迹学的研究情况,让读者能够对足迹学,尤其对白垩纪早期的恐龙足迹研究有个全面的了解。

这些年来,邢立达博士在恐龙足迹学研究方面成果丰硕,发表的论文占了同时期发表的足迹学论文的一个很高比例,推动了中国足迹学研究的快速发展。这得益于他勤奋的工作和刻苦的钻研。据我所知，他每年至少有数月时间在野外寻找和研究足迹化石，许多发现填补了空白；他也积极采用新方法和新技术来研究恐龙足迹，得出更可信的结论。除了恐龙足迹学，邢立达博士还涉足古病理学和形态功能学等其他恐龙学的研究领域；同时，他还是一个热心的科普工作者，发表了许多科普作品。我非常高兴看到新一代的恐龙研究者成长起来，继续推动中国恐龙学研究走向一个更高水平。

中科院古脊椎所

2016年6月22日

# Preface

A generation ago, in 1989, a review paper on dinosaur tracksites from China listed only 22 known localities: 15 in the Jurassic and 7 in the Cretaceous. Since then there has been a global renaissance in the study of dinosaur tracks and other tetrapod footprints. By 2014 the list of known sites had grown dramatically. Well over 100 sites were known and documented across China. Of these about 70 were from the Lower Cretaceous. This 10-fold, order of magnitude increase in the database is not the end of the story, discoveries continues on a regular basis and the database continue to grow. Thus, China has played an important role in the advancement of dinosaur and tetrapod paleontology in the last 20 years, not least because of the discovery of feathered dinosaurs in 1996. While the study of avian and non-avian theropods, especially in China, has revolutionized our understanding of the evolution of theropods and birds, the study of tracks has also had a major impact on the field.

Studies of Early Cretaceous tracks in southwestern China, particularly in Sichuan, Chongqing and Yunnan have been particularly interesting, because in these regions body fossils of Early Cretaceous dinosaurs and tetrapods are rare and very poorly known. Thus, much of what we know about the distribution, diversity and paleoecology of tetrapods in this region is based on tracks. Many of the sites are dominated by the tracks of small and medium-sized theropods and large sauropods that lived in inland basins subject to deposition of clastic (sand and silt) red bed sequences. This demonstrates that many of these fluvial environments were saurischian-dominated. However, enough is known of the track types to show a significant diversity of theropods. These included the diminutive, robin-sized maker of *Minisauripus* tracks, only 2—3 cm long, which are known only from China and Korea. Likewise southwest China appears to be one of the world's best regions for finding two-toed raptor or dromaeosaur tracks, which are also abundant both in Korea, but rare elsewhere in the world. Ornithopod tracks representing *Iguanodon*-like dinosaurs are rare in the earliest part of the Early Cretaceous, but become more common later in the Early Cretaceous. Tracks of the shield-bearing thyreophoran dinosaurs, the armored ankylosaurs and plated stegosaurs, are rare in the Cretaceous of southwestern China, although some occur in western China.

One of the surprises in the Early Cretaceous track record is the abundance of bird tracks representing small plover- or sandpiper-sized species that would have had small delicate bones which would very rarely have been preserved. The same observation can be made about pterosaurs which are mostly known from relatively small tracks. Such data, most of which has recently been published in high-quality international journals, is very useful to paleontologists, teachers and resource managers. Without the track data we would have to confess that large regions of southwestern China had yielded few if any useful tetrapod body fossil. By contrast dozens of tracksites provide evidence of at least a dozen species of dinosaurs, pterosaurs and birds. Some of the sites are particularly spectacular. For example the "lotus" site from Qijiang reveals the best-preserved ornithopod trackways from Asia showing adults that walked on all fours and babies that walked only on their hind feet. The site also contains many distinctive parallel trackways of a relatively large bird as well as a number of pterosaur trackways. In addition, the site is historically important as part of an ancient 13th century fortress, and is in a sheltered location which protects the tracks from erosion. Other significant Early Cretaceous sites in southwestern China include the Emei site where the first *Minsauripus* was found in association the first bird tracks ever reported from China. The site also yielded the first dromaeosaur tracks, named *Velociraptorichnus*, found anywhere in the world. The second *Minisauripus* tracksite from Sichuan is also spectacular and important for the role, it has played in debates about how to tell the difference between theropod tracks made by small adults and babies. Collectively despite the lack of body fossils the track record shows that most important tetrapod groups were present in the region: the saurischian and ornithischian dinosaurs, the pterosaurs and the birds. Crocodylians appear to be absent, perhaps because the lacks and rivers were unsuitable as habitat for this group. Turtle tracks occur but are not common.

The present volume is based on extensive field work in southwest China the authors have visited all the sites here described and studied the footprint and museum collections first hand over many years. The authors have also made it apolicy to record all recognizable tracks on maps and for the database. As the rate of discovery continues to increase the database grows in importance. The number of recorded tracks now reaches into the thousands and has been resolved into reliable counts of hundreds of trackways that serve as a proxy census forestimating the number of individual trackmakers represented. The study of dinosaur and other tetrapod tracks in the Early Cretaceous of southwest China has proved the region to be one of the most interesting and track-rich in the world. The data we have derived has allowed comparisons with databases from Europe and North America, and gives us better understand of the paleoecology of this epoch. The track record reviewed here is a window into life in southwestern China in the Early Cretaceous.

*Martin Lockley*

2016/6/20

# 自 序

酷爱恐龙的我有时候对有些"死气沉沉"的恐龙化石"不感冒"。总是忍不住去想它们活着的时候是什么样子的。从一块北美常见的鸭嘴龙趾骨上,我可以脑补出一个遮天蔽日的龙群浩浩荡荡走来的情形,其中有年轻力壮的,有年老力衰的,有年幼力弱的,甚至还有犯病或跛脚的成员,它们的行为各异,却也构成了别样的生动。

遗憾的是,虽然一件件骨骼化石在学者手中得以"借骨还魂",但上述那种宏伟的场景很难通过骨骼化石重建出来,这是骨骼化石埋藏属性中的局限性,因为恐龙死亡之后,其尸体经常在水动力的影响下移动,直到支离破碎。

但有一类化石却并非如此,它们就像定格动画一般,如实地记录了恐龙的日常,这就是恐龙的足迹化石。足迹学是遗迹学分支,专门研究脊椎动物(尤其是四足类)活动留下的痕迹,包括了行走/奔跑/蹲伏/游泳/求偶/筑巢等各种活动的证据,具有指示动物习性和生活环境的意义。绝大多数足迹形成之后不再移动位置,因此代表了原地埋藏时的环境。在地质时期中,相似的环境经常出现相似的足迹化石,因此足迹相还有指示古环境的作用。通过对足迹化石群的分析,不仅能够揭示造迹者的行为习性,还可以为古生物群落的丰度和分异度、介质(如水体)状况、基底性质等提供丰富的证据。近30年来,恐龙足迹学迅速发展,逐渐成为一门典型的交叉学科,它包含了脊椎动物遗迹学、古生物学、沉积学、运动学和行为学等。

我们知道,早白垩世是地球历史上地质变化最强烈的时期之一。这些地质事件使得生物必须积极适应不同环境与气候,因此对其演化有着明显的影响。也因此,早白垩世成为研究动物演化的绝佳窗口。我原本的目标是完成整个中国早白垩世的恐龙足迹群描述,但受限于精力与时间,以及不可抗拒力的影响,只能将目标局限在其中一个最重要的闪光点,这就是几乎毫无早白垩世骨骼化石记录的西南片区。该片区丰富的足迹记录弥补了这个不足。我从2006年夏季开始研究该地区的恐龙，迄今已经10年。这10年间，由我领衔的团队陆续发表了10余篇关于该区域恐龙足迹的学术论文，其中多数成果在我读博期间（2012—2016年）取得。这些论文基本都是用英文论述，其中一些文章也有一些不完美之处，所以很高兴能在博士论文阶段有一个机会来重新整理这批论文。本专著的部分内容翻译自此前发表的论文，但这绝不是简单的翻译，我重审了大部分的发现，并有诸多改善。在整合所有数据之后，我系统重建了该地区的早白垩世恐龙动物群，使得进一步的深入研究成为可能。

这本专著是西南区域早白垩世恐龙足迹的总结性论著，其问世能在一定程度上弥补国内恐龙足迹学研究资料匮乏的缺陷，期待其能对我国恐龙足迹学发展，特别是学科技术进步和人才培养起到积极作用。本书适合在恐龙学、恐龙足迹学领域从事科研、教学和野外科考的人员阅读参考，希望它能成为广大古生物学者、专业院校师生等学习足迹学最新理论、观念和技术，进行知识更新所必备的工具书。

本书另外两位作者是马丁·洛克利教授（Martin G. Lockley）和张建平教授。洛克利教授是美国科罗拉多大学（丹佛）地质系教授，足迹博物馆馆长，目前已发表恐龙足迹学论著约700篇，是全球最权威的足迹学家。洛克利教授从我的硕士阶段开始，一直担任我的学术顾问。我的博士阶段的导师张建平教授是优秀的遗迹学家，近年来专注于中国的世界地质公园与国家地质公园事业，取得了令人瞩目的成就。

2016年6月7日

# 目 录

| 序 | 徐星 |
| Preface | Martin G. Lockley |
| 自序 | 邢立达 |

## 第1章 绪论

1.1 研究背景及依据 …… 001
1.2 中国恐龙足迹研究简史 …… 006
1.3 世界早白垩世恐龙足迹 …… 009
1.4 中国早白垩世恐龙足迹 …… 019
1.5 研究内容与方法 …… 023

## 第2章 区域地质概况

2.1 米市－江舟盆地的下白垩统 …… 032
2.2 四川盆地的下白垩统 …… 041

## 第3章 米市－江舟盆地早白垩世恐龙足迹研究

3.1 发现与研究历史 …… 048
3.2 三比罗嘎一号足迹点 …… 051
3.3 三比罗嘎二号和北二号足迹点 …… 068
3.4 解放沟足迹点 …… 110
3.5 巴久足迹点 …… 115
3.6 央摩祖足迹点 …… 129
3.7 母脚吾足迹点 …… 147

  3.8 吉尔博石足迹点 ································································· 160
  3.9 足谷和依子足迹点 ····························································· 164

## 第 4 章  四川盆地早白垩世恐龙足迹研究

  4.1 发现与研究历史 ································································ 167
  4.2 宜宾、峨眉和赤水的足迹记录 ············································ 168
  4.3 莲花保寨足迹点 ································································ 179
  4.4 虎山足迹点 ······································································ 249
  4.5 汉溪足迹点 ······································································ 252
  4.6 新阳足迹点 ······································································ 278
  4.7 新阳二号足迹点 ································································ 289
  4.8 龙井足迹点 ······································································ 291
  4.9 石庙沟足迹点 ··································································· 300
  4.10 雷背足迹点 ····································································· 323
  4.11 石花湾足迹点 ·································································· 332

## 第 5 章  四川盆地和米市－江舟盆地的古生态学

  5.1 古环境背景与骨骼化石记录 ··············································· 336
  5.2 主要足迹点恐龙动物群概述 ··············································· 337
  5.3 古生态学 ·········································································· 342

## 第 6 章  结论与展望

  6.1 主要结论 ·········································································· 348
  6.2 存在的问题与研究展望 ······················································ 350

致谢 ································································································· 353
参考文献 ·························································································· 357

第1章

# 绪 论

## 1.1 研究背景及依据

早白垩世是地球历史上地质变化最强烈的时期之一,联合古陆(泛大陆)进一步分离及破碎化,各地发生了强烈的海底扩张和频繁的火山活动(Tejada et al., 2002; Riisager et al., 2003)、大洋缺氧事件(Schlanger and Jenkyns, 1976)、超静磁带(或白垩纪正极性超时)(Helsley and Steiner, 1969)、海平面升高(Stoll and Schrag, 1996)、温室气候形成,以及地球温度的升高(Herman and Spicer, 1996; Kuypers et al., 1999; Bralower et al., 1999; Larson and Erba, 1999)。所有这些事件都使得当时的生物必须积极应对,以适应不同环境与气候。环境与气候对生物演化有着明显的影响。因此,早白垩世成为研究动物演化的绝佳窗口。这个时期的世界各地出现了一些极具特色的生物群,比如发育于东北亚地区的陆相热河生物群(Jehol Biota),包括了昆虫、两栖类、翼龙、恐龙(含鸟类)、哺乳类和被子植物等,代表了早白垩世一次重要的生物辐射事件(Zhou, 2004)。

早白垩世,陆生动物的主导仍然是主龙类(archosaurian),尤其是恐龙。早白垩世是恐龙演化史上最具多样化的阶段之一,比如,虚骨龙类已经出现了很高的分异度(Xu, 2006),禽龙类(Iguanodontia)在很多地区成为优势物种(Norman, 2004)。

Dong(1992)将中国恐龙化石的地史分布归纳为五个连续动物群:

(1)早侏罗世的原蜥脚类 – 禄丰龙动物群(Prosauropod–*Lufengosaurus* Fauna)

(2)中侏罗世的真蜥脚类 – 蜀龙动物群(Eusauropod–*Shunosaurus* Fauna)

(3)晚侏罗世的新蜥脚类 – 马门溪龙动物群(Neosauropod–*Mamenchisaurus* Fauna)

(4)早白垩世的鹦鹉嘴龙 – 翼龙类动物群(Psittacosaurid–ptrosaurian Fauna)

(5)晚白垩世的鸭嘴龙 – 巨龙类动物群(Hadrosdaur–Titanosauria Fauna)

其中，早白垩世的鹦鹉嘴龙和翼龙类在中国有较广泛的分布。该时期的动物群中，最具代表性的是以辽宁西部为主的热河生物群（Zhou et al., 2003）。除辽西地区之外，其他重要的恐龙化石点还包括：甘肃酒泉盆地（Bohlin, 1953）、民和－兰州盆地（You et al., 2005）、新疆准噶尔盆地（Dong, 1973）、内蒙古鄂尔多斯盆地（Russell and Dong, 1993）、广西扶绥那派盆地（Mo et al., 2006）。此外，山东莱阳地区也有零星的发现（Young, 1958）。所有这些发现已经囊括了恐龙的几个主要类群，包括兽脚类、蜥脚类、鸟脚类、剑龙类、甲龙类和角龙类。

作为典型的遗迹化石，恐龙足迹蕴含了丰富的信息，是恐龙动态行为的缩影。于是，恐龙足迹学成为一门非常生动的学科。这30年来，这门学科得以迅速发展（如Lockley, 1986a, 1987a, 1989, 1991a, 1998, 1999）。恐龙足迹学的一项重要功能，就是能有效地、快速地判定当时当地动物群的构成（图1-1），而这些信息恰好能在相当程度上弥补骨骼化石记录的局限性（Lockley, 1986a）。中国是一个疆域辽阔、以陆地为主的国家，发育着大量的晚中生代盆地，这些沉积记录既包含了骨骼化石，也蕴藏着大量的恐龙足迹，窥一斑而知全豹，为我们打开了一扇扇窥视恐龙演化的窗口。此外，如今的恐龙足迹学还是一种典型的学科交叉的产物，除了脊椎动物遗迹学，它还包含了骨骼形态学、沉积学、运动学和行为学等（Marty, 2008）。总之，恐龙足迹学已不再是以往所认为的是一门信息匮乏的学科。

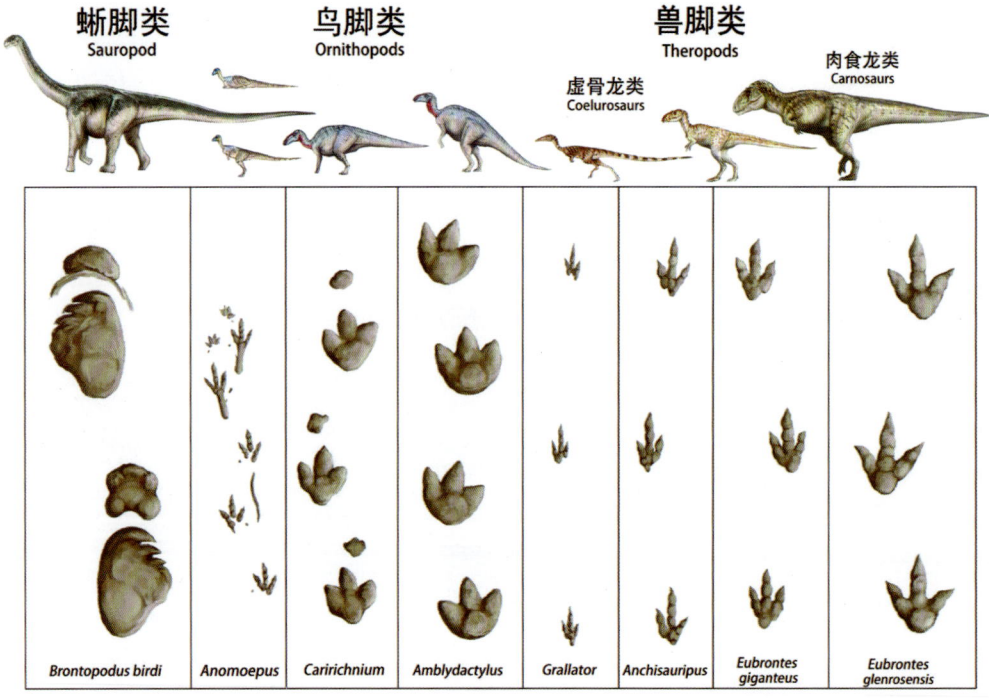

图1-1　不同类型的恐龙留下差异明显的足迹（Xing, 2010b）

最近5年，中国的早白垩世恐龙足迹研究取得了很大的进展，主要体现在更多的足迹点被记录（Lockley et al., 2014a）（图1-2），新的研究手段的应用等方面。目前，中国发现的四足类（tetrapod）动物足迹点迅速增加，已超过100处，其中约70处遗迹属于白垩纪（Lockley et al., 2014a）。这些新进展主要集中在中国极具潜力的西北部（甘肃、内蒙古和新疆等）— 西南部（四川、重庆、云南等）的荒漠、半荒漠与山地地区。其中四川夹关组地层发现了丰富的足迹记录（如Xing et al., 2007），内蒙古查布地区发现了大量的非鸟恐龙与鸟类足迹（Li et al., 2006; Li et al., 2011），新疆乌尔禾地区也发现了类似的组合（如Xing et al., 2011a）。甘肃的发现最初记录于2000年（Li et al., 2000），之后虽然有简单的描述（Du et al., 2001; Li et al., 2006; Zhang et al., 2006），但缺乏系统的研究。除了西部和西南部，中国的东部也有较多的早白垩世恐龙足迹记录，这些足迹体现了浓厚的东亚特色，如*Dromaeopodus*、*Velociraptorichnus*、*Minisauripus*。这些只出现在东亚（中国与韩国）的足迹，暗示着白垩纪兽脚类的分化和特化（Li et al., 2007; Lockley, 2012）。所有这些记录的研究程度参差不齐，目前尚缺乏与横向（空间）及纵向（时间）的其他动物群相对比的研究。整体而言，目前，中国的山东、内蒙古、新疆等地的研究程度已经较高，但甘肃兰州-民和盆地、四川夹关组、飞天山组等地区的恐龙足迹研究都较为薄弱。本研究主要针对中国西南片区的下白垩统材料进行研究。

在行政区域上，中国西南地区包括四川省（川或蜀）、云南省（云或滇）、贵州省（黔）、重庆市（渝）及西藏自治区（藏）共三省一市一区，总面积达250万平方千米。其中，早白垩世红层最集中的区域分布在四川盆地（川—黔—渝）和米市-江舟盆地*（图1-3），这两处盆地之外，其他省区的早白垩世红层则不甚发育。

贵州省的白垩系主要分布于水城、晴隆、贞丰一线北东广大地区，缺失早白垩世早、中期沉积。其中，赤水、习水地区的白垩系与四川盆地毗连，属大型内陆坳陷盆地边缘河流相沉积。

云南省的下白垩统不甚发育，昆明、曲靖、昭通地层小区都缺失早白垩世早期沉积，下白垩统上部马头山组目前尚未发现确凿的脊椎动物化石与足迹记录。在跨统的安宁组，Xing et al.（in press e）记述了数个四足类足迹，包括了相对罕见的游泳迹。

西藏是我国白垩系海相沉积分布最广泛的地区，白垩系发育完整，各门类化石十分丰富，是研究白垩系的理想地区。然而，在这些海相沉积中，主要盛产菊石和双壳类，而缺乏陆生脊椎动物的记录。

在对四川盆地中生代足迹记录进行调查之前，该盆地已知的非鸟恐龙化石记录在很

---

*东侧的米市-江舟盆地与西侧的峨眉-昭觉盆地共同构成了西昌盆地，本文除央摩祖足迹点之外都位于米市-江舟盆地，央摩祖足迹点位于与其相邻的峨眉盆地。

图 1-2 中国恐龙足迹主要类群分布图（Martin G. Lockley 手绘，数据截至 2012 年 4 月）

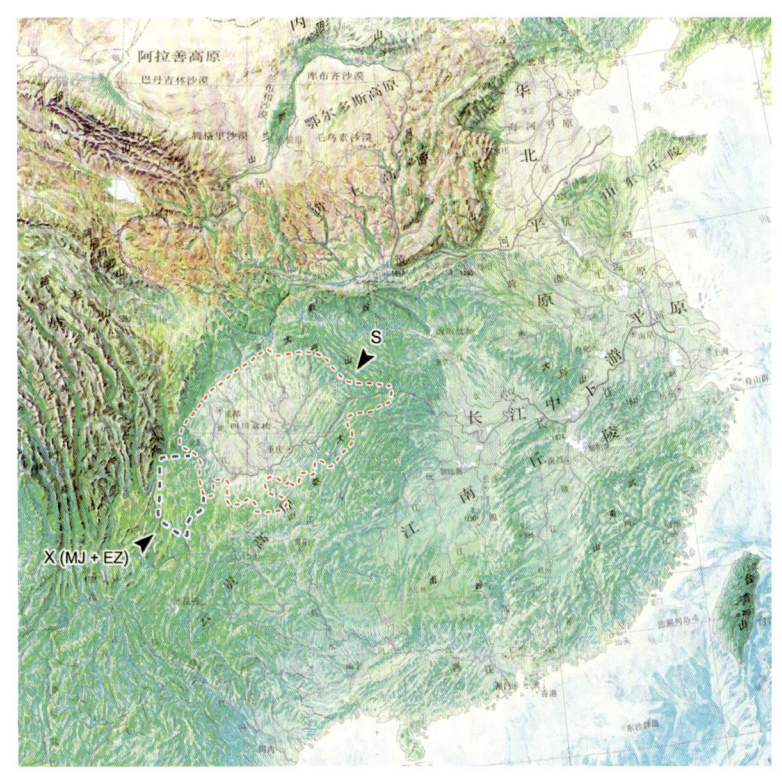

图1-3 中国西南地区四川盆地（S）和西昌盆地［X，包含米市－江舟盆地（MJ）与峨眉－昭觉盆地（EZ）］

大程度上都只局限于中侏罗世的蜀龙动物群和晚侏罗世的马门溪龙动物群（Peng et al., 2005），而白垩纪的骨骼记录极为贫乏，仅局限于一些破碎的、没有描述的骨骼化石（Wang et al., 2008）。四川盆地南部的米市－江舟盆地，在本研究之前，尚未发现白垩纪的足迹化石和骨骼化石。事实上，无论是四川盆地还是米市－江舟盆地，都沉积着巨厚的白垩纪红层，发现恐龙足迹的潜力巨大，本研究正是抓住这个记录空白，力求有所成。

本研究主要依托四川省地质调查院、四川省地质矿产勘查开发局、重庆市綦江区国土资源和房屋管理局等单位进行田野考察。其中，四川省地质矿产勘查开发局区域地质调查大队承担了中国地质调查局地质调查工作项目——四川乌蒙山地区两河口、比尔、米市、昭觉县等4个岩溶石山区域地质调查（2013—2015年）。其间，笔者随地质填图的工作队发现了多处足迹点。

总而言之，对中国西南片区恐龙足迹的研究不仅能有效弥补骨骼记录的缺失，为该地区提供更加全面的恐龙动物群记录，更能以点带面，通过横、纵向对比，从更高的视角来诠释中国早白垩世的恐龙动物群组合；此外，该项目对研究恐龙的行为学，恢复该地区古生态、古地理、古环境等方面也具有不可替代的作用。

## 1.2 中国恐龙足迹研究简史

### 1.2.1 20世纪20年代至70年代

1929年,杨钟健(Young C C)和德日进(De Chardin P T)在陕北神木县东山崖上侏罗统中发现了禽龙类足迹,足迹长约30厘米。这是中国首次发现恐龙足迹。不过,直到近30年后的1958年,这个足迹才由德国古生物学者Kuhn O正式命名为杨氏中国足迹(*Sinoichnites youngi*)。Kuhn的这篇论著开启了中国恐龙足迹研究的历史。

1940年,日本地质学家、古生物学家矢部长克(Yabe H)在辽宁省西部朝阳羊山四家子上侏罗统发现了恐龙足迹,这批足迹多达4000余个,都属于同一类恐龙所留,足迹被命名为斯氏热河足迹(*Jeholosauripus s-satoi*)。1942年,鹿间时夫(Shikama T)详细研究了这批足迹,将其归入*Grallator*类。Baird(1957)将*Jeholosauripus*并入*Anchisauripus*。1960年,杨钟健又重新进行了研究,他认为*Jeholosauripus*并没有发现第I趾(拇趾),与*Grallator*更加近似,主张仍然保留Yabe的命名。

此后,杨钟健开始进一步描述中国的恐龙足迹。在一生的光阴里,杨先生总共研究了中国发现的古生物足迹9个种,包括了:斯氏热河足迹(*Jeholosauripus s-satoi*)、石炭张北足迹(*Changpeipus carbonicus*)、滦平张北足迹(*Changpeipus luanpingeris*)、四川广元足迹(*Kuangyuanpus szechuanensis*)、刘氏莱阳足迹(*Laiyangpus liui*)、杨氏中国足迹(*Sinoichnites youngi*)、宜宾扬子足迹(*Yangtzepus yipingensis*)、铜川陕西足迹(*Shensipus tungchuanensis*)和傣族西双版纳蜥足迹(*Xishuangbanania daieuensis*)(Young, 1943, 1969, 1958, 1966, 1979)。从1929年至1979年,在这段漫长的岁月里,杨钟健凭一己之力,开创了中国的古足迹学研究。

### 1.2.2 20世纪80年代至2000年

上世纪80年代开始,北京自然博物馆的甄朔南(Zhen S N)和李建军(Li J J)对中国四川、云南等地发现的恐龙足迹进行了系统研究,并积极进行国际交流(如Zhen et al., 1989)。按描述时间先后,这些成果主要包括了:四川岳池的岳池嘉陵足迹(*Jialingpus yuechiensis*)(Zhen et al., 1983)、云南晋宁夕阳的兽脚类足迹(Zhen et al., 1986)、四川峨眉的四川伶盗龙足迹(*Velociraptorichnus sichuanensis*)和川主小龙足迹(*Minisauripus chuanzhuensis*)。其中,伶盗龙足迹是非常罕见的两趾型恐龙足迹,属于恐爪龙类(deinonychosaurians)所留,而小龙足迹则是世界上最小的恐龙足迹,平均长度不超过3厘米(Zhen et al., 1987, 1994)。Zhen et al. (1989)首次在英文文献中对中国的足迹化石记录进行了总结,他共记录22个"主要恐龙足迹产区",其中有8个属于白垩纪。Zhen et al. (1996)编著了《中国恐龙足迹研究》,这是中国第一本介绍恐龙足迹的著作,是对中国国的四足类足迹群仍然是最丰富、最让人兴奋的区域之一，同时，韩国还是全球白垩纪鸟类足迹的研究中心，被誉为鸟类的天堂。依目前的记录来看，世界上没有其他任何地方拥有如此密集且种类丰富的鸟类足迹（Huh et al., 2012）（图 1-6）。

韩国最早的足迹记录来自 1969 年，Kim（1969）描述了鸟足迹 *Koreanaornis*。此后，Yang（1982）描述了一系列来自 Jindong 组的足迹。近 20 年来，韩国本土学者和外国学者紧密协作，成系统地发表了一系列重要论文（如 Lim et al., 1989, 1994; Lockley et al., 1992a, 2006, 2008a）。这些足迹点基本都集中在韩国南部海岸沿岸，这催生了"韩国白垩纪恐龙海岸"（Korea Cretaceous Dinosaur Coast, KCDC）。这些足迹包括了丰富的蜥脚类、非鸟兽脚类、鸟类和鸟脚类（Lockley et al., 2012a）。

对韩国脊椎动物足迹最新的、最全面的回顾是《遗迹学》第 19 卷的特别策划，卷名为《韩国白垩纪恐龙海岸：回顾韩国脊椎动物足迹化石 40 年发展之路》（Lockley et al., 2012a）。Lockley et al.（2012b）还撰写了《韩国白垩纪恐龙海岸的中生代陆地生态系统：第 11 届中生代陆地生态系统研讨会科考的野外工作指南》（*The Mesozoic Terrestrial ecosystems of the Korean Cretaceous Dinosaur Coast: a field guide to the excursions of the 11th Mesozoic Terrestrial Ecosystems Symposium*）。

在陆相区域变质作用的广泛影响下，大量韩国白垩纪沉积的精确年龄都难以确定（Houck and Lockley, 2006）。但是，目前掌握的信息并不影响其区域对比。大部分含足迹层位都来自庆尚盆地（Gyeongsang Basin）的庆尚超群（Gyeongsang Supergroup），该地层分布于朝鲜半岛东南地带的大部分区域（Lockley et al., 2014）。庆尚超群可以细分为相互整合的三个群：底部与中部以沉积岩为主，为新洞群（Sindong Group）和河阳群（Hayang Group）；上部以火山岩为主，为榆川群（Yucheon Group）。其中，新洞群和河阳群的年龄为 Hauterivian–Albian（Houck and Lockley, 2006）或较晚的 Aptian–Campaninan（Paik et al., 2012）。新洞群自下而上可分为 Nakdong 组、Hasandong 组和 Jinju 组；河阳群自下而上可分为 Chilgok 组、Silla 组、Haman 组和 Jindong 组；榆川群自下而上可分为 Jusasan 组和 Unmunsa 组（Lockley et al., 2014）。除了榆川群，余下两个群都发现有足迹化石与零星的骨骼化石。

新洞群的足迹化石较少，但骨骼化石较多，如 Hasandong 组发现的大型蜥脚类 *Pukyongosaurus*（Dong et al., 2001），Hasandong 组还发现了韩国最古老的翼龙足迹 *Pteraichnus koreanensis*（Lee et al., 2008）。*P. koreanensis* 前-后足迹的平均长度分别为 2.56 厘米和 2.57 厘米，Lee et al.（2008）认为这是亚洲目前报道的最小的翼龙足迹之一。上部的 Jinju 组还发现了最古老的恐爪龙类足迹：*Dromaeosauripus jinjuensis*（Kim et al., 2012a）。

韩国大部分重要足迹点都来自河阳群，其中又以 Haman 组和 Jindong 组最为富集。

和瑞士为主）来华参加考察，使得国内同行与学生有更多的机会学习外国学者的野外技巧，现场的讨论则促进了彼此之间对足迹的理解。

2012年12月，Xing L D召集召开了中国重庆·綦江国际恐龙足迹学术研讨会（Qijiang International Dinosaur Tracks Symposium, Chongqing, China）（图1-5）。这是中国首次召开恐龙足迹研讨会，促进了学科的国际交流。与会者包括来自三大洲十几个国家的恐龙足迹研究者。除了发表论文摘要外，与会者还参观了博物馆陈列品、野外足迹点，其中许多国际参与者还加入到其他研究者的相关领域来协作研究。

图1-5　中国重庆·綦江国际恐龙足迹学术研讨会的标识

在交叉学科应用上，Xing et al. 与美国斯坦福大学、中国首都博物馆合作，调查了中国恐龙足迹与中国民间传说的关系。研究表明，中国恐龙足迹参与了民间传说、地名的形成。因此，某些特定的神迹传说（如"金鸡足迹""石生莲花"等）和地名都能成为寻找恐龙足迹的重要线索（Xing et al., 2011e, 2011f）。

## 1.3　世界早白垩世恐龙足迹

最近几年，来自东亚（主要是中国和韩国）的早白垩世四足类足迹记录明显增加，使得其足迹动物群（ichnofaunas）更加丰富，对这些记录进行区域对比显得比以往更为迫切。东亚以外的保存着较丰富的早白垩世足迹动物群的国家和地区还包括美国西部和欧洲的部分地区，后者包括英国、德国北部、西班牙、意大利和克罗地亚（Lockley et al., 2014a）。相比中国，美国和欧洲的足迹点有着更悠久的研究历史和更精确的地质年龄，后面这点是极为重要的。

### 1.3.1　韩国

朝鲜半岛，尤其是韩国有着令人惊艳不已的四足类足迹群。即便在全球范围内，韩

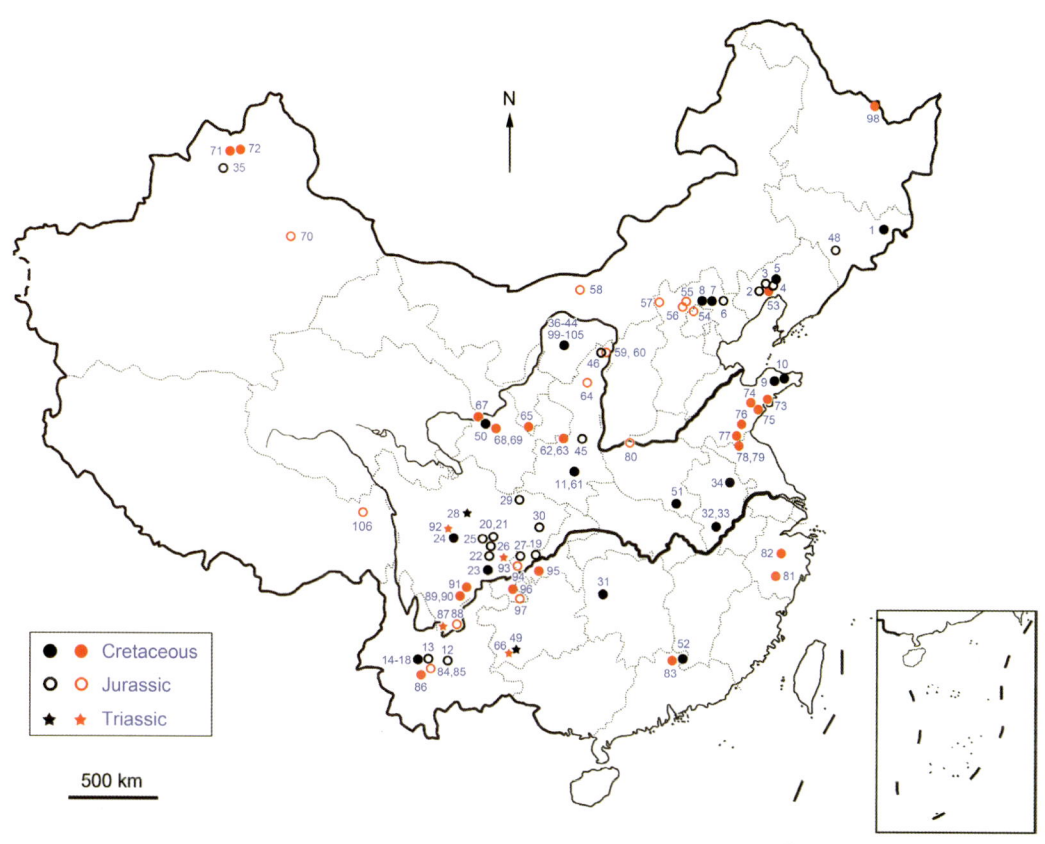

图 1-4 中国恐龙足迹分布图

黑点（Matsukawa et al., 2006）与红点（Lockley et al., 2014a）对比，可见 2006—2014 年间，中国恐龙足迹新增了大量发现

龙足迹群（Xing et al., 2011a）、北京延庆恐龙足迹群（Zhang et al., 2012; Xing et al., 2015f）、甘肃永靖恐龙 – 翼龙足迹群（Xing et al., 2013b, 2015b）、四川昭觉三比罗嘎恐龙 – 翼龙足迹群（Xing et al., 2013c, 2015a, d）、安徽齐云山兽脚类足迹（Xing et al., 2014b）。在此过程中，新的技术得以应用，如利用非接触式机构光三维扫描仪扫描足迹，或利用专业单反相机拍摄后在 Agisoft Photoscan Professional 中生成更加直观的三维图像。

在研究新足迹点的基础上，Xing et al. 也对老的足迹点做了重审，比如经典的四川岳池（Zhen et al., 1983）等足迹点，修正了当地命名的足迹属的鉴定特征（Xing et al., 2014c）；将傣族西双版纳蜥足迹（*Xishuangbanania daieuensis*）（Young, 1979）从蜥蜴类足迹厘定为无脊椎动物的鲎（limulid）足迹（Xing et al., 2012d）。此外，Xing L D 和 Lockley M G 等还对中国的诸多足迹点做了综述（如 Lockley et al., 2013, 2014a, 2014b）。

2012—2016 年，Xing L D 每年都组织国外专家（美国、加拿大、德国、西班牙、葡萄牙半个多世纪以来恐龙足迹研究的系统总结。

同期，中国一些学者也发表了一批足迹论文，比如湖南省地质局的曾祥渊（Zeng X Y）描述了湖南省沅麻盆地的白垩纪兽脚类足迹（Zeng, 1982）；重庆自然博物馆的杨兴隆（Yang X L）、杨代环（Yang D H）编著了《四川盆地恐龙足迹化石》一书，书中共描述了9个新属、11个新种，其中首次记述了我国发现的时代最早（晚三叠世）的恐龙足迹——磁峰彭县足迹（*Pengxianpus cifengensis*）（Yang and Yang, 1987）；云南省地矿局的陈述云（Chen S Y）、黄晓钟（Huang X Z）则描述了云南省楚雄苍岭的蜥脚类足迹（Chen and Huang, 1993）。

### 1.2.3 2000年至今

进入21世纪之后，中国的恐龙足迹研究出现了国际化、规模化、多学科化的特征，其中里程碑是1999年至2001年，在日本文部科学省的《东亚恐龙研究：科学教育，公共教育和终身学习的工具》（Dinosaur research as a tool for science education, public education and life-long learning, with special reference to East Asia）项目资助下，日-美-中考察队在中国、老挝、蒙古和泰国等地，对诸多恐龙足迹点开展了卓有成效的考察。该考察留下了很多重要的论文（如Lockley et al., 2002a; Matsukawa et al., 2006; Chen et al., 2006; Lockley and Matsukawa, 2009）。其中Matsukawa et al.（2006）报道了52个中国的主要足迹点，其中29个属于白垩纪（图1-4）。文中同时还报道了20个位于东亚其他地区的足迹点，其中大部分属于白垩纪。

除了上述项目，在中国国家自然基金和相关项目的支持下，李建军（Li J J）、李日辉（Li R H）、Lockley M G、Matsukawa M等学者，在内蒙古查布（Li et al., 2006; 2011）、山东莒南（Li et al., 2002, 2005, 2007; 2015）和诸城（Li et al., 2011）、陕北神木（Li et al., 2012）等地都有了重要的发现，描述与命名了一批新恐龙足迹属种，如沐霞山东鸟足迹（*Shandongornipes muxiai*）（Li et al., 2007）、山东驰龙足迹（*Dromaeopodus shandongensis*）（Li et al., 2008）、东方百合强壮足迹（*Corpulentapus lilasia*）（Li et al., 2011）、杨德氏神木足迹（*Shenmuichnus youngteilhardorum*）（Li et al., 2012）。

从2007年开始，邢立达（Xing L D）等陆续描述了从中生代到新生代约50个足迹点（Dai et al., 2015; He et al., 2013, 2015; Hu et al., 2011; Li et al., 2015; Lockley and Xing, 2015; Lockley et al., 2013a, 2014a–b, 2015a, in press; McCrea et al., 2015 a–b; Xing, 2010a; Xing and Lockley, 2014; Xing et al., 2007, 2008, 2009a–d, 2010a–b, 2011a–f, 2012a–d, 2013a–l, 2014a–o, 2015a–o, 2016a, c, in press b–h; Zhang et al., 2012）（图1-4），其中较为重要的足迹点至少包括了重庆綦江莲花保寨足迹点的鸟脚类足迹群（Xing et al., 2007）、四川古蔺的原蜥脚类-蜥脚类组合（Xing, 2010a; Xing et al., in press g）、新疆乌尔禾恐龙-翼

图1-6 韩国恐龙足迹分布图(Martin G. Lockley 手绘)

学界一般认为，这两个组的年龄为 Aptian–Albian（Houck and Lockley, 2006）。Haman 组的足迹材料被韩国学者命名了一批具有多样性的新属种，包括鸟类足迹 *Koreanaornis hamanensis*（Kim, 1969）、*Ignotornis yangi*（Kim et al., 2006; Kim et al., 2012b）；驰龙类足迹 *Dromaeosauripus hamanensis*（Kim et al., 2008）；蜥脚类足迹 *Brontopodus pentadactylus*（Kim and Lockley, 2012）；小型兽脚类足迹 *Minisauripus zhenshounani*（Lockley et al., 2008a; Kim et al., 2012c）；巨型翼龙类足迹 *Haenamichnus gainensis*，其后足迹长达 39 厘米（Lockley et al., 1997a; Kim et al., 2012d）。其中 *Minisauripus* 仅发现于韩国和中国的下白垩统，具有区域对比意义。

Jindong 组的材料也非常丰富，如 Goseong 足迹点（韩国天然遗迹 411 号，Korea Natural Monument 411）就含有数百个含足迹的层位（Lockley et al., 2014），这些足迹层都得到了非常详细的记录（Lockley et al., 2006a; Houck and Lockley, 2006）。该点发现的足迹属种包括鸟类足迹 *Koreanaornis hamanensis*、*Jindongornipes kimi*（Lockley et al., 1992a）、*Goseongornipes markjonesi*（Lockley et al., 2006a）、*Gyeongsangornipes lockleyi*（Kim et al., 2013），以及鸟脚类足迹 *Ornithopodichnus masanensis*（Kim et al., 2009）。

韩国中部永东郡白垩系 Saniri 组地层也有恐龙足迹记录（Kim and Hwang, 1986），包括了与 *Caririchnium* 相似的四足鸟脚类足迹、兽脚类足迹和保存较差的蜥脚类、鸟类足迹（Kim et al., 2012e）。

### 1.3.2 东亚其他地区

整体而言，虽然东亚其他地区与东南亚地区也有下白垩统足迹点，但足迹数量并不多，而且大多数材料尚未进行详细研究。

泰国目前至少有 4 个下白垩统足迹点（Matsukawa et al., 2006），基本都集中在东北部。泰国首例恐龙足迹由 Buffetaut et al.（1985）报道于东北部黎府（Loei Province）的富銮野生动物保护区（Phu Luang Wildlife Sanctuary）足迹点（Buffetaut et al., 1985, 1997; Buffetaut and Ingavat, 1985）。目前，泰国被正式命名的足迹属只有 *Siamopodus khaoyaiensis*（Lockley et al., 2006c），标本来自呵叻府（Nakhon Ratchasima Province）呵叻群（Khorat Group）考艾国家公园（Khao Yai National Park）足迹点，其二裂片（双叶形）的跟部（bilobed heel impressions）明显区别于其他兽脚类足迹。粗壮的兽脚类足迹发现于泰国东北部色军府（Sakon Nakhon Province）呵叻群的 Phra Wihan 组（Berriasian–Barremian?）富藩国家公园（Phu Phan National Park）足迹点，以及东北部黎府呵叻群的 Phu Puhan 组的富銮足迹点。此外，泰国东北部那空拍侬府（Nakhon Phanom Province）的 Lao Nat 足迹点也发现了最初发现于日本的 *Asianodopodus*。

除了兽脚类足迹，Phra Wihan 组还发现了一批小型鸟臀类恐龙（*Hypsilophodon-*

like? ornithopods）足迹和蜥脚类足迹，展示了一个早白垩世早期的恐龙动物群（Le Loeuff et al., 2002）。早白垩世晚期（Aptian–Albian）的 Khok Kruat 组也发现了一些兽脚类与鸟脚类足迹，如呵叻府的 Tha Uthen 足迹点（Khok Kruat 组）（Le Loeuff et al., 2003; Buffetaut et al., 2005）。

Lockley et al.（2009）报道了亚洲唯一一例 *Neoanomoepus*，该属的造迹者属于小型的四足的鸟臀类恐龙，化石来自 Phra Wihan 组。该属可与加拿大西部不列颠哥伦比亚省（British Columbia）早白垩世与晚侏罗世 – 早白垩世的同类足迹相对比。

Le Loeuff et al.（2010）报道了白垩纪唯一一例 *Batrachopus*，该属的造迹者属于鳄类（crocodylians），化石来自那空拍侬府塔乌廷（Tha Uthen）Khok Kruat 组 Huai Dan Chum Quarry 足迹点。

老挝沙拉湾省（Savannakhet Province）Muong Phalane 的 Sang Soy River 流域下白垩统发现过蜥脚类和兽脚类足迹，其中蜥脚类是典型的宽间距（wide gauge）行迹（Matsukawa et al., 2006）。

### 1.3.3 中美洲和南美洲

南美洲和中美洲的早白垩世四足类足迹点主要由 Leonardi 记录（1984, 1989, 1994）。较高角度的总结主要有两次：Leonardi（1994）报道了 115 个足迹点，其中 88 个属于中生界；白垩系的足迹点有 38 个，其中至少 28 个足迹点都产生于下白垩统和白垩纪中期。Lockley et al.（2012e）在前者基础上增加了 16 个白垩系足迹点，使其总数达到 54 个。新增的足迹点中，大约有 10 个产生于下白垩统和白垩纪中期，使这个时期的足迹点总数达到 38 个。

巴西的早白垩世恐龙足迹主要分布在东北部索萨盆地（Sousa Basin）的 Rio do Peixe 群（Berriasian–Hauterivian）和阿勒莱皮盆地（Araripe Basin）的 Cariri 组（Novas, 2009）。

Rio do Peixe 群主要露头于帕拉伊巴州（Paraiba），分为下部的 Antenor Navarro 组和中部的 Sousa 组（Leonardi, 1984, 1989, 1994; Carvalho, 2000; Carvalho et al., 2013）。这些层位的足迹最初由 Price（1961）报道，而后由 Leonardi（1979a）确认为恐龙足迹。该区域有着高密度的早白垩世恐龙足迹，足迹点至少有 18 个（Leonardi, 1994）。Lockley et al.（2014）统计了这些足迹点，其中兽脚类足迹出现最为频繁，发现于 17 个足迹点；鸟脚类足迹次之，发现于 7 个足迹点；蜥脚类足迹最少，只发现于 5 个足迹点。

经典的 *Caririchnium magnificum*（Leonardi, 1984）发现于 Antenor Navarro 组，是大型的四足鸟脚类足迹。*Caririchnium* 的造迹者最初被解释为剑龙类（stegosaurian），而后被归入鸟脚类（Leonardi, 1989, 1994; Lockley and Wright 2001）。在 Sousa 组，Leonardi（1979a, 1979b, 1989, 1994）报告了另一例大型（长 56 厘米）的鸟脚类足迹，并命名为

*Sousaichnium pricei*，但这个属种的有效性值得讨论，可能是一个无效名。

巴西东北部巴伊亚州的米拉格里斯（Milagres）阿勒莱皮盆地的上侏罗统–下白垩统 Cariri 组发现了孤立的小型鸟脚类足迹，长约 20 厘米（Carvalho et al., 1995）。

南美洲和中美洲的下白垩统没有发现过鸟类足迹，但上白垩统有过 3 次报道（Lockley and Harris, 2010），如 *Patagonichornis*（Leonardi, 1994）。翼龙足迹同样非常稀少，唯一一例报道来自阿根廷中部内乌肯省（Neuquén Province）埃塞基耶尔湖（Lake Ezequiel Ramos Mexía）的 Rio Limay 组 Candeleros 段（Albian–Cenomanian），一些保存不是很好的足迹被分配给 cf. *Pteraichnus*（Calvo and Moratalla, 1998; Calvo and Lockley, 2001）；该地区也发现了蜥脚类、兽脚类和鸟臀类足迹（Calvo, 1999）。

### 1.3.4 北美

北美大陆恐龙足迹的首次发现可追溯到 1802 年，1836 年由 Edward Hitchcock 描述。这批足迹来自美国东北部康涅狄格河谷的侏罗系（Hitchcock, 1836）。在过去 30 年里，Lockley M G 及其同行对北美洲，尤其是美国中西部（密西西比河以西的地区）的恐龙足迹进行了非常细致的研究（如 Lockley and Hunt, 1995; Lockley and Lucas, 2014）。得益于美洲西部中生代发育的海相地层，这些足迹点的地质年代更为可靠，方便对比。

北美洲大部分保存良好的早白垩世四足类足迹都来自于美国西部和加拿大西部（Lockley et al., 2014）。而在这些区域的白垩系中，Neocomian 存在明显的缺失，只有 Gallic 的 Aptian 和 Albian 保存良好。

美国西部的下白垩统足迹点主要分布于以下几个层位：

（1）犹他州（Utah）东部 Cedar Mountain 组（Aptian–Albian）。该地层的足迹有极强的多样性，发现了包括非鸟兽脚类（*Dromaeosauripus* 和 *Irenesauripus*）、鸟类（*Aquatilavipes*）、蜥脚类（*Brontopodus*）、鸟脚类（*Caririchnium*）和覆盾甲龙类（*Deltapodus*）在内的各种足迹（Lockley et al., 2014c, d）。

（2）德克萨斯州（Texas）Glen Rose 组（Albian）。该组的足迹动物群非常著名，其与人类最初的邂逅可能可以追溯到原住民时期（Mayor, 2005）。近代的首次记录则是 20 世纪初，由一名为 George Adams 的学童在帕拉克西河碳酸盐岩基岩（carbonate bedrock of the Paluxy River）上发现的（Farlow, 1987）。该地区的足迹以大型的兽脚类足迹和宽间距的蜥脚类足迹为主（Farlow et al., 2012），前者被归入 *Eubrontes*，推测是由同地区发现的唯一大型兽脚类——高棘龙（*Acrocanthosaurus* Stovall and Langston, 1950）所留（Farlow, 2001）；后者被命名为 *Brontopodus birdi*（Farlow et al., 1989），推测是由大型的巨龙型类（titanosauriform）所留。此外，该地区还发现了众多保存了跖骨印的三趾型兽脚类化石（Kuban, 1989a, b），这些足迹一度被错认为是人足迹。

（3）科罗拉多州（Colorado）和犹他州（Utah）白垩纪中期的 Dakota 群（Late Albian–Cenomanian）。在这套硅质碎屑的含煤相地层里，足迹极其丰富，足迹点可能至少有 120 个。但有趣的是，这些足迹点没有发现任何蜥脚类足迹（Lockley et al., 2014e），这对应着开始于 Late Albian 的北美洲 "蜥脚类空隙"（sauropod hiatus）（Lucas and Hunt, 1989）。Lockley et al.（2014e）总结了这些足迹点的足迹类型，主要包括了鸟脚类（*Caririchnium*）、甲龙类（*Tetrapodosaurus*）、似鸟龙类（*Magnoavipes*）、鳄类游泳迹（*Hatcherichnus*）、鸟类（*Ignotornis* 和 *Koreanaornis*），以及小型和大型翼龙（cf. *Pteraichnus*）足迹。其中鸟类足迹虽有记录，但很少（Mehl, 1931；Lockley and Harris, 2010），翼龙足迹则比较普遍。Lockley et al.（2010a）对 Dakota 群约 70 个足迹点中 1000 余道行迹进行了汇总，其结果表明，东部的露头中，鸟脚类造迹者（*Caririchnium* 类）占主导，而西部则是甲龙类造迹者占主导。

此外，马里兰州（Maryland）有着美国东部最重要的白垩纪足迹记录。Stanford et al.（2007）描述了这个来自 Patuxent 组（Aptian）的极具多样性的足迹动物群，包括了蜥臀类的小型兽脚类、中型兽脚类、蜥脚类足迹，鸟臀类的禽龙类、棱齿龙类（hypsilophodontid）、甲龙类足迹，此外还有翼龙类以及哺乳类足迹。

在过去 30 年间，加拿大西部，尤其是艾伯塔省（Alberta）和不列颠哥伦比亚省发现了大量的恐龙足迹点。足迹的类型包括了甲龙类、大型鸟脚类、小型兽脚类和暴龙类（tyrannosaurids）。这些工作主要是由 McCrea R T 和 Buckley L G 完成的。McCrea et al.（2014）整理了加拿大西部含有化石的层位：

（1）Kootenay 群，Mist Mountain 组（Berriasian–Valanginian）。该地层最重要的发现之一，无疑是加拿大乃至北美北部首次记录的蜥脚类足迹（McCrea et al., 2005）。其他足迹包括了大型、中型和小型的兽脚类足迹，大型鸟脚类足迹（cf. *Iguanodontipus*），小型的四足鸟臀类足迹（*Neoanomoepus* Lockley et al., 2009），以及加拿大西部乃至世界上最古老的鸟类足迹记录之一（McCrea et al., 2001），此外还有翼龙、鳄类等足迹。

（2）Minnes 群，Bickford、Monach、Beattie Peaks 和 Monteith 组（Berriasian–Valanginian）。发现了大型的兽脚类足迹（cf. *Megalosauripus*）和大型的鸟脚类足迹（cf. *Iguanodontipus*），以及与 *Neoanomoepus* 相似的鸟臀类足迹。

（3）Gorman Creek 组（Berriasian–Valanginian）。该组多个足迹点都发现了大型、中型和小型的兽脚类足迹，覆盾甲龙类足迹（*Tetrapodosaurus*-like）。其中卡夸省立公园（Kakwa Provincial Park）足迹点是一个典型的代表（McCrea and Buckley, 2005），发现的足迹类型包括了大型兽脚类足迹（cf. *Megalosauripus*）、中型兽脚类足迹（cf. *Irenesauripus* 和 cf. *Columbosauripus ungulatus*）、鸟臀类足迹（*Neoanomoepus*，*Anomoepus*-like）、覆盾甲龙类足迹（cf. *Tetrapodosaurus*），以及其他爬行类足迹。Gorman Creek 组的足迹动物群被

认为是下部 Mist Mountain 组与上部 Gething 组之间的重要过渡。

（4）Gething 组（Aptian–Albian）。该地层的恐龙足迹发现历史悠久（Sternberg, 1932; Currie and Sarjeant, 1979; Currie, 1995; McCrea et al., 2014a），其中不列颠哥伦比亚省东北部的和平河峡谷（Peace River Canyon）的足迹由 McLearn（1923, 1931）和 Sternberg（1931, 1932）发现与描述。Sternberg（1932）描述了新的足迹分类，包括了大型鸟脚类足迹（*Amblydactylus*），大型、中型、小型兽脚类恐龙足迹（分别为 *Irenesauripus*、*Gypsichnites* 和 *Irenichnites*），以及甲龙类足迹（*Tetrapodosaurus*）。后期的发现则包括了鸟类足迹（*Aquatilavipes*）（Currie, 1981）和哺乳类足迹（*Duquettichnus*）。

（5）Gladstone 组（Aptian–Albian）。发现有鸟类足迹（*Aquatilavipes*）。

（6）育空地区（Yukon Territory）罗斯河区域（Ross River Block）（Aptian–Cenomanian）。该地区的恐龙足迹组合与加拿大西部 Gething、Gates 和 Dunvegan 组的组合相似，发现了 *Amblydactylus*、*Columbosauripus*、*Gypsichnites*、*Irenesauripus*、*Ornithomimipus* 和 *Tetrapodosaurus*（Gangloff et al., 2000; Gangloff and May, 2004）。这些发现无疑扩大了恐龙动物群在阿拉斯加（Alaska）地区的分布（Fiorillo, 2004）。

（7）Gates 组 Grande Cache 段（Albian）。该层位发现了具有多样性的脊椎动物足迹群，包括了大型、中型、小型兽脚类恐龙足迹（如 *Irenesauripus*），甲龙类足迹（*Tetrapodosaurus*）和大型涉禽的足迹（*Limiavipes*），龟类和／或鳄类足迹（crocodylians）（McCrea and Currie, 1998; McCrea et al., 2001; McCrea, 2003）。此外，McCrea and Sarjeant（2001）还描述了一种哺乳类的足迹（*Tricorynopus*）。

（8）Gates 组 Mountain Park 段（Albian）。发现了可能的甲龙类足迹（*Tetrapodosaurus*）。

（9）Boulder Creek 组（middle–upper Albian）。发现了小型兽脚类和鸟类足迹。

（10）Goodrich 组（upper Albian）。在一些垂直暴露面上有恐龙扰动（dinoturbation）的迹象。

（11）Pasayten 群（？）（upper Albian）。发现了兽脚类足迹（cf. *Irenesauripus*）和甲龙类足迹（cf. *Tetrapodosaurus*）。

（12）Dunvegan 组（lower–middle Cenomanian）。该层位属于早白垩世到晚白垩世的过渡，发现了大量的甲龙类足迹（*Tetrapodosaurus*）以及大型鸟脚类，小型、中型兽脚类（cf. *Magnoavipes*），鸟类，龟类和鳄类足迹。

### 1.3.5 欧洲

英国早白垩世的恐龙足迹有着悠久的发现历史（如 Tagert, 1846）。这些恐龙足迹主要发现于英格兰南部海岸以及怀特岛（Isle of Wight）下白垩统 Wealden 群（Valanginian–Barremian, Allen and Wimbledon, 1991）（Lockwood et al., 2014）。Beckles（1851）发表了

名为《关于威尔登可能的凸型足迹》(*On Supposed Casts of Footprints in the Wealden*)的论文。文中记述了 Mantell 在怀特岛发现的一处恐龙足迹。随后的 1854 年,Beckles 又记述了一个来自东萨塞克斯郡(East Sussex)南部海岸的凸型足迹。此后,南部海岸以及怀特岛区域内,陆续发现了众多的凹型足迹以及凸型足迹(Beckles, 1862),几乎所有足迹的造迹者都被认为是禽龙(*Iguanodon*)(Delair, 1989; Lockwood et al., 2014)。

1998 年,Sarjeant et al. 根据多塞特郡(Dorset)上侏罗统–下白垩统 Purbeck 群(Tithonian–Berriasian)的标本命名了 *Iguanodontipus*。Lockley et al.(2014)认为 Purbeck 群和 Wealden 群的鸟脚类足迹代表着不同的属,后者属于 *Caririchnium*。

Wealden 群的足迹以鸟脚类为主,但也可能存在兽脚类、蜥脚类和其他鸟臀类(*Tetrapodosaurus* 和 possibly *Deltapodus*)足迹(Lockwood et al., 2014)。

德国北部的 Dinosaurier-Freilichtmuseum Münchehagen 是德国国家纪念碑(German National Monument)的组成部分,也是德国重要的恐龙足迹点之一(Kulle-Battermann, 1989)。该足迹点的地质年龄为下白垩统 Barremian,发现了未命名的禽龙类(iguanodontid)足迹,形态与 *Iguanodontipus* 相似,此外还有兽脚类足迹[*Bueckeburgichnus* 和(或)*Megalosauripus*]和蜥脚类足迹(Lockley et al., 2004a)。

西班牙卡梅罗斯盆地(Cameros Basin)的下白垩统也发现了丰富的恐龙足迹,主要分布在 Santa Cruz–Bretún 和 San Pedro–Fuentes 区域的 Huérteles 组(Barremian),以及 Munilla–Hornillos、Enciso–Préjano 和 Cornago–Igea 区域的 Enciso 群(Aptian)(Moratalla and Hernán, 2010)。这些足迹点的足迹以兽脚类为主,鸟脚类次之,蜥脚类最少(Moratalla and Hernán, 2010)。其中,Castanera et al.(2013)认为 Huérteles 组的一些兽脚类应该归入鸟脚类 *Iguanodontipus*,其中一小部分足迹具有前足迹。

葡萄牙的恐龙足迹记录相对集中于上侏罗统(Mateus and Antunes, 2003),下白垩统的记录较少。Mateus and Antunes(2003)描述了 Olhos de Agua beach 下白垩统(Aptian-Albian)的一个恐龙足迹点,足迹类型包括禽龙类,大型、中型兽脚类,其中以兽脚类为主。

瑞士的恐龙足迹以上侏罗统的记录最佳(Meyer and Thüring, 2003a, Marty, 2008)。该国阿尔卑斯山脉中部(central Swiss Alps)下白垩统的碳酸盐基质 Schrattenkalk 组(Late Aptian)中发现了禽龙类行迹(Meyer and Thüring, 2003b),Lockley et al.(2014)认为这些足迹可能属于 *Caririchnium*。

意大利发现了大量四足恐龙行迹,但其形态学和分类学还需要进一步研究(Lockley et al., 2014)。这些足迹多数发现于意大利南部阿普利亚海相碳酸盐岩地台(Apulian marine carbonate Platform)Bisceglie 地区的 Calcare di Bari 组(Aptian)。但是这批足迹多数保存得比较差。Sacchi et al.(2009)描述 Lama Paterno quarry 的一个足迹组合,包括了兽脚类、蜥脚类、鸟脚类和甲龙类足迹。由于保存的原因,除了兽脚类之外,其他三类足迹彼此之间的区分似乎并不清晰。Petti et al.（2010）描述了该地区另一道四足行迹，这道行迹的造迹者被认为是甲龙类，原因是该足迹点附近发现有甲龙类的骨骼化石。

阿尔卑斯山南部的近亚得里亚区域（Periadriatic area）包括了意大利、斯洛文尼亚和克罗地亚的部分地区。Dalla Vecchia（2008）总结了该地区下白垩统碳酸盐岩台地沉积中的恐龙足迹，包括了大小不一的兽脚类和蜥脚类足迹。这符合碳酸盐岩台地中典型的 *Brontopodus* 足迹相（*Brontopodus* ichnofacies）（Lockley et al., 2014）。

Lockley et al.（2014）认为，欧洲下白垩统的足迹记录暗示了其古环境的差异，主要分为来自北欧的碎屑岩沉积相（clastic facies）和南欧的碳酸盐岩沉积相。

### 1.3.6 非洲

目前，非洲的早白垩世四足类足迹记录依然十分分散和稀少，这些足迹点主要分布在非洲北部，从早白垩世一直延伸到白垩纪中期（Lockley et al., 2014）。

非洲首例早白垩世的恐龙足迹发现于非洲西部喀麦隆（Cameroon）的库姆盆地（Koum Basin），这批兽脚类足迹保存完好，由4个大型三趾型足迹组成一道行迹（Dejax et al., 1989; Jacobs et al., 1989）。

早在1880年，阿尔及利亚北部就发现了白垩纪中期（Cenomanian）的三趾型兽脚类足迹（Bellair and Lapparent, 1948; Bassoullet, 1971）。最近，阿尔及利亚北部的贝伊德（d'El Bayadh）地区发现了一批早白垩世（Valanginian Cornet, 1950）的恐龙足迹（Mahboubi et al., 2004, 2007; Bensalah et al., 2005）。这批12道行迹约350个足迹，包括了两足的三趾型、四趾型足迹以及四足的蜥脚类足迹。这些两足足迹被暂时归于 *Grallator* 和 *Eubrontes* 类，四足足迹被归于 *Brontopodus*（Bessedik, 2008）。

摩洛哥西南部的阿加迪尔（Agadir）东北部发现了恐龙足迹，来自下白垩统 Tazought 组（Barremian–early Aptian），这是摩洛哥首次发现早白垩世恐龙足迹，足迹包括并列的兽脚类足迹和只有后足迹的蜥脚类足迹（Masrour et al., 2013）。

在过去60年间，摩洛哥南部的卡玛卡玛层（Kem Kem Beds）白垩纪中期（Cenomanian）曾发现了丰富的脊椎动物骨骼化石（Lavocat, 1954）。Belvedere et al.（2013）描述了该地层 Aoufous 组（Cavin et al., 2010）的三趾型兽脚类足迹、可能的鸟脚类足迹、龟类游泳迹、鳄类足迹和可能的翼龙类足迹，展示了一个具有多样性的动物群。Ibrahim et al.（2014）也报道了该地层的丰富的遗迹化石以及钻孔的恐龙骨骼（虫攻骨，borings in dinosaur bone），后者为 *Cubiculum ornatus* 所留。总的来说，此地有丰富的兽脚类足迹，以及数量稀少的鸟脚类和蜥脚类足迹。

Contessi and Fanti（2012）报道了突尼斯南部（Cenomanian）的鸟类足迹。足迹仅有3个，被归入 *Koreanaornis*。这是非洲首次记录该足迹属，表明了滨鸟足迹的世界性分布

(Contessi and Fanti, 2012)。

### 1.3.7 澳洲

与其他大陆相比,澳大利亚的白垩纪恐龙足迹点相对较少(Long, 1998),目前主要分布于三个间隔很远的地区。其中最著名的位于澳大利亚东北部昆士兰州的云雀采石场(Lark Quarry)足迹点(白垩纪中期 Winton 组)。Thulborn and Wade (1984)命名了小型鸟脚类 *Wintonopus*、小型兽脚类 *Skartopusre*,以及大型兽脚类 cf. *Tyrannosauropus*。其中 *Wintonopus* 和 *Skartopusre* 发现的数量都超过了数百个。不过,对这些小足迹造迹者的行为,目前有着不同的理解。Thulborn and Wade (1984)认为这是奔跑的恐龙留下的;而 Romilio et al. (2013)认为这些是游泳迹,而且,*Skartopusre* 是 *Wintonopus* 的次异名(junior synonym)。Romilio and Salisbury (2011)还将大型兽脚类足迹 cf. *Tyrannosauropus* 的造迹者重新解释为大型鸟脚类,并认为其可能类似于大型禽龙类 *Muttaburrasaurus* (Bartholomai and Molnar, 1981)。

澳大利亚西部的丹比尔半岛(Dampier Peninsula)(Broome Sandstone 组,probably Valanginian, c. 130—135 Ma)有一批足迹点。其中,中型的兽脚类足迹来自甘芬角(Gantheaume Point),被归入 *Megalosauropus broomensis* (Colbert and Merrilees, 1967);大型的兽脚类足迹也被归于 cf. *Megalosauripus sensu* (Lessertisseur, 1955)。此外,各个足迹点还发现有小型的三趾型兽脚类足迹、蜥脚类足迹、大型与小型的鸟脚类足迹,甚至剑龙足迹(Long, 1998)。其中小型鸟脚类被归为 cf. *Wintonopus* isp.,大型鸟脚类足迹的造迹者被认为可能是 cf. *Muttaburrasaurus* (Long, 1998)。还有一些大中型的、遭受严重自然侵蚀的蜥脚类足迹被发现于地层的垂直剖面上(McCrea et al., 2011; Thulborn, 2012)。

澳大利亚东南部维多利亚州恐龙湾(Dinosaur Cove)地区(Eumeralla 组,Albian)发现了一些细趾(thin-toed)三趾型兽脚类足迹(Rich and Vickers-Rich, 2003; Martin et al., 2012),同时也发现了 2 个大型鸟类足迹,被认为是澳大利亚最古老的鸟足迹,这也是冈瓦纳古陆早白垩世鸟足迹的唯一记录(Martin et al., 2013)。该地区足迹较少,可能是特有的极地环境限制了其保存(Martin et al., 2012)。

综上所述,虽然其中一些地区的足迹点很重要,但目前在足迹鉴定上还存在很大争议。总体上,澳大利亚恐龙足迹数据库的内容太过单薄(Lockley et al., 2014a)。

## 1.4 中国早白垩世恐龙足迹

目前,中国具有约 70 个白垩统四足类足迹点产区。除了青海、江西、福建、海南、台湾之外,中国的其他省份与地区都发现了足迹点。由于研究程度的差异,其中不少地层单位还存在争议，我们在研究的时候尽可能利用最新的成果进行修正。比如，西藏日喀则的足迹点原先认为是白垩系的，如今，基于最新的孢粉证据，足迹点的地质年龄被归于渐新世至早中新世。另一方面，足迹的形态学也支持新的年龄结果（Xing et al., 2013k）。从足迹分布可以看出，在白垩纪露头较好的区域，如兰州－民和盆地、四川盆地、山东地区，白垩纪恐龙足迹点相对要密集得多，这也是我们重点关注的对象。

### 1.4.1 中国北部（华北与东北）

中国华北与东北地区的中－晚侏罗世的燕辽生物群（Yanliao Biota）和早白垩世热河生物群（Jehol Biota）是近十几年来古生物学研究的热点，这很大程度上要归功于这里发现的保存完美的带毛恐龙、被子植物、原始哺乳动物等化石（Zhou and Wang, 2010; Pan et al., 2013）。燕辽生物群和热河生物群在晚侏罗世－早白垩世发生演替（Zhou and Wang, 2010）。需要注意的是，在热河生物群出现之前，燕辽生物群90%的生物已经灭绝（Ji et al., 2004），而这两个生物群过渡的时期，恰好与土城子组形成的时间是一致的（Xu et al., 2014）。因此，土城子组的恐龙动物群对区域生物群演化有着重要的意义。最新的SHRIMP锆石U-Pb测年表明，土城子组的时代为154—137 Ma，从晚侏罗世的Kimmeridgian–Tithonian到早白垩世的Valanginian（Xu et al., 2014）。

土城子组覆盖的华北与东北地区，其恐龙足迹研究历史相当悠久，其中的 *Grallator ssatoi*（= *Jeholosauripus s-satoi*）是中国第二个被命名的恐龙足迹（Yabe et al., 1940; Matsukawa et al., 2006）。此后，学者又在康家屯、南八家子、赤城、尚义等地发现了大量非鸟兽脚类足迹（如 Fujita et al., 2007; Sullivan et al., 2009; Xing et al., 2009a, 2011c, 2012a; Xing et al., 2014d）以及鸟类足迹 *Pullornipesaureus*，这可能是亚洲最古老的鸟类足迹之一（Lockley et al., 2006b）。位于北京的延庆世界地质公园内发现了大量蜥脚类和兽脚类足迹，以及可能的小型鸟脚类足迹（Zhang et al., 2012; Xing et al., 2015f）。

大部分带毛恐龙都来自义县组和九佛堂组，这些层位的足迹极其稀少。Matsukawa et al.（2014a）究其原因，认为是沉积相不够稳定，无法保留足迹。Xing et al.（2009c）描述了来自辽宁省北票市四合屯的3个保存良好的兽脚类足迹 *Grallator* isp.。这是目前热河生物群唯一的恐龙足迹记录。

### 1.4.2 中国北部（内蒙古）

鄂尔多斯盆地总面积37万平方千米，是中国第二大沉积盆地，其行政区域横跨陕、甘、宁、蒙、晋五省（区）。1979年，中国沙漠研究所的学者在内蒙古鄂托克旗查布地区发现了大批恐龙足迹（Gao et al., 1981）。1984年，内蒙古博物馆和日本福井县立恐龙博物馆对其中的7号点进行了详细测量和发掘，并在2006年简要描述（Azuma et al., 2006）。

查布地区的全面研究主要由北京自然博物馆进行，并于1984年、2000年和2002年进行了详细的考察。考察共发现了至少17个足迹点（Li et al., 2009; Li et al., 2011），分布在200—300平方千米的范围内，这些足迹绝大多数来自同一个层位——下白垩统志丹群泾川组。

目前，查布地区的下白垩统详细记录了1500多个恐龙足迹和100多个鸟类足迹。所有足迹点都保存有兽脚类足迹；蜥脚类足迹出现在5号点、6号点和8号点；鸟类足迹出现在1号点、4号点、5号点和15号点。足迹类型以蜥臀类足迹为主，包括非鸟兽脚类足迹 *Chapus*（Li et al., 2006）、*Asianopodus* 和 *Grallator*-like（Li et al., 2011）；鸟类足迹 *Tatarornipes chabuensis*（Lockley et al., 2011）以及蜥脚类足迹 *Brontopodus birdi*（Lockley et al., 2002a）。

有趣的是，Li（2012）认为查布地区发现了目前世界上跑得最快的恐龙，其奔跑速度达到43千米/小时。此外，通过对足迹所代表的恐龙类群的分析，得出了查布地区属于半干旱的湖泊环境。

### 1.4.3 中国东部（山东省和江苏省北部）

山东省是中国恐龙研究的重要省份，部分足迹点沿马陵山脉延伸到江苏省最北部。山东省中生代晚期沉积中发现了大量恐龙骨骼化石（Hu, 1973）、足迹化石（Young, 1960）和蛋化石（Chow, 1951）。除了上侏罗统三台组零星产出的足迹外（Li and Zhang, 2002），山东省的恐龙足迹化石主要赋存于下白垩统的两个层位，即下白垩统下部莱阳群（130—120 Ma）和下白垩统上部大盛群（110—100 Ma）（Kuang et al., 2013）。

莱阳群最早的足迹记录是 *Laiyangpus liui*（Young, 1960），但被错误地归入兽脚类足迹，后重新研究则认为是由鳄类（crocodylian）留下的（Lockley et al., 2010b）。该足迹点后来还发现了鸟足迹 *Tatarornipes*（Lockley et al., 2011）。莱阳群最大规模的足迹群是诸城的黄龙沟足迹点，在同一个层面上发现了2000余个足迹，包括大量 *Paragrallator yangi*（cf. *Grallator*）足迹、独特的兽脚类足迹 *Corpulentapus*（Li et al., 2011; Lockley et al., 2012c）、蜥脚类足迹和中国首次发现的龟足迹（Lockley et al., 2012d）。莱阳群的另一个足迹点，即墨的闻馨园足迹点则发现了翼龙足迹和兽脚类足迹（Xing et al., 2012b）。

大盛群的恐龙足迹主要分布于沿江苏省西北—山东省中部北北东走向（诸城—莒南—临沭—郯城一线）的沂沭断裂带的区域。目前已经描述的大盛群（以田家楼组为主，Barremian–Albian Kuang et al., 2013）足迹点包括诸城的张祝河湾足迹点（Xing et al., 2010a）、棠棣戈庄足迹点（Wang et al., 2013a; Xing et al., 2015l）、莒南的后左山恐龙公园（Li et al., 2005a, b, 2007, 2015; Lockley et al., 2007, 2008a）、临沭岌山足迹点I—VIII（Xing et al., 2013k）、东海的山左口足迹点（Xing et al., 2010b）、郯城的北蔺足迹点（Wang et al., 2013b; Xing et al., 2015k），以及郯城清泉寺足迹点（Xing et al., in press d）。其中最重要的足迹点是后左山恐龙公园和临沭岌山足迹点。前者在多个层位上发现了各种足迹，包括大型和小型驰龙类足迹，分别为 *Dromaeopodus* 和 *Velociraptorichnus*（Li et al., 2007, 2014）；极小的兽脚类足迹 *Minisauripus*（Lockley et al., 2008a）；独特的地栖性鸟类的足迹 *Shandongornipes*（Lockley et al., 2007）以及常见的、典型的鸟类足迹（*Koreanaornis*）；此外还有鸟脚类足迹。临沭岌山发现了蜥脚类足迹（*Brontopodus*）、驰龙类足迹（cf. *Dromaeosauripus*）、三趾型兽脚类足迹和可能属于鹦鹉嘴龙类（psittacosaur）的足迹（Xing et al., 2013k）。

综上所述，山东足迹点群落构成了中国多样性最强的足迹动物群之一。

### 1.4.4 中国西南部（四川与重庆）

中国西南部的中生代沉积以四川盆地为代表。此前，四川盆地的恐龙演化记录主要体现在侏罗纪时期，其特征体现为仅有零星化石的早侏罗世原蜥脚类（基干蜥脚类）动物群，繁荣的中侏罗世蜀龙动物群和晚侏罗世马门溪龙动物群（Peng et al., 2005），而晚三叠世和白垩纪的骨骼化石记录几乎是空白。直到较少的晚三叠世足迹以及丰富的白垩纪足迹被陆续发现后，四川盆地的恐龙演化序列才显得完整。因此，中国西南部的白垩纪恐龙足迹记录非常重要，其主要分布于四川盆地的夹关组。

夹关组的首例恐龙足迹发现于峨眉的幸福崖，这个足迹点非常小，足迹来自层位不明的垮塌物层面上，但此处首次记录了著名足迹属 *Minisauripus* 和 *Velociraptorichnus*，以及新足迹种 *Aquatilavipes sinensis* 和 *Grallator emeiensis*（Zhen et al., 1994）；此外还包括了鸟脚类足迹 *Iguanodonopus*，但随后被认为是无效名（Xing et al., 2009d; Lockley et al., 2013）。夹关组另一个非常重要的足迹点是重庆綦江的莲花保寨足迹点，此地曾是宋朝军队抗击蒙军的山寨，在山寨的地面发现了完好保存的鸟脚类足迹 *Caririchnium*、大型鸟类足迹 *Wupus* 和蜥脚类幻迹等（Xing et al., 2007）。

### 1.4.5 中国西北部（甘肃）

甘肃省的足迹记录主要集中在中部的兰州-民和盆地，以及西北部的酒泉地区。前者有两个规模宏大的足迹点，即盐锅峡一号与二号足迹点，展示出极好的多样性，包括了三趾和两趾型兽脚类足迹；后者包括了在中国发现的首例 *Dromaeosauripus* 足迹（*D. yongjingensis* Xing et al., 2013b），此外还包括大型的蜥脚类足迹、鸟脚类足迹、中国首例翼龙足迹 *Pteraichnus yanguoxiaensis*（Peng et al., 2004; Zhang et al., 2006）和鸟足迹（cf. *Aquatilavipes*）。兰州-民和盆地的其他足迹点，主要在中铺地区，以兽脚类足迹、蜥脚类的凸型足迹为主（Xing et al., 2014i, 2015b）。

酒泉地区的恐龙足迹数量较少，主要由鸟脚类与蜥脚类组成，可以与同地区发现的巨龙型类（You et al., 2003; You and Li, 2009a）和禽龙类（You and Li, 2009b）骨骼化石相对比。

### 1.4.6 中国西北部（新疆）

准噶尔盆地是新疆最重要的大型中生代陆相盆地，该盆地中生代地层发育且出露广泛，一直以来都为地层古生物学研究者所关注（Jia et al., 2009）。白垩系主要出露在准噶尔盆地南缘和西北缘的吐谷鲁群（Jia et al., 2009; Xing et al., 2011a）。近年来，该盆地有两个重要的四足类足迹点被详细描述。第一个是乌尔禾足迹点，足迹组合多样性强：非鸟兽脚类（cf. *Jialingpus* isp.、*Asianopodus* isp. 和 *Kayentapus* isp.）、鸟类（*Koreanaornis dodsoni*、*Goseongornipes* isp.、*Aquatilavipes* isp. 和 *Moguiornipes robusta*）、覆盾甲龙类（*Deltapodus*）、翼龙类（*Pteraichnus* isp.）、龟类（cf. *Chelonipus* 或 cf. *Emydhipus*）（Xing et al., 2011a, 2013e, h, 2014f; He et al., 2013）。其中，*Deltapodus curriei* 是中国首例白垩纪 *Deltapodus* 的记录（Xing et al., 2013h）。另一个足迹点是沥青矿足迹点，虽然规模不大，但仍展示了较强的多样性，发现了包括非鸟兽脚类、鸟类和翼龙类足迹，其足迹类型与乌尔禾足迹点类似（Xing et al., 2013e）。新疆地域辽阔，今后很可能会在准噶尔盆地发现更多的足迹点。

## 1.5 研究内容与方法

### 1.5.1 存在问题

**1. 描述缺失**

如果以 2007 年为界，大量新发现的恐龙足迹点以及更早前记录的老足迹点目前都尚未具体描述。老足迹点的测量数据和统计多数由区调队或地矿勘探人员完成，这些研究者并无足迹学的研究背景，而出于更可靠的区域对比的考虑，所有足迹都需要以统一的方法来重新测量和统计。

以甘肃兰州–民和盆地的足迹点为例，足迹从发现至今，已经暴露了约 15 年，除了一号点在保护棚之内，其他足迹点都在露天（或回埋），自然风化在所难免，一些较浅的足迹如今已难以辨认。因此，对这些足迹进行全面研究已经非常迫切。

而在中国西南的夹关组和飞天山组地层，2012 年开始陆续发现多个新的足迹点，其中一个足迹点的足迹数量可能超过 300 个，并发现了东亚最长的兽脚类行迹。所有这些足迹都急需详细描述与对比。

## 2. 种属混乱与对比匮乏

种属的建立、分离、合并是古生物学恒远的话题。由于历史的原因，中国大量的足迹属，尤其是兽脚类足迹属需要重新厘定。在1980年代至1990年代的研究中，一些研究者明显忽略了沉积因素对足迹形态的影响，而过分强调足迹的形态，比如趾间角的差异，在范围极小的足迹点命名了多个新的兽脚类足迹属。这些属的有效性存在严重的问题，需要重新厘定。Lockley et al.（2013）第一次整理了这些足迹属，在其归并前，中国中生代的四足类足迹有63个足迹种（三叠纪1个，侏罗纪28个，白垩纪34个），其中高达83%（52个）的足迹种属于单特异性（monospecific）的足迹属。归并之后，原先53个恐龙的足迹属被归并了17个，余下36个有效属，而即便是余下的这些有效属，也有进一步讨论的空间。此外，2012年之后新命名的一些属种也需要再进一步对比和讨论。

## 3. 层位不准

在同位素测年方法引入中国之前，中国各地层的时代大多是通过古生物及其组合来判断的，常用的生物地层学分子包括叶肢介、介形虫、孢粉、双壳类和昆虫，一些植物和脊椎动物化石也偶尔用之，但只能提供大尺度的生物地层对比。

Zhou et al.（2009）认为，除了化石的准确分类和对比、研究程度有差异，世界各地相关陆相地层缺少可靠的年代学数据的因素外，各古生物门类演化的扩散速率也存在较大的差异。对比同位素测年法，生物地层研究给出的地质时代经常出现较老或较新的偏差。比如，华北土城子组的生物地层时代明显比同位素测年结果要老（Xu et al., 2014）；在热河生物群，研究叶肢介和昆虫的学者普遍持有地层较老的观点，而研究介形虫、孢粉、双壳类的学者则持有地层较新的观点（Zhou et al., 2009）。

近几十年来，同位素地质年代学得到了快速发展，从20世纪中期的U-Th-Pb法、K-Ar法和Rb-Sr法，到晚期的Ar-Ar法、Sm-Nd法、(U-Th)/He法和Re-Os法，再到21世纪的Lu-Hf法，这些都为探讨地球演化过程中的重大地质事件、古环境变化和生物群演化等提供了重要的年代学信息（Ames et al., 1993; de Sigoyer et al., 2000; Liu et al., 2013; Xu et al., 2014）。

中国白垩系海相地层仅有限分布于新疆、西藏、黑龙江，以及台湾等省（区）（Wan et al., 2008）。相比之下，我国白垩纪陆相地层则充分发育。但是，由于陆相环境巨大的差异性，陆相生物地层、岩石地层对比的难度很大，不确定性增多。

因此，如何准确确定地质年代成了困扰中国早白垩世（乃至中生代）恐龙足迹研究的棘手问题之一。比如中国西南夹关组，此前根据介形虫化石认为是白垩纪中期，而新的孢粉证据又认为是早白垩世（Xing et al., 2007）。又比如在一些地区，由于缺乏火山岩，难以进行有效的同位素年代学研究。日后的恐龙足迹点的地层学研究，应纳入到多重地层划分和研究的体系中，将生物地层对比与年代地层和古地磁学等地层学分支学科结合起来，才能取得更为准确的结果。柳永清（Liu Y Q）和旷红伟（Kuang H W）团队在山东大盛群恐龙足迹点的工作是其中一个较为成功的范例（如 Kuang et al., 2013）。

值得一提的是，一些非常特殊的恐龙足迹属，如 *Minisauripus* 似乎也可能有助于生物地层对比（如 Lockley et al., 2008a），但这些假设需要与年代地层相结合才能更好地发挥作用。

#### 4. 产地破坏与保护缺位

中国的部分恐龙足迹点受到了严重的破坏，原因是长期缺乏保护，或被采矿破坏。前者的例子是马陵山足迹点，位于山东和江苏交界处。1982 年，考古队在山左口乡发现了恐龙足迹化石，最大的一个足迹长 82 厘米，宽 27 厘米，当时被媒体认为是"神秘大脚印"。Zhen et al.（1996）认为这批足迹属于蜥脚类足迹，是中国最大的恐龙足迹。然而，直到 2010 年，这批足迹都没有被描述，而原先的足迹点已经被农田覆盖，较长的行迹只剩下一对前－后足迹。Xing et al.（2010b）首次描述了这批足迹，并多次敦促当地申报保护区，目前该区域已纳入了省级地质公园中。

采矿对足迹点造成的破坏更加严重，最典型的例子是昭觉三比罗嘎铜矿。1991 年 9 月，昭觉三比罗嘎恐龙足迹群因当地开采铜矿而暴露，1500 平方米的泥质粉砂岩层面上分布有数百个足迹，包括翼龙、蜥脚类、兽脚类、鸟脚类等。遗憾的是，在多年无人进行详细记录和研究的情况下，这批中国西南最壮丽的恐龙足迹群在 2006—2009 年之间，因人为因素与自然塌方而全部毁坏。

### 1.5.2 研究内容

本书的研究目标是第一次从整体的视角，重审中国西南部下白垩统的恐龙足迹组合。本书将研究重点放在潜力巨大的夹关组和飞天山组，以其中保存最好的一批足迹为重点，以点带面，考察、整理、重审该地区下白垩统的恐龙足迹，并对足迹群进行系统研究，挖掘其中关于古动物群构成、古生物地理分布、古生态、古环境等方面的信息。主要的研究内容包括：（1）恐龙足迹动物群构成；（2）恐龙足迹的形态学特征；（3）恐龙足迹的形成以及其与基底的关系；（4）恐龙足迹点的沉积与古环境；（5）造迹者社会性构成；（6）造迹者的行为学；（7）与同时代足迹动物群、骨骼动物群之间的对比。

伴随早白垩世东亚地区和世界其他地区地理隔绝的消失（Enkin et al., 1992; Zhou et al., 2003），东亚地区脊椎动物群和世界各地的交流十分广泛，这给利用脊椎动物化石进行洲际生物地层对比奠定了基础。作为骨骼化石的重要补充，恐龙足迹也完全可以进行类似的生物地层对比。因此，我们在整理中国材料的基础上，将西南地区白垩纪恐龙动物群与国外同时代的、典型的恐龙动物群相对比，研究古动物群之间的同与异，其结论将有助于研究同时代古动物的迁徙、演化等规律。

四川盆地（乃至中国西南地区）的白垩纪恐龙动物群尤其重要，因为虽然盆地内的侏罗纪恐龙动物群很发达，但白垩纪几乎没有骨骼化石记录，足迹化石成为唯一可了解四川盆地恐龙动物群的途径。这些足迹化石可以重建四川盆地的白垩纪恐龙动物群，并揭示四川盆地侏罗纪–白垩纪恐龙动物群的演化规律。

### 1.5.3 研究方法

邢立达主导的科研团队对中国西南片区恐龙足迹的研究始于 2007 年，并于当年描述了重庆綦江莲花足迹群。此后，团队陆续与各地合作，成系统地研究恐龙足迹。2013 年确定了本项目的技术路线，对各地展开详尽地考察。项目经费主要来自中国地质大学（北京）2013 年度、2015 年度研究生科技创新扶持奖励基金，以及重庆市綦江区国土资源和房屋管理局的特别资助。研究区各相关部门也对本研究给予了大力支持。

早期的工作包括：收集与项目相关的文献和书籍，整理前人的地质图幅，形成后期野外工作的基础。这些收集的资料包括：中生代恐龙足迹文献，夹关组、飞天山组相关的构造背景、沉积环境以及年代分析资料。重庆市綦江区国土资源和房屋管理局，四川省地调院，四川、重庆等地的地质队为笔者提供了多套早期原始资料。

值得一提的是，从 2013 年开始，笔者与中国国家登山队、泸州市山地救援队等专业的登山队合作，在西南地区通过攀岩和岩降（图 1-7），获取了大量以往由于技术限制而难以获取的第一手足迹数据。

在野外考察过程中，先弄清区域地层的划分，确定足迹的层位、岩性，绘制地质剖面图，并对保存足迹的沉积岩进行取样。记录沉积岩中的层理、波痕、泥裂，以及层面上的遗迹化石，并采样、拍照、测量。清扫足迹面之后，用粉笔画出轮廓，并用统一的方法，测量本项目涉及的所有恐龙足迹，通过这些第一手数据，在室内详细分析恐龙足迹的形态学特征。

绝大多数足迹点都用透光性较好的乙烯–醋酸乙烯共聚物（ethylene-vinyl acetate copolymer, eva）棚膜切割后平铺在足迹面上，临摹全部足迹，绘制足迹分布图。对某些保存极好的足迹，则用透明塑料膜（transparent acetate film）临摹，再用乳胶（latex）翻模，并在室内用树脂或石膏做成模型。足迹分布图和部分采集的足迹保存在重庆市綦江区国土资源和房屋管理局、四川地质调查院、自贡恐龙博物馆、中国地质大学（北京）和北京延庆世界地质公园管理处；特写塑料膜、乳胶模和模型主要收藏于美国科罗拉多大学（丹佛）和中国地质大学（北京）。

在考察过程中，某些保存极好或非常特殊的足迹，笔者采用专业单反相机拍摄后在 Agisoft Photoscan Professional（http://www.agisoft.ru/）中生成了三维图像（图 1-8），以帮助研究者更好地识别足迹边缘以及趾垫的细节。

第 1 章 绪 论

图 1-7 邢立达在昭觉地区通过岩降和脚手架考察恐龙足迹（摄影 / 王申娜）

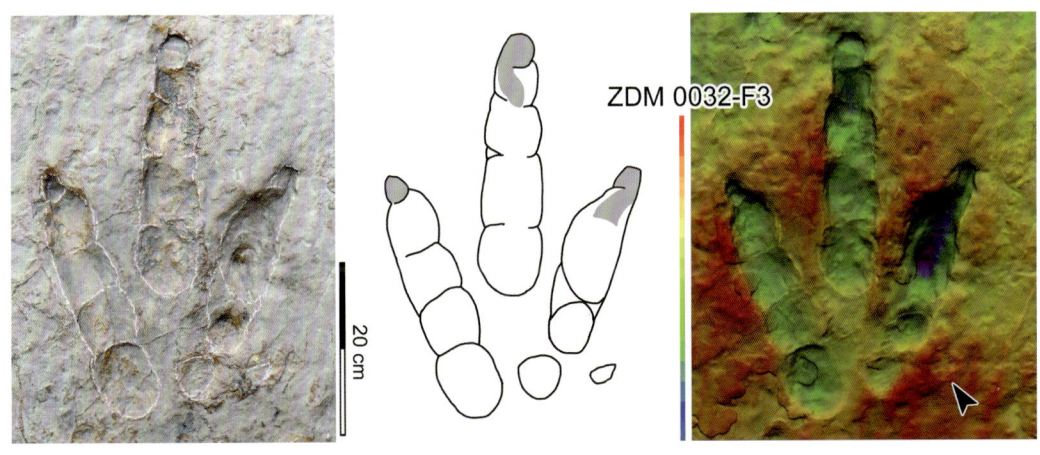

图 1-8 传统摄影、轮廓图、彩色三维图像的对比（Xing et al., 2014n）（箭头指出了此前研究中一直被忽略的第 I 趾印）

室内研究主要包括对野外数据进行整理，制成电子表格；足迹分布图和透明塑料膜经过拍照与扫描完成数字化；对西南地区标本以及全国乃至世界各地的恐龙足迹资料进行对比，鉴定足迹属种，推断造迹者的门类，并结合当地的沉积环境、地质剖面、地层序列等资料综合分析，深入细致地研究早白垩世恐龙动物群的发展和演化。

### 1.5.4 术语和测量方法

**1. 基本要素**

由于分支学科研究规模较小,恐龙足迹学术语(track terminology)可以较好地被统一。近年来最重要的关于术语与测量方法的阐述是 Marty 2008 年的博士论文(P27–42)。Richter, A 和 Manning, P.(in press)*Dinosaur Tracks, Next Steps* 中也规范了一些术语。

中国的恐龙足迹研究沿用这些术语,只是对应的中文翻译有时候并不一致。较常用的中文译法包括 Zhen et al., 1996; Li et al., 2011; Xing, 2010b。本文不再重复罗列这些术语及其解释。

本文描述足迹的各个基本要素,包括最大长度、最大宽度、趾间角、单步长、复步长、步幅角、偏角等(表 1–1),主要根据 Leonardi(1987)和 Lockley and Hunt(1995)的方法来测量。

表 1–1　足迹各要素的中英文对照与缩写

| 中文 | 英文 | 缩写 |
| --- | --- | --- |
| 左 / 右 | left/right | L/R |
| 前足迹 | manus imprint | M |
| 后足迹 | pes imprint | P |
| 最大长度 | maximum length | ML |
| 最大宽度 | maximum width | MW |
| 最大深度 | maximum depth | MD |
| 长宽比 | maximum length/ maximum width | L/W |
| 趾长 | length of digit I - V | LD I - V |
| 趾宽 | width of digit I - V | WD I - V |
| 趾间角 | divarication angle | II - IV |
| 单步长 | pace length | PL |
| 复步长 | stride length | SL |
| 步幅角 | pace angulation | PA |
| 行迹宽 | trackway width | TW |
| 偏角 | rotation of track | R |
| 中趾前凸 | mesaxony | M |
| 臀高 | hip height | h |
| 相对复步长 | relative stride length | SL/h |
| 速度 | speed | v |
| 后足三角宽 | width of the pes angulation pattern | WAP |
| 前足三角宽 | width of the manus angulation pattern | WAM |
| 前三角 | anterior triangle | AT |

续表

| 中文 | 英文 | 缩写 |
|---|---|---|
| 平均值 | mean | mean |
| 最小值 | minimum | min |
| 最大值 | maximum | max |
| 标准误差 | standard error | S-er |
| 数量 | number | N |
| 判别分析 | discriminant analysis | DA |

三趾型足迹的中趾前凸（mesaxony）是根据 Olsen（1980），Weems（1992）和 Lockley（2009）提供的方法来计算的。中趾前凸用于评估中间趾（第 III 趾）向前突出内侧趾（第 II 趾）和外侧趾（第 IV 趾）的程度。该值可通过计算足迹前三角的高度 [ 第 III 趾（不含爪印）的顶点到最长边的垂线 ] 与最长边 [ 足迹宽，连接第 II 趾与第 IV 趾（不含爪印）的远端 ] 的比而得出。

前 – 后足迹中心间距，取自前、后足迹中心点连线的距离，是四足鸟臀类与蜥脚类恐龙的测量要素之一。前 – 后足迹间距，则是后足迹前边缘与对应的前足迹后边缘之间的距离，值得注意的是，足迹的边缘易受到挤压脊（displacement rim）的影响。

根据两个连续的前、后足迹之间的复步长度可以估量出足迹的旋转角度，正数值表明足迹外旋，反之表明足迹内旋（见 Marty, 2008：图 2.11）。

足迹异度（heteropody），指的是四足动物前、后足迹的面积差异度，比如拥有较大前足迹的 *Brontopodus birdi*，该值为 1:3；而前足迹较小的 *Parabrontopodus mcintoshi*，该值为 1:4 或 1:5。需要强调的是，足迹异度高意味着小的前足迹，即较小的前、后足迹比值，如 *Parabrontopodus*；而足迹异度低意味着较大的前足迹，即较大的前、后足迹比值，如 *Brontopodus*。

趾叉（hypex）亦为一项重要的鉴定特征，指的是趾间的分叉点，也即相邻两个趾相连处的最近端点。

Marty（2008），Marty et al.（2010）量化了四足动物行迹的间距（gauge），利用了后足三角宽/后足长的比值（WAP/P'ML）和前足三角宽/前足长的比值（WAM/M'ML）。单步和复步构成了三角形，从两个单步相交的点做复步长的垂线而得出该值（Marty, 2008）。如果 WAP/P'ML =1，则后足迹可能接触行迹中线；如果 WAP/P'ML<1，后足迹将相交于行迹中线，则为典型的窄距（narrow gauge）（see Farlow, 1992）。因此，值为 1 的时候是行迹介于窄距与中距（medium gauge）的分界点；当值为 1.2 时，行迹介于中距与宽距（wide gauge）之间；当值高于 2 时，为典型的宽距。

## 2. 臀高与速度

学者对造迹者的臀部高度、行进速度的计算有着广泛的研究，主要是基于对现生动物的统计而得来的。Alexander（1976）认为恐龙的臀高为足迹长度的 3.6—4.3 倍，h=4×ML 已经被广泛应用。Thulborn（1990）提出了针对两足恐龙的更加细分的速度公式：

| 足迹长小于 25 厘米 | 小型兽脚类 | h=4.5×ML |
| | 小型鸟脚类 | h=4.8×ML |
| | 常见的小型两足恐龙 | h=4.6×ML |
| 足迹长大于 25 厘米 | 大型兽脚类 | h=4.9×ML |
| | 大型鸟脚类 | h=5.9×ML |
| | 常见的大型两足恐龙 | h=5.7×ML |

此外，Thulborn（1990）也提出了蜥脚类的臀高公式：h=5.9×ML

对于蜥脚类，Alexander（1976）最先提出了公式：h=4×ML，而后 Thulborn（1990）估计为 h=5.9×ML。根据解剖学和足迹学证据，González Riga（2011）针对巨龙类足迹提出了公式 h=4.586×ML。在具体研究中，这些公式都可以使用，但建议始终沿用一个固定的公式，以方便不同足迹点之间的对比。

相对复步长（SL/h），即复步长与臀高的比值，可用于衡量造迹者的步态，Alexander（1976）认为：

（1）行走步态（walking）　　SL/h ≤ 2.0
（2）小跑步态（trotting）　　2.9 > SL/h > 2.0
（3）奔跑步态（running）　　SL/h ≥ 2.9

速度以 Alexander（1976）提出的经典公式最为常用：$v = 0.25 \times g^{0.5} \times SL^{1.67} \times h^{-1.17}$。Thulborn（1990）认为在小跑步态下，Alexander 的公式是适用的，但提出了一个更适用于奔跑步态的速度公式：$v = [gh(SL/1.8h)^{2.56}]^{0.5}$。本文采用经典的 Alexander（1976）速度公式。

## 3. 天然三维凸型足迹

相比描述凹型（negative epirelief）恐龙足迹的论文而言，涉及天然三维凸型足迹（3D natural track casts, track fills）的论文较为稀少。但是三维凸型足迹在野外并不罕见，且其重要性越来越受到认可。在描述这些三维天然凸型足迹时，同样需要明确的术语与适用的测量方法，因为这些特殊的凸型足迹经常有着一个复杂的三维形态和特征，比如皮肤印痕、立体的脚趾和爪印，以及运动学指示，所有这些都是不易描述和测量的。

为了方便描述，我们为这一类型的足迹规范了术语，对天然三维凸型足迹的形态学明确了详细的测量方法（如长度、宽度、高度），并明确定义了其特征（如顶面、底面、趾和爪的条纹)。这些要素都标注在图 1-9 上,并以一个在 Autodesk Maya 2014 sp2 中制作的虚拟三维凸型足迹化石为对象。为了方便对比,还利用非接触式机构光三维扫描仪对盐锅峡一号点一个蜥脚类三维天然凸型前足迹进行了扫描,并同样生成了三维图像。

以下是天然三维凸型足迹各特征的定义:

长度(Length):凸型足迹的最大长度。

宽度(Width):凸型足迹的最大宽度。

高度(Depth):凸型足迹顶面和底面之间的垂直距离。

顶面(Upper surface):通常小于底面,这是造迹者脚部撤出基底之后引发的塌陷造成的。

底面(Lower surface):通常略大于或明显大于顶面。如果没有过大的脚部运动影响,那么底面可对应着造迹者脚部的真实尺寸。

条纹(进入和拔出)[Striations(entry and exit)]:常常彼此平行,可能是指/趾或皮肤纹理留下的。

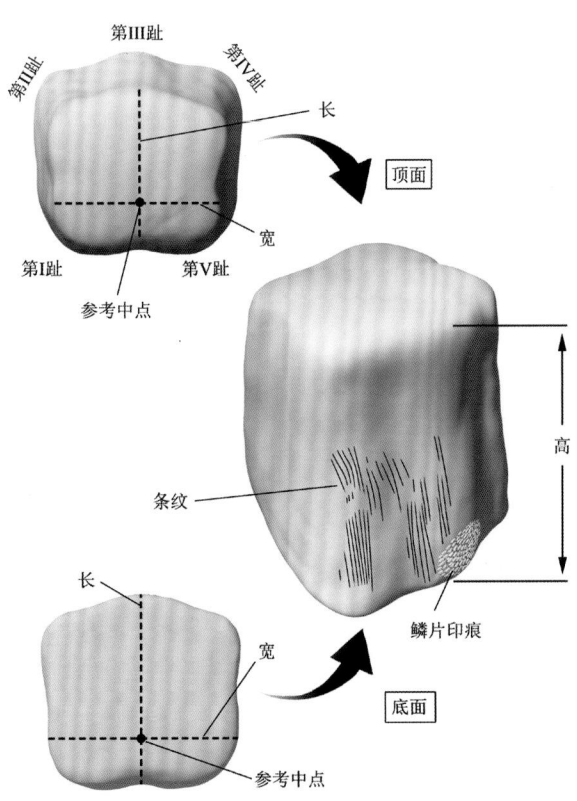

图 1-9　天然三维凸型足迹的形态学测量方法(改自 Xing et al., 2015b)

# 第 2 章

# 区域地质概况

## 2.1 米市 – 江舟盆地的下白垩统

### 2.1.1 地层的岩性与地质年代

四川省西南部地区由攀枝花市和凉山彝族自治州（州府为西昌市）组成。人们通常把这一地区称为攀西（攀枝花 – 西昌）地区。白垩系在攀西地区分布广泛，该地区最大的盆地是米市 – 江舟盆地（Luo, 1999）。根据生物地层学证据（介形类和轮藻），米市 – 江舟盆地的白垩系被划分为下白垩统飞天山组和小坝组，以及上白垩统 – 古近系雷打树组（Gu and Liu, 1997; SBGED, 2014）。在盆地内的昭觉 – 喜德地区，小坝组与其下部的飞天山组、上部的雷打树组整合接触。

飞天山组厚 216.6—617.4 米，底部为灰紫色复成分细砾状结构，砾石成分为微晶灰岩、含粉砂微晶灰岩、泥质泥晶灰岩，以及少量硅质岩；中下部以紫红色厚层 — 块状（巨层）中细粒长石石英细砂岩、岩屑石英杂砂岩为主，夹少量泥岩、石英粉砂岩、石英粉砂细砂岩；上部以紫红色钙质石英细砂粉砂岩、粉砂质泥岩、泥岩为主，夹中 — 厚层状钙质长石石英杂砂岩、厚层状钙质长石石英细砂岩。

该组砂岩单层厚一般在 0.22—1.5 米（薄 — 非常厚的岩层，*sensu* McKee and Wier, 1953），以厚层 — 块状构造为主。砂岩发育大型斜层理、平行层理、交错层理及波痕构造。整体而言，飞天山组为河流相沉积，足迹点常见大面积的波痕，这种特征曾由 Chen（1979）描述；Xu et al.（1997）则认为飞天山组的下部属于河流和湖泊三角洲相，上部属于湖泊三角洲相。

在地质年代上，学者最初将飞天山组划分到上侏罗统（CMSPSC, 1982），但根据其下部的介形类 *Minheella-Pinnocypridea* 组合与上部 *Cypridea-Latonia* 组合，前者被划归上侏罗统，后者则归入下白垩统（Wei and Xie, 1987）。Tamai et al.（2004）在讨论扬子板块的川（四川）滇（云南）断层的古地磁学时，认为飞天山组地质年龄应介于 Berriasian 与 Barremian 之间，可与四川盆地的天马山组或城墙岩群相匹配（CGCMS, 1982）。

飞天山组砂岩富含铜（Qin and Zhou, 2009），因此该组地层有多处铜矿在开采，一些恐龙足迹就是在铜矿开采过程中暴露出来的，三比罗嘎足迹点群落就是其中的典型例子。

小坝组可分为三段。小坝组一段厚 752.4—1121.9 米，下部以紫红色中层—块状细—中砂岩为主，偶夹紫红色泥岩、粉砂质泥岩、泥质粉砂岩、粉砂岩，另有少量粗砂岩；砂岩风化面多为灰黑色，新鲜面为浅紫红色，砂状结构，颗粒大小为 0.1—1.5 毫米不等，分选较好，磨圆中等，呈次圆状，胶结不太紧密，由长石、石英、岩屑组成，岩屑成分主要为砂质。该段砂岩为中层—块状构造，岩层厚度为 0.18—2 米，发育平行层理、波痕及槽状交错层理，层系厚 7—9 厘米。上部以紫红色薄—中层状粉砂岩、粉砂质泥岩为主。粉砂岩风化面为灰黑色，新鲜面为紫红色，粉砂状结构，薄—中层状构造，岩层厚度为 3—14 厘米。粉砂质泥岩风化面为灰黑色，新鲜面为鲜红—紫红色，泥状结构，粉砂占 30%—45%，发育水平层理、泥裂、雨痕及波痕等构造，细层厚度为 3—12 毫米，细层界面平直，彼此相互平行，与层面方向一致，岩石具贝壳状断口。

小坝组二段厚 799.6—835.5 米，与下伏地层小坝组一段呈整合接触，与上覆地层小坝组三段呈整合接触。岩性以紫红色泥岩、中厚层状泥质粉砂岩、中厚层状粉砂质泥岩、中厚层状粉砂岩、中厚层状钙泥质粉砂岩为主，夹厚层状细粒长石石英砂岩与厚层状含钙细粒长石石英砂岩。岩石粒度较细，由泥岩、粉砂岩组成基本层序。其中钙泥质粉砂岩发育有晶洞及溶蚀凹槽、溶蚀穴等岩溶现象。

小坝组三段厚 637—703.6 米。岩性主要为紫红色中厚层状含泥钙质石英粉砂岩、紫红色泥岩，夹少量紫红色薄—厚层状粉砂岩、紫红色粉砂质泥岩、泥质粉砂岩，偶夹少量紫红色薄—厚层状细砂岩，中部夹泥灰岩，上部夹长石石英杂砂岩。发育波痕、小型交错层理及包卷层理等沉积构造。岩石发育较多方解石晶洞，裂隙中大多充填方解石晶体。与下伏地层小坝组二段呈整合接触，与上覆地层雷打树组一段呈整合接触。

基于岩石地层学，小坝组可归入白垩纪中期或上白垩统（SBGMR, 1991），而后根据介形类和轮藻的生物地层学证据，又被归入下白垩统（Gu and Liu, 1997）。该组的沉积环境为冲积扇、河流相和湖相系统（Chang et al., 1990）。基于岩性特征，小坝组一段与四川盆地的夹关组可以互相对比（CGCMS, 1982）。

雷打树组分为上下两段。一段厚 439.1—562.4 米，底部主要为紫红色薄—中层状含泥钙质石英粉砂岩，夹少量泥岩；中上部主要为紫红色泥岩与粉砂质泥岩互层，偶夹少量中厚层状钙质岩屑石英细—粉砂岩；顶部主要为紫红色泥岩。发育方解石晶洞，岩石裂隙大多充填方解石膜。二段的厚度大于202.8米,岩性为紫红色薄 — 中层粉砂岩与紫红色泥岩,底部为紫红色中厚层状粉砂岩,偶见紫红色中 — 粗粒砂岩夹层,发育有斜层理,泥质粉砂岩中发育水平层理。

雷打树组为湖相沉积(Yao et al., 2002)。此前有一些学者根据岩石地层学将雷打树组划分到古新统 – 始新统(SBGMR, 1991; Zhang, 2009)。不过,区调队与笔者在该组发现了恐龙足迹化石,所以,雷打树组属于新生代地层这个结论显然是值得商榷的。

### 2.1.2 主要化石点一览

米市 – 江舟盆地主要的下白垩统足迹点(按发现顺序排序)包括(图2-1):

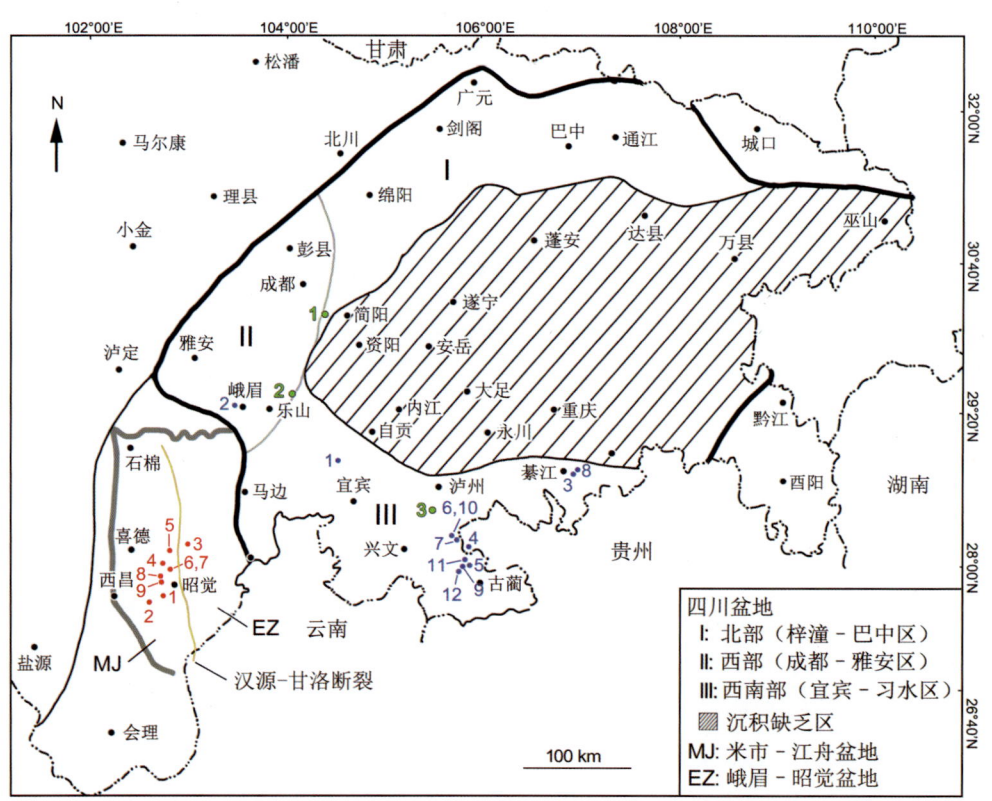

图2-1  四川盆地与米市 – 江舟盆地(属西昌盆地)主要化石点的分布

绿色点为骨骼点:1. 三星;2. 仁寿;3. 纳溪(Wang et al., 2008)

红色点为米市 – 江舟盆地足迹点:1. 三比罗嘎(3个足迹点);2. 解放沟;3. 央摩祖;4. 巴久;5. 母脚吾;6. 吉尔博石一号;7. 吉尔博石二号;8. 足谷;9. 依子

蓝色点为四川盆地足迹点:1. 官元冲;2. 川主;3. 莲花保寨;4. 宝源;5. 汉溪;6. 新阳;7. 龙井;8. 虎山;9. 石庙沟;10. 新阳二号;11. 雷背;12. 石花湾

## 飞天山组

(1)四川省昭觉县三岔河乡三比罗嘎足迹点群落(一号、二号、北二号)

(2)四川省昭觉县解放乡解放沟足迹点

(3)四川省昭觉县央摩祖乡央摩祖足迹点

(4)四川省喜德县巴久乡巴久足迹点

## 小坝组

(5)四川省喜德县乐武乡母脚吾村母脚吾足迹点

(6)四川省昭觉县博洛乡吉尔博石村吉尔博石一号足迹点

(7)四川省昭觉县博洛乡吉尔博石村吉尔博石二号足迹点

(8)四川省喜德县洛哈镇足谷村足谷足迹点

(9)四川省喜德县洛哈镇依子村依子足迹点

本文将详细描述所有足迹点。

### 三比罗嘎足迹点(一号、二号、北二号)

三比罗嘎足迹点是飞天山组最重要的足迹点,位于昭觉县三岔河乡。一号足迹点的GPS:27°51′22.70″北,102°40′56.65″东,缩写为ZJI;二号足迹点的GPS:27°51′11.45″北,102°40′47.37″东,缩写为ZJII;与其相邻的是北二号足迹点,缩写为ZJIIN(图2-2、图2-3)。

该区域露头的岩层以巨厚的砂岩、粉砂岩序列为主,粉砂岩与泥岩越向上比例越高,由砂岩、粉砂岩与泥岩组成韵律旋回。足迹化石发现在多个层面上,包括层面上凹型(concave epireliefs)的真足迹和幻迹,以及页岩或粉砂岩上被砂质沉积物填充的层面下凸型足迹(convex

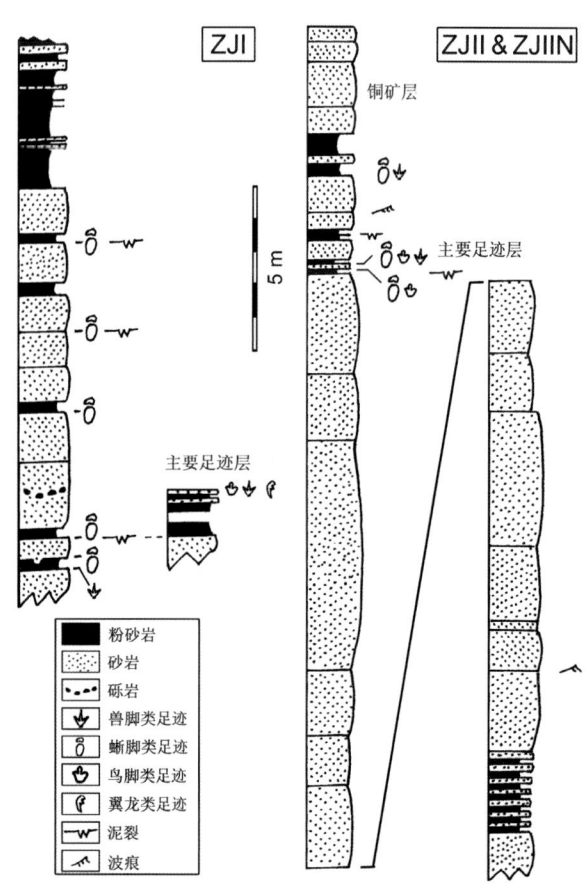

图2-2 昭觉三比罗嘎足迹点群落的地层柱状图

**图 2-3　昭觉三比罗嘎二号足迹点的岩层序列特写**

多数足迹所在的岩层暴露在厚层砂岩的顶部，砂岩上方为交替的红色泥质粉砂岩（厚 5—65 厘米）和砂岩（厚 10—130 厘米）覆盖；顶部的砂岩富含铜

hyporeliefs）。在这些地区，暴露的砂岩层延绵不绝，发现了许多足迹、波痕、泥裂，以及生物成因或非生物成因的沉积特征。

昭觉三比罗嘎足迹点普遍存在着发育的波痕和泥裂，表明当地的浅水环境和间歇性干旱状态。遗迹化石痕迹保存在泥质粉砂岩中，包括 *Beaconites* 和 *Scoyenia*。*Beaconites* 和 *Scoyenia* 的造迹者很可能是节肢动物（Graham and Pollard, 1982; Frey et al., 1984）。这两种遗迹化石都属于 *Scoyenia* 遗迹相（Yang et al., 2004），并且都是觅食迹。一般来说，*Scoyenia* 遗迹相代表了周期性暴露的地表或覆水极浅的非海相低能环境，其典型环境是河流冲积平原（河漫滩）和湖滨地区（Yang et al., 2004）。

昭觉北二号足迹点有一个特殊的构造，即层面上有一个直径约 8 米、低矮的向上凸起或拱形区域，这表明这套上覆的沉积物被部分侵蚀了（图 2-4）。现存的凸起区域属于一套砂岩层，该砂岩层填充了地史时期的洼地或古河道，使得研究区（凸起区）的初始厚度可能更大。这套砂质填充物，包括填充洼地的部分和其下的岩层后来都遭到了侵蚀，侵蚀后的表面保存有足迹和波痕。后者包括了大型舌状波痕和较小的水流波痕，都可以指示最后的水流方向。当足迹形成时，水流向东并分布在凸起区的周围，该地区可能在退潮期间才得以显露，这解释了为什么其未受侵蚀，并成了当地的地形凸起区。

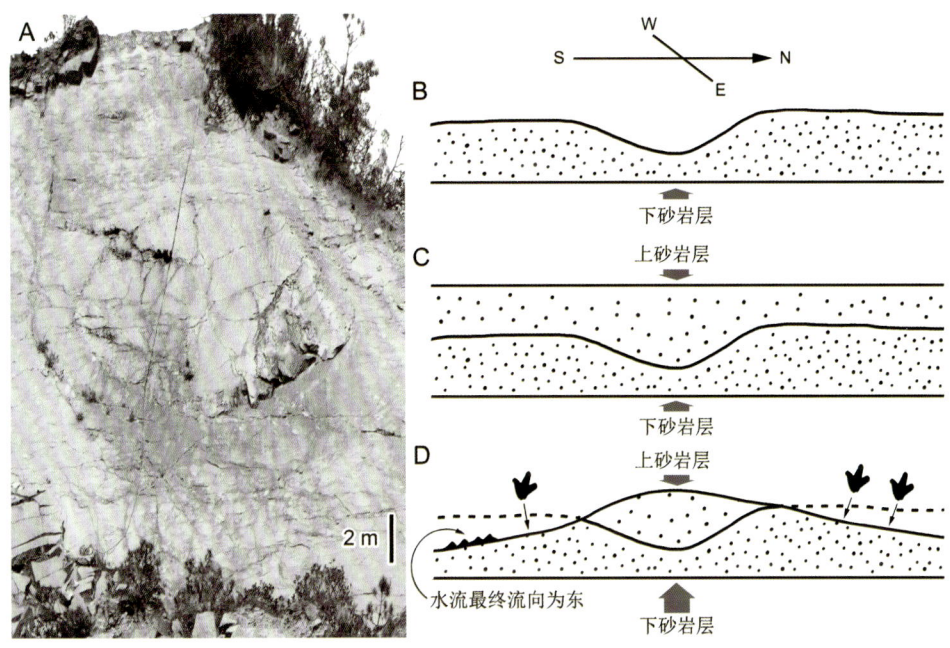

图 2-4 昭觉北二号足迹点上凸区域的照片（A）与成因（B—D）

**解放沟足迹点**

解放沟足迹点（GPS：27°48′37.00″北，102°36′24.40″东）位于昭觉县解放乡尔结得村以西阿鲁牧举的解放沟。根据当地关于西川地区（SPGB-FRGST and SPMGB-PRGT，1965）的地质调查报告（1:200 000），解放沟足迹点属于飞天山组露头的一部分。

**央摩祖足迹点**

央摩祖足迹点（GPS：28°18′17.69″北，102°46′36.82″东）处于飞天山组的最下部，与上侏罗统官沟组的顶部为平行不整合接触（图 2-5）。飞天山组下部可归为河湖三角洲相。恐龙足迹保存在紫红色中粒石英砂岩层面上，层面发育有不同种类的遗迹化石，而波痕、泥裂和雨痕暗示了当地史前的湖滨环境。

**巴久足迹点**

巴久足迹点（GPS：28°10′52.45″北，102°36′3.81″东）位于飞天山组顶部，靠近飞天山组和小坝组界限（图 2-6），足迹面的坡度约15°。露头区约80平方米，分为3个区：A、B 和 C 区，彼此间隔约 30 米。

巴久足迹点 A 区恐龙足迹的基底上保存有大量的微生物席。微生物席由一系列椭圆、长条或者新月形的凸起组成皱饰构造，保存在砂岩的顶面上。皱饰构造是最常见的

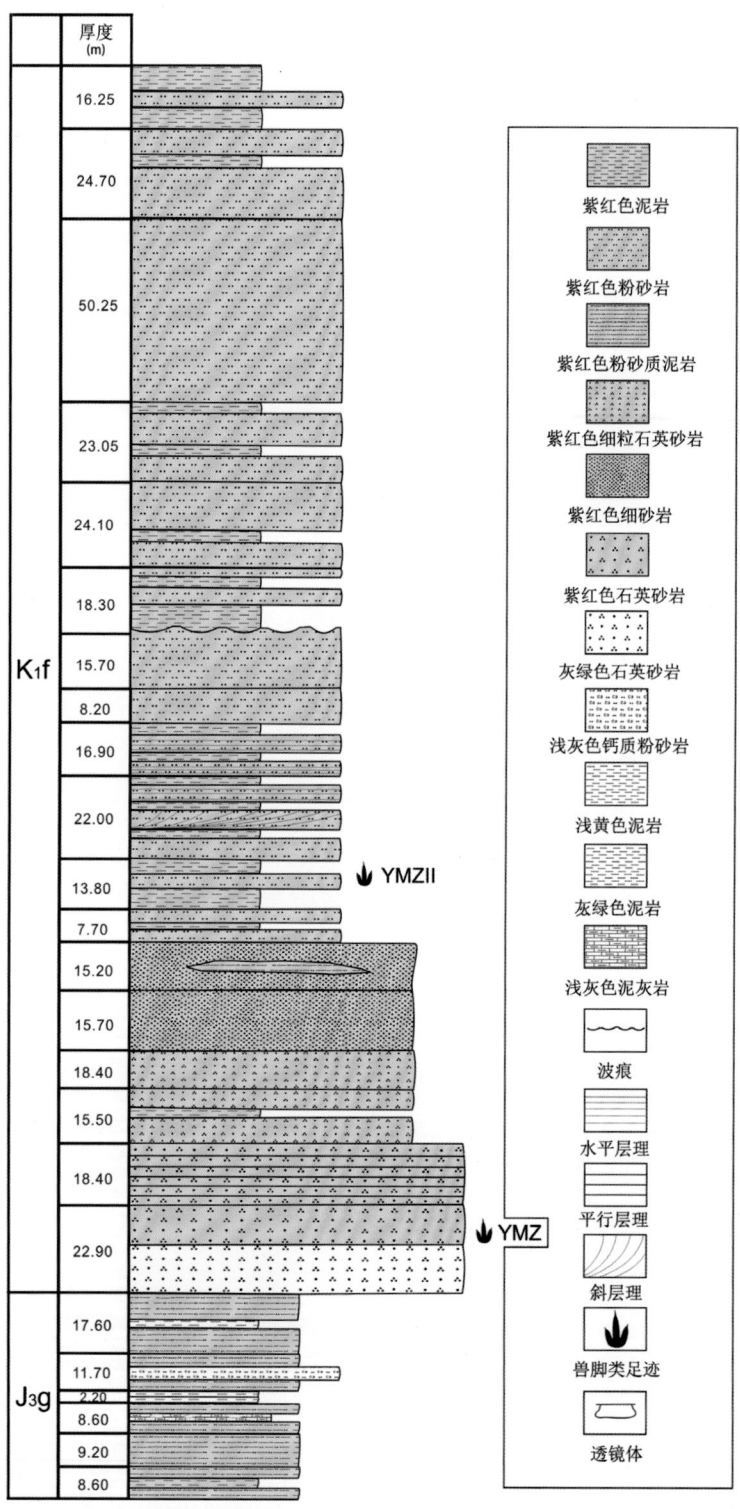

图 2-5 央摩祖足迹点的地层柱状图（$J_3g$：上侏罗统官沟组；$K_1f$：下白垩统飞天山组）

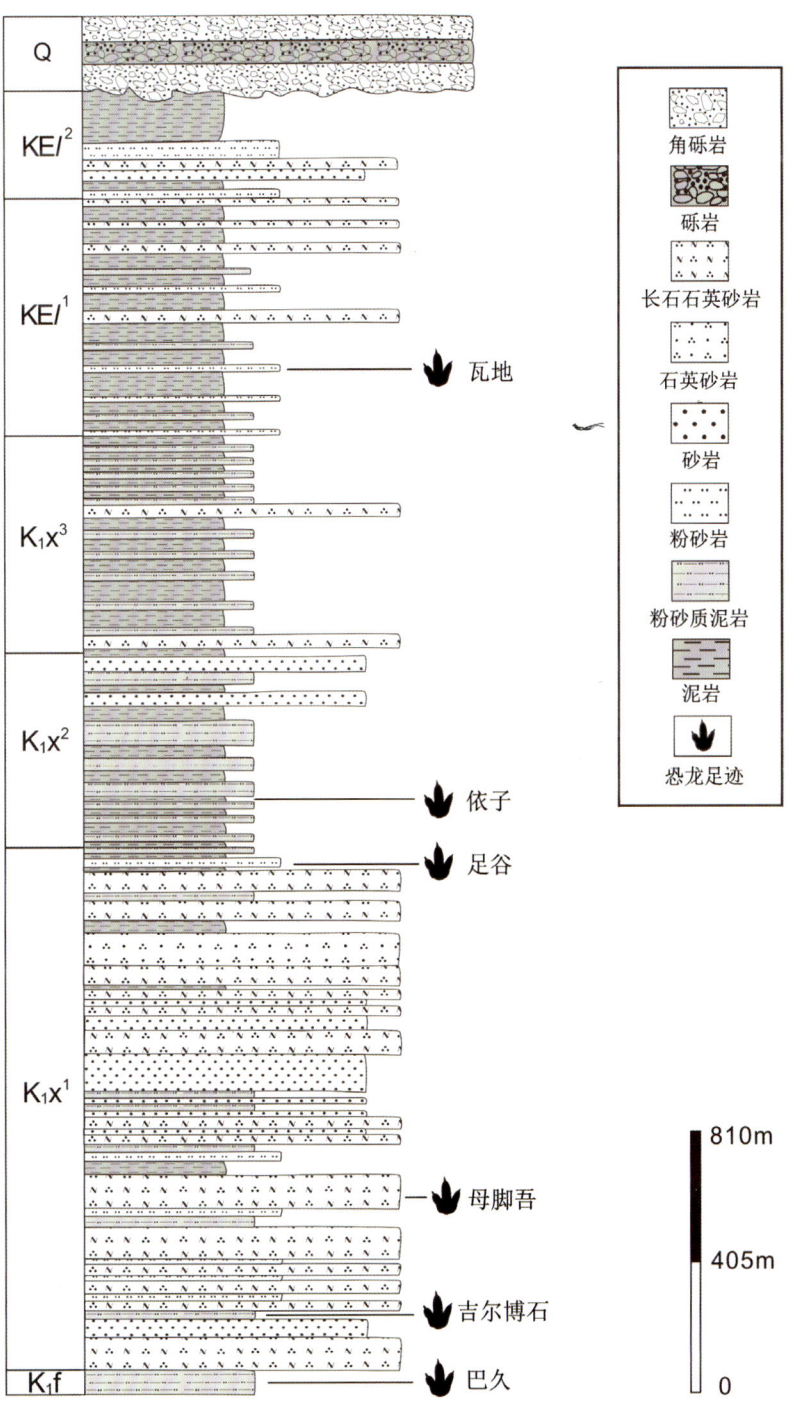

图2-6 巴久足迹点该区域其他足迹点的地层柱状图（$K_1f$：下白垩统飞天山组；$K_1x^1$：下白垩统小坝组一段；$K_1x^2$：下白垩统小坝组二段；$K_1x^3$：下白垩统小坝组三段；$KEl^1$：上白垩统–古新统雷打树组一段；$KEl^2$：上白垩统–古新统雷打树组二段；Q：第四系）

微生物成因沉积结构（Noffke et al., 2002）。对于皱饰构造的形成有过很多的解释，但几乎所有的解释都是认为这是沉积物表面保存的一层致密微生物席（Hagadorn and Bottjer, 1997; Noffke et al., 2002; Dai et al., 2015）。綦江夹关组莲花保寨足迹点和犹他州东部下白垩统 Cedar Mountain 组足迹点都有类似的特征（Lockley et al., 2014d）。

微生物席对恐龙足迹的成形有一定的影响。以 BJA-T4-R1 为例，其第 II 趾边缘可以看到由于受压而拉伸变形的皱饰构造，在第 IV 趾内部还可以看到被压实的皱饰构造，说明是在微生物席覆盖在沉积物上之后才出现恐龙足迹的。微生物席的干燥、岩化等因素有利于恐龙足迹的保存，不过，当足迹保存以后，继续生长的微生物席又可能改变足迹原始的形态，造成外形态学变化（Marty et al., 2009; Dai et al., 2015）。

### 母脚吾足迹点

母脚吾足迹点（GPS：28°17′31.00″北，102°39′2.00″东）邻近凉山州喜德县乐武乡的母脚吾村，位于下白垩统小坝组下部浅紫红色长石石英砂岩露头层。

### 吉尔博石一号足迹点

吉尔博石一号足迹点（GPS：28°6′55.13″北，102°42′38.52″东）位于凉山州昭觉县博洛乡吉尔博石村，位于小坝组一段的钙质粉砂岩露头。层面可观察到大量高度发育的波痕。足迹化石包括兽脚类和可能的蜥脚类足迹。

### 吉尔博石二号足迹点

吉尔博石二号足迹点（GPS：28°6′51.04″北，102°42′38.90″东）同样位于吉尔博石村，位于小坝组一段的浅紫红色砂岩露头。这个足迹点发现了兽脚类足迹，其中大部分都保存了延长的跖趾垫。

### 足谷足迹点

足谷足迹点（GPS：28°2′47.00″北，102°32′39.00″东）位于凉山州喜德县洛哈镇足谷村，位于小坝组二段的紫红色粉砂岩露头，这里发现了 4 个蜥脚类足迹。

### 依子足迹点

依子足迹点（GPS：28°1′55.00″北，102°32′54.00″东）位于喜德县洛哈镇依子村，位于小坝组二段的暗紫红色粉砂质泥岩露头。这个足迹点有着发育的泥裂，并发现了 12 个蜥脚类足迹。

## 2.2 四川盆地的下白垩统

### 2.2.1 地层的岩性与地质年代

四川盆地是我国最大的内陆盆地之一,也是东亚地区著名的红色盆地。在大地构造上,该盆地是中国中-新生代大型陆内构造盆地,位于扬子准地台偏西北一侧。因受到周边构造带以及众多断裂带的控制,形成一个较规则的菱形轮廓:西界为龙门山断褶带,北为米仓山隆起,东北边缘为大巴山断褶带,东南侧为鄂湘黔断褶带,南侧是峨眉山—凉山块断带。

四川盆地内出露的地层主要为中生界侏罗系和白垩系;在龙门山低山地带、川东、川南、重庆大巴山、华蓥山一带发育三叠系。从上三叠统至白垩系,四川盆地的沉积物分布广泛,总厚达 1500—4700 米,其沉积连续,层序完整,并蕴藏着丰富的脊椎动物化石。

从震旦纪到新近纪,四川盆地经历了多次构造运动。震旦纪—三叠纪中期,四川地台一直位于古特提斯海东侧滨海地区,地台西边为龙门山岛链。三叠纪晚期发生的强烈地壳运动——印支运动,使得西边的龙门山岛链逐渐隆起成山地,四川地台也整体抬升,海水逐渐退却,中央地带成为地势低平的内陆湖泊,这就是所谓的"古巴蜀湖"。至此,四川盆地的轮廓基本形成,同时也结束了海相沉积的历史。

侏罗纪时期,四川盆地的范围比现在大得多。北以大巴山地为界,西北以龙门山地为界,南方延伸至黔中一带,西南方与滇中盆地相连,东南方延伸至鄂西,构成一个巨大内陆沉积盆地。到侏罗纪末期,盆地格局发生了明显的变化,南部、中部及东部抬升为高地,成为剥蚀区,盆地向西北方向不断收缩,气候日趋干燥,此后进入白垩纪。

四川盆地的白垩系占盆地面积的 40%,主要分布于盆地的北部、西部及南部,川东南也有零星分布,中部及东部缺失。这套白垩系以巨厚的红色陆相碎屑岩为特征,厚逾千米,最厚可达 3000 米以上。根据白垩系的发育程度、岩相及古生物面貌的差异,可以将盆地划分为梓潼-巴中、成都-雅安、宜宾-习水三个区(CGCMS, 1982)。

梓潼-巴中区:包括了盆地西北及北部广大地区,西界大致在德阳—金堂一线。本区仅发育下白垩统中下部,称城墙岩群,自下而上可分为苍溪组、白龙组、七曲寺组和古店组,这套沉积物以河流相碎屑岩为主。

成都-雅安区:包括了盆地西南部,东界大致在德阳—金堂—仁寿—乐山一线。此区白垩系发育较齐全,包括了下白垩统的天马山组、夹关组以及上白垩统的灌口组。本区的白垩系为河流相、湖泊相,局部有风成沉积。

宜宾-习水区:包括了盆地南部。而黔北、滇东北白垩系也隶属该区。该区缺失下白垩统中下部沉积,而下白垩统上部和上白垩统较为发育,自下而上分别为窝头山组、打儿凼组、三合组、高坎坝组。沉积物主要为河流及风成相交替沉积的碎屑岩。

四川盆地的白垩纪恐龙足迹主要分布在广义的夹关组,即成都-雅安区的夹关组(狭义)以及宜宾-习水区的窝头山组与打儿凼组。近年来,诸多研究和区调报告都已经将成都-雅安区的岩序用在宜宾-习水区。因为,从地层层序及岩性来看,窝头山组、打儿凼组与夹关组相当。两者均位于蓬莱镇组之上,岩性也相同,均为一套巨厚砂岩,具有十分典型的大型交错层理。总的来说,窝头山组与夹关组下部可互相对比,打儿凼组则对应着夹关组的中上部。

1955年,西南地质局519队根据邛崃县夹关场观音崖剖面命名了夹关组(最初称之为"夹关层")。该组以邛崃县夹关剖面为代表,岩性以棕红、紫红色厚层,细—中粒长石砂岩、长石石英砂岩为主,夹少量泥岩及泥质粉砂岩,局部不等厚韵律互层,底部为紫红色砾岩及含砾砂岩,含少量介形类化石,正型层厚380米左右,与下伏天马山组或蓬莱镇组平行不整合,与上覆灌口组整合接触。总的说来,夹关组以砂岩为主,夹少量泥、页岩,一般具有厚度不等的底砾岩,岩性相当单调,是盆地内白垩系的重要标志层。

根据四川省地质局航空区域地质调查队(Sichuan Provincial Bureau of Geology aviation regional Geological Survey team, 1976)的重测,夹关组可分为上段和下段,下段厚211—405米,长石石英砂岩夹多层泥岩,底部为0—10米的砾岩,顶部为2—10米厚的泥岩;上段厚345—1000米,长石石英砂岩夹薄层或透镜状的泥岩,发育着交错层理、泥裂、雨痕、不对称波痕。Chen(2009)认为下段的底部为冲积扇,中上部为辫状河沉积,上段为一套曲流河夹少量辫状河沉积,形成于热带或亚热带的半干旱半潮湿气候环境。

关于夹关组的地质年龄,学者们经过了多次讨论。

1972年,四川省地质局第二区调队将四川盆地西部地层层序划分为夹关组、下灌口组和上灌口组,并将夹关组和下灌口组归于下白垩统,上灌口组归于上白垩统。

1977年,四川省地质局航空区域地质调查队测绘了1:20万綦江幅(H-48-XXIX),将灌口组归于下白垩统,夹关组归于上白垩统。

1983年,李玉文等通过介形类的研究,将夹关组的下部归入下白垩统,中、下部归入白垩纪中期,上部归入上白垩统(Li et al., 1983)。

1984年,郝诒纯等在《中国地层典》中将夹关组定为白垩纪中期(Hao et al., 1984、2000)。

1995年,李元林通过电子自旋共振测年(ESR)测得夹关组的年龄在117—85 Ma之间,主要在117—92 Ma之间(Li, 1995)。

1998年,苟宗海根据1:5万区域地质调查结果将其定为白垩纪中期(Gou, 1998)。2001年,苟宗海和赵兵根据电子自旋共振测年(ESR)的结果,认为夹关组是跨统的岩石地层单元,地层相当于140—85 Ma(Valanginian–Santonian Gou and Zhao, 2001)。

最新的孢粉研究则表明,夹关组年代介于100.5—145Ma(Barremian–Albian Chen,

2009),本文采用此种观点。

### 2.2.2 主要化石点一览

夹关组主要的足迹点包括(按发现顺序排序)(图2-1):
(1)四川省宜宾市观音镇官元冲足迹点
(2)四川省峨眉山市川主足迹点
(3)重庆市綦江区莲花保寨足迹点
(4)贵州省赤水市宝源足迹点
(5)四川省泸州市古蔺县桂花乡汉溪足迹点
(6)四川省泸州市叙永县大石乡新阳足迹点
(7)四川省泸州市叙永县大石乡龙井足迹点
(8)重庆市綦江区虎山足迹点
(9)四川省泸州市古蔺县桂花乡石庙沟足迹点
(10)四川省泸州市叙永县大石乡新阳二号足迹点
(11)四川省泸州市古蔺县桂花乡汉溪村雷背足迹点
(12)四川省泸州市古蔺县桂花乡田坝村二组石花湾足迹点
本文将详细描述除了官元冲和宝源足迹点之外的所有足迹点。

**川主足迹点(新)**

川主新足迹点(GPS:29°36′12.75″北,103°26′33.14″东)位于峨眉山市西北部,距市区6千米,属于夹关组的核心区,足迹产于夹关组中部砖红色细砂岩层面上。

**莲花保寨足迹点**

莲花保寨足迹点(GPS:29°1′11.62″北,106°45′26.20″东)位于四川盆地东南缘、重庆市綦江区东22千米处三角镇红岩村陈家湾后山的山腰,位于一套暗紫红色石英砂岩中。该区域的岩层露头厚度超过700米,主要包括了上侏罗统蓬莱镇组(厚约340米),下白垩统夹关组(厚390米),以及集中分布在河流两岸、山坡的第四系松散层(图2-7)。莲花保寨夹关组的岩性为浅紫红色厚层砂岩、浅紫红色薄层泥岩和粉砂岩层互层而成,底部则为厚层砾岩,暴露于莲花保寨近乎垂直的悬崖上。保存足迹和皱饰构造的岩层位于夹关组下段距离底部30—40米的紫红色石英砂岩上。这些岩层近乎水平,自然力侵蚀了较软的粉砂岩和泥岩,形成了凹槽内陡峭的垂直面。主要的足迹层(QI层和QII层)构成了凹槽,也就是莲花保寨主体区的地面,其他保存足迹的岩层(QIII—QVII层)位于地面以上的层位。

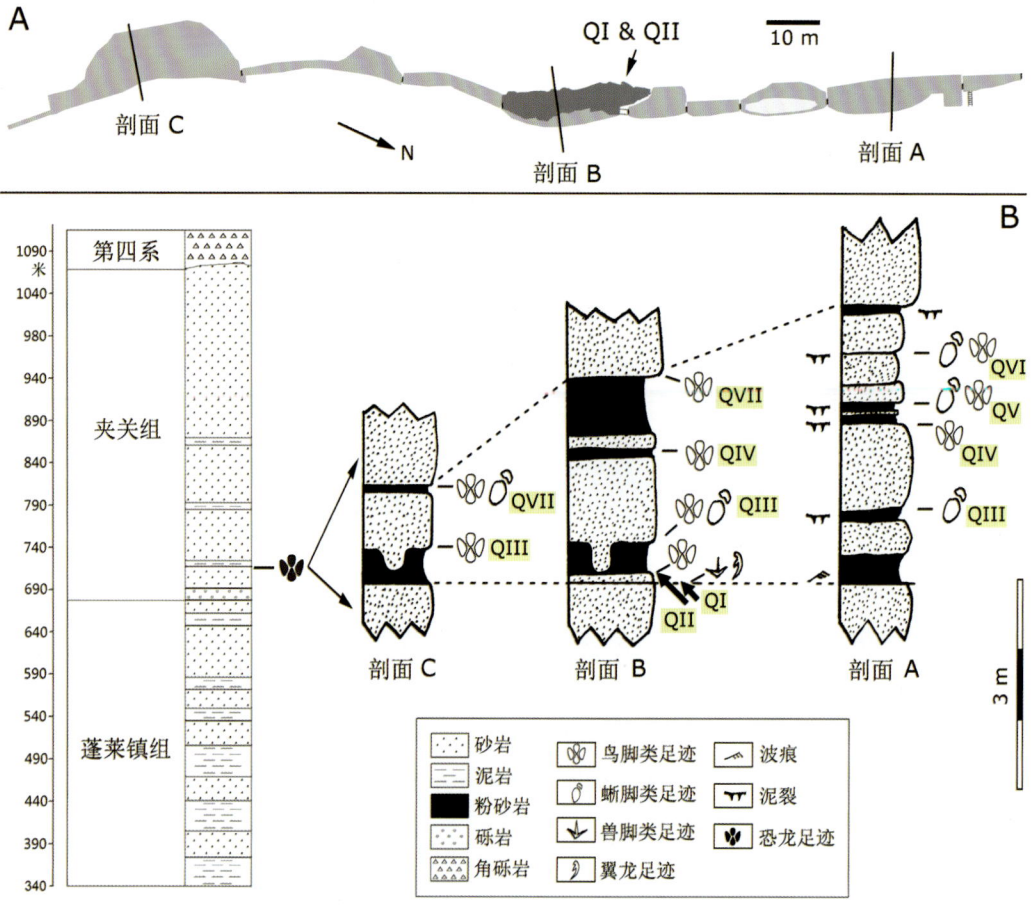

图 2-7 莲花保寨足迹点平面图（A）和地层柱状图（B）

莲花保寨下白垩统夹关组沉积物的整体成熟度较高，磨圆较好，成分以石英、长石（主要为钾长石）为主，含少量岩屑和灰岩。沉积物粒度在垂向上具有明显的下粗上细的分区。多种层理构造发育于紫红色砂岩层内，包括包卷层理、板状和楔状交错层理、波状层理和平行层理。许多砂岩为透镜体，包含了冲裂的下层粉砂岩和泥岩碎屑。一些砂岩层面发育有波痕、泥裂等构造。

Dai et al.（2015）对莲花保寨地层岩石样品做了砂岩粒度分析，研究区沉积物的概率累积粒度曲线呈二段式，由斜率中等的跳跃总体和斜率低的悬浮总体组成，并以跳跃总体为主，截点位于 3—3.5Φ。以上证据表明莲花保寨足迹群的沉积环境为曲流河。

莲花保寨足迹点保存了许多遗迹化石，包括 *Scoyenia gracilis* White, 1929; *Beaconites antarcticus* Vialov, 1962; *Planolites beverleyensis* Billing, 1862（Dai, 2015）。其中最丰富的遗迹化石为 *Scoyenia*，故称之为 *Scoyenia* 遗迹相，为觅食构造（Yang et al., 2004）（图

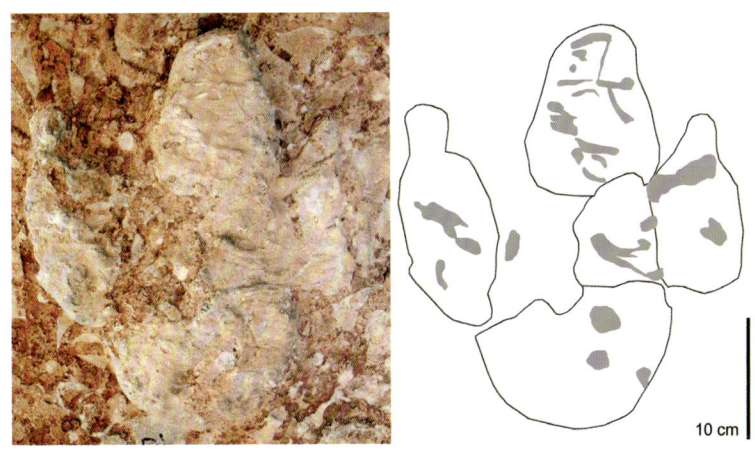

图 2-8　莲花保寨足迹点与足迹共生的遗迹化石

2-8)。*Scoyenia* 和 *Beaconites* 常见于周期性低能超浅水环境（Yang et al., 2004; Wang et al., 2014）。在河流系统中，*Scoyenia* 遗迹相通常出现在河滩沉积中，例如河漫滩、池塘和泛滥三角洲（Frey et al., 1984; Buatois and Mangano, 2002）。不过，*Planolites* 则见于所有沉积环境中（Hu et al., 1991）。*Scoyenia* 和 *Beaconites* 的造迹者很可能是节肢动物（Frey et al., 1984; Graham and Pollard, 1982）。Buatois 和 Mangano（1993）认为，*Planolites* 在非海相环境中的造迹者也是节肢动物。这些遗迹化石都与周期性降雨以及河水季节性泛滥密切相关，莲花保寨遗迹化石群落基本上代表了一种周期性干旱气候条件下的河流环境（Dai, 2015）。

峨眉地区的夹关组河流相沉积中，发育了低分异度的无脊椎动物遗迹化石。Chen（2014）从该组中识别出遗迹化石 10 属 12 种，包括 *Skolithoslinearis*、*Skolithosverticalis*、*Arenicolites* sp.、*Asterosoma* sp.、*Cystichnuim* sp.、*Scoyeniagracilis*、*Palaeophycustubularis*、*Taenidium* sp.、*Pelecypodichnus* sp.、*Gordia* sp.、*Planolites* sp.1、*Planolites* sp.2 等，以及两个遗迹组合：*Scoyenia-Steinichnus-Rusophycus* 组合和 *Skolithos-Arenicolites* 组合。这些遗迹化石多出现在周期性干旱的河流环境中，多数位于河漫滩沉积中。通过研究同一地区的遗迹化石，Chen（2014）鉴定出 5 个遗迹组构，分别是：*Arenicolites*、*Skolithos*、*Scoyenia*、*Planolites* 和 *Palaeophycus*。莲花保寨的遗迹化石与峨眉地区的相似，反映了周期性泛滥和干旱的河流环境。

莲花保寨的主层面上发现有微生物席，体现为有两种不同的皱饰构造。Dai et al.（2015）利用扫描电镜（SEM）与能量色散 X 射线谱仪（EDX）对皱饰构造的显微结构进行分析，并通过高分辨率仪器观察到了皱饰构造的鞘状和球状有机质结构。

莲花保寨主层面砂岩底层被一层薄薄的（0.5—3 毫米）微生物席覆盖。当造迹者的脚部踏上微生物席时，会生成一个围绕着足迹的、边缘清晰的小型挤压脊。而当沉积物上覆的微生物席较厚且干燥时，由于微生物席的隔水层作用，底下的沉积物并不一定干燥，反而是相当潮湿的，因此，当造迹者施力时，力并不会向外传递而丧失，而会破坏了表层的微生物席，导致微生物席开裂。于是，一个相当深并且保存完好的足迹就形成了。因此，微生物席的广泛存在很可能是莲花保寨的足迹化石得以完美地保存的重要因素。也就是说，微生物席增加了沉积物表面的稳固性并 / 或加速了碳酸盐的早期沉淀，因此固化了足迹。

### 虎山足迹点

虎山足迹点（GPS：29°1′31.00″北，106°45′54.00″东）与莲花保寨足迹点隔山相望，直线距离约960米。根据四川省地质局航空区域地质调查队绘制的1:20万綦江幅（H-48-XXIX），虎山足迹点位于夹关组。保存足迹的岩层为浅紫红色石英砂岩，岩性和地层层序都和莲花保寨足迹点基本一致。

### 汉溪足迹点

汉溪足迹点（GPS：28°12′49.98″北，105°41′3.27″东）位于四川盆地的南缘，行政上隶属古蔺县桂花乡汉溪村。根据1:20万的叙永幅（H-48-XXXIV），桂花地区的白垩系属于夹关组。足迹点位于夹关组上段的长石石英砂岩层面上。砂岩层面上波痕发育，而粉砂岩中则常见泥裂。

### 新阳足迹点

新阳足迹点（GPS：28°26′21.24″北，105°35′5.37″东）位于四川盆地南缘，行政上隶属叙永县大石乡新阳村（原为兴阳村）。根据1:20万的叙永幅（H-48-XXXIV），该地区的白垩系属于夹关组，以一套砖红色厚层长石石英砂岩为特征。足迹点发现于夹关组上段的大型坍塌岩块上，层面上还发育着波痕和大量泥裂。含足迹的大型厚层砂岩上可观察到发育良好的楔形交错层理。

### 龙井足迹点

龙井足迹点（GPS：28°24′53.83″北，105°36′27.10″东）位于四川盆地南缘。根据1:20万的叙永幅（H-48-XXXIV），该地区的白垩系属于夹关组，以一套砖红色厚层长石石英砂岩为特征。足迹点发现于夹关组上段的大型坍塌岩块上，层面上发育有波痕和大量泥裂。

### 石庙沟足迹点

石庙沟足迹点（GPS：28°12′57.54″北，105°38′31.49″东）位于四川盆地南缘，行政上隶属古蔺县桂花乡。根据1:20万的叙永幅（H-48-XXXIV），该地区的白垩系属于夹关组。石庙沟发现的足迹来自夹关组上段的大型坍塌岩块上，保存足迹的大型厚层砂岩具有发育良好的楔形交错层理。层面上泥裂发育。

### 新阳二号足迹点

新阳二号足迹点（GPS：28°26′30.44″北，105°34′51.74″东）位于新阳足迹点西北500米左右。根据1:20万的叙永幅（H-48-XXXIV），该地区的白垩系属于夹关组，以一套砖红色厚层长石石英砂岩为特征。足迹点同样发现于夹关组上段的大型坍塌岩块上，层面上还发育有波痕和大量泥裂。

### 雷背足迹点

雷背足迹点（GPS：28°14′22.91″北，105°39′14.40″东）位于古蔺县桂花乡汉溪村雷背（小地名）。根据1:20万的叙永幅（H-48-XXXIV），该区域的白垩系属于夹关组。足迹点位于夹关组上段的砂岩坍塌体上，但可追溯到原始层位。

### 石花湾足迹点

石花湾足迹点（GPS：28°11′43.91″北，105°37′50.76″东）位于古蔺县桂花乡田坝村二组石花湾（小地名）。根据1:20万的叙永幅（H-48-XXXIV），该区域的白垩系属于夹关组。足迹点位于夹关组上段的长石石英砂岩岩层中一坍塌体上。

第 3 章

# 米市－江舟盆地
# 早白垩世恐龙足迹研究

## 3.1 发现与研究历史

1991年9月,四川省昭觉县三岔河乡三比罗嘎("三比"是当地居民的族姓,"罗嘎"意为筑墙或要塞)铜矿在采矿过程中,暴露出了约1500平方米的含恐龙足迹层面。

2004年12月,昭觉县文管所所长俄比解放考察了这个足迹点。据其初步统计,足迹点发现有12道行迹(图3-1)。2006年2月,成都理工大学博物馆的李奎和刘建初步考察了这个足迹点并发表了两篇摘要。摘要指出,足迹点(为下文的一号足迹点)保存有超过1000个脊椎动物足迹,包括蜥脚类、兽脚类和翼龙类的足迹(Liu et al., 2009, 2010)。但摘要没有提供足迹的进一步资料或照片。

遗憾的是,2006年至2009年间,由于持续的采矿活动导致的山体滑坡,足迹岩面发生了严重坍塌。坍塌的足迹层厚度约有1米,包含了几层保存足迹的岩层,超过95%的足迹都被毁坏了。这几乎可以算是中国恐龙足迹研究史上最惨重的损失之一。

2008年3月,矿物爱好者David Clayton和香港矿物学会(Mineralogy Society of Hong Kong)的Reema Kui在地质旅行中来到三比罗嘎铜矿,拍摄了当时的埋藏情况,并将这批资料授权笔者使用(图3-2)。

2012年6月和10月,以及2013年夏季,笔者与甘肃省地质矿产勘查开发局第三地质矿产勘查院的技师们考察了该足迹点。该点的残余部分位于足迹点的最南端,约占原足迹点面积的5%,保存有约100个足迹。而在坍塌后留存的岩层上,暴露出了约10个足迹,主要为蜥脚类和兽脚类的幻迹。

笔者还在距离足迹点西南450米处发现了另一个之前尚未被记录的足迹点(二号足

图 3-1 三比罗嘎足迹点

A 为原始层面（2004 年），分布着大量的足迹；B 为坍塌之后的层面（2014 年），仅剩下 a 区的少量足迹，b 和 c 为新暴露的下层足迹

迹点），它同样属于飞天山组。二号足迹点包括中国最早鉴定的兽脚类游泳行迹和十余道兽脚类、蜥脚类、鸟脚类的行迹。

2013 年，华西都市报首席记者刘建在考察足迹点时，在二号足迹点北约 50 米处一山丘上新发现一处因采矿而暴露的足迹面，我们称之为昭觉北二号足迹点。一条约 8 米宽的矿区道路横在两个足迹点之间。截至目前，虽经笔者等人再三呼吁，但上述三个足迹点仍天然暴露，并未采取保护措施。

2014 年 4 月至 5 月间，笔者随四川省地质矿产勘查开发局区域地质调查大队在四川乌蒙山地区两河口、比尔、米市、昭觉县等地开展地质调查与填图。在此过程中，工作队发现了多处足迹点，并逐一详细地描述。

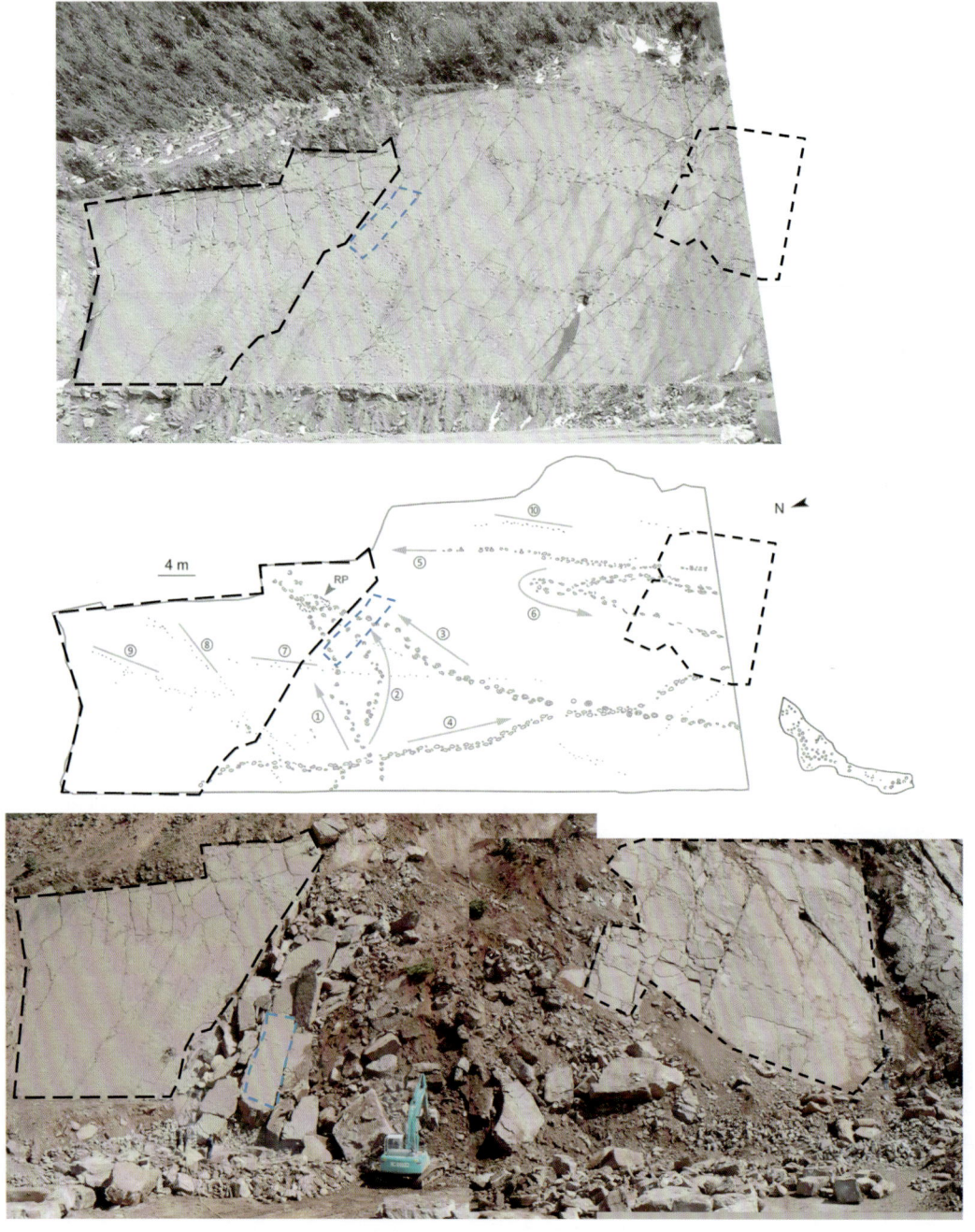

图 3-2 三比罗嘎足迹点原始层面（2008 年）

可见当时层面的中部最先崩塌，超过一半的足迹已经被破坏（香港矿物学会 Reema Kui 先生摄影并制图）

## 3.2 三比罗嘎一号足迹点

中国的早白垩世恐龙动物群以其多样性而著称。例如,中国东北部的热河生物群与同时期其他动物群相比,有着更丰富的恐龙种类(Zhou and Wang, 2010)。中国早白垩世的恐龙种类多样性不仅表现在骨骼化石上,也表现在足迹化石记录上。一些足迹点如甘肃省的盐锅峡(Zhang et al., 2006; Xing et al., 2013b)、内蒙古的查布(Lockley et al., 2002a; Li et al., 2011a)、山东省的莒南(Li et al., 2005a, 2007, 2015)和临沭(Xing et al., 2013k)、重庆市的綦江莲花保寨(Xing et al., 2007)、新疆的乌尔禾(Xing et al., 2011a),都表明了当时当地的动物群具有较强的多样性,上述多数足迹点都发现有至少3种非鸟恐龙、鸟类、翼龙类或龟类足迹化石。大量的恐龙足迹化石也对重建那些尚未发现骨骼化石地区的恐龙动物群有很大的帮助。

尽管四川盆地以丰富的侏罗纪恐龙动物群而闻名于世,但白垩纪的恐龙化石很少。因此,早白垩世恐龙足迹点对于填补这个空缺尤为重要(Zhen et al., 1994; Xing et al., 2007)。在四川盆地的足迹记录中,除了夹关组的足迹组合,昭觉地区的足迹也尤为独特。

### 3.2.1 特殊的影像方法学

正如前文《发现与研究历史》里所说,昭觉三比罗嘎一号足迹点富含恐龙足迹的1500平方米岩层,目前已经几乎完全坍塌,因此当务之急,是对遗址进行抢救性研究。我们发现,现场残留的5%原始层面仍然含有重要的信息。此外,由于岩层坍塌,少量原本位于原始足迹面下方的足迹得以暴露,但保存较差。基于这些仅存的少量残留足迹化石材料、一号足迹点坍塌之前的旧照片,以及2006年拍摄的录像材料,我们做了详细的分析,以便对昔日壮观的一号足迹点的足迹动物群进行重新评价。

鉴于残存的一号足迹点南段层面比较陡峭(40°—50°),在对足迹层面进行研究的过程中,我们使用了专业的登山装备。

在一号足迹点坍塌之前,《四川日报》(摄于2005年1月14日)、《凉山日报》(摄于2012年6月19日)、昭觉县文管所俄比解放所长和成都理工大学李奎教授都曾拍摄足迹点的整体照片,现授权本项目使用。不过,这些照片都缺失比例尺和更详细的特写镜头。这些整体照片的另一个问题是,摄影者对保存足迹的岩层所进行的都为仰视低角度摄影,所以只能对足迹的整体面貌和行迹分布提供有限的参考。

笔者选择了一道行迹的3张不同角度的照片(2006年拍摄),运用Agisoft Photoscan Professional软件把照片转换为高精确度三维纹理网格模型(Falkingham, 2012)。然后把网格模型输入到Cloud compare(http://www.danielgm.net/cc/),利用该软件为网格模型加上精确缩放的三维彩色外形轮廓(Falkingham, 2012)。

弥足珍贵的是，四川电视台曾经对足迹点进行了录像，这个名为《足迹探索》的节目于 2006 年 5 月 8 日在《今晚 10 分》栏目中播放。原始录像共有 6 分钟。四川电视台和昭觉县文物管理局分别向我们提供了原始录像，以便进行影片分析，并授权我们使用该录像资料作为科学研究用途。

原始录像用 Final Cut Pro X（一种由苹果公司开发的非线性录影编辑软件）进行编辑。我们一共裁剪下了 3600 帧，并以 PNG 格式（可移植网络图形格式，Portable Network Graphic Format）保存。其中 1500 帧被用于对一号足迹点所进行的分析。许多帧展示了足迹和行迹的细节，使得我们可以对足迹的整体形态学进行研究，同时还可以把一些足迹和（片中）人类的脚印进行对比，以便创建出一个大致的尺寸对比。

一般来说，录像分辨率不是很高（每秒钟的分辨率为 720×576，25 帧）。不过，该视频拍摄足迹面的取景点要比其他照片高，因此我们可以利用 Adobe Photoshop CS6（先用其中 Photomerge 插件建立全景图）和 DxO Optics Pro v9.1.3 进行调整，获得"正射纠正相片"。该相片将摄影者所在位置对足迹造成的失真程度降到最小。基于这个正射纠正相片，我们得以绘制足迹点的分布图（图 3-3）。

### 3.2.2 一号足迹点最南端的残存足迹

#### 3.2.2.1 蜥脚类足迹

在昭觉三比罗嘎一号足迹点的最南端，至少保存了 31 个蜥脚类足迹，其中两道行迹构成清晰。行迹 ZJI-S1 主要为后足迹，具体由 2 对前 - 后足迹、6 个没有对应前足迹的后足迹组成。这些足迹编号为 ZJI-S1-LP1—ZJI-S1-LP4、ZJI-S1-RM1、ZJI-S1-RM2（图 3-4、图 3-5，表 3-1）。蜥脚类行迹 ZJI-S2 以后足迹为主，由 6 个后足迹组成，只有一个可能的前足迹，编号为 ZJI-S2-LP1—ZJI-S2-RP4。ZJI-S1-RP2 的一个凸型足迹，由自贡恐龙博物馆收藏，并编号为 ZDM201306-5。其他足迹标本仍保存在原位。

# 第3章 米市-江舟盆地早白垩世恐龙足迹研究

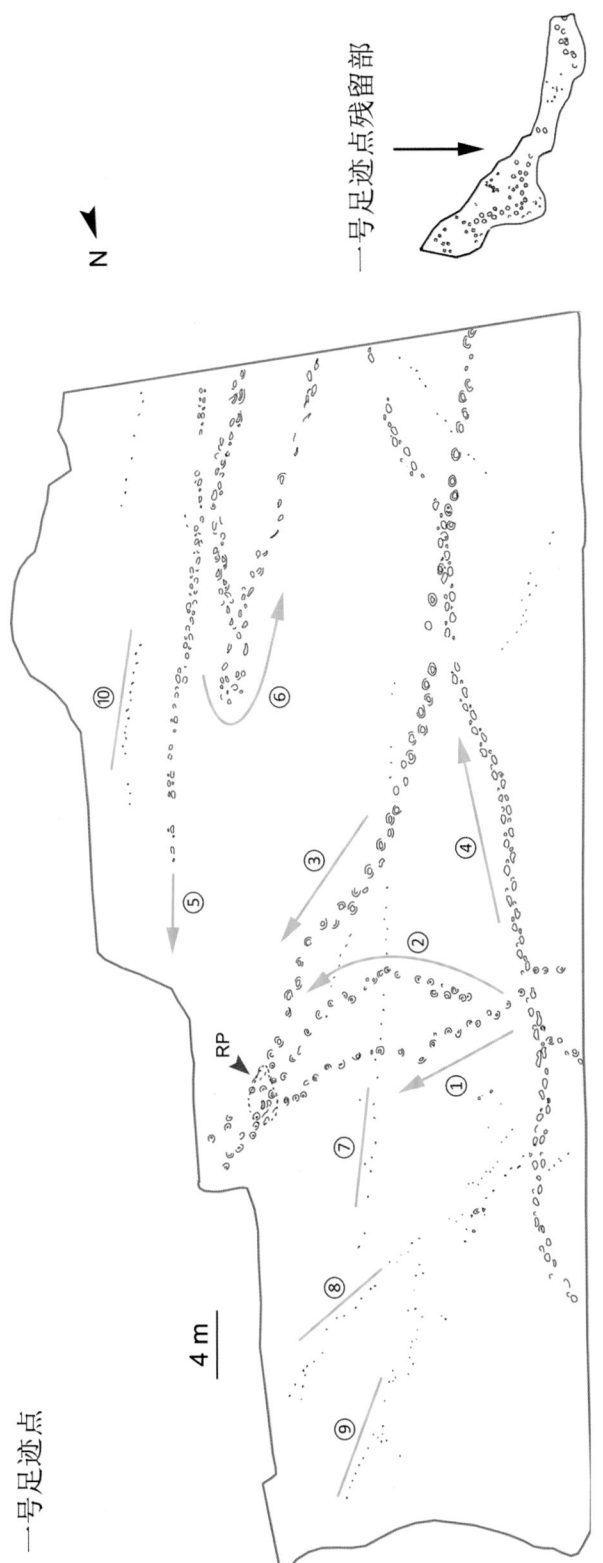

图3-3 三比罗嘎足迹点原始层面(一号点)的足迹分布图

带线箭头表示行迹的前进方向;不带箭头的线指示的行迹由小型双足恐龙所留,其前进方向难以确定;行迹①—③由鸟脚类所留,行迹④—⑥由蜥脚类所留,行迹⑦—⑩由小型兽脚类所留;RP表示鸟脚类行迹的交叉点

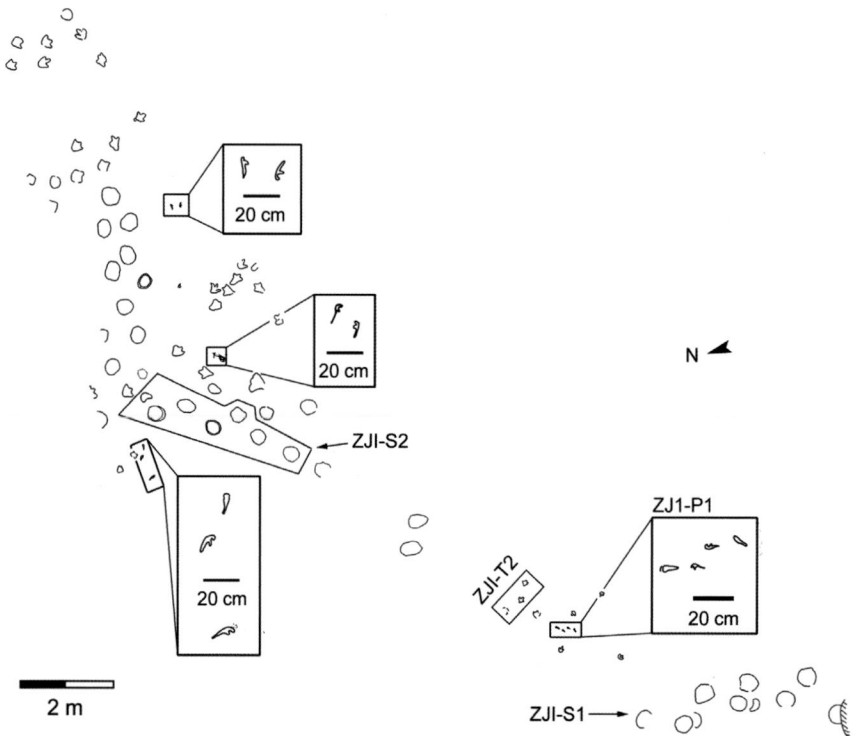

图 3-4 三比罗嘎一号足迹点残留部的足迹分布图

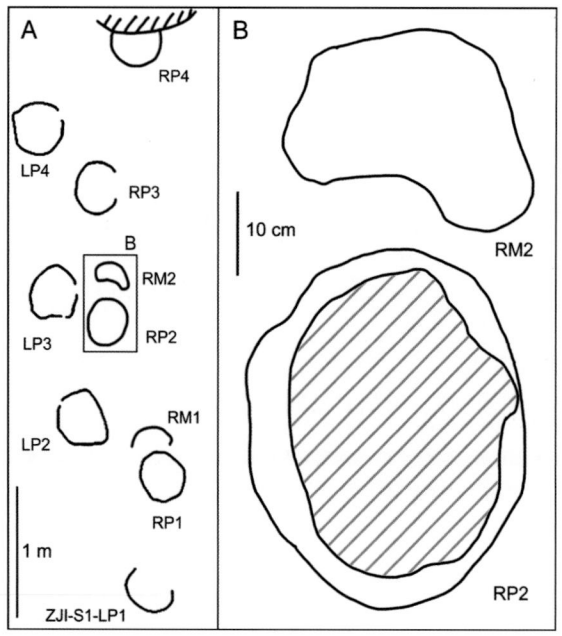

图 3-5 三比罗嘎一号足迹点残留部的蜥脚类足迹（A 为概貌，B 为特写）

表 3-1　三比罗嘎一号足迹点蜥脚类足迹测量数据（单位：厘米）

| 编号 | ML | MW | R | PL | SL | PA | L/W | WAP | WAP/P'ML |
|---|---|---|---|---|---|---|---|---|---|
| ZJI-S1-LP1 | 40.0 | — | 40° | 90.6 | 142.2 | 109° | 1.1 | — | — |
| ZJI-S1-RP1 | 38.1 | 35.3 | 30° | 83.9 | 125.8 | 98° | — | 51.4 | 1.3 |
| ZJI-S1-RM1 | 13.5 | 32.8 | 9° | — | 130.6 | — | 1.2 | — | — |
| ZJI-S1-LP2 | 45.5 | 38.6 | 43° | 83.2 | 98.4 | 97° | 1.2 | 55.5 | 1.2 |
| ZJI-S1-RP2 | 36.9 | 30.7 | 35° | 55.5 | 102.6 | 88° | — | 47.5 | 1.3 |
| ZJI-S1-RM2 | 14.9 | 30.1 | — | — | — | — | 1.0 | — | — |
| ZJI-S1-LP3 | 38.3 | 39.6 | 45° | 94.0 | 123.3 | 82° | 1.3 | 50.0 | 1.3 |
| ZJI-S1-RP3 | 40.7 | 32.5 | — | 68.5 | — | 100° | 1.1 | 51.3 | 1.3 |
| ZJI-S1-LP4 | 41.1 | 36.9 | — | — | — | — | 1.1 | — | — |
| Mean (P) | 40.1 | 35.6 | 39° | 79.3 | 118.5 | 96° | 1.2 | 51.1 | 1.3 |
| Mean (M) | 14.2 | 31.5 | 9° | — | 130.6 | — | 1.1 | — | — |
|  |  |  |  |  |  |  |  |  |  |
| ZJI-S2-LP1 | 33.0 | 31.3 | 35° | — | 88.8 | — | 1.1 | — | — |
| ZJI-S2-RP1 | — | — | — | — | — | — | — | — | — |
| ZJI-S2-LP2 | 30.0 | 32.5 | 37° | 71.0 | 108.0 | — | 0.9 | — | — |
| ZJI-S2-RP2 | 30.8 | 27.7 | 28° | 65.5 | 122.0 | 107° | 1.1 | 36.8 | 1.2 |
| ZJI-S2-LP3 | 31.9 | 31.2 | 29° | 80.0 | 135.0 | 117° | 1.0 | 34.9 | 1.1 |
| ZJI-S2-RP3 | 37.4 | 27.6 | — | 70.5 | — | 128° | 1.4 | 31.6 | 0.8 |
| ZJI-S2-LP4 | 32.4 | 31.3 | — | — | — | — | 1.0 | — | — |
| Mean | 32.6 | 30.3 | 32° | 71.8 | 113.5 | 117° | 1.1 | 34.4 | 1.0 |

注：ML、MW 等缩写之释义见表 1-1，下文其他表格亦是如此

David Clayton 和 Reema Kui 先生提供了一张拍摄于 2008 年的、未知其在一号足迹点具体位置的蜥脚类足迹照片（图 3-6），足迹分布在两个层面，上层面足迹保存较差，但有清晰的波痕；下层面有泥裂构造，以及一对保存较好的蜥脚类前-后足迹。

行迹 ZJI-S1 是该残留部保存最完好的蜥脚类行迹。所有前足迹和后足迹都明显区别于彼此。内部为真足迹，外部则由沉积物的挤压脊围绕而成。在 ZJI-S1 中，前足迹的平均长度是 14.2 厘米，平均宽度为 31.5 厘米，而后足迹的平均长度为 40.1 厘米，平均宽度为 35.6 厘米。

后足迹 ZJI-S1-RP2 和前足迹 ZJI-S1-RM2 是行迹中保存最完好的足迹。前足迹呈 U 形，长宽比值为 0.5，缺失清晰的爪印；其跖趾区成凹形，足迹略微向外旋（9°）。后足迹 ZJI-S1-RP2 呈椭圆形，长宽比值为 1.2；跖趾区后缘平滑弯曲；各趾没有发现爪印。ZJI-S1-RP2 和 ZJI-S1-RM2 之间的距离为 11 厘米。

前足迹平均外旋 17°，这个值要小于后足迹的平均外旋角度（39°）。后足迹 ZJI-S1-

图 3-6　三比罗嘎一号足迹点原始层面的蜥脚类足迹（摄影 /Reema Kui）

RP2（ZDM201306-5）的平均深度是 10.5 厘米，而相对应的前足迹 ZJI-S1-RM2 的平均深度仅为 4 厘米。后足迹的平均步幅角为 96°，前足迹该值缺失。

ZJI-S2 行迹的整体形态与 ZJI-S1 的相似，即使前者的平均后足迹长度（32.6 厘米）比后者的略长。同时，后足迹外旋的角度（32°）要比 ZJI-S1 行迹的略低一些。整体而言，ZJI-S2 行迹的足迹模式不如 ZJI-S1 行迹那样清晰，一些足迹的对应关系还存在疑问。

尽管大部分前足迹缺失，两道行迹都是以后足迹为主，但 ZJI-S1、ZJI-S2 行迹的前－后足迹形态及行迹模式都属于典型的蜥脚类行迹（如 Lockley, 1999, 2001a; Marty et al., 2010）。这种后足迹主导的行迹通常被认为是蜥脚类造迹者以相当快的速度行进所留，很多前足迹因被后足迹重叠而被掩盖（如 Meyer, 1990）。不过，鉴于行迹 ZJI-S1 中仅存的前足迹都要比它前面的后足迹浅得多，我们推测实际情况很可能是这样：至少有一些前足迹是由于保存不够好而观察不到（也见于 Lockley and Rice, 1990），而并没有确切的证据来表明其是被随后的后足迹所践踏重叠。

中国的大部分蜥脚类足迹，尤其是白垩纪的标本，都是宽（或中等）间距，并因此被归入足迹属 *Brontopodus*（Lockley et al., 2002a）。行迹 ZJI-S1 的后足三角宽 / 后足长比值是 1.3（范围在 1.2—1.3 之间），可视为宽间距（Marty, 2008），而界限不清晰的行迹 ZJI-S2 的后足三角宽 / 后足长比值介于 0.8 到 1.2 之间，平均值为 1.0，因此为窄到中间距。

行迹 ZJI-S1 与 *Brontopodus* 类行迹的特征相一致，这些特征为：（1）宽间距；（2）后足迹长大于宽，且外旋；（3）前足迹呈 U 形；（4）足迹异度低（Farlow et al., 1989; Lockley et al., 1994a; Santos et al., 2009; Marty et al., 2010）。ZJI 蜥脚类足迹的平均足迹异度值为 1:2.6（介于 2.3—2.8 之间；N=2），这个值接近 *Brontopodus birdi* 的 1:3，而明显要区别于

窄间距的 *Breviparopus* 的 1:3.6（Dutuit and Ouazzou, 1980）或 *Parabrontopodus* 的 1:4 或 1:5（Lockley et al., 1994a）。

四川盆地白垩系的恐龙足迹化石记录主要以兽脚类和鸟脚类为主（Xing et al., 2011f），但蜥脚类足迹点随后在四川盆地与攀西地区被陆续发现。其中，昭觉三比罗嘎二号足迹点（见下文）的蜥脚类行迹归入足迹属 *Brontopodus*，莲花保寨足迹点和解放沟足迹点的行迹（见下文）也与 *Brontopodus* 类型相似。*Brontopodus* 的宽间距表明其足迹很可能是由蜥脚类中的巨龙型类留下的（Wilson and Carrano, 1999; Lockley et al., 2002a）。这表明，巨龙型类在整个早白垩世的四川地区就有广泛分布，这些出自昭觉三比罗嘎一号足迹点的新化石记录进一步支持了这个观点。

#### 3.2.2.2 兽脚类行迹

至少有 9 个三趾型足迹位于坍塌的一号足迹点原层位下层，其中一道保存完好的行迹，编号为 ZJI-T1，由 3 个连续的凹型足迹组成，分别编号为 ZJI-T1-R1—ZJI-T1-R2；一个保存完好的、孤立的凹型足迹，编号为 ZJI-TI1（图 3-7、图 3-8，表 3-2）。另外，还有

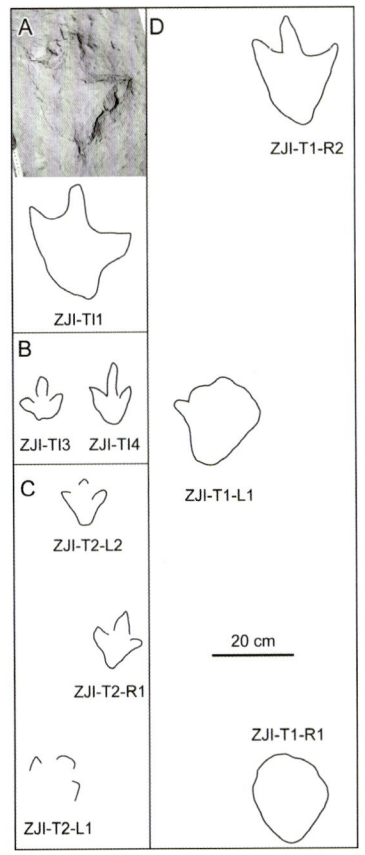

图 3-7 三比罗嘎一号足迹点的兽脚类足迹（A 与 D 来自新暴露的下层面，对应着图 3-1B 的 c 和 b 区，B 与 C 来自原层面）

图 3-8 三比罗嘎一号足迹点原始层面的兽脚类足迹（摄影 /Reema Kui）

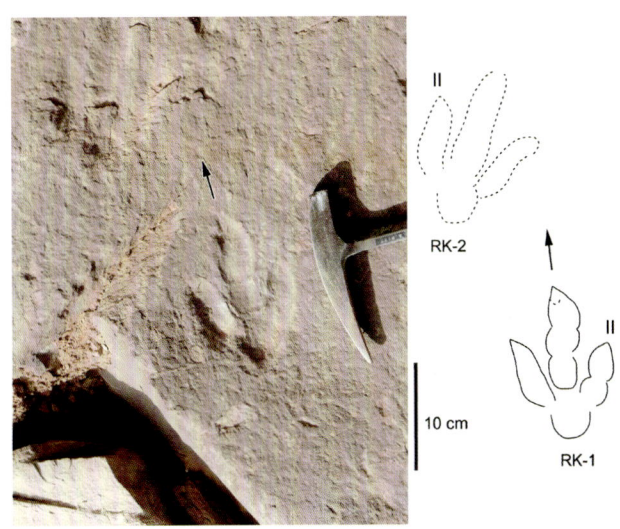

25个三趾型足迹位于一号足迹点的最南端残存部,其中一道行迹保存完好。这道行迹由3个连续的凹型足迹组成,编号为 ZJI-T2-L1—ZJI-T2-L2。两个保存完好的、孤立的凹型足迹编号为 ZJI-TI3 和 ZJI-TI4。所有足迹目前都保存在原位。

表3-2  三比罗嘎一号足迹点兽脚类足迹测量数据(单位:厘米)

| 编号 | ML | MW | II–III | III–IV | II–IV | PL | SL | PA | L/W |
|---|---|---|---|---|---|---|---|---|---|
| ZJI–T1–R1 | 20.4 | — | — | — | — | 88.0 | 176.5 | 152° | — |
| ZJI–T1–L1 | 21.0 | — | — | — | — | 96.0 | — | — | — |
| ZJI–T1–R2 | 26.4 | 20.2 | 21° | 31° | 52° | — | — | — | 1.3 |
| ZJI–T2–L1 | — | — | — | — | — | 37.4 | 66.4 | 140° | — |
| ZJI–T2–R1 | 14.1 | 11.9 | 34° | 36° | 70° | 33.4 | — | — | 1.2 |
| ZJI–T2–L2 | 11.2 | 10.9 | 33° | 34° | 67° | — | — | — | 1.0 |
| ZJI–TI1 | 27.2 | 25.5 | 39° | 29° | 68° | — | — | — | 1.1 |
| ZJI–TI3 | 10.8 | 11.0 | 40° | 49° | 89° | — | — | — | 1.0 |
| ZJI–TI4 | 14.8 | 10.5 | 34° | 24° | 58° | — | — | — | 1.4 |
| RK–1 | 14.4 | 9.6 | — | — | 56° | — | — | — | 1.5 |
| RK–2 | 14.9 | 10.6 | — | — | 53° | — | — | — | 1.4 |

行迹 ZJI-T1 保存了3个连续的三趾型足迹。其中的 ZJI-T1-R2 保存较好,展示了清晰可辨的趾,其余两个足迹保存较差。行迹的步幅角为152°,这表明造迹者的行走方式相当窄,属于典型的兽脚类足迹(Lockley and Meyer, 2000)。孤立的足迹 ZJI-TI1 保存完好,与 ZJI-T1-R2 在形态上大体相似,但在第 II 趾后面有一个显著的缩进,这支持了将 ZJI-TI1 划分到兽脚类的说法。

行迹 ZJI-T1 的后足迹长度介于 20.4—26.4 厘米,属于中型的兽脚类足迹。第 III 趾最长,每趾都可见清晰的尖锐爪印;趾垫模糊不清;跖趾区粗壮,发育充分,与第 III 趾的长轴位于同一直线;所有足迹的趾间角都较宽(52°—68°)。

一号足迹点残存部保存有至少25个更大的三趾型足迹(尺寸介于 22.8—34.2 厘米,平均为 27.5 厘米),全部都保存较差,也不构成任何清晰的行迹,但足迹形态与 ZJI-T1-R2 和 ZJI-TI1 整体相似。

行迹 ZJI-T2 包含了3个连续的三趾型足迹,这些足迹的平均长度仅为 12.7 厘米,为 ZJI-T1 尺寸的 53%。ZJI-T2-R1 是保存最完好的足迹,它的第 III 趾最长且最清晰,随后是第 II 趾和第 IV 趾,所有趾都有尖锐的爪印。趾垫不清晰,但跖趾区非常发育,延伸为"脚跟",并与第 III 趾的长轴位于同一直线。两个外侧趾之间的趾间角较大,为 70°。ZJI-T2-L1 保存较差,仅见各趾的远端部分。ZJI-T2-L2 也展示了一个延长的跖趾垫。

除了缺失一个延长的跖趾垫外,ZJI-TI3 都与 ZJI-T2-R1 相类似,两个外侧趾之间的趾间角较大，为89°。ZJI-TI4有一个比其他小型三趾型足迹更长的第III趾。此外，还有至少5个小型三趾型足迹（大小介于10.8—14.4厘米），整体形态上与ZJI-T2-R1相一致。

此外，David Clayton和Reema Kui先生提供的一张原始层面上的兽脚类足迹照片，对我们了解该层面的小型三趾型足迹有着重要的作用。照片上有两个兽脚类足迹，分别编为RK-1和RK-2。其中RK-1保存完好，足迹长14.4厘米，长宽比值为1.5；其第II和第III趾的趾垫清晰，分别为2个与3个，此外有着一个发育的跖趾垫；趾间角较宽（56°），前三角长宽比值为0.51。RK-2保存较差，但基本形态与RK-1一致，足迹长14.9厘米，长宽比值为1.4，趾间角为53°，前三角长宽比值为0.42。

由于昭觉三比罗嘎一号足迹点发现的兽脚类足迹数量不多，保存又较差，所以不能把其明确归入某一足迹分类。

中国的早白垩世兽脚类足迹大体上可分为如下几种：

（1）大于15厘米的足迹为 *Eubrontes* 形态类型：内蒙古查布足迹点的 *Chapus*（Li et al., 2006）、山东莒南的 *Asianopodus*（Li et al., 2015）、河北赤城的 *Therangospodus* 和 *Megalosauripus*（Xing et al., 2011d）、山东临沭的 cf. *Therangospodus*（Xing et al., 2013k）、贵州赤水和昭觉三比罗嘎二号足迹点的 cf. *Irenesauripus*（Xing et al., 2011f 以及下文）。

（2）小于15厘米的足迹为 *Grallator* 形态类型，主要包括了来自陕西、新疆、辽宁的那些小型足迹，其中一些被归入 *Jialingpus*（Xing et al., 2014c）。

整体而言，昭觉三比罗嘎一号足迹点的大型足迹与足迹属 *Eubrontes* 最为相似，而小型足迹则与足迹属 *Grallator* 相似。不过，相比经典的早侏罗世足迹组合 *Eubrontes–Anchisauripus–Grallator*（Olsen et al., 1998），昭觉标本的趾间角更大，这一特征同样在北美的早白垩世兽脚类足迹中可以观察到（如 Lockley et al., 1998：图6）。昭觉三比罗嘎一号足迹点的兽脚类足迹有大的跖趾区，这与 *Eubrontes*（?）*glenrosensis*（Shuler, 1935）和 *Megalosauripus*（Lockley et al., 1998）相类似。三比罗嘎一号足迹点的三趾型足迹以弱到中等程度的中趾前凸为特点（前三角长宽比值介于0.42—0.58之间，N=5），这属于典型的足迹科（或形态科）Eubrontidae。因此，我们暂时把昭觉三比罗嘎一号足迹点的大型三趾型足迹归入足迹属 *Eubrontes*。

昭觉三比罗嘎一号足迹点的小型三趾型足迹，其跖趾区在形态上与大型足迹有区别，但造成这些区别的部分原因可能是保存方式。例如，ZJI-TI3与大型足迹相似，但缺失一个延长的跖趾区。这可能与足迹形成时沉积物的黏稠度和湿度有关，这些因素显著地影响了足迹的形态学（Manning, 2004; Milan and Bromley, 2008; Marty et al., 2009; Jackson et al., 2010; Xing et al., 2011f）。此外，保存较好的RK-1和RK-2有着较大的、浑圆的跖趾垫，该特征与足迹属 *Jialingpus* 非常相似，可暂时归入 *Jialingpus* isp.。

#### 3.2.2.3 翼龙类足迹

昭觉三比罗嘎一号足迹点共记录了 11 个不同行进方向的翼龙类足迹（8 个前足迹和 3 个后足迹）（图 3-9，表 3-3）。科罗拉多大学（丹佛）利用乳胶和石膏复制了其中 6 个前足迹（UCM214.269—UCM214.272）。所有足迹中，只有 3 个可被归入一道可靠的行迹，即 ZJI-P1，它由 1 个后足迹和 2 个前足迹组成。足迹 ZJI-P1-LP1 和 ZJI-P1-LM1 是一对前-后足迹，前足迹 ZJI-P1-RM1 没有相对应的后足迹。前足迹的平均长度和宽度为 7.6 厘米和 2.8 厘米，后足迹的平均长度和宽度为 8.9 厘米和 2.8 厘米。仅前足迹存在一单步，长度为 13.3 厘米。

孤立的足迹由 2 个后足迹和 6 个前足迹组成。大些的前足迹长 14.3—14.8 厘米（N=2），略小些的前足迹长 10.6—12.6 厘米（N=4）。这种差异表明造迹者存在几种不同的体型。

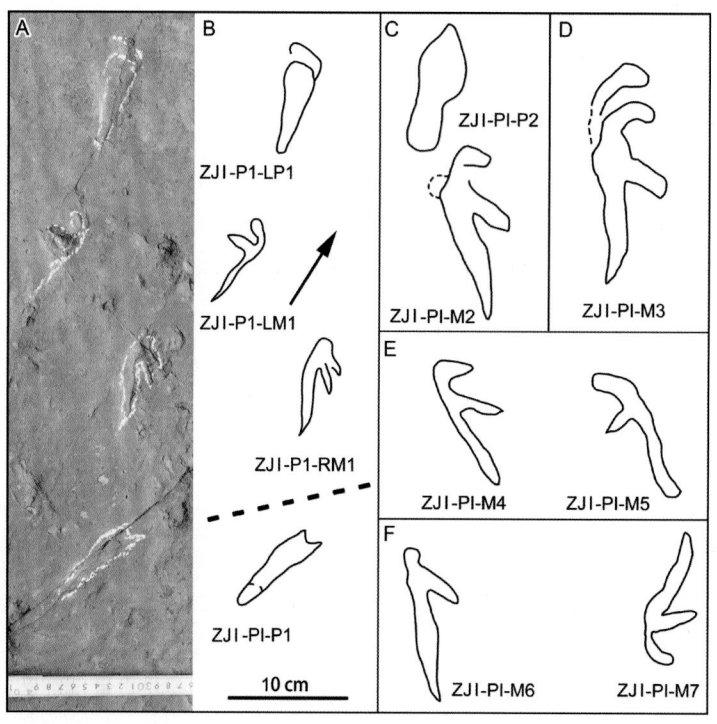

图 3-9　三比罗嘎一号足迹点的翼龙类足迹（A 与 B 为 ZJI-P1 行迹，C—F 为孤立足迹）

表 3-3　三比罗嘎一号足迹点翼龙类足迹测量数据（单位：厘米）

| 编号 | ML | MW | LD I | LD II | LD III | I - II | II - III | L/W |
| --- | --- | --- | --- | --- | --- | --- | --- | --- |
| ZJI-P1-LP1 | 8.9 | 2.8 | — | — | — | — | — | 3.2 |
| ZJI-P1-LM1 | 7.4 | 2.8 | 2.5 | 3.0 | 6.0 | 57° | 67° | 2.6 |

续表

| 编号 | ML | MW | LD I | LD II | LD III | I - II | II - III | L/W |
|---|---|---|---|---|---|---|---|---|
| ZJI-P1-RM1 | 7.9 | 2.9 | 2.9 | 3.9 | 7.0 | 29° | 30° | 2.7 |
| ZJI-PI-P1 | 8.3 | 2.1 | — | — | — | — | — | 4.0 |
| ZJI-PI-P2 | 10.6 | 4.0 | — | — | — | — | — | 2.7 |
| ZJI-PI-M2 | 14.3 | 4.8 | 3.8 | 6.6 | 12.0 | 64° | 35° | 3.0 |
| ZJI-PI-M3 | 14.8 | 6.1 | 5.4 | 6.7 | 11.0 | 60° | 54° | 2.4 |
| ZJI-PI-M4 | 11.4 | 3.9 | 3.3 | 5.7 | 9.3 | 50° | 38° | 2.9 |
| ZJI-PI-M5 | 11.8 | 3.7 | 4.3 | 3.9 | 8.5 | 61° | 69° | 3.2 |
| ZJI-PI-M6 | 12.6 | 3.8 | 1.4 | 5.5 | 11.7 | 96° | 43° | 3.3 |
| ZJI-PI-M7 | 10.6 | 4.1 | 3.1 | 4.6 | 9.1 | 69° | 45° | 2.6 |

ZJI-PI-P1 为后足迹，其位置非常靠近行迹 ZJI-P1，并且在尺寸上与 ZJI-P1 后足迹非常相近。因此，我们推测有这么一种可能：这两个足迹都是由同一种造迹者留下的。不过，该足迹与行迹的距离，以及足迹的前进方向并不与 ZJI-P1 的模式相符，因此我们还是把它看作一个孤立的足迹。前足迹 ZJI-PI-M3 第 I 趾的上端还保存着一个与之平行的趾印，这很可能反映了一种多趾畸形，或表明其造迹者在行为上的滑动或滑倒。

所有足迹，包括孤立足迹与行迹，都可以归入翼龙足迹属 *Pteraichnus*。其后足迹各趾不可见，整体延长，至少有 2 个呈近似三角形。前足迹为三趾型，展示了 2—3 个保存完好的趾。第 I 趾至第 III 趾的长度逐个增加，因此显得不对称，第 III 趾方向向后。所有这些特征都与 Stokes（1957）描述的，来自亚利桑那上侏罗统的 *Pteraichnus saltwashensis* 相类似。

一般来说，翼龙的前足迹相比后足迹要保存得更好，数量也更多。这是由于身体重量分布的差异造成的（Lockley et al., 1995）。三比罗嘎一号足迹点的标本也是这种模式，如上所述，此处的足迹由 8 个前足迹和 3 个后足迹组成。

基于前足迹的长度，我们可以建立 3 种尺寸类型，一种接近 14 厘米，一种接近 11 厘米，最后一种为 7.5 厘米。这些足迹长度上的差异反映了造迹者体型的大小差异，因此可以推断，此地至少有 3 个造迹者。我们也可以据此推断它们是否代表了不同种类的造迹者。

世界各地发现的 *Pteraichnus* 行迹大都显示出行迹较宽、单步较长的特征。前足迹通常位于后足迹的外侧。前足迹 ZJI-P1-LM1 位于比后足迹（ZJI-P1-LP1）更向内的位置，单步（ZJI-P1-LM1 和 ZJI-P1-RM1）则很短，前足迹的行迹宽度也小，大约只有 10 厘米。这种行迹模式可以解释为造迹者在缓慢移动。另一方面，如果造迹者行走速度很快的话，也不能排除足迹出现重叠的可能性。

另外，行迹的无序分布不大可能代表造迹者处于浮动或半浮动状态，如同 García-Ramos et al.（2000）和 Lockley and Wright（2003）所描述的那样。短行迹 ZJI-P1 存在足部拖曳所造成的特有的、延长的后足迹爪印缺失的现象，表明了动物正处于行走状态（Lockley and Wright, 2003; Lockley et al., 2014e）。

### 3.2.3 一号足迹点的录像资料分析

#### 3.2.3.1 足迹类型

基于影像分析得到正射纠正相片，我们得到了足迹点的分布图。从分布图可见，1—3 号行迹由大型两足鸟脚类留下，其行迹长度分别约为 27 米、31 米和 55 米；4—6 号行迹

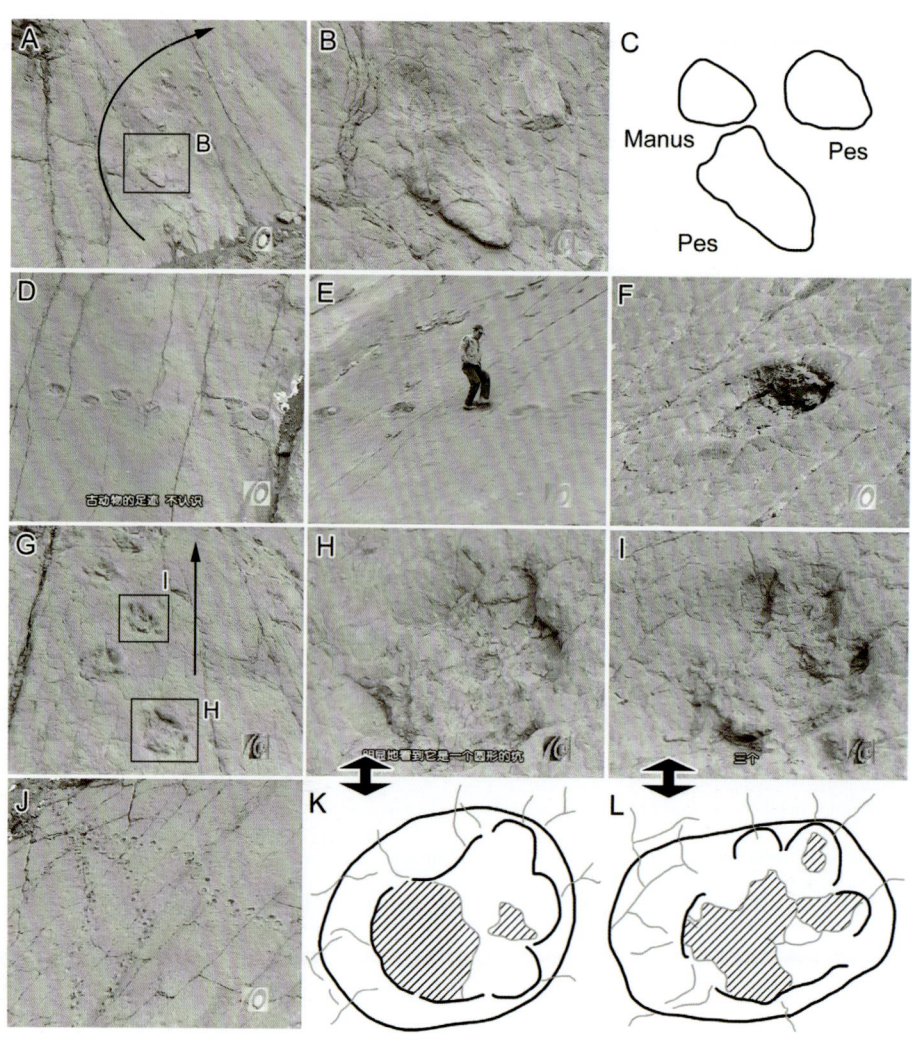

图 3-10　三比罗嘎一号足迹点的录像资料与分析

A—C 为蜥脚类 4 号行迹；D—F 为 3 号行迹，由可能的鸟脚类所留；G—I 与 K、L 为 2 号行迹，由可能的鸟脚类所留；J 为 1—3 号行迹从不同的方向聚集到一起，最终相交和重叠

由四足蜥脚类留下，长度分别约为 63 米、30 米和 45 米（图 3-10、图 3-11）；7—10 号行迹由两足兽脚类所留，长度分别约为 36 米、23 米、16 米和 26 米。除了一些不清晰的小型两足动物的行迹外，其他行迹的行走方向都很容易辨别出来，大部分的行迹都是朝着东北方向行走。

1—3 号行迹从不同的方向聚集到一起，并最终彼此相交和重叠（图 3-10）。4 号行迹的多数足迹由一只蜥脚类留下，部分足迹被 1—3 号行迹的足迹所重叠。由于缺失精确的比例尺，4 号行迹的足迹尺寸只能根据足迹点的总长度来粗略推断。后足迹长约 40 厘米，前足迹长约 15 厘米，整体上与一号足迹点最南端残留的蜥脚类足迹相一致。从视频可见，这些后足迹通常外旋。5 号行迹的足迹特别浅，或许晚于其他行迹而留下，或许代表了一些重叠的幻迹。6 号行迹是一道转向行迹。7—10 号行迹由小坑组成，很可能是小型三趾型足迹（或幻迹），或是翼龙类足迹。

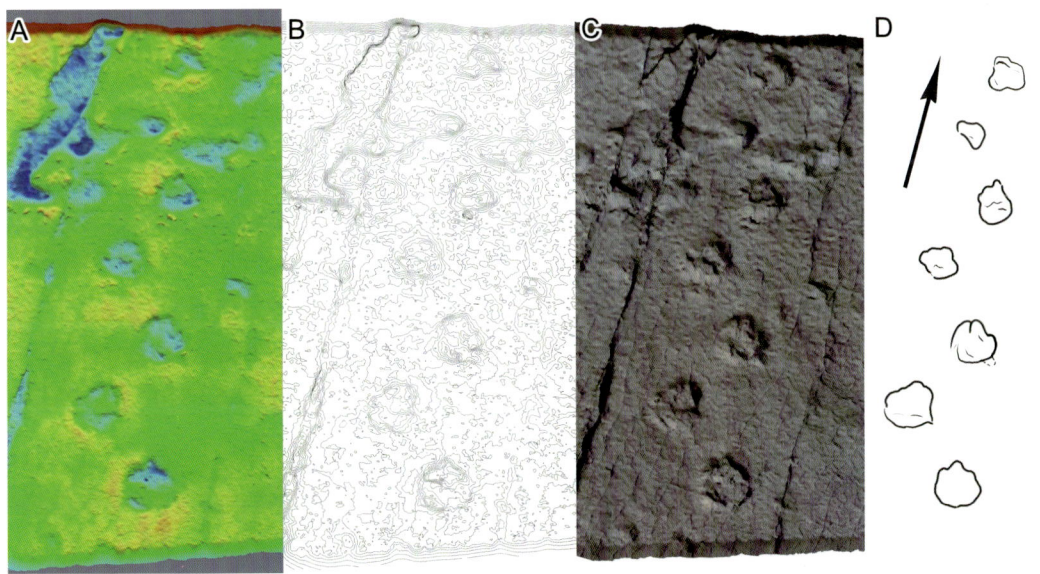

图 3-11　三比罗嘎一号足迹点可能的鸟脚类 2 号行迹的彩色三维图（A）、等高线图（B）、渲染照片（C）、轮廓图（D）

### 3.2.3.2 蜥脚类行迹

昭觉三比罗嘎一号足迹点至少有 3 道（4—6 号）蜥脚类行迹。以 4 号行迹的部分足迹为例，这些行迹具有如下特征：后足迹长大于宽，前足迹近似椭圆形，并且前-后足迹的足迹异度较低。因此这些行迹可以归入蜥脚类行迹中的 *Brontopoduse* 类（Santos et al., 2009）。

4—6号行迹的主要特征大体上一致,其中6号行迹最为特殊,它记录了造迹者以一个很小的角度掉头的现象(图3-12、图3-13)。在拐点之前,6号造迹者先向前转约20°,再进行了228°大转动。得益于视频提供的特写镜头,我们得以重建拐点的足迹分布情况。重建显示,掉头本身非常狭窄,并且由11个后足迹和10个前足迹组成。左右足迹部分重叠,对于左后足迹和前足迹来说,它们在掉头阶段展示了一个"行迹偏离"(off-track)的现象。

根据一道转弯或掉头行迹,Ishigaki and Matsumoto(2009)认为,大型蜥脚类前-后足迹的行迹中线会在拐点处出现间隙,这与四轮汽车前轮转向所出现的行迹偏离现象相类似。同样的现象也可在昭觉6号行迹中观察到,其后足迹的行迹中线和前足迹的行迹中线之间存在一个明显的行迹偏离。

如此大幅度的掉头行为,是迄今为止全世界所有蜥脚类足迹化石记录中前所未见

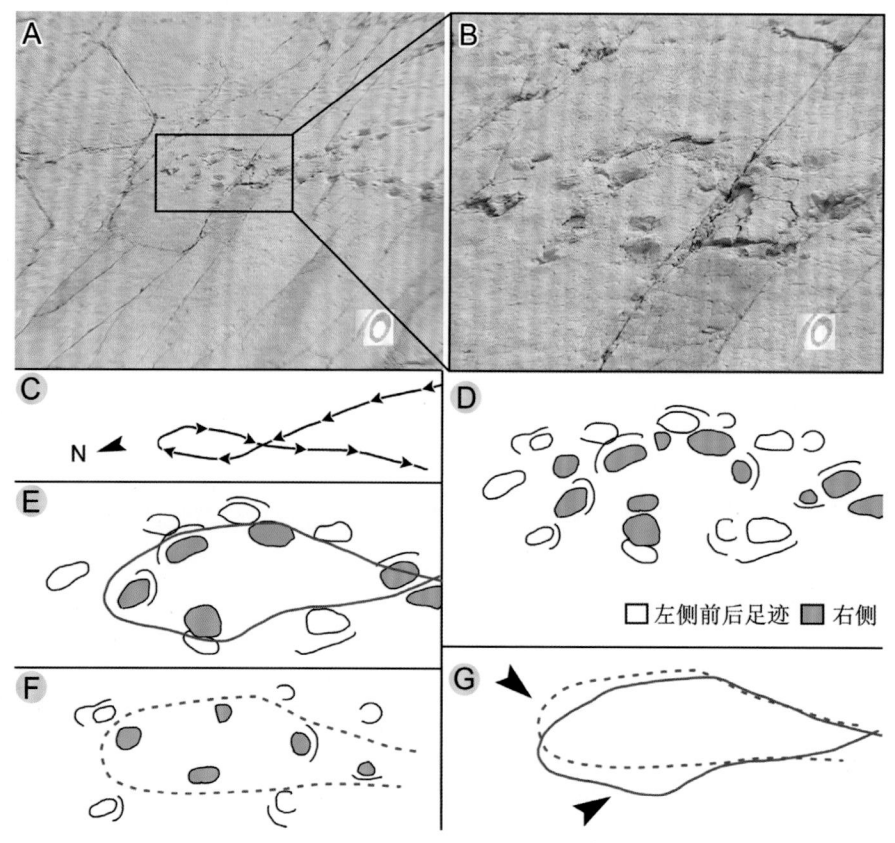

图3-12 三比罗嘎一号足迹点掉头的6号蜥脚类行迹

A与B为录像资料,C为造迹者行进轨迹,D为左右侧足迹的区分,E为后足迹的行迹中线(实线),F为前足迹的行迹中线(虚线),G为前-后足迹行迹中线的行迹偏离现象

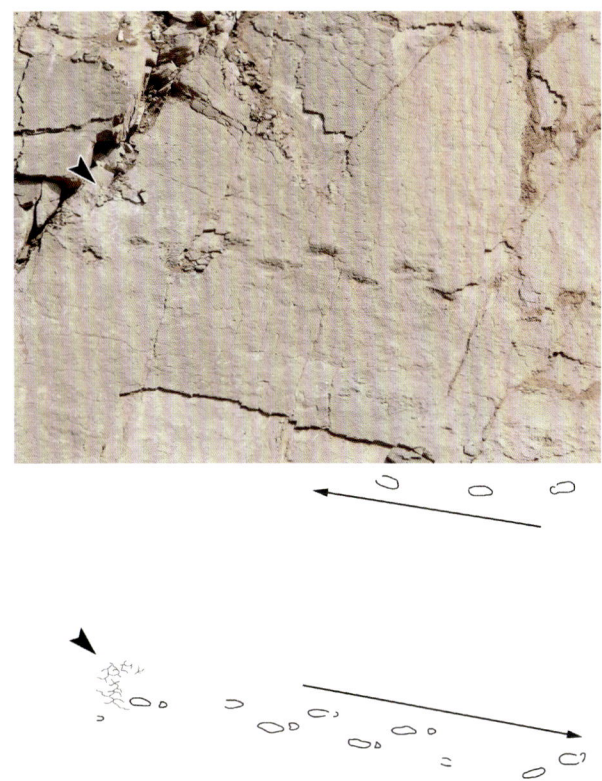

图 3-13　三比罗嘎一号足迹点掉头的 6 号蜥脚类行迹的局部（摄影 /Reema Kui）（保存了行迹尚未掉头阶段的状态；带线箭头指出前进方向，无线箭头指出层面上普遍存在的泥裂）

的。此前保存最好的蜥脚类掉头行迹来自摩洛哥 Central High Atlas Mountains 足迹点（Ishigaki and Matsumoto, 2009）和美国犹他州的 Copper Ridge 足迹点（Lockley, 1990, 1991b）。此外还有一些来自欧洲的蜥脚类掉头行迹的报告，例如克罗地亚 Fenoglia Island 足迹点（Mezga and Bajraktarevic, 1999）、瑞士 Lommiswil/Oberdorf 足迹点（Meyer, 1990, 1993; Lockley and Meyer, 2000）、葡萄牙 Lagosteiros Bay 足迹点（Meyer et al., 1994），以及中国重庆大足足迹点（Lockley and Matsukawa, 2009）。不过，所有这些行迹都显示了相当"宽"的掉头，而并非方向上的完全逆转。它们记录了 56°（Ishigaki and Matsumoto, 2009）、61°（Meyer, 1993）、66°（Lockley, 1990, 1991b）和 115°（Lockley and Matsukawa, 2009）的变向。完全转向或者狭窄转向的"逆转行迹"只有在瑞士西北部 Canton Jura 上侏罗统足迹点才有发现，但该行迹至今尚未发表。

#### 3.2.3.3　可能的鸟脚类足迹

一号足迹点的 1—3 号行迹与二号足迹点三趾型足迹组成的行迹（见下文）非常接近，

因此我们可以将它们暂时归入鸟脚类。视频中（录像 00:07:06 处）人物在测量足迹尺寸的画面可以帮助我们确定这些后足迹的直径。3 号行迹的影像包括了一个当地成年男子踩在足迹上的画面，另一个特写镜头还展示了该男子的足部踏入其中一个足迹内。这使得我们可以估计行迹的尺寸，也可看出该行迹相当狭窄，并带有中等长度的单步。我们并不知道这名当地男子的身高细节，但他看上去大体为中等身材。中国西南部成年男子的足部平均长度为 24.5 厘米（Qiu, 2005），因此估计该足迹直径大约为 50 厘米。在录像中，另外 2 个特写镜头揭示了 2 号行迹部分前段行迹的形态。从 1—3 号行迹的特写镜头中我们可以假定，所有 3 道行迹的形态特征大体一致，也很可能是在相距较短的时间区间内先后留下足迹。

足迹斜面上，3 号行迹 3 个靠近最下部的足迹，步幅角约为 100°，这类似于典型的大型鸟脚类行迹（如 Xing et al., 2009b: Plate II）或典型的大型四足恐龙行迹数据。不过，这样低的步幅角在整道行迹中并非都一致也可能与造迹者速度的减缓有关。特写镜头展示了其中 2 个右后足迹的细节。不过，即便这些特写图显示了某种四趾型的迹象，但一般来说，这些足迹都有 3 个圆钝的趾，足迹底部显示各趾之间由隆起的脊分割。大部分足迹有平滑弯曲的截面，而非明显的成棱角的边缘。足迹表面被中等程度的泥裂所覆盖，这些泥裂应形成于足迹留下之后。

3 号行迹与 4 号蜥脚类行迹明显重叠在一起。这些可能的鸟脚类足迹要比蜥脚类足迹更大、更深，这可能是由于造迹者体重更大，或者是后肢行走时不同的体重分布所造成的。或者，这两道行迹的形成时间相距较长，沉积物软硬程度在此期间发生了变化，从而导致了足迹深度的差异，这种现象常见于现代的河滩或间歇性干旱地区。

在录像资料中，来自成都理工大学的李奎向观众介绍，1—3 号行迹属于蜥脚类（录像 00:04:03 处）。不过，3 个钝爪印出现在这些行迹的大部分足迹中，因此该行迹看起来应该是属于两足动物的。除了钝爪印，足迹还明显向内旋，表明了造迹者与鸟脚类的亲和性（Thulborn, 1990; Lockley, 1991b）。足迹呈圆形，带有钝爪印的各趾和一个宽的跖趾垫，这些特征与 *Caririchnium* 相似（Lockley, 987; Xing et al., 2007）。*Ornithopodichnus*（Kim et al., 2009; Lockley et al., 2012f）的后足迹有着弱的中趾前凸，各趾末端深且呈宽的 U 形。这些特征也与 1—3 号行迹观察到的足迹一致。*Caririchnium* 可能是两足造迹者留下，也可能是四足造迹者所留（Xing et al., 2007），这是一种常见的足迹属，其造迹者通常都被划分到 iguanodontiforms 和 hadrosauriforms（Lockley, 1987b）。我们在昭觉三比罗嘎二号足迹点发现了一些 *Caririchniume* 类足迹，这些足迹的特征与 1—3 号行迹相似。

考虑到这些大型三趾型足迹似乎也展示了四趾的证据，但无法知晓是否与侵蚀的基底有关，因此无法明确地将其鉴定为鸟脚类足迹。由于没有经过严格检验，也不可能对这些行迹进行最终鉴定，其归类问题有待解决。但相比其他可能性，我们更倾向于把 1—

3号行迹视为鸟脚类行迹。

#### 3.2.3.4 古生态学

综上所述，昭觉三比罗嘎一号足迹点包含了蜥脚类、翼龙类、大型和小型非鸟兽脚类，以及可能的大型鸟脚类的足迹。杂乱的大型兽脚类足迹表明，不同个体的兽脚类造迹者很可能重复穿越这片地区。在新疆鄯善地区的兽脚类足迹点也观察到这样的现象（Xing et al., 2014a）。

翼龙类足迹的尺寸、方向各不相同，表明翼龙造迹者有多个个体。翼龙足迹先前已被认为与鸟类足迹有紧密关系（Kim et al., 2006; He et al., 2013; Xing et al., 2013l）。不过，翼龙类和小型兽脚类足迹的组合较少被报道。已知一些早白垩世手盗龙类（兽脚类）有食鱼性（Xing et al., 2013m），美颌龙类亦有类似的证据（Dal Sasso and Maganuco, 2011）。因此，这些造迹者，也就是小型兽脚类和翼龙类都可以在水滨环境中获取食物。另外一种可能的情况是，翼龙类有时候也会捕食小型兽脚类（Hone et al., 2012）。

据推测，1—3号行迹可能是由大型鸟脚类恐龙聚拢到同一聚集点或交叉点留下的，足迹的方向表明水体吸引了不同的脊椎动物来到此地，它们的行迹明显地相交在这一地区的某一点，但从这个点离开之后，行迹方向显得杂乱无章。以现生大型有蹄类的行为推测（Cohen et al., 1993），这些大型鸟脚类造迹者或许会聚集在水体周遭，或以水体为首选目的地。

很明显地，6号行迹，即蜥脚类掉头行迹最初向着1—3号大型鸟脚类行迹的交叉点走去，然后在距离交叉点大约25米的地方突然转向。这个推断不能排除这四道行迹（1—3、6号）差不多是同一时间留下的可能性，蜥脚类造迹者的转向是为了避开聚集的鸟脚类恐龙。当然，这种情形只是一种猜想，无法得到证实。这些行迹之间的重叠关系使得我们可以推断它们的相对造迹时间。不过，有限的视频镜头无法让我们完全清楚地得知这些细节，因此，所有行迹的相对造迹时间仍悬而未决。

我们发现了大量的小型三趾型足迹组成的行迹，其中一些与大型鸟脚类行迹平行，有一些则与其相交。在视频资料中，这些小型三趾型足迹并不清晰。二号足迹点记录过小型 *Ornithopodichnus* 行迹。小型鸟脚类和小型兽脚类同时存在使得我们更难厘清这些由小型三趾型足迹组成的行迹。

Matsukawa et al.（2006）提出，东亚早白垩世的大型蜥臀类（包括兽脚类和蜥脚类）种群以分布在南方或内陆地区为主，而大型鸟脚类足迹在北方和海岸地区更具代表性。不过，中国西南内陆地区近年来陆续发现了一批鸟脚类足迹（如 Xing et al., 2007），这些研究表明大型鸟脚类在内陆地区也是普遍存在的。而在沿岸地区也发现了许多蜥脚类足迹点（如 Zhang et al., 2012）。这些新发现表明，在白垩纪，蜥臀类和大型鸟脚类在中国的分布,要比我们原先所假定的更为广泛。

## 3.3 三比罗嘎二号和北二号足迹点

### 3.3.1 足迹点概况

在利用影像技术重审昭觉三比罗嘎一号足迹点之后,笔者开始系统研究三比罗嘎二号足迹点及北二号足迹点。在专业登山运动员的协助下,我们登上了陡峭的、自北向西的砂岩斜坡(约50°),获取了绝大多数足迹的数据,并绘制了详细的足迹分布图。

昭觉三比罗嘎一号和二号足迹点之间间隔约450米。根据Liu et al. (2009)的记录,一号足迹点在坍塌前暴露了大约1000个足迹。但由于缺乏攀登手段,这个数值可能只是粗略估计。我们从照片和视频中统计,由于有一些太小的行迹难以看清或者进行准确计数,足迹的数量最终定在至少632个。而尚未被坍塌损坏的一号足迹点的南角,还保存着90个足迹。因此,一号足迹点最少有722个足迹。昭觉三比罗嘎二号足迹点的岩层上记录了141个足迹,另外还有15个足迹保存在旁边坍塌的岩块上。而北二号足迹点记录了193个足迹,此外还有一些坍塌的凸型足迹。因此,这3个足迹点的足迹总数至少为1071个。这种超过1000个足迹的大型足迹点,在世界上是相当罕见的。

本小节我们要介绍的二号和北二号两个大砂岩层,来自一个陡峭的、自北向西的斜坡(约50°),位于飞天山组相同的层位。足迹层下部是厚度约30米的砂岩层,上覆粉砂岩和砂岩互层的沉积物,其中包含了富含铜的层位,也是当地矿厂的目标层。因此,这些富含足迹的层位很容易被侵蚀掉,或者被采矿活动破坏。

二号足迹点的面积大一些,由几千平方米的岩层组成,其中笔者绘制足迹分布图的面积为500—525平方米。北二号足迹点的面积小些,400—415平方米,笔者将其全部绘制了下来(图3-14、图3-15、图3-16)。因此,我们共描绘了总面积为900—940平方米的足迹分布图。从足迹分布图统计,这两个足迹点保存有多道行迹,包括至少8道兽脚类、7道蜥脚类和22道鸟脚类行迹。由于持续的开矿暴露,一些蜥脚类和鸟脚类的天然凸型足迹也时常出现,这可能代表着额外的造迹者。

此外,在本文成文阶段,昭觉县文管所所长俄比解放又发来一批相片。相片显示,采矿使得二号足迹点新暴露出另一个足迹面,有蜥脚类行迹与鸟脚类行迹各一道,后续研究工作还在进一步规划中。这个信息表明此地的足迹总量在可预见的未来还会被刷新。

足迹的埋藏往往分布于多层,这其中又涉及到真足迹、幻迹等概念。这些复杂的多重足迹,在描述的时候需要慎重对待。

三比罗嘎的主要露头层,也就是富含足迹的主层面,都位于其他(含足迹较少的)层的下方。这个现象在北二号足迹点尤为显著。该点主层面上部是较薄(厚度为30—50

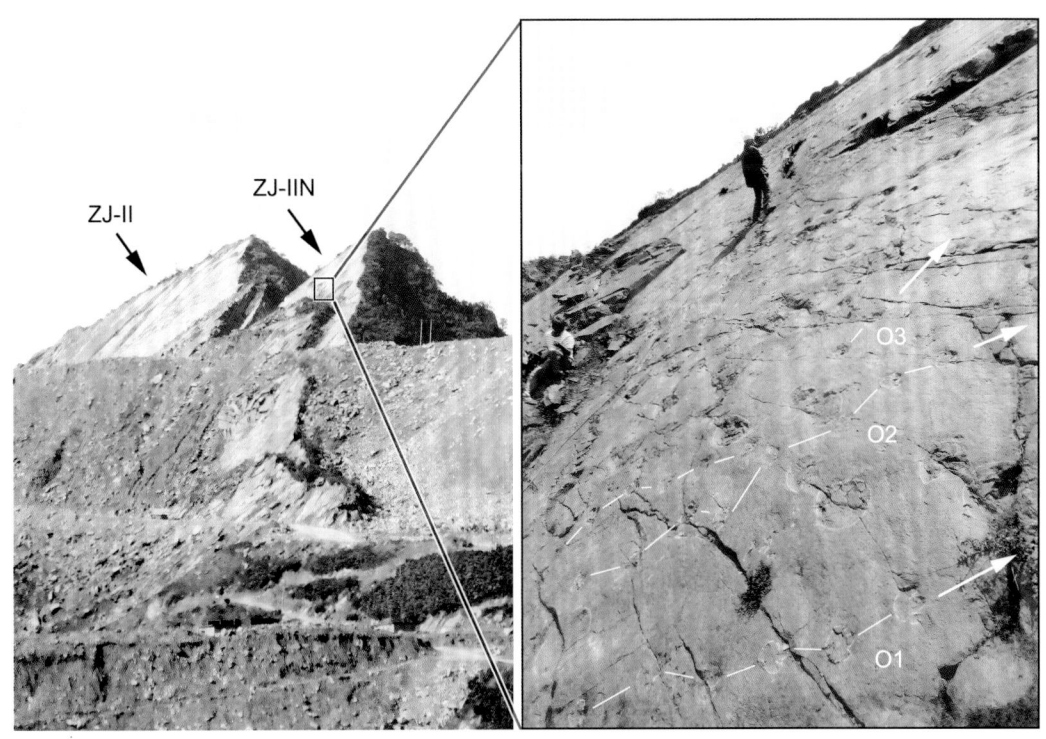

图 3-14　三比罗嘎二号和北二号足迹点以及后者小型鸟脚类平行行迹特写

厘米）的粉砂岩 – 砂岩互层，上部岩层的真足迹穿透了岩层，贯通或影响了下面的粉砂质沉积物，几乎到达了砂质主层面。这些真足迹后来被砂质沉积物充填，随着粉砂质沉积物被侵蚀殆尽，真足迹消失，但其砂质充填物，也就是天然凸型足迹得以留存。主层面则记录了形成于更厚的砂岩层上的足迹，厚砂岩层下部并没有紧挨着的、软的粉砂质沉积物。主层面上还有少量的来自上部砂岩层的浅浅的幻迹，这是造迹者从上部岩层留下的深足迹贯通了岩层而在主层面上留下的印记。本文主要描述这些凸型足迹和主层面的真足迹。

### 3.3.2 大中型鸟脚类足迹

昭觉三比罗嘎二号足迹点暴露了至少 11 道鸟脚类行迹，编号为 ZJII-O1—ZJII-O11；另有一些孤立的鸟脚类足迹和部分行迹保存在坍塌的岩石上（图 3-17、图 3-18、图 3-19，表 3-4）。ZJII-O98—ZJII-O99 是昭觉鸟脚类足迹中保存最好的标本，揭示了最完整的、按顺序排列的前 – 后足迹。昭觉北二号足迹点保存了 9 道鸟脚类行迹，编号为 ZJIIN-O1—ZJIIN-O9。除了一个孤立的凸型足迹被自贡恐龙博物馆收藏外（编号 ZDM201306-4），北二号足迹点的所有足迹都保存于原位。

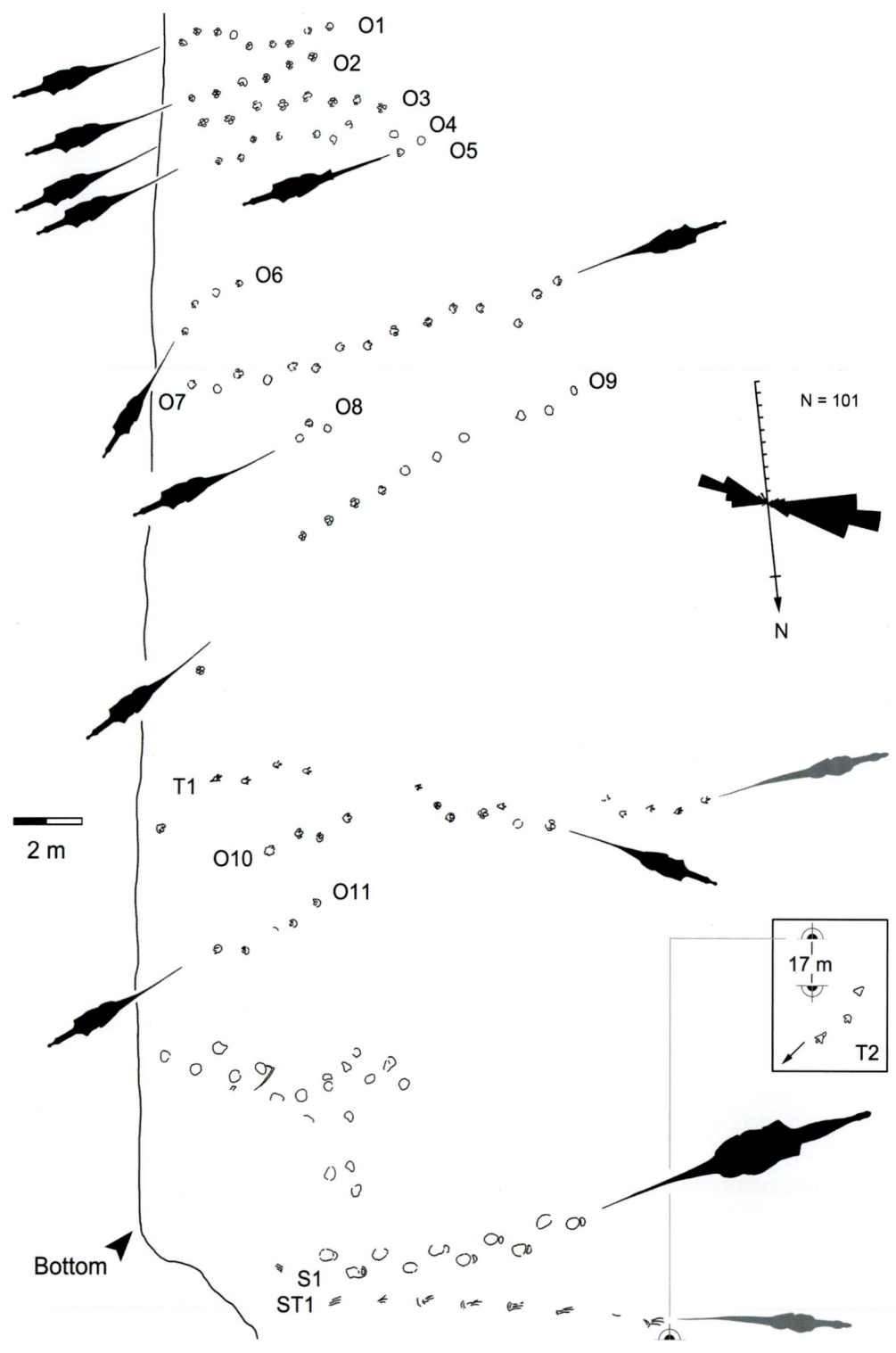

图 3-15 三比罗嘎二号足迹点足迹分布图

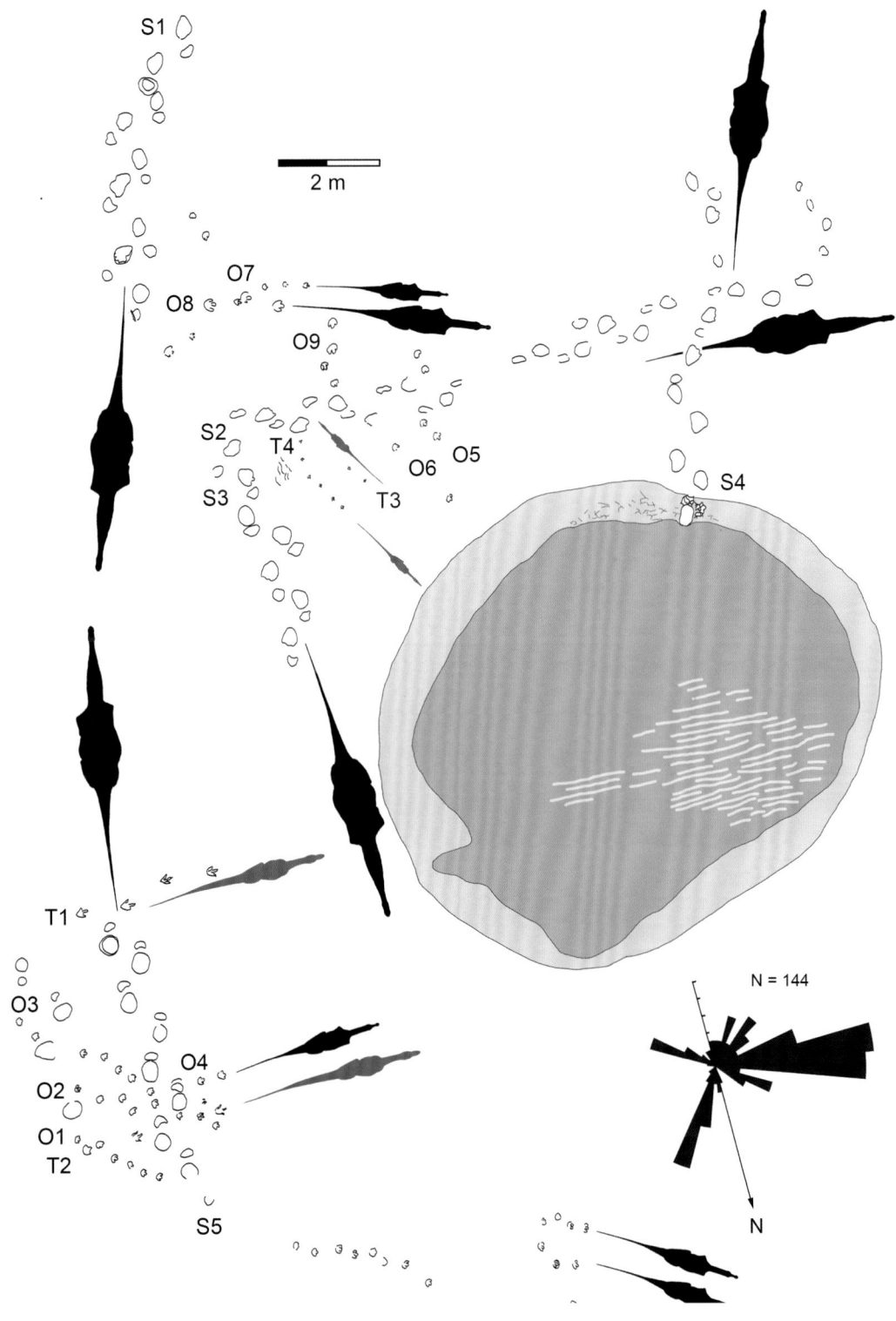

图3-16 三比罗嘎北二号足迹点足迹分布图

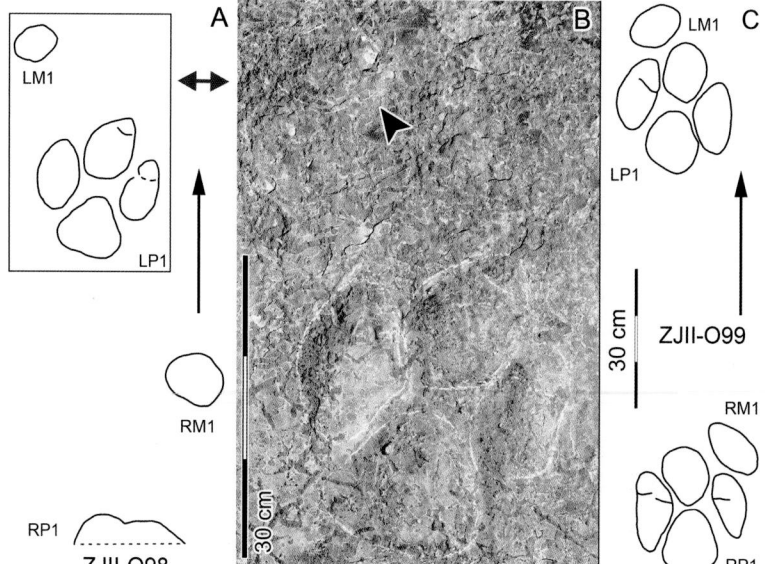

图 3-17 三比罗嘎二号足迹点鸟脚类足迹形态类型 A 轮廓图（A 与 C）、特写照片（B）

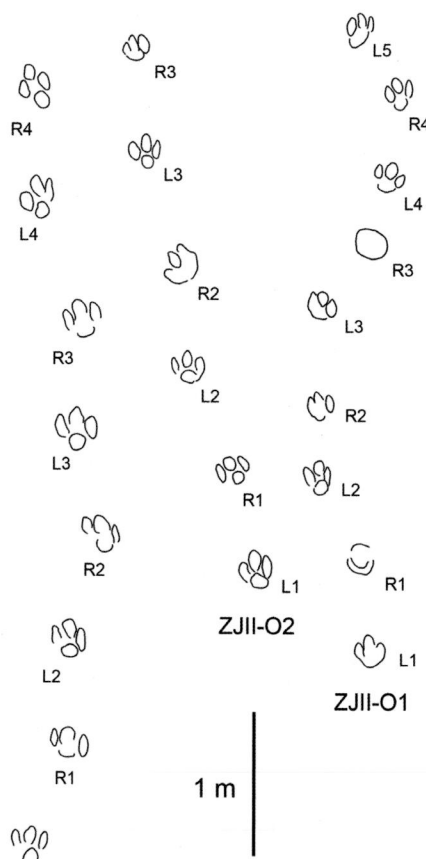

图 3-18 三比罗嘎二号足迹点鸟脚类足迹形态类型 A 的三道平行行迹

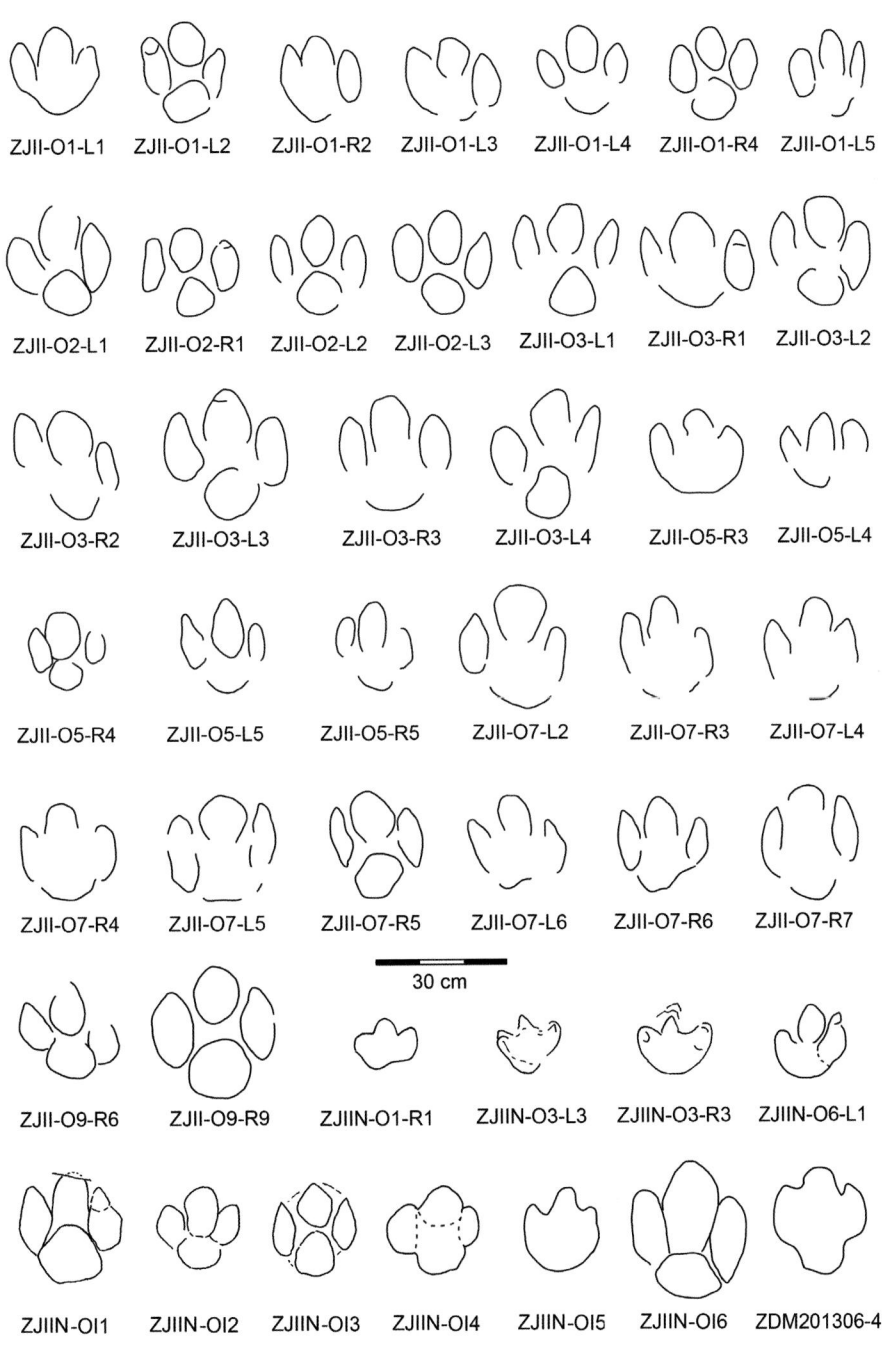

图 3-19 三比罗嘎二号和北二号足迹点鸟脚类足迹

表 3-4　三比罗嘎二号和北二号足迹点鸟脚类足迹测量数据（单位：厘米）

| 编号 | ML | MW | II–IV | PL | SL | PA | L/W |
|---|---|---|---|---|---|---|---|
| ZJII–O1–L1 | 22.4 | 22.0 | 50° | 63.1 | 126.0 | 159° | 1.0 |
| ZJII–O1–R1 | 22.0 | 21.2 | — | 65.2 | 108.5 | 153° | 1.0 |
| ZJII–O1–L2 | 23.6 | 19.9 | 45° | 47.1 | 115.4 | 178° | 1.2 |
| ZJII–O1–R2 | 20.2 | 20.2 | 43° | 69.1 | 118.5 | 142° | 1.0 |
| ZJII–O1–L3 | 19.3 | 22.2 | 48° | 57.0 | 101.5 | 157° | 0.9 |
| ZJII–O1–R3 | 20.0 | 24.8 | — | 47.6 | 104.9 | 172° | 0.8 |
| ZJII–O1–L4 | 21.1 | 21.9 | 61° | 57.9 | 106.0 | 139° | 1.0 |
| ZJII–O1–R4 | 22.4 | 20.4 | 49° | 52.4 | — | — | 1.1 |
| ZJII–O1–L5 | 23.2 | 18.2 | 31° | — | — | — | 1.3 |
| Mean | 21.6 | 21.2 | 47° | 57.4 | 111.5 | 157° | 1.0 |
| ZJII–O2–L1 | 27.5 | 23.9 | 46° | 66.2 | 144.7 | 168° | 1.2 |
| ZJII–O2–R1 | 20.5 | 23.4 | 50° | 78.6 | 147.0 | 160° | 0.9 |
| ZJII–O2–L2 | 22.3 | 23.1 | 55° | 69.0 | 152.0 | 163° | 1.0 |
| ZJII–O2–R2 | 24.5 | 25.7 | 57° | 83.1 | 151.1 | 169° | 1.0 |
| ZJII–O2–L3 | 23.0 | 21.8 | 51° | 69.1 | — | — | 1.1 |
| ZJII–O2–R3 | 18.0 | 18.8 | 39° | — | — | — | 1.0 |
| Mean | 22.6 | 22.8 | 50° | 73.2 | 148.7 | 165° | 1.0 |
| ZJII–O3–L1 | 26.7 | 26.7 | 53° | 72.7 | 143.5 | 161° | 1.0 |
| ZJII–O3–R1 | 21.2 | 27.4 | 63° | 73.3 | 145.9 | 164° | 0.8 |
| ZJII–O3–L2 | 25.3 | 23.7 | 52° | 73.9 | 144.7 | 148° | 1.1 |
| ZJII–O3–R2 | 26.0 | 24.8 | 55° | 75.5 | 148.5 | 163° | 1.0 |
| ZJII–O3–L3 | 29.2 | 28.8 | 48° | 73.6 | 162.6 | 159° | 1.0 |
| ZJII–O3–R3 | 26.7 | 27.5 | 50° | 91.4 | 165.6 | 164° | 1.0 |
| ZJII–O3–L4 | 30.2 | 27.6 | 50° | 76.2 | — | — | 1.1 |
| ZJII–O3–R4 | 32.6 | 24.0 | 32° | — | — | — | 1.4 |
| Mean | 27.2 | 26.3 | 53° | 76.7 | 151.8 | 160° | 1.0 |
| ZJII–O4–L1 | 22.3 | 24.8 | — | 65.0 | — | — | 0.9 |
| ZJII–O4–R1 | 25.3 | 21.1 | — | — | 131.7 | — | 1.2 |
| ZJII–O4–L2 | — | — | — | — | — | — | — |
| ZJII–O4–R2 | — | — | — | 63.5 | 97.7 | — | — |
| ZJII–O4–L3 | — | — | — | 55.5 | — | — | — |
| ZJII–O4–R3 | 20.5 | 21.3 | 54° | — | 10.4 | — | 1.0 |
| ZJII–O4–L4 | — | — | — | — | — | 131° | — |

续表

| 编号 | ML | MW | II–IV | PL | SL | PA | L/W |
|---|---|---|---|---|---|---|---|
| ZJII-O4-R4 | 16.8 | 20.7 | 55° | — | 76.3 | 136° | 0.8 |
| ZJII-O4-L5 | — | — | — | — | — | — | — |
| ZJII-O4-R5 | 18.0 | 16.5 | 50° | 64.2 | 117.9 | — | 1.1 |
| ZJII-O4-L6 | 21.2 | 20.8 | 55° | 65.2 | — | — | 1.0 |
| ZJII-O4-R6 | 20.5 | 18.9 | — | — | — | — | 1.1 |
| Mean | 20.7 | 20.6 | 54° | 62.7 | 86.8 | 134° | 1.0 |
| ZJII-O5-L1 | 21.0 | 23.1 | 51° | — | — | — | 0.9 |
| ZJII-O6-R1 | 19.2 | 17.4 | 52° | 72.2 | 140.0 | 173° | 1.1 |
| ZJII-O6-L1 | 22.4 | 24.0 | — | 68.3 | 139.1 | 138° | 0.9 |
| ZJII-O6-R2 | 22.5 | 19.3 | 43° | 79.5 | — | — | 1.2 |
| ZJII-O6-L2 | 20.9 | 18.0 | 54° | — | — | — | 1.2 |
| Mean | 21.3 | 19.7 | 50° | 73.3 | 139.6 | 156° | 1.1 |
| ZJII-O7-L1 | 22.5 | 22.5 | 50° | 74.8 | 133.2 | 137° | 1.0 |
| ZJII-O7-R1 | 21.8 | 24.6 | — | 78.9 | 142.3 | 142° | 0.9 |
| ZJII-O7-L2 | 29.8 | 25.7 | 53° | 82.0 | 153.9 | 136° | 1.2 |
| ZJII-O7-R2 | 24.7 | 26.6 | — | 81.7 | 138.3 | 146° | 0.9 |
| ZJII-O7-L3 | 27.3 | 18.7 | — | 65.5 | 142.9 | 135° | 1.5 |
| ZJII-O7-R3 | 24.0 | 22.2 | 52° | 89.5 | 157.3 | 141° | 1.1 |
| ZJII-O7-L4 | 24.6 | 21.3 | 53° | 76.7 | — | 167° | 1.2 |
| ZJII-O7-R4 | 23.0 | 22.3 | 63° | 86.2 | 185.7 | 166° | 1.0 |
| ZJII-O7-L5 | 24.2 | 27.4 | 53° | 101.0 | 183.2 | 155° | 0.9 |
| ZJII-O7-R5 | 25.8 | 23.5 | 48° | 84.0 | 157.2 | — | 1.1 |
| ZJII-O7-L6 | 24.2 | 25.4 | 61° | 78.4 | — | — | 1.0 |
| ZJII-O7-R6 | 22.5 | 24.9 | 66° | — | 167.5 | — | 0.9 |
| ZJII-O7-L7 | — | — | — | — | — | — | 1.0 |
| ZJII-O7-R7 | 28.0 | 26.4 | 45° | 65.2 | — | — | 1.1 |
| ZJII-O7-L8 | 23.2 | 23.2 | 57° | — | — | — | 1.0 |
| Mean | 24.7 | 23.9 | 55° | 80.3 | 156.2 | 147° | 1.0 |
| ZJII-O8-L1 | 18.4 | 18.4 | — | 50.9 | 80.4 | 110° | 1.0 |
| ZJII-O8-R1 | 20.2 | 19.1 | 50° | 50.9 | — | — | 1.1 |
| ZJII-O8-L2 | 20.6 | 19.9 | — | — | — | — | 1.0 |
| Mean | 19.7 | 19.1 | 50° | 50.9 | 80.4 | 110° | 1.0 |

续表

| 编号 | ML | MW | II–IV | PL | SL | PA | L/W |
|---|---|---|---|---|---|---|---|
| ZJII–O9–R1 | 17.3 | 25.0 | — | 88.3 | 162.8 | 153° | 0.7 |
| ZJII–O9–L1 | 21.9 | 25.2 | — | 78.3 | — | — | 0.9 |
| ZJII–O9–R2 | 20.1 | 21.0 | — | — | 171.2 | — | 1.0 |
| ZJII–O9–L2 | — | — | — | — | — | — | — |
| ZJII–O9–R3 | 27.3 | 30.7 | — | 93.2 | 192.6 | 167° | 0.9 |
| ZJII–O9–L3 | 26.4 | 27.2 | — | 100.0 | 187.1 | 165° | 1.0 |
| ZJII–O9–R4 | 25.9 | 27.7 | — | 88.6 | — | 165° | 0.9 |
| ZJII–O9–L4 | 24.9 | 24.2 | 64° | 95.4 | 180.4 | 170° | 1.0 |
| ZJII–O9–R5 | 29.0 | 32.9 | 44° | 92.3 | 186.0 | 178° | 0.9 |
| ZJII–O9–L5 | 24.4 | 27.5 | 48° | 93.3 | — | — | 0.9 |
| ZJII–O9–R6 | 21.6 | 21.6 | — | — | — | — | 1.0 |
| Mean | 23.9 | 26.3 | 52° | 91.2 | 180.0 | 166° | 0.9 |
| ZJII–O10–R1 | 24.2 | 26.8 | 57° | — | — | — | 0.9 |
| ZJII–O10–R3 | — | — | 43° | 148.4 | — | 138° | 1.3 |
| ZJII–O10–L3 | 23.6 | 25.5 | 60° | 59.0 | 151.0 | 133° | 0.9 |
| ZJII–O10–R4 | 22.3 | 20.8 | 43° | 99.0 | — | — | 1.1 |
| ZJII–O10–L4 | 26.5 | 25.3 | 53° | — | — | — | 1.0 |
| ZJII–O10–R6 | 20.9 | 19.8 | 45° | 94.4 | 189.5 | 158° | 1.1 |
| ZJII–O10–L6 | 28.9 | 27.0 | 52° | 95.4 | 186.0 | 169° | 1.1 |
| ZJII–O10–R7 | 25.1 | 26.4 | — | 90.0 | — | — | 1.0 |
| ZJII–O10–L7 | 27.0 | 27.0 | 56° | — | — | — | 1.0 |
| Mean | 24.8 | 24.8 | 51° | 88.8 | 168.7 | 150° | 1.0 |
| ZJII–O11–R1 | — | — | — | 87.8 | 145.3 | — | — |
| ZJII–O11–L1 | 22.5 | 22.9 | 66° | 57.6 | 156.7 | — | 1.0 |
| ZJII–O11–R2 | — | — | — | 98.8 | 166.5 | — | — |
| ZJII–O11–L2 | 18.7 | 22.5 | 66° | 74.4 | — | — | 0.8 |
| ZJII–O11–R3 | 23.2 | 22.4 | 46° | — | — | — | 1.0 |
| Mean | 21.5 | 22.6 | 59° | 79.7 | 156.2 | — | 0.9 |
| ZJII–O98–RM1 | 11.1 | 13.7 | — | 84.5 | — | — | 0.8 |
| ZJII–O98–LP1 | 32.1 | 29.2 | 47° | 89.0 | — | — | 1.1 |
| ZJII–O98–LM1 | 8.6 | 12.4 | — | — | — | — | 0.7 |
| Mean–P | 32.1 | 29.2 | 47° | 89.0 | — | — | 1.1 |

续表

| 编号 | ML | MW | II–IV | PL | SL | PA | L/W |
|---|---|---|---|---|---|---|---|
| Mean–M | 9.9 | 13.1 | — | 84.5 | — | — | 0.8 |
| ZJII–O99–RM1 | 7.4 | 13.2 | — | 89.0 | — | — | 0.6 |
| ZJII–O99–RP1 | 26.0 | 23.6 | 46° | 84.0 | — | — | 1.1 |
| ZJII–O99–LM1 | 7.8 | 12.4 | — | — | — | — | 0.6 |
| ZJII–O99–LP1 | 27.0 | 24.5 | 40° | — | — | — | 1.1 |
| Mean–P | 26.5 | 24.05 | 43° | 89.0 | — | — | 1.1 |
| Mean–M | 7.6 | 12.8 | — | 84.0 | — | — | 0.6 |
| ZJIIN–O1–R1 | 11.0 | 14.5 | 75° | 47.2 | 88.0 | 159° | 0.8 |
| ZJIIN–O1–L1 | 13.5 | 18.0 | 59° | 41.5 | 75.0 | 166° | 0.8 |
| ZJIIN–O1–R2 | 12.5 | 15.9 | 63° | 35.5 | 67.3 | 171° | 0.8 |
| ZJIIN–O1–L2 | 13.0 | 12.6 | — | 34.0 | 66.3 | 162° | 1.0 |
| ZJIIN–O1–R3 | 14.3 | 15.2 | 67° | 32.0 | — | — | 0.9 |
| ZJIIN–O1–L3 | 13.5 | 17.6 | 58° | — | — | — | 0.8 |
| ZJIIN–O1–L7 | 11.9 | 14.2 | 62° | 39.6 | 87.4 | 157° | 0.8 |
| ZJIIN–O1–R8 | 13.0 | 15.4 | 70° | 49.0 | 80.4 | 158° | 0.8 |
| ZJIIN–O1–L8 | 13.5 | 18.1 | — | 33.4 | 70.0 | 157° | 0.7 |
| ZJIIN–O1–R9 | 14.9 | 19.9 | — | 38.0 | 61.0 | — | 0.8 |
| ZJIIN–O1–L9 | 14.4 | 17.8 | — | 30.0 | 69.5 | — | 0.8 |
| ZJIIN–O1–R10 | — | — | — | 44.0 | 99.6 | — | — |
| ZJIIN–O1–L10 | 13.0 | 17.3 | — | 60.0 | — | — | 0.8 |
| ZJIIN–O1–R11 | 12.5 | 15.7 | 71° | — | 95.5 | — | 0.8 |
| ZJIIN–O1–L12 | 12.2 | — | — | — | 76.0 | — | — |
| ZJIIN–O1–L13 | 10.0 | 13.2 | 69° | 38.5 | 79.8 | 141° | 0.8 |
| ZJIIN–O1–R14 | 11.5 | — | — | 45.0 | 76.0 | 146° | — |
| ZJIIN–O1–L14 | 11.2 | — | — | 35.3 | 81.1 | — | — |
| ZJIIN–O1–R15 | 14.9 | 16.6 | 58° | 49.0 | 82.2 | — | 0.9 |
| ZJIIN–O1–L15 | 15.8 | — | — | 36.6 | — | — | 0.8 |
| ZJIIN–O1–R16 | 16.0 | 17.8 | — | — | — | — | 0.9 |
| Mean | 13.1 | 16.2 | 65° | 40.5 | 78.4 | 157° | 0.8 |
| ZJIIN–O2–L1 | 13.5 | 13.9 | 62° | 52.0 | 95.0 | 156° | 1.0 |
| ZJIIN–O2–R1 | 14.6 | 15.4 | 58° | 46.0 | 72.1 | 128° | 0.9 |
| ZJIIN–O2–L2 | 14.6 | 17.0 | 73° | 35.0 | 69.1 | 110° | 0.9 |
| ZJIIN–O2–R2 | 13.4 | 18.0 | 87° | 50.0 | 97.7 | 138° | 0.7 |

| 编号 | ML | MW | II–IV | PL | SL | PA | L/W |
|---|---|---|---|---|---|---|---|
| ZJIIN-O2-L3 | 16.1 | 19.1 | 64° | 56.0 | 98.0 | 155° | 0.8 |
| ZJIIN-O2-R3 | 13.2 | 16.4 | 74° | 44.0 | 79.5 | 152° | 0.8 |
| ZJIIN-O2-L4 | 13.9 | 14.7 | 63° | 38.0 | — | — | 0.9 |
| ZJIIN-O2-R4 | 14.5 | 16.2 | 76° | — | — | — | 0.9 |
| ZJIIN-O2-L15 | 14.8 | 16.9 | 67° | 45.0 | 81.4 | 135° | 0.9 |
| ZJIIN-O2-R15 | 14.0 | 15.4 | — | 43.5 | — | — | 0.9 |
| ZJIIN-O2-L16 | 14.0 | 18.4 | — | — | — | — | 0.8 |
| Mean | 14.2 | 16.5 | 69° | 45.5 | 84.7 | 139° | 0.9 |
| ZJIIN-O3-L1 | 13.3 | 14.8 | 70° | 50.0 | — | — | 0.9 |
| ZJIIN-O3-R1 | 14.7 | 16.2 | 74° | — | 104.4 | — | 0.9 |
| ZJIIN-O3-L2 | — | — | — | — | — | — | — |
| ZJIIN-O3-R2 | 16.4 | 17.3 | 72° | 44.0 | 81.0 | 151° | 1.0 |
| ZJIIN-O3-L3 | 15.2 | 18.8 | 71° | 41.0 | 75.5 | 171° | 0.8 |
| ZJIIN-O3-R3 | 15.0 | 19.7 | 76° | 34.8 | 81.2 | 180° | 0.8 |
| ZJIIN-O3-L4 | 15.8 | 15.8 | 54° | 47.4 | — | — | 1.0 |
| ZJIIN-O3-R4 | 14.8 | 14.4 | 69° | — | — | — | 1.0 |
| ZJIIN-O3-R17 | 10.5 | 14.9 | — | 33.8 | 60.2 | 135° | 0.7 |
| ZJIIN-O3-L18 | 12.5 | 13.4 | — | 30.0 | 60.1 | 160° | 0.9 |
| ZJIIN-O3-R18 | 13.1 | 14.8 | — | 30.2 | — | — | 0.9 |
| ZJIIN-O3-L19 | 10.0 | 17.2 | — | — | — | — | 0.6 |
| Mean | 13.8 | 16.1 | 69° | 38.9 | 77.1 | 159° | 0.9 |
| ZJIIN-O4-R1 | 16.0 | 16.4 | 73° | 45.1 | — | — | 1.0 |
| ZJIIN-O4-L1 | 17.6 | 18.0 | 63° | — | — | — | 1.0 |
| Mean | 16.8 | 17.2 | 68° | 45.1 | — | — | 1.0 |
| ZJIIN-O5-R1 | 16.4 | 18.2 | 69° | 44.4 | — | — | 0.9 |
| ZJIIN-O5-L1 | 19.9 | 19.9 | 68° | — | — | — | 1.0 |
| Mean | 18.2 | 19.1 | 68° | 44.4 | — | — | 1.0 |
| ZJIIN-O6-L1 | 13.4 | 16.5 | — | — | — | — | 0.8 |
| ZJIIN-O6-L3 | 13.5 | 18.6 | 69° | — | — | — | 0.7 |
| Mean | 13.5 | 17.6 | 69° | — | — | — | 0.8 |
| ZJIIN-O7-R1 | 12.2 | 12.6 | 70° | — | — | 171° | 1.0 |

续表

| 编号 | ML | MW | II–IV | PL | SL | PA | L/W |
|---|---|---|---|---|---|---|---|
| ZJIIN-O7-L1 | 13.0 | — | — | — | — | — | — |
| ZJIIN-O7-R2 | 14.5 | — | — | — | — | — | — |
| Mean | 13.2 | 12.6 | 70° | — | — | 171° | 1.0 |
| ZJIIN-O8-R1 | 25.1 | 25.1 | 55° | 78.6 | 143.0 | 157° | 1.0 |
| ZJII-O8-L1 | 22.2 | 22.2 | 52° | 67.5 | — | — | 1.0 |
| ZJII-O8-R2 | 25.4 | 22.8 | — | — | — | — | 1.1 |
| Mean | 24.2 | 23.4 | 54° | 73.1 | 143.0 | 157° | 1.0 |
| ZJIIN-OI1 | 25.2 | 24.0 | 41° | — | — | — | 1.1 |
| ZJIIN-OI2 | 18.5 | 19.1 | 59° | — | — | — | 1.0 |
| ZJIIN-OI3 | 20.4 | 19.2 | 47° | — | — | — | 1.1 |
| ZJIIN-OI4 | 19.8 | 21.0 | 52° | — | — | — | 0.9 |
| ZJIIN-OI5 | 19.0 | 17.2 | 51° | — | — | — | 1.1 |
| ZJIIN-OI6 | 30.5 | 27.0 | 47° | — | — | — | 1.1 |
| ZDM201306-4 | 23.9 | 21.6 | 40° | — | — | — | 1.1 |

昭觉三比罗嘎二号和北二号足迹点的鸟脚类足迹可分为两种形态类型，分别是形态类型 A，代表着大中型鸟脚类足迹；形态类型 B，代表着小型鸟脚类足迹。本小节仅讨论形态类型 A。

形态类型 A，以三比罗嘎二号足迹点的 13 道行迹（ZJII-O1—ZJII-O11、ZJII-O98—ZJII-O99）以及北二号足迹点的一道行迹（ZJIIN-O8）为代表。形态类型 A 的后足迹为亚中轴对称，功能性三趾型，跖行式，长度为 20—30 厘米，长宽比值的平均值为 1.0。

前-后足迹组合 ZJII-O98-LP1 和 ZJII-O98-LM1 是形态类型 A 中保存最好的。后足迹显示四分形态，由三个趾和一个被明显的脊所分隔开的脚跟组成；长宽比值为 1.1，前三角长宽比值为 0.37。第 II 趾最短，第 III 趾和第 IV 趾几乎等长。每一个趾都有一个强壮的钝爪印；脚跟呈三角形。第 II 趾与第 IV 趾之间的趾间角为 47°。前足迹为椭圆形，没有清晰可辨的爪印，其短轴和后足迹的前侧边缘成一直线（即与连接第 III 趾和第 IV 趾顶端的直线相对）。前-后足迹中心之间距离与后足迹长度的比值是 1.1。

ZJII-O99 足迹与 ZJII-O98 在形态上基本一致，长宽比值的平均值为 1.1，前三角长宽比值为 0.36（介于 0.34 到 0.38 之间）。不过，ZJII-O99 后足迹第 III 趾的爪印更钝一些，前足迹与后足迹更接近，前-后足迹中心之间距离与后足迹长度的比值为 0.6。ZJII-O99 的单步是后足迹长度的 3.1 倍。

三比罗嘎二号足迹点的足迹在形态上表现出相当的差异性，这可能是由于保存足迹的岩层最初比较湿滑而造成的外形态学变化。保存完好的足迹，例如 ZJII-O2-L3、ZJII-O9-R9 和 ZJII-O98-LP1 在形态上基本一致，但只有 ZJII-O2-L3 保存了清晰的爪印。除了 ZJII-O98 和 ZJII-O99，二号足迹点的其他鸟脚类足迹都缺失前足迹，这可能是因为最初留存的前足迹太浅而没有保存下来。在 ZJII-O1—ZJII-O11 行迹中，ZJII-O1—ZJII-O3、ZJII-O7 和 ZJII-O9 保存完好。这些保存完好的行迹的步幅角均值为 155°（介于 134° 到 166° 之间）。以 ZJII-O1—ZJII-O3 行迹为例，其后足迹显示了一致的内旋，均值为 8°、18° 和 19°。

著名的早白垩世鸟脚类行迹主要出自欧洲、北美和东亚。迄今为止，已命名的白垩纪鸟脚类足迹属有 6 个有效属：早白垩世的 *Amblydactylus*（2 个足迹种）、*Caririchnium*（3 个足迹种）、*Iguanodontipus*、*Ornithopodichnus* 和晚白垩世的 *Hadrosauropodus*（2 个足迹种）、*Jiayinosauropus*（Lockley et al., 2014）。

三比罗嘎二号和北二号足迹点的形态类型 A 与 *Caririchnium* 相似，*Caririchnium* 最早命名于巴西 Antenor Navarro 组（Leonardi, 1984）。Lockley et al.（2014）认为 *Caririchnium* 最主要的特征是三个趾与一个被明显的脊分隔开的脚跟组成的对称（亚对称）、四分的形态。这些后足迹要么是功能上为跖行式，要么是脚跟与柔软沉积物的过度接触造成的。在现实中，后足迹上的脊很可能代表着造迹者脚底被下凸的趾垫所分隔开的、上凹的皱褶。Leonardi（1984）观察到第 II 趾至第 IV 趾的前部都存在爪印。巴西足迹种 *C. magnificum* 的前足迹，在尺寸上和形状上都显得不那么规则（L 形到椭圆形或近似圆形）。另两个足迹种，美国科罗拉多的 *C. leonardii*（Lockley et al., 2001a）和中国的 *C. lotus*（Xing et al., 2007），前足迹呈亚椭圆形。*C. magnificum* 后足迹的长宽比值为 1.4，前三角长宽比值为 0.31（基于 Leonardi, 1984: Plate 11）。*Caririchnium* 这种独特的形态学特征（四分的后足迹和小的椭圆形前足迹）也见于昭觉的鸟脚类形态类型 A。*C. magnificum* 模式标本的长宽比和前三角长宽比都与昭觉形态类型 A 的相近。不过，受限于前足迹的数量太少，以及缺乏保存完好的行迹，形态类型 A 难以再深入对比。

一般来说，中国的早白垩世鸟脚类足迹在形态上都比较相似，大多数都属于 *Caririchnium*。在中型足迹标本（长 20—30 厘米）中，都可以观察到四分的后足迹模式和小型的椭圆形前足迹，只是其中趾前凸的程度有所区别。昭觉三比罗嘎足迹点的形态类型 A 显示了强烈的中趾前凸（0.37），与甘肃省盐锅峡足迹点的标本接近（Zhang et al., 2006），而后者有着更强的中趾前凸（0.41，基于 Zhang et al., 2006: 图 12），且其长宽比值为 1.5。其他中国的鸟脚类足迹都有比较弱的中趾前凸。例如，山东省莒南后左山恐龙公园的鸟脚类足迹的值为 0.20 和 0.23（Lockley, 2009）；河北省滦平足迹点的足迹长约 28 厘米，长宽比值为 1.1，中趾前凸较弱，为 0.29，椭圆形的前足迹位于后足迹的第 III 趾和第 IV 趾之前（基于 Matsukawa et al., 2006: 图 3）。

基于经典的 Thulborn（1990）和 Alexander（1976）公式，昭觉鸟脚类行迹形态类型 A 的 ZJII-O1—ZJII-O3、ZJII-O7、ZJII-O9、ZJII-O10 的相对复步长介于 1.02 到 1.48 之间（表 3-5），表明造迹者处在行走步态，而这 6 道行迹的速度介于 3.02—6.01 千米/小时之间。

表 3-5　三比罗嘎二号足迹点鸟脚类行走速度

| 编号 | SL/h | S (km/h) |
| --- | --- | --- |
| ZJII-O1 | 1.02 | 3.02 |
| ZJII-O2 | 1.30 | 4.64 |
| ZJII-O3 | 1.10 | 3.89 |
| ZJII-O7 | 1.25 | 4.57 |
| ZJII-O9 | 1.48 | 6.01 |
| ZJII-O10 | 1.34 | 5.15 |

### 3.3.3　小型鸟脚类足迹

#### 3.3.3.1　*Ornithopodichnus* 概述

东亚，特别是韩国和中国的下白垩统中发现了大量的大中型鸟脚类足迹。其中一些足迹显示出两足或四足的特征，暗示了它们可能有着群居的行为。不过，相对而言，东亚的标本甚少被归入特定的足迹种，有时甚至连归入的遗迹分类也含糊不清。例如，盛产足迹化石的韩国 Jindong 组，其发现的大多数鸟脚类足迹都被归入到足迹属 *Caririchnium*（Lockley et al., 2006a），而没有到具体足迹种。而来自 Uhangri 组的足迹也被打上了同一个足迹属标签（Huh et al., 2003）。这二者都显示，这些足迹的造迹者是两足行走的。中国下白垩统中也发现了大量的 *Caririchnium* 足迹（如 Xing et al., 2007），其中莲花保寨的足迹种 *C. Lotus* 呈现出四足特征，形态上相似于科罗拉多白垩纪的 *C. leonardii*（Lockley, 1987b; Lockley et al., 2001a）。

总的来说，东亚大中型鸟脚类足迹的大多数记录都被归入 *Caririchnium*，其特征是中度的中趾前凸，足迹长等于或大于宽，一些情况下为四足步态。但是，有些白垩纪的鸟脚类足迹在形态上完全可以与 *Caririchnium* 区分，比如足迹属 *Ornithopodichnus*（Kim et al., 2009; Lockley et al., 2014b）。

足迹属 *Ornithopodichnus* 为单型属，只包括模式种 *O. masanensis*。最初由 Kim et al.（2009）命名并详细描述，研究者将其描述为一种具有独有特征的、强壮的鸟脚类足迹，其宽度大于长度（长宽比值的平均值大约为 0.9，介于 0.6—1.2 之间），向行迹中线内旋，脚趾粗大，呈 U 形，脚趾轮廓似三叶草，脚跟后缘圆而平滑。Lockley（2009）指出，相对于第 II 和第 IV 趾而言，*Ornithopodichnus* 的中趾（第 III 趾）相当短，也就是属于微弱的中趾前凸，这个特征与其他鸟脚类足迹比显得相当明显。在造迹者方面，Kim et al.（2009）指出有一些白垩纪鸟脚类，包括来自中国的诸城龙（*Zhuchengosaurus*），其足部骨骼化石也显现出同样微弱的中趾前凸。

具有相同特征的大型鸟脚类足迹也发现于山东省莒南后左山恐龙公园的下白垩统（Matsukawa and Lockley, 2007），之后也被归于 *Ornithopodichnus*（Lockley, 2009）。莒南标本存在两种步态，分别为两足与四足。

韩国 Hwasun 足迹点一些保存良好的行迹为我们提供了更多 *Ornithopodichnus* 标本，但尺寸要小得多，长宽也较低（0.8—0.9）（Huh et al., 2006; Lockley et al., 2012f）。而这些行迹显示，一群两足小型鸟脚类明显地往同一个方向移动。该群体不大，包含 6 个个体。Hwasun 当地发现的另一道较大型 *Ornithopodichnus* 行迹，其尺寸也比 *O. masanensis* 模式标本小得多。

总而言之，截至目前，确凿的 *Ornithopodichnus* 见于韩国的两个地点和中国的两个地点：

（1）*Ornithopodichnus masanensis*，韩国 Masan 足迹点，白垩系 Jindong 组，代表着至少 6 个大型两足造迹者（Kim et al., 2009）。

（2）*Ornithopodichnus*（isp. indet.），中国山东莒南后左山恐龙公园，白垩系田家楼组，代表着两足和四足的大型造迹者（Matsukawa and Lockley, 2007; Lockley, 2009）。

（3）*Ornithopodichnus*（isp. indet.），韩国 Hwasun 足迹点，白垩系未命名地层，代表 6 个小型两足造迹者和 1 个大型两足造迹者（Lockley et al., 2012f）。

（4）*Ornithopodichnus*，中国三比罗嘎，白垩系飞天山组，代表至少 7 个小型两足造迹者，详见下文。

### 3.3.3.2 潜在的造迹者

*Ornithopodichnus* 的形态和 *Caririchnium*（Leonardi, 1984; Lockley, 1987b; Lockley and Wright, 2001; Xing et al., 2007）相比，最大的差别在于中趾前凸相当弱（Lockley, 2008, 2009），这显然和大型鸟脚类足部化石的中趾前凸的变化有直接的关系。

Kim et al.（2009）指出禽龙（*Iguanodon*）各个种的脚趾的相对长度会有变化。*Iguanodon atherfieldensis* 和 *Iguanodon bernissartensis* 相比，前者的第 III 趾更显眼，也就是中趾前凸要明显得多。而晚期的一些大型鸭嘴龙类，如 *Zhuchengosaurus*（= *Shantungosaurus* Ji et al., 2011）的中趾前凸非常微弱（Zhao et al., 2007）。Paul（2007）认为，*Iguanodon atherfieldensis* 和 *Iguanodon bernissartensis* 之间的差异明显，足以使前者成为一个新属种：*Mantellisaurus*（*M. atherfieldensis*）。Paul（2007）还特别指出，这两种之前都被归入 *Iguanodon* 的恐龙，它们的前肢长度并不相同。Lockley（2007, 2009）也注意到这些恐龙在肢体和脚部的比例上存在着可识别的形态动力学特征。因此，Kim et al.（2009）提出足部形

态差异可能会在脚印上表现出来的假设是合理的。

由此，*Caririchnium* 类的脚印代表着一类有着类似 *Iguanodon atherfieldensis* 脚部的动物，有清晰的、强的中趾前凸，而 *Ornithopodichnus* 的脚印则代表着一种有着类似 *Zhuchengosaurus* 脚部的动物，中趾前凸要弱得多。重要的是，这种中趾前凸的变化明显与足迹尺寸或个体发育情况都无关，因为（弱中趾前凸的）*Ornithopodichnus* 足迹同时包括了大型和小型个体。Kim et al. 在 2009 年命名 *Ornithopodichnus* 的文中提到，Moratalla（1993）曾非正式地把一些大型鸟脚类足迹命名为"*Brachyguanodonipus prejanensis*"，这些脚印特别宽（长度平均为 53.0 厘米，宽度平均为 64.3 厘米），长宽比值为 0.8（Lockley, 2009）。不过，这个命名仅出现在一份未发表的西班牙学者的博士论文中，因此并非正式的遗迹分类学术语。

#### 3.3.3.3 昭觉 *Ornithopodichnus*

昭觉的小型鸟脚类足迹，即形态类型 B，只保存在北二号足迹点，包括行迹 ZJIIN-O1—ZJIIN-O7（图 3-20、图 3-21）。所有的后足迹亚中轴对称，功能性三趾型，跖行式，足迹长为 13—18 厘米，长宽比值的平均值和中值都为 0.9，中趾前凸相当弱。

保存最完整的小型鸟脚类足迹位于北二号足迹点的最北部，为 3 道平行的行迹，都朝西北方前进。3 道行迹编号为 ZJIIN-O1—ZJIIN-O3，分别包含至少 21 个、11 个和 12 个足迹。ZJIIN-O1 最长，也最便于研究，其中 ZJIIN-O1-L3 保存最好。其长度为 13.5 厘米，长宽比值为 0.8，前三角长宽比值为 0.21；第 II 趾最短，第 IV 趾最长；趾垫缺失；趾向远端深深插入沉积物；爪印圆且钝；三趾和脚跟之间没有界限；第 II 趾和第 IV 趾之间的趾间角为 58°。ZJII-O1 的单步平均长 40.5 厘米，是后足迹平均长度的 3.1 倍；步幅角均值为 157°。

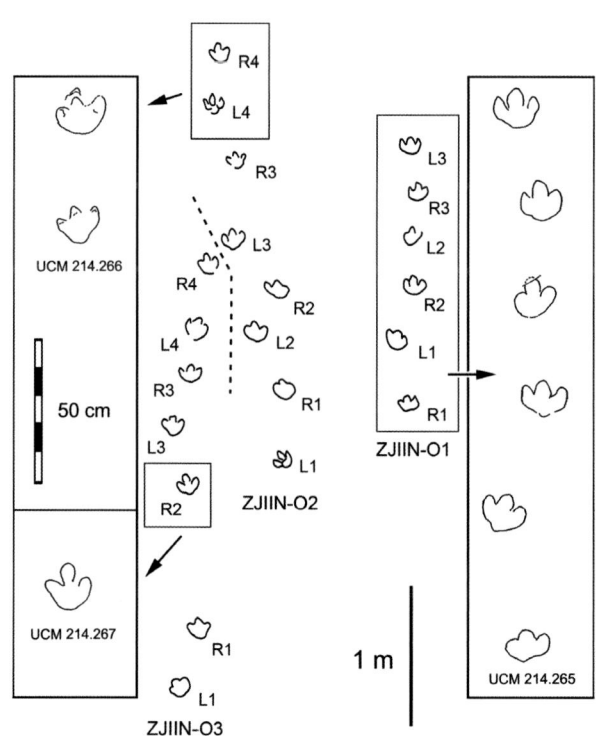

图 3-20　三比罗嘎北二号足迹点小型鸟脚类行迹 ZJIIN-O1—ZJIIN-O3 局部及其特写

图 3-21　三比罗嘎北二号足迹点小型鸟脚类足迹 ZJIIN-O1-L3 照片与轮廓图

ZJIIN-O1—ZJIIN-O3 行迹的后足迹显示了一致的内旋,平均值为 7°、10° 和 14°。

无论是尺寸还是形态学特征,昭觉小型鸟脚类足迹都与 Lockley et al.（2012f）描述的韩国 Hwasun *Ornithopodichnus* 标本非常相似,前者长宽比值为 0.8—1.0,平均值为 0.9,后者平均长宽比值为 0.9。而且昭觉标本与韩国 Jindong 组那些大尺寸的 *Ornithopodichnus masanensis* 标本（Kim et al., 2009）也很相似,后者的长宽比值的平均值为 0.9。

韩国标本都包含有一长段行迹,这使得我们确认足迹的详细特征成为可能。值得注意的是,它们的横宽形状和内旋的趋势,在足迹序列中反复出现,这反映了造迹者脚部的某些解剖学特性,而非地形和沉积条件导致。然而,昭觉小型鸟脚类足迹的保存情况要复杂得多。由于足迹点坡度陡峭,也由于风化作用,以及其他造迹者的踩踏对行迹造成的重叠与破坏,要对 ZJIIN-O1—ZJIIN-O3 行迹进行详细测量并非易事。不过,以下提及的特征仍然足以支持我们把昭觉标本归入 *Ornithopodichnus* 的观点。首先,昭觉标本与 Hwasun 标本的尺寸和形状（长宽比）相似,昭觉标本的平均长度为 14.8 厘米,宽度 15.8 厘米,而 Hwasun 标本的平均长宽分别为 12.0 厘米和 13.3 厘米。平均而言,昭觉标本比韩国标本长 25%,宽 18%。然而,保存最好的昭觉 ZJIIN-O1 仅比韩国的足迹略大,我们认为这一行迹提供的数据是最可信的。其次,ZJIIN-O1 的平均单步长为 40.0 厘米,与 Hwasun 标本的平均单步长 38.5 厘米非常接近。此外,两地标本还有相近的内旋角:ZJIIN-O1 平均为 7.2°,Hwasun 标本平均为 10.5°。

按照 Kim et al.（2009）的描述,所有的 *Ornithopodichnus masanensis* 行迹都是平行的,朝着同一个方向（南）。它们也都显示了其造迹者在行进中保持一定的间距（Lockley, 1989）。这些相互平行的鸟脚类行迹在亚洲（Lockley et al., 2006a; Zhang et al., 2006）和北美（Lockley and Hunt, 1995; Matsukawa et al., 1999）的白垩纪恐龙足迹记录中相当常见，学者一般据此认为它们有群居行为。

Kim et al.（2009）估算了 Masan *Ornithopodichnus* 的行走速度在 1.71—1.89 米 / 秒，这是一个相对较慢的行进速度。以 ZJIIN-O1 和 ZJIIN-O2 为例，昭觉行迹表明其造迹者分别以 0.92 米 / 秒和 0.99 米 / 秒（3.31 千米 / 小时和 3.56 千米 / 小时）的速度行走，Hwasun（HO1-2 和 HO4-5）*Ornithopodichnus* 行迹估算速度为 0.89—0.91 米 / 秒，与昭觉的相当接近。而 Hwasun 的较大型 *Ornithopodichnus* 行迹的速度大约是 1.69 米 / 秒，这和 Masan 标本的速度相当接近。

自从 Kim et al.（2009）命名足迹属 *Ornithopodichnus* 以来，昭觉标本是亚洲第四次发现该种化石。这一系列发现中，来自韩国 Masan 和中国莒南的两批足迹的造迹者属于大型恐龙，而来自韩国 Hwasun 和中国昭觉的两批足迹的造迹者都属于小型恐龙（足迹长度 13.0—15.0 厘米），它们都留下了平行的行迹，可能有群居行为。据足迹长度推算，这两批足迹的造迹者的臀高在 55—69 厘米之间。单步的规律性和两批足迹估算出的速度都意味着留下足迹的恐龙的移动速度较慢，大约 1 米 / 秒。

莒南标本是 *Ornithopodichnus* 留下的、唯一能清晰显示其四足特征的行迹。所以，尽管并不能完全排除 Paul（1991）提出的前足迹被覆盖的假说，但大部分 *Ornithopodichnus* 标本反映的似乎都是两足步态。

鸟脚类足迹在白垩系中相当丰富，Lucas（2007）因此将它们作为下白垩统的生物地层学证据（Lucas, 2007）。这些记录包括了 *Amblydactylus*、*Caririchnium*、*Iguanodontipus*、*Hadrosauropodus*、*Jiayinosauropus*，以及 *Ornithopodichnus*，这 6 个鸟脚类足迹属都基于白垩纪足迹材料而命名。当然，也曾有过一些其他的足迹属，例如后来被证明属于蜥脚类足迹的 *Iguanodonichnus*，还有归于兽脚类足迹的 *Hadrosaurichnus*（Sarjeant et al., 1998）。在以上 6 个有效足迹属当中，有 3 种（*Caririchnium*、*Jiayinosauropus* 和 *Ornithopodichnus*）都在亚洲被记录过（Lockley et al., 2013），后两者更是建立在亚洲发现的模式标本之上（Dong et al., 2003; Kim et al., 2009）。而 *Jiayinosauropus* 是晚白垩世的足迹属，被认为和鸭嘴龙有亲缘关系。迄今为止，早白垩世的 *Ornithopodichnus* 仍只见于亚洲。如果该属最终被证明是完全或基本上属于亚洲所独有（至少目前的报告都是如此），这可能有助于支持下面的推断：亚洲的早白垩世足迹群具有地域特有性（Lockley et al., 2012b）。

### 3.3.4 兽脚类足迹

#### 3.3.4.1 兽脚类游泳迹及其相关的古生态学意义

##### 3.3.4.1.1 兽脚类游泳迹

四足类的游泳迹化石，是动物游泳时在基底沉积物上留下的印迹。虽然比较稀有，游泳迹却归属于多种脊椎动物，包括恐龙、鳄型类（crocodylomorphs）（Lockley and Hunt, 1995）、翼龙类（Lockley and Wright, 2003）、龟类（Thulborn, 1990）、鱼类（Anderson, 1976）等。游泳迹为我们了解古脊椎动物在水中的生活习性提供了独特的视角，但也存在争议，并且难以解释，因为它们通常在形态上并无规律（Milner et al., 2006）。不过，就恐龙而言，非鸟兽脚类游泳迹是最不存在争议的。目前已经在英格兰（Whyte and Romano, 2001）、波兰（Gierliński et al., 2004）、美国（Milner et al., 2006）和西班牙（Ezquerra et al., 2007）发现过化石。

## Characichnos ichnofacies
### *Characichnos* Whyte and Romano, 2001

9个完整的天然凹型后足迹，编号为ZJII-ST1-L1—ZJII-ST1-R4、ZJII-STI1。ZJII-ST1-L1—ZJII-ST1-R1的两个玻璃纤维模型（华夏恐龙足迹研究与发展中心，编号为HDT.223、HDT.224）（图3-22、图3-23、图3-24、图3-25，表3-6）。

表3-6　昭觉二号足迹点兽脚类游泳迹测量数据（单位：厘米）

| 编号 | ML | MW | II–IV | PL | SL | PA | L/W |
| --- | --- | --- | --- | --- | --- | --- | --- |
| ZJII–ST1–L1 | 37.0 | 17.6 | — | 142.5 | 281.4 | 180° | 2.1 |
| ZJII–ST1–R1 | 28.7 | 19.8 | — | 138.5 | 275.0 | 185° | 1.4 |
| ZJII–ST1–L2 | 33.7 | 12.2 | — | 136.5 | 258.0 | 182° | 2.8 |
| ZJII–ST1–R2 | 32.0 | 14.0 | — | 121.1 | 262.5 | 180° | 2.3 |
| ZJII–ST1–L3 | 41.0 | 16.0 | — | 141.2 | 274.0 | 183° | 2.6 |
| ZJII–ST1–R3 | 41.4 | 14.0 | — | 133.0 | 250.0 | 181° | 3.0 |
| ZJII–ST1–L4 | 21.0 | — | — | 117.0 | — | — | — |
| ZJII–ST1–R4 | 33.5 | 18.3 | — | — | — | — | 1.8 |
| Mean | 33.5 | 16.0 | — | 132.8 | 266.8 | 182° | 2.3 |
| ZJII–STI1 | 21.5 | 14.3 | — | — | — | — | — |

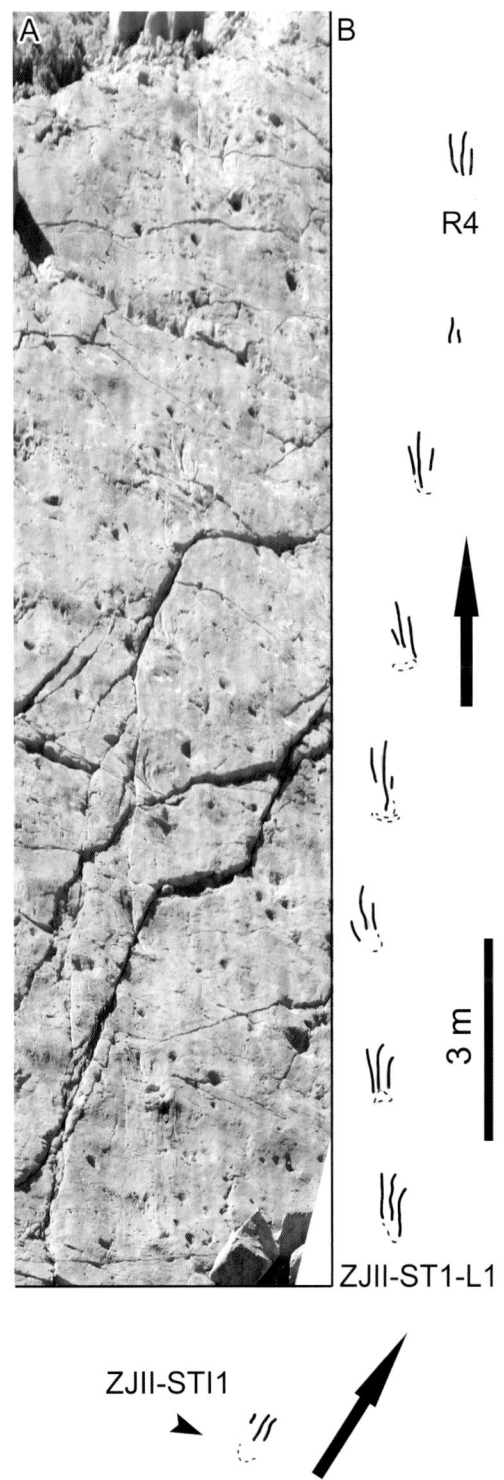

图 3-22　三比罗嘎二号足迹点兽脚类游泳迹的照片与轮廓图

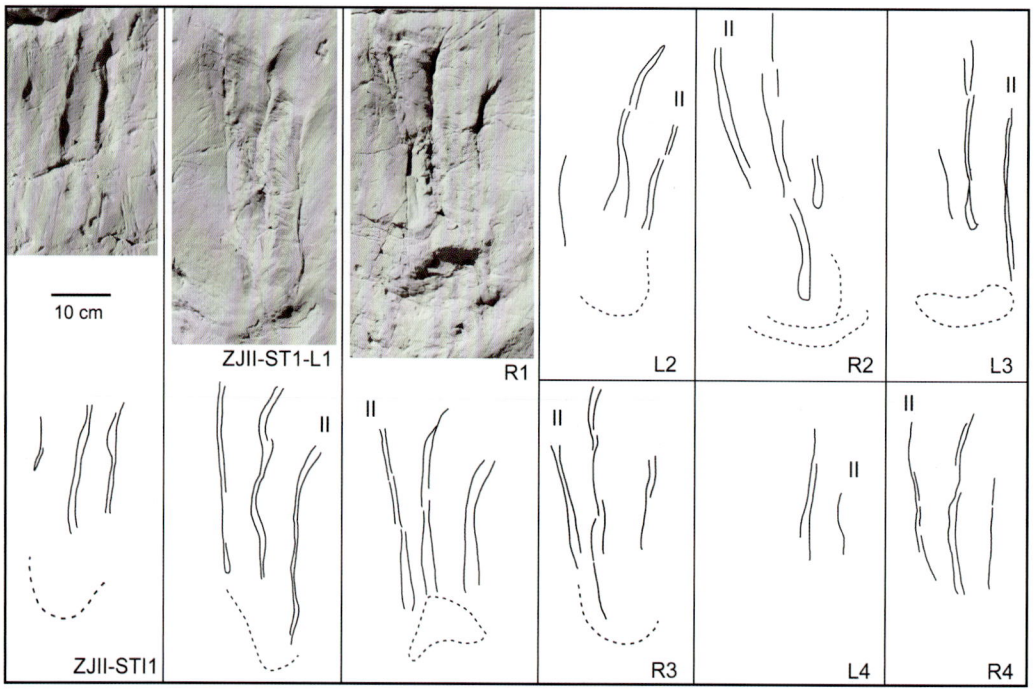

图 3-23　三比罗嘎二号足迹点兽脚类游泳迹的部分特写照片与轮廓图

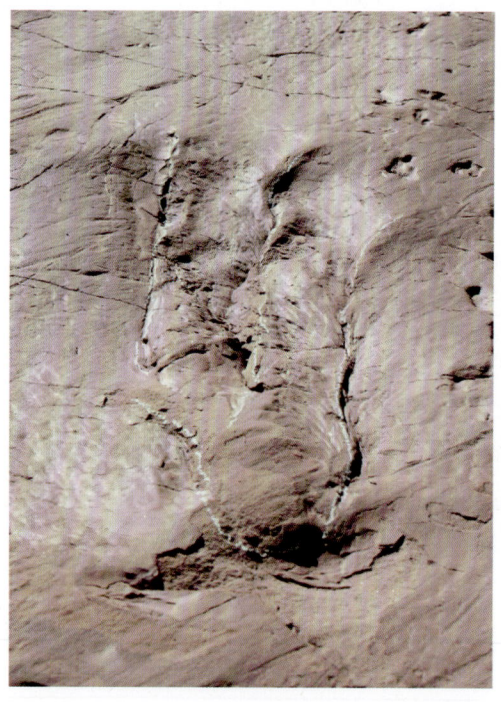

图 3-24　三比罗嘎二号足迹点兽脚类游泳迹 ZJII-ST1-L1 低角度特写照片

图 3-25　兽脚类游泳迹复原图（绘图 / 张宗达）

行迹 ZJII-ST1 至少由 8 个足迹组成。靠近 ZJII-ST1-L1 行迹的另一个孤立的足迹 ZJII-STI1，可能是前者行迹序列中的另一个足迹，但也很可能代表了另一道行迹。行迹 ZJII-ST1 在形态上明显区别于三比罗嘎的其他兽脚类足迹。ZJII-ST1 和 ZJII-STI1 由细长的、逐渐变细的趾组成，缺失跖趾垫。跖趾垫的缺失在游泳迹中很常见。ZJII-ST1-L1 和 ZJII-STI1 是二号足迹点的典型标本。两者都由 3 道细长、平行（略呈 S 形）的趾印组成，可以解释为造迹者后肢远端（爪子或趾尖）在基底上的抓痕。其第 III 趾更长而深，第 II 趾和第 IV 趾则要短和浅一些。第 II 趾总要比第 IV 趾更长且深一些。延长的砂丘保存在 ZJII-ST1-L1 和 ZJII-ST1-R1 的后端，这表明基底沉积物被动物的趾部扒起并向行走方向的远端堆起。这种构造在游泳迹中是常见的（Swanson and Carlson, 2002），尤其是兽脚类的游泳迹（Ezquerra et al., 2007）。ZJII-ST1 其他足迹的形态特征基本一致，但有的标本只保存了一两个趾印。

在所有标本中，足迹的前端都是最深的，并且向后逐渐变浅。这种特征表明，足部最初是以远端与基底接触，并且接触的力度最大，然后足部抬起，向后移动，从而推动造迹者前行（Milner et al., 2006; Ezquerra et al., 2007）。

产自英国中侏罗世 Saltwick 组的 *Characichnos*（意为"划痕"）是恐龙游泳迹，很可能与兽脚类造迹者关系密切（Whyte and Romano, 2001）。*Characichnos* 的造迹者也发现于波兰下侏罗统 Zagaje 组（Gierliński et al., 2004）和美国犹他州下侏罗统 Moenave 组约翰逊农场的圣乔治恐龙探索点（Milner et al., 2006）。圣乔治恐龙探索点的足迹组合由上千个足迹组成，其中包括目前规模最大和保存最完好的恐龙游泳迹化石记录。犹他州的 Moenave 组和 Kayenta 组岩层还有一些保存完好的游泳迹（DeBlieux et al., 2003, 2005；Milner et al., 2009a）。另外，虽然没有被命名，但在西班牙的下白垩统也有兽脚类游泳迹的报告（Ezquerra et al., 2007）。Hunt 和 Lucas 采用 *Characichnos* 作为 *Characichnos* 足迹相的代表，其广泛包含了任何以游泳迹为主的足迹，包括 *Characichnos* 和其他足迹分类（Hunt and Lucas, 2007），其中包括了 *Hatcherichnus* 足迹群（*Hatcherichnus* 足迹相，Lockley et al., 2010a）。该足迹群有不同形态（通常为四趾型）的足迹，通常被归为鳄型类或其他四足类动物的游泳迹。这些游泳迹以大型组合的形式保存在 Dakota 组（Lockley et al., 2010a; 2014e）。总的来说，区分不同的四足类留下的足迹向来不易。

三比罗嘎兽脚类游泳迹的特征与 *Characichnos* 一致，都有 3 个延长且平行的表层沟结构，远端呈直线型或明显反折（Whyte and Romano, 2001）。因此，三比罗嘎兽脚类游泳迹可以被归入 *Characichnos*。不过我们必须注意到，三比罗嘎兽脚类游泳迹没有形成一侧足迹呈直线，而另一侧足迹近似平行的行迹（像 *Characichnos* 模式标本那样）。这一点很重要，水流方向（或者是根本没有水流的静水）与动物行进方向之间的关系，能够极大地改变造迹者游泳迹的整体形态学（Milner et al., 2006）。

Xing et al.（2011d）报告了 5 个出自中国河北省赤城县上侏罗统 – 下白垩统土城子组的可能的兽脚类游泳迹。从整体形态来看，这些足迹和 *Characichnos* 相似，但都为孤立的足迹且保存不佳。

3.3.4.1.2 相关的兽脚类足迹

临近兽脚类游泳迹处有一道由 12 个兽脚类凹型足迹形成的行迹，这里选择行迹起始处的 2 个足迹（ZJII-T1-L1、ZJII-T1-R1）来详细描述。这 2 个足迹的模型被收藏在华夏恐龙足迹研究与发展中心，并编号为 HDT.225、HDT.226（分别对应 ZJII-T1-L1、ZJII-T1-R1）（图 3–26）。

据推测，行迹 ZJII-T1 的行走方向与足迹点层面波痕的波峰相切。ZJII-T1-L1 和 ZJII-T1-R1 保存较好，并且由于其所处位置较低，很容易被发掘与清理。ZJII-T1-L1 和 ZJII-T1-R1 的平均长宽比值为 1.2。

ZJII-T1 保存最好，其第 III 趾向前突出最远，随后是第 IV 趾和第 II 趾。由于保存足迹的沉积物比较湿软，以及随后暴露于风化的环境，再加上现生植物根系的影响，使得足迹的形态与众不同。足迹表现出的是基于岩层基底的外形态学变化，而不是真实的造迹者足部形态特征，比如缺乏清晰的趾印。不过，每一趾都有一个尖锐的爪印，每个趾上都

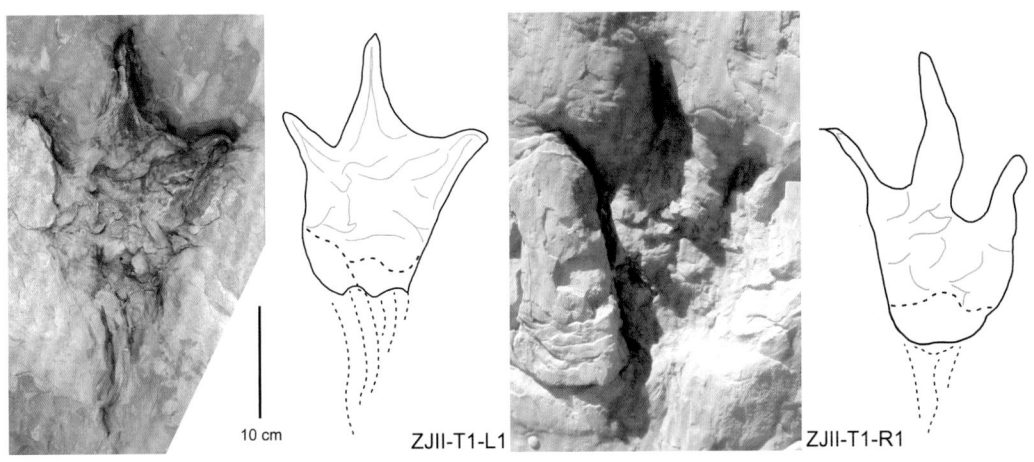

图 3-26 三比罗嘎二号足迹点兽脚类足迹 ZJII-T1-L1、ZJII-T1-R1 照片与轮廓图

可看到沉积物坍塌（泥土下陷处）的证据，特别是第 III 趾和第 IV 趾。在第 III 趾的中间可看到脊状、呈 V 形的回填沉积物。各趾的趾间角都较宽；第 II 趾和第 III 趾之间的趾间角要大于第 II 趾和第 IV 趾之间的趾间角。跖趾垫和部分跖骨印之间有明显的凸起界限。跖骨印近端深深凹陷。跖骨印的其余部分不清晰，但保存有一道 13.3 厘米长的印记，可能是被沉积物压塌的跖骨印。

类似的兽脚类足迹保存方式并不少见，比如美国德克萨斯州下白垩统 Glen Rose 足迹点（Kuban, 1989b）和中国贵州赤水下白垩统夹关组的宝源足迹点（Xing et al., 2011a）。ZJII-T1 兽脚类足迹和宝源足迹点的兽脚类足迹最相似，尤其体现在跖趾垫和跖骨印之间的界限上（例如 BYA3），以及都有宽的趾间角。较宽的趾间角是 *Kayentapus* 的鉴定特征之一（Gierliński, 1991, 1994; Gierliński and Ahlberg, 1994; Piubelli et al., 2005）。运用 Weems et al.（1992）的方法来区分 *Kayentapus* 类足迹的特异性程度（Gierliński, 1996; Gierliński et al., 2004; Piubelli et al., 2005），ZJII-T1-L1 的尺寸比为 te/fw=0.43,（fl–te）/fw=0.64（te 代表趾的长度，fw 为足迹宽，fl 为足迹长度）；ZJII-T1-R1 的尺寸比为 te/fw=0.48,（fl–te）/fw=0.73。这些数值都在 *Kayentapus* 的已知范围内，并且与 *K. soltykovensis* 最相似（Xing et al., 2011a）。不过，ZJII-T1 足迹的跖趾垫比典型的早侏罗世兽脚类足迹的跖趾垫要大得多，再加上宽的趾间角、V 形的足迹近端区，这些特征与 Stenberg（1932）描述的足迹属 *Irenesauripus* 类似。后者广泛分布于早白垩世（和晚白垩世早期）的足迹组合中（Gangloff and May, 2004; Gierliński et al., 2008; Cowan et al., 2010; Xing et al., 2011a）。

#### 3.3.4.1.3 相关的蜥脚类足迹

10 对天然凹型前 – 后足迹组成一道行迹，编号为 ZJII-S1-LM1—ZJII-S1-RP5（图 3-27）。行迹 ZJII-S1 具有清晰可辨的宽间距。从后足迹的内部边缘开始测量，行迹内宽约

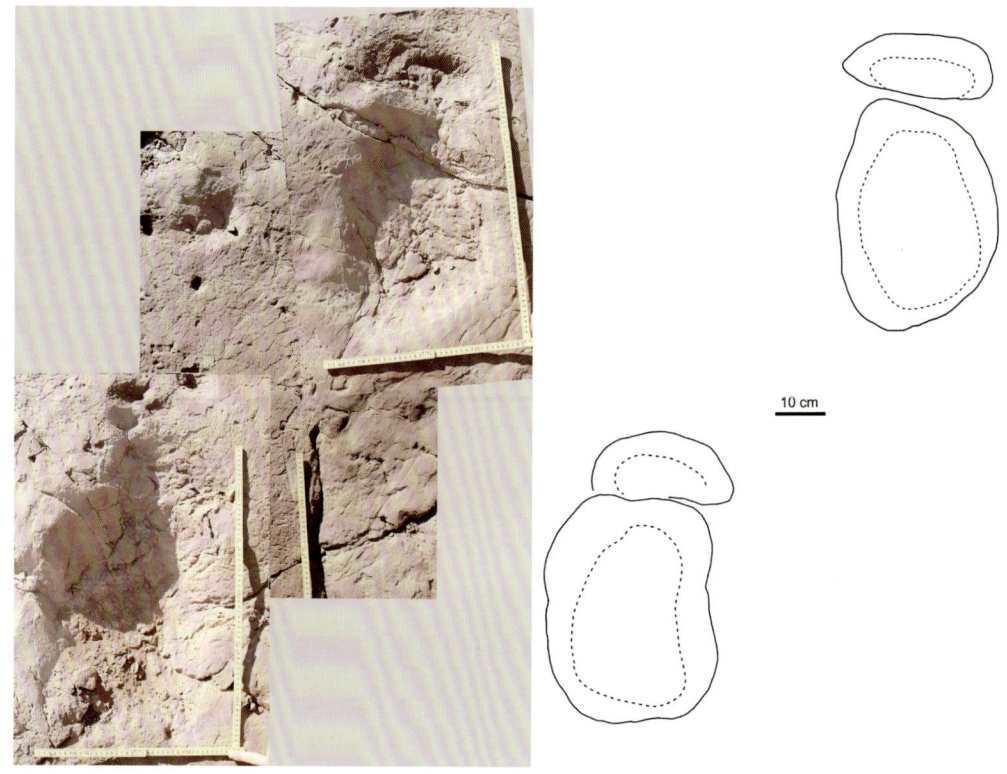

图 3-27 三比罗嘎二号足迹点蜥脚类行迹 ZJII-S1 中保存最好足迹的照片与轮廓图

为 19 厘米。前足迹位于后足迹的前中处。前足迹呈椭圆形,长宽比值为 0.6,趾爪和跖趾垫不清晰。后足迹呈椭圆形,长宽比值为 1.3,跖趾区呈弧线弯曲。更具体的描述可见二号和北二号足迹点的章节。

中国的蜥脚类足迹大都出自白垩纪,例如甘肃省的永靖足迹点(Li et al., 2006; Zhang et al., 2006)和内蒙古的查布足迹点(Lockley et al., 2002a)。大部分中国的蜥脚类行迹都归于 *Brontopodus*(Lockley et al., 2002a),也有少部分属于 *Parabrontopodus* 类(Xing et al., 2010b)。基于下列特征,ZJII-S1 蜥脚类足迹与 *Brontopodus* 最接近:宽的(或较宽的)间距以及后足迹长大于宽(Farlow et al., 1989; Lockley et al., 1994a; Santos et al., 2009)。不过,ZJII-S1 蜥脚类后足迹的足迹异度较高,前足迹呈月牙状,这些则是 *Parabrontopodus* 类足迹的特征(Lockley et al., 1994a; Santos et al., 2009)。

3.3.4.1.4 古生态学意义

假定大型兽脚类的臀高系数为 4(Thulborn, 1990; Henderson, 2003),蜥脚类的臀高系数为 4.0—5.9(Alexander, 1976; Thulborn, 1989),则 ZJII-T1 兽脚类造迹者的臀高约为 0.9 米,ZJII-S1 蜥脚类造迹者的臀高为 1.7—2.5 米。兽脚类游泳迹的宽度与行走迹的宽度几乎相等。因此，可以推测这些兽脚类造迹者的体型大致相当。

兽脚类造迹者留下游泳迹的时候，水深应该与造迹者的臀高大致相当（约为 0.9 米），因为动物在游泳的时候，划水运动会伸展整个后肢/趾来留下足迹（Whyte and Romano, 2001; Romilio et al., 2013）。游泳迹与体型相当的兽脚类行走迹的共存，证实了水深在足迹点形成的过程中并非一直不变，而且，泥裂的存在表明足迹点的水体曾完全消失，基底沉积物暴露在空气中。

图 3-28　三比罗嘎二号足迹点蜥脚类行迹（a）与兽脚类游泳迹（b）毗邻并平行

兽脚类游泳行迹 ZJII-ST1 为自西北向北行进。不过，和 Ezquerra et al.（2007）报告的情况不同，没有独立的证据可以帮助我们推断与造迹者运动有关的水流方向。

行走的蜥脚类行迹和兽脚类游泳迹同时保存在同一岩层面上（图 3-28），这种共存有两种潜在的可能。一种情况是，行迹是在不同时间、不同水深的情况下所留；另一种情况是，足迹是在水深变化不大的时候先后留下的。蜥脚类造迹者的臀高明显超过兽脚类造迹者，因此前者可以轻松通过 0.9 米深的水体。因此，在同样类似的环境条件下，当兽脚类留下游泳迹或者行走迹的时候，蜥脚类造迹者都有可能留下"正常"的足迹。

此外，靠近兽脚类游泳迹的 *Brontopodus* 属于宽间距行迹，这表明足迹是属于巨龙型类留下的（Lockley et al., 2002a; Wilson and Carrano, 1999），在重庆黔江区已发掘出不完整的巨龙型类化石（Wang, 1976）。蜥脚类行迹的行进方向与兽脚类的相同，这种情况并不少见（最著名的例子是在美国德克萨斯州下白垩统 Glen Rose 组 Glen Rose 足迹点发现的所谓兽脚类 - 蜥脚类"追捕脚印"，但这一说法还有待商榷，Farlow et al., 2012）。无论如何，昭觉三比罗嘎二号足迹点是同一岩层上同时发现兽脚类游泳迹和蜥脚类足迹的首个化石记录。

### 3.3.4.2 其他中型兽脚类足迹

昭觉三比罗嘎二号和北二号足迹点共发现了 8 道兽脚类行迹，分别编号为 ZJII-T1、ZJII-T2、ZJII-ST1、ZJIIN-T1—ZJIIN-T5。几个孤立的兽脚类足迹也发现于一些坍塌的岩石上（图 3-29、图 3-30，表 3-7）。所有足迹都保存在原位。其中二号足迹点保存了 3 道兽脚类行迹：ZJII-T1、ZJII-T2 和 ZJII-ST1（游泳迹行迹），分别由 12 个、3 个和 8 个足迹组成。

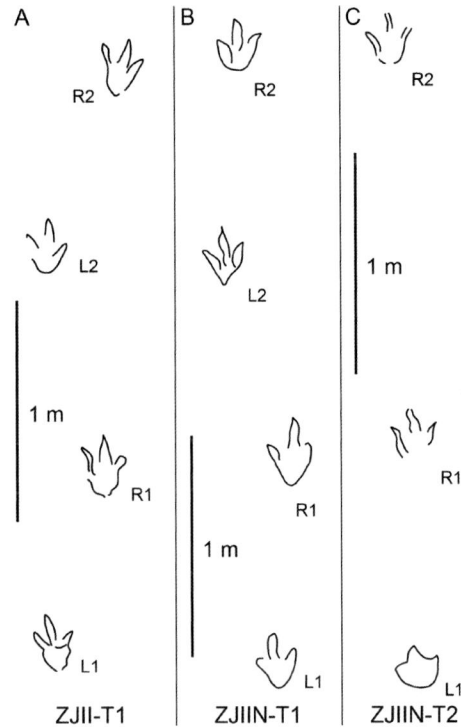

图3-29 三比罗嘎二号点和北二号足迹点保存较好的兽脚类行迹

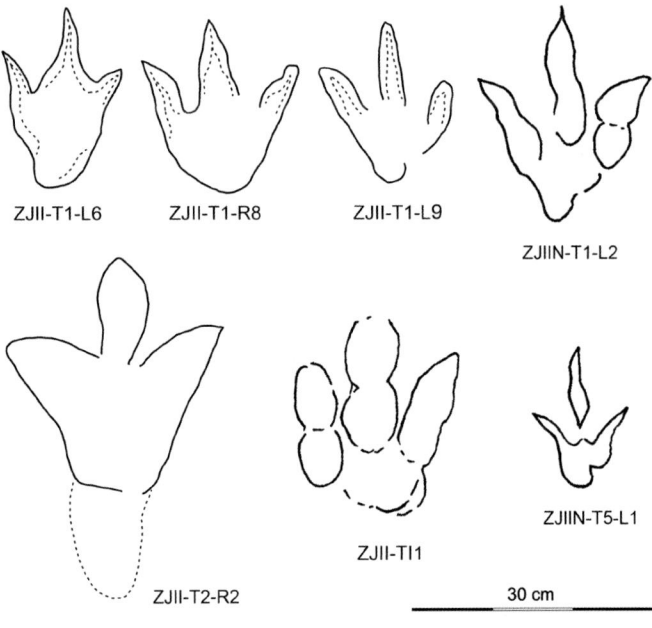

图3-30 三比罗嘎二号点和北二号足迹点部分保存较好的兽脚类足迹

表 3-7  三比罗嘎二号和北二号足迹点的兽脚类足迹测量数据（单位：厘米）

| 编号 | ML | MW | II–IV | PL | SL | PA | L/W |
|---|---|---|---|---|---|---|---|
| ZJII–T1–L1 | 21.4 | 18.8 | 75° | 83.0 | 178.0 | 146° | 1.1 |
| ZJII–T1–R1 | 23.3 | 18.7 | 67° | 103.0 | 180.0 | 137° | 1.3 |
| ZJII–T1–L2 | 24.1 | 14.5 | 61° | 90.0 | — | — | 1.7 |
| ZJII–T1–R2 | 26.2 | 17.5 | 51° | — | — | — | 1.5 |
| ZJII–T1–R4 | 20.3 | 16.2 | — | 69.8 | — | — | 1.3 |
| ZJII–T1–L5 | 18.0 | 18.2 | 70° | — | 185.3 | — | 1.0 |
| ZJII–T1–L6 | 22.6 | 15.2 | 52° | — | — | — | 1.5 |
| ZJII–T1–L8 | — | 14.9 | — | 63.2 | 130.2 | 125° | — |
| ZJII–T1–R8 | 20.3 | 19.6 | 62° | 82.0 | 162.0 | 166° | 1.0 |
| ZJII–T1–L9 | 23.5 | 17.8 | 64° | 80.7 | 161.7 | 154° | 1.3 |
| ZJII–T1–R9 | 22.0 | 14.5 | — | 85.5 | — | — | 1.5 |
| ZJII–T1–L10 | 24.5 | — | — | — | — | — | — |
| Mean | 22.5 | 16.9 | 63° | 82.1 | 166.3 | 146° | 1.3 |
| ZJII–T2–R1 | — | — | — | 92.0 | 182.0 | 180° | — |
| ZJII–T2–L1 | — | — | — | 92.0 | — | — | — |
| ZJII–T2–R2 | 28.4 | 26.8 | 71° | — | — | — | 1.1 |
| ZJIIN–T1–L1 | 25.4 | 19.0 | 62° | 96.5 | 187.0 | 153° | 1.3 |
| ZJIIN–T1–R1 | 29.4 | 21.0 | 56° | 97.4 | 187.5 | 155° | 1.4 |
| ZJIIN–T1–L2 | 27.4 | 20.5 | 56° | 95.5 | — | — | 1.3 |
| ZJIIN–T1–R2 | 23.4 | 19.0 | 70° | — | — | — | 1.2 |
| Mean | 26.4 | 19.9 | 61° | 96.5 | 187.3 | 154° | 1.3 |
| ZJIIN–T2–L1 | 20.6 | 19.2 | 78° | 106.5 | — | — | 1.1 |
| ZJIIN–T2–R1 | 22.0 | 22.6 | — | — | 182.2 | — | 1.0 |
| ZJIIN–T2–R2 | 23.2 | 22.4 | 65° | — | — | — | 1.0 |
| Mean | 21.9 | 21.4 | 72° | 106.5 | 182.2 | — | 1.0 |
| ZJIIN–T3–R1 | 6.8 | 8.2 | 87° | — | — | — | 0.8 |
| ZJIIN–T3–L1 | 8.8 | 7.5 | 92° | 45.7 | — | — | 1.2 |
| Mean | 7.8 | 7.9 | 90° | 45.7 | — | — | 1.0 |
| ZJIIN–T4–R1 | 5.2 | 7.0 | — | 37.2 | 75.0 | 152° | 0.7 |
| ZJIIN–T4–L1 | 6.3 | 7.8 | 115° | 39.0 | 70.0 | 175° | 0.8 |
| ZJIIN–T4–R2 | 6.7 | 8.3 | 122° | 32.3 | 74.9 | 173° | 0.8 |

续表

| 编号 | ML | MW | II–IV | PL | SL | PA | L/W |
|---|---|---|---|---|---|---|---|
| ZJIIN–T4–L2 | 7.8 | 7.8 | 84° | 42.7 | 69.6 | 180° | 1.0 |
| ZJIIN–T4–R3 | 7.9 | 8.8 | 80° | 26.6 | — | — | 0.9 |
| ZJIIN–T4–L3 | 8.9 | 8.0 | 90° | — | — | — | 1.1 |
| Mean | 7.1 | 8.0 | 98° | 35.6 | 72.4 | 170° | 0.9 |
| ZJII–TI1 | 24.0 | 19.0 | 54° | — | — | — | 1.3 |
| ZJIIN–T5–L1 | 16.8 | 11.6 | 65° | — | — | — | 1.4 |

ZJII-T1 行迹由典型的三趾型足迹组成，并与一道鸟脚类行迹（ZJII-O10）相交。其中，下部的 ZJII-T1-L1、ZJII-T1-R1、ZJII-T1-L6、ZJII-T1-R8 和 ZJII-T1-L9 是保存较好的足迹。正如上文所述，这些足迹最显著的特征是各有不同的外形态学变化，这是由于湿软的沉积物造成的。每一趾的趾垫都不清晰，并且向足迹中轴收缩，这使得趾看上去显得更细长。由于沉积物很软，一些足迹保存了更大的跖趾区和"脚跟"。

ZJII-T2 位于二号足迹点北端尽头一个小的露头层上，它和 ZJII-ST1 之间的距离约为 17 米。ZJII-T2 足迹保存不佳，可能是长期风化的结果。不过，ZJII-T2 是这两个足迹点中最大的兽脚类足迹之一。ZJII-T2-R2 是其中保存最完好的足迹，长度为 28.4 厘米，整体形态与 ZJII-T1 相似。第 II 趾和第 IV 趾之间的趾间角较宽（71°），保存了较大的跖骨印，且很可能保存了 13 厘米长的部分跖骨印。

ZJII-TI1 是孤立的右足迹，周围有大量的遗迹化石。ZJII-TI1 的第 II 趾保存了 2 个趾垫，第 III 趾保存了 2—3 个趾垫，第 IV 趾的趾垫不清晰。清晰的跖趾垫靠近第 III 趾中轴，但更偏向第 IV 趾。

北二号足迹点保存了 5 道兽脚类行迹，编号为 ZJIIN-T1—ZJIIN-T5，分别由 4 个、3 个、2 个、6 个和 2 个足迹组成。ZJIIN-T1 和 ZJIIN-T2 在形态上与 ZJII-T1 相似，但没有受到湿软的沉积物的影响。ZJIIN-T1-L2 是其中保存最完好的足迹。其长宽比值是 1.3，三趾全部保存了尖锐的爪印，第 II 趾与第 III 趾之间的趾间角是 32°，第 III 趾与第 IV 趾之间的是 24°，第 II 趾与第 IV 趾之间为 56°。第 IV 趾的跖趾垫位于第 III 趾中轴附近，但更偏向第 IV 趾。ZJIIN-T1 的步幅角为 154°，这略大于 ZJII-T1（146°）。

ZJIIN-T5 为一个单步，由 2 个保存不佳的足迹组成。ZJIIN-T5-L1 是其中保存较好的，其第 II 趾后面有一个显著的缩进。ZJIIN-T5-L1 与其他昭觉兽脚类足迹明显不同的是，它有着非常纤细的趾，这可能反映了这个足迹原本较深，而后足迹壁部分坍塌而造成的外形态学变化。在昭觉兽脚类足迹中，ZJIIN-T5 有中等的中趾前凸（0.71）。它与中国北方广泛存在的 *Grallator* 在形态上相似。中国早白垩世小型兽脚类足迹在形态上以

*Grallator* 为主（包括 *Jialingpus*，一种有着相当大型的、有时为复合形式跖趾垫的足迹类型，Xing et al., 2014c）。以四合屯足迹点的 *Grallator* 标本（NGMC V2115A 和 B）为例，前三角长宽比值约为 0.70（Xing et al., 2009c）。四合屯的足迹可能是 oviraptosaur 留下的（Xing et al., 2009），ZJIIN-T5 的造迹者也可能是一种非鸟兽脚类，或许属于同一个种群。不过，正如 Gierliński and Lockley（2013）所描述的那样，一些 oviraptosaur 足部有四趾，可以留下四趾的足迹，第 I 趾与第 II 趾至第 IV 趾一同留下。但是，由于 oviraptosaur 的第 I 趾比较短，当足迹比较浅的时候就未必能留下印记。

ZJII-T1、ZJII-T2、ZJII-TI1 和 ZJIIN-T1 的前三角长宽比值的平均值为 0.37，这是 Eubrontidae 的标准值（Lull, 1904; 1953）。这些足迹的形态与昭觉三比罗嘎一号足迹点的兽脚类足迹基本一致。ZJII-T1 近似于 *Kayentapus* 与 *Irenesauripus*。足迹属 *Irenesauripus* 可能仍需要作修订，这类足迹广泛分布在早白垩世（和晚白垩世早期）的足迹组合中（Currie, 1983; Gangloff and May, 2004; Gierliński et al., 2008; Xing et al., 2011f）。以保存最好的足迹 ZJIIN-T1-L2 为例，它在形态上相似于美国德克萨斯州 Comanche 群（Aptian–Albian）Dinosaur Valley State Park 足迹点的 *Irenesauripus* AMNH 3065、西班牙 Cameros 盆地 Enciso 组（Aptian）Los Cayos 足迹点的足迹化石、波兰罗兹托切 Maastrichtian Gaizes of Potok 的 *Irenesauripus* Muz. PIG 1704.II.2（Gierliński et al., 2008，图 2，4A, B）。*Irenesauripus* 的造迹者可能为鲨齿龙类（carcharodontosaurian）高棘龙（Langston, 1974; Farlow, 2001; Lockley et al., 2014c, d）。不过，昭觉的兽脚类标本要更小一些（*I. mclearni* 的后足迹长 40.6 厘米，Sternberg, 1931）。而且，*Irenesauripus* 模式标本的脚跟要比昭觉标本的更发育。整体来说，这些出自东亚的"*Irenesauripus*"还需要进一步进行比较。

### 3.3.4.3 小型兽脚类足迹

**Theropoda Marsh, 1881**

**Ichnofamily indet.**

**Genus *Siamopodus* Lockley et al., 2006c**

**Type ichnospecies: *Siamopoduskhaoyaiensis* Lockley et al., 2006c**

***Siamopodus xui* Xing et al., 2014j**

模式标本：6 个凹型足迹组成一道行迹，编号为 ZJIIN-T4-R1—ZJIIN-T4-L3。原始标本保存在原位。其中 3 个足迹的复制品（L2、R3 和 L3）编号为 UCM 214.268 和 CUGB-ZJIIN-T4（图 3-31，表 3-7）。

位置和地层：中国四川省昭觉三比罗嘎北二号足迹点，下白垩统飞天山组。

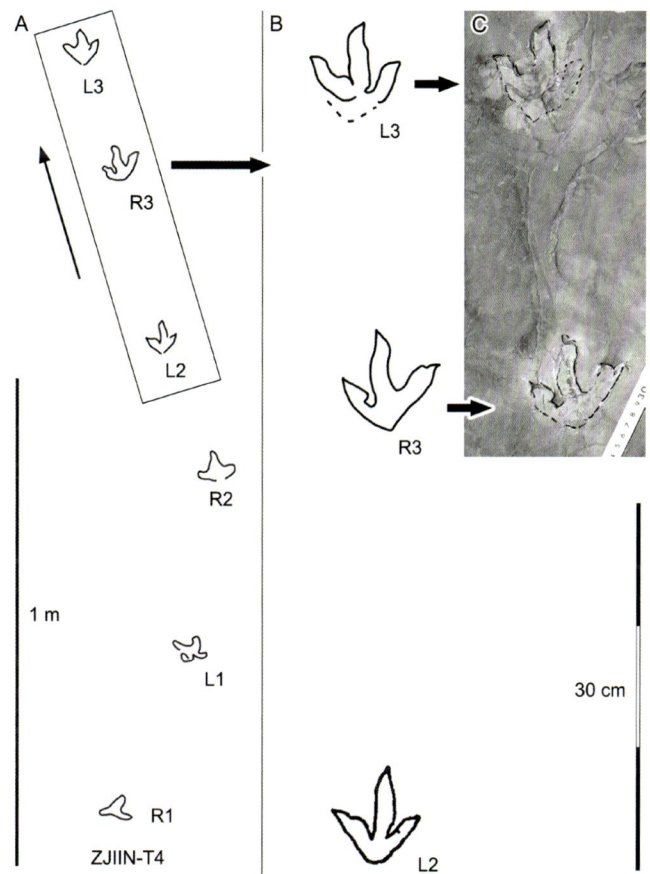

图 3-31　三比罗嘎北二号足迹点兽脚类行迹 *Siamopodus xui* 轮廓图（A 与 B）、照片（C）

鉴定特征：功能性三趾型的小型兽脚类行迹，趾行式和中轴对称的后足迹。第 II 趾和第 III 趾之间的内趾叉比第 III 趾和第 IV 趾之间的外趾叉更靠后。第 IV 趾的跖趾垫和足迹中轴位于一条直线，没有独特的二裂片（双叶形）的亚对称脚跟。行迹狭窄，步幅角约为 170°。

描述：行迹 ZJIIN-T4 为功能性三趾型，后足迹趾行式，中轴对称，长度与宽度平均为 8 厘米和 7.1 厘米。足迹各趾头较直，且相对较纤细，第 III 趾远端的爪印略向内弯曲；三个趾的爪印都尖锐且清晰可辨。部分趾垫被回填的沉积物覆盖。

ZJIIN-T4-R3 保存最完好，长宽比值为 0.9；第 II 趾最短，第 III 趾最长；跖趾垫与足迹中轴成一直线。第 II 趾和第 III 趾之间的内趾叉比第 III 趾和第 IV 趾之间的外趾叉更靠后。内趾叉到脚跟的距离是足迹长度的 30%；外趾叉到脚跟的距离是足迹长度的 40%。第 II 趾和第 IV 趾之间的趾间角较宽（80°），第 II 趾和第 III 趾之间的趾间角（36°）小于第 III 趾和第 IV 趾之间的趾间角（44°）。足迹略向行迹中线内旋，不过旋转的角度很难准确测出，因为行迹弯曲且前段的 3 个足迹保存不佳。足迹前三角长宽比值的平均值为 0.49（N = 3）。步幅角的平均值为 170°。

对比和讨论：兽脚类足迹和三趾型足迹常常难以明确地归入到已知的足迹分类单元中，行迹 ZJIIN-T4 的情况亦然。不过，ZJIIN-T4 有以下独特的特征：(1) 明显小于三比罗嘎二号和北二号足迹点其他 20—30 厘米长的兽脚类足迹；(2) 第 II 趾和第 III 趾之间的内趾叉比第 III 趾和第 IV 趾之间的外趾叉更靠后，该特征与 ZJIIN-TI 相比有着显而易见的差异。这种内外趾叉差异的特征，使我们注意到 ZJIIN-T4 与泰国白垩纪的 *Siamopodus khaoyaiensis*（Lockley et al., 2006c）的相似性。其他的相似性还包括相对较低的长宽比值和较宽的趾间角，同时还有基于 Lockley et al.（2006c，图 5A）的前三角长宽比值（0.49 对比 0.47）。*Siamopodus khaoyaiensis* 模式标本的长度为 30 厘米，各趾或多或少有着平行直边，但各趾在更小些（14—17 厘米）的副模标本上逐渐变细。昭觉标本与 *S.khaoyaiensis* 的差异包括尺寸，但这在足迹分类上并不是重要的鉴定因素（Lockley and Hunt, 1995），更重要的是，昭觉标本缺失二裂片（双叶形）的脚跟。昭觉标本的步幅角为 170°。但是，*S. khaoyaiensis* 保存的可能的行迹和孤立的足迹还不足以提供步幅角来进行比较分析。

因此，本文所描述的行迹很容易与其他所有保存在三比罗嘎足迹点的三趾型足迹区别开来，无论是尺寸还是形态学方面，尤其是两个趾叉的构造。正如在前面提及的那样，*Grallator* 形态类足迹在中国白垩纪，尤其是早白垩世相当常见（Lockley et al., 2013）。不过，本文中描述的足迹形态揭示了比 *Grallator* 更低的长宽比值，对于整个足迹或前三角长宽比值来说都是这样。关于 ZJIIN-T4 的长宽比，这批标本有着"按比例而言更短的第 III 趾"（Olsen and Rainforth, 2003, 第 314 页），这使它看起来更像 *Anomoepus*：有弱的中趾前凸（根据 Lockley, 2009）。不过，其他大部分的鉴定特征，包括缺失的前足迹和第 I 趾，或者趾叉的构造，都与 *Anomoepus* 有着根本上的区别。值得注意的是，一些中国的小型兽脚类足迹，包括 *Corpulentapus*（Li et al., 2011b）也有很低的长宽比值和前三角长宽比值（分别约为 1.1 和 0.31，见 Lockley, 2009）。因此，我们认为尽管 ZJIIN-T4 与 grallatorid 和 anomoepid 形态类型都不同，但仍然显示了兽脚类的属性。ZJIIN-T4 最显著的鉴定特征，即趾叉的构造，使它与 *Siamopodus* 紧密联系在一起。这些差异值得注意，但因此来建立一个新的足迹属尚且为时过早，特别是考虑到我们为减少中国中生代足迹学文献中大量的、难以区分的兽脚类足迹属而所作的努力（Lockley et al., 2013）。无论如何，昭觉 *Siamopodus* 的发现，似乎表明白垩纪兽脚类的足迹形态要比侏罗纪的变化更大，也更多样化。当然，这种推断还需要进一步的仔细比较与研究才能得出。

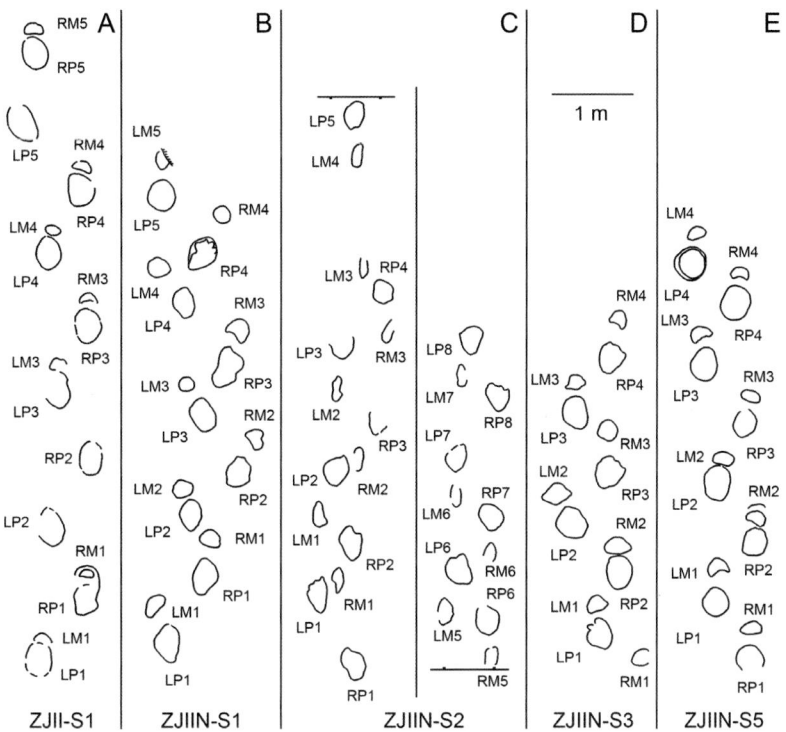

图 3-32 三比罗嘎二号点和北二号足迹点的蜥脚类行迹

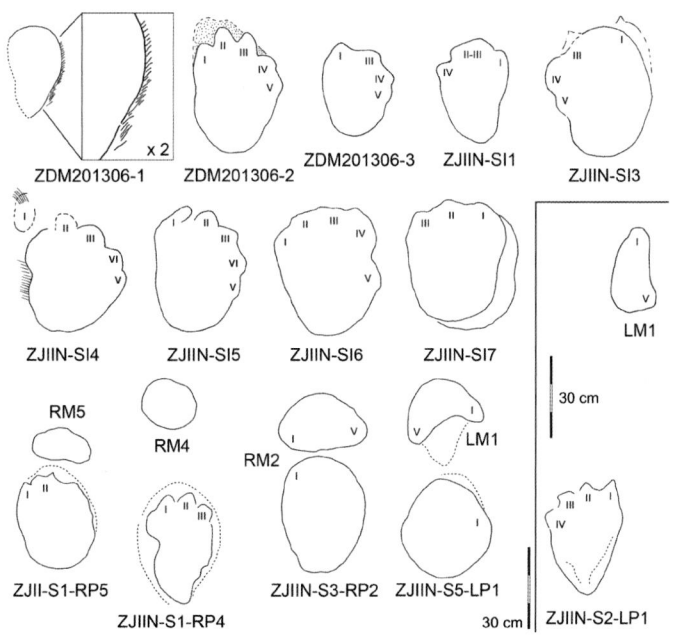

图 3-33 三比罗嘎二号点和北二号足迹点部分保存较好的蜥脚类足迹

### 3.3.5 蜥脚类足迹

三比罗嘎二号和北二号足迹点保存了 6 道大型的四足行迹：ZJII-S1、ZJIIN-S1—ZJIIN-S5（图 3-32、图 3-33，表 3-8）。在坍塌的岩石上也发现了几个孤立的足迹。除了保存于自贡恐龙博物馆的 ZDM201306-1—ZDM201306-3 外，其余所有足迹和行迹都保存在原位。

表 3-8　三比罗嘎二号和北二号足迹点蜥脚类足迹测量数据（单位：厘米）

| 编号 | ML | MW | R | PL | SL | PA | L/W | WAP | WAP/P'ML | WAM | WAM/M'MW |
|---|---|---|---|---|---|---|---|---|---|---|---|
| ZJII-S1-LM1 | 10.3 | 20.0 | — | 95.0 | — | 105° | 0.5 | — | — | — | — |
| ZJII-S1-LP1 | 40.9 | 32.5 | 31° | 94.5 | 158.3 | 113° | 1.3 | — | — | — | — |
| ZJII-S1-RM1 | 9.2 | 16.5 | — | — | — | — | 0.6 | — | — | — | — |
| ZJII-S1-RP1 | 38.5 | 30.0 | 25° | 93.1 | 168.7 | 122° | 1.3 | 51.7 | 1.3 | — | — |
| ZJII-S1-LM2 | — | — | — | — | — | — | — | — | — | — | — |
| ZJII-S1-LP2 | 46.0 | 33.5 | 37° | 97.8 | 169.0 | 121° | 1.4 | 47.6 | 1.0 | — | — |
| ZJII-S1-RM2 | — | — | — | — | — | — | — | — | — | — | — |
| ZJII-S1-RP2 | 40.0 | 26.8 | 21° | 93.3 | 162.2 | 125° | 1.5 | 46.4 | 1.2 | — | — |
| ZJII-S1-LM3 | 13.2 | 21.6 | 16° | 90.4 | 164.1 | 126° | 0.6 | — | — | — | — |
| ZJII-S1-LP3 | 41.3 | 30.9 | 23° | 87.5 | 168.9 | 124° | 1.3 | 40.5 | 1.0 | — | — |
| ZJII-S1-RM3 | 11.7 | 22.4 | 5° | 91.9 | 158.9 | 125° | 0.5 | — | — | 40.5 | 1.8 |
| ZJII-S1-RP3 | 41.3 | 32.0 | 18° | 101.5 | 164.5 | 123° | 1.3 | 44.2 | 1.1 | — | — |
| ZJII-S1-LM4 | 12.0 | 19.5 | — | 86.5 | — | — | 0.6 | — | — | 40.1 | 2.1 |
| ZJII-S1-LP4 | 39.5 | 30.0 | 16° | 85.8 | 158.6 | 109° | 1.3 | 44.8 | 1.1 | — | — |
| ZJII-S1-RM4 | 11.1 | 21.9 | 36° | — | 178.6 | — | 0.5 | — | — | — | — |
| ZJII-S1-RP4 | 37.5 | 32.6 | 49° | 106.5 | 174.3 | 124° | 1.2 | 57.4 | 1.5 | — | — |
| ZJII-S1-LM5 | — | — | — | — | — | — | — | — | — | — | — |
| ZJII-S1-LP5 | 49.0 | 32.0 | — | 86.9 | — | — | 1.5 | 45.0 | 0.9 | — | — |
| ZJII-S1-RM5 | 13.7 | 23.0 | — | — | — | — | 0.6 | — | — | — | — |
| ZJII-S1-RP5 | 39.2 | 31.5 | — | 31.5 | 31.5 | — | 1.2 | — | — | — | — |
| Mean(M) | 11.6 | 20.7 | 19° | 91.0 | 167.2 | 119° | 0.6 | — | — | 40.3 | 2.0 |
| Mean(P) | 41.3 | 31.2 | 28° | 87.8 | 150.7 | 120° | 1.3 | 47.2 | 1.3 | — | — |
| ZJIIN-S1-LM1 | 16.6 | 32.0 | 51° | 108.5 | 152.4 | 108° | 0.5 | — | — | — | — |
| ZJIIN-S1-LP1 | 45.7 | 31.5 | 36° | 97.0 | 167.8 | 135° | 1.5 | — | — | — | — |
| ZJIIN-S1-RM1 | 21.6 | 26.3 | 0° | 70.7 | 139.4 | 95° | 0.8 | — | — | 30.0 | 1.1 |
| ZJIIN-S1-RP1 | 45.9 | 29.9 | 6° | 81.5 | 140.2 | 115° | 1.5 | 31.4 | 0.7 | — | — |
| ZJIIN-S1-LM2 | 22.8 | 25.2 | 18° | 110.5 | 134.0 | 72° | 0.9 | — | — | 55.6 | 2.2 |

续表

| 编号 | ML | MW | R | PL | SL | PA | L/W | WAP | WAP/P'ML | WAM | WAM/M'MW |
|---|---|---|---|---|---|---|---|---|---|---|---|
| ZJIIN−S1−LP2 | 40.5 | 27.5 | 24° | 80.0 | 128.8 | 92° | 1.5 | 41.9 | 1.0 | — | — |
| ZJIIN−S1−RM2 | 19.0 | 26.0 | 66° | 109.5 | — | 84° | 0.7 | — | — | 86.1 | 3.3 |
| ZJIIN−S1−RP2 | 41.5 | 29.8 | 49° | 87.0 | 139.8 | 115° | 1.4 | 55.4 | 1.3 | — | — |
| ZJIIN−S1−LM3 | 19.5 | 19.5 | 14° | 93.1 | 150.7 | 82° | 1.0 | — | — | 74.2 | 3.8 |
| ZJIIN−S1−LP3 | 41.8 | 27.2 | 31° | 73.5 | — | 112° | 1.5 | 41.4 | 1.0 | — | — |
| ZJIIN−S1−RM3 | 21.6 | 27.5 | 48° | 127.3 | 147.8 | 76° | 0.8 | — | — | 79.5 | 2.9 |
| ZJIIN−S1−RP3 | 50.5 | 32.0 | 46° | 96.6 | 144.8 | 115° | 1.6 | 45.6 | 0.9 | — | — |
| ZJIIN−S1−LM4 | 29.2 | 24.5 | 12° | 102.0 | — | — | 1.2 | — | — | 87.3 | 3.6 |
| ZJIIN−S1−LP4 | 38.0 | 23.5 | — | 65.7 | — | — | 1.6 | 40.0 | 1.1 | — | — |
| ZJIIN−S1−RM4 | 19.8 | 23.1 | — | — | — | — | 0.9 | — | — | — | — |
| ZJIIN−S1−RP4 | 44.8 | 30.2 | — | 97.0 | — | — | 1.5 | — | — | — | — |
| ZJIIN−S1−LM5 | — | — | — | — | — | — | — | — | — | — | — |
| ZJIIN−S1−LP5 | 36.0 | 36.0 | — | — | — | — | 1.0 | — | — | — | — |
| Mean(M) | 21.3 | 25.5 | 30° | 103.1 | 144.9 | 86° | 0.9 | — | — | 68.8 | 2.8 |
| Mean(P) | 42.7 | 29.7 | 32° | 84.8 | 144.3 | 114° | 1.5 | 42.6 | 1.0 | — | — |
| ZJIIN−S2−RM1 | 15.5 | 22.3 | 41° | 82.0 | 145.0 | 126° | 0.7 | — | — | — | — |
| ZJIIN−S2−RP1 | — | — | — | — | — | — | — | — | — | — | — |
| ZJIIN−S2−LM1 | 16.2 | 29.9 | 122° | 84.5 | 152.9 | 125° | 0.5 | — | — | 37.1 | 1.2 |
| ZJIIN−S2−LP1 | 37.2 | 27.5 | 21° | 77.0 | 148.9 | 134° | 1.4 | — | — | — | — |
| ZJIIN−S2−RM2 | 11.0 | 17.2 | — | 89.0 | 155.0 | 120° | 0.6 | — | — | 39.0 | 2.3 |
| ZJIIN−S2−RP2 | 40.6 | 17.5 | — | 86.5 | 150.5 | — | 2.3 | 32.0 | 0.8 | — | — |
| ZJIIN−S2−LM2 | 8.9 | 30.5 | — | 95.0 | 150.0 | 114° | 0.3 | — | — | — | — |
| ZJIIN−S2−LP2 | 31.8 | 32.0 | — | 80.8 | 150.3 | — | 1.0 | — | — | — | — |
| ZJIIN−S2−RM3 | 12.1 | 28.0 | — | 86.0 | — | — | 0.4 | — | — | — | — |
| ZJIIN−S2−RP3 | — | 100.0 | — | 151.6 | — | — | — | — | — | — | — |
| ZJIIN−S2−LM3 | 9.5 | 26.3 | — | — | 136.0 | — | 0.4 | — | — | — | — |
| ZJIIN−S2−LP3 | 31.0 | 28.5 | — | 79.5 | — | — | 1.1 | — | — | — | — |
| ZJIIN−S2−RM4 | — | — | — | — | — | — | — | — | — | — | — |
| ZJIIN−S2−RP4 | 27.0 | 25.0 | — | — | — | — | 1.1 | — | — | — | — |
| ZJIIN−S2−LM4 | 13.3 | 29.3 | 73° | — | — | 118° | 0.5 | — | — | — | — |
| ZJIIN−S2−LP4 | — | — | — | — | — | — | — | — | — | — | — |
| ZJIIN−S2−RM5 | 15.0 | 24.0 | — | 78.2 | 123.1 | 97° | 0.6 | — | — | 43.2 | 1.8 |
| ZJIIN−S2−RP5 | — | — | — | — | — | — | — | — | — | — | — |
| ZJIIN−S2−LM5 | 20.0 | 28.5 | 84° | 85.8 | 143.1 | 113° | 0.7 | — | — | — | — |
| ZJIIN−S2−LP5 | 30.0 | 26.4 | 17° | 90.2 | 147.8 | 132° | 1.1 | — | — | — | — |

| 编号 | ML | MW | R | PL | SL | PA | L/W | WAP | WAP/P'ML | WAM | WAM/M'MW |
|---|---|---|---|---|---|---|---|---|---|---|---|
| ZJIIN-S2-RM6 | 14.5 | — | — | 84.0 | — | — | — | — | — | 47.7 | — |
| ZJIIN-S2-RP6 | 31.0 | 27.3 | 25° | 89.0 | 125.7 | 133° | 1.1 | 33.2 | 1.1 | — | — |
| ZJIIN-S2-LM6 | 12.6 | 30.0 | 78° | — | 145.3 | — | 0.4 | — | — | — | — |
| ZJIIN-S2-LP6 | 38.7 | 30.0 | 51° | 75.3 | 136.5 | 113° | 1.3 | 40.7 | 1.1 | — | — |
| ZJIIN-S2-RM7 | — | — | — | — | — | — | — | — | — | — | — |
| ZJIIN-S2-RP7 | 32.5 | 28.0 | 5° | 81.8 | 145.5 | 112° | 1.2 | 45.2 | 1.4 | — | — |
| ZJIIN-S2-LM7 | 12.8 | 26.6 | — | — | — | — | 0.5 | — | — | — | — |
| ZJIIN-S2-LP7 | 29.8 | 26.2 | 27° | 89.5 | 145.5 | 121° | 1.1 | — | — | — | — |
| ZJIIN-S2-RM8 | — | — | — | — | — | — | — | — | — | — | — |
| ZJIIN-S2-RP8 | 30.0 | 29.2 | — | 86.6 | 134.8 | — | 1.0 | 41.5 | 1.4 | — | — |
| ZJIIN-S2-LM8 | — | — | — | — | — | — | — | — | — | — | — |
| ZJIIN-S2-LP8 | 32.6 | 28.0 | — | 75.2 | 142.4 | — | 1.2 | — | — | — | — |
| ZJIIN-S2-RM9 | — | — | — | — | — | — | — | — | — | — | — |
| ZJIIN-S2-RP9 | 36.9 | 30.5 | — | — | — | — | 1.2 | — | — | — | — |
| ZJIIN-S2-LM9 | — | — | — | — | — | — | — | — | — | — | — |
| ZJIIN-S2-LP9 | 32.5 | 23.5 | — | 76.8 | — | — | 1.4 | — | — | — | — |
| Mean(M) | 13.5 | 26.6 | 80° | 85.6 | 143.8 | 116° | 0.5 | — | — | 41.8 | 1.8 |
| Mean(P) | 33.0 | 27.1 | 28° | 83.7 | 143.6 | 124° | 1.2 | 38.5 | 1.2 | — | — |
| ZJIIN-S3-RM1 | 24.5 | 20.2 | — | 87.0 | 144.7 | 120° | 1.2 | — | — | — | — |
| ZJIIN-S3-RP1 | — | — | — | — | — | — | — | — | — | — | — |
| ZJIIN-S3-LM1 | 19.4 | 22.0 | 4° | 78.8 | 148.3 | 111° | 0.9 | — | — | 40.0 | 1.8 |
| ZJIIN-S3-LP1 | 40.0 | 26.4 | 10° | 83.7 | 143.8 | 115° | 1.5 | — | — | — | — |
| ZJIIN-S3-RM2 | 21.9 | 33.0 | 7° | 97.5 | 147.0 | 91° | 0.7 | — | — | 46.7 | 1.4 |
| ZJIIN-S3-RP2 | 42.6 | 30.6 | 11° | 80.5 | 125.2 | 90° | 1.4 | 44.9 | 1.1 | — | — |
| ZJIIN-S3-LM2 | 22.6 | 28.0 | 46° | 100.5 | 142.0 | 107° | 0.8 | — | — | 68.1 | 2.4 |
| ZJIIN-S3-LP2 | 42.5 | 32.5 | 50° | 78.0 | 141.0 | 108° | 1.3 | 56.0 | 1.3 | — | — |
| ZJIIN-S3-RM3 | 23.1 | 24.0 | 25° | 71.5 | 140.2 | 111° | 1.0 | — | — | 48.5 | 2.0 |
| ZJIIN-S3-RP3 | 38.0 | 34.0 | 33° | 85.4 | 143.1 | 112° | 1.1 | 49.5 | 1.3 | — | — |
| ZJIIN-S3-LM3 | 19.5 | 23.5 | — | 94.1 | — | — | 0.8 | — | — | 44.3 | 1.9 |
| ZJIIN-S3-LP3 | 40.4 | 28.1 | — | 79.0 | — | — | 1.4 | 47.1 | 1.2 | — | — |
| ZJIIN-S3-RM4 | 20.0 | 20.0 | — | — | — | — | 1.0 | — | — | — | — |
| ZJIIN-S3-RP4 | 36.3 | 29.0 | — | — | — | — | 1.3 | — | — | — | — |
| Mean(M) | 21.6 | 24.4 | 21° | 88.2 | 144.4 | 108° | 0.9 | — | — | 49.5 | 1.9 |
| Mean(P) | 40.0 | 29.7 | 26° | 78.9 | 140.1 | 106° | 1.4 | 49.4 | 1.2 | — | — |

续表

| 编号 | ML | MW | R | PL | SL | PA | L/W | WAP | WAP/P'ML | WAM | WAM/M'MW |
|---|---|---|---|---|---|---|---|---|---|---|---|
| ZJIIN–S4–LP1 | 45.2 | 26.8 | 23° | 75.0 | 116.2 | 105° | 1.7 | — | — | — | — |
| ZJIIN–S4–RP1 | 40.6 | 29.5 | 16° | 65.6 | 121.3 | 98° | 1.4 | 42.7 | 1.1 | — | — |
| ZJIIN–S4–LP2 | 45.4 | 30.0 | 8° | 89.0 | 137.5 | 108° | 1.5 | 48.7 | 1.1 | — | — |
| ZJIIN–S4–RP2 | 44.8 | 34.3 | 19° | 77.8 | 135.8 | 111° | 1.3 | 47.6 | 1.1 | — | — |
| ZJIIN–S4–LP3 | 42.9 | 28.0 | — | 83.4 | — | — | 1.5 | 46.1 | 1.1 | — | — |
| ZJIIN–S4–LM3 | 17.5 | 23.8 | — | — | — | — | 0.7 | — | — | — | — |
| ZJIIN–S4–RP3 | 37.9 | 28.1 | — | — | — | — | 1.3 | — | — | — | — |
| Mean(M) | 17.5 | 23.8 | — | — | — | — | 0.7 | — | — | — | — |
| Mean(P) | 42.8 | 29.5 | 17° | 78.2 | 127.7 | 106° | 1.5 | 46.3 | 1.1 | — | — |
| ZJIIN–S5–RM1 | 18.0 | 25.1 | 7° | 90.8 | 141.6 | 109° | 0.7 | — | — | — | — |
| ZJIIN–S5–RP1 | 38.1 | 34.0 | — | 85.0 | 149.6 | 111° | 1.1 | — | — | — | — |
| ZJIIN–S5–LM1 | 21.0 | 27.2 | 20° | 80.2 | 137.9 | 109° | 0.8 | — | — | 46.4 | 1.7 |
| ZJIIN–S5–LP1 | 36.2 | 31.5 | 41° | 91.8 | 153.4 | 110° | 1.1 | 47.8 | 1.3 | — | — |
| ZJIIN–S5–RM2 | 18.5 | 25.3 | 32° | 87.4 | 156.3 | 126° | 0.7 | — | — | 45.7 | 1.8 |
| ZJIIN–S5–RP2 | 37.3 | 28.0 | 42° | 90.6 | 153.4 | 118° | 1.3 | 50.4 | 1.4 | — | — |
| ZJIIN–S5–LM2 | 18.5 | 24.5 | 29° | 87.8 | 162.8 | 114° | 0.8 | — | — | 37.2 | 1.5 |
| ZJIIN–S5–LP2 | 45.0 | 30.8 | 10° | 84.3 | 152.0 | 114° | 1.5 | 43.2 | 1.0 | — | — |
| ZJIIN–S5–RM3 | 15.2 | 23.9 | 28° | 102.9 | 160.0 | 103° | 0.6 | — | — | 48.5 | 2.0 |
| ZJIIN–S5–RP3 | 38.0 | 29.8 | 27° | 90.5 | 154.7 | 112° | 1.3 | 45.9 | 1.2 | — | — |
| ZJIIN–S5–LM3 | 19.8 | 27.5 | 32° | 95.0 | 129.4 | 95° | 0.7 | — | — | 59.2 | 2.2 |
| ZJIIN–S5–LP3 | 43.1 | 33.4 | 20° | 88.2 | 131.8 | 97° | 1.3 | 50.5 | 1.2 | — | — |
| ZJIIN–S5–RM4 | 17.5 | 22.0 | — | 74.5 | — | — | 0.8 | — | — | 54.5 | 2.5 |
| ZJIIN–S5–RP4 | 45.0 | 35.5 | — | 75.5 | — | — | 1.3 | 54.2 | 1.2 | — | — |
| ZJIIN–S5–LM4 | 15.3 | 25.6 | — | — | — | — | 0.6 | — | — | — | — |
| ZJIIN–S5–LP4 | 37.4 | 33.4 | — | — | — | — | 1.1 | — | — | — | — |
| Mean(M) | 18.0 | 25.1 | 25° | 88.4 | 148.0 | 109° | 0.7 | — | — | 48.6 | 1.9 |
| Mean(P) | 40.0 | 32.1 | 28° | 86.6 | 149.2 | 110° | 1.3 | 48.7 | 1.2 | — | — |
| ZDM201306-2 | 46.4 | 31.6 | — | — | — | — | 1.5 | — | — | — | — |
| ZDM201306-3 | 34.9 | 27.1 | — | — | — | — | 1.3 | — | — | — | — |
| ZJIIN–SI1 | 38.0 | 27.0 | — | — | — | — | 1.4 | — | — | — | — |
| ZJIIN–SI3 | 47.2 | 38.3 | — | — | — | — | 1.2 | — | — | — | — |
| ZJIIN–SI4 | 43.3 | 36.8 | — | — | — | — | 1.2 | — | — | — | — |

续表

| 编号 | ML | MW | R | PL | SL | PA | L/W | WAP | WAP/P'ML | WAM | WAM/M'MW |
|---|---|---|---|---|---|---|---|---|---|---|---|
| ZJIIN–SI5 | 45.4 | 35.0 | — | — | — | — | 1.3 | — | — | — | — |
| ZJIIN–SI6 | 47.5 | 38.4 | — | — | — | — | 1.2 | — | — | — | — |
| ZJIIN–SI7 | 44.7 | 37.9 | — | — | — | — | 1.2 | — | — | — | — |

　　行迹 ZJII-S1 位于兽脚类游泳迹行迹附近。ZJII-S1 的前足迹位于后足迹较前中部的位置。如前所述，前足迹和后足迹长宽比值的平均值分别为 0.6 和 1.3。以保存最完好的前–后足迹 RP5-RM5 为例，前足迹为椭圆形，爪子和跖趾区不清晰。后足迹呈椭圆形，第 I 趾和第 II 趾有不完整的爪印，跖趾区后缘平滑弯曲。前足迹从行迹中线外旋约 19°，这一角度要小于后足迹的外旋角度（约 28°）。前足迹的步幅角平均值为 119°，后足迹的为 120°。

　　北二号足迹点保存最完好的行迹是 ZJIIN-S1—ZJIIN-S3 和 ZJIIN-S5。其中，ZJIIN-S1、ZJIIN-S3 和 ZJIIN-S5 与 ZJII-S1 行迹在尺寸和形态上都相似。昭觉四足行迹中一些保存良好的后足迹能观察到第 I 趾、第 II 趾和第 III 趾上发育的爪印。在一些足迹中，第 IV 趾体现为小的趾爪印或凹陷，这些是由爪子或足部胼胝造成的，就如同 ZJIIN-S1-RP4 和 ZJIIN-S3-LP1 那样。前足迹通常为椭圆形或 U 形，部分保存完好的前足迹带有第 I 趾和第 V 趾的圆形趾，如 ZJIIN-S5-LM1。ZJIIN-S1 的外旋角度略大于 ZJII-S1 的外旋角度，前足迹平均外旋角度为 30°，后足迹的为 32°。

　　行迹 ZJIIN-S2 最为特殊。其前足迹从行迹中线剧烈外旋，平均为 80°；后足迹的外旋角度与其他行迹的相近，为 28°。其中，ZJIIN-S2-LM1 和 ZJIIN-S2-LP1 保存最完好。前足迹 ZJIIN-S2-LM1 为椭圆形，外旋达 122°，第 I 和第 V 趾清晰可辨。后足迹 ZJIIN-S2-LP1 的外旋角度为 21°，第 I 趾至第 IV 趾清晰，其中第 I 趾最尖锐，第 IV 趾最弱。ZJIIN-S2-LP1 的跖趾区部分坍塌，很可能是由于沉积物太湿软造成的，后缘平滑弯曲。在二号足迹点和北二号足迹点的其他蜥脚类足迹中，前、后足迹之间的距离都介于 6—24 厘米之间，这一区间虽大，但都小于后足迹的长度。然而，ZJIIN-S2-LM1 和 ZJIIN-S2-LP1 之间的距离却达到 61.7 厘米，是后足迹长度的 1.7 倍。

　　余下的标本为孤立的凸型足迹。其中，ZDM201306-1 并不完整，其他由自贡恐龙博物馆采集的标本和原地的 ZJIIN-SI1、ZJIIN-SI3—ZJIIN-SI7 则保存完好。所有这些足迹都是后足迹，长大于宽，多数保存有第 I 趾至第 III 趾发育的、向外的爪印，第 IV 趾的小爪印和第 V 趾的趾垫或是小胼胝。ZJIIN-SI1 的"中间趾"要大于"外侧趾"。"中间趾"很可能是由于第 II 趾和第 III 趾缺失界限而形成的。

　　无论从足迹形态学还是行迹模式来说，昭觉的大型四足行迹都属于典型的蜥脚类行迹（Lockley and Hunt, 1995; Lockley, 1999, 2001a）。中国大部分的蜥脚类行迹都是宽或中间距，被归入足迹属 *Brontopodus*（Lockley et al., 2002a），而昭觉蜥脚类行迹的后足三角宽/后足长的值为 1.0—1.3，介于中等和宽间距之间（Marty, 2008）。

昭觉蜥脚类的行迹模式与出自葡萄牙和瑞士晚侏罗世（Meyer and Pittman, 1994; Santos et al., 2009），以及美国早白垩世（Farlow et al., 1989; Lockley et al., 1994a）的 *Brontopodus* 类足迹的特征相一致。这些特征包括：宽间距；后足迹的长大于宽，中轴方向向外；U形的前足迹；足迹异度较低等。保存完好的昭觉蜥脚类足迹的平均足迹异度是 1:2.3（2.1、2.3 和 2.5，N = 3）。这个数值与 *Brontopodus birdi*（1:3）接近，但明显低于窄间距的 *Breviparopus*（1:3.6）或 *Parabrontopodus*（1:4 或 1:5）（Lockley et al., 1994a）。此外，*Brontopodus* 类行迹的宽间距表明，其潜在的造迹者为蜥脚类中的巨龙型类（Wilson and Carrano, 1999; Lockley et al., 2002a）。

由于缺少足够的信息，加上行迹数据的缺失，昭觉发现的孤立的后足迹无法明确归入某个足迹属，也不能准确鉴定足迹的造迹者。不过，如果将它们与二号和北二号足迹点的蜥脚类足迹相比较，根据整体形态学和长宽比来推测，这些孤立的足迹很可能也是属于 *Brontopodus* 类足迹。

基于 Alexander（1976），Thulborn（1990）和 González Riga（2011）提出的速度公式，昭觉蜥脚类行迹的相对复步长介于 0.51—0.74 和 0.75—1.09 之间（表 3-9），依此可推断造迹者处于行走步态；造迹者的平均运动速度则介于 1.44—2.38 千米/小时和 2.27—3.74 千米/小时之间。

表 3-9　三比罗嘎二号和北二号足迹点蜥脚类行走速度

| 编号 | F = 5.9 | | F = 4 | | F = 4.586 | |
|---|---|---|---|---|---|---|
| | SL/h | S (km/h) | SL/h | S (km/h) | SL/h | S (km/h) |
| ZJII-S1 | 0.62 | 1.98 | 0.91 | 3.10 | 0.80 | 2.66 |
| ZJIIN-S1 | 0.57 | 1.76 | 0.84 | 2.77 | 0.74 | 2.38 |
| ZJIIN-S2 | 0.74 | 2.38 | 1.09 | 3.74 | 0.95 | 3.17 |
| ZJIIN-S3 | 0.59 | 1.80 | 0.88 | 2.84 | 0.76 | 2.45 |
| ZJIIN-S4 | 0.51 | 1.44 | 0.75 | 2.27 | 0.65 | 1.94 |
| ZJIIN-S5 | 0.63 | 2.02 | 0.93 | 3.17 | 0.81 | 2.70 |

我们很难理解为什么 ZJIIN-S2 前-后足迹之间的距离如此异乎寻常地长。虽然根据速度公式计算出 ZJIIN-S2 速度较快，但是，和其他的行迹（ZJIIN-S1、ZJIIN-S3 和 ZJIIN-S5）相比，这个速度差异仍然不能解释为何其前-后足迹之间距离会如此之大。因为，ZJIIN-S5 造迹者的速度只是比 ZJIIN-S2 稍慢一些而已，但后者前-后足迹之间的距离要短得多。一个更合理的解释就是，ZJIIN-S2 造迹者的肢体更长。以大型巨龙类乌因库尔阿

根廷龙（*Argentinosaurus huinculensis*）为例（估计体长达 40 米），其前后肢的长度可能基本相同（Sellers et al., 2013, 图 2）。而计算机模拟的结果表明，在低速行走时，*A. huinculensis* 留下的行迹与普通的巨龙类所留的相似，前－后足迹之间的距离也短（Sellers et al., 2013, 图 12）。相反，对于前肢比后肢长的 brachiosaurids 来说（Gunga et al., 1995），其行走时，前后肢之间留下的距离要大得多。因此，ZJIIN-S2 有相当大的可能属于一种 brachiosaur，而其余的行迹则可能属于巨龙类。不过，这些都还没有得到确证，还需要更多的证据与讨论。

### 3.3.6 皮肤刮擦线

一些孤立的蜥脚类足迹，如 ZDM201306-1 和 ZJIIN-SI4，在动物的足部皮肤结节或"鳞片"拖曳沉积物时，都保存了外皮或皮肤的刮擦线（scratch lines）。典型足迹的"鳞片"刮擦线平均宽度为 5—10 毫米，每 10 厘米有 9—12 道线。这些"鳞片"刮擦痕的尺寸要略小于蜥脚类典型的"鳞片"印痕。例如，韩国 Gainri 和 Sinsu 岛下白垩统 Haman 组的蜥脚类皮肤印痕，揭示了大五角星形和七角星形的"鳞片"印痕，其尺寸为 2.0—2.5 厘米（Kim et al., 2010）。另一个出自美国怀俄明州上侏罗统 Morrison 组的标本显示"鳞片"大小为 0.75—1.2 厘米（Platt and Hasiotis, 2006）。不过，即便多边形的"鳞片"直径可为 2.0—2.5 厘米，也并不能表明动物留下的垂直擦痕或刮擦痕也会以相似的距离来分隔：动物皮肤在很多时候并非理想化，多种因素会对其产生影响，从而形成各种不规则的或"伤痕累累"的纹理，而这些皮肤纹理和隆凸上的各种不规则之处，会在进入沉积物时发生重叠，从而形成有着更密集沟痕的足迹壁。如果是这种情况，刮擦痕就会把多边形"鳞片"分割开来，并显得更窄。

### 3.3.7 特异保存

足迹 ZJIIN-SI3 是一个非同寻常的右后足凸型足迹，大约有 10 厘米深，被分为明显的上下两个层面，我们假定它代表着足迹留下的不同阶段（图 3-34）。ZJIIN-SI3 的第 I 趾至第 III 趾之间在各自层面都没有明显的界限，使得第 II 趾无法观察；第 IV 趾和第 V 趾清晰地保存在下层面的侧面，而非上层面。足迹壁的斜率指示了足迹进入沉积物时的角度。如果颠倒过来看的话，这个足迹像一个"基座"或"柱脚"，这种特殊的保存可能是足迹穿过两层硬度和湿度各不相同的沉积层造成的。

我们推测，表层的沉积物干且坚固，当造迹者的脚部进入表层沉积物时，部分爪印被保存下来，而底下的沉积物可能更软，受蜥脚类体重的挤压，岩层会整体下陷。因此，组成足迹基底的沉积物可能包括了被造迹者的脚部推到下层的上层剥蚀物，同时还有一定量的、较软的沉积物流入。接着，整个足迹又被一层泥砂填满，从而产生"三明治"效应，在暴露和侵蚀之后，足迹就形成了目前的"基座"构造。

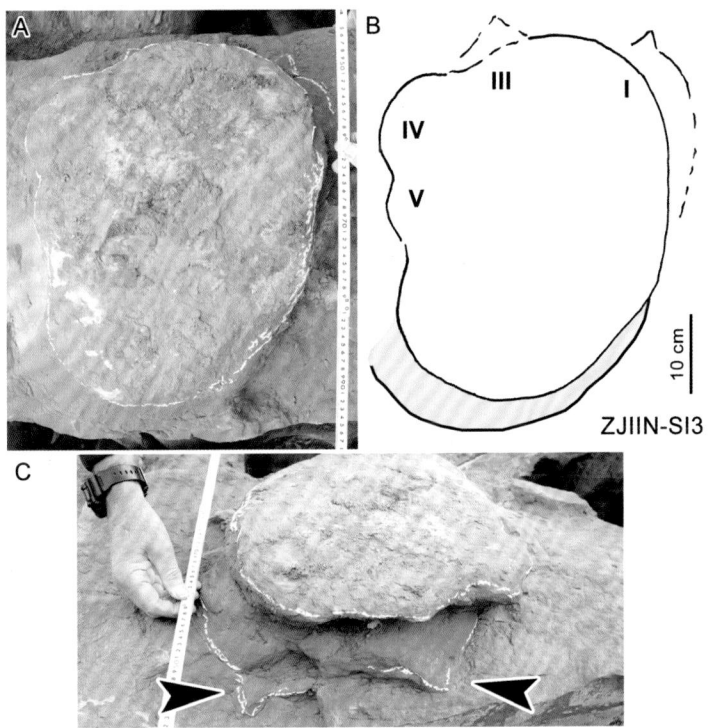

图 3-34 三比罗嘎北二号足迹点特异保存的 ZJIIN-SI3 足迹照片（A）、轮廓图（B）和低角度前视照片（C，箭头指出下层面的趾）

此外，正如上文所述，足迹点的主足迹层上方有一薄粉砂层，粉砂层上又是含足迹的砂岩层（大部分的凸型足迹都源自这套砂岩），这个现象强烈支持了前述推论。

### 3.3.8 三比罗嘎足迹组合

三比罗嘎足迹群有着相当高的多样性，接下来，我们逐一分析其主要的造迹者类群。

二号足迹点的鸟脚类足迹在尺寸与形态上都与 *Caririchnium* 形态类型相似。多道行迹基本平行，方向一致，所有行迹都反映出动物处于行走步态。这表明该地区很可能是鸟脚类群体的日常通道，并且这些鸟脚类属于群居动物。

大部分北二号足迹点的鸟脚类足迹是小型的 *Ornithopodichnus* 留下的，只有一道较大的 *Caririchnium* 形态类型行迹被发现。这表明，当地的鸟脚类很可能按体型差异组成不同的种群，分布于不同的区域。

大中型兽脚类行迹出现于鸟脚类行迹间，表明兽脚类掠食者曾在该地区活动，其中一个原因是当地存在丰富的、潜在的猎物（鸟脚类）。加拿大 Peace River Canyon 下白垩统（Aptian–Albian）的 *Amblydactylus* 和 *Irenesauripus* 组合（Currie, 1983）也有过类似的行为。不过，这些行迹的模式和造迹者速度都没有表明两者曾经直接遭遇，并且也难以确定2个造迹者是否同时在造迹区留下足迹。

兽脚类足迹 *Grallator*、*Eubrontes* 或 *Irenesauripus* 形态类型和 *Siamopodus xui* 一同出现，表明了当地兽脚类的多样性较强。此前，中国和泰国都报告了 *Asianopodus* 的足迹（Matsukawa et al., 2006），但该足迹属在本研究区并没有出现。随着最近几年足迹记录的增加，如 *Corpulentapus*（Li et al., 2011b），中国早白垩世兽脚类足迹的多样性增强，丰度也相当高（Matsukawa et al., 2006）。不过，中国各大区域发现的大量兽脚类足迹尚未从足迹属级层面来全面分析，因此还无法从属级层面来讨论各地区不同足迹类型的相对丰度和分布情况。

昭觉三比罗嘎足迹点的蜥脚类足迹，按比例来说要大于（也更多于）四川盆地任何其他下白垩统足迹点的记录，同时远远超过重庆綦江莲花保寨足迹点的蜥脚类标本，后者的标本主要为幻迹和孤立的凸型足迹。这些发现改变了 Xing et al.（2011f）认为的，四川盆地早白垩世恐龙足迹主要以兽脚类和鸟脚类为主的观点，新的证据表明蜥脚类（巨龙型类）的数量也很多。

## 3.4 解放沟足迹点

早在1836年，科学界就描述过恐龙足迹化石（Hitchcock, 1836）。但是，全世界的许多文化则更早地注意到恐龙足迹，这可能发生在数百年，甚至上千年前。恐龙足迹和行迹成为许多远古神话、艺术、舞蹈、音乐和宗教仪式背后的灵感。譬如在意大利，有一些足迹被认为是英雄人物赫拉克勒斯（大力神）留下的，或是古希腊神话中的怪物吉里昂的巨牛留下的，而它们其实都是恐龙足迹（Baucon et al., 2012）；澳大利亚土著居民"梦时代"的长羽毛巨人"鸸鹋人"的足迹，被后人鉴定为兽脚类足迹（Mayor and Sarjeant, 2001）；非洲莱索托布希曼人的岩画与恐龙足迹有关（Ellenberger et al., 2005; Helm, 2012）；西藏昌都县的蜥脚类足迹被认为是格萨尔王或山神所留下的神迹（Xing et al., 2011b）；亚利桑那霍皮族印第安人的霍皮蛇舞（Look, 1981; Mayor, 2005），美国西南部印第安人的口头传说和岩画，包括古印第安人弗里蒙特文化的史前壁画都与恐龙足迹有关（Mayor, 2005; Lockley et al., 2006d）。

一般来说，中国的历史始于夏朝和商朝，或传说中的黄帝时期，而最早的、可靠的历史记录则开始于公元前841年的西周侯国元年（Twitchett and Fairbank, 1978; Bai, 1999）。在泱泱华夏，中生界的岩石露头丰富，在这数千年时间里，中国人不断发现恐龙足迹，并试图去解释它们。在一项对中国足迹化石的文化意义所做的调查研究中，诸多证据表明，恐龙足迹在中国曾分别被人们解释为神鸟（诸如凤凰或金鸡这一类）留下的足迹，或者

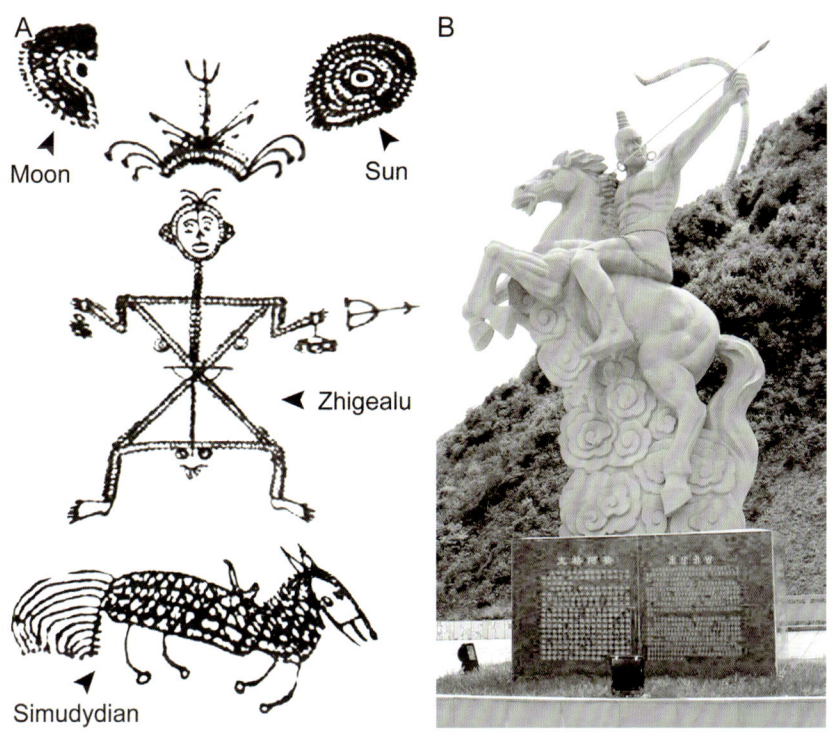

图 3-35　神话中的支格阿鲁和斯木都典（A）（绘图／曲比索莫毕摩）和四川凉山彝族自治州螺髻山的支格阿鲁雕塑（B）

是非同一般的大型哺乳动物（例如神话中的大犀牛）留下的足迹，或者是神秘的"石生莲花"，亦或是神话里的神仙或者传说中的英雄人物（如西藏当地山神或格萨尔王）留下的手印或足迹（Xing et al., 2011e）。

支格阿鲁（发音为：Zhi-ge A-lu）（图 3-35）是彝族传说中一个远古的重要英雄人物，也是彝族神话中最受崇拜的人物之一（Feng, 1986; Aluoxingde, 1994）。我们通过对支格阿鲁民间传说进行解读，发现了一个新的、有科学意义的恐龙足迹点。

### 3.4.1　化石发现和文化影响

1991 年 9 月，四川省昭觉县三比罗嘎的一个铜矿在开采过程中，暴露出一大片恐龙足迹。这个足迹点包括了大量的蜥脚类和鸟脚类恐龙足迹，还有少量的兽脚类恐龙足迹和翼龙类足迹。足迹暴露后，当地彝族人民认为这些足迹是支格阿鲁骑着斯木都典（Simudydian，英雄人物的坐骑"天马"）留下的印迹。三比罗嘎足迹点的蜥脚类前足迹为椭圆形，后足迹也近似圆形；大型鸟脚类足迹则主要为保存较差的圆形后足迹。这些浑圆的足迹在当地人看来，都近似于马蹄印。

彝族人对三比罗嘎足迹点的解释并非独此一家。和当地彝族居民进一步接触后，我们了解到，在别处早已发现相似的"斯木都典马蹄印"，这些传说已经流传了好几代人。

2013 年，笔者听闻了关于支格阿鲁骑着他的天马到达名为阿鲁牧举（Alumuju）地区的传说。阿鲁牧举位于昭觉县解放乡尔结得村以西。根据当地的神话传说，支格阿鲁从天上返回后，会经常骑马来到该地区。传说中，此地是支格阿鲁领受上天命令后返回人间的地方，他所骑的天马落地时踩出深深的蹄印。基于这个传说，笔者于当年 7 月组织了一次寻找化石之旅，找寻阿鲁牧举地区的足迹点。

最终，考察队在拉青河（彝语：Latyit，意为狼和虎的家）河畔找到了一个大型的蜥脚类足迹点（图 3-36）。足迹点沿着高出拉青河河岸约 50 米的一个露头层向北分布。富含足迹的露头层位于穿过该地区山地的天然小路上，但较大的倾斜度使得行走在上面有一定的危险性。足迹点的足迹风化程度并不严重，表明暴露的时间并不是太长。据推测，拉青河的涨落和河岸逐渐的周期性侵蚀很可能暴露了许多类似的行迹，从而促使了当地神话传说的形成。

"阿鲁牧举"的名字来源于"阿鲁"（=支格阿鲁）和"牧"（=马）、"举"（=足迹）的组合，意思是"支格阿鲁留下的马蹄印"。当地重复发现的恐龙足迹露头层影响着当地的口头传说的形成。足迹被解释为确认宗教信仰的物质证据，并且揭示了当地地名的起源。昭觉地区是凉山彝族文化的重要发祥地。这里自古以来的口头传说很可能扩散出去，并形成了其他相似的传说，而周边地区时不时发现的恐龙行迹则一再成为证据。通过追寻中国神话传说中的足迹线索，我们得到启示，通过收集当地关于神话人物在石头上留下脚印的民间传说，有助于发现新的恐龙足迹点。

幸运的是，暴露和风化目前还没有对解放沟足迹点造成严重的损坏。为了更好地观

图 3-36　解放沟足迹点的全貌

察足迹的形态学，我们对行迹进行了测量，包括每个足迹的长与宽，还有单步和复步长等。所有足迹都用透明塑料膜描绘以及用树脂翻模。

### 3.4.2 蜥脚类行迹

解放沟足迹点保存了一道行迹，由 16 对完整的天然凹型前－后足迹组成，编号为 JF-S1-RP1—JF-S1-LP6，JF-S1-RM1—JF-S1-LM6（图 3-37、图 3-38，表 3-10）。所有足迹都保存在原位。

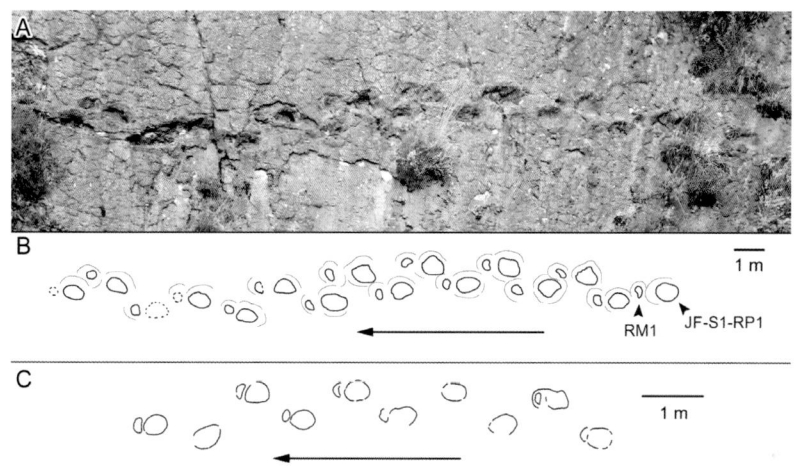

图 3-37　解放沟足迹点的蜥脚类行迹照片（A）、轮廓图（B），昭觉三比罗嘎足迹点的蜥脚类行迹（C）

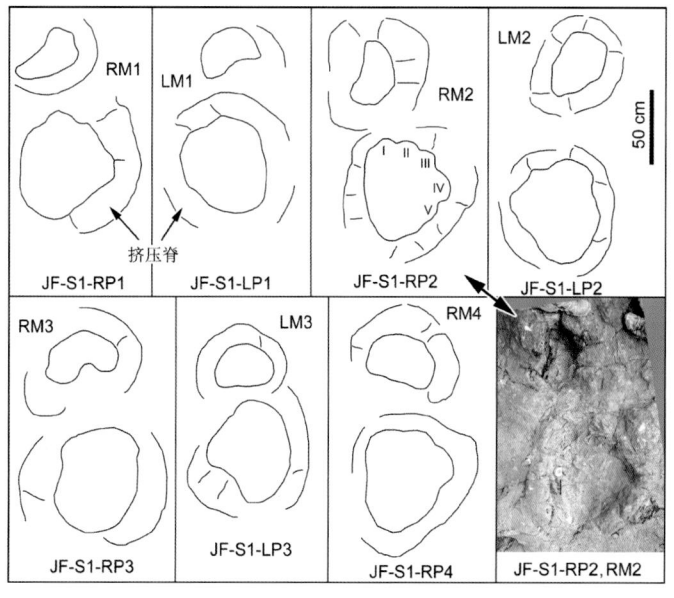

图 3-38　解放沟足迹点的蜥脚类足迹、轮廓图和照片特写

表 3-10 解放沟足迹点蜥脚类足迹测量数据（单位：厘米）

| 编号 | ML | MW | SL | PL | PA | L/W | WAP | WAP/P'ML | WAM | WAM/M'MW |
|---|---|---|---|---|---|---|---|---|---|---|
| JF-S1-RM1 | 22.0 | 42.0 | 230.0 | 137.0 | 119° | 0.6 | — | — | 68 | 1.8 |
| JF-S1-RP1 | 69.0 | 57.0 | 233.0 | 133.0 | 132° | 1.2 | 52 | 0.8 | — | — |
| JF-S1-LM1 | 20.0 | 41.0 | 229.0 | 130.0 | 115° | 0.6 | — | — | 73 | 2.0 |
| JF-S1-LP1 | 76.0 | 52.0 | 221.0 | 122.0 | 123° | 1.5 | 59 | 0.8 | — | — |
| JF-S1-RM2 | 24.0 | 42.0 | 229.0 | 142.0 | 118° | 0.6 | — | — | 74 | 2.0 |
| JF-S1-RP2 | 67.0 | 57.0 | 230.0 | 129.0 | 126° | 1.2 | 58 | 0.9 | — | — |
| JF-S1-LM2 | 34.0 | 44.0 | 212.0 | 125.0 | 106° | 0.8 | — | — | 79 | 1.8 |
| JF-S1-LP2 | 70.0 | 53.0 | 230.0 | 129.0 | 135° | 1.3 | 48 | 0.7 | — | — |
| JF-S1-RM3 | 21.0 | 47.0 | 217.0 | 140.0 | 112° | 0.5 | — | — | 73 | 1.9 |
| JF-S1-RP3 | 73.0 | 48.0 | 215.0 | 120.0 | 132° | 1.7 | 47 | 0.6 | — | — |
| JF-S1-LM3 | 26.0 | 42.0 | 200.0 | 122.0 | 105° | 0.6 | — | — | 77 | 2.5 |
| JF-S1-LP3 | 76.0 | 48.0 | 191.0 | 115.0 | 107° | 1.6 | 70 | 0.9 | — | — |
| JF-S1-RM4 | 28.0 | 43.0 | 220.0 | 130.0 | 114° | 0.7 | — | — | 71 | 2.0 |
| JF-S1-RP4 | 67.0 | 54.0 | 193.0 | 122.0 | 106° | 1.2 | 73 | 1.1 | — | — |
| JF-S1-LM4 | 21.0 | 39.0 | 195.0 | 132.0 | 103° | 0.6 | — | — | 74 | 2.2 |
| JF-S1-LP4 | 69.0 | 54.0 | 198.0 | 120.0 | 108° | 1.3 | 72 | 1.0 | — | — |
| JF-S1-RM5 | 25.0 | 41.0 | 203.0 | 117.0 | 105° | 0.7 | — | — | 77 | 2.1 |
| JF-S1-RP5 | 71.0 | 52.0 | 228.0 | 125.0 | 124° | 1.4 | 60 | 0.8 | — | — |
| JF-S1-LM5 | 21.0 | 38.0 | 228.0 | 138.0 | 133° | 0.7 | — | — | 48 | 1.5 |
| JF-S1-LP5 | 77.0 | 54.0 | 245.0 | 133.0 | 122° | 1.4 | 68 | 0.9 | — | — |
| JF-S1-RM6 | 20.0 | 37.0 | — | 110.0 | — | 0.6 | — | — | — | — |
| JF-S1-RP6 | 75.0 | 50.0 | — | 147.0 | — | 1.5 | — | — | — | — |
| JF-S1-LM6 | 20.0 | 37.0 | — | — | — | 0.6 | — | — | — | — |
| JF-S1-LP6 | 77.0 | 56.0 | — | — | — | 1.4 | — | — | — | — |
| Mean(M) | 23.5 | 41.1 | 216.3 | 129.4 | 113° | 0.6 | — | — | 71 | 2.0 |
| Mean(P) | 72.3 | 52.9 | 218.4 | 126.8 | 122° | 1.4 | 61 | 0.9 | — | — |

JF-S1 每一个足迹都由明显区别的两部分组成：内部为真足迹，外部围绕着沉积物的挤压脊。在 JF-S1 行迹中，前足迹的平均长度为 23.5 厘米，平均宽度为 41.1 厘米；后足迹平均长度为 72.8 厘米，平均宽度为 52.9 厘米。其中，后足迹 JF-S1-RP2 和前足迹 JF-S1-RM2 保存最完好。

前足迹 JF-S1-RM2 呈 U 形，长宽比值为 0.6。足迹缺失清晰的爪印；沉积物挤压脊的宽度约 24 厘米；跖趾区凹入。前足迹由中线明显向外旋，最大值为 145°（平均为 51°）。这个数值要大于后足迹外旋的角度（平均为 35°）。JF-S1-RP2 到 JF-S1-RM2 的距离是 26 厘米。后足迹 JF-S1-RP2 呈椭圆形，长宽比值为 1.2。外侧沉积物挤压脊大体上要比内侧的挤压脊更宽（分别为 34 厘米和 19 厘米）。第 I 趾、第 II 趾和第 III 趾都有清晰可辨的爪印，第 IV 趾有一个由足部胼胝或小爪子形成的凹痕，第 V 趾有一个小的凸起；跖趾区后缘平滑弯曲。前足迹的步幅角为 113°，后足迹的步幅角为 122°。

大部分中国的蜥脚类行迹都被归入宽或中间距的 *Brontopodus*（Lockley et al., 2002a）。JF-S1 行迹的形态及行迹模式都属于典型的蜥脚类行迹（Lockley, 1999, 2001b）。基于后足三角宽/后足长比值为 0.9，接近 1.0，因此这道行迹为明显的窄间距。这相对于通常为中/宽间距的白垩纪蜥脚类行迹来说，显得并不寻常（Lockley et al., 1994a）。

Santos et al.（2009）把 *Brontopodus* 类足迹的特征定义为：(1) 行迹宽间距；(2) 后足迹长大于宽，第 I 趾至第 III 趾大型爪印明显外旋，小爪印代表第 IV 趾，小胼胝或垫印代表第 V 趾；(3) U 形的前足迹，第 I 趾和第 V 趾有圆形趾印；(4) 高足迹异度（应该为低足迹异度，Santos et al., 2009 的定义有误，因为 *Brontopodus* 有着相当大的前足迹）。解放沟足迹点蜥脚类行迹的大部分特征与 *Brontopodus* 类足迹相似。不过，解放沟蜥脚类行迹是窄间距而不是宽间距，这可能是 *Brontopodus* 足迹类有着更大变异程度的案例。解放沟蜥脚类行迹的足迹异度是 1:3.1，这接近 *Brontopodus birdi* 的 1:3，但低于 *Breviparopus* 的 1:3.6，也显著低于 *Parabrontopodus* 的 1:4 或 1:5。

虽然重庆黔江区发现过零散分布的巨龙型类化石碎片（Wang, 1976），但是四川盆地白垩系的恐龙足迹化石记录一度被认为是以兽脚类和鸟脚类为主（Xing et al., 2011f），另外还发现有极少量的鸟类足迹（Zhen et al., 1994）。攀西地区的记录从最初就并非如此。昭觉三比罗嘎足迹点的宽间距 *Brontopodus* 类行迹表明，其造迹者更接近于像 brachiosaurids 这类的基干巨龙型类（Wilson and Carrano, 1999; Lockley et al., 2002a）。解放沟蜥脚类行迹与典型的 *Brontopodus* 有着相近的形态和低的足迹异度，但又以窄间距区别于后者，因此我们暂时把解放沟蜥脚类行迹归入 cf. *Brontopodus*。这个新的化石记录表明，*Brontopodus* 类造迹者在中国西南白垩纪有更广泛的分布，其蜥脚类造迹者可能不同于足部相似但行迹更宽的巨龙型类。

## 3.5 巴久足迹点

### 3.5.1 足迹点概貌与分区

除了四川盆地之外，攀西地区是四川省内侏罗系和白垩系面积最广大的沉积区。不过，在我们发现昭觉地区的恐龙足迹之前，该地区的古生物记录极为贫乏（Wang et al., 2008）。侏罗系的骨骼记录包括了下侏罗统益门组的原蜥脚类（基干蜥脚类）骨骼化石（Wang, 1998）、会理的马门溪龙类通安龙（*Tonganosaurus*）（Li et al., 2010）。足迹记录包括了 Xing et al.（2013a）描述的会东县中侏罗统新村组的 cf. *Kayentapus* 足迹。那么，在广袤的攀西地区,除了昭觉之外,是否还有其他更多的白垩纪足迹记录呢?

2014年4月到5月间,四川省地质矿产勘查开发局区域地质调查大队在四川乌蒙山地区两河口、比尔、米市、昭觉县等4个岩溶石山区域开展地质调查。在此过程中,调查队发现了多处足迹点。其中,巴久足迹点的足迹组合具有相当高的多样性。

巴久足迹点分为3个区:A区、B区和C区(图3-39)。A区有清晰可辨的微生物席皱饰构造;B区位于A区东南部28米处,有明显的波痕;C区位于A区以北27米处,没有观察到任何层面沉积构造。A区为面积最大的暴露面,但至少一半的区域覆盖着破碎的、来自上部岩层的碎屑,其中还发现了一些凸型足迹;B区为山沟流水冲开覆土而暴露出来的岩面,狭长的足迹面恰好位于几道行迹的中部,难以完整地展示行迹的全貌;C区的暴露时间可能更早,足迹风化较严重。其中,一些保存完好的凸型足迹,目前收藏在四川省地质矿产勘查开发局。

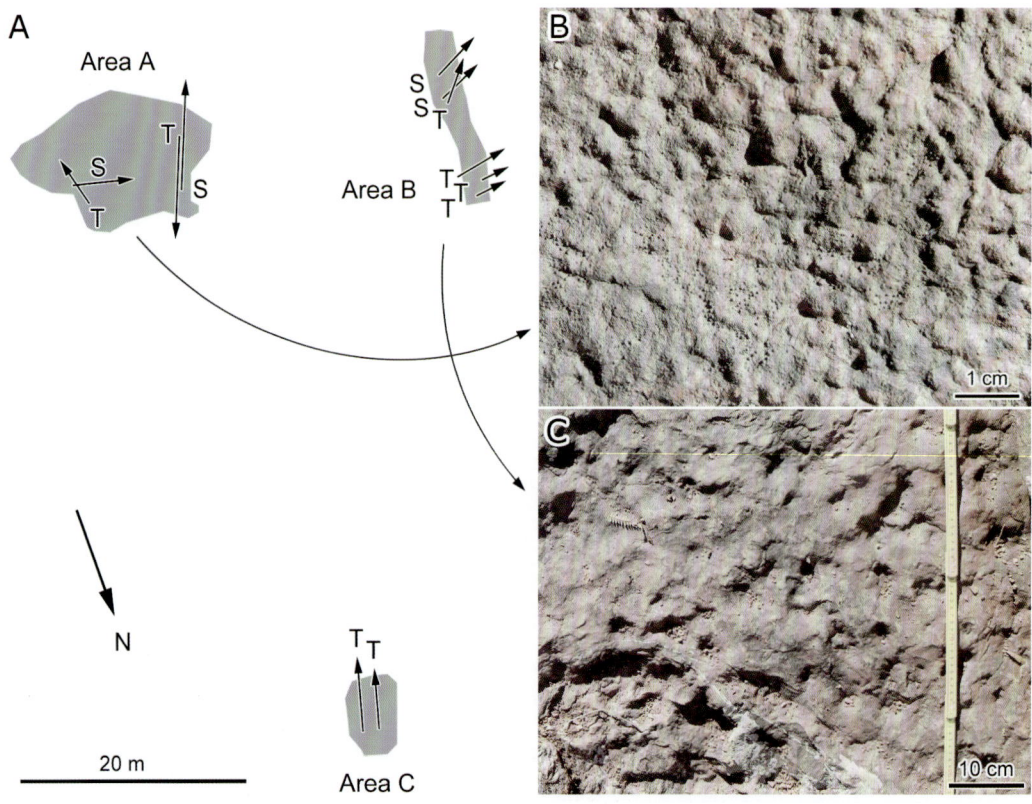

图3-39 巴久足迹点的A、B和C区(A),A区的微生物席(B),B区的波痕构造(C)

### 3.5.2 蜥脚类足迹

巴久足迹点A区有2道行迹,编号为BJA-S1和BJA-S2(图3-40、图3-41、图3-42、图

3-43，表3-11），前者由9对前－后足迹组成，后者由3对前－后足迹组成，此外还有一个不完整的孤立足迹，编号为BJA-SI1p。B区有两道行迹，编号为BJB-S3和BJB-S4，前者由4个后足迹和2个前足迹组成，后者包括了2个后足迹和1个前足迹，此外还有4个孤立的足迹。

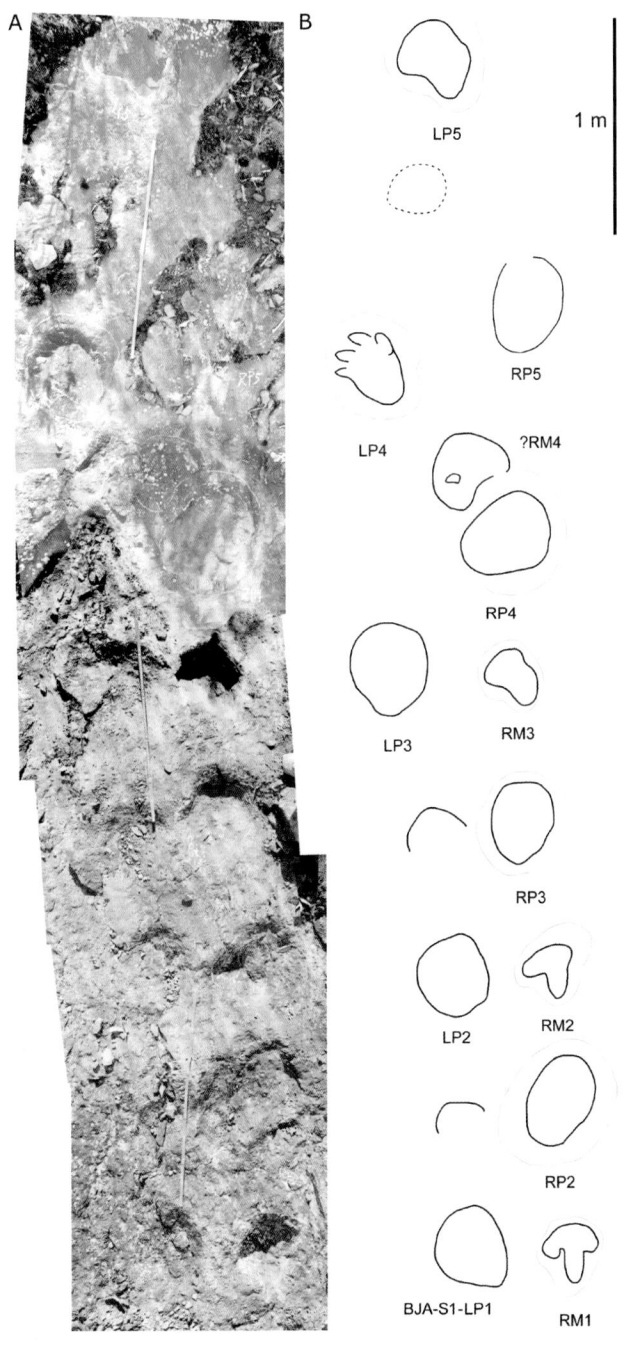

图3-40　巴久足迹点A区蜥脚类行迹照片（A）和轮廓图（B）

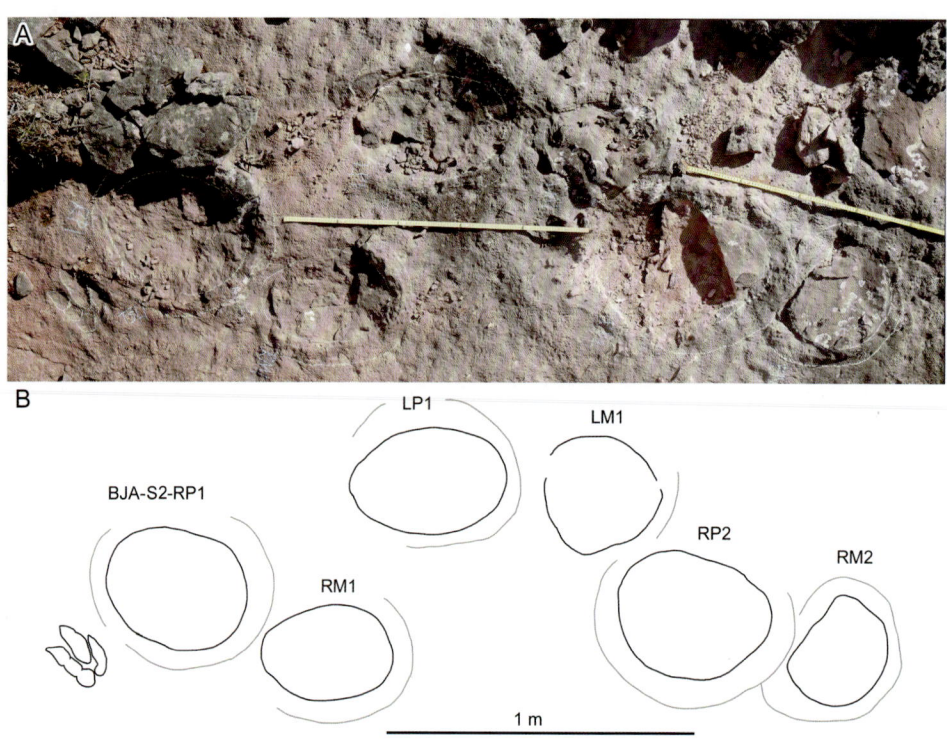

图 3-41 巴久足迹点 A 区蜥脚类行迹照片（A）和轮廓图（B）

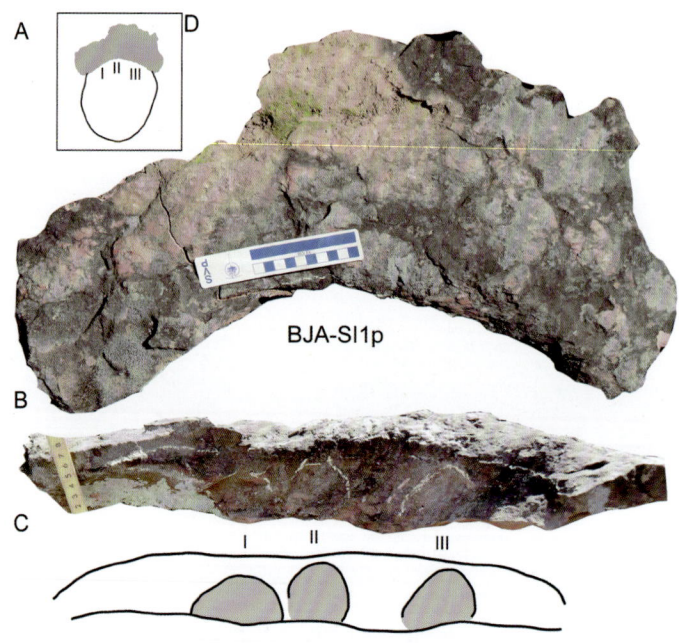

图 3-42 巴久足迹点 A 区孤立的蜥脚类足迹照片（A 与 B）、轮廓图（C）和示意图（D）

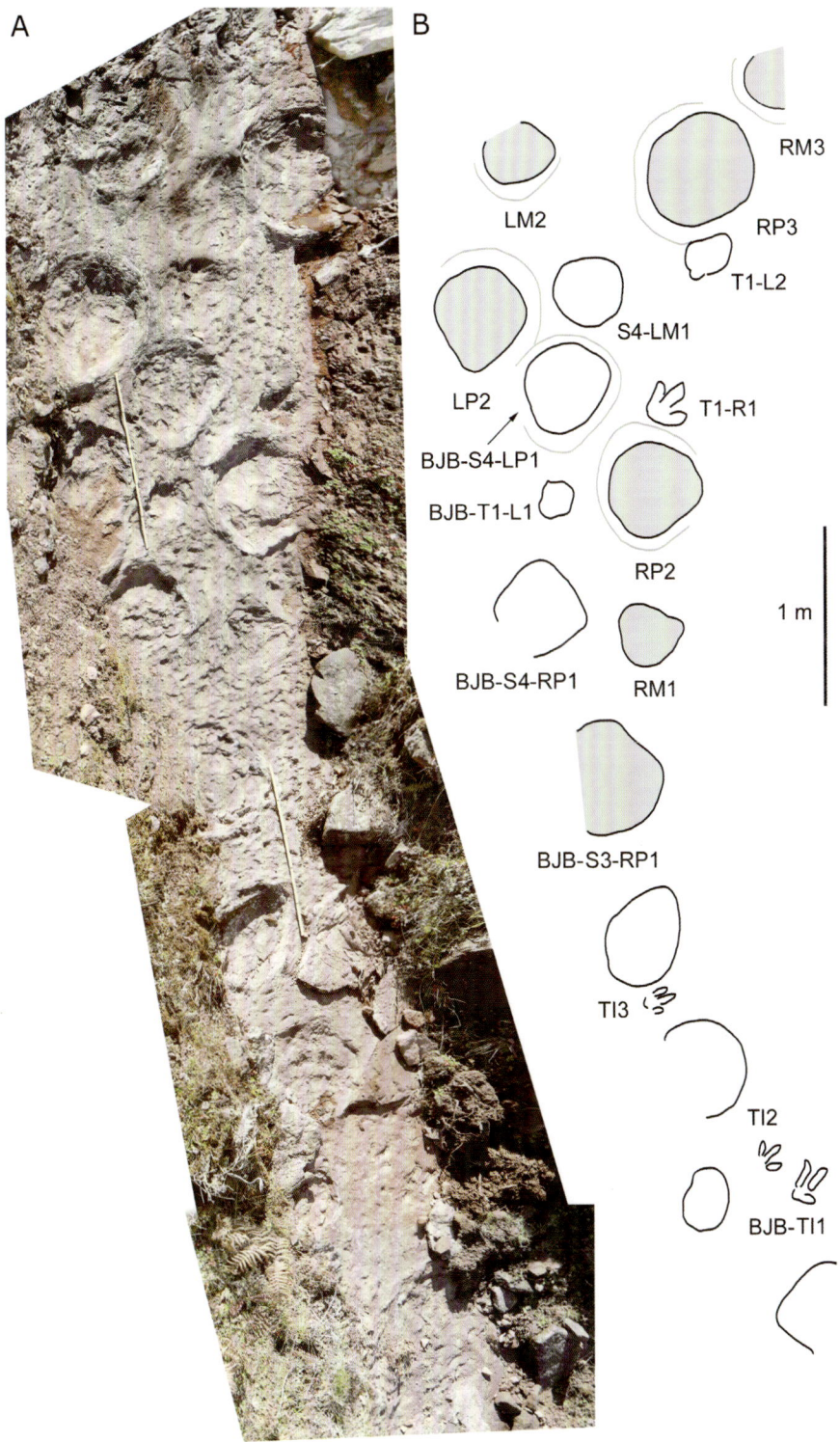

图3-43 巴久足迹点B区足迹分布图照片（A）和轮廓图（B）

表 3-11 巴久足迹点蜥脚类足迹测量数据（单位：厘米）

| 编号 | ML | MW | R | PL | SL | PA | L/W | WAP | WAP/P'ML | WAM | WAM/M'MW |
|---|---|---|---|---|---|---|---|---|---|---|---|
| BJA-S1-RP1 | — | — | — | — | — | — | — | — | — | — | — |
| BJA-S1-RM1 | 22.5 | 27.0 | 37° | — | 132.0 | 96° | 0.8 | — | — | 51.6 | 1.9 |
| BJA-S1-LP1 | 43.0 | 37.0 | 39° | 111.0 | 138.0 | 102° | 1.2 | 53.2 | 1.2 | — | — |
| BJA-S1-LM1 | — | — | — | — | — | 94° | — | — | — | 53.0 | — |
| BJA-S1-RP2 | <49.0 | 31.0 | 41° | 111.0 | 142.0 | 109° | 1.6 | 47.9 | — | — | — |
| BJA-S1-RM2 | 22.0 | 25.0 | 44° | — | 137.0 | 98° | 0.9 | — | — | 50.4 | 2.0 |
| BJA-S1-LP2 | 40.0 | 36.0 | 22° | 94.0 | 152.0 | 112° | 1.1 | 52.9 | 1.3 | — | — |
| BJA-S1-LM2 | — | — | — | — | — | — | — | — | — | — | — |
| BJA-S1-RP3 | 39.0 | 29.0 | 24° | 96.0 | 121.0 | 92° | 1.3 | 68.0 | 1.7 | — | — |
| BJA-S1-RM3 | 17.0 | 25.0 | 48° | — | 100.0 | — | 0.7 | — | — | — | — |
| BJA-S1-LP3 | 40.0 | 33.0 | 23° | 97.0 | 136.0 | 91° | 1.2 | 69.9 | 1.7 | — | — |
| BJA-S1-LM3 | — | — | — | — | — | — | — | — | — | — | — |
| BJA-S1-RP4 | 44.0 | 36.0 | 63° | 121.0 | — | 73° | 1.2 | 76.5 | 1.7 | — | — |
| BJA-S1-RM4 | 21.0 | 30.0 | — | — | — | — | 0.7 | — | — | — | — |
| BJA-S1-LP4 | 41.0 | 32.0 | 50° | — | 138.0 | 91° | 1.3 | 69.4 | 1.7 | — | — |
| BJA-S1-LM4 | — | — | — | — | — | — | — | — | — | — | — |
| BJA-S1-RP5 | — | — | — | — | — | — | — | — | — | — | — |
| BJA-S1-RM5 | — | — | — | — | — | — | — | — | — | — | — |
| BJA-S1-LP5 | 34.0 | 28.0 | — | — | — | — | 1.2 | — | — | — | — |
| Mean(M) | 20.6 | 26.8 | 43° | — | 123.0 | 96° | 0.8 | — | — | 51.7 | 2.0 |
| Mean(P) | 40.1 | 32.8 | 37° | 105.0 | 137.8 | 96° | 1.2 | 62.5 | 1.6 | — | — |
| | | | | | | | | | | | |
| BJA-S2-RP1 | 48.0 | 37.0 | 20° | 93.5 | 161.5 | 116° | 1.3 | 49.3 | 1.0 | — | — |
| BJA-S2-RM1 | 30.0 | 41.0 | 57° | 120.0 | 178.0 | 116° | 0.7 | — | — | 55.9 | 1.4 |
| BJA-S2-LP1 | 51.5 | 32.0 | — | 92.0 | — | — | 1.6 | — | — | — | — |
| BJA-S2-LM1 | 24.0 | 34.0 | — | 108.0 | — | — | 0.7 | — | — | — | — |
| BJA-S2-RP2 | 50.0 | 39.0 | — | — | — | — | 1.3 | — | — | — | — |
| BJA-S2-RM2 | 30.5 | 36.0 | — | — | — | — | 0.8 | — | — | — | — |
| Mean(M) | 28.2 | 37.0 | 20° | 114.0 | 178.0 | 116° | 0.8 | — | — | 55.9 | 1.4 |
| Mean(P) | 49.8 | 36.0 | 57° | 92.8 | 161.5 | 116° | 1.4 | 49.3 | 1.0 | — | — |
| | | | | | | | | | | | |
| BJB-S3-RP1 | 61.5 | 61.0 | — | — | 180.0 | — | 1.0 | — | — | — | — |
| BJB-S3-RM1 | 34.5 | 37.0 | — | — | — | — | 0.9 | — | — | — | — |
| BJB-S3-LP2 | — | — | — | — | — | — | — | — | — | — | — |
| BJB-S3-LM2 | 34.2 | 38.0 | — | — | 164.0 | — | 0.9 | — | — | — | — |

续表

| 编号 | ML | MW | R | PL | SL | PA | L/W | WAP | WAP/P'ML | WAM | WAM/M'MW |
|---|---|---|---|---|---|---|---|---|---|---|---|
| BJB–S3–RP2 | 55.0 | 54.0 | 18° | 137.0 | 183.0 | 84° | 1.0 | 111.4 | 2.0 | — | — |
| BJB–S3–LP2 | 56.0 | 53.5 | — | 161.0 | — | — | 1.0 | — | — | — | — |
| BJB–S3–RP3 | 59.0 | 57.0 | — | — | — | — | 1.0 | — | — | — | — |
| Mean(M) | 34.4 | 37.5 | — | 164.0 | — | — | 0.9 | — | — | — | — |
| Mean(P) | 57.9 | 56.4 | 18° | 149.0 | 181.5 | 84° | 1.0 | 111.4 | 2.0 | — | — |
| | | | | | | | | | | | |
| BJB–S4–RP1 | >50.0 | 44.0 | — | 134.0 | — | — | — | — | — | — | — |
| BJB–S4–LM1 | 38.0 | 38.0 | — | — | — | — | 1.0 | — | — | — | — |
| BJB–S4–LP1 | 55.0 | 44.0 | — | — | — | — | 1.3 | — | — | — | — |
| Mean(M) | 38.0 | 38.0 | — | — | — | — | 1.0 | — | — | — | — |
| Mean(P) | 55.0 | 44.0 | — | 134.0 | — | — | — | — | — | — | — |

BJA-S1 保存较好，前足迹和后足迹的平均长度分别为 20.6 厘米和 40.1 厘米。前足迹和后足迹的平均长宽比值分别为 0.8 和 1.2。后足三角宽/后足长的值为 1.6，表明行迹为宽间距。BJA-S1 的前足迹位于后足迹稍前中的位置。保存最好的前足迹和后足迹为 BJA-S1-LP4、BJA-S1-RM2 和 BJA-S1-RM3。前足迹 BJA-S1-RM2 和 BJA-S1-RM3 呈半圆形到月牙形，前内侧第 I 趾和后外侧第 V 趾被足迹后缘的凹处所分隔开，其余各趾模糊，这都是蜥脚类前足迹的典型特征。后足迹 BJA-S1-LP4 呈椭圆形，第 I 趾至第 IV 趾清晰，其中第 I 趾至第 III 趾的爪印发育最好。跖趾区后缘平滑弯曲，呈圆形。前足迹从行迹中线外旋约 43°，这个数值要大于后足迹的外旋角度（约 37°）。前足迹和后足迹的平均步幅角都是 96°。

前足迹 BJA-S1-RM1 和 BJA-S1-RM2 呈 V 形，显示了清晰可辨的第 I 趾和第 V 趾，第 II 趾至第 IV 趾不清晰，但跖趾区印迹较深。延长的第 I 趾和第 V 趾可能是由于造迹者在较湿软的地面上拖曳前足而形成的。如此相对延长的第 I 趾和第 V 趾也见于意大利早白垩世一些未命名的足迹（Dalla Vecchia, 1999）。BJA-S1-RP4 有着明显改变的旋转角度和步幅角（即位于 BJA-S1-LP3 之后）。不过，由于保存状况不佳，且精确测量后足迹旋转角度也有难度，我们尚无法知晓这些局部数据差异（BJA-S1-RP4）的成因。

BJA-S2 保存较好，前足迹和后足迹的平均长度分别为 28.2 厘米和 49.8 厘米。前足迹和后足迹的平均长宽比值分别为 0.8 和 1.4。后足三角宽/后足长的值为 1.0，表明行迹为中间距。除了 BJA-S2-RP1 外，其余足迹都在一定程度上被沉积物回填，这掩盖了大部分的形态学细节。前足迹从行迹中线外旋约 20°，要小于后足迹的外旋角度（约 57°）。前足迹和后足迹的平均步幅角都是 116°。

BJA-SI1p 是孤立的足迹，只保存了前部，后部没有保存。足迹前部保存有 3 个爪印。基于其尺寸和形态，它们很可能代表了第 I 趾至第 III 趾的爪印（如 Farlow et al., 1989）。

　　BJB-S3 的保存相对完好，前足迹和后足迹的平均长度分别为 34.5 厘米和 57.9 厘米。前足迹和后足迹的平均长宽比值分别为 0.9 和 1.0。后足三角宽/后足长的值为 2.0，表明这是一道宽间距的行迹。BJB-S3-LP2 保存最完好，长宽比值为 1.0，跖趾区后缘平滑弯曲；相应的前足迹 BJB-S3-LM2 保存较差，大体上为圆形，长宽比值为 0.9。此外未观察到其他形态学特征。

　　BJB-S4 仅有一个单步，整体上与 BJA-S1 行迹相似，但略微小一些，后足迹平均长度为 55 厘米。此外，B 区还有少量孤立的蜥脚类足迹，但全都保存不佳，整体形态上与 BJB-S3 相近。

　　巴久足迹点的大型四足类行迹，其前 – 后足迹的形态及行迹模式都属于典型的蜥脚类（Lockley, 1999, 2001b; Lockley and Hunt, 1995）。此前，中国的大部分蜥脚类行迹都是宽（或中等）间距，归于足迹属 *Brontopodus*（Lockley et al., 2002a）。而数量相对较少的窄间距行迹则被归入 *Parabrontopodus*（Xing et al., 2010b, 2013k, 2015k）。巴久足迹点的后足三角宽/后足长的值介于 1.0—2.0 之间，因此这些蜥脚类行迹为中等至宽间距。

　　从形态上来看，巴久足迹点蜥脚类的行迹模式与北美早白垩世 *Brontopodus* 类足迹的特征相一致（Farlow et al., 1989; Lockley et al., 1994a）。这些特征包括：宽间距（BJA-S2 为中间距）；后足迹长大于宽，且方向向外；半圆形的前足迹；足迹异度低。以保存最好的蜥脚类足迹 BJA-S1 为例，其平均足迹异度是 1:2，这个数值接近 *Brontopodus birdi* 的 1:3，明显低于窄间距的 *Breviparopus*（1:3.6）或 *Parabrontopodus*（1:4 或 1:5）（Lockley et al., 1994a）。

　　在同一足迹点同时找到差异明显的窄间距和宽间距行迹并不寻常。影响间距的因素很多，可能包括造迹者的行走速度（Xing et al., 2010b; Castanera et al., 2012），以及足迹保存的完好程度等。要得到行迹的可靠间距，还要注意到以下这些差别：真足迹有着完好的轮廓和陡峭的足迹壁，幻迹有着极低角度的边缘（或足迹壁），后者很可能会降低行迹的内宽度，并使人错估了间距（Xing et al., 2015e）。在本研究中，这种情况可能出现在 BJA-S2 这道相对较窄的行迹上。

　　*Brontopodus* 类行迹的宽间距表明足迹是由巨龙型类留下的（Wilson and Carrano, 1999; Lockley et al., 2002a）。飞天山组三比罗嘎足迹点的蜥脚类行迹也为中等至宽间距，后足三角宽/后足长的值介于 1.0—1.3，低于巴久足迹点的蜥脚类行迹，尤其是 BJA-S1 和 BJB-S4。这些位于飞天山组顶部的巴久宽间距行迹表明，其造迹者是典型的巨龙型类。

### 3.5.3 兽脚类足迹

巴久足迹点显示了 6 道行迹,分别由 3 个、5 个、2 个、2 个、4 个和 3 个足迹组成,编号为 BJB-T1、BJA-T2—BJA-T4、BJC-T5 和 BJC-T6。并且至少有 9 个以上孤立的兽脚类足迹,编号为 BJA-TI1—BJA-TI3、BJB-TI1— BJB-TI3 和 BJC-TI1—BJC-TI3(图 3-44、图 3-45,表 3-12)。

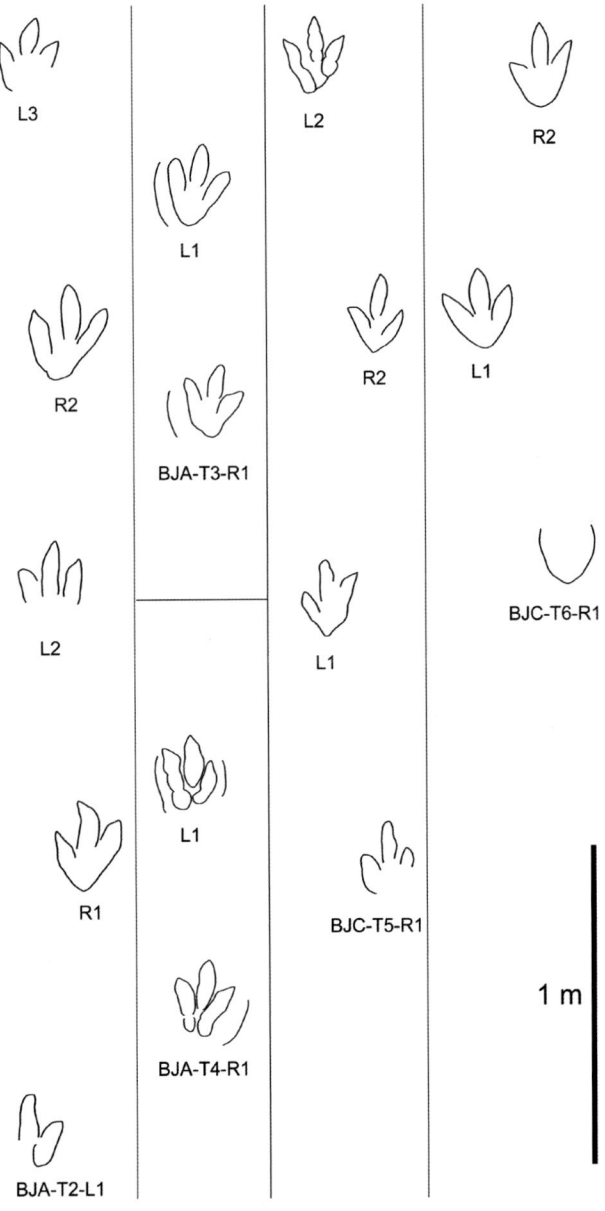

图 3-44 巴久足迹点的兽脚类行迹

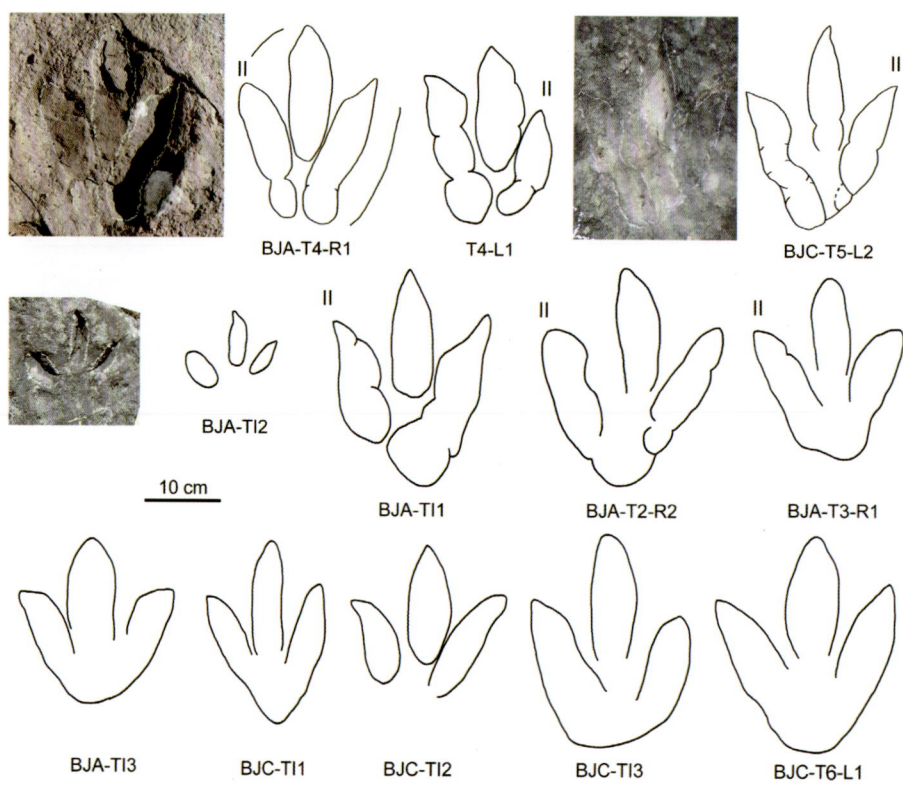

图 3-45 巴久足迹点保存较好的兽脚类足迹

这些足迹可以分为两种形态类型：形态类型 A 和形态类型 B。

形态类型 A，BJA-T4-R1 和 BJC-T5-L2 是其中保存最好的。BJA-T4-R1 长 25.2 厘米，长宽比值为 1.4。第 III 趾向前突出最远，其后是第 II 趾和第 IV 趾。可以观察到 2 个清晰的跖趾垫：小些的位于第 II 趾后面，大些的在第 IV 趾后面。前者与第 II 趾的第 I 近端趾垫印相邻，但被一道清晰的间隙分隔开；后者呈圆形，位于靠近第 III 趾中轴线的地方，但与第 IV 趾更靠近。第 II 趾和第 IV 趾之间的趾间角较宽（52°）。由于足迹部分底部被沉积物回填，趾垫都不太清晰，不过 BJC-T5-L2 仍显示了保存完好的垫印，其趾垫式为 x-3-3-4-x（包括了第 II 趾和第 IV 趾的跖趾垫）。每个趾的远端都保存了爪印。除了 BJB-TI1 和 BJB-TI3 外，该区所有兽脚类足迹都有着大致相同的、如同 BJA-T4-R1 和 BJC-T5-L2 那样的形态学特征。

表 3-12 巴久足迹点兽脚类足迹测量数据(单位:厘米)

| 编号 | ML | MW | II-IV | PL | SL | PA | M | L/W |
|---|---|---|---|---|---|---|---|---|
| BJB-T1-L1 | 23.0 | 17.0 | — | 93.5 | 166.0 | 150° | — | 1.4 |
| BJB-T1-R1 | 25.0 | 23.0 | 67° | 84.0 | — | — | — | 1.1 |
| BJB-T1-L2 | 26.0 | 22.0 | — | — | — | — | — | 1.2 |
| Mean | 24.7 | 20.7 | 67° | 88.8 | 166.0 | 150° | — | 1.2 |
| BJA-T2-L1 | 22.5 | — | — | 83.3 | 168.0 | 165° | — | — |
| BJA-T2-R1 | 24.3 | 18.0 | 52° | 86.0 | 165.0 | 172° | — | 1.4 |
| BJA-T2-L2 | — | 20.0 | — | 79.0 | 167.6 | 170° | — | — |
| BJA-T2-R2 | 27.8 | 21.0 | 59° | 88.5 | — | — | 0.35 | 1.3 |
| BJA-T2-L3 | 26.2 | 20.5 | 58° | — | — | — | — | 1.3 |
| Mean | 25.2 | 19.9 | 56° | 84.2 | 166.9 | 169° | 0.35 | 1.3 |
| BJA-T3-R1 | 23.0 | 17.5 | 60° | 70.5 | — | — | 0.36 | 1.3 |
| BJA-T3-L1 | 26.0 | 16.5 | 52° | — | — | — | — | 1.6 |
| Mean | 24.5 | 17.0 | 56° | 70.5 | — | — | 0.36 | 1.4 |
| BJA-T4-R1 | 25.2 | 17.5 | 52° | 69.0 | — | — | 0.48 | 1.4 |
| BJA-T4-L1 | 22.5 | 17.0 | 50° | — | — | — | 0.43 | 1.3 |
| Mean | 23.9 | 17.3 | 51° | 69.0 | — | — | 0.46 | 1.4 |
| BJC-T5-R1 | 26.5 | 16.5 | — | 83.0 | 171.0 | 155° | — | 1.6 |
| BJC-T5-L1 | 25.0 | 18.0 | 56° | 92.0 | 175.0 | 153° | — | 1.4 |
| BJC-T5-R2 | 25.0 | 17.5 | 65° | 88.0 | — | — | — | 1.4 |
| BJC-T5-L2 | 26.0 | 19.5 | 58° | — | — | — | 0.41 | 1.3 |
| Mean | 25.6 | 17.9 | 60° | 87.7 | 173.0 | 154° | 0.41 | 1.4 |
| BJC-T6-R1 | — | — | — | 79.0 | 151.0 | 147° | — | — |
| BJC-T6-L1 | 27.0 | 22.0 | 58° | 80.0 | — | — | 0.34 | 1.2 |
| BJC-T6-R2 | 27.0 | 21.0 | 62° | — | — | — | — | 1.3 |
| Mean | 27.0 | 21.5 | 60° | 79.5 | 151.0 | 147° | 0.34 | 1.3 |
| BJA-TI1 | 27.4 | 20.1 | 50° | — | — | — | 0.44 | 1.4 |
| BJA-TI2 | 8.6 | 12.0 | 100° | — | — | — | 0.35 | 0.7 |
| BJA-TI3 | 20.8 | 20.1 | 71° | — | — | — | 0.36 | 1.0 |
| BJB-TI1 | 24.8 | 14.5 | 31° | — | — | — | — | 1.7 |
| BJB-TI2 | 14.0 | 17.0 | 101° | — | — | — | — | 0.8 |

续表

| 编号 | ML | MW | II–IV | PL | SL | PA | M | L/W |
|---|---|---|---|---|---|---|---|---|
| BJB-TI3 | 17.4 | 5.9 | 18° | — | — | — | — | 2.9 |
| BJC-TI1 | 24.0 | 16.0 | 48° | — | — | — | 0.44 | 1.5 |
| BJC-TI2 | 22.0 | 29.0 | 77° | — | — | — | 0.37 | 0.8 |
| BJC-TI3 | 27.5 | 19.0 | 57° | — | — | — | 0.53 | 1.4 |

BJA-TI2 是该点所有标本中最小的足迹，只有 8.6 厘米长。值得注意的是，BJA-TI2 和 BJB-TI2 的第 II 趾至第 IV 趾之间的趾间角都相当大（100°—101°），两者也都没有保存跖趾垫。从形态上看，这两个足迹与鸟臀类足迹 Anomoepus 有些相似。基于尺寸和趾间角的测量数据，它们的造迹者可能与上文描述的较大型兽脚类存在差别。BJA-TI2 和 BJB-TI2 很可能与鸟臀类足迹有较强的亲缘关系。不过，由于标本数量的限制，目前还无法对这个推论进行确认。

形态类型 B 仅有 BJB-TI1 和 BJB-TI3 两个足迹，是由两足动物留下的两趾型足迹（图 3-46，表 3-12）。BJB-TI1 保存得更好一些，长度为 24.8 厘米。该足迹有两个纤细且延长的第 III 趾和第 IV 趾，一个短而圆的印迹显然代表着第 II 趾的近端部分，还有一个发育的跖趾区，呈圆形。第 III 和第 IV 趾近似平行，长度也几乎相等，不计跖趾垫的话，每一趾各有 3 个趾垫。近似椭圆形的跖趾垫占整个长度的 32%。第 II 趾的趾垫印靠近跖趾垫的内侧边缘，但被清晰的间隙分隔开。BJB-TI3 长 17.4 厘米，整体来看，其与 BJB-TI1 的特征相似，但第 II 趾更靠近跖趾垫的前内侧边缘。

形态类型 A 是典型的兽脚类足迹，以弱到中等的中趾前凸（介于 0.34—0.53 之间）为特征，这是 Eubrontidae 的典型特征（Lull, 1904）。形态类型 A 最重要的特征是位于第

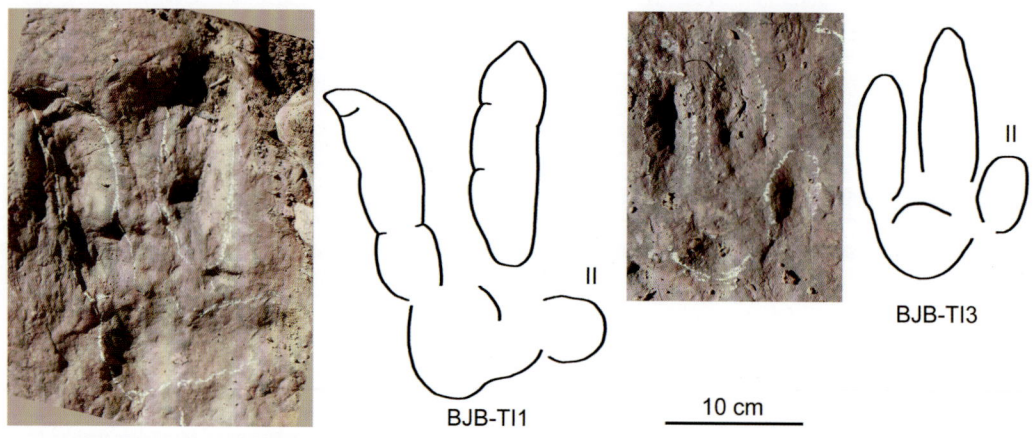

图 3-46 巴久足迹点的两趾型足迹照片与轮廓图

II 趾后清晰可辨的跖趾垫。这个特征在 *Eubrontes* 足迹属中很常见，例如 *Eubrontes* 的模式标本 AC 15/3（Olsen et al., 1998）。值得一提的是，较大的跖趾区也出现在晚侏罗世兽脚类足迹属 *Megalosauripus* 身上（Lockley et al., 1998）。另一方面，"脚跟"的尺寸也可能与沉积物的情况和/或后足的造迹姿势相关。总之，这个发现再次证明了中国早白垩世的 *Eubrontes* 形态类型（Lockley et al., 2013）与早侏罗世的足迹组合 *Eubrontes–Anchisauripus–Grallator* 非常相似（Olsen et al., 1998），并广泛分布于中国的下白垩统中（Lockley et al., 2013）。不过，早白垩世 *Eubrontes* 足迹的趾间角要普遍大于早侏罗世的同类足迹（Xing et al., 2014c）。有趣的是，一些三叠纪 *Eubrontes* 也有相对较宽的趾间角（Gierliński and Ahlberg, 1994; Lucas et al., 2006）。

形态类型 B 符合典型的恐爪龙类足迹的形态。恐爪龙类足迹目前包含 4 个足迹属（*Velociraptorichnus*、*Dromaeopodus*、*Dromaeosauripus* 和 *Menglongipus*）（Xing et al., 2013b）。其中，大中型足迹包括 *Dromaeosauripus shamanensis*（Kim et al., 2008）、*Dromaeosauripus yongjingensis*（Xing et al., 2013b）和 *Dromaeopodus shandongensis*（Li et al., 2007）。恐爪龙类足迹在攀西地区小坝组也有记录，并被划分到 *Velociraptorichnus* 类（详见下文对应章节）。从形态上，BJB-TI1 与 *Dromaeopodus shandongensis* 最相似，两者都有大的跖趾区和明显的第 II 趾印。不过，由于巴久足迹点的标本数目有限，我们无法进行更详细的对比和讨论，暂时把它们归入 cf. *Dromaeopodus*。

### 3.5.4 可能的游泳迹

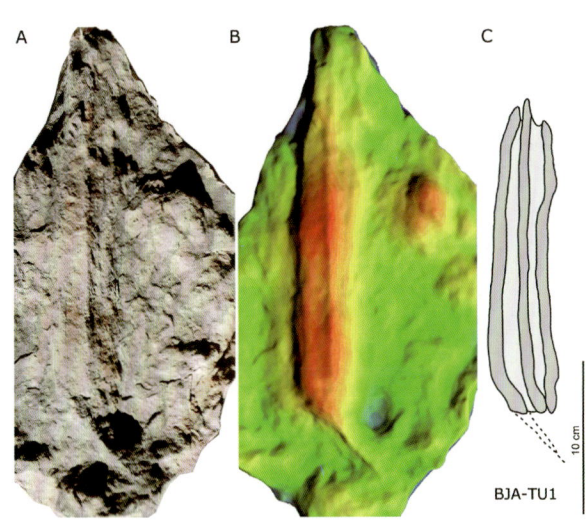

图 3-47 巴久足迹点可能的游泳迹照片（A）、三维图像（B）和轮廓图（C）

一个孤立的凸型足迹，编号为 BJA-TU1（图 3-47），其附近没有发现相应的凹型足迹。足迹长 20.6 厘米，宽 4.6 厘米，长宽比值为 4.5。BJA-TU1 有 3 个清晰而延长的爪印，可能代表着第 I 趾至第 III 趾。最长和最深的爪印出现在中间趾。足迹看上去是在软泥地上留下的。

此种形态的游泳迹一般可以归入龟类、鳄类或翼龙类，尽管有一些鉴定特征可以给予我们一些线索，例如尺寸、趾的相对长度、有无蹼印等，但仍然很难具体地鉴定它们（Lockley et al., 2014e）。Lockley et al.（2012d）总结了中国早白垩世龟类足迹的三个足迹点：（1）内蒙古泾川组的查布足迹点；（2）山东省龙旺庄组的诸城黄龙沟足迹点；（3）新疆吐谷鲁群的黄羊泉足迹点。Xing et al.（2014f）详细描述了黄羊泉足迹点的龟类足迹，并认为它们与足迹属 *Chelonipus* 和 *Emydhipus* 相似。同时，对"失而复得"的 *Laiyangpus liui* 模式标本的重新观察（Li J J, Xing L D, Lockley M G）表明，这些先前被认为属于兽脚类（Young, 1960）或鳄类（Lockley et al., 2010b）的足迹更有可能是龟类足迹。

虽然 BJA-TU1 是孤立的标本，但它在形态上与龟类的游泳迹相近（Avanzini et al., 2005），例如黄羊泉足迹点的 MGCM.G3.RM1（Xing et al., 2014f）。MGCM.G3.RM1 比 BJA-TU1 略小，长 18.9 厘米，宽 2.6 厘米。另外，MGCM.G3.RM1 有对应的、非常小的前足迹 RP1。

相似的足迹还包括翼龙类后足游泳迹，如 Lockley and Wright（2003），Kim et al.（2006），Lockley et al.（2014e）所描述过的。大部分翼龙类的后足游泳迹有 4 个趾（如 Lockley and Wright, 2003; Lockley et al., 2014e），而龟类游泳迹的第 IV 趾通常更为短小。事实是，龟类游泳迹往往只有第 I 趾至第 III 趾留下趾印（Avanzini et al., 2005）。McCrea et al.（2004）描述了加拿大古新世鳄类游泳迹 *Albertosuchipes*（UALVP 134）（图 3-48），它与 BJA-TU1 的相似之处也很多。不过，与加拿大的完整标本（包含前足迹、后足迹的行迹）不同的是，中国标本是孤立的凸型足迹，因此难以作更多的判断。

图 3-48　加拿大古新世鳄类游泳迹 *Albertosuchipes*（UALVP 134）三维图像

### 3.5.5 特殊的多样性

如上所述,攀西地区的下白垩统飞天山组已经发现了大量的恐龙足迹化石,其中包括昭觉三比罗嘎一号、二号和北二号足迹点,解放沟足迹点和央摩祖足迹点。央摩祖足迹点位于飞天山组的最下部,发现了大量兽脚类足迹,包括 *Grallator* 类和 *Minisauripus*;而昭觉三比罗嘎足迹点和解放沟足迹点位于飞天山组的中段,记录了非鸟兽脚类(*Grallator* 类、*Eubrontes-Megalosauripus* 类、*Siamopodus*)、蜥脚类(*Brontopodus*)、鸟脚类(*Caririchnium*、*Ornithopodichnus*)和翼龙类(*Pteraichnus*)足迹。巴久足迹点位于飞天山组的最顶部,发现了非鸟兽脚类(*Eubrontes-Megalosauripus* 类和恐爪龙类足迹)、蜥脚类(*Brontopodus*)和一个可能的龟类或鳄类足迹。其中,恐爪龙类 cf. *Dromaeopodus* 与龟类或鳄类足迹都是飞天山组首次报告的类型,它们提高了该地区 Berriasian–Barremian 期(Tamai et al., 2004)动物群的多样性。

## 3.6 央摩祖足迹点

### 3.6.1 小型兽脚类足迹概述

体型大小是了解兽脚类动物学的一个重要参数,也是鸟类演化中一个关键因素。当然,骨骼化石是传统体型数据的源头,但那些个体非常小的标本往往很难保存,其数量极为稀少。因此,足迹对推测小型造迹者的体型和丰度是有价值的。尽管相对稀少,保存良好的小(或微小)足迹(长度小于 5.0 厘米)还是可见于美国西部侏罗纪的砂丘组合(Rainforth and Lockley, 1996; Lockley, 2011)和中国、韩国一批 *Minisauripus* 足迹点(Zhen et al., 1994; Lockley et al., 2008a; Kim et al., 2012c)。以往认为,小(或微小)足迹会更加难以保存(Leonardi, 1981),所以数量相对稀少。但这个假说又如何去解释中国和韩国白垩系中发现的鸟类足迹呢?它们甚至与 *Minisauripus* 位于同一个足迹点。

上述的美国西部侏罗纪足迹组合被认为是小恐龙所留,这增加了当时当地沙漠动物群的多样性(Rainforth and Lockley, 1996)。在不涉及 *Minisauripus* 和古环境的相互关系的情况下,Kim et al.(2012c)试图分析这些足迹是来自小型的物种还是大中型物种的幼年个体,但韩国的 *Minisauripus* 足迹点并没有保存太多相关的大中型足迹。

目前,已知最小的、成年的非鸟兽脚类是 *Anchiornis*,其体长在 34—40 厘米之间(Xu et al., 2009; Hu et al., 2009)。其他物种还包括非鸟兽脚类 *Epidexipteryx*、*Microraptor*、*Mei* 和另外几种 alvarezsauroid,如 *Xixianykus* 和 *Parvicursor*(Karhu and Rautian, 1996; Xu et al., 2000, 2010; Xu and Norell, 2004; Zhang et al., 2008)。当然,列举这些小型非鸟兽脚类并不意味着它们与 *Minisauripus* 的造迹者有着潜在的相关性。要在造迹者与足迹

之间建立关联,除了足部骨骼与足迹的契合,还要考虑到可靠的古地理与地层分布情况。

非鸟兽脚类留下的最小的足迹是 *Minisauripus*,它最初被归入鸟脚类足迹(Zhen et al., 1994),后来又被厘定为兽脚类足迹(Lockley et al., 2008a)。*Minisauripus* 最小的标本是 1.05 厘米长的 CUE 08 1003 标本(Kim et al., 2012c)。兽脚类的臀高一般等于足迹长的 4.5 倍,而体长则为臀高的 2.63 倍(Xing et al., 2009c)。基于这种方法,我们可以推算出 *Minisauripus* 中最小造迹者的臀高为 4.7 厘米,体长估计超过 12 厘米。假设 CUE 08 1003 造迹者为未成年体,那么这些值可能会被高估,这是因为一些未成年个体的后足占脚部的比例会较大。而最大的 *Minisauripus* 造迹者(足迹长 6.0 厘米)估计臀高为 27.0 厘米,体长约 71.0 厘米。

与 *Grallator* 足迹类的广泛分布以及存在的大小差异不同的是,*Minisauripus* 有着相对固定的形态学,并且被认为是东亚特有的早白垩世足迹属。目前世界上发现的 *Minisauripus* 足迹大约有 82 个,代表了至少 52 道行迹,化石记录分别来自中国的 2 个足迹点(峨眉和后左山)及韩国的 5 个足迹点(Gain、Sinsu、Godu、Buyun 和 Gae Je)。加上央摩祖足迹点(本文)的报告,*Minisauripus* 共有足迹至少 92 个,代表着至少 55 道行迹。

### 3.6.2 足迹点概况

央摩祖包括两个足迹点,包括一号与二号足迹点。绝大多数足迹都来自一号足迹点(图 3-49),只有极少量保存不好的足迹来自二号足迹点,后者的层位高于一号足迹点约 100 米。

一号足迹点所有的足迹都以凸型足迹的形式保存在大坡度倾斜的岩石表面,这些裸岩向西倾斜 45°,形成了一处陡峭的悬崖,悬崖距离地面约 5 米。足迹所在的岩面底部为飞天山组的厚层砂岩,夹少量的细粉砂岩和泥岩,其岩层区别于下伏官沟组的粉砂质泥岩,后者的砂岩极少。也有一些保存不好的足迹位于悬崖最底部,也就是飞天山组底界,贴近与官沟组粉砂质泥岩的交界面。这里描述的足迹的主要岩层是飞天山组第一层粉砂质泥岩夹层和覆盖其上方的薄层砂质沉积物。

一号足迹点至少有 3 个赋存足迹的层面,它们都以薄层砂岩层相连,彼此仅隔开几厘米。这些薄层在露头上的厚度略有变化。在层序上,最底下的岩层(岩层 I,对应图 3-49 中的 Unit 1)很好地暴露在露头层的顶部。不过,岩层 I 只有几厘米厚,目前没观察到其暴露出的任何可辨别的足迹。岩层 I 的大部分区域被黑色污渍和深绿色的地衣所覆盖。上部岩层暴露更好,随着其下的岩层被侵蚀剥去,剩下颜色更淡的暴露面(岩层 II—岩层 IV,对应图 3-49 中的 Unit 2—Unit 4),这些岩层的厚度也都不过 1—2 厘米。代表着中型兽脚类的最长行迹(YMZ-T8)暴露在该露头层顶部,其真足迹位于岩层 IV,而幻迹位于岩层 II 和 III,岩层 II 上的最浅。然而,我们同样不能确认岩层 IV 是否就一定是薄层砂岩层的底面，不能排除岩层 IV 的一些足迹是来自岩层 V（未暴露）的幻迹。不过，如同小型 *Minisauripus* 足迹（长度 2—3 厘米）在岩层 IV 的深度不超过 1—2 毫米一样，这个岩面上至少有一部分足迹是真足迹。如此小的 *Minisauripus* 足迹表明其造迹者体重很轻，这些足迹仅能留存在沉积物表面，无法深入沉积物并在下层留下幻迹。

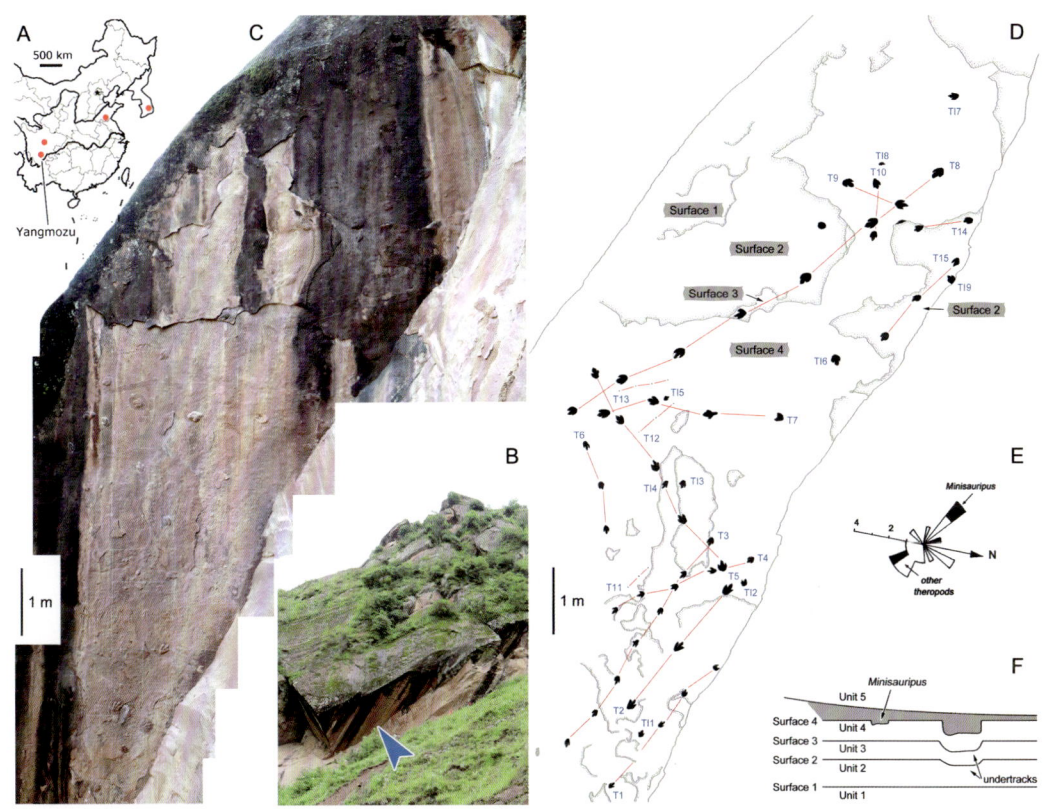

图 3-49　央摩祖足迹点

A 为 *Minisauripus* 在东亚的分布，B 为足迹点外观，C 为足迹面，D 为足迹面轮廓图，E 为足迹行走方向玫瑰图，F 为真足迹与幻迹的关系

### 3.6.3　足迹分类学

央摩祖足迹点至少有 3 类清晰可辨的足迹形态类型。其中，最与众不同的是 *Minisauripus*（形态类型 A），其以小尺寸为典型特征，足迹长为 2.5—2.6 厘米。其余两种形态类型（B 和 C）则相当大，足迹长 9.9—19.6 厘米，并且属于两个分类：一类为中型三趾型足迹，带有典型兽脚类形态特征（形态类型 B），其趾垫式为 x-2-3-4-x，分别对应第 II 趾至第 IV 趾；另一类为宽趾印的、缺失趾垫的中型三趾型足迹（形态类型 C）。

形态类型 A

Saurischia Seeley, 1888

Theropoda Marsh, 1881

***Minisauripus*** Zhen et al., 1994

Type ichnospecies. ***Minisauripus chuanzhuensis*** Zhen et al., 1994

鉴定特征：小型三趾型足迹，带有亚平行的、延长的、趾垫保存完好的各趾，趾的远端较钝，与窄的远端爪印相连。第 III 趾略长于第 IV 趾，第 IV 趾又比第 II 趾略长。在保存完好的标本里，第 II 趾至第 IV 趾的趾垫式为 2-3-?4。行迹狭窄（改自 Zhen et al., 1994; Lockley et al., 2008a）。

Ichnospecies. ***Minisauripus zhenshuonani*** Lockley et al., 2008a

鉴定特征：小尺寸、延长、三趾型的足迹，带有亚平行的各趾，各趾有清晰的爪印。足迹比 *M. chuanzhuensis* 窄，趾间角更小，第 II 趾相对更短一些。单步约为足迹长的 10 倍，这明显大于 *M. chuanzhuensis*。行迹非常狭窄（改自 Lockley et al., 2008a）。

央摩祖足迹点保存了 3 道小型兽脚类行迹，编号为 YMZ-T11—YMZ-T13，分别有 4 个、3 个、4 个原位保存的足迹（图 3-50，表 3-13）。UCM 214.291 和 UCM 214.292 分别是行迹 YMZ-T11 和 YMZ-T12 中保存最好的足迹的乳胶模型和复制品。UCM 214.293 代表行迹 YMZ-T13 中 4 个清晰可辨的足迹组成的行迹的模型和复制品。

小尺寸、延长的三趾型足迹，宽度（1.7—2.3 厘米）为长度（2.5—2.6 厘米）的 68%—88%。足迹 YMZ-T11 和 YMZ-T12 的平均长宽比值为 1.4—1.5，这个数值略小于 YMZ-T13 的 1.1（不包括爪印的值约为 1.4）。前三角长宽比值平均为 0.40—0.53。

YMZ-T11-L2 保存最好。第 II 趾的远端部分可能轻微损毁，因此爪印缺失。不过，第 III 趾和第 IV 趾都能看到清晰的爪印。第 III 趾仅比第 IV 趾略长，而第 IV 趾明显长于第 II 趾（向前突出更多）。第 II 趾和第 IV 趾近端的界限不清。这两个趾的近端和第 IV 趾的跖趾垫一起组成了一个清晰的 U 形或马蹄状。趾垫清晰可辨，虽然在 YMZ-T11 和 YMZ-T12 的某些足迹中比较模糊，但仍可见。跖趾区后缘平滑弯曲。

行迹 YMZ-T12 的 3 个足迹中，第 II 趾至第 IV 趾明显分离，彼此平行。远端并无逐渐变细，特别是在第 III 趾中。第 II 趾的爪印极度发育。第 IV 趾宽于第 II 趾，等于或略宽于第 III 趾。YMZ-T12-R2 的第 II 趾被一道遗迹化石所掩盖。单步为足迹长的 15 倍。

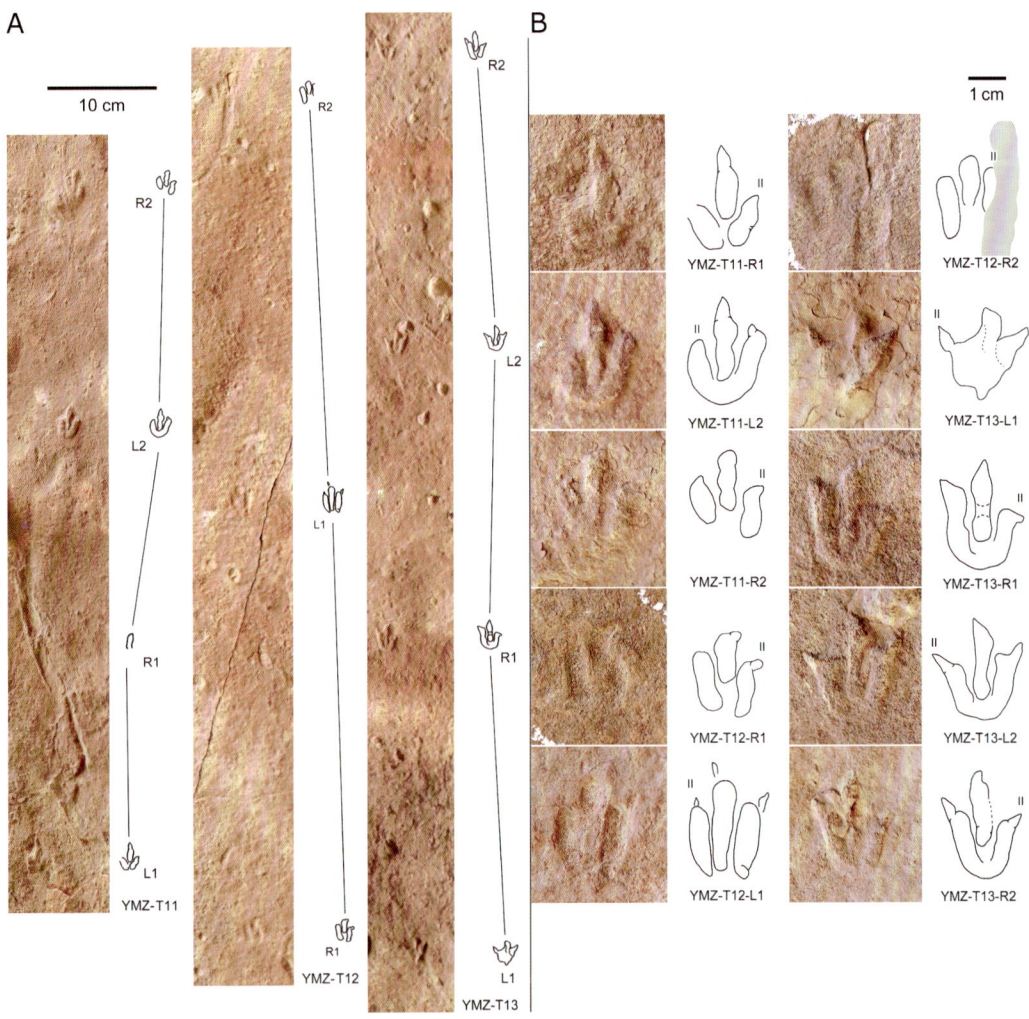

图 3-50 央摩祖足迹点的 *Minisauripus* 行迹（A）与特写（B）

表 3-13 央摩祖足迹点兽脚类足迹测量数据（单位：厘米）

| 编号 | ML | MW | II–IV | PL | SL | PA | M | L/W |
|---|---|---|---|---|---|---|---|---|
| YMZ–T1–L1 | 13.3 | 7.9 | 48° | — | 119.5 | — | 0.56 | 1.7 |
| YMZ–T1–R1 | — | — | — | — | — | — | 0.85 | — |
| YMZ–T1–L2 | 13.6 | 7.3 | 45° | 59.3 | 120.5 | 167° | — | 1.9 |
| YMZ–T1–R2 | 11.5 | 7.5 | 45° | 62.6 | — | — | 0.49 | 1.5 |
| Mean | 12.8 | 7.6 | 46° | 61.0 | 120.0 | 167° | 0.63 | 1.7 |
| YMZ–T2–R1 | 19.2 | 12.2 | 48° | 113.9 | 228.1 | 179° | 0.42 | 1.6 |
| YMZ–T2–L1 | 20.5 | 12.2 | 45° | 115.1 | — | — | 0.50 | 1.7 |
| YMZ–T2–R2 | 18.6 | 11.7 | 51° | — | — | — | 0.55 | 1.6 |

续表

| 编号 | ML | MW | II–IV | PL | SL | PA | M | L/W |
|---|---|---|---|---|---|---|---|---|
| Mean | 19.4 | 12.0 | 48° | 114.5 | 228.1 | 179° | 0.49 | 1.6 |
| | | | | | | | | |
| YMZ-T3-R1 | 13.9 | 8.5 | 46° | 67.0 | 129.4 | 170° | 0.49 | 1.6 |
| YMZ-T3-L1 | 13.4 | 9.6 | 63° | 63.8 | 125.8 | 168° | 0.55 | 1.4 |
| YMZ-T3-R2 | 12.7 | 7.6 | 47° | 61.4 | 124.1 | 165° | 0.59 | 1.7 |
| YMZ-T3-L2 | 13.1 | 9.7 | 55° | 63.8 | — | — | 0.49 | 1.4 |
| Mean | 13.3 | 8.9 | 53° | 64.0 | 126.4 | 168° | 0.53 | 1.5 |
| | | | | | | | | |
| YMZ-T4-R1 | — | — | — | 62.4 | 123.4 | 166° | — | — |
| YMZ-T4-L1 | 14.4 | 8.4 | 45° | 61.2 | 115.6 | 165° | 0.43 | 1.7 |
| YMZ-T4-R2 | 13.2 | 10.0 | 57° | 55.1 | — | — | 0.45 | 1.3 |
| Mean | 13.8 | 9.2 | 51° | 59.6 | 119.5 | 166° | 0.44 | 1.5 |
| | | | | | | | | |
| YMZ-T5-L1 | 16.4 | 11.0 | 51° | 94.1 | 181.5 | 160° | 0.47 | 1.5 |
| YMZ-T5-R1 | 16.3 | 11.0 | 47° | 91.3 | 178.6 | 164° | 0.34 | 1.5 |
| YMZ-T5-L2 | 17.2 | 10.2 | 50° | 88.3 | — | 165° | 0.65 | 1.7 |
| YMZ-T5-R2 | 16.2 | 10.7 | 53° | — | — | — | 0.55 | 1.5 |
| Mean | 16.5 | 10.7 | 50° | 91.2 | 180.1 | 163° | 0.50 | 1.6 |
| | | | | | | | | |
| YMZ-T7-L1 | — | — | — | — | — | — | — | — |
| YMZ-T7-R1 | 17.5 | 13.0 | 70° | 85.5 | 163.2 | 170° | 0.50 | 1.3 |
| YMZ-T7-L2 | 17.3 | 11.5 | 54° | 76.2 | — | 150° | 0.42 | 1.5 |
| YMZ-T7-R2 | 18.0 | 12.1 | 50° | — | — | — | 0.36 | 1.5 |
| Mean | 17.6 | 12.2 | 58° | 80.9 | 163.2 | 160° | 0.43 | 1.4 |
| | | | | | | | | |
| YMZ-T8-L1 | 20.4 | 11.4 | 45° | 127.3 | 259.5 | 174° | 0.59 | 1.8 |
| YMZ-T8-R1 | 18.7 | 11.1 | 45° | 132.1 | 242.4 | 166° | 0.42 | 1.7 |
| YMZ-T8-L2 | — | — | — | 114.8 | 223.5 | 171° | — | — |
| YMZ-T8-R2 | — | — | — | 110.1 | — | 168° | — | — |
| YMZ-T8-L3 | 20.9 | 11.4 | 44° | — | — | — | 0.51 | 1.8 |
| YMZ-T8-R3 | 18.3 | 11.3 | 47° | — | — | — | 0.47 | 1.6 |
| Mean | 19.6 | 11.3 | 45° | 121.1 | 241.8 | 170° | 0.50 | 1.7 |
| | | | | | | | | |
| YMZ-T9-L1 | 17.4 | 13.1 | 61° | 90.3 | — | — | 0.55 | 1.3 |
| YMZ-T9-R1 | 15.9 | 13.1 | 63° | — | — | — | 0.41 | 1.2 |
| Mean | 16.7 | 13.1 | 62° | 90.3 | — | — | 0.48 | 1.3 |

续表

| 编号 | ML | MW | II–IV | PL | SL | PA | M | L/W |
|---|---|---|---|---|---|---|---|---|
| YMZ-T10-L1 | 15.7 | 7.9 | 39° | 78.4 | — | — | 0.47 | 2.0 |
| YMZ-T10-R1 | 15.0 | 7.9 | 43° | — | — | — | 0.63 | 1.9 |
| Mean | 15.4 | 7.9 | 41° | 78.4 | — | — | 0.55 | 2.0 |
| YMZ-T11-L1 | 2.7 | 2.0 | — | 18.3 | 38.9 | 173° | 0.60 | 1.3 |
| YMZ-T11-R1 | — | — | — | 20.7 | 41.8 | 175° | — | — |
| YMZ-T11-L2 | 2.8 | 1.6 | 47° | 21.2 | — | — | 0.42 | 1.7 |
| YMZ-T11-R2 | 2.3 | 1.7 | — | — | — | — | 0.57 | 1.3 |
| Mean | 2.6 | 1.8 | 47° | 20.1 | 40.4 | 174° | 0.53 | 1.4 |
| YMZ-T12-R1 | 2.2 | 1.7 | 57° | 38.9 | 75.0 | 179° | 0.45 | 1.3 |
| YMZ-T12-L1 | 3.1 | 1.9 | 48° | 36.0 | — | — | 0.43 | 1.6 |
| YMZ-T12-R2 | 2.1 | 1.5 | — | — | — | — | 0.31 | 1.5 |
| Mean | 2.5 | 1.7 | 53° | 37.5 | 75.0 | 179° | 0.40 | 1.5 |
| YMZ-T13-L1 | 2.4 | 2.3 | 67° | 28.2 | 54.5 | 176° | 0.49 | 1.0 |
| YMZ-T13-R1 | 2.8 | 2.4 | 63° | 26.4 | 53.0 | 175° | 0.40 | 1.2 |
| YMZ-T13-L2 | 2.6 | 2.4 | 66° | 26.5 | — | — | 0.52 | 1.1 |
| YMZ-T13-R2 | 2.7 | 2.2 | 61° | — | — | — | 0.62 | 1.3 |
| Mean | 2.6 | 2.3 | 64° | 27.0 | 53.8 | 176° | 0.51 | 1.1 |
| YMZ-TI2 | 12.4 | 8.1 | 51° | — | — | — | 0.54 | 1.5 |
| YMZ-TI3 | 11.7 | 8.4 | 52° | — | — | — | 0.33 | 1.4 |
| YMZ-TI4 | 13.9 | 7.4 | 41° | — | — | — | 0.51 | 1.9 |
| YMZ-TI5 | 10.6 | 4.9 | 38° | — | — | — | 0.62 | 2.2 |
| YMZ-TI7 | 15.7 | 11.0 | 54° | — | — | — | 0.48 | 1.4 |
| YMZ-TI8 | 9.9 | 5.3 | 47° | — | — | — | 0.55 | 1.9 |
| YMZII-TI1 | 20.7 | 16.7 | 55° | — | — | — | 0.30 | 1.2 |

YMZ-T13 是 3 道行迹中保存最好的。其 YMZ-T13-R1、YMZ-T13-L2 和 YMZ-T13-R2 在形态上与 YMZ-T11-L2 相当接近。YMZ-T13-R1 的第 III 趾有 3 个趾垫，其余各趾的趾垫不清晰，第 IV 趾比第 II 趾和第 III 趾略宽，各趾的爪印都高度发育，其中第 II 趾的爪印略微更清楚一些。YMZ-T13-L1 的形态存在明显的外形态学变化（与沉积物有关）。相对于其余各趾，第 II 趾至第 IV 趾之间的趾间角较大（67°），而长宽比值（1.1）比 YMZ-T11 和 YMZ-T12 的要小。

昭觉 YMZ-T11—YMZ-T13 行迹清楚地显示了 *Minisauripus* 的所有鉴定特征：

(1) 小型三趾型足迹，带有亚平行的、延长的趾，各趾的远端较钝，且与窄远端爪印相连。

(2)在保存完好的标本中清晰可见其第 II 趾至第 IV 趾的趾垫式为 2-3-?4。

(3)单步较长,是足迹长的 8—15 倍。

(4)以 174°—179° 的步幅角形成窄行迹。

前人所描述的 *Minisauripus* 两个足迹种(图 3-51)之间最大的区别在于 *M. zhenshuonani* 尺寸更大,达到了一个更大的上限(2.5—6.1 厘米,相对于 *M. chuanzhuensis* 的 2.5—3.0 厘米),而且按比例来说,更狭窄,趾间角更小,爪印也更纤细。另外,*M. zhenshuonani* 的第 II 趾相对更短,单步长达到足迹长度的 10 倍,这比 *M. chuanzhuensis* 的更长。昭觉 YMZ-T11—YMZ-T13 的长度范围在 2.5—2.6 厘米之间。单步是足迹长的 8—15 倍,与 *M. zhenshuonani* 的 10 倍相近。而韩国 Changseon Island 的 TW4 行迹,其足迹长是 1.3 厘米,单步长 23.4 厘米,相差 18 倍。因此,YMZ-T11—YMZ-T13 的行迹模式与 *M. zhenshuonani* 更相似。

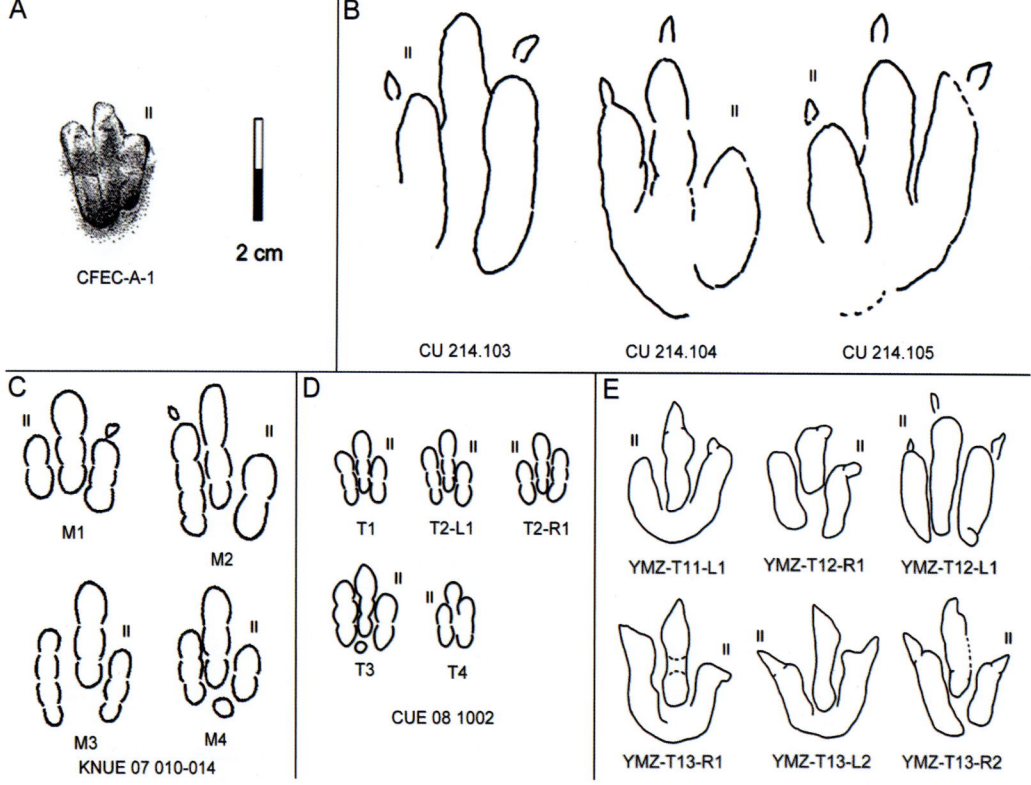

图 3-51 央摩祖足迹点的 *Minisauripus* 足迹与其他 *Minisauripus* 足迹的对比

A. 四川峨眉 *Minisauripus chuanzhuensis*(Zhen et al., 1994; Lockley et al., 2008);B. 山东莒南 *Minisauripus zhenshuonani*(Lockley et al., 2008);C、D. 韩国 *Minisauripus*(Kim et al., 2012);E. 本文足迹

**形态类型 B**

Saurischia Seeley, 1888
Theropoda Marsh, 1881
*Jialingpus* Zhen et al., 1983
**cf.** *Jialingpus* **isp.**

编号为 YMZ-T2 的行迹包含 3 个连续的足迹,暂时归入 cf. *Jialingpus*。其余行迹(行迹 YMZ-T1、YMZ-T3—YMZ-T10 和 YMZ-T14—YMZ-T20)或许可以归入这个形态类型,但由于保存得不够完好,我们还无法确切地把它们归入任何一个具体的足迹分类中(图 3-52、图 3-53)。我们暂且将后者归入形态类型 C 中去讨论。

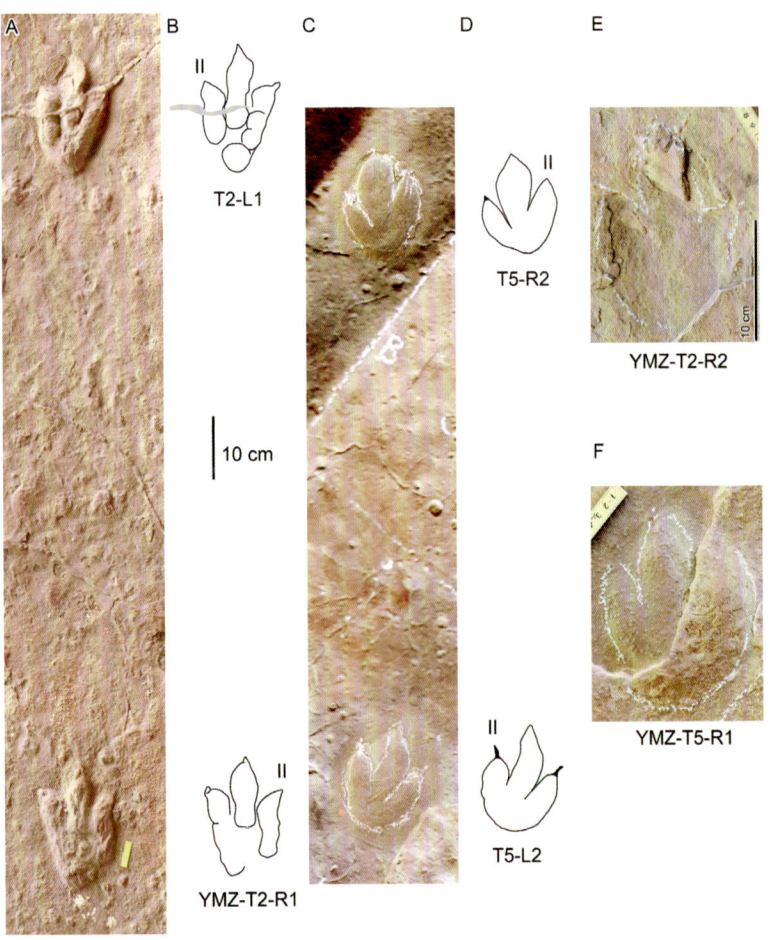

图 3-52 央摩祖足迹点兽脚类足迹形态类型 B 行迹照片(A 与 C)、轮廓图(B 与 D)以及特异保存的两个足迹的特写(E 与 F)

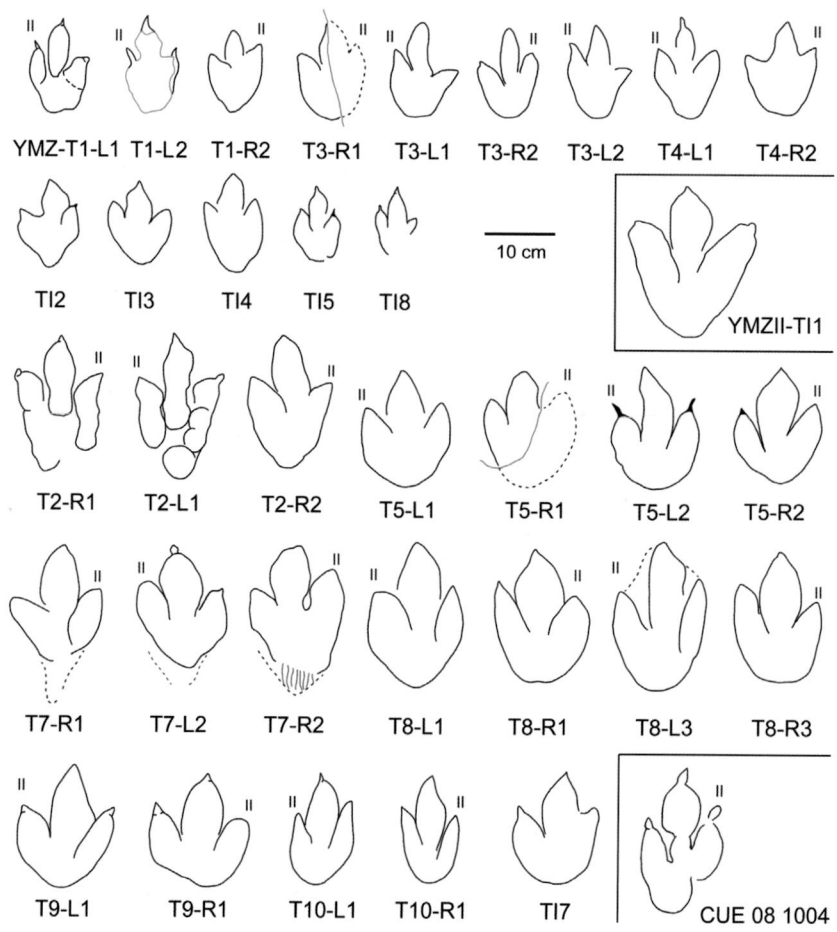

图 3-53 央摩祖足迹点兽脚类足迹形态类型 B 以及韩国的 "中型" *Minisauripus* CUE 08 1004（Kim et al., 2012）

行迹 YMZ-T2 以连续的右-左-右凸型足迹为一道行迹，我们为循序的前 2 个足迹分别制作了模型，编号为 UCM 214.286 和 UCM 214.287。足迹长和宽平均为 19.4 厘米和 12.0 厘米，平均单步长为 114.5 厘米，复步长为 228.1 厘米。YMZ-T2-R1 和 YMZ-T2-L1 是其中保存最好的足迹。第 III 趾最长且向前，第 II 趾短于第 IV 趾。第 II 趾有 2 个趾垫，第 III 趾有 3 个趾垫，由于风化的原因，远端的第 III 趾垫和部分第 II 趾垫更浅一些。第 IV 趾有 3 个趾垫，是 YMZ-T2-L1 中保存最好的。在 YMZ-T2-R1 中，虽然远端的第 III 趾垫之边缘清晰可辨，但被折缝分隔开的近端趾垫并不清晰；第 IV 趾近端的跖趾垫与第 III 趾的长轴位于同一直线；爪印尖锐，特别是第 IV 趾的爪印。与 YMZ-T2-R1 和 YMZ-T2-L1 相对比，作为行迹中的第 3 个足迹，YMZ-T2-R2 展示了一个非同寻常的保存方式：该凸型足迹的第 III 趾和第 IV 趾残留黏附在较光滑的层面上，该层面位于足迹形成面的上部，这说明该足迹开始被填充后达到了和其所在层面持平的程度，而在沉积出下一个填充层之前可能还被覆盖了一层细泥。

形态类型 B 的代表是行迹 YMZ-T2，形态上，它与中国早白垩世的足迹属 *Jialingpus* 相似（Xing et al., 2014c），比如长宽比值为 1.6，前三角长宽比值为 0.49，第 II 趾至第 IV 趾之间的趾间角为 46°。不过，*Jialingpus* 的一个重要的特征在 YMZ-T2 中缺失，即 *Jialingpus* 有 2 个清晰可辨的跖趾垫，其中一个较小的位于第 II 趾之后，另一个较大的在第 IV 趾之后，而 YMZ-T2 只在第 IV 趾之后有一个较大的跖趾垫。因此，我们将 YMZ-T2 暂时归到 cf. *Jialingpus* isp.。

**形态类型 C**

**Saurischia Seeley, 1888**

**Theropoda Marsh, 1881**

**Ichnogenus uncertain**

形态类型 C 包括了行迹 YMZ-T1、YMZ-T3—YMZ-T10 和 YMZ-T14—YMZ-T15，包含的足迹如下：YMZ-T1（4）、YMZ-T3（4）、YMZ-T4（3）、YMZ-T5（4）、YMZ-T6（3）、YMZ-T7（4）、YMZ-T8（6）、YMZ-T9（2）、YMZ-T10（2）、YMZ-T14（2）、YMZ-T15（3），共 37 个足迹，另外还有 9 个孤立的足迹，编号为 YMZ-TI1—YMZ-TI9（图 3–53）。其中，行迹 YMZ-T1 的模型为 UCM 214.290，行迹 YMZ-T3 的模型为 UCM 214.289，YMZ-T7 的模型为 UCM 214.288。

如上所述，形态类型 C 作为一个总体分类，包括了该足迹点所有缺乏形态学细节（例如垫印）的、保存较差的足迹，也就是包括了除了 YMZ-T2 和 YMZ-T11—YMZ-T13 外所有的行迹。几乎所有这些足迹都有非常宽的趾，这使得足迹看上去很肥大，有点使人联想到鸟脚类足迹。但该特征其实是不同程度的外形态学变化。其长的单步和大的步幅角（除了 YMZ-T7 之外，所有的标本都是 163°—179°）是兽脚类的典型特征，而非鸟脚类的特征。Lockley and Xing（2015）将这类足迹归为"扁平化足迹"，也就是说，这些标本遭到了一定程度的压平，掩盖了原始的形态学特征。因此我们推断，那些宽趾的特征，以及独立垫印的缺失很可能是由于足迹后埋藏阶段受压而造成了外形态学变化，这往往会导致第 III 趾远端部分变宽（Lockley and Xing，2015）。

不过，"扁平化足迹"仍然可以向我们提供大小和单步等方面的有用的信息。其中保存较好的足迹，例如 YMZ-T5 和 YMZ-T7 的平均长宽比值分别为 1.6 和 1.4，平均前三角长宽比值分别为 0.50 和 0.43。其余的特征，如第 II 趾和第 IV 趾之间的趾间角以及步幅角都与 YMZ-T2 的类似。YMZ-T7-R1 有保存不佳的跖骨印或"脚跟"的拖曳印，YMZ-T7-R2 的脚跟保存了大约 8 道擦痕，很可能反映了造迹者足部进入沉积物的角度。行迹 YMZ-T1、

YMZ-T4、YMZ-T5 和 YMZ-T9 的足迹显示了清晰的爪印，表明了与兽脚类的亲和性。

鉴于上文的推断，形态类型 C 足迹由于其形态学和外形态学因素，将它们归为某一特定的足迹分类学单元是不恰当的。最大的行迹（YMZ-T7 和 YMZ-T8）的足迹在尺寸、中趾前凸和步幅角方面都与形态类型 B（YMZ-T2）十分相似，虽然单步略短了一些。因此形态类型 C 的一些（或大部分）足迹可能只是形态类型 B 保存较差的足迹而已，即依然是 cf. *Jialingpus*。这可以通过沉积条件的变化而造成的形态学差异来解释，特别是如果造迹者所留下足迹的时间不同。其他的形态类型 C 足迹要更小一些，例如迹 YMZ-TI3、YMZ-TI5 和 YMZ-TI8 的足部长度都在 9.9—11.7 厘米范围内，其最小足迹的长度大约是最大足迹长度的一半。

### 3.6.4 是幼年还是成年兽脚类足迹？

如果我们想要推断 *Minisauripus* 造迹者，那么判定其究竟为成年个体还是幼年个体是很重要的。直到目前，报告的 *Minisauripus* 足迹全部为小型（1.0—6.3 厘米长，Lockley et al., 2008a）。不过，有两例大型（长度为 16.1 厘米和 20.0 厘米）兽脚类足迹被命名为 cf. *Minisauripus*，并被解释为是成年 *Minisauripus* 造迹者留下的（Kim et al., 2012c）。但介于小型和大型之间的，中等尺寸的 *Minisauripus* 足迹（长度 6.3—16.1 厘米），在此前所有足迹点中都没有记录。央摩祖足迹点的数据也支持这一观点，该点也只有小尺寸的 *Minisauripus*（2.5—2.6 厘米长）。另一方面，幼年个体可能未和成年恐龙一起生活，因此该保存大量较小足迹的层面上缺乏较大恐龙的足迹。Leonardi（1981）认为小型足迹的缺乏表明幼年个体数量稀缺，但其原因也可能是大型足迹更容易保存所造成的偏倚，而没有生物学意义。

和央摩祖 *Minisauripus* 一起发现的三趾型兽脚类足迹，其长度范围在 9.9—19.6 厘米（形态类型 B 和 C），表明它们可能是成年的 *Minisauripus* 造迹者留下的。这些足迹看上去也有完好的垫印或肥大的趾，就如 *Minisauripus* 那样。但是，如前所述，这个现象很可能是保存过程中产生的外形态学变化所导致的（Lockley and Xing, 2015）。形态类型 B 中典型的兽脚类足迹可以暂时与 *Jialingpus* 对比，并被认为是足部形态学真实的、未失真的反映，而形态类型 C 的足迹或已变形或变得扁平，因此没有被命名。因此，这些足迹并不能在足迹分类学上与 *Minisauripus* 存在任何关联。

从技术手段上，我们运用 3 个散点图对比了央摩祖 *Minisauripus* 足迹和形态类型 B、C 的足迹（足迹长与宽、长宽比与中趾前凸、单步 – 足迹长之比与足迹长）（图 3–54）。前两个散点图表明，*Minisauripu* 和较大的足迹之间没有出现明显的、因异速生长而产生的变化。不过，单步 – 足迹长之比与足迹长的散点图表明，*Minisauripus* 与其他的形态类型（B 和 C）有明显的差别，尤其是很长的单步与步态 / 速度上的区别。不过，这些分析并不能反映造迹者

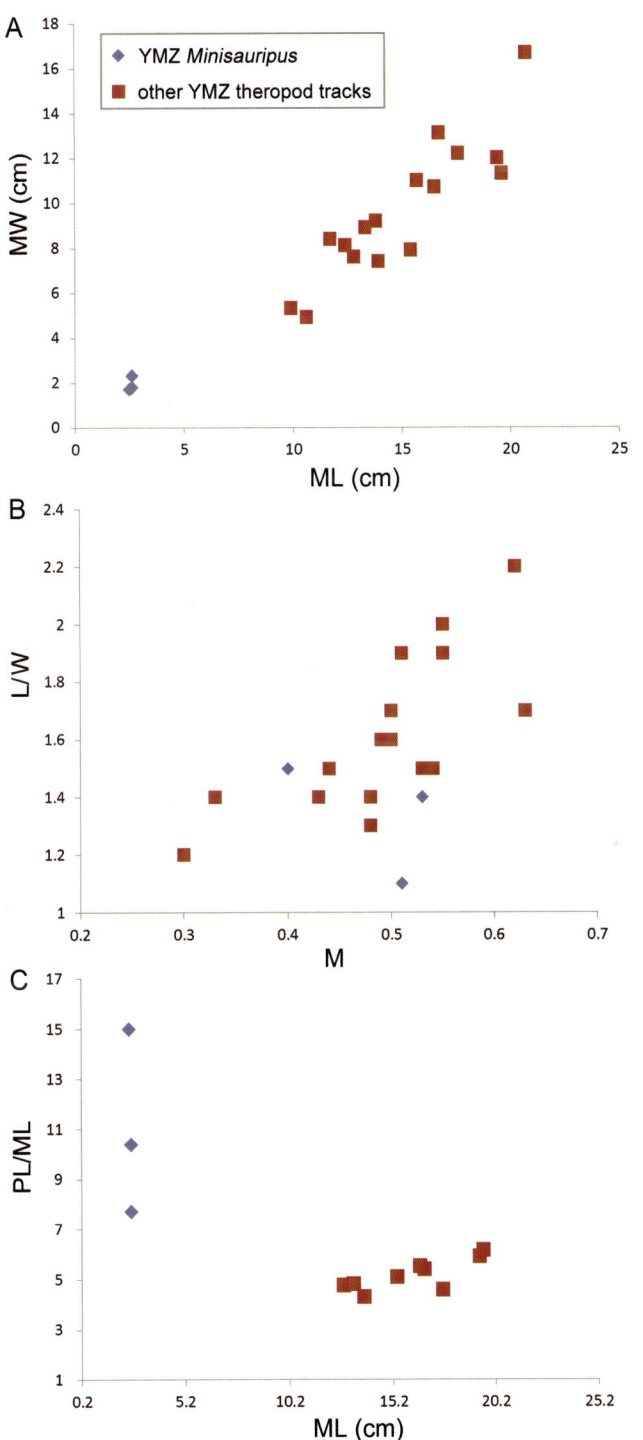

图 3-54 央摩祖足迹点兽脚类足迹散点图
足迹长与宽（A）；长宽比与中趾前凸（B），单步 - 足迹长之比与足迹长（C）

个体是否在发育过程中发生了变化,造迹者既可能是幼年个体,也可能是小型的成年恐龙。

*Minisauripus* 与较大足迹的区别还体现在形态上。央摩祖 *Minisauripus* 的第 II 趾要比其余的趾短得多,第 II 趾和第 IV 趾的近端边缘没有清晰的界限。在某些情况下,第 II 趾和第 IV 趾的后边缘组成了一个独特的 U 形结构,不过,并不能在所有足迹中都观察到这个特征。造成小足迹 *Minisauripus* 和大足迹的差异因素,可能与个体发育(年龄)或(和)物种差异有关系。大足迹中的形态类型 B 之形态学特征明确具备生物分类的显著特征,而形态类型 C 的形态学则打了折扣。

当然,以上分析仅表明 *Minisauripus* 和形态类型 B 不属于同样的造迹者,而并不能确切证明前者是来自小型成年恐龙。遗憾的是,目前有关兽脚类肢体发育的研究都仅以肢体近端和足部相对长度为依据(Foster and Chure, 2006),而缺乏后足和各趾可能的异速生长数据。考虑到这些不确定因素,最合理的鉴定结果是,我们关于 *Minisauripus* 的概念应该局限于其是一种有着特定形态学的足迹属,也就是一种小型足迹。

央摩祖一号足迹点的足迹尺寸,在 *Minisauripus*(最大长 2.6 厘米)和顺序第二小的足迹(长 9.9 厘米)之间的区间,可以放入前述韩国和其他中国足迹点发现的 *Minisauripus* 尺寸的区间(6.1—16.1 厘米)(Kim et al., 2012c)。但是这一推测是非常不确定的,特别是考虑到那些保存完好的小足迹 *Minisauripus* 和存在外形态学变化的大足迹(Kim et al., 2012c)之间的区别。

于是,回顾早期的研究,我们认为前人将韩国 Buyun-ri 足迹点(Changseon Island)的 CUE 08 1004、CUE 08 1005 和 CUE 08 1006 等大型足迹归入 cf. *Minisauripus* 的观点是不可靠的,因为这与其他所有 *Minisauripus* 足迹点的化石证据相冲突。韩国 *Minisauripus* 标本是明显的小型足迹(长度 1.0—5.0 厘米),只有 3 个可能的 cf. *Minisauripus* 明显比较大(长度 16.1—20.0 厘米)。同样,所有已确认的中国 *Minisauripus* 长度也在 2.1—6.1 厘米的范围内,也没有证据表明央摩祖和其他足迹点中较大的足迹是来自 *Minisauripus* 造迹者的成年个体,形态学分析中也没有令人信服的证据表明 6.1 厘米以上的足迹具有确证的 *Minisauripus* 形态特征。

小型成年造迹者假说的一个有力论点认为,广大地区的多处足迹点都存在 *Minisauripus*。该理论也符合此前的足迹学惯例,即将小足迹的大组合归为小型物种而非幼年个体(Haubold, 1986; Lockley and Eisenberg, 2006),这将在下文讨论。Leonardi(1981)的论文似乎支持这种说法。不过,其中原因也可能是上文提及的保存偏倚,一些骨骼化石记录似乎存在这种可能:某些兽脚类的幼年个体和成年个体分开生活。如果幼年个体生活在远离成年个体的区域,且该区域很适合留下足迹,那么这也可以解释 *Minisauripus* 的分布。

在足迹学上,往往很难将幼年动物的足迹和小型动物的成年个体足迹区分开。但是,有两种组合是存在明显区别的:只有小足迹的足迹组合,或是包括了大小不同的同种类足迹的组合。而此前的分类（只有小兽脚类足迹）中，所有 *Minisauripus* 组合都没有令人信服的证据表明相同足迹点的其他足迹也属于同一个分类单元。这里有足迹学的先例来解释，如 Haubold（1986）描述的晚三叠世晚期的"小 *Grallator* 组合"，该组合广泛存在于欧洲和北美（Lockley and Eisenberg, 2006）。因为我们对该时期存在的小型兽脚类化石记录有足够的知识储备，因此没有必要将这些小 *Grallator* 的造迹者归入幼年个体；这些足迹可能属于一种小型恐龙造迹者，也许是来自多种小型恐龙。另一方面，部分学者也将 *Grallator* 视为较大尺寸的 *Eubrontes* 的一部分（Olsen, 1980; Rainforth and Lockley, 1996），至少对下侏罗统的足迹记录如此。它们可能代表着同一种造迹者的不同发育阶段。不过，该假说是根据汇总的大数据来推出 *Grallator* 属于 *Eubrontes*，这些数据来自多个足迹点所描述的不同尺寸的足迹属。也就是说，对 *Grallator–Eubrontes* 个体发育或异速生长的推断并不是基于一批只包含小型足迹并被归入单一足迹属的样本，而 *Minisauripus* 的样本恰恰是这种的情况。

如前所述，目前我们已经发现了大量白垩纪和新生代的鸟类（鸟兽脚类）足迹组合（Lockley and Harris, 2010）。这便于足迹学家去了解与对比类似的现生鸟足迹组合，它们往往代表着快速生长的小型成年动物。

*Grallator* 类足迹（长度小于 15 厘米），中趾前凸强烈（Olsen et al., 1998）。它们不仅出现在北美和欧洲的侏罗系，也见于在中国的上侏罗统 — 下白垩统界限，以及下白垩统（Lockley et al., 2013）。*Grallator* 有时会形成单一大小的大型组合，如辽宁的羊山足迹点（Matsukawa et al., 2006）。即便不能排除幼年造迹者的可能，但研究者一般将它们视为较小的成年恐龙的足迹。

幼年个体足迹理论可能适合于孤立发现的 *Grallator emeiensis*（2.7 厘米）等极小的足迹种（Zhen et al., 1994），它亦不是大足迹组合里面的小足迹。两个原因使这个例子可能对应幼年个体：第一，它们和大一些的足迹具有相同的形态学特征；第二，它们并无存在着幼年个体足迹的大组合。

### 3.6.5 潜在的造迹者

从 *Minisauripus* 属于小型成年兽脚类这一假设入手，我们可以将它们和早白垩世的小型兽脚类骨骼进行对比。目前，已知最小的、成年的非鸟兽脚类是 *Anchiornis*，其他小型兽脚类还包括 *Epidexipteryx*、*Microraptor* 和 *Parvicursor*，其体长大约 20 厘米（Xu et al., 2009; Hu et al., 2009; Karhu and Rautian, 1996; Xu et al., 2000, 2010; Xu and Norell, 2004）。

结合早白垩世的兽脚类骨骼记录，我们可以推测央摩祖足迹潜在的造迹者。在对中国辽宁下白垩统义县组的足迹种 *Grallator* isp.（NGMC V2115B）与热河生物群的 *Caudipteryx* sp.（IVPP V 12430）（Zhou et al., 2000）和 Sinosauropteryx prima（NIGP 127587）（Currie and Chen, 2001）进行对比后，我们发现 NGMC V2115B 与前者更相近（Xing et al., 2009c）（图 3-55）。义县组的 *Grallator* 有着强烈的中趾前凸特征（这还包括 *Jialingpus*，例如来自中国陕西的早白垩世 DJP-4），类似的特征出现在 IVPP V 12430 的足部骨骼化石中。尽管这些对比有些粗糙，还不足以确定 NGMC V2115 的造迹者就是 oviraptorosaurian，但至少显示造迹者与 oviraptorosaurians 的亲缘关系要比跟 compsognathids 更近。中国的 oviraptorosaurians（例如 *Caudipteryx* 和 *Incisivosaurus*）出现在晚侏罗世 — 早白垩世之交，并在早白垩世相当繁盛。早白垩世还有一些格外小的属，例如 *Similicaudipteryx*（Xu et al., 2010）和 *Yulong*（Lü et al., 2013）。一些央摩祖形态类型 C 足迹也可能具有这种特征，特别是那些中趾前凸比较大的，诸如 YMZ-T1 和 YMZ-T15（中趾前凸分别为 0.63 和 0.62）。

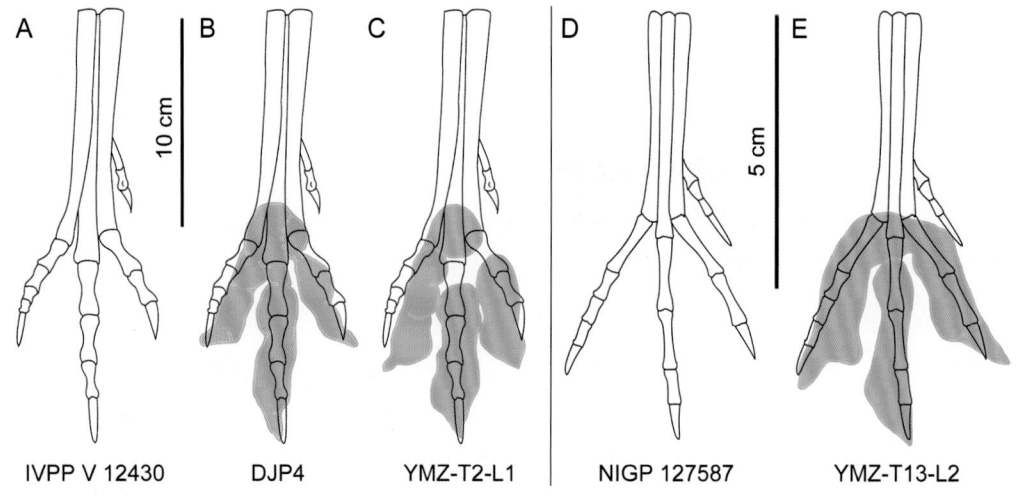

图 3-55　央摩祖足迹点兽脚类与兽脚类脚部骨骼的对比

A. *Caudipteryx* sp.（IVPP V 12430）；B. *Caudipteryx* 脚部骨骼与 *Jialingpus* DJP4（Xing et al., 2014c）叠加；C. *Caudipteryx* 脚部骨骼与央摩祖 YMZ-T2-L1 叠加；D. *Sinosauropteryx prima*（NIGP 127587）；E. *Sinosauropteryx* 脚部骨骼与央摩祖 YMZ-T13-L2 叠加

与 *Grallator* 类足迹相比较，*Minisauripus* 尺寸更小，中趾前凸的值更低（0.40—0.53）。有学者主张 oviraptorids 的后肢比例在成长过程中并没有发生根本性的变化，这表明动物较不活跃的生活方式，因此很可能是植食性动物（Lü et al., 2013）。虽然我们对 oviraptorids 成长过程中（个体发生学）趾的长度变化情况还不了解，但这样的特征很可能也是保守的。

四川峨眉足迹点的 *Minisauripus* 与来自同岩层的两趾型足迹 *Velociraptorichnus* 共存（Zhen et al., 1994），山东省莒南足迹点的 *Minisauripus* 与 *Velociraptorichnus*、*Dromaeopodus*

共存（Li et al., 2007），韩国 Godu 足迹点的 *Minisauripus* 与两趾型足迹 *Dromaeosauripus* 共存（Kim et al., 2012c）。*Minisauripus* 和 dromaeopodid 足迹相当频繁地共同出现，这表明这两类足迹的造迹者之间很可能存在紧密的生态群落关系。不过，目前在央摩祖足迹点还没有发现与 *Minisauripus* 共存的 dromaeopodid 足迹。

所有 8 个 *Minisauripus* 足迹点都位于东亚，且都在下白垩统。它们有着相似的形态和尺寸，或许暗示着单一的造迹者物种。而且，包括此次在四川攀西地区新发现的 *Minisauripus* 足迹在内，如果这种足迹代表着一极小的兽脚类物种，那么其体长最小为 12 厘米，这数值就要小于任何已知的骨骼化石记录。

如果 *Minisauripus* 造迹者的确是小型成年兽脚类，那么这些足迹化石就可以显著提升我们对兽脚类的认识，并填补骨骼化石记录的空缺。除了最小的非鸟兽脚类 *Anchiornis*（Troodontid），一些幼年个体或亚成年个体的体型也相当小，例如 Scansoriopterygids 中的 *Epidendrosaurus*（Naish and Sweetman, 2011）和 *Epidexipteryx*（Zhang et al., 2008），其骨骼的总长度分别为约 16 厘米和约 25 厘米。Ashdown maniraptoran 的标本是一块来自英格兰的孤立的颈椎骨，被认为可能是迄今为止最小的中生代恐龙之一（大小介于 16 厘米至 40 厘米之间）（Naish and Sweetman, 2011）。另外还有许多已知的非鸟兽脚类标本是小于 100 厘米的，例如 alvarezsaurid *Parvicursor*（39 厘米）（Karhu and Rautian, 1996）、compsognathid *Sinosauropteryx*（68 厘米）（Chen et al., 1998）、troodontid *Mei*（53 厘米）（Xu and Norell, 2004）、dromaeosaurid *Mahakala*（70 厘米）（Turner et al., 2007），以及 oviraptorosaur *Yulong*（约 70 厘米）（Lü et al., 2013）。小型非鸟兽脚类涵盖了多个演化支。首先，我们可以剔除 Troodontids 和 dromaeosaurids，因为它们那特化的第 II 趾在运动时会离开地面，只留下两趾型足迹，而非三趾型足迹，这点已经被足迹学所证明（Zhen et al., 1994; Li et al., 2007）。中国迄今还没有发现早白垩世 alvarezsaurids，尽管在中国西北部准噶尔盆地的上侏罗统石树沟组有已知最早的 alvarezsauroid *Haplocheirus*（Choiniere et al., 2010）。而 scansoriopterygids 主要为树栖性动物（Naish and Sweetman, 2011），大多数 scansoriopterygids 都出自中侏罗统，标本非常稀有，其中 *Epidendrosaurus*（IVPP V12653）（Zhang et al., 2002）有着保存不佳的足部，而 *Epidexipteryx*（IVPP V15471）（Zhang et al., 2008）则没有发现足部。Ornithomimosaurians 也是可能的造迹者，但中国的此类化石大部分都是来自上白垩统，如 *Sinornithomimus*（Kobayashi and Lü, 2003）。早白垩世的 Ornithomimosauria 仅以 *Shenzhousaurus*（Ji et al., 2003）作代表，它也缺失足部的骨骼化石。而 Compsognathids 和 oviraptorosaurians 已在同一地区（如中国东北部）同一地质年代发现了大量标本，这使得这两个种群最有可能成为央摩祖形态类型 A 和形态类型 B 的潜在造迹者。

保存最好的 YMZ-T13-L2 显示了与 *Sinosauropteryx prima*（NIGP 127587）足部形态学显著的一致性。*Sinosauropteryx* 与 *Compsognathus* 的骨骼形态学相似（Currie and Chen, 2001），

从计算机模拟来看，*Compsognathus* 的奔跑速度非常快，可以达到约 64 千米／小时（17.8 米／秒）（Sellers and Manning, 2007）。我们估计央摩祖 *Minisauripus* 造迹者的奔跑速度可达到 22.5 千米／小时（6.2 米／秒）（表 3-14），虽然与计算机模拟的还有差距，但至少支持了这种小型兽脚类造迹者的运动速度非常快的观点。而之前还没有学者对 *Minisauripus* 造迹者的速度做过估计。也就是说，央摩祖足迹点的 *Minisauripus* 足迹可以印证 compsognathid 善于疾走的能力。不过我们要强调的是，*Minisauripus* 和小型成年兽脚类的亲和性尚未完全确证，还不能完全排除幼年造迹者的可能。

表 3-14 央摩祖足迹点兽脚类行走速度

| 编号 | SL/h | 步态 | S (m/s) | S (km/h) |
| --- | --- | --- | --- | --- |
| YMZ-T1 | 2.08 | 小跑 | 2.02 | 7.27 |
| YMZ-T2 | 2.61 | 小跑 | 3.64 | 13.10 |
| YMZ-T3 | 2.11 | 小跑 | 2.11 | 7.60 |
| YMZ-T4 | 1.92 | 行走 | 1.84 | 6.62 |
| YMZ-T5 | 2.43 | 小跑 | 2.96 | 10.66 |
| YMZ-T7 | 2.06 | 小跑 | 2.33 | 8.39 |
| YMZ-T8 | 2.74 | 小跑 | 3.96 | 14.26 |
| YMZ-T11 | 3.45 | 奔跑 | 2.12 | 7.63 |
| YMZ-T12 | 6.67 | 奔跑 | 6.24 | 22.46 |
| YMZ-T13 | 4.60 | 奔跑 | 3.42 | 12.31 |

### 3.6.6 小结

四川下白垩统央摩祖足迹点发现了一个兽脚类足迹新组合，包括了 *Minisauripus* 和 cf. *Jialingpus*。其他足迹则属于兽脚类，但具体分类不明。

*Minisauripus* 最可能的造迹者是小型成年兽脚类。支持这一假说的证据符合前人足迹学研究中的主流观点，此外，我们也注意到亚洲多处下白垩统足迹点都存在 *Minisauripus*，但其保存层面上缺乏较大且形态相似的足迹。

*Minisauripus* 的造迹者为幼年个体这一假设还不能完全排除。不过我们认为这个观点不太合理，因为这需要证明幼年龙和成年龙的确分开生活，且幼年个体在生态上的偏好使它们选择了另一个恰好更容易保存下足迹的环境。当然，保存上的偏倚可能会使小型足迹比大型足迹更难保存或观察，但和小型 *Minisauripus* 一样大小的鸟类足迹在下白垩统十分常见，亚洲的白垩系尤其如此，这表明这些地区并没有明显的、不利于小型足迹保存的偏倚。

*Minisauripus* 的造迹者可能是善于奔跑的 compsognathids，但这只是一个暂时且投机的解释。我们认为将足迹和非常具体的分类（属种一级）中的造迹者对应起来非常困难，尤其是一些潜在造迹者的足部骨骼未能保存下来的时候。

## 3.7 母脚吾足迹点

### 3.7.1 恐爪龙类恐龙

由于与鸟类系统发育学上的紧密联系，近年来，恐爪龙类演化支（Gauthier，1986）得到了学者们充分的研究。恐爪龙类包括驰龙类（dromaeosaurids）和伤齿龙类（troodontids），该类群最具代表性的特征是其第 II 趾上有一个高度发育的大爪，这个大爪可以伸出并高度延展（Turner et al.，2012）（图 3-56）。

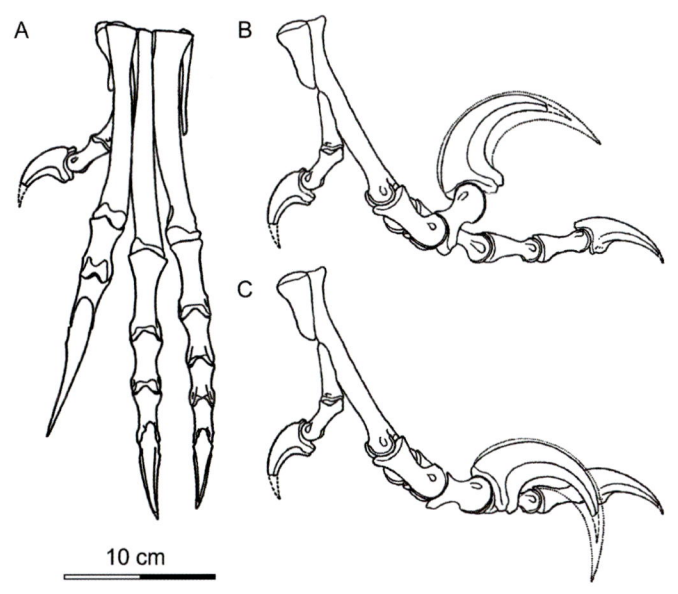

图 3-56　恐爪龙类（*Deinonychus antirrhopus*）脚部的轮廓图

背视（A）；侧视——抬起第 II 趾爪（B）；侧视——放下第 II 趾爪（C）［改自 Ostrom（1969）和 Turner et al.（2012）］

大部分系统发育学的研究已经表明，恐爪龙类单元由两个亚群组成，即驰龙类和伤齿龙类（Gauthier，1986；Holtz，1998；Sereno，1999；Turner et al.，2012；Agnolín and Novas，2013），但其他的一些研究则表明，恐爪龙类本身是并系的（paraphyletic），同时，伤齿龙类与鸟类的关系要比与驰龙类的更近（Forster et al.，1998；Godefroit et al.，2013），或者说反之亦然（Xu et al., 1999; Norell et al., 2001）。另外，虽然许多最新的研究表明 *Rahonavis*、其他一些 unenlagiids 和 *Anchiornis* 及其亲属属于恐爪龙类（Makovicky et al., 2005; Hu et al., 2009; Xu et al., 2011; Senter et al., 2012; Turner et al., 2012），但这些已经被其他一些学者建议归为基干鸟类（Novas and Puerta, 1997; Forster et al., 1998; Xu et al., 2009; Agnolín and Novas, 2013; Godefroit et al., 2013）。最后，颇具代表性的始祖鸟（*Archaeopteryx*）也有一个特化的后足第 II 趾（Mayr et al., 2005），但特化程度低于恐爪龙类。因此，一个高度可延展的后足第 II 趾是某个演化支的典型特征，这个演化支包括了恐爪龙类，以及分类尚未明确的始祖鸟和其他假定的基干鸟类。

### 3.7.2 恐爪龙类足迹综述

拜好莱坞电影《侏罗纪公园》所赐，恐爪龙类（包括驰龙类和伤齿龙类）通常被人们称作"猛禽"或"肉食鸟"。这类恐龙的足部形态十分独特，以后缩的第 II 趾为特征，该趾长有一个极度发达的"镰刀爪"。恐爪龙类的骨骼化石十分丰富，其中大多数来自白垩纪（Turner et al., 2012）。这些化石不少都完好地保存着特化的足部（如 Ostrom, 1969; Norell and Makovicky, 1997; Xu and Norell, 2004; Gao et al., 2012）。据此，古生物学家推测，在恐爪龙类运动时，该特化的第 II 趾应处于扬起状态。足迹学家们也推测此类恐龙的足迹应该为两趾，仅由第 III 趾和第 IV 趾的印迹组成。事实上，随后发现的化石记录也是如此。

恐爪龙类留下的两趾型足迹，是迄今为止特征最为鲜明的兽脚类足迹之一。自从 1994 年在中国首次发现以来（Zhen et al., 1994），到现在已至少发现了 16 个足迹点，均来自白垩系。这些足迹点中，有 10 个位于中国（四川盆地的峨眉、石庙沟、雷背、攀西地区的巴久、母脚吾，山东的莒南、崀山，河北的赤城，北京的延庆，甘肃的盐锅峡），2 个位于韩国，2 个位于北美，2 个位于欧洲。其中多数足迹都被归入 4 个足迹属：*Velociraptorichnus*、*Dromaeopodus*、*Menglongipus* 和 *Dromaeosauripus*。其中，*Dromaeosauripus* 包括 3 个足迹种，其他足迹属仅包括 1 个足迹种。

一些两趾型足迹也发现于二叠纪、晚三叠世 – 早侏罗世和中侏罗世时期，但是，它们应该不属于恐爪龙类（Lockley and Lucas, 2013）。其中最著名的例子是 *Dromopus didactylus*（Moodie, 1930），这是一种由蜥蜴形造迹者所留的五趾型足迹，发现于二叠纪的德克萨斯州。不过，该足迹很多情况下只保存了最长的脚趾（第 III 趾和第 IV 趾）的印迹。这个情况显示，五趾、四趾和三趾动物都可能留下两趾足迹，具体情况取决于基底沉积物的状态和 / 或造迹者行动方式对足迹保存的影响（Lockley and Lucas, 2013）。

另一个重要的例子是 *Evazoum*（Nicosia and Loi, 2003），该足迹属于 Otozoidae 足迹科（Lull, 1904），或著名的 "OPEK 集合"（晚三叠世 – 早侏罗世的足迹集合，包括 *Otozoum*–

*Pseudotetrasauropus–Evazoum–Kalosauropus*, Lockley et al., 2006e）。这个集合被学者普遍认为是基干蜥脚型类造迹者所留（Ellenberger, 1972; Lockley and Hunt, 1995; Rainforth, 2003; D'Orazzi Porchetti and Nicosia, 2007; Lockley et al., 2006e; Lockley and Lucas, 2013）。令人诧异的是，*Evazoum* 也发现了不少两趾或假两趾的足迹，其第 II 趾仅保存有肿胀或增大的近端趾垫（Olsen et al., 1989; Gaston et al., 2003; Lockley et al., 2006e）。

此外还有来自中侏罗世的兽脚类足迹：*Paravipus didactyloides*（Murdoch et al., 2011）。这些足迹为两趾型，保存了第 III 趾和第 IV 趾那成对的、近平行的印迹，第 II 趾偶有出现，表现为圆形或椭圆形的小型"足垫"迹（Murdoch et al., 2011）。然而，最新的研究表明，这些足迹很可能属于兽脚类游泳迹（Lockley et al., in press）。

首例确凿的、最早描述的恐爪龙类足迹是 *Velociraptorichnus sichuanensis*（Zhen et al., 1994），大约有 4 个足迹标本来自四川峨眉下白垩统夹关组，其长度为 11.0—11.5 厘米，宽度为 6.0—6.5 厘米，唯一一个单步为 55 厘米。这批足迹明显为两趾型足迹，第 II 趾为近端的小趾垫印。Zhen et al.（1994）将这批标本的造迹者明确归入恐爪龙类中的驰龙类。至于为何归属于驰龙类而不是伤齿龙类则没有讨论。

Li and Lockley（2005）在美国古脊椎动物学协会年会上披露了来自中国山东下白垩统田家楼组莒南足迹点的大型（足迹长约 28 厘米）两趾型驰龙类行迹，该处也存在由大量鸟类和其他恐龙足迹组成的足迹群（Li et al., 2005b, 2008; Lockley et al., 2008a）。随后，这批两趾型足迹被命名为 *Dromaeopodus shandongensis*（Li et al., 2008）。这些足迹共组成了 6 道平行的行迹，有力地表明其造迹者是群居生物。这个证据是恐爪龙类群居的首次确凿证据，虽然此前学者一直推测这类恐龙会像狼一样群体狩猎，却没有确凿的骨骼证据（Ostrom, 1969, 1990; Paul, 1988; Maxwell and Ostrom, 1995; Roach and Brinkman, 2007）。值得一提的是，莒南足迹点也发现了 11 厘米长的小型 *Velociraptorichnus* 足迹，这大小两种恐爪龙类足迹在形态上有明显的差异（Li et al., 2008）。

山东省的岌山足迹点也发现了恐爪龙类足迹（Xing et al., 2013k），同样来自下白垩统田家楼组。这一道行迹中的足迹平均长度为 18 厘米，宽 10 厘米，平均单步长 159 厘米。有趣的是，这批足迹非常深（约 4 厘米），这表明造迹者具备在泥泞的沉积物上前进的能力，因而造成足迹过多的外形态学变化。虽然足迹的两趾形态非常明显，但不具备 *Velociraptorichnus* 和 *Dromaeopodus* 的趾垫细节和第 II 趾近端的印迹，因此很难将其归入这两个足迹属。从尺寸来看，岌山标本类似于 *Dromaeosauripus*，并最终被暂归入该属作为一未定种（Xing et al., 2013k）。

Xing et al.（2013b）命名了 *Dromaeosauripus* 中另一种足迹种：*D. yongjingensis*。足迹来自中国甘肃刘家峡恐龙国家地质公园（下白垩统河口群）。这批标本的数量是目前亚洲所有恐爪龙类足迹中最多的，包括了 6 道行迹，约 70 个足迹，其中一道行迹展示了转弯的行为。*D. yongjingensis* 的尺寸和 *D. hamanensis* 非常相似,足迹长 14.5—16.0 厘米,第 III 趾和第 IV 趾的长度也十分相近。但和韩国的足迹种不同,中国的大部分 *Dromaeosauripus* 足迹都具有发育良好的脚跟。Lockley et al.(in press)认为 *Dromaeosauripus* 和之前命名的足迹属(*Dromaeopodus* 和 *Velociraptorichnus*)之间似乎存在真正的形态学(非外形态学)差异,特别是脚跟发育程度及第 II 趾的细节。

中国的其他重要的发现还包括 *Menglongipus sinensis*(Xing et al., 2009a),足迹来自中国河北省上侏罗统 – 下白垩统土城子组赤城足迹点,是目前最古老的恐爪龙类足迹。虽然是很明显的两趾型足迹,但整体保存较差,这阻碍了我们对其进一步的形态学分析。它最突出的特征是第 IV 趾都短于第 III 趾,这与其他恐爪龙类足迹有明显差异(后者的第 III 趾和第 IV 趾基本等长)。Lockley et al.(in press)认为较短的第 IV 趾表明造迹者可能更接近于伤齿龙类,而非驰龙类恐龙。

韩国也发现了相当丰富的驰龙类足迹。Kim et al.(2008)首次报道了韩国的恐爪龙类足迹,位于下白垩统 Haman 组,包含 4 个足迹。该行迹中的足迹明显具有两趾形态,平均长度约 15.5 厘米,介于 *Velociraptorichnus* 和 *Dromaeopodus* 之间。第 IV 趾跖趾垫的尺寸与位置区别于 *Dromaeopodus*(Lockley et al., 2012b)。因此 Kim et al.(2008)将这批足迹命名为一新属新种:*Dromaeosauripus hamanensis*。

Kim et al.(2012a)描述了另一道独特的韩国两趾行迹,行迹来自比 Haman 组更古老的下白垩统 Jinju 组。这道行迹包含 12 个连续足迹,标本被归入 *Dromaeosauripus* 属下一新足迹种:*D. jinjuensis*。虽然该种和 *D. hamanensis* 存在很多细节上的差异,如长度较短(平均长 9.3 厘米),第 III 趾和第 IV 趾之间近端间距较宽等。但造成这些差异的原因可能是保存条件的不同(Lockley et al., in press)。值得说明的是,中国的 *D. yongjingensis* 也存在类似的现象,笔者认为这是基底沉积物的差异所造成的外形态学变化(Xing et al., 2013b)。

目前记录的北美恐爪龙类足迹点只有两个,都来自犹他州东部下白垩统雪松山组 Ruby Ranch 段。其中一个足迹点只有一个孤立的足迹,位于犹他州东部拱门国家公园边缘(White and Lockley, 2002; Lockley et al., 2004b)。另一个点产出了两道保存完好的行迹,位于拱门国家公园的西侧 Mill Canyon 足迹点(Lockley et al., 2014c)。这些足迹都被归入 *Dromaeosauripus*(Lockley et al., 2014c, d),足迹长为 20—21 厘米,具有较小但确凿的第 II 趾近端趾垫。相比中国的 *Dromaeopodus*,北美的 *Dromaeosauripus* 更小,也更纤细一些。

欧洲的恐爪龙类足迹点也有 2 处,其中一个为下白垩统的德国足迹点,另一个为上白垩统的波兰足迹点。前者是著名的 Oberkirchen "养鸡场" 足迹点,世界上最多的恐爪龙类足迹就发现于此,至少有 86 个,足迹长 13—23.3 厘米。这些足迹非常细长,第 IV 趾远短于第 III 趾(van der Lubbe et al., 2009, 2012),这些特征足以将它们和其他已被命名的足迹属区分开来，并表明其造迹者为伤齿龙类恐龙，而不是驰龙类恐龙（Lockley et al., in press）。它们是目前唯一具有说服力的伤齿龙足迹（Lockley et al., in press）。

波兰的足迹点只产出了一道保存较差的行迹，位于 Młynarka Mount 足迹点（Gierliński, 2007, 2008）。足迹只有 2 个，长约 17 厘米。Gierliński（2009）对足迹进行了详细的描述，认为它可能很接近于中国的 *Dromaeopodus*。

### 3.7.3 两趾型恐爪龙类足迹

2014 年 4 月，四川省地质矿产勘查开发局区域地质调查队在四川省西南部凉山州喜德县乐武乡发现了一个新的足迹点——母脚吾足迹点。该足迹点保存了兽脚类和蜥脚类足迹组合，其中包括了两趾型恐爪龙类足迹和世界上首例三趾型的恐爪龙类足迹。

**Theropoda Marsh, 1881**

**Dromaeopodidae Li et al., 2007**

***Velociraptorichnus* Zhen et al., 1994**

材料：3 个天然凹型两趾型后足迹，带有少量的沉积物回填，编号为 MJW-T2-L1—MJW-T2-R1 和 MJW-TI4。其中保存较好的足迹标本被制成了石膏模型：SBGED-20141121-3（MJW-T2-L1）和 SBGED-20141121-4（MJW-T2-R1）（图 3-57、图 3-58，表 3-15）。

表 3-15 母脚吾足迹点恐龙足迹测量数据（单位：厘米）

| 编号 | ML | MW | II–III | III–IV | II–IV | PL | SL | PA | M | L/W |
| --- | --- | --- | --- | --- | --- | --- | --- | --- | --- | --- |
| MJW–T1–R1 | 13.1 | 10.3 | 30° | 32° | 62° | 35.5 | 70.0 | 175° | 0.49 | 1.3 |
| MJW–T1–L1 | 13.5 | 12.3 | 34° | 45° | 79° | 34.6 | — | — | 0.46 | 1.1 |
| MJW–T1–R2 | 13.2 | 10.4 | 37° | 30° | 67° | — | — | — | 0.52 | 1.3 |
| Mean | 13.3 | 11.0 | 34° | 36° | 69° | 35.1 | 70.0 | 175° | 0.49 | 1.2 |
| MJW–T2–L1 | 11.4 | 6.4 | — | 34° | — | 49.0 | — | — | — | 1.8 |
| MJW–T2–R1 | 10.6 | 7.9 | — | 48° | — | — | — | — | — | 1.3 |
| Mean | 11.0 | 7.2 | — | 41° | — | 49.0 | — | — | — | 1.6 |
| MJW–TI1 | 19.5 | 12.8 | 32° | 29° | 61° | — | — | — | 0.60 | 1.5 |
| MJW–TI2 | 12.9 | 9.1 | — | — | 55° | — | — | — | 0.47 | 1.4 |
| MJW–TI3 | 16.1 | 13.7 | — | — | 63° | — | — | — | 0.32 | 1.2 |
| MJW–TI4 | 10.1 | 6.0 | — | 36° | — | — | — | — | — | 1.7 |

续表

| 编号 | ML | MW | II–III | III–IV | II–IV | PL | SL | PA | M | L/W |
|---|---|---|---|---|---|---|---|---|---|---|
| MJW–TI5 | 16.6 | 11.0 | — | — | 46° | — | — | — | 0.35 | 1.5 |
| MJW–TI6 | 10.4 | 9.4<br>6.7* | 17° | 35° | 52° | — | — | — | 0.05<br>— | 1.1<br>1.6 |
| MJW–TI7 | 8.5 | 8.4<br>5.4* | 19° | 38° | 57° | — | — | — | 0.10<br>— | 1.0<br>1.6 |
| MJW–S1–LP1 | 43.5 | 42.7 | — | — | — | 143.0 | — | — | — | 1.0 |
| MJW–S1–LP2 | 44.9 | 41.0 | — | — | — | — | — | — | — | 1.1 |
| Mean | 44.2 | 41.9 | — | — | — | — | — | — | — | 1.1 |

\* 最大宽度不包括第 II 趾

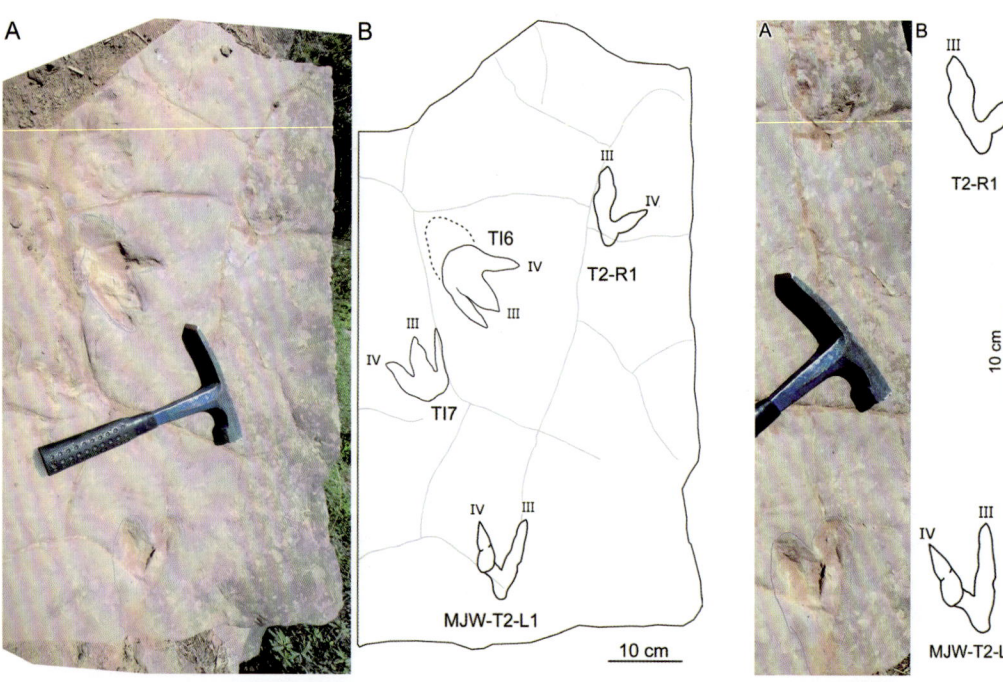

图 3–57 母脚吾足迹点的两趾型和三趾型驰龙类足迹照片（A）和轮廓图（B）

图 3–58 母脚吾足迹点的两趾型驰龙类足迹照片（A）和轮廓图（B）

描述：MJW-T2-L1 和 MJW-T2-R1 保存在一块砂岩岩板上，距离主要的、原位保存的足迹面约 3 米。这块厚岩板的岩性与主要足迹层一致。MJW-T2-L1 和 MJW-T2-R1 构成一个单步，平均长宽比值为 1.5。后足迹平均长 11.3 厘米，保存有两个趾（第 III 趾和第IV趾）和一个短圆的脚跟。MJW-T2-L1可观察到非常模糊的第II趾印，第II趾的近内侧边缘与第III趾接触，第III趾和第IV趾的长度大体相等。不过，第IV趾要比第III趾略微更粗壮一些，第III趾和第IV趾之间的趾间角为41°。

MJW-T2-L1的第IV趾有2个清晰的、亚圆形的远端趾垫。爪印末端相当尖锐，特别是第III趾。大的跖趾区呈半圆形，与各趾没有清晰的界限。这些特征加上第II趾的缺失（仅剩近端），表明这道行迹与恐爪龙类造迹者有亲缘关系（Li et al., 2007; Lockley et al., in press）。

MJW-TI4为足迹层面上一个孤立的足迹。虽然标本保存不佳，但两趾型的足迹仍表明了其与恐爪龙类足迹的亲和性。

对比和讨论：目前，恐爪龙类足迹分类由4个足迹属组成（*Velociraptorichnus*、*Dromaeopodus*、*Dromaeosauripus*和*Menglongipus*）。Xing et al.（2013b）把这些足迹属分为小型足迹（后足平均长10厘米）、中型足迹（后足平均长15厘米）、大型足迹（后足平均长约30厘米）。

母脚吾T2和TI4都属于小型足迹。小型的恐爪龙类足迹包括*Velociraptorichnus sichuanensis*（Zhen et al., 1994; Xing et al., 2009）、*Velociraptorichnus* isp.（Li et al., 2007）、*Menglongipus sinensis*（Xing et al., 2009）、*Dromaeosauripus hamanensis*（Kim et al., 2008）、*Dromaeosauripus jinjuensis*（Kim et al., 2012a）和*Dromaeosauripus* isp.（Lockley et al., 2014d）。

在这些足迹分类中，*Menglongipus sinensis*尤其小（模式标本的后足长度为6.3厘米，Xing et al., 2009），第IV趾显著短于第III趾，同时缺失界限清楚的跖趾垫。*Dromaeosauripus*足迹与母脚吾足迹的不同之处在于，前者长约20厘米，趾垫更加细长且界限清晰。*Menglongipus sinensis*与母脚吾足迹在尺寸上也不同，且前者的第IV趾更短。母脚吾足迹和*Velociraptorichnus sichuanensis*在尺寸和形态上都相近。*V. sichuanensis*的长度是11厘米，而山东省莒南足迹点的*Velociraptorichnus* isp.长度约为10厘米（Li et al., 2007）。*Velociraptorichnus*以相当厚（粗壮）的趾为特征（相对其他恐爪龙类足迹，如*Dromaeosauripus*），且缺失界限清晰的趾垫，这些特征同样见于母脚吾足迹。其他的可对比之处还包括：（1）*Velociraptorichnus*模式标本和山东标本中，第III趾和第IV趾之间的趾间角分别为30°和27°，而母脚吾足迹的略大，为41°；（2）足迹长/单步长的比值为5（55/11，基于*Velociraptorichnus*副模标本），母脚吾足迹的比值为4.2。由于标本较少，可提供的鉴定特征有限，因此，我们暂时把母脚吾足迹点的两趾型足迹归入*Velociraptorichnus* isp.。

### 3.7.4 三趾型恐爪龙类足迹

骨骼化石表明，恐爪龙类有 4 个后足趾，包括一个在运动中不起功能性作用的第 I 趾（Turner et al., 2012）。从足迹化石记录和骨骼形态功能上都可以看出，第 II 趾远端部分，也就是扩大的大爪，在运动时通常不与地面接触（Li et al., 2007; Xing et al., 2013b; Lockley et al., in press）。但是，让我们做一个合理的推测，在一定条件下，例如沉积物更深或者第 II 趾的姿势变化时，恐爪龙类造迹者是不是也能留下第 II 趾的印迹？母脚吾足迹点的足迹学证据表明了这一点，这是世界上首例三趾型的恐爪龙类足迹。

**Theropoda Marsh, 1881**

**Dromaeopodidae Li et al., 2007**

***Velociraptorichnus* Zhen et al., 1994**

***Velociraptorichnus zhangi* Xing et al., 2015n**

模式标本：1 个天然凹型三趾型后足迹，编号为 MJW-TI6，模式标本的复制品为 SBGED-20141121-1。原始标本保存在原位（图 3-57、图 3-59，表 3-15）。

副模标本：标本 MJW-TI7 是与模式标本相似的天然凹型足迹。副标本的复制品为 SBGED-20141121-2。和模式标本一样，副模标本也保存在原位。

位置和地层：中国四川省喜德县母脚吾足迹点，下白垩统小坝组。

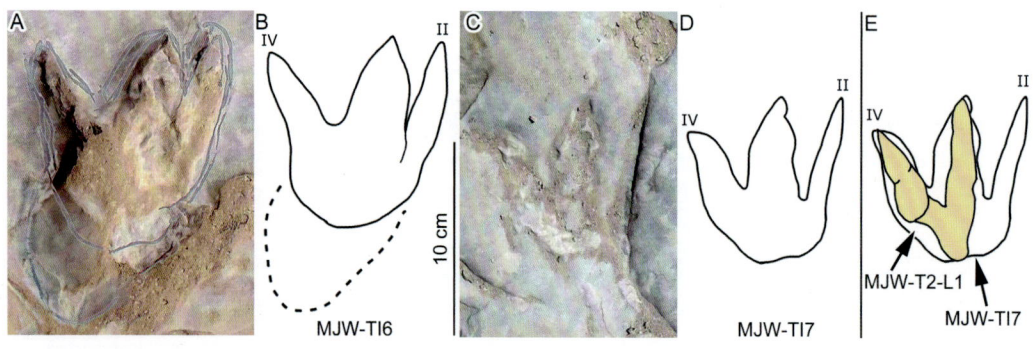

图 3-59　母脚吾足迹点的三趾型驰龙类足迹照片（A、C）、轮廓图（B、D）以及与二趾型足迹的对比图（E）

鉴定特征：中趾前凸极低的小型三趾型兽脚类足迹（长约 10.4 厘米，宽约 9.4 厘米）。与其他趾相比，第 II 趾很窄，约等于第 III 趾宽度的一半；爪印尖锐；大的、半圆形的跖趾区。第 II 趾和第 IV 趾之间的趾间角为 52°，第 II 趾和第 III 趾之间的趾间角约为第 III 趾和第 IV 趾之间的趾间角的一半（Xing et al., 2015n）。

描述：与 MJW-TI7 相比，MJW-TI6 保存更好，长宽比值为 1.1（MJW-TI7 的比值为 1.0）。三趾型足迹，其中第 III 趾要比其他趾稍长，或与第 II 趾几乎相等。各趾远端都有尖锐的爪印，但趾垫很模糊或不清晰，并且有沉积物回填的残余物。第 III 趾最宽，第 II 趾明显比其他趾要窄。大的跖趾区呈半圆形。第 II 趾和第 IV 趾的趾间角为 52°，其中第 II 趾和第 III 趾之间的趾间角（17°）远小于第 III 趾和第 IV 趾之间的趾间角（35°）。MJW-TI6 的跖骨印突出，很可能是由于造迹者脚部进入沉积物时产生的动态变化所形成的。MJW-TI7 与 MJW-TI6 在形态上大体相似，很可能是体型更小的个体留下的。

对比和讨论：参照 Olsen（1980）、Weems（1992）和 Lockley（2009）提出的中趾前凸概念，MJW-TI6 和 MJW-T17 的前三角长宽比值分别约为 0.05 和 0.10，这种极低中趾前凸的足迹并不常见。它们与中国及其他地方已知的三趾型兽脚类足迹有明显差异（图 3-60）。我们知道，大部分恐爪龙类足迹的第 IV 趾与第 III 趾几乎等长，这种形态类型会导致极低的中趾前凸。

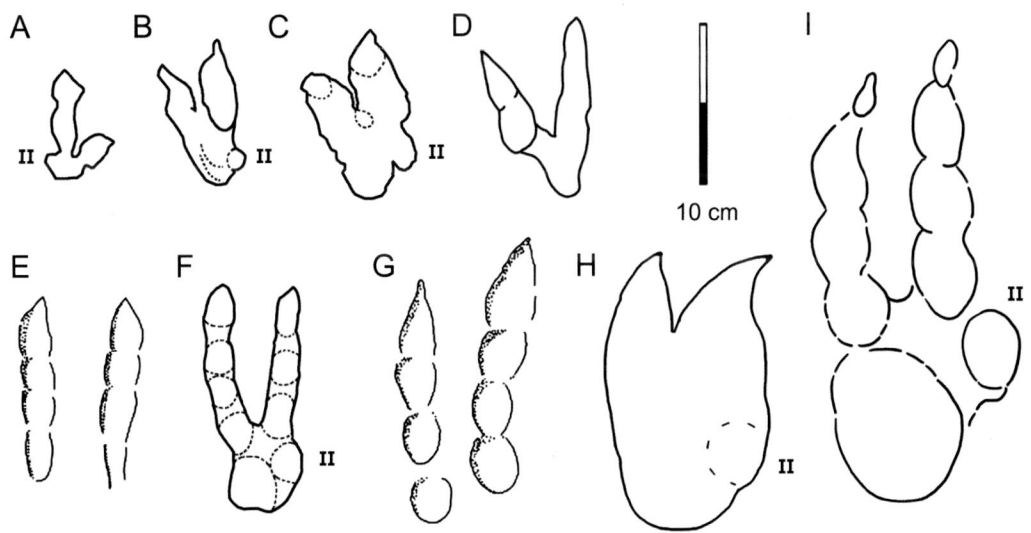

图 3-60 世界上各种恐爪龙类足迹轮廓图

A. *Menglongipus*（Xing et al., 2009a）；B. *Velociraptorichnus* isp.（Li et al., 2007）；C. *Velociraptorichnus sichuanensis*（Zhen et al., 1994; Xing et al., 2009a）；D. 母脚吾两趾型足迹；E. *Dromaeosauripus jinjuensis*（Kim et al., 2012a）；F. *Dromaeosauripus yongjingensis*（Xing et al., 2013b）；G. *Dromaeosauripus hamanensis*（Kim et al., 2008）；H. 岽山 *Dromaeosauripus* isp.（Xing et al., 2013k）；I. *Dromaeopodus shandongensis*（Li et al., 2007）

除了第 II 趾外，MJW-TI6 和 MJW-TI7 的第 III 趾、第 IV 趾，以及跖骨印在比例与相对位置上都接近于两趾型的 MJW-T2。例如，第 III 趾和第 IV 趾的趾间角为 35°（MJW-TI6）和 38°（MJW-TI7），这与 MJW-T2 的 41° 相接近，并且 MJW-TI6 和 MJW-TI7 的长宽比值为 1.5—1.6，与 MJW-T2 的 1.5 相匹配。所有先前鉴定的恐爪龙类足迹都是两趾型。不过，在本文中，我们认为 MJW-TI6 和 MJW-TI7 为 *Velociraptorichnus* 的三趾型类型。虽然恐爪龙类第 II 趾上的大型捕食爪时常高高抬起，但我们还是认为在某些情况下它会把爪子收回放下，这样的话，该趾便可能会与地面接触，从而留下清晰的三趾型足迹。我们把在 MJW-TI6 和 MJW-TI7 中观察到的非常窄的第 II 趾解释为很可能是大型捕食爪留下的印迹。MJW-TI6 和 MJW-TI7 第 II 趾爪印那非同寻常的保存方式，也可能是由于保存足迹的沉积物条件区别于其他 *Velociraptorichnus* 足迹点常见的沉积物条件而形成。

相似的足迹化石证据也出现在晚三叠世 – 早侏罗世疑为原蜥脚类的足迹记录中，其中包括 *Evazoum*（Nicosia and Loi, 2003）。Lockley and Lucas（2013）报告了北美一例功能上为两趾型或假两趾型的 *Evazoum* 标本。在某些情况下，这些足迹只保存了第 II 趾的近端趾垫印，趾垫膨胀或增大，与 *Dromaeopodus* 的形态相似（Li et al., 2007）。而在其他情况下，第 II 趾保存了一个模糊的趾印，有时只显示了远端的爪印。这表明第 II 趾缩回的形态类型曾在各演化支上多次出现（Olsen et al., 1989; Gaston et al., 2003; Lockley et al., 2006e）。最近，这批 *Evazoum* 材料被正式描述为新的足迹种 *E. gatewayensis*（Lockley and Lucas, 2013）。因此，我们可以预计的是，未来会发现带有不完整（但不仅仅只有第 II 趾的近端趾垫印）的第 II 趾的恐爪龙类足迹，这是介于先前报告的所有两趾型足迹和本文 *V. zhangi* 三趾型足迹之间的一种过渡形态。

Lockley et al.（in press）认为，目前新增的恐爪龙类足迹记录大部分在东亚。考虑到我们描述的足迹首次显示了两趾型和三趾型恐爪龙类足迹的同时存在，或许可以粗略估计出约有 10% 的这类足迹保存了第 II 趾的远端部分。这表明，大部分足迹化石记录所代表的恐爪龙类造迹者，它们在行进中通常留下的是两趾型足迹，而第 II 趾远端的趾印要比寻常的记录显得更特殊。我们推测，这样的第 II 趾是由于不寻常的沉积物条件或者动物本身的特异行为所导致的。而既然后足第 II 趾收缩程度有着显著的差异，这就足够成为是不同足迹种的鉴定特征。理论上，这种推断可以通过骨骼化石的发现与分析来确证，可能是会有一些恐爪龙类拥有相对特殊的后足骨骼构造。

### 3.7.5 非恐爪龙类的三趾型足迹

7 个天然凹型三趾型后足迹，编号为 MJW-T1-R1—MJW-T1-R2，MJW-TI1—MJW-TI3、MJW-TI5（图 3-61、图 3-62）。根据形态学和中趾前凸的差异（Lockley, 2009），这些足迹可分成两种形态类型。

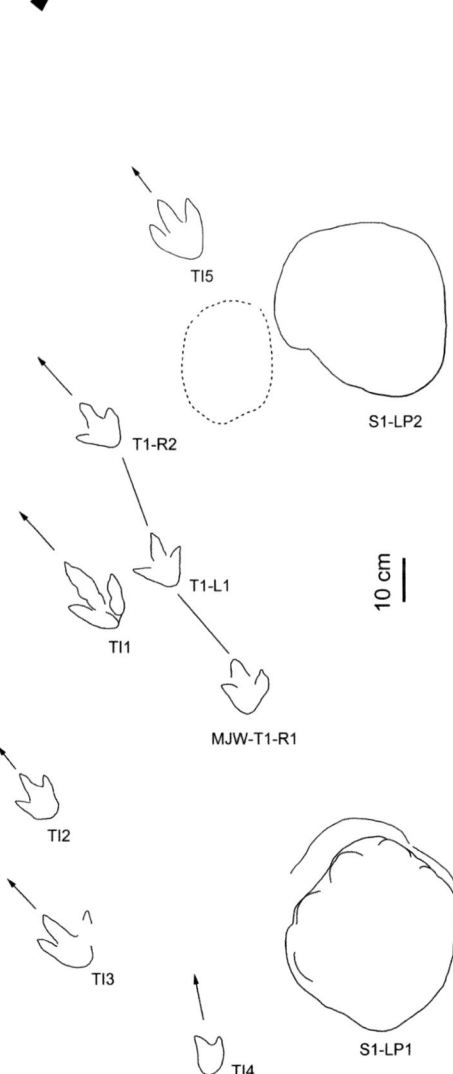

图 3-61 母脚吾足迹点的三趾型足迹和蜥脚类足迹轮廓图

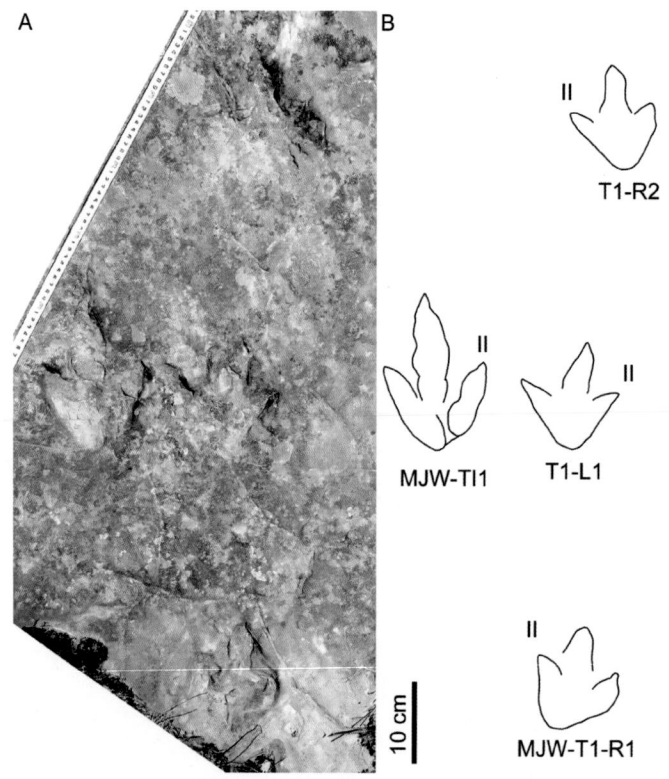

图 3-62　母脚吾足迹点的三趾型足迹照片（A）和轮廓图（B）

形态类型 A：行迹 MJW-T1 由 3 个小型（13.3 厘米长）的三趾型后足迹组成，足迹沿着行迹中线内旋。前足迹和尾迹缺失。MJW-T1 足迹的长宽比值为 1.2，趾间角宽（62°—79°）；中趾前凸较弱，前三角长宽比值为 0.49；行迹较窄（步幅角约为 175°），复步长相对较短（70 厘米）。足迹 MJW-T1-L1 在形态上保存最完好：第 III 趾向前突出，趾垫不清晰，爪印相当尖锐，第 II 趾和第 IV 趾的近端形成一个不清晰的 U 形跖趾区，跖趾区与第 III 趾中轴成一直线。

形态类型 A 在形态上与遗迹属 *Anomoepus* 相似：有些相近的尺寸，宽的趾间角，弱的中趾前凸和 U 形的跖趾区。中国的 *Anomoepus* 化石记录目前仅限于侏罗纪，例如重庆（Xing et al., 2013d）和陕西北部（Xing et al., 2015c）。然而，在北美侏罗系大量发现的 *Grallator–Eubrontes–Kayentapus* 组合也在中国的白垩系（尤其是下白垩统）广泛分布（Lockley et al., 2013），因此，在白垩系存在典型的侏罗纪 *Anomoepus* 并不奇怪。我们暂时把 MJW-T1 归入 cf. *Anomoepus* isp.。

形态类型 B：在孤立的足迹 MJW-TI1—MJW-TI3 和 MJW-TI5 中，MJW-TI1 保存最好，其长宽比值为 1.5，前三角长宽比值为 0.60。第 II 趾和第 III 趾分别有 2 个和 3 个清晰的趾垫。

第 IV 趾的跖趾垫相当发育,位于第 III 趾中轴位置上。其他足迹保存不佳,以弱或中等的中趾前凸(0.32—0.47)为特征,这是 Eubrontidae 的典型特征(Lull, 1904)。不过,由于材料有限,我们还不能将这批标本归入一个具体的足迹属级单元,而仅表明了它们与兽脚类足迹的亲和性。

此外,大部分三趾型足迹的前进方向都向西,可能暗示着古地理阻隔,例如水岸线(Lockley and Hunt, 1995)。

### 3.7.6 蜥脚类足迹

天然凹型后足迹共 3 个,编号为 MJW-S1-LP1—MJW-S1-LP3(图 3-63)。其中,MJW-S1-LP1—MJW-S1-LP2 保存相当完好,但其右侧被大的坍塌物和植被覆盖,我们暂时无法将其移除。MJW-S1-LP3 保存不佳,但与 MJW-S1-LP1 和 MJW-S1-LP2 位于同一直线上。这 3 个足迹很可能属于同一道行迹。所有的后足迹都缺失相对应的前足迹。

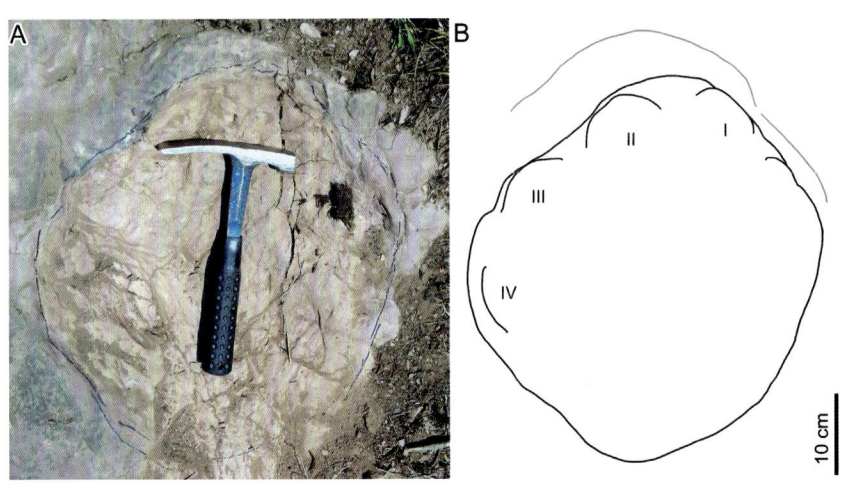

图 3-63 母脚吾足迹点蜥脚类足迹 S1-LP1 的照片(A)和轮廓图(B)

MJW-S1-LP1—MJW-S1-LP2 的平均长度是 44.2 厘米,平均长宽比值为 1.1。MJW-S1-LP1 保存最完好,并在足迹前缘有一道清晰的挤压脊;后足迹的前部有 4 个不清晰的凹陷,依次对应于第 I 趾至第 IV 趾印;跖趾垫保存完好,后缘平滑弯曲。

*Brontopodus* 是最常见和最经典的白垩纪蜥脚类足迹类型之一(Farlow et al., 1989)。大部分东亚的早白垩世蜥脚类足迹都被归入宽间距的 *Brontopodus*(Lockley et al., 2002a)和窄间距的 *Parabrontopodus*(Xing et al., 2010b)。宽间距或窄间距是蜥脚类足迹的一个重要的鉴定特征。一般来说,*Brontopodus* 代表着中等或宽间距行迹,而 *Parabrontopodus* 则代表窄间距行迹(Lockley et al., 1994a)。鉴于行迹一侧被损毁,MJW-S1 的间距特征

很难确定。不过，MJW-S1 的长宽比值是 1.1，这个比值与典型的蜥脚类足迹相一致，如 *Brontopodus*（约 1.3，Farlow et al., 1989）或者临沭的 *Brontopodus* isp. LSI-S1（1.2，Xing et al., 2013k）。典型 *Parabrontopodus* 足迹的长宽比值更大（约 1.4，Lockley et al., 1994a）。中国发现的 *Parabrontopodus* isp. 多数为小型或中型足迹（大部分小于 40 厘米）（Xing et al., 2015k）。因此，我们暂时把 MJW-S1 归入 *Brontopodus* isp.。

### 3.7.7 小坝组的恐龙足迹组合

此前，米市 – 江舟盆地的恐龙足迹只发现于早白垩世飞天山组地层。有 5 个足迹点已经被记录，包括昭觉三比罗嘎一号足迹点、二号足迹点和北二号足迹点，解放沟足迹点和央摩祖足迹点。其造迹者包括蜥脚类、兽脚类、鸟脚类和翼龙类。母脚吾足迹点的记录，是小坝组首次发现恐龙足迹。我们记录了此地的兽脚类（*Velociraptorichnus* 类和 *Eubrontes* 类）、蜥脚类（*Brontopodus* 类）和鸟臀类（cf. *Anomoepus*）足迹，该足迹组合在夹关组有着相近的记录（Zhen et al., 1994; Xing et al., 2015i）。这表明四川盆地和米市 – 江舟盆地的早白垩世恐龙动物群具有较高的相似性。

## 3.8 吉尔博石足迹点

### 3.8.1 足迹点概况

正如我们前文提及的，整个四川地区早白垩世恐龙动物群的重建很大程度上依赖于足迹化石记录。我们在四川发现和记录了数量不断增长的早白垩世四足类足迹点，包括了多种非鸟兽脚类、鸟类、蜥脚类、鸟脚类和翼龙类足迹。

除了上文详述的巴久足迹点，2014 年 4 月至 5 月间，四川省地质矿产勘查开发局区域地质调查大队还在昭觉、喜德地区发现了多个足迹点，包括了吉尔博石一号和二号足迹点和足谷、依子足迹点。本小节先介绍其中的吉尔博石足迹点。

吉尔博石一号足迹点位于凉山州昭觉县博洛乡吉尔博石村，位于小坝组一段，层面可观察到大量高度发育的波痕。足迹化石包括兽脚类和可能的蜥脚类足迹。吉尔博石二号足迹点同样位于吉尔博石村，位于小坝组一段。这个足迹点发现了兽脚类足迹，其中的大部分都保存了跖趾垫。

### 3.8.2 一号足迹点的兽脚类足迹和可能的蜥脚类足迹

吉尔博石一号足迹点发现了 30 个孤立的足迹，编号为 JBSI-TI1—JBSI-TI30，还有一道由 3 个足迹组成的行迹，编号为 JBSI-T。其中一个野外编号为 JBSI-TI29 的凸型足迹被自贡恐龙博物馆采集后收藏，编号为 ZDM201501。其余所有足迹均保存在原位（图 3-64、图 3-65，表 3-16）。

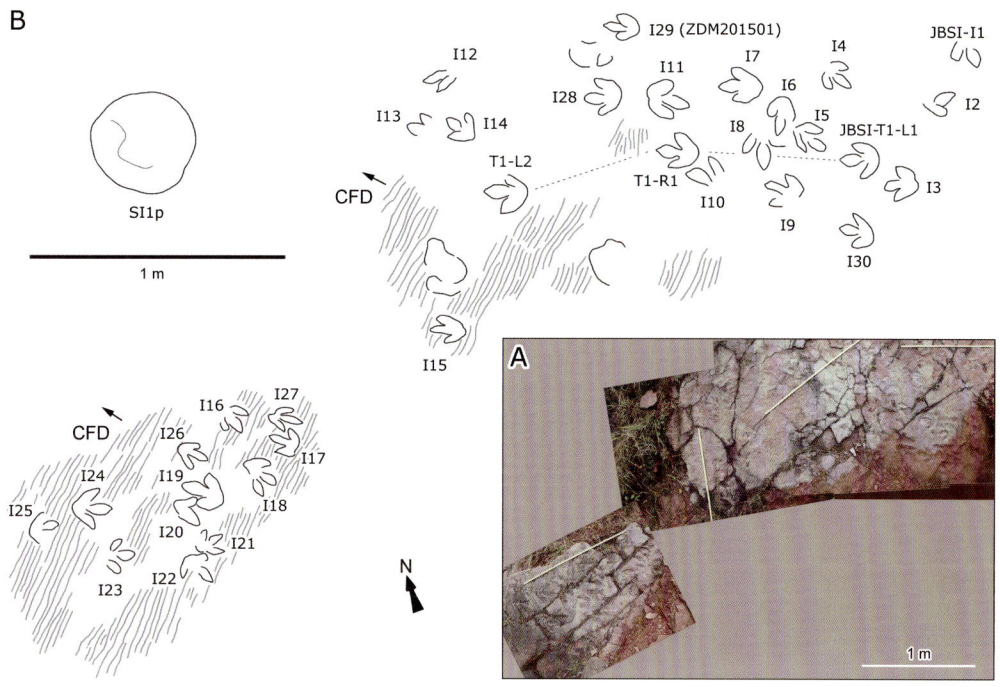

图 3-64　吉尔博石一号足迹点照片（A）和足迹分布图（B）

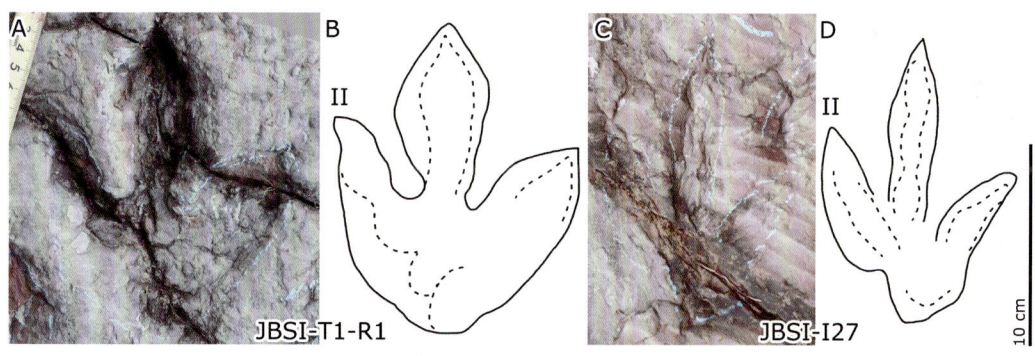

图 3-65　吉尔博石一号足迹点保存较好的兽脚类足迹照片（A 与 C）和轮廓图（B 与 D）

表 3-16　小坝组吉尔博石足迹点兽脚类足迹测量数据（单位：厘米）

| 编号 | ML | MW | II–IV | PL | SL | PA | M | L/W |
|---|---|---|---|---|---|---|---|---|
| JBSI-T1-R1 | 15.4 | 12.5 | 64° | 70.0 | 135.0 | 163° | 0.44 | 1.2 |
| JBSI-T1-L2 | 17.1 | 13.5 | 71° | 67.0 | — | — | 0.58 | 1.3 |
| JBSI-T1-L1 | 14.9 | 12.2 | 69° | — | — | — | 0.51 | 1.2 |
| Mean | 15.8 | 12.7 | 68° | 69.0 | 135.0 | 163° | 0.51 | 1.2 |

续表

| 编号 | ML | MW | II–IV | PL | SL | PA | M | L/W |
|---|---|---|---|---|---|---|---|---|
| JBSI–TI3 | 14.9 | 12.9 | 67° | — | — | — | 0.41 | 1.2 |
| JBSI–TI5 | 13.9 | 11.2 | 64° | — | — | — | 0.45 | 1.2 |
| JBSI–TI6 | 16.2 | 10.4 | 60° | — | — | — | 0.65 | 1.6 |
| JBSI–TI11 | 16.5 | 13.8 | 76° | — | — | — | 0.44 | 1.2 |
| JBSI–TI24 | 18.7 | 17.1 | 72° | — | — | — | 0.42 | 1.1 |
| JBSI–TI27 | 14.1 | 9.9 | 61° | — | — | — | 0.56 | 1.4 |
| JBSI–TI29 | 16.6 | 10.1 | 52° | — | — | — | 0.62 | 1.6 |
| JBSII–T1–L1 | 35.7 | 21.6 | — | — | — | — | 0.41 | 1.7 |
| JBSII–T1–R1 | 35.8 | 22.0 | — | 71.9 | 158.4 | 162° | — | 1.6 |
| JBSII–T1–L2 | 35.8 | — | — | 88.6 | — | — | — | — |
| Mean | 35.8 | 21.8 | — | 80.3 | 158.4 | 162° | 0.41 | 1.6 |
| JBSII–T2–R1 | 23.3 | 27.6 | — | 80.6 | 167.0 | 163° | — | 0.8 |
| JBSII–T2–L1 | — | 24.0 | — | — | — | — | — | — |
| Mean | 23.3 | 25.8 | — | 80.6 | 167.0 | 163° | — | 0.8 |

JBSI 的造迹者在留下足迹时，破坏了层面上的波痕，而且保存这批足迹的沉积物较为湿软，因此大部分足迹都缺失清晰可辨的趾垫。其中有几个足迹在软质沉积物上形成了更宽的轮廓，其余的足迹则是与下层的硬质沉积物接触而形成，因此轮廓较窄或收敛。这些狭窄的轮廓很可能更适合代表造迹者足部的实际形态。相似的足迹保存状态还见于河北省赤城上侏罗统 – 下白垩统土城子组落凤沟足迹点，那些足迹被归于 *Therangospodus* isp.（Xing et al., 2011d）。

一号足迹点保存最好的足迹是 JBSI-T1-R1。该标本的部分趾垫清晰可见，足迹长 15.4 厘米，长宽比值为 1.2，第 III 趾向前突出最远，随后是第 II 趾和第 IV 趾。2 个跖趾垫清晰可辨，小些的位于第 II 趾之后，大些的位于第 IV 趾之后。小的靠近第 II 趾第 I 趾垫，之间有一道清晰可见的间隙；大的较圆钝，相对于第 III 趾中轴处，其更靠近第 IV 趾；各趾都有尖锐的爪印；第 II 趾至第 IV 趾之间的趾间角相当宽（64°）。JBSI-T1 行迹的步幅角为 163°。

JBSI-TI27 是另一个保存完好的足迹，其第 III 趾有 3 个趾垫。其余的兽脚类足迹在整体形态上都与 JBSI-T1-R1 相似。一号足迹点兽脚类足迹的前进方向与水流方向大体一致，水流方向能从波痕推断出来。

一个近似圆形的孤立足迹，直径约为 40 厘米，编号为 JBSI-SI1p。一般来说，出自下白垩统足迹点的、相似的大而圆的足迹一般被鉴定为蜥脚类足迹（cf., Lockley, 1999）。

一号点兽脚类足迹的中趾前凸为弱到中等（介于 0.41—0.65 之间），这属于典型的 Eubrontidae（Lull, 1904）特征。JBSI-T1-R1 的一个独有的特征是位于第 II 趾后面清晰可辨的跖趾垫，这个特征在 *Eubrontes* 中很常见。不过，一号足迹点的足迹要小于 *Eubrontes* 足迹属的大部分成员，后者通常被认为是大型兽脚类足迹类型，足迹长度至少为 25 厘米（cf., Thulborn, 1990）。此外，根据 Xing et al.（2014c），早白垩世 *Eubrontes* 足迹的趾间角要大于早侏罗世的同属标本。Eubrontid 足迹在中国下白垩统中极为常见（Lockley et al., 2013）。小坝组一段可与四川盆地夹关组相对比（CGCMS, 1982）。夹关组已发现了丰富的 Eubrontid 足迹。这表明四川盆地和攀西地区 Barremian-Albian 时期的兽脚类足迹在形态上相似。

JBSI-T1 行迹的相对复步长为 1.9，这意味着动物处于行走步态而不是在慢跑或奔跑。我们运用 Alexander（1976）的速度公式，得出 JBSI-T1 造迹者的速度约为 1.9 米/秒或 7.0 千米/小时。

### 3.8.3 吉尔博石二号足迹点的兽脚类足迹

吉尔博石二号足迹点距离一号足迹点约 130 米，发现了 2 道行迹，编号为 JBSII-T1 和 JBSII-T2，分别保存有 5 个和 4 个三趾型足迹。另外还有一个孤立的足迹编号为 JBSII-TI1（图 3-66、图 3-67）。所有足迹都保存在原位。不过，这些足迹的保存方式与我们在吉尔博石一号足迹点观察到的并不相同。由于外形态学变异较大，我们暂无法将吉尔博石二号足迹点的足迹归到任何一个足迹属。

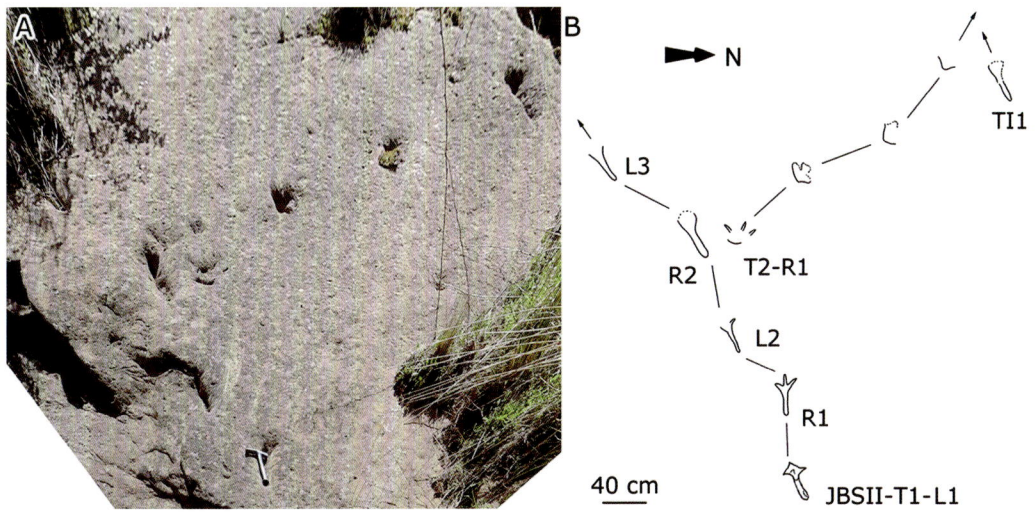

图 3-66　吉尔博石二号足迹点照片（A）和足迹分布图（B）

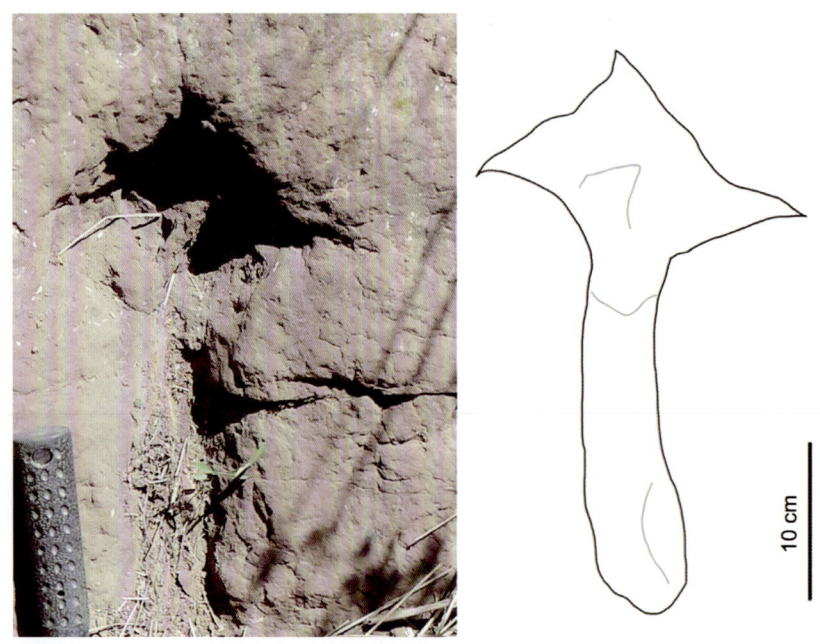

图 3-67　吉尔博石二号足迹点保存较好的兽脚类足迹的照片与轮廓图

JBSII-T1 和 JBSII-TI1 的足迹都有典型的兽脚类特征,例如明显向前突出的第 III 趾,大的步幅角(162°),以及相当高的长宽比值(平均为 1.6)等。两道行迹(JBSII-T1 和 JBSII-TI1)都保存了延长的、棒状的脚跟或跖骨印。所有这些跖骨印与足迹之间都存在相当清晰的界限,很显然是由于湿软的沉积物造成的(Kuban, 1986, 1989a)。尽管我们仍不清楚这些保存完好的跖骨印是如何形成的,但至少可以肯定,它们与造迹时湿软的沉积物有关(Lockley et al., 2006f)。此外,夹关组的汉溪足迹点、宝源足迹点等地也发现了大量带有跖骨印的兽脚类足迹,这表明,造迹者在极度湿软的沉积物上行走时,会表现出与平时不同的步态,但这种步态并没有让动物明显减速。从某个角度讲,这类足迹或许反映出兽脚类造迹者独特的多样性。

## 3.9 足谷和依子足迹点

足谷足迹点位于凉山州喜德县洛哈镇足谷村,位于小坝组二段,这里发现了 4 个蜥脚类足迹(图 3-68,表 3-17)。依子足迹点位于喜德县洛哈镇依子村,同样位于小坝组二段,这个足迹点发现了发育的泥裂和 12 个蜥脚类足迹(图 3-69,表 3-17)。

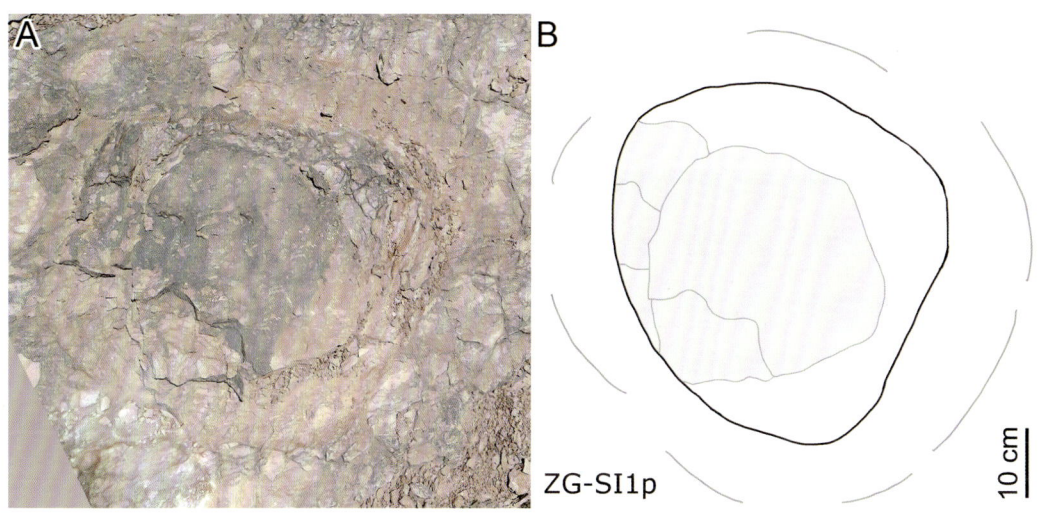

图 3-68 足谷足迹点的蜥脚类足迹照片（A）与轮廓图（B）

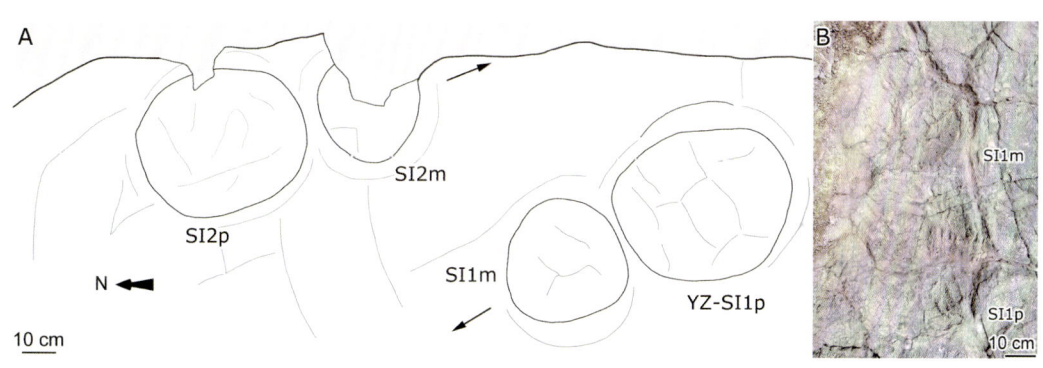

图 3-69 依子足迹点的蜥脚类足迹分布图（A）与足迹特写照片（B）

表 3-17 小坝组足谷和依子足迹点蜥脚类足迹测量数据（单位：厘米）

| 编号 | ML | MW | L/W |
| --- | --- | --- | --- |
| ZG–SI1p | 53.3 | 48.8 | 1.1 |
| YZ–SI1p | 51.2 | 41.6 | 1.2 |
| YZ–SI1m | 35.2 | 34.5 | 1.0 |
| YZ–SI2p | 48.8 | 39.7 | 1.2 |
| YZ–SI2m | 30.1 | 30.7 | 1.0 |

足谷足迹点的大部分足迹都保存较差。其中一个保存情况一般的蜥脚类后足迹编号为 ZG-SI1p。依子足迹点的足迹保存较好，但缺失行迹。两对保存完好的前-后足迹编号为 YZ-SI1 和 YZ-SI2。这些足迹的尺寸大体相等，后足迹长为 48.8—53.3 厘米，长

宽比值为 1.1—1.2。这个比值与典型的蜥脚类足迹相接近，例如 *Brontopodus*（Farlow et al., 1989）。足谷足迹点 ZG-SI1p 足迹的部分内部区域被沉积物回填，因此缺失形态学细节。跖趾垫有十分平滑弯曲的后缘。

在依子足迹点，高度发育的泥裂破坏了 YZ-SI1 和 YZ-SI2 的形态，也抹去了任何可辨别的趾印。前足迹与后足迹的足迹异度为 1:1.9，从这个特征来看，依子足迹不同于德克萨斯州的 *Brontopodus birdi* 足迹，后者的足迹异度值为 1:3（Farlow et al., 1989; Lockley et al., 1994a），但依子足迹却与中国早白垩世的另一些 *Brontopodus* 足迹相似，诸如山东崀山足迹点的标本，后者的足迹异度低至 1:1.5（Xing et al., 2013k）。

足谷足迹点和依子足迹点的蜥脚类足迹表明，攀西地区的恐龙动物群一直存活到了小坝组二段。

# 第4章

# 四川盆地早白垩世恐龙足迹研究

## 4.1 发现与研究历史

四川地区夹关组恐龙足迹的首次发现与一位古生物学界泰斗密切相关，他就是杨钟健先生。

杨钟健（1897—1979年），字克强，陕西省华县人，中国科学院院士，是我国古脊椎动物学的奠基人。1923年从北京大学地质系毕业后，杨钟健到德国慕尼黑大学攻读古脊椎动物学。学成回国后，在半个多世纪的漫长岁月中，他一直从事着古脊椎动物学的研究。杨先生组织了中国第一个地质学术团体——北京大学地质研究会，撰写了中国第一部古脊椎动物学专著——《中国北方啮齿类化石》，领导了周口店北京猿人遗址的发掘，为学科做出了重大的贡献。

与中国多数足迹点一样，夹关组的首次脊椎动物记录是由地质调查队发现的。1960年，杨钟健先生描述了地质调查队交送的数个来自四川宜宾的恐龙足迹。这篇论文用英文写作，在论文的脚注中则用中文注明了具体的足迹点：四川省宜宾市观音镇改进乡观音冲。然而，此后很多年间，不断有学者前往该地区寻找足迹及其原始层位，却一直一无所获。

2015年夏，笔者和自贡恐龙博物馆前馆长彭光照研究馆员、华西都市报刘建记者等再次前往改进乡探访，经过与当地居民的多次沟通，基本可以确认杨先生1960年论文脚注处的"观音冲"应该为"官元冲"。这个讹误可能是研究者与送标本方都存在口音的缘故（杨先生曾经把宜宾市"马鸣溪"渡口发现的蜥脚类恐龙误命名为"马门溪龙"）。经过长时间的搜寻，我们在官元冲找到了小面积的夹关组露头，但因为植被非常繁茂，并没有发现足迹。

1967年5月至1971年8月，四川省地质局第二区域地质测量队在峨眉地区进行区域地质测量，编写1:20万峨眉幅（H-48-20）区域地质测量报告。在此过程中，地质测量队发现了恐龙足迹，并记录在册。

上世纪80年代，重庆自然博物馆和北京自然博物馆根据这一线索，在川主村幸福崖（峨眉山以南30千米）的下白垩统夹关组红色细砂岩落石上发现了一批足迹，这其中包括了4种恐龙足迹和1种鸟类足迹。然而，80年代的考察并没有发现四川省地质局报告的足迹。可能是由于川主公路的多次维护，最初发现的恐龙足迹极有可能在修路的过程中，或者在地质灾害，如塌方中损坏。

1989年，北京自然博物馆的甄朔南在乌鲁木齐举行的国际学术会议上，以论文摘要的形式介绍了四川峨眉早白垩世4种恐龙足迹及1种古鸟类足迹。遗憾的是，这篇重要的论文因为种种原因，直到1994年底才得以正式发表。

此后，夹关组恐龙足迹的再次发现是在2006年10月。重庆市綦江区国土资源和房屋管理局与重庆市川东南地质大队在綦江三角镇老瀛山夹关组地层发现了数百个恐龙足迹，这是当时我国西南地区白垩系发现的最大规模的恐龙足迹群。Xing et al.（2007）描述了这批足迹。

从2007年开始，邢立达的团队陆续发现并描述了夹关组的另外几个足迹点：宝源、虎山、新阳、龙井、汉溪、石庙沟和雷背等，除了宝源足迹点之外，其余的都在本项目期间完成，将在下文具体描述。

此外，2010年冬，西南石油大学陆廷清教授带学生在四川峨眉进行野外地质实习时，在峨眉川主乡的夹关组一垂直岩面上发现了一批恐龙足迹，并做了简要的描述（Lu et al., 2013）。2015年7月，笔者与陆廷清教授、自贡博物馆彭光照研究馆员等在川主地区考察，再次发现了少量的足迹。

## 4.2 宜宾、峨眉和赤水的足迹记录

### 4.2.1 宜宾官元冲的恐龙足迹

发现于宜宾官元冲的恐龙足迹非常有限，只有3个足迹，都被归入 *Yangtzepus yipingensis*（Young, 1960）。笔者于2009年重审并重新描述了这批标本（Xing et al., 2009b）。Lockley et al.（2013）和 Lockley and Xing（2015）也曾做过总结。

官元冲足迹最初被认为是来自上侏罗统嘉定系（嘉定群）（Chiating Group）（Young, 1960）。基于介形类和岩石地层学证据，Chen et al.（2006）认为官元冲足迹来自打儿凼组。嘉定系自下而上可划分为窝头山组、打儿凼组、三合组和高坎坝组。前两者可与夹关组对比，后两者可与灌口组对比（Chen et al., 2006）。如同赤水宝源窝头山组的恐龙足迹被

归入夹关组（广义）一样，我们通常将官元冲的恐龙足迹也纳入广义的白垩系夹关组足迹组合中。

*Yangtzepus yipingensis* 的模式标本是一个天然凸型三趾型足迹［编号为 IVPPV2473.1；科罗拉多大学（丹佛）的模型编号为 UCM 214.146］（图 4-1）。除了原始的描述，*Yangtzepus yipingensis* 的标本还经过多次独立的观察，如 Xing et al.（2009b），Lockley et al.（2013），Lockley and Xing（2015），这些研究都对模式标本进行了重新绘制。其中以 Lockley and Xing（2015）对模式标本和副模标本的描述最为恰当。*Yangtzepus yipingensis* 最大的特点是各趾的中轴线近乎平行，尤其是第 III 趾和第 IV 趾，而趾间角极小。

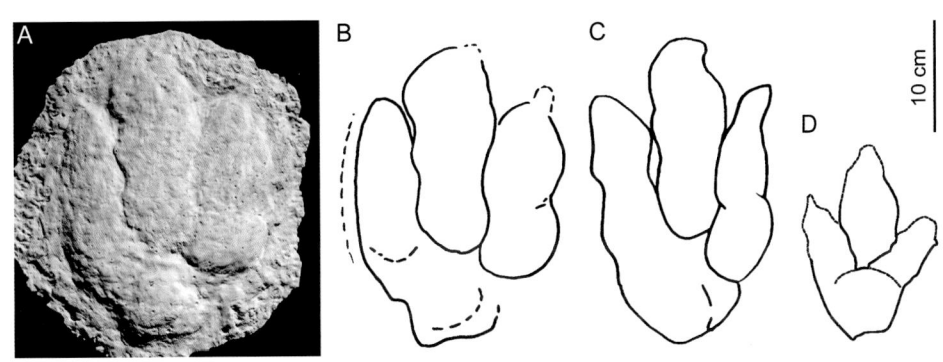

图 4-1 *Yangtzepus yipingensis* 的模式标本照片（A）与轮廓图（B）、副模标本轮廓图（C 与 D）

就模式标本而言，虽然 *Yangtzepus yipingensis* 的第 III 趾能观察到 3 个模糊的趾垫，但它的远端大为增宽，这与 Lockley and Xing（2015）重审的其他"扁平化足迹"非常相似。比起模式标本，副模标本（IVPP V2473.2）的趾更加细长，也具有数个独立趾垫的痕迹，但整体不如模式标本那么扁平。

整体而言，这些标本的趾垫都具有兽脚类趾垫的特征。正如 Lockley and Xing（2015）描述的那样，这些"扁平化足迹"存在较高的外形态变化。不过，官元冲标本受扁平化的影响并不是很大：趾垫的间隙还没有被完全掩盖或破坏。不过，一旦模式标本被认为存在显著的外形态学变化，那么其分类的有效性就可能存疑，很可能会被归为无效名。此前，Lockley et al.（2013）在意识到扁平化对足迹的影响之前，暂将 *Yangtzepus* 视为有效的足迹分类单元。

目前看来，*Yangtzepus* 的模式标本遭到了一定程度的压平，掩盖了部分原始的形态学特征，因此其足迹分类显得不太可靠。这批足迹的重要鉴定特征之一——"粗壮"的趾，必然存在重叠于兽脚类确证性形态特征之上的外形态学变化。不过，目前我们尚不清楚，也难以确证的是，细粒软性沉积物受到压缩而导致趾变平的现象（Lockley and Xing，

2015）到底会不会影响到足迹的趾间角，抑或影响到足迹的分叉程度。如果从 *Yangtzepus* 发育的跖趾垫看，该足迹类似于中国早白垩世常见的足迹属 *Asianopodus*（Xing et al.，2014l），但 *Yangtzepus* 的中趾前凸程度要弱于 *Asianopodus* 的。

*Yangtzepus yipingensis* 还有一个小足迹，Young（1960）认为最小的这个足迹虽然不完整，但明显属于前足迹。笔者不同意这个观点，认为这个较小的足迹可能是属于另外的造迹者，或是 *Yangtzepus* 的未成年个体所留（Xing et al.，2009b）。Lockley et al.（2013）也认为副模标本和正模标本的关系尚不确定。

可能是由于存在较宽的趾，Young（1960）和 Zhen et al.（1989）都认为该足迹的造迹者为鸟脚类。不过 Xing et al.（2009b）与后续的研究者都认为 *Yangtzepus yipingensis* 属于兽脚类足迹，尤其是仔细观察后，发现标本存在尖锐的爪印（Xing et al.，2009b）以及 x-2-3-4-x 的趾垫式，这些特征都暗示了其与兽脚类足迹的亲和性。

Young（1961）还认为 *Yangtzepus yipingensis* 的 3 件标本上都存在"粗糙颗粒"的皮肤印痕，并可与现生中国鳄的皮肤相对比。Lockley et al.（2013）对这些皮肤痕迹的可靠性表示怀疑。据笔者最新观察，这些所谓的皮肤印痕不仅出现在足迹上，也出现在同层的围岩上，这只是层面上的微生物席构造（如 Dai et al.，2015），与造迹者的皮肤印痕没有任何关系。

### 4.2.2 峨眉川主的恐龙和鸟类足迹

川主乡的白垩系分布于峨眉山背斜东北侧的一个次级构造——马林岩向斜的南西翼上，这套岩层的产状稳定，倾斜中等，倾角约为 45°，层序清楚、完整，厚度较大，沉积特征明显（Lu et al.，2013）。

Zhen et al.（1994）描述的峨眉地区白垩纪足迹动物群虽然足迹不多，但是夹关组早期研究史中最重要的记录，揭示了一个极具多样性的动物群。Zhen et al.（1994）的描述包括了下列足迹属种：

（1）*Velociraptorichnus sichuanenesis*（图 4-2、图 4-3），属于恐爪龙类足迹，这是世界上首次发现该类型的足迹，笔者在上文章节中已有详述。

（2）*Minisauripus chuanzhuensis*（图 4-2、图 4-4），最小的恐龙足迹，最初被 Zhen et al.（1994）归入小型鸟脚类足迹，后又被 Lockley et al.（2008a）厘定为兽脚类足迹，我们认为这种足迹可能是美颌龙类造迹者留下的。

（3）*Grallator emeiensis*（图 4-5），也是非常小的恐龙足迹，来自小型兽脚类，可能是一个未成年个体的足迹。

（4）*Iguanodonopus xingfuensis*（图 4-6），保存不佳，最初被 Zhen et al.（1994）归入禽龙类足迹。Xing et al.（2009b）将其视为 nomen nudum，Lockley et al.（2013）则认为其

图 4-2 *Velociraptorichnus sichuanenesis*（A 为模式标本）和 *Minisauripus chuanzhuensis*（B 为模式标本）所在的岩板（改自 Lockley et al., 2008a）

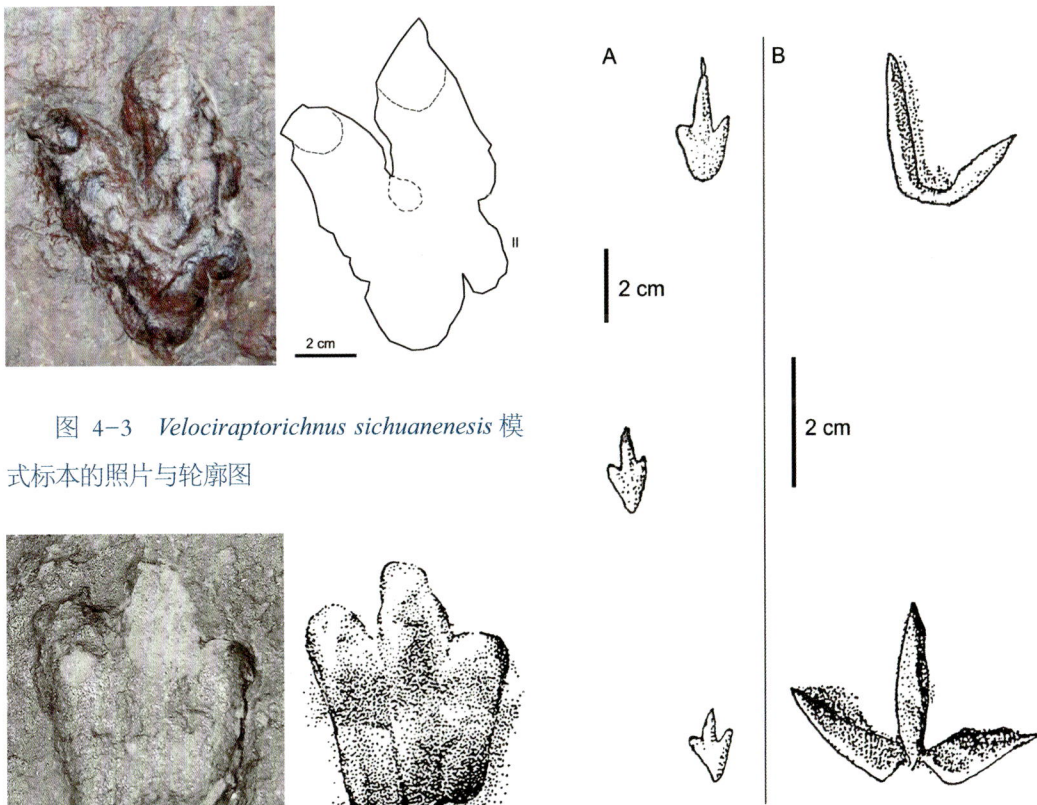

图 4-3 *Velociraptorichnus sichuanenesis* 模式标本的照片与轮廓图

图 4-4 *Minisauripus chuanzhuensis* 模式标本的照片与轮廓图（改自 Lockley et al., 2008a）

图 4-5 *Grallator emeiensis*（A）和 "*Aquatilavipes sinensis*"（B）的行迹（改自 Zhen et al., 1994）

图 4-6 "*Iguanodonopus xingfuensis*"的凹型足迹（箭头指出其尖锐的爪痕）（供图／陈伟）

属于兽脚类足迹，应将其归入 grallatorid indet.。

（5）*Aquatilavipes sinensis*（图 4-5），属于鸟类足迹。不过，*A. sinensis* 与 *Koreanaornis* 类的相似度要远大于 *Aquatilavipes* 类，因此被厘定为 *Koreanaornis sinensis*（Lockley et al., 2008a, 2012）。

峨眉地区的恐龙足迹，自从 Zhen et al.（1994）的研究之后，就慢慢沉寂下来。但最近几年，每到夏季，西南石油大学资源与环境学院的陆廷清教授便带领学生在峨眉地区开展野外实践教学，在完成实习任务的同时，也多次试图在工作区夹关组地层寻找恐龙足迹。

图 4-7 川主化石点的剖面

Lu et al.（2013）描述了 6 个来自峨眉山市川主乡以西约 1 千米处的恐龙足迹（图 4-7）。足迹来自下白垩统夹关组中部棕红色薄 — 中层状细、粉砂岩中。与众不同的，这批足迹是在垂直剖面上显现出来的，显示了其横截面。Lu et al.（2013）将足迹分为 3 种类型，分别为呈斧头状、盘状和碗形。笔者根据论文图版和陆廷清提供的现场足迹照片，重新简要描述和讨论这批足迹（图 4-8、图 4-9）。

图 4-8　川主足迹点 F001 标本照片（摄影 / 陆廷清）

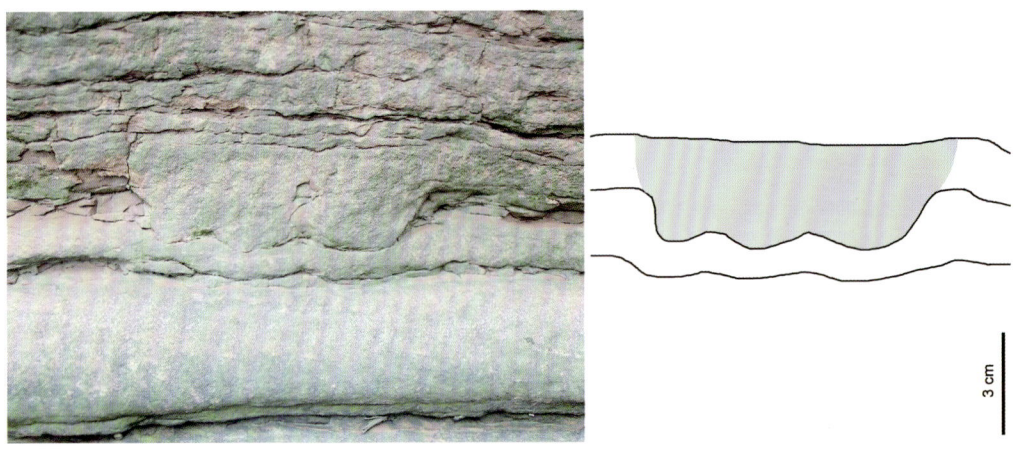

图 4-9　川主足迹点 F006 标本照片（摄影 / 陆廷清）与轮廓图

F001 保存最佳，为纵向横截面，深度为 26 厘米，足迹长为 26（底面）—29 厘米（顶面），其形态与甘肃中铺地区关沟门足迹点的 GGM-1 足迹（Xing et al., 2015b）极为相似。这种形态的足迹基于其插入和拔出沉积物的角度，可以判定是脊椎动物所留，但具体造迹者几乎无从推断，甚至无法判断其是两足动物还是四足动物。

F002 在河流侵蚀处，保存不佳。其他 4 个足迹都非常浅（F003 深度为 3.4 厘米，宽 32 厘米），其中 F003—F005 难以分辨是横向还是纵向横截面，F006 的顶面宽 8.2 厘米，底面为 6.3 厘米，很可能是横向横截面，理由是标本能大致分辨出 3 个脚趾，其中间趾最深，两外侧趾较浅。在夹关组发现的三趾型足迹包括了鸟脚类和兽脚类，前者的中间趾（第 III 趾）较短，且中趾前凸很低，形成 F006 形态的概率要远低于特征与其相反的兽脚类；加上足迹的小尺寸，因此笔者倾向于将 F006 的造迹者设定为兽脚类恐龙，可能与邻近发现的 grallatorid indet. 有关联。其他足迹带来的信息是如此有限，连做进一步的推测都难以实现。

Lu et al.（2013）将夹关组归为上白垩统下部，同时也认为夹关组的介形虫记录"具有下统与上统之间的过渡性质，即反映了早白垩世晚期和晚白垩世早期的特征，进一步确定时代尚有困难"。而本文则采用基于孢粉证据得出的 Barremian–Albian（Chen, 2009）。

虽然川主乡发现的恐龙足迹并不多，但整体而言，仍然体现了一定的多样性。目前已经记录了兽脚类（恐爪龙类和小型、中型兽脚类）、鸟类，以及可能的覆盾甲龙类（见下文）。

### 4.2.3 峨眉川主新足迹点：可能的甲龙类足迹

覆盾甲龙类（Thyreophora）属于鸟臀类恐龙，是一类普遍带有皮内成骨的植食性恐龙，生活在早侏罗世至晚白垩世，可分为剑龙类（Stegosauria）与甲龙类（Ankylosauria）。

四川下白垩统夹关组地层记录了多样化的恐龙 - 翼龙足迹动物群，自 2007 年以来有多次发现，其中以重庆綦江莲花保寨、古蔺汉溪为主。Xing et al.（2007）曾描述了莲花保寨的甲龙类足迹，但如今被认为是鸟脚类足迹的幻迹，因此整个夹关组尚未有覆盾甲龙类足迹的记录。

然而，在上世纪 70 年代的地质报告中，我们发现了一个非常有趣的线索。1967 年 5 月至 1971 年 8 月，四川省地质局第二区域地质测量队在峨眉地区进行区域地质测量，并最终形成了 1:20 万峨眉幅（H-48-20）区域地质测量报告（TSRGST, 1971）。在报告的第 62 页，区调队记录了峨眉川主地区的一批恐龙足迹，并配有插图（报告之图 48）。报告中记录："本组未保存骨骼化石，仅在川主公路（川主公社以西 1 千米）旁，夹关组中部砖红色细砂岩层面上，发现了三列同方向（向西）的恐龙行迹。"这是关于夹关组（狭义）恐龙足迹的最早记录。报告还提供了一道行迹的插图，共 8 个足迹，以及其中一个足迹的轮廓图特写。

区调队还注明了跟部的位置以及足迹的深浅变化,足迹最深的地方为6—7厘米。

笔者与四川省地质局的"后身"——四川省地质矿产勘查开发局取得联系,但无法获得足迹的更多资料。报告的素描图成了我们了解这批足迹的唯一来源。

根据四川省地质局第二区域地质测量队描绘的行迹,该行迹包括了8个足迹,本文将其编号为CZ-O1-RP1—CZ-O1-LP4。2015年,笔者在原化石点附近采集的一个孤立的天然凸型足迹则编号为CZ-I1(图4–10)。

CZ-O1行迹的所有足迹在形态上相似,都为明显的四趾型。足迹的间距非常宽,后足三角宽/后足长的值为2.4(Marty, 2008),所有足迹稍微向行迹中线内旋。这批足迹都没

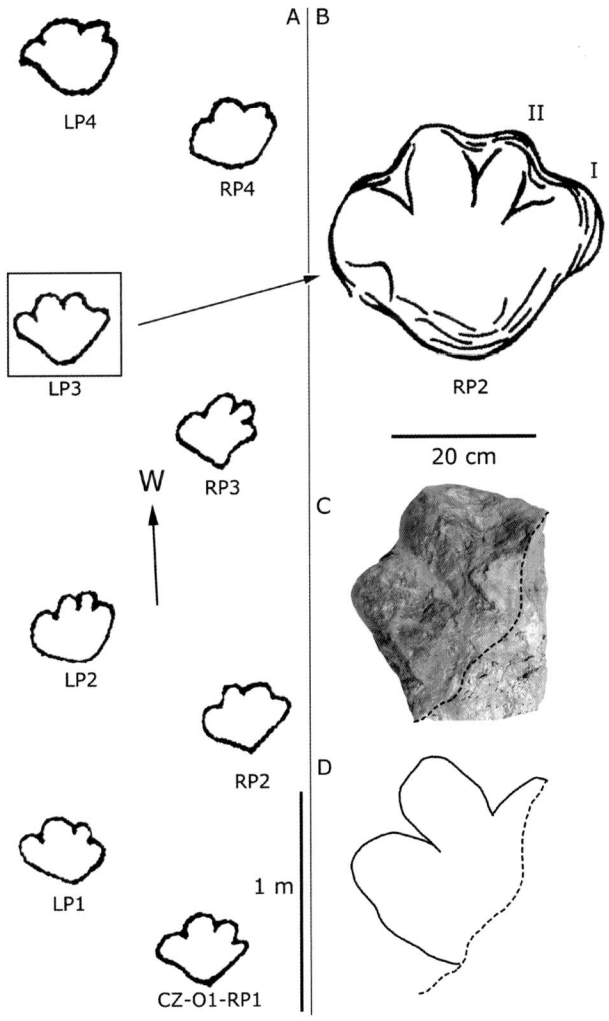

图4–10 峨眉幅区域地质测量报告所记录的行迹(A)与足迹特写(B)(TSRGST, 1971);原化石点附近采集的孤立的天然凸型足迹CZ-I1照片(C)与轮廓图(D)

有保存前足迹，尚不清楚是由于前足迹较浅而没有画出，还是没有保存。以其中保存最好的 CZ-O1-LP2 为例。CZ-O1-LP2 的前后缘都有明显的沉积物挤压脊。足迹长约 31 厘米，宽 41 厘米，长宽比值为 0.8。第 III 趾向前突出最远。4 个趾头长度相似（11—12 厘米），第 II 趾最窄，第 I、III 和 IV 趾尺寸相似。各趾末端圆钝。脚跟部最深，后缘平滑弯曲，正对着第 III 和 IV 趾的分界。第 I 趾和第 IV 趾之间的趾间角为 91°，平均步幅角为 79°。

CZ-I1 长约 30 厘米，深约 6 厘米，保存了一个外侧趾（可能是第 I 趾或第 IV 趾），两个内侧趾只有一个完整，各趾末端圆钝。无论从尺寸还是趾的特征，CZ-I1 都与 CZ-O1 足迹非常相似。川主足迹点发现过禽龙类足迹（Zhen et al., 1994），但足迹较小（长 21 厘米），且爪痕相对尖锐（Xing et al., 2009），这些特征与 CZ-I1 有区别。这个禽龙类足迹如今被归入 grallatorid（Lockley et al., 2013）。

通过对这些足迹的详细描述，笔者认为它们极有可能属于覆盾甲龙类（可能是其中的甲龙类）。覆盾甲龙类足迹在加拿大（McCrea et al., 2001b, 2014a）和美国西部（Lockley et al., 2014e）十分常见，保存在当地的下白垩统下部到上白垩统下部的沉积物中，德国（Nopsca, 1923；Hornung and Reich, 2014）和澳大利亚（Lockley et al., 2012h）也有发现，但在亚洲极为罕见（Fujita et al., 2003）。

川主足迹的形态与部分覆盾甲龙类（如 Apesteguía and Gallina, 2011）的后足骨骼相符。足迹属 *Tetrapodosaurus* isp.（Sternberg, 1932; McCrea et al., 2001b）和 *Ceratopsipes*（Lockley and Hunt, 1995）都是具有圆钝趾尖的四趾型后足迹。*Ceratopsipes* 一般被视为是角龙类足迹（Lockley and Hunt, 1995），而 *Tetrapodosaurus* 一般被认为是甲龙类所留，因为它们的形态分别与这两类恐龙的足部骨骼相对应（McCrea et al., 2001b）。这些结果也通过对比半跖行式、跖行式四趾型鸟臀类足迹与潜在造迹者的足部骨骼（Lockley and Gierliński, 2014）而得到了验证。基于 *Tetrapodosaurus* 的模式标本，其轮廓清晰的后足迹趾印长于 *Ceratopsipes* 的（Lockley and Gierliński, 2014）。但是，目前发现的 *Certatopsipes* isp. 足迹数量远少于 *Tetrapodosaurus* isp.，这使得前者的数据库相对贫乏。

川主足迹和 *Tetrapodosaurus* 具有以下共同特征：中等大小（*Tetrapodosaurus* 模式标本后足迹长 33.8 厘米），宽大于长的四趾型后足迹，宽间距行迹。不过，在典型的 *Tetrapodosaurus* 中，后足第 I 趾的长宽均为最小，且指向足迹中线，而第 II 趾至第 IV 趾具有相似的长宽，并收拢在一起，其足迹长轴则偏向行进方向。

相似的四趾型足迹在中国仅有一处记录，来自山东岌山足迹点。然而，岌山四趾型足迹的尺寸较小（19—27 厘米），且为明显的窄间距，Xing et al.（2013k）认为这些足迹与当地常见的鹦鹉嘴龙类（psittacosaurs）化石记录可能有一定程度的亲和性。除了尺寸与间距的明显差异，岌山标本的中间趾（第 III 和第 IV 趾）明显要比川主标本的延长。

*Tetrapodosaurus* 常见于北美科迪勒拉山系（Cordilleran，纵贯北美洲西部的山系，

包括落基山脉、内华达山脉、海岸山脉、喀斯喀特山脉等)下白垩统最下部至上白垩统下部的沉积物中，尤其是在其白垩纪中期（Aptian–Cenomanian）（McCrea et al., 2014a）。McCrea et al. (2001b) 将大量加拿大的四趾型足迹归入甲龙类。此外，美国科罗拉多州 Dakota Sandstone（Albian–Cenomanian）中也保存有大量 *Tetrapodosaurus* isp.，最近还在澳大利亚西部的 Broome Sandstone（Valanginian?）中发现了这类足迹（Lockley et al., 2014e）。常见的北美 *Tetrapodosaurus* isp. 足迹点与夹关组有着相似的地质年龄区间（Barremian–Albian）。

北美白垩系中有大量 *Tetrapodosaurus* isp. 和 *Tetrapodosaurus* 形态类型足迹，尤其是来自加拿大的 Valanginian–Turonian（McCrea et al., 2001b, 2014a）和科罗拉多的 Aptian-Cenomanian（Kurtz et al., 2001; Lockley et al., 2006g, 2014e; Lockley and Gierliński, 2014）的标本。不过中国的红层中尚未发现过此类足迹。事实上，近几年来，夹关组足迹点的新记录都表明该组保存的足迹以蜥臀类为主（Lockley et al., 2015b; Xing et al., in press i, 2016b），其中夹杂有一些鸟脚类足迹（Xing et al., 2007, 2015o, 2016b）。造成这种差异的原因可能是古环境因素，这表明川主足迹点可能有些不同寻常。虽然中国和北美的足迹动物群有相似之处，如夹关组的 *Irenesauripus* isp.（Xing et al., 2011f）与加拿大的 *Irenesauripus* 相似，*Wupus agilis*（Xing et al., 2015g）与加拿大早白垩世（Albian）的 *Limiavipes curriei*（McCrea et al., 2014a）相似，但两大区的足迹动物群构成还是存在比较大的差异。例如，中国的白垩纪没有发现北美常见的鳄类足迹（Lockley et al., 2015c）。同样，越来越多的证据表明中国白垩纪的恐爪龙类足迹远多于其他地区（Lockley et al., in press b），此外，小型兽脚类足迹 *Minisauripus* 也是东亚特有。

McCrea et al. (2001b, 2014a) 依据大量的北美足迹群建立了 *Tetrapodosaurus* 足迹相。这种甲龙类足迹保存在富含有机质的低能基底中，而且就其原始定义来看，*Tetrapodosaurus* 足迹相几乎不存在两足造迹者。这种基底最典型的代表是科罗拉多滨海平原相（Lockley et al., 2006g, 2014e），那里保存的足迹也以甲龙类为主。虽然甲龙类足迹也可能会出现在有机质含量低的高能沉积物中，但此类以两足动物足迹为主的组合不属于 *Tetrapodosaurus* 足迹相。川主地区含足迹地层主要由河流相粉砂岩组成（Lu et al., 2013; Dai et al. 2015），表明这种沉积环境和北美富含有机质的滨海平原沉积相大不相同。

综上所述，下白垩统夹关组河流相红层的川主足迹点中，至少有一道行迹和可能属于甲龙类的大型四趾造迹者具有高度亲和性。该道行迹因没有保存前足迹而显得比较特殊，究其原因，可能是足迹互相重叠或保存问题。因为亚洲的甲龙类足迹非常罕见，因此该记录显得非常重要。相比之下，北美（美国和加拿大）的白垩系中则保存有大量的甲龙类足迹。

### 4.2.4 赤水宝源的恐龙足迹

1995 年，在赤水市宝源乡，当地人有了一些有趣的发现。他们在宝源乡的深山老林中的一些巨厚的落石上发现了形状像鸡爪的脚印，当地村民们把它们称为"天鸡石"。上面的每个"天鸡脚印"不仅长、宽相等，而且足迹之间的距离也几乎相等。

实际上，这些"天鸡脚印"是恐龙足迹，来自下白垩统窝头山组（夹关组）地层。2011 年，笔者描述了这批恐龙足迹，发现的足迹组成了 7 道非鸟兽脚类行迹，此外还有一些孤立的足迹（Xing et al., 2011a）。这 7 道行迹都保存在一块大型的、几乎垂直的砂岩坍塌体上，实地工作阻碍很大，因此，我们只观察了坍塌体中下部的足迹（图 4-11、图 4-12、图 4-13）。

图 4-11 赤水市宝源乡"天鸡石"的照片与行迹分布

图 4-12 宝源足迹点兽脚类足迹的照片与轮廓图

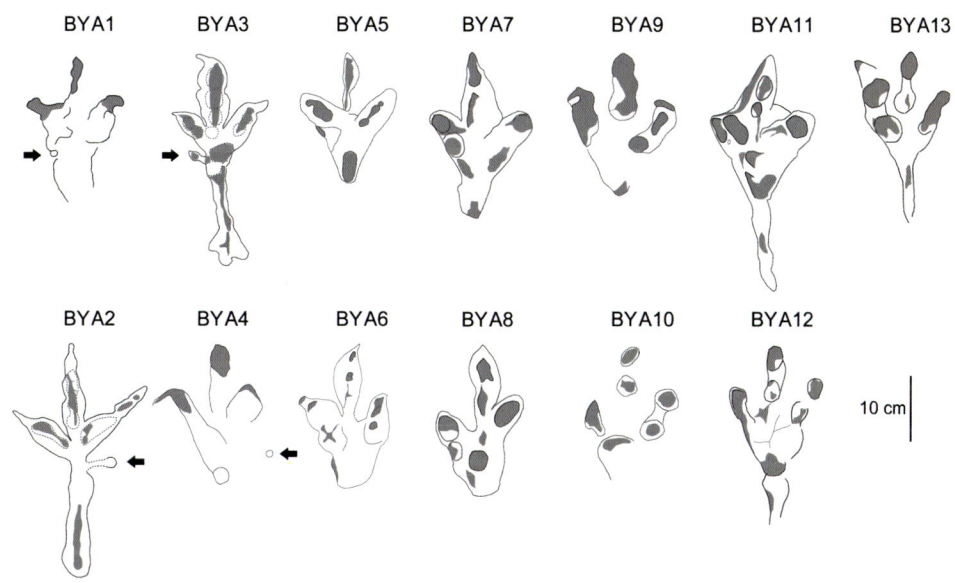

图 4-13 宝源足迹点兽脚类行迹轮廓图

从形态上，这批足迹暂时被笔者归入 cf. *Irenesauripus* isp.。这批足迹的大多数标本的跖趾区都保存了不同大小的、延长的跖骨印。重复出现的跖骨印可能代表了一种特殊的沉积环境，比如地面非常泥泞，恐龙行走困难，才留下了这么独特的痕迹。但是，来自汉溪足迹点的同类足迹表明，这种行走步态对恐龙的速度并无明显的影响。

此外，一些延长的趾印可能暗示着其造迹者的第 II 趾拥有一个超过其他趾的长爪，从形态上有些类似于现生的叫鹤（一种大型鸟类，在地面上奔跑捕食，脚上醒目的大爪是其捕猎的重要武器）的脚部大爪，但这个特征还需要更多的证据。

基于 2011 年的夹关组足迹化石记录，Xing et al.（2011a）认为当地早白垩世的恐龙动物群缺乏蜥脚类，而以兽脚类和鸟脚类为主。但此后笔者在夹关组多处足迹点发现了蜥脚类足迹。

## 4.3 莲花保寨足迹点

正如上文反复提到的，虽然中国四川盆地的中上侏罗统发现了丰富的 *Shunosaurus–Mamenchisaurus* 恐龙动物群（Peng et al., 2005），但其白垩系缺失恐龙化石的问题由来已久。中国西南四川盆地下白垩统发现的恐龙足迹组合让我们有机会一窥早白垩世动物群的组成，也有机会去了解该地区的古生态系统在 *Shunosaurus–Mamenchisaurus* 恐龙动物群之后是如何演替的。綦江莲花保寨足迹点便是其中最闪耀的一个足迹点。

2006 年，重庆市綦江区国土资源和房屋管理局与重庆市川东南地质大队在重庆綦江莲花保寨发现了数百个恐龙足迹。Xing et al.（2007）描述了这些足迹，并把它们归入 4 个遗迹属：*Caririchnium lotus*（新种）、*Wupus agilis*（新属新种）、*Laoyingshanpus torridus*（新属新种）和 *Qijiangpus sinensis*（新属新种）。

在理解了足迹的重要性之后，为了更好地保护足迹点，綦江的恐龙足迹和硅化木发现区域于 2007 年纳入省级地质公园管理体系；2009 年 5 月被批准为第一批国土资源科普基地；2009 年 8 月被国土资源部批准为国家地质公园；2013 年 4 月通过国土资源部的实地验收，正式批复该国家地质公园。目前，该国家地质公园分为木化石景区、古剑山景区和老瀛山景区。在公园官方网站上，该园被概括为"以木化石为核心，恐龙足迹为主体，丹霞地貌为特色，兼顾林海景观和宗教文化景观的大型综合性地质公园"。由于恐龙足迹保存完好，一道瀑布飞流直下，以及位于丹霞地貌中的古老山寨，莲花保寨足迹点成了国家级乃至世界级的旅游胜地。现在，游客可以自己驾车来到莲花保寨山脚，经过一道专门修建的、约 800 级的陡峭阶梯抵达足迹点。

綦江莲花保寨足迹点在人文角度也是可圈可点。莲花保寨是一个知名的要塞，至少可追溯到 13 世纪中后期蒙古军队入侵中原的时期（公元 1256 年，南宋宝祐四年），也就是说，此地的人们早在 760 年前便发现了这些足迹。在作为要塞期间，大部分足迹被泥土覆盖，以使人们在地面行走时更加便利，也正因为如此，大部分恐龙足迹被覆盖物保护了起来（图 4-14）。Xing et al.（2011c）讨论了恐龙足迹与当地民间传说之间的密切关系。"莲花"这一名字反映了当地居民的信仰（道教），即足迹点代表了水中（波痕）的荷叶（泥裂）和莲花（鸟脚类足迹）。

2011 年，甘肃省地质博物馆的总工程师李大庆首先发现了莲花保寨的翼龙足迹，随后，笔者等对翼龙足迹做了详细的描述。2012 年，笔者等描述了莲花保寨一罕见的大型鸭嘴龙型类三维凸型足迹（*Caririchnium lotus*）。此外，笔者等还重新考察并描述了莲花保寨的 *Wupus agilis*。*Wupus* 最初被鉴定为一种小型非鸟兽脚类足迹，现在被认为是大型鸟兽脚类（鸟类）的足迹，归到足迹科 Limiavipedidae。2012 年 11 月，笔者带领国际考察队对足迹点进行了详尽的考察，并用透明塑料膜绘制了整个足迹点的足迹分布图（编号 CUGB-Q）（图 4-15），同时对保存最佳的 *Caririchnium lotus* 进行了测量和拍照，以便进行二维和三维分析，所有 *Caririchnium lotus* 都被重新描述，并发掘其形态学、保存方式，以及古生态学上的新信息。

简要来说，綦江国家地质公园莲花保寨足迹点为典型的恐龙 - 翼龙足迹组合，包括了超过 300 个的鸟脚类、鸟类、翼龙类、非鸟兽脚类和蜥脚类足迹。

图 4-14 莲花保寨足迹点（A）与南宋时期想象图（B）（绘图/张宗达）

### 4.3.1 足迹的分布

足迹保存在至少 7 个岩层中（图 4-15、图 4-16），我们分别用 QI—QVII 来表示。由于沉积岩层厚度有变化，我们测量了莲花保寨的 3 个剖面，剖面表明岩层厚度从北北西向（剖面 A）到南南东向（剖面 C）逐渐变薄。

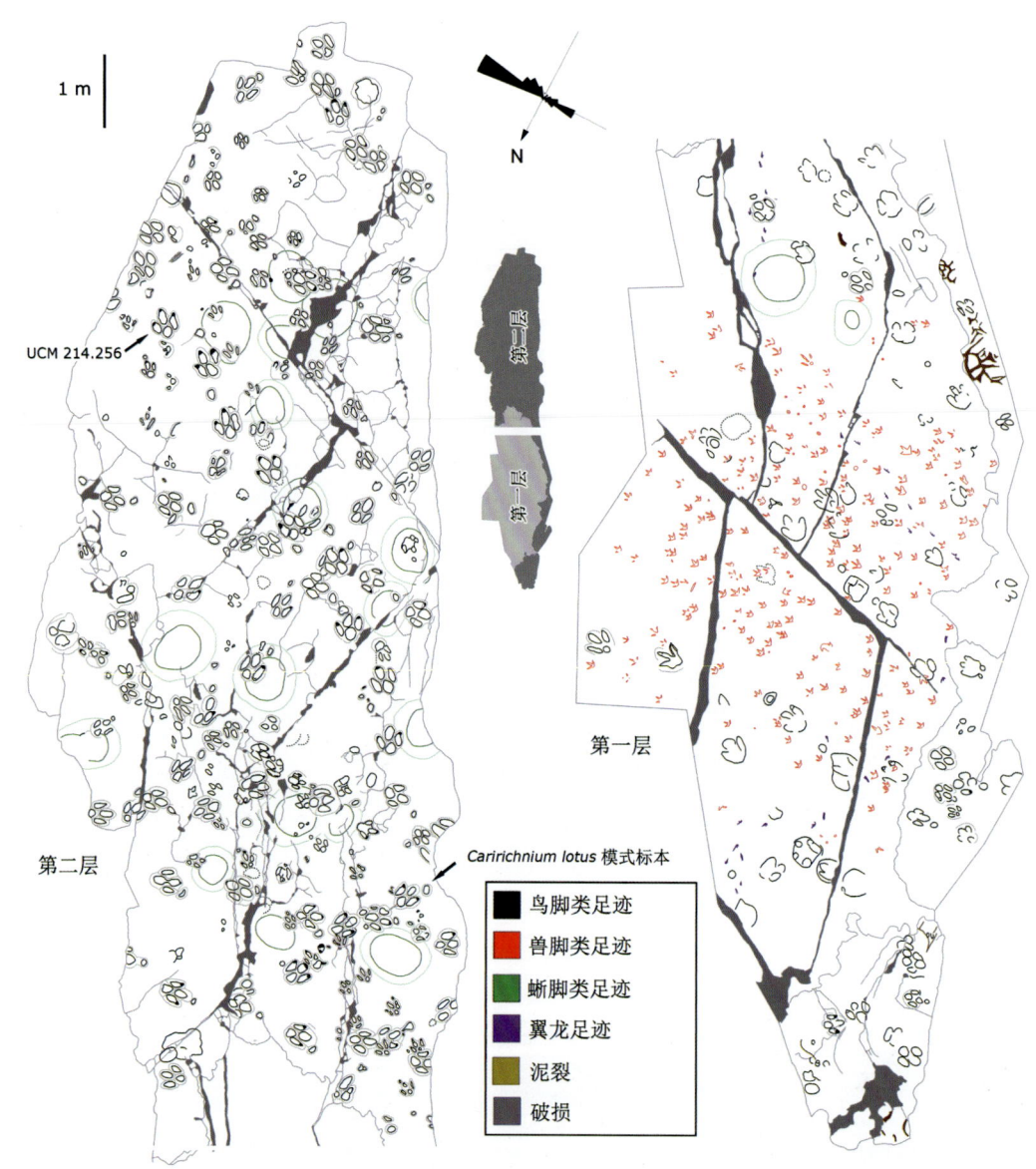

图 4-15 莲花保寨足迹点足迹分布图

QI 和 QII：最底下的层面（QI）以小型三趾型 *Wupus agilis* 和翼龙 *Pteraichnus* isp. 行迹为主。第二层（QII）比最底层（QI）高出约 10 厘米，包含大型鸟脚类 *Caririchnium lotus* 和少量无脊椎动物遗迹化石。这两个不同的足迹组合之间仅有薄薄的地层间隔，这足以让 *C. lotus* 足迹在最底层的表面留下幻迹。

QIII：第三层（QIII）约在 QII 层之上 50 厘米处，在长形砂岩层的底面发现有几个重叠的鸟脚类凸型足迹。綦江区国土资源和房屋管理局采集了部分鸟脚类凸型足迹，包括

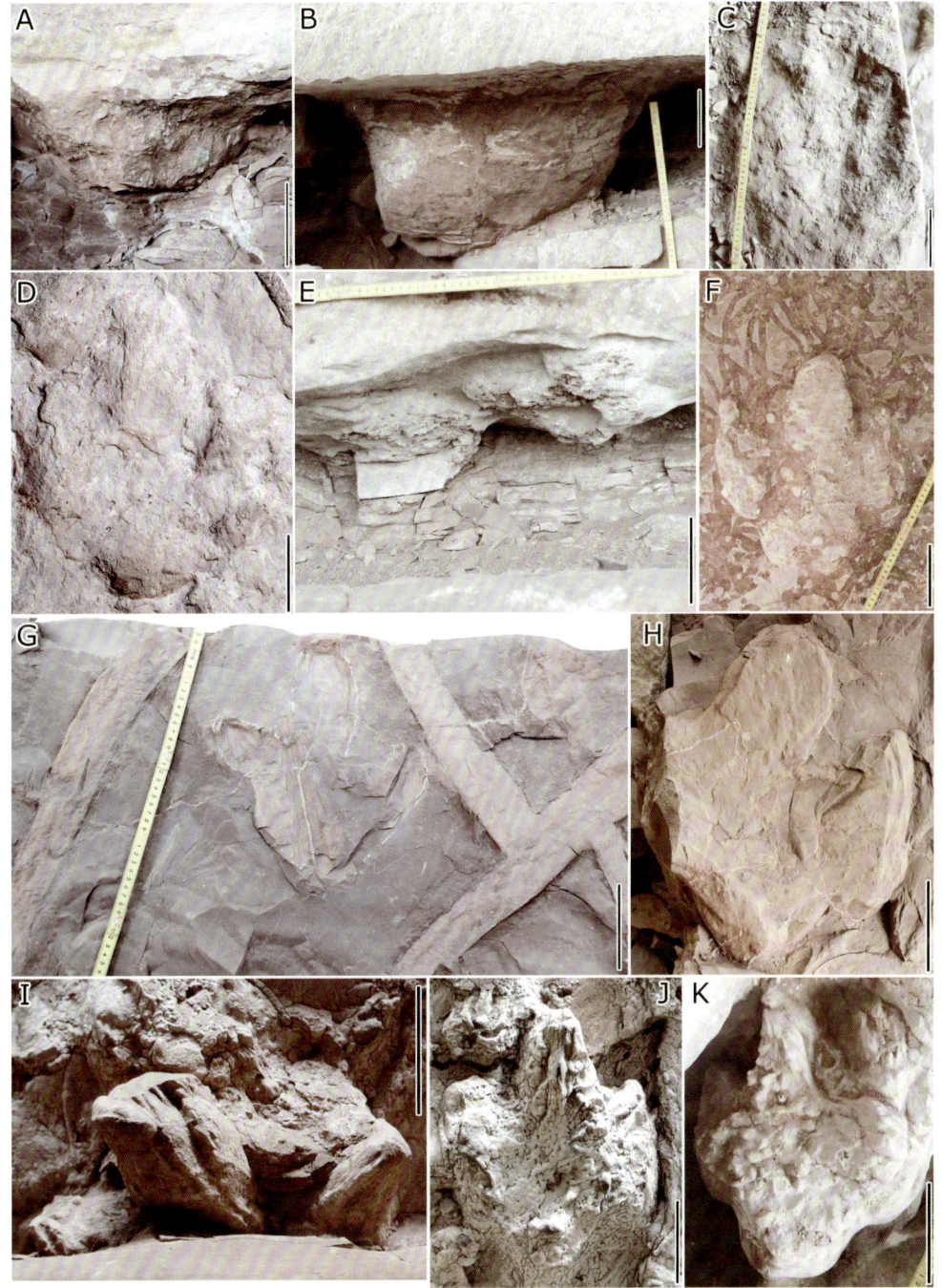

图 4-16 莲花保寨足迹点各层的恐龙足迹

QIII 的鸟脚类凸型足迹（A）和蜥脚类凸型足迹（B），QIV 的鸟脚类凹型足迹（C）与凸型足迹（D），QV 的鸟脚类凸型足迹（E），QVI 的鸟脚类凸型足迹（G 与 H），QVII 的鸟脚类凸型足迹（F、I—K）

两套复杂的重叠迹。另外，在坍塌的砂岩板上还有 7 道小型鸟脚类行迹，行迹都由凹型足迹组成，这些足迹很可能也属于 *Caririchnium lotus*。

QIV：第四层（QIV）足迹在剖面 B 和剖面 C 都有发现，位于 QIII 层之上约 1.2 米，保存了泥裂、波痕，以及 2—3 个保存不佳的 *Caririchnium lotus* 凹型足迹。

QV 和 QVI：第五层（QV）和第六层（QVI）仅发现于剖面 A，分别位于第四层之上约 0.5 米和 1 米处。保存的足迹包括蜥脚类和鸟脚类。所有蜥脚类足迹都是深的凸型足迹。砂岩层上的鸟脚类凸型足迹与非常发育的泥裂一同保存，后者被当地人认为是"荷叶的叶脉"。

QVII：第七层（QVII）在剖面 B 和剖面 C 都有发现，高出下层约 1 米。发现有密集的无脊椎动物遗迹化石，它们和恐龙足迹共存，这是该层的独特特征。大多数足迹属于鸟脚类，只有一个孤立的足迹属于蜥脚类。

莲花保寨不同岩层的四足类足迹组合各不相同。翼龙类和鸟类足迹只保存在第一层，鸟脚类和蜥脚类在一些岩层共存，但在其他岩层则各自独立存在。Xing et al.（2015o）指出，小型兽脚类和翼龙类很可能更倾向于在稳定的砂质沉积物上活动，而不喜欢高度湿润的淤泥层，因为后者会使它们陷入更深，行走时更费力（Garcia-Ramos et al., 2002）。随后沉积的第二层是 10 厘米的砂岩层，一群鸟脚类造迹者在这里留下了足迹，其中一些足迹被传递至第一层而成为幻迹。大部分出自其他岩层的足迹都是较深的凸型足迹，这表明这些岩层所代表的基底非常软。

### 4.3.2 鸟脚类足迹

**Ornithischia Seeley, 1888**

**Ornithopoda Marsh, 1881**

**Iguanodontopodidae Lockley et al., 2014b**

***Caririchnium* Leonardi, 1984**

***Caririchnium lotus* Xing et al., 2007**

模式标本：莲花保寨一对完整的凹型前 – 后足迹，编号为 QII-O20-RP2 和 QII-O20-RM2（旧标本号为 QJGM-T37-3）（图 4-17、图 4-18，表 4-1）。原始标本保存在原位。

副模标本：标本 QII-O20-RP1—QII-O20-RM1 和 QII-O20-LP2—QII-O20-LM2 为 2 对凹型前 – 后足迹，和模式标本处于同一行迹内。标本 QII-O9-LP4—QII-O9-LM4，QII-O9-RP4—QII-O9-RM4 和 QII-O9-LP5—QII-O9-LM5 包含 3 对前 – 后足迹（图 4-17）。和模式标本一样，所有这些标本都保存在原位。一对前 – 后足迹模型馆藏于科罗拉多大学（丹佛）标本馆，编号为 UCM 214.256。

位置和地层：中国重庆綦江莲花保寨足迹点，下白垩统夹关组（Barremian–Albian）。

鉴定特征（修订）：大型（约35厘米）四足鸟脚类足迹。后足迹亚中轴对称，功能性三趾型，四分形态，由三个趾和一个被明显的脊所分隔开的脚跟组成。平均长宽比值为1.1。平均中趾前凸值（前三角长宽比值）为0.37。前足迹近似椭圆形到半圆形，位于后足迹的前外侧，有时能观察到不清晰的前–内侧趾印。典型的足迹异度为1:6.1。

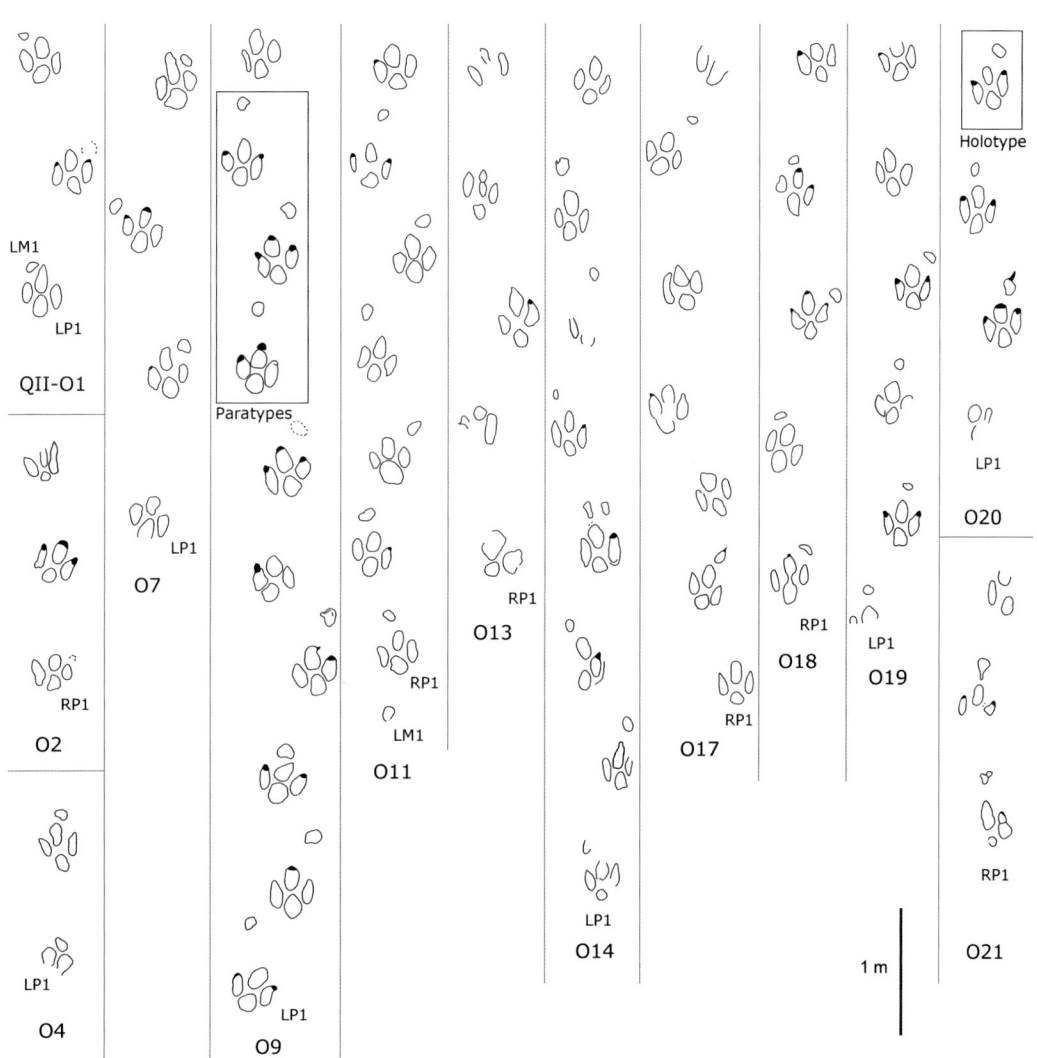

图 4-17　莲花保寨足迹点 QII 的鸟脚类足迹形态类型 A 行迹

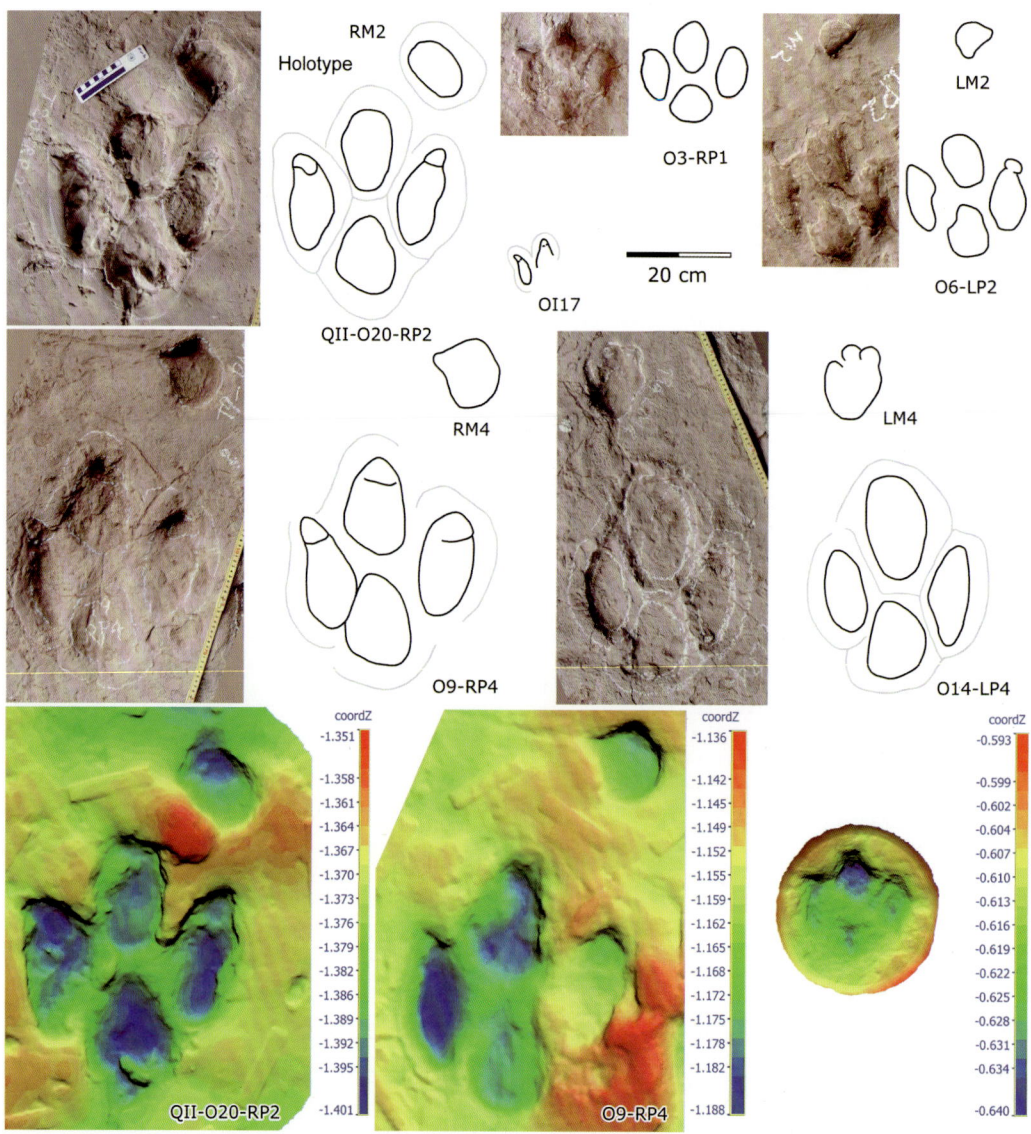

图 4—18 莲花保寨足迹点保存最好的一批鸟脚类足迹

描述：莲花保寨暴露了至少37道鸟脚类行迹，编号为QI-O1—QI-O6、QII-O1—QII-O24和QIII-O1—QIII-O7；另外还有至少38个孤立的鸟脚类足迹保存在第二层（图4-19、图4-20，表4-1、表4-2）。所有这些足迹都为凹形足迹。莲花保寨的鸟脚类足迹长度介于15—48厘米之间。行迹QII-O1、QII-O2、QII-O4、QII-O7、QII-O9、QII-O11、QII-O13、QII-O14和QII-O17—QII-O21的后足迹长于30厘米，我们用形态类型A来指代。其他后足迹短于30厘米，我们用形态类型B来指代。下文将根据形态类型A和形态类型B的两对典型足迹来进行详细描述与对比。

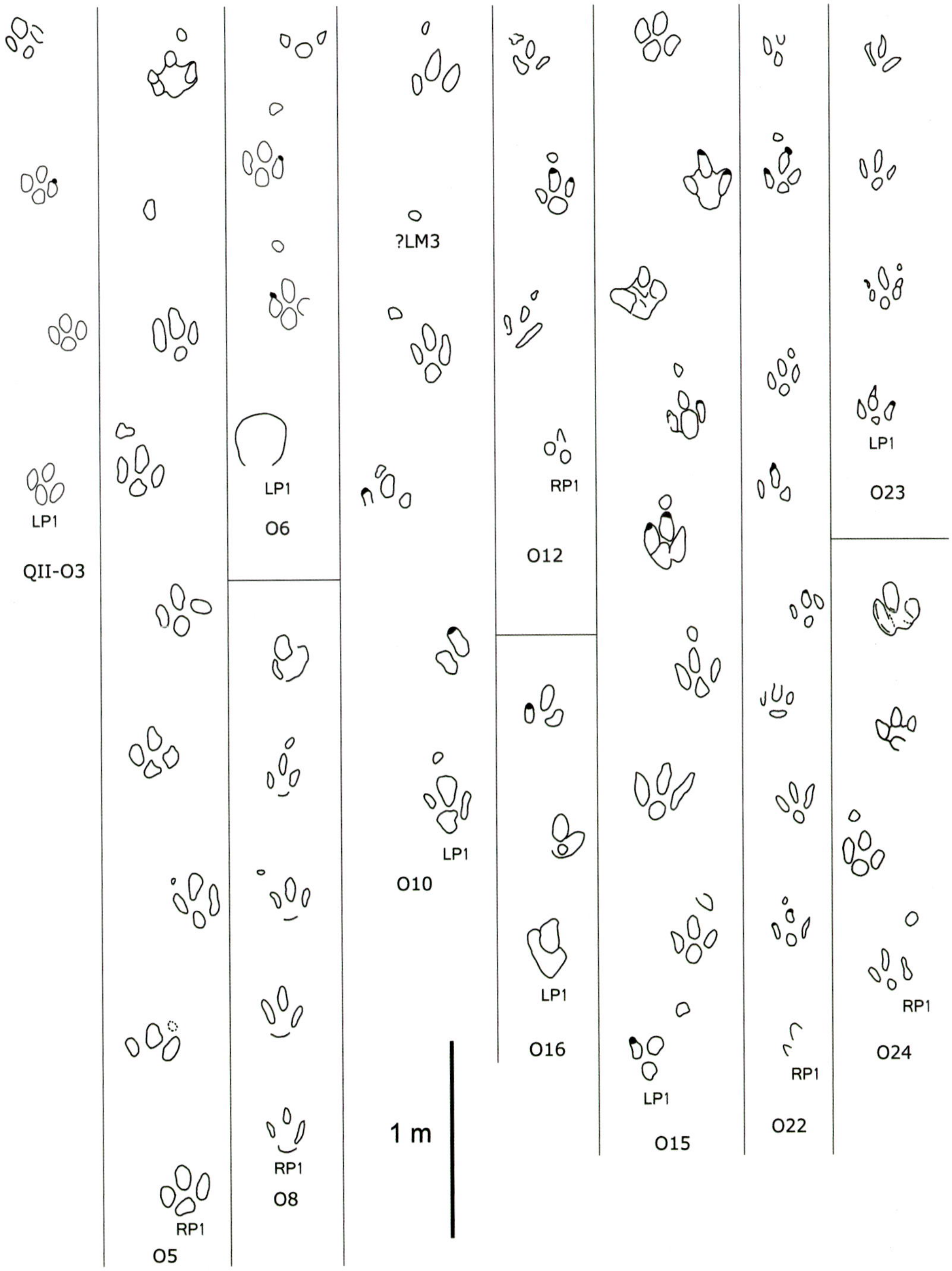

图 4-19　莲花保寨足迹点 QII 的鸟脚类足迹形态类型 B 行迹

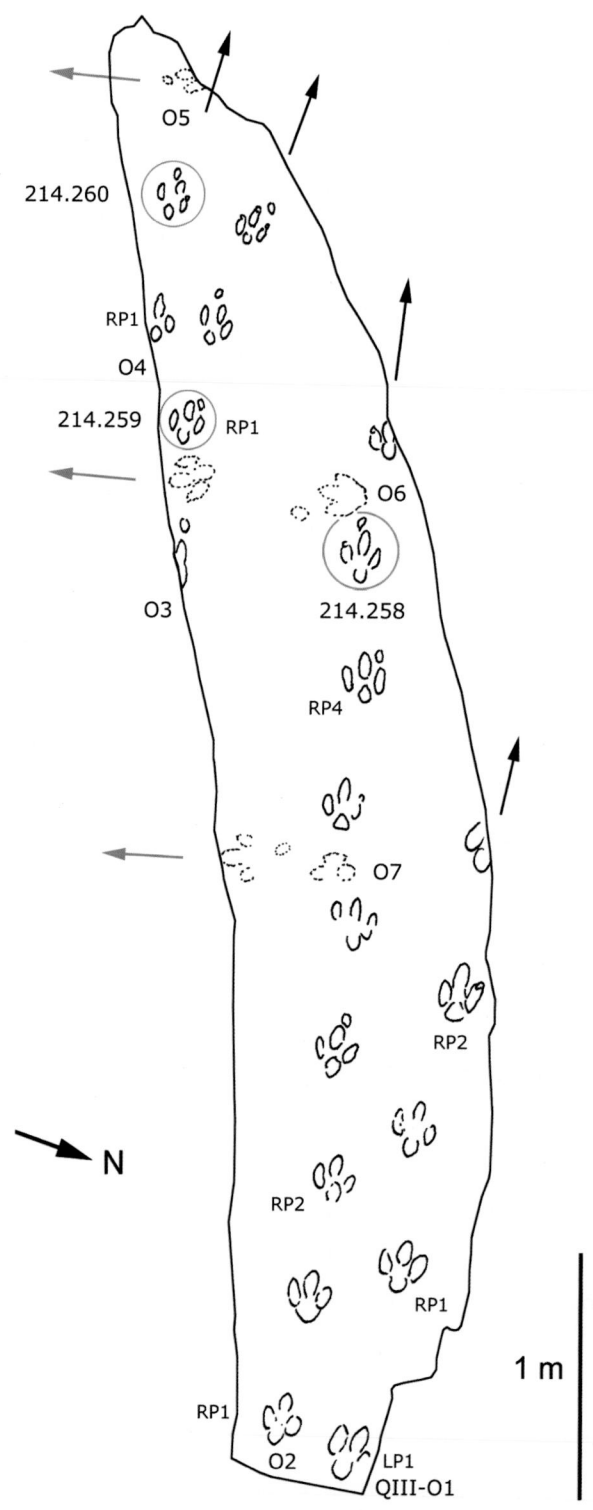

图 4-20 莲花保寨足迹点 QIII 的鸟脚类足迹形态类型 B 行迹

表 4-1 莲花保寨足迹点的鸟脚类行迹测量数据（单位：厘米）

| 编号 | ML | MW | MD | R | II-III | III-IV | II-IV | PL | SL | PA | TW | L/W |
|---|---|---|---|---|---|---|---|---|---|---|---|---|
| QII-O1-LP1 | 41.0 | 31.5 | 5.0 | -12° | 26° | 25° | 51° | 97.0 | 184.0 | — | — | 1.3 |
| QII-O1-LM1 | 5.5 | 9.5 | 4.0 | — | — | — | — | — | — | — | — | 0.6 |
| QII-O1-RP1 | 37.0 | 32.5 | 3.0 | — | 22° | 33° | 55° | 92.0 | — | 140° | 25.0 | 1.1 |
| QII-O1-RM1 | 10.5 | 10.5 | — | — | — | — | — | — | — | — | — | 1.0 |
| QII-O1-LP2 | 39.0 | 33.0 | 3.0 | -16° | 32° | 29° | 61° | — | — | — | — | 1.2 |
| QII-O1-LM2 | 6.5 | 8.5 | — | — | — | — | — | — | — | — | — | 0.8 |
| Mean-P | 39.0 | 32.3 | 3.7 | -14° | 27° | 29° | 56° | 94.5 | 184.0 | 140° | 25.0 | 1.2 |
| Mean-M | 7.5 | 9.5 | 4.0 | — | — | — | — | — | — | — | — | 0.8 |
| QII-O2-RP1 | 28.5 | 33.5 | 3.5 | — | 39 | 29° | 68° | 84.0 | 164.0 | — | — | 0.9 |
| QII-O2-LP2 | 34.0 | 30.5 | 2.5 | — | 30° | 28° | 58° | — | — | — | 8.0 | 1.1 |
| QII-O2-RP2 | — | 26.5 | 4.5 | — | — | — | — | — | — | — | — | — |
| Mean-P | 31.3 | 30.2 | 3.5 | — | 35° | 29° | 63° | 84.0 | 164.0 | — | 8.0 | 1.0 |
| QII-O3-LP1 | 22.5 | 19.5 | 2.0 | -30° | 32° | 27° | 59° | 77.5 | 170.0 | 160° | — | 1.2 |
| QII-O3-RP1 | 18.5 | 20.0 | 3.0 | — | 32° | 31° | 63° | 77.5 | — | 176° | 12.0 | 0.9 |
| QII-O3-LP2 | 20.5 | 18.0 | 2.0 | -12° | 29° | 34° | 63° | — | — | — | — | 1.1 |
| QII-O3-RP2 | 21.0 | 14.0 | — | — | — | — | — | — | — | — | — | 1.5 |
| Mean-P | 20.6 | 17.9 | 2.3 | -21° | 31° | 31° | 62° | 77.5 | 170.0 | 168° | 12.0 | 1.2 |
| QII-O4-LP1 | — | — | 3.0 | — | — | — | — | 97.7 | — | — | — | — |
| QII-O4-LM1 | — | — | — | — | — | — | — | — | — | — | — | — |
| QII-O4-RP1 | 38.8 | 28.8 | 1.5 | — | 28° | 27° | 55° | — | — | — | — | 1.3 |
| QII-O4-RM1 | 6.0 | 9.0 | 3.0 | — | — | — | — | — | — | — | — | 0.7 |
| Mean-P | 38.8 | 28.8 | 2.3 | — | 28° | 27° | 55° | 97.7 | — | — | — | 1.3 |
| Mean-M | 6.0 | 9.0 | 3.0 | — | — | — | — | — | — | — | — | 0.7 |
| QII-O5-RP1 | 24.5 | 26.0 | 1.5 | 10° | 38° | 32° | 70° | 74.0 | 148.0 | — | — | 0.9 |
| QII-O5-RM1 | — | — | — | — | — | — | — | — | — | — | — | — |
| QII-O5-LP2 | 25.0 | 28.0 | 2.5 | 7° | 33° | 35° | 68° | 79.0 | 151.0 | 150° | 20.0 | 0.9 |
| QII-O5-LM2 | — | — | — | — | — | — | — | — | — | — | — | — |
| QII-O5-RP2 | 27.0 | 25.0 | 1.5 | 4° | 22° | 35° | 57° | 78.0 | 148.0 | 150° | 21.5 | 1.1 |
| QII-O5-RM2 | — | — | — | — | — | — | — | — | — | — | — | — |
| QII-O5-LP3 | 23.5 | 23.5 | 1.0 | 0° | 37° | 30° | 67° | 74.0 | 140.0 | 156° | 17.0 | 1.0 |
| QII-O5-LM3 | — | — | — | — | — | — | — | — | — | — | — | — |
| QII-O5-RP3 | 36.0 | — | 1.5 | 9° | — | — | — | 72.0 | 139.0 | 155° | 16.0 | — |

续表

| 编号 | ML | MW | MD | R | II–III | III–IV | II–IV | PL | SL | PA | TW | L/W |
|---|---|---|---|---|---|---|---|---|---|---|---|---|
| QII–O5–RM3 | — | — | — | — | — | — | — | — | — | — | — | — |
| QII–O5–LP4 | 26.0 | 23.0 | 2.5 | 20° | 33° | 29° | 62° | 71.3 | — | — | — | 1.1 |
| QII–O5–LM4 | 7.5 | 9.5 | — | — | — | — | — | — | — | — | — | 0.8 |
| QII–O5–RP4 | 26.5 | 22.5 | 3.0 | — | 20° | 31° | 51° | — | 130.0 | — | — | 1.2 |
| QII–O5–RM4 | — | — | — | — | — | — | — | — | — | — | — | — |
| QII–O5–LP5 | — | — | — | — | — | — | — | — | — | — | — | — |
| QII–O5–LM5 | — | — | — | — | — | — | — | — | — | — | — | — |
| QII–O5–RP5 | 23.5 | 26.5 | — | — | 34° | 40° | 74° | — | — | — | — | 0.9 |
| QII–O5–RM5 | 5.0 | 7.0 | — | — | — | — | — | — | — | — | — | 0.7 |
| Mean–P | 26.5 | 24.9 | 1.9 | 8° | 31° | 30° | 63° | 74.7 | 142.7 | 153° | 18.6 | 1.0 |
| Mean–M | 6.3 | 8.3 | — | — | — | — | — | — | — | — | — | 0.8 |
| QII–O6–LP1 | — | — | — | — | — | — | — | 74.5 | — | — | — | — |
| QII–O6–LM1 | — | — | — | — | — | — | — | — | — | — | — | — |
| QII–O6–RP1 | 27.0 | — | 2.5 | — | 26° | 35° | 61° | 74.0 | 138.0 | — | — | — |
| QII–O6–RM1 | 4.5 | 6.0 | 4.0 | — | — | — | — | 70.0 | — | — | — | 0.8 |
| QII–O6–LP2 | 24.0 | 21.0 | 3.0 | — | 32° | 27° | 59° | — | — | — | — | 1.1 |
| QII–O6–LM2 | 4.5 | 7.0 | 3.0 | — | — | — | — | — | — | — | — | 0.6 |
| QII–O6–RP2 | — | 23.5 | — | — | — | — | — | — | — | — | — | — |
| Mean–P | 25.5 | 22.3 | 2.8 | — | 29° | 31° | 60° | 74.3 | 138.0 | — | — | 1.1 |
| Mean–M | 4.5 | 6.5 | 3.5 | — | — | — | — | 70.0 | — | — | — | 0.7 |
| QII–O7–RP1 | 38.0 | 30.0 | 3.5 | –17° | 27° | 25° | 52° | — | 228.0 | 11° | — | 1.3 |
| QII–O7–RM1 | 8.5 | 12.0 | 3.0 | — | — | — | — | — | — | — | — | 0.7 |
| QII–O7–LP2 | 32.5 | 30.0 | 3.5 | — | 28° | 30° | 58° | 115.0 | — | 170° | 23.0 | 1.1 |
| QII–O7–LM2 | 7.0 | 10.5 | 3.0 | — | — | — | — | — | — | — | — | 0.7 |
| QII–O7–RP2 | 48.0 | 31.0 | 4.0 | –22° | 22° | 23° | 45° | — | — | — | — | 1.5 |
| QII–O7–RM2 | 5.5 | 8.0 | 1.5 | — | — | — | — | — | — | — | — | 0.7 |
| Mean–P | 39.5 | 30.3 | 3.7 | –20° | 26° | 26° | 52° | 115.0 | 228.0 | 144° | 23.0 | 1.3 |
| Mean–M | 7.0 | 10.2 | 2.5 | — | — | — | — | — | — | — | — | 0.7 |
| QII–O8–RP1 | 27.0 | 21.0 | 1.0 | — | 33° | 31° | 64° | 61.5 | 116.1 | 173° | — | 1.3 |
| QII–O8–RM1 | — | — | — | — | — | — | — | — | — | — | — | — |
| QII–O8–LP2 | 23.0 | 20.5 | 1.5 | — | 31° | 30° | 61° | 55.2 | 117.7 | 174° | — | 1.1 |
| QII–O8–LM2 | — | — | — | — | — | — | — | — | — | — | — | — |
| QII–O8–RP2 | 22.0 | 20.0 | 1.5 | — | 37° | 30° | 67° | 63.2 | — | — | — | 1.1 |

续表

| 编号 | ML | MW | MD | R | II–III | III–IV | II–IV | PL | SL | PA | TW | L/W |
|---|---|---|---|---|---|---|---|---|---|---|---|---|
| QII-O8-RM2 | 2.5 | 4.5 | — | — | — | — | — | 67.4 | — | — | — | 0.6 |
| QII-O8-LP3 | (22) | (18) | 1.0 | — | 30° | 33° | 63° | — | — | — | — | — |
| QII-O8-LM3 | 3.0 | 6.0 | — | — | — | — | — | — | — | — | — | 0.5 |
| QII-O8-RP3 | (23) | — | 2.0 | — | — | — | — | — | — | — | — | — |
| Mean-P | 24.0 | 20.5 | 1.4 | — | 33° | 31° | 64° | 60.0 | 116.9 | 174° | — | 1.2 |
| Mean-M | 2.8 | 5.3 | — | — | — | — | — | 67.4 | — | — | — | 0.6 |
| QII-O9-LP1 | 37.0 | 32.0 | 2.5 | 18° | 28° | 40° | 68° | 85.0 | 166.0 | — | — | 1.2 |
| QII-O9-LM1 | 7.0 | 11.0 | 2.5 | — | — | — | — | 84.1 | 137.0 | 125° | — | 0.6 |
| QII-O9-RP1 | 39.0 | 34.0 | 2.0 | −7° | 26° | 26° | 52° | 87.0 | 171.0 | 160° | 22.0 | 1.1 |
| QII-O9-RM1 | 9.0 | 11.0 | 3.0 | 19° | — | — | — | 71.0 | 172.0 | 144° | — | 0.8 |
| QII-O9-LP2 | 33.5 | 36.0 | 3.5 | −18° | 22° | 35° | 57° | 88.0 | 158.0 | 160° | 16.0 | 0.9 |
| QII-O9-LM2 | 7.5 | 11.0 | 2.0 | — | — | — | — | 109.7 | — | — | — | 0.7 |
| QII-O9-RP2 | 39.0 | 34.5 | 2.5 | −6° | 27° | 30° | 57° | 80.0 | 156.0 | 123° | 29.0 | 1.1 |
| QII-O9-RM2 | 8.5 | 13.0 | 3.0 | — | — | — | — | — | 149.2 | — | — | 0.7 |
| QII-O9-LP3 | 35.0 | — | 2.0 | −11° | 23° | 27° | 49° | 83.0 | 161.0 | 160° | 22.0 | — |
| QII-O9-LM3 | — | — | — | — | — | — | — | — | — | — | — | — |
| QII-O9-RP3 | 37.0 | 34.5 | 3.5 | −12° | 30° | 32° | 62° | 82.0 | 166.0 | 122° | 16.0 | 1.1 |
| QII-O9-RM3 | — | — | — | — | — | — | — | 98.6 | 170.2 | 143° | — | — |
| QII-O9-LP4 | 34.0 | 32.0 | 3.0 | −12° | 25° | 30° | 55° | 88.0 | 164.0 | 127° | 18.0 | 1.1 |
| QII-O9-LM4 | 7.0 | 10.0 | 3.0 | 75° | — | — | — | 81.0 | 161.0 | 138° | — | 0.7 |
| QII-O9-RP4 | 39.0 | 33.0 | 2.5 | −8° | 30° | 29° | 59° | 80.0 | 159.0 | 150° | 18.0 | 1.2 |
| QII-O9-RM4 | 8.0 | 10.0 | 2.0 | — | — | — | — | 92.0 | — | — | — | 0.8 |
| QII-O9-LP5 | 38.5 | 30.0 | — | — | 29° | 32° | 61° | 82.0 | — | 160° | — | 1.3 |
| QII-O9-LM5 | 7.5 | 10.0 | 2.5 | — | — | — | — | — | — | — | — | 0.8 |
| QII-O9-RP5 | 36.0 | — | 2.5 | −19° | 30° | 25° | 55° | — | — | — | — | — |
| QII-O9-RM5 | — | — | — | — | — | — | — | — | — | — | — | — |
| Mean-P | 36.8 | 33.3 | 2.7 | \|12°\| | 27° | 31° | 58° | 83.9 | 162.6 | 145° | 20.1 | 1.1 |
| Mean-M | 7.8 | 10.9 | 2.6 | 47° | — | — | — | 89.4 | 157.9 | 138° | — | 0.7 |
| QII-O10-LP1 | 27.0 | 25.0 | 2.0 | — | 30° | 30° | 60° | 69.3 | 142.8 | 157° | — | 1.1 |
| QII-O10-LM1 | 4.0 | 6.0 | 0.5 | — | — | — | — | — | 137.3 | — | — | 0.7 |
| QII-O10-RP1 | (20) | (20) | 2.0 | — | — | — | — | 76.9 | 142.2 | 146° | — | — |
| QII-O10-RM1 | — | — | — | — | — | — | — | — | — | — | — | — |
| QII-O10-LP2 | (23) | 24.0 | 2.0 | — | 30° | 36° | 66° | 72.9 | — | — | — | — |
| QII-O10-LM2 | 3.0 | 7.0 | 0.5 | — | — | — | — | 73.3 | — | — | — | 0.4 |

续表

| 编号 | ML | MW | MD | R | II–III | III–IV | II–IV | PL | SL | PA | TW | L/W |
|---|---|---|---|---|---|---|---|---|---|---|---|---|
| QII-O10-RP2 | (30) | 22.0 | 2.0 | — | 24° | 23° | 47° | — | 128.4 | — | — | — |
| QII-O10-RM2 | 5.5 | 6.6 | 0.5 | — | — | — | — | — | 134.8 | — | — | 0.8 |
| QII-O10-LP3 | — | — | — | — | — | — | — | — | — | — | — | — |
| QII-O10-LM3 | (4) | (8) | 0.5 | — | — | — | — | — | — | — | — | — |
| QII-O10-RP3 | 28.0 | 22.0 | 1.0 | — | 35° | 27° | 62° | — | — | — | — | 1.3 |
| QII-O10-RM3 | 3.3 | 6.6 | 1.0 | — | — | — | — | — | — | — | — | 0.5 |
| Mean-P | 27.5 | 23.3 | 1.8 | — | 30° | 29° | 59° | 73.0 | 137.8 | 152° | — | 1.2 |
| Mean-M | 2.4 | 3.6 | 0.6 | — | — | — | — | 73.3 | 136.1 | — | — | 0.6 |
| QII-O11-LM1 | 7.5 | 10.0 | 2.0 | 54° | — | — | — | 71.7 | 146.0 | 166° | — | 0.8 |
| QII-O11-RP1 | 34.0 | 31.0 | 3.0 | 0° | 37° | 23° | 60° | 83.0 | 154.5 | — | — | 1.1 |
| QII-O11-RM1 | 6.5 | 10.0 | 2.0 | 33° | — | — | — | 74.6 | 137.5 | 139° | — | 0.7 |
| QII-O11-LP2 | 33.5 | 30.0 | 3.0 | −10° | 29° | 25° | 54° | 76.0 | 152.0 | 160° | 17.5 | 1.1 |
| QII-O11-LM2 | 7.5 | 12.0 | 2.0 | 29° | — | — | — | 72.3 | 148.5 | 130° | — | 0.6 |
| QII-O11-RP2 | 35.5 | 32.0 | 2.0 | −15° | 30° | 26° | 56° | 81.0 | 159.0 | 164° | 12.5 | 1.1 |
| QII-O11-RM2 | 8.0 | 12.0 | 0.5 | −45° | — | — | — | 92.6 | 151.3 | 126° | — | 0.7 |
| QII-O11-LP3 | 34.5 | 30.0 | 2.0 | −12° | 31° | 25° | 56° | 83.0 | 153.0 | 154° | 20.0 | 1.2 |
| QII-O11-LM3 | 6.5 | 10.0 | 2.0 | 55° | — | — | — | 78.5 | 144.0 | 127° | — | 0.7 |
| QII-O11-RP3 | 36.5 | 31.5 | 2.0 | 0° | 22° | 30° | 52° | 89.0 | 149.0 | 142° | 27.0 | 1.2 |
| QII-O11-RM3 | 8.0 | 11.0 | 1.5 | — | — | — | — | 82.2 | — | — | — | 0.7 |
| QII-O11-LP4 | 36.0 | 33.0 | 2.5 | −6° | 35° | 28° | 63° | 79.0 | — | 142° | 25.5 | 1.1 |
| QII-O11-LM4 | 7.0 | 10.0 | 2.0 | — | — | — | — | — | — | — | — | 0.7 |
| QII-O11-RP4 | 35.0 | 32.0 | 2.5 | −3° | 31° | 31° | 62° | — | — | — | — | 1.1 |
| Mean-P | 35.0 | 31.4 | 2.4 | \|6.6°\| | 31° | 27° | 58° | 81.8 | 153.5 | 152° | 20.5 | 1.1 |
| Mean-M | 7.3 | 10.7 | 1.7 | \|43°\| | — | — | — | 78.7 | 145.5 | 138° | — | 0.7 |
| QII-O12-RP1 | — | — | — | — | — | — | — | 58.8 | 122.3 | 154° | — | — |
| QII-O12-RM1 | — | — | — | — | — | — | — | — | — | — | — | — |
| QII-O12-LP2 | 20.5 | 20.0 | 0.5 | — | 34° | 30° | 64° | 66.4 | 125.0 | 160° | — | 1.0 |
| QII-O12-LM2 | 3.0 | 6.0 | 0.5 | — | — | — | — | 69.0 | 120.6 | 154° | — | 0.5 |
| QII-O12-RP2 | 22.0 | 19.5 | 1.0 | — | 36° | 28° | 64° | 60.5 | — | — | — | 1.1 |
| QII-O12-RM2 | 5.0 | 5.0 | 0.5 | — | — | — | — | 58.8 | — | — | — | 1.0 |
| QII-O12-LP3 | 20.0 | 17.0 | 1.0 | — | 37° | 35° | 72° | — | — | — | — | 1.2 |
| QII-O12-LM3 | 2.0 | 6.0 | 0.5 | — | — | — | — | — | — | — | — | 0.3 |
| Mean-P | 20.8 | 18.8 | 0.8 | — | 36° | 31° | 67° | 61.9 | 123.7 | 157° | — | 1.1 |
| Mean-M | 3.3 | 5.7 | 0.5 | — | — | — | — | 63.9 | 120.6 | 154° | — | 0.6 |

续表

| 编号 | ML | MW | MD | R | II–III | III–IV | II–IV | PL | SL | PA | TW | L/W |
|---|---|---|---|---|---|---|---|---|---|---|---|---|
| QII-O13-RP1 | (35) | — | 3.0 | — | — | — | — | — | — | — | — | — |
| QII-O13-LP2 | (30) | (31) | 2.0 | — | — | — | — | — | — | — | — | — |
| QII-O13-RP2 | 44.0 | 33.0 | 2.0 | −2° | 29° | 19° | 48° | 88.0 | 175.0 | 167° | — | 1.3 |
| QII-O13-LP3 | 39.0 | 29.0 | 2.0 | — | 22° | 20° | 42° | 88.3 | — | — | — | 1.3 |
| QII-O13-RP3 | 36.0 | 31.0 | 2.0 | — | 24° | 22° | 45° | — | — | — | — | 1.2 |
| Mean-P | 39.7 | 31.0 | 2.2 | −2° | 25° | 20° | 45° | 88.2 | 175.0 | 167° | — | 1.3 |
| QII-O14-LP1 | 32.0 | 29.0 | 2.5 | −6° | 20° | 29° | 49° | 92.0 | 174.0 | — | — | 1.1 |
| QII-O14-LM1 | 6.0 | 11.0 | 1.5 | — | — | — | — | 94.0 | 162.0 | 130° | — | 0.5 |
| QII-O14-RP1 | 37.0 | 28.0 | 3.0 | 8° | 29° | 16° | 45° | 87.0 | 166.0 | 160° | 17.5 | 1.3 |
| QII-O14-RM1 | 7.0 | 10.0 | 2.5 | — | — | — | — | 84.8 | 158.7 | 132° | — | 0.7 |
| QII-O14-LP2 | 37.0 | 26.0 | 3.0 | 0° | — | — | — | 86.0 | 173.0 | 154° | 20.5 | 1.4 |
| QII-O14-LM2 | 7.0 | 11.5 | 2.0 | — | — | — | — | 90.5 | 169.0 | 139° | — | 0.6 |
| QII-O14-RP2 | 34.0 | 30.0 | 3.5 | 12° | 24° | 27° | 51° | 92.0 | 174.0 | 160° | 17.0 | 1.1 |
| QII-O14-RM2 | 5.5 | 9.5 | 2.0 | — | — | — | — | 91.5 | 171.3 | 138° | — | 0.6 |
| QII-O14-LP3 | 34.0 | 27.0 | 2.0 | −8° | 25° | 25° | 50° | 97.0 | 165.0 | 156° | 19.0 | 1.3 |
| QII-O14-LM3 | 5.5 | 10.0 | 2.0 | — | — | — | — | 93.0 | 166.0 | 145° | — | 0.6 |
| QII-O14-RP3 | — | — | 2.0 | — | — | — | — | 74.0 | 182.0 | 156° | 15.0 | — |
| QII-O14-RM3 | 7.0 | 10.0 | 1.5 | — | — | — | — | 82.0 | — | — | — | 0.7 |
| QII-O14-LP4 | 37.0 | 28.0 | 2.0 | −5° | 30° | 24° | 53° | 104.0 | — | 160° | 14.5 | 1.3 |
| QII-O14-LM4 | 6.5 | 11.0 | 2.5 | — | — | — | — | — | — | — | — | 0.6 |
| QII-O14-RP4 | 37.0 | 30.0 | 3.0 | −10° | 22° | 30° | 52° | — | — | — | — | 1.2 |
| Mean-P | 35.4 | 28.3 | 2.6 | \|7°\| | 25° | 25° | 50° | 90.3 | 172.3 | 158° | 17.3 | 1.2 |
| Mean-M | 6.4 | 10.4 | 2.0 | — | — | — | — | 89.3 | 165.4 | 137° | — | 0.6 |
| QII-O15-LP1 | 21.0 | 21.0 | 2.0 | −10° | — | 32° | — | 62.0 | 131.0 | — | — | 1.0 |
| QII-O15-LM1 | 3.0 | 3.0 | 0.5 | — | — | — | — | 55.1 | — | — | — | 1.0 |
| QII-O15-RP1 | 24.0 | 20.0 | 2.0 | −5° | 34° | 37° | 71° | 72.0 | 135.0 | 170° | 18.0 | 1.2 |
| QII-O15-RM1 | 5.0 | 8.0 | 1.5 | 36° | — | — | — | — | 132.0 | — | — | 0.6 |
| QII-O15-LP2 | 31.0 | 28.0 | 2.0 | −10° | 28° | 34° | 62° | 67.0 | 130.0 | 150° | 17.0 | 1.1 |
| QII-O15-LM2 | 5.0 | 10.0 | 0.5 | — | — | — | — | — | — | — | — | 0.5 |
| QII-O15-RP2 | 25.0 | 22.0 | 2.0 | −10° | 29° | 33° | 62° | 69.0 | 135.0 | 150° | 17.0 | 1.1 |
| QII-O15-RM2 | 5.0 | 7.0 | 1.0 | 57° | — | — | — | 65.6 | — | — | — | 0.7 |
| QII-O15-LP3 | 27.0 | 21.0 | 2.0 | −10° | 23° | 22° | 45° | 72.0 | 122.0 | 150° | 14.0 | 1.3 |
| QII-O15-LM3 | 6.0 | 6.0 | 1.0 | — | — | — | — | — | — | — | — | 1.0 |

续表

| 编号 | ML | MW | MD | R | II–III | III–IV | II–IV | PL | SL | PA | TW | L/W |
|---|---|---|---|---|---|---|---|---|---|---|---|---|
| QII-O15-RP3 | 22.5 | 20.0 | 2.0 | –20° | 27° | 27° | 54° | 58.0 | 112.0 | 150° | 17.0 | 1.1 |
| QII-O15-RM3 | 4.0 | 7.0 | 1.0 | — | — | — | — | — | — | — | — | 0.6 |
| QII-O15-LP4 | 26.0 | 19.0 | 2.0 | –10° | 17° | 51° | 68° | 68.0 | 131.0 | 120° | 26.0 | 1.4 |
| QII-O15-LM4 | — | — | — | — | — | — | — | — | — | — | — | — |
| QII-O15-RP4 | 30.0 | 25.0 | 1.5 | –20° | 29° | 36° | 65° | 76.0 | — | 120° | 30.0 | 1.2 |
| QII-O15-RM4 | — | — | — | — | — | — | — | — | — | — | — | — |
| QII-O15-LP5 | 26.0 | 24.0 | 1.5 | –15° | 34° | 28° | 62° | — | — | — | — | 1.1 |
| QII-O15-LM5 | 6.0 | 8.0 | 1.5 | — | — | — | — | — | — | — | — | 0.8 |
| Mean-P | 25.8 | 22.2 | 1.9 | \|12°\| | 28° | 33° | 61° | 68.0 | 128.0 | 144° | 19.9 | 1.2 |
| Mean-M | 4.9 | 7.0 | 1.0 | 47° | — | — | — | 60.4 | 132.0 | — | — | 0.7 |
| QII-O16-LP1 | 23.0 | 18.0 | 0.8 | — | — | — | — | 49.2 | 109.5 | 168° | — | 1.3 |
| QII-O16-RP1 | 20.0 | — | 0.9 | — | — | — | — | 60.5 | — | — | — | — |
| QII-O16-LP2 | 21.5 | 19.0 | 1.2 | — | — | — | — | — | — | — | — | 1.1 |
| Mean-P | 21.5 | 18.5 | 1.0 | — | — | — | — | 54.9 | 109.5 | 168° | — | 1.2 |
| QII-O17-RP1 | 30.3 | 28.0 | 3.0 | –10° | 30° | 25° | 55° | 79.0 | 151.0 | — | — | 1.1 |
| QII-O17-RM1 | — | — | — | — | — | — | — | — | — | — | — | — |
| QII-O17-LP2 | 30.2 | 29.0 | 3.0 | –30° | 28° | 26° | 54° | 76.0 | 140.0 | 165° | 16.0 | 1.0 |
| QII-O17-LM2 | 10.0 | 7.0 | 1.5 | — | — | — | — | — | — | — | — | 1.4 |
| QII-O17-RP2 | 36.0 | 29.0 | 28.0 | –19° | 20° | 29° | 49° | 74.0 | 158.0 | 166° | 23.0 | 1.2 |
| QII-O17-RM2 | — | — | — | — | — | — | — | — | — | — | — | — |
| QII-O17-LP3 | 37.0 | — | 1.7 | –8° | 22° | 26° | 48° | 94.0 | 196.0 | 145° | 28.0 | — |
| QII-O17-LM3 | — | — | — | — | — | — | — | — | — | — | — | — |
| QII-O17-RP3 | 35.0 | 33.5 | 2.5 | –23° | 14° | 28° | 42° | 106.0 | 17.0 | 160° | 16.0 | 1.0 |
| QII-O17-RM3 | 11.0 | 6.0 | 2.3 | — | — | — | — | — | — | — | — | 1.8 |
| QII-O17-LP4 | 36.0 | 32.0 | 2.9 | –15° | 24° | 33° | 57° | 82.0 | — | 136° | 29.0 | 1.1 |
| QII-O17-LM4 | 10.0 | 12.0 | 1.4 | — | — | — | — | — | — | — | — | 0.8 |
| QII-O17-RP4 | — | — | 3.3 | — | — | — | — | — | — | — | — | — |
| QII-O17-RM4 | — | — | — | — | — | — | — | — | — | — | — | — |
| Mean-P | 34.1 | 30.3 | 6.3 | \|18°\| | 23° | 28° | 51° | 85.2 | 132.4 | 154° | 22.4 | 1.1 |
| Mean-M | 10.3 | 8.3 | 1.7 | — | — | — | — | — | — | — | — | 1.3 |
| QII-O18-LM1 | 4.0 | 11.0 | 2.5 | — | — | — | — | — | — | — | — | 0.4 |
| QII-O18-RP1 | 40.0 | 33.0 | 3.0 | –5° | 26° | 23° | 49° | 102.0 | 202.0 | — | — | 1.2 |
| QII-O18-RM1 | 4.0 | 9.0 | 0.5 | 37° | — | — | — | 110.0 | 207.0 | 143° | — | 0.4 |

续表

| 编号 | ML | MW | MD | R | II–III | III–IV | II–IV | PL | SL | PA | TW | L/W |
|---|---|---|---|---|---|---|---|---|---|---|---|---|
| QII-O18-LP2 | 39.0 | 31.0 | 3.0 | −18° | 30° | 20° | 50° | 102.0 | 197.0 | 170° | 13.0 | 1.3 |
| QII-O18-LM2 | 7.0 | 10.0 | 2.5 | 21° | — | — | — | 108.8 | 207.8 | 137° | — | 0.7 |
| QII-O18-RP2 | 39.0 | 30.0 | 2.5 | −9° | 30° | 31° | 61° | 100.0 | 197.0 | 162° | 16.0 | 1.3 |
| QII-O18-RM2 | 7.0 | 10.0 | 1.5 | — | — | — | — | — | — | — | — | 0.7 |
| QII-O18-LP3 | 39.0 | 35.0 | 4.0 | −8° | 26° | 27° | 53° | 100.0 | — | 165° | 14.0 | 1.1 |
| QII-O18-LM3 | — | — | — | — | — | — | — | — | — | — | — | — |
| QII-O18-RP3 | 36.0 | 30.0 | 3.0 | −25° | 26° | 29° | 55° | — | — | — | — | 1.2 |
| Mean-P | 38.6 | 31.8 | 3.1 | −13° | 28° | 26° | 54° | 101.0 | 198.7 | 166° | 14.3 | 1.2 |
| Mean-M | 5.5 | 10.0 | 1.8 | 29° | — | — | — | 109.4 | 207.4 | 140° | — | 0.6 |
| QII-O19-LP1 | — | — | 3.0 | — | — | — | — | 87.0 | 176.0 | — | — | — |
| QII-O19-LM1 | 7.5 | 10.0 | 1.7 | — | — | — | — | 87.0 | 177.8 | 153° | — | 0.8 |
| QII-O19-RP1 | 30.4 | 29.5 | 2.9 | 0° | 29° | 29° | 58° | 94.0 | 186.0 | 160° | 19.0 | 1.0 |
| QII-O19-RM1 | 7.3 | 10.8 | 1.7 | 14° | — | — | — | 95.7 | 179.0 | 160° | — | 0.7 |
| QII-O19-LP2 | 30.4 | 28.3 | 2.4 | −10° | 31° | 31° | 62° | 92.0 | 180.0 | 172° | 10.0 | 1.1 |
| QII-O19-LM2 | 8.8 | 8.3 | 2.0 | 7° | — | — | — | 87.0 | — | — | — | 1.1 |
| QII-O19 RP2 | 38.5 | 29.5 | 2.4 | 0° | 26° | 30° | 56° | 90.0 | 177.0 | 164° | 17.0 | 1.3 |
| QII-O19-RM2 | 5.7 | 11.0 | 1.2 | — | — | — | — | — | — | — | — | 0.5 |
| QII-O19-LP3 | 37.5 | 30.5 | 2.9 | −15° | 38° | 28° | 56° | 88.0 | — | 166° | 10.0 | 1.2 |
| QII-O19-LM3 | — | — | — | — | — | — | — | — | — | — | — | — |
| QII-O19-RP3 | 30.0 | 29.5 | 2.5 | −10° | 32° | 24° | 56° | — | — | — | — | 1.0 |
| QII-O19-RM3 | — | — | — | — | — | — | — | — | — | — | — | — |
| Mean-P | 33.4 | 29.5 | 2.7 | \|7°\| | 31° | 28° | 58° | 90.2 | 179.8 | 166° | 14.0 | 1.1 |
| Mean-M | 7.3 | 10.0 | 1.7 | 11° | — | — | — | 89.9 | 178.4 | 157° | — | 0.8 |
| QII-O20-LP1 | — | — | — | — | — | — | — | — | — | — | — | — |
| QII-O20-LM1 | — | — | — | — | — | — | — | 105.0 | 195.5 | 146° | — | — |
| QII-O20-RP1 | 35.0 | 33.0 | 2.0 | −5° | 30° | 28° | 58° | 91.0 | 185.0 | — | — | 1.1 |
| QII-O20-RM1 | 8.8 | 13.2 | 1.5 | 84° | — | — | — | 99.5 | 189.6 | 151° | — | 0.7 |
| QII-O20-LP2 | 38.0 | 30.5 | 2.5 | — | 29° | 24° | 53° | 96.0 | — | 165° | 16.0 | 1.2 |
| QII-O20-LM2 | 7.4 | 11.3 | 3.0 | −8° | — | — | — | 97.4 | — | — | — | 0.7 |
| QII-O20-RP2 | 35.0 | 30.2 | 2.5 | — | 28° | 29° | 57° | — | — | — | — | 1.2 |
| QII-O20-RM2 | 7.7 | 11.8 | 2.7 | — | — | — | — | — | — | — | — | 0.7 |
| Mean-P | 36.0 | 31.2 | 2.3 | −5° | 29° | 27° | 56° | 93.5 | 185.0 | 165° | 16.0 | 1.2 |
| Mean-M | 8.0 | 12.1 | 2.4 | \|46°\| | — | — | — | 100.6 | 192.6 | 149° | — | 0.7 |

续表

| 编号 | ML | MW | MD | R | II–III | III–IV | II–IV | PL | SL | PA | TW | L/W |
|---|---|---|---|---|---|---|---|---|---|---|---|---|
| QII-O21-RP1 | 36.4 | — | 1.5 | −13° | — | 25° | — | 100.0 | 190.0 | — | — | — |
| QII-O21-RM1 | — | — | — | — | — | — | — | 89.0 | — | — | — | — |
| QII-O21-LP2 | 35.5 | 39.0 | 2.4 | — | — | — | — | 94.0 | — | 165° | 21.0 | 0.9 |
| QII-O21-LM2 | — | 10.8 | 1.8 | — | — | — | — | — | — | — | — | — |
| QII-O21-RP2 | 37.7 | — | 1.7 | −8° | — | — | — | — | — | — | — | — |
| QII-O21-RM2 | — | — | — | — | — | — | — | — | — | — | — | — |
| Mean-P | 36.5 | 39.0 | 1.9 | −11° | — | 25° | — | 97.0 | 190.0 | 165° | 21.0 | 0.9 |
| Mean-M | — | 10.8 | 1.8 | — | — | — | — | 89.0 | — | — | — | — |
| QII-O22-RP1 | — | — | — | — | — | — | — | — | — | — | — | — |
| QII-O22-RM1 | — | — | — | — | — | — | — | — | — | — | — | — |
| QII-O22-LP2 | 19.7 | 20.0 | 1.9 | −3° | 35° | 41° | 76° | 62.0 | 115.0 | — | — | 1.0 |
| QII-O22-LM2 | 4.2 | 2.4 | 0.3 | — | — | — | — | — | — | — | — | 1.8 |
| QII-O22-RP2 | 21.5 | 21.2 | 1.2 | −15° | 31° | 33° | 64° | 63.0 | 103.0 | 170° | 7.0 | 1.0 |
| QII-O22-RM2 | — | — | — | — | — | — | — | — | — | — | — | — |
| QII-O22-LP3 | 18.0 | 18.5 | 0.7 | 0° | 30° | 28° | 58° | 58.0 | 109.0 | 170° | 14.5 | 1.0 |
| QII-O22-LM3 | — | — | — | — | — | — | — | — | — | — | — | — |
| QII-O22-RP3 | 20.0 | 18.7 | 1.8 | −5° | 36° | 15° | 51° | 73.0 | 117.0 | 155° | 16.0 | 1.1 |
| QII-O22-RM3 | — | — | — | — | — | — | — | — | — | — | — | — |
| QII-O22-LP4 | 20.7 | 16.8 | 2.4 | 0° | — | — | — | 54.0 | — | 146° | 10.0 | 1.2 |
| QII-O22-LM4 | — | — | — | — | — | — | — | — | — | — | — | — |
| QII-O22-RP4 | 19.5 | 18.3 | 7.7 | −10° | 26° | 32° | 58° | — | 103.0 | — | — | 1.1 |
| QII-O22-RM4 | 5.3 | 4.5 | 0.6 | — | — | — | — | — | — | — | — | 1.2 |
| QII-O22-LP5 | — | — | — | — | — | — | — | — | — | — | — | — |
| QII-O22-LM5 | — | — | — | — | — | — | — | — | — | — | — | — |
| QII-O22-RP5 | 24.5 | 18.7 | 1.9 | −10° | — | — | — | 67.0 | — | — | — | 1.3 |
| QII-O22-RM5 | 5.5 | 6.7 | 1.0 | — | — | — | — | — | — | — | — | 0.8 |
| QII-O22-LP6 | — | — | 1.5 | — | — | — | — | — | — | — | — | — |
| Mean-P | 20.6 | 18.9 | 2.4 | \|6°\| | 32° | 30° | 61° | 62.8 | 109.4 | 160° | 11.9 | 1.1 |
| Mean-M | 5.0 | 4.5 | 0.6 | — | — | — | — | — | — | — | — | 1.3 |
| QII-O23-LP1 | 19.3 | 19.8 | 1.6 | −20° | 38° | 35° | 73° | 62.0 | 124.0 | — | — | 1.0 |
| QII-O23-LM1 | — | — | — | — | — | — | — | — | — | — | — | — |
| QII-O23-RP1 | 22.0 | 20.7 | 0.8 | −20° | 32° | 33° | 65° | 63.0 | 121.0 | 170° | 6.0 | 1.1 |
| QII-O23-RM1 | 3.7 | 1.9 | 0.2 | — | — | — | — | — | — | — | — | 1.9 |
| QII-O23-LP2 | 21.0 | 19.5 | 1.7 | −25° | 32° | 34° | 66° | 59.0 | — | 170° | 4.5 | 1.1 |

续表

| 编号 | ML | MW | MD | R | II–III | III–IV | II–IV | PL | SL | PA | TW | L/W |
|---|---|---|---|---|---|---|---|---|---|---|---|---|
| QII–O23–LM2 | — | — | — | — | — | — | — | — | — | — | — | — |
| QII–O23–RP2 | 20.3 | 20.0 | 1.6 | −15° | 19° | 50° | 69° | — | — | — | — | 1.0 |
| Mean–P | 20.7 | 20.0 | 1.4 | −20° | 30° | 38° | 68° | 61.3 | 122.5 | 170° | 5.3 | 1.1 |
| Mean–M | 3.7 | 1.9 | 0.2 | — | — | — | — | — | — | — | — | 1.9 |
| QII–O24–RP1 | 23.5 | 22.3 | 1.4 | — | 36° | 32° | 68° | 63.5 | 131.3 | 155° | — | 1.1 |
| QII–O24–RM1 | 5.5 | 6.9 | 1.7 | — | — | — | — | 64.8 | — | — | — | 0.8 |
| QII–O24–LP2 | 21.0 | 20.5 | 1.1 | — | 38° | 29° | 67° | 70.6 | 136.5 | 161° | — | 1.0 |
| QII–O24–LM2 | 5.0 | 4.0 | 0.4 | — | — | — | — | — | — | — | — | 1.3 |
| QII–O24–RP2 | 22.0 | 21.0 | 1.6 | — | 33° | 28° | 61° | 67.6 | — | — | — | 1.0 |
| QII–O24–RM2 | (6.7) | (5.2) | 0.5 | — | — | — | — | — | — | — | — | — |
| QII–O24–LP3 | 25.0 | 23.0 | 0.6 | — | — | — | — | — | — | — | — | 1.1 |
| Mean–P | 22.9 | 21.7 | 1.2 | — | 35° | 30° | 64° | 67.2 | 133.9 | 158° | — | 1.1 |
| Mean–M | 5.3 | 5.5 | 0.9 | — | — | — | — | 64.8 | — | — | — | 1.1 |
| OIII–O1–LP1 | 24.3 | — | — | −19° | — | — | — | 77.0 | 133.2 | 171° | — | — |
| OIII–O1–RP1 | 21.8 | 20.0 | — | 5° | 30° | 27° | 57° | 56.5 | 115.0 | 168° | — | 1.1 |
| OIII–O1–LP2 | 23.0 | 18.7 | — | — | 25° | 23° | 48° | 61.6 | — | 171° | — | 1.2 |
| OIII–O1–RP2 | 24.2 | 18.1 | — | — | 24° | 27° | 51° | — | — | — | — | 1.3 |
| OIII–O1–LP3 | — | — | — | — | — | — | — | — | — | — | — | — |
| Mean–P | 23.3 | 18.9 | — | \|12°\| | 26° | 26° | 52° | 65.0 | 124.1 | 170° | — | 1.2 |
| OIII–O2–RP1 | 22.2 | 17.0 | — | 5° | 27° | 29° | 56° | 50.8 | 98.7 | 180° | — | 1.3 |
| OIII–O2–LP2 | 21.7 | 18.5 | — | 2° | 27° | 26° | 53° | 48.5 | 100.0 | 167° | — | 1.2 |
| OIII–O2–RP2 | 20.0 | 17.8 | — | 7° | 26° | 30° | 56° | 52.8 | 104.5 | 175° | — | 1.1 |
| OIII–O2–LP3 | 22.0 | 17.7 | — | −11° | 29° | 25° | 54° | 52.8 | 101.1 | 167° | — | 1.2 |
| OIII–O2–LM3 | 4.3 | 4.6 | — | — | — | — | — | — | — | — | — | 0.9 |
| OIII–O2–RP3 | 21.8 | 19.4 | — | 4° | 24° | 26° | 50° | 49.4 | 99.8 | 167° | — | 1.1 |
| OIII–O2–LP4 | 21.3 | 17.0 | — | 0° | 27° | 27° | 54° | 51.3 | 100.5 | 173° | — | 1.3 |
| OIII–O2–RP4 | 20.8 | 18.2 | — | — | 38° | 29° | 57° | 49.6 | 99.6 | 164° | — | 1.1 |
| OIII–O2–RM4 | 3.4 | 5.0 | — | — | — | — | — | 54.6 | — | — | — | 0.7 |
| OIII–O2–LP5 | 21.5 | 17.0 | — | — | 22° | 39° | 51° | 51.2 | — | — | — | 1.3 |
| OIII–O2–LM5 | 3.2 | 5.1 | — | — | — | — | — | — | — | — | — | 0.6 |
| OIII–O2–RP5 | — | — | — | — | — | — | — | — | — | — | — | — |
| Mean–P | 21.4 | 17.8 | — | \|5°\| | 28° | 29° | 54° | 50.8 | 100.6 | 170° | — | 1.2 |
| Mean–M | 3.6 | 4.9 | — | — | — | — | — | 54.6 | — | — | — | 0.7 |

续表

| 编号 | ML | MW | MD | R | II–III | III–IV | II–IV | PL | SL | PA | TW | L/W |
|---|---|---|---|---|---|---|---|---|---|---|---|---|
| OIII–O3–RP1 | 18.2 | 15.1 | — | –9° | 23° | 27° | 50° | 41.5 | 83.3 | 177° | — | 1.2 |
| OIII–O3–RM1 | 2.6 | 4.8 | — | 49° | — | — | — | 45.7 | 84.8 | 157° | — | 0.5 |
| OIII–O3–LP2 | 17.5 | 14.8 | — | — | 24° | 28° | 52° | 43.0 | — | — | — | 1.2 |
| OIII–O3–LM2 | 3.2 | 4.3 | — | — | — | — | — | 41.3 | — | — | — | 0.7 |
| OIII–O3–RP2 | 16.3 | 13.3 | — | — | 26° | 30° | 56° | — | — | — | — | 1.2 |
| OIII–O3–RM2 | 3.2 | 5.2 | — | — | — | — | — | — | — | — | — | 0.6 |
| Mean–P | 17.3 | 14.4 | — | –9° | 24° | 28° | 53° | 42.3 | 83.3 | 177° | — | 1.2 |
| Mean–M | 3.0 | 4.8 | — | 49° | — | — | — | 43.5 | 84.8 | 157° | — | 0.6 |
| OIII–O4–RP1 | 20.1 | — | — | — | — | — | — | 46.4 | — | — | — | — |
| OIII–O4–LP2 | 17.0 | 14.5 | — | — | 19° | 32° | 51° | — | — | — | — | 1.2 |
| OIII–O4–LM2 | 3.0 | 5.0 | — | — | — | — | — | — | — | — | — | 0.6 |
| Mean–P | 18.6 | 14.5 | — | — | 19° | 32° | 51° | 46.4 | — | — | — | 1.2 |
| Mean–M | 3.0 | 5.0 | — | — | — | — | — | — | — | — | — | 0.6 |

表 4-2　莲花保寨足迹点孤立的鸟脚类足迹测量数据（单位：厘米）

| 编号 | L | W | II–IV | L/W |
|---|---|---|---|---|
| QII–OI1 | 33.5 | 33.0 | 57° | 1.0 |
| QII–OI2 | 36.0 | 32.5 | — | 1.1 |
| QII–OI4 | 27.5 | 30.0 | 69° | 0.9 |
| QII–OI5 | 21.0 | 18.0 | 49° | 1.2 |
| QII–OI6p | 27.0 | 23.8 | 59° | 1.1 |
| QII–OI6m | 4.5 | 6.0 | — | 0.8 |
| QII–OI7 | 11.0 | 21.0 | — | 0.5 |
| QII–OI10 | 13.0 | 22.3 | — | 0.6 |
| QII–OI11 | 26.0 | 23.0 | 65° | 1.1 |
| QII–OI12 | 19.5 | 13.5 | 61° | 1.4 |
| QII–OI14 | 32.5 | 30.0 | 62° | 1.1 |
| QII–OI15 | 20.0 | 19.4 | — | 1.0 |
| QII–OI16 | 23.0 | 22.0 | 41° | 1.0 |
| QII–OI17 | > 11.0 | — | — | — |
| QII–OI18 | 26.0 | 22.0 | 43° | 1.2 |
| QII–OI21 | 28.5 | 26.5 | 61° | 1.1 |
| QII–OI22 | 30.0 | 32.5 | 52° | 0.9 |
| QII–OI23 | 32.0 | 27.0 | 53° | 1.2 |

续表

| 编号 | L | W | II–IV | L/W |
|---|---|---|---|---|
| QII-OI24 | 25.0 | 20.4 | 54° | 1.2 |
| QII-OI25 | 33.5 | 30.5 | 51° | 1.1 |
| QII-OI27m | 7.0 | 9.0 | — | 0.8 |
| QII-OI27p | 30.5 | 21.0 | 43° | 1.5 |
| QII-OI29 | 17.0 | 17.5 | 68° | 1.0 |
| QII-OI30m | 4.5 | 6.0 | — | 0.8 |
| QII-OI30p | 25.5 | 21.8 | 60° | 1.2 |
| QII-OI31m | 9.5 | 11.0 | — | 0.9 |
| QII-OI31p | 31.0 | 29.0 | 54° | 1.1 |
| QII-OI33 | 32.5 | 27.5 | 48° | 1.2 |
| QII-OI34 | 20.0 | 22.5 | — | 0.9 |
| QII-OI35 | 30.0 | 27.0 | 51° | 1.1 |
| QII-OI36 | 34.5 | 26.0 | 49° | 1.3 |
| QII-OI37 | 24.0 | 21.3 | 56° | 1.1 |
| QII-OI38 | 26.5 | 22.0 | 52° | 1.2 |

形态类型 A：QII-O20 是模式标本行迹，保存了最完整的前–后足迹序列。后足迹的平均长宽比值为 1.2，前足迹的平均长宽比值为 0.7。前足迹从行迹中线外旋约 46°。这一外旋角度比后足迹的内旋角度（约 5°）要大得多。前足迹的平均步幅角为 149°，后足迹的平均步幅角为 165°。

模式标本前–后足迹组合 QII-O20-RP2—QII-O20-RM2 是保存最好的标本。后足迹 QII-O20-RP2，长 30.5 厘米，长宽比值为 1.2，亚中轴对称，功能性三趾型和跖行式，四分形态，由三个趾和一个被明显的脊分隔开的脚跟组成，该特征在恐龙活着的时候，代表着边界清晰、由向上凹入的皱褶分隔开的、向下凸出的脚垫，就像那些凸型足迹所展示的足部大致形态一样。前三角长宽比值为 0.29。第 III 趾最短，但位置最靠前，第 II 趾和第 IV 趾更长且几乎等长。每一个趾都有明显的钝爪印，其中外侧趾的爪印要比第 III 趾的更发育。脚跟近似三角形。脚跟和三趾之间有明显的界线。第 II 趾和第 IV 趾之间的趾间角为 57°。第 II 趾和第 III 趾之间的趾间角（28°）几乎与第 III 趾和第 IV 趾之间的趾间角（29°）相等。前足迹呈椭圆形，没有清晰可辨的趾或爪印。前足迹短轴与后足迹的前外侧边缘相对（即几乎与第 III 趾的远端相对准）。前–后足迹中心之间距离与后足迹长度的比值是 0.8。足迹异度的值为 1:6.1。

QII-O9 行迹是副模标本，也是莲花保寨保存最完好的鸟脚类足迹标本之一。QII-O9-RP4—QII-O9-RM4 是其中保存最佳的一对足迹。足迹 QII-O9 的形态学与模式标本基本一致，平均长宽比值为 1.1，后足迹平均前三角长宽比值为 0.38。第 II 趾爪印可见于 QII-Q9-RM4。前 – 后足迹中心之间距离与后足迹长度的比值是 1.0。足迹异度的值为 1:5.6。

在其他大型足迹中，QII-O14 的前足迹 LM4 有 3 个凹陷，可能分别对应着第 II 趾、第 III 趾和第 IV 趾的趾印。这类似于美国科罗拉多州 Lamar 足迹点的一个前足迹（丹佛自然史博物馆 1608 号标本）（Lockley, 1987b）。QII-O14 的后足迹 RP2 有 2 个前足迹，可能是由于造迹者失去身体平衡时，接连踏下 2 次前脚而形成的。一些足迹（例如足迹 QII-O11-RP2、QII-O21）展示了一定程度上的外形态学变化，这很可能是由于原始基底的局部太过湿滑造成的。

形态类型 B：这些小型足迹只有形态类型 A 足迹的一半深，甚至更浅。这些行迹中的大部分足迹都保存较差，但也有其中一些保存了较好的形态学特征。QII-O3 和 QII-O6 是其中保存最好且最具有代表性的。仅保存有后足迹的 QII-O3 行迹是莲花保寨最小的鸟脚类行迹之一。行迹 QII-O3 的足迹平均长 20.6 厘米，平均长宽比值为 1.2，后足迹向行迹中线内旋约 21°。QII-O3-RP1 保存最好，长宽比值为 0.9；第 II 趾与第 IV 趾的长度相近，第 II 趾的爪印最发育；第 II 趾至第 IV 趾之间的趾间角为 63°；第 II 趾和第 III 趾之间的趾间角（32°）几乎与第 III 趾和第 IV 趾之间的趾间角（31°）相等；前三角长宽比值为 0.33。

前 – 后足迹 QII-O6-LP2—QII-O6-LM2 也是保存完好的标本之一。后足迹前三角长宽比值为 0.27；第 III 趾最短，第 III 趾和第 IV 趾几乎等长，第 II 趾的爪印最发育。前足迹为近半圆形，位于后足迹第 III 趾的前面，前 – 后足迹中心之间距离与后足迹长度的比值是 1.3。足迹异度的值为 1:8.3。

QIII 的所有 7 道行迹都属于形态类型 B，其中的 QIII-O1—QIII-O4 是保存最好的真足迹，QIII-O5—QIII-O7 是幻迹。前者造迹者群体的行走方向为自东向西，后者群体的行走方向为自北向南。这些足迹的形态与出自第二层的形态类型 B 足迹（QII-O3、QII-O6）相似。

QII-OI17 是所有足迹中最小的后足迹，仅保存有一根完整的外侧趾和第 III 趾的大部分，剩余部分都被 QII-O20-RP2 所覆盖。基于形态类型 B 标本的比例，QII-OI17 的长度很可能为 11—12 厘米，不及形态类型 A 标本长度的三分之一，因此很可能是幼年个体留下的。

此外，在运动方面，莲花保寨鸟脚类形态类型 A 的相对复步长的比值为 0.41—0.98，表明动物处于行走步态。运用 Alexander（1976）的速度公式，这些造迹者的速度介于 1.12—4.14 千米 / 小时之间（表 4-3）。形态类型 B 行迹的相对复步长比值为 0.98—1.72，速度介于 2.59—6.91 千米 / 小时之间。很显然，较小个体的形态类型 B 的行走速度要比形态类型 A 快得多。

表 4-3　莲花保寨足迹点鸟脚类的行走速度

| 大型鸟脚类 (ML > 0.25 cm) | | | 小型鸟脚类 (ML < 0.25 cm) | | |
|---|---|---|---|---|---|
| 编号 | SL/h | S(km/h) | 编号 | SL/h | S(km/h) |
| QII-O1 | 0.80 | 2.95 | QII-O3 | 1.72 | 6.91 |
| QII-O2 | 0.89 | 3.13 | QII-O8 | 1.01 | 3.10 |
| QII-O4 | 0.41 | 1.12 | QII-O12 | 1.24 | 4.03 |
| QII-O5 | 0.91 | 3.02 | QII-O16 | 1.06 | 3.17 |
| QII-O6 | 0.92 | 2.99 | QII-O22 | 1.11 | 3.31 |
| QII-O7 | 0.98 | 4.14 | QII-O23 | 1.23 | 4.00 |
| QII-O9 | 0.75 | 2.56 | QII-O24 | 1.22 | 4.10 |
| QII-O10 | 0.85 | 2.74 | OIII-O1 | 1.11 | 3.56 |
| QII-O11 | 0.74 | 2.48 | OIII-O2 | 0.98 | 2.77 |
| QII-O13 | 0.75 | 2.66 | OIII-O3 | 1.00 | 2.59 |
| QII-O14 | 0.82 | 2.95 | | | |
| QII-O15 | 0.84 | 2.59 | | | |
| QII-O17 | 0.66 | 1.98 | | | |
| QII-O18 | 0.87 | 3.38 | | | |
| QII-O19 | 0.91 | 3.38 | | | |
| QII-O20 | 0.87 | 3.28 | | | |
| QII-O21 | 0.88 | 3.35 | | | |

鸟脚类足迹的要点如下：

（1）在特征明确的足迹分类中，足迹大小可以反映造迹者的体型和年龄（Lockley, 1994; Matsukawa et al., 1999）。形态上的高度相似性表明，形态类型 B 足迹很可能代表着形态类型 A 的幼年或亚成年个体。后足迹长度和宽度散点图表明，大部分足迹的长度区间都在 20—24 厘米和 33—37 厘米，这很可能反映了两组不同年龄的造迹者，尽管也可能有别的解释，如两性异性（图 4-21，表 4-4）。

表 4-4　莲花保寨足迹点鸟脚类后足迹测量数据概要（单位：厘米）

| 要素 | 范围 | 平均值 | 中值 | 标准偏差 |
|---|---|---|---|---|
| ML | 16.3—48.0 | 28.6 | 27.0 | 7.2 |
| MW | 13.3—39.0 | 25.1 | 25.0 | 6.0 |
| L/W | 0.9—1.5 | 1.1 | 1.1 | 0.1 |
| PL/ML | 2.0—4.2 | 2.6 | 2.6 | 0.4 |

（2）一般来说，前足迹向行迹中线明显外旋，后足迹则略微内旋。
（3）所有后足迹长宽比值的平均值为 1.1，后足迹单步长与后足迹长的比值的中值为 2.6。

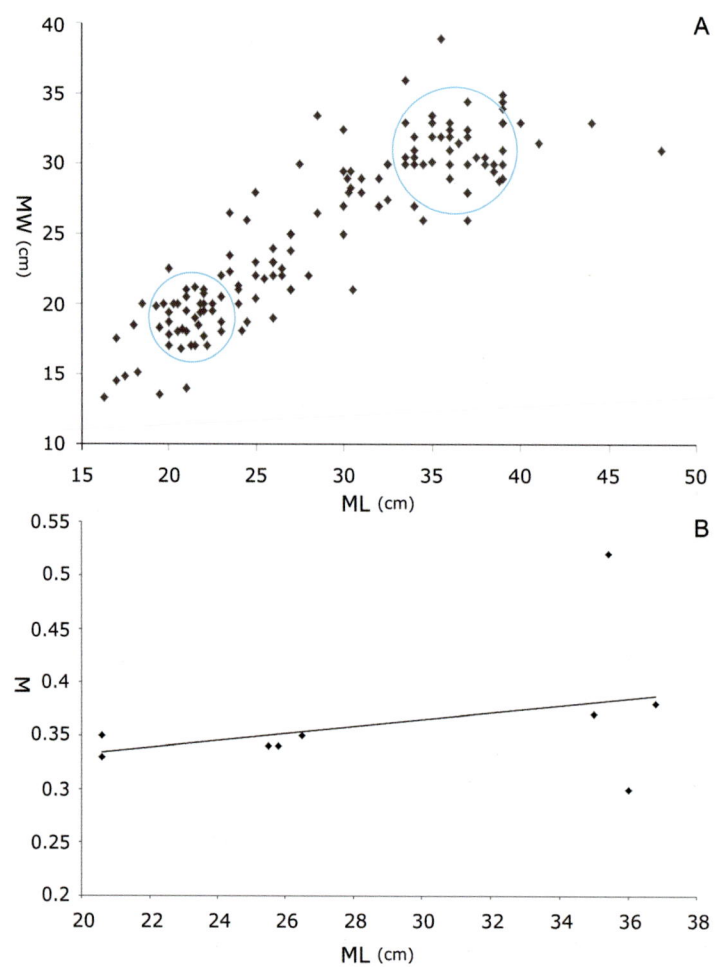

图 4-21　莲花保寨足迹点鸟脚类后足迹散点图[长度和宽度(A),长度和中趾前凸(B)]

(4) 形态类型 B 标本中,只有 QII-O3、QII-O16 和 OIII-O1 缺失前足迹,如果不是由于两足行走造成的,那就很可能是因为前足迹太浅而没有被保存下来。Xing et al.(2007)认为还有另一种可能性:亚成年的造迹者通常只用后肢行走(Shipman, 1986; Norman, 1988)。但没有非常确凿的足迹学或骨学证据支持这种解释。

(5) 形态类型 A 足迹中,前足迹的短轴与后足迹的前外侧边缘相对,但在形态类型 B 足迹中,前足迹的位置似乎更多样化。除了那些与形态类型 A 足迹有着相似模式(位置)的标本外,其他前足迹更多的与后足迹的前缘相对,即位于第 III 趾远端之前。

(6) 形态类型 B 后足迹的中趾前凸值(0.33—0.35)略小于形态类型 A 的(0.37—0.52)(表 4-5)。因此,形态类型 B 的前三角略微有一个延长的趋势(中趾前凸更强)。这个现象与 Lockley(2009)的观点以及该论文所释出的文献相一致。

表 4-5 莲花保寨足迹点鸟脚类后足迹长度（单位：厘米）和中趾前凸数据概要

| 编号 | ML | M |
| --- | --- | --- |
| QII-O9 | 36.8 | 0.38 |
| QII-O11 | 35.0 | 0.37 |
| QII-O14 | 35.4 | 0.52 |
| QII-O20 | 36.0 | 0.30 |
| QII-O3 | 20.6 | 0.35 |
| QII-O5 | 26.5 | 0.35 |
| QII-O6 | 25.5 | 0.34 |
| QII-O15 | 25.8 | 0.34 |
| QII-O22 | 20.6 | 0.33 |

（7）形态类型 B 标本前-后足迹的面积比，总体上要小于形态类型 A 的，也就是说，成年造迹者足迹异度要低一些。

（8）大部分出自莲花保寨第一层和第二层的鸟脚类造迹者都是自西向东行走，这表明该区域很可能是造迹者出于某些自然地理阻隔而选择的通道（Ostrom，1972），其方向由西向东，或许也与河流或水岸线平行（Paik et al.，2001）。此地的鸟类和翼龙类足迹也有同样的行走方向。鸟类行迹方向与推测的水体流动方向平行。这表明造迹者可能在觅食，就和其他滨鸟足迹，如 *Goseongornipes* isp.（Xing et al.，2011a）、*Koreanaornis* cf. *hamanensis* 所反映的情况一样（Anfinson et al.，2009）。

#### 4.3.2.1 对比和讨论

早白垩世的鸟脚类足迹多出自欧洲、北美和东亚。至今已有 6 个有效的白垩纪鸟脚类足迹属：早白垩世的 *Amblydactylus*（2 个足迹种）、*Caririchnium*（4 个足迹种）、*Iguanodontipus* 和 *Ornithopodichnus*，晚白垩世的 *Hadrosauropodus*（2 个足迹种）和 *Jiayinosauropus*（Lockley et al.，2014b）。以前，*Amblydactylus*、*Caririchnium* 和 *Iguanodontipus* 这 3 个足迹属的造迹者被认为是禽龙（*Iguanodon*）或 iguanodontian。基于形态上的相似性，Lockley et al.（2014b）把它们归入足迹科 Iguanodontipodidae。

*Caririchnium* 的模式标本最早由 Leonardi（1984）命名（图 4-22）。*C. magnificum* 的确立是基于一道发现自 Rio do Peixe 群（前 Aptian）下部 Antenor Navarro 组的保存完好的四足动物行迹（Leonardi，1989）。*C. magnificum* 模式标本的中趾前凸是 0.31，足迹异度为 1:3.7。前者小于莲花保寨标本的值，后者则高于莲花保寨标本的值。*C. magnificum* 的前足迹从尺寸和形状上看都不规则，从大型、不规则的 L 形到椭圆形或近似圆形。

*Caririchnium* 的第二个足迹种 *C. leonardii* 发现自 Dakota 群的上部（Albian–Cenomanian 过渡期）（Lockley, et al.，2014b；Lockley，1987b；Lockley，1994）。在形态上，*C. leon-*

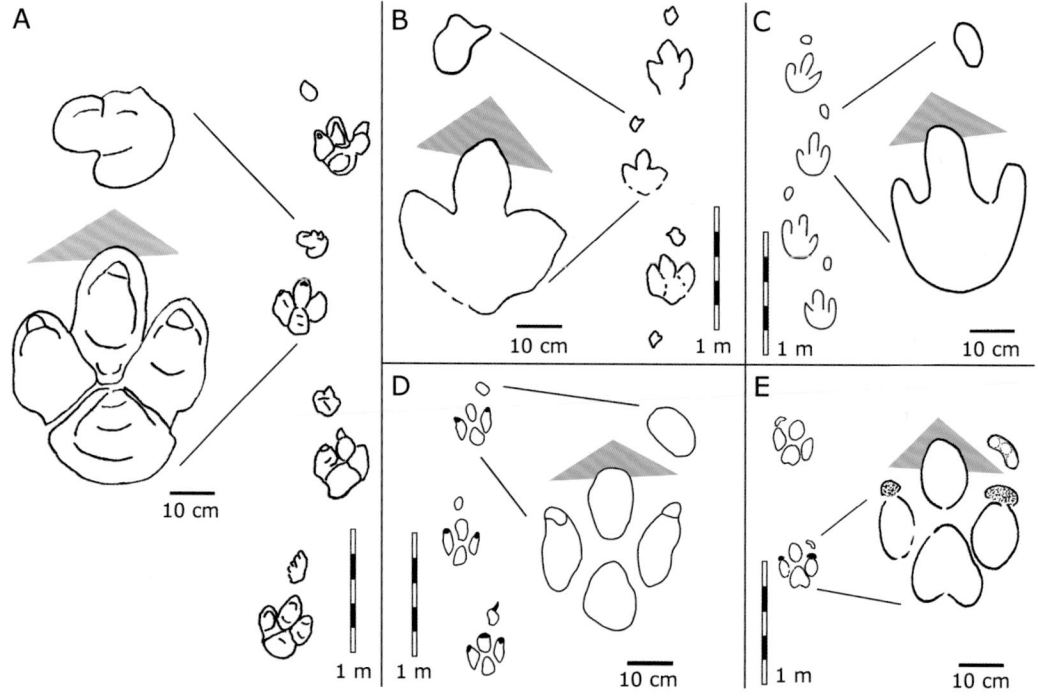

图 4-22 *Caririchnium* 各个足迹种的对比（改自 Lockley et al., 2014b）

A. *Carirchnium magnificum*（Leonardi, 1984）; B. *Caririchnium leonardii*（Lockley et al., 2001a）;
C. *Caririchnium protohadrosaurichnos*（Lee, 1997）; D. *Caririchnium lotus*（Xing et al., 2007）;
E. *Caririchnium kyoungsookimi*（Lim et al., 2012）

*ardii* 与 *C. magnificum* 相似，不过 *C. leonardii* 与 *C. magnificum* 在前足迹以及脚跟的形状上都不同（Lockley, et al., 2014b）。一些后期归入到 *C. leonardii* 的标本保存相当好，甚至还留存有皮肤印痕，例如出自科罗拉多州 Dakota 群 South Platte 组的 MWC 201.1 行迹（Currie et al., 1991）。MWC 201.1 有二裂片（双叶形）的脚跟。*C. leonardii* 模式标本的中趾前凸是 0.46，足迹异度为 1:8.1。依此，对比莲花保寨的标本，*C. leonardii* 的中趾前凸更强，而足迹异度更弱。

足迹种 *C. protohadrosaurichnos* 的模式标本出自德克萨斯州的 Woodbine 组（Cenomanian）（Lee, 1997）。*C. protohadrosaurichnos* 有不明显的四分形态的后足迹和更延长的前足迹（Lockley, et al., 2014b）。*C. protohadrosaurichnos* 模式标本的中趾前凸是 0.39（基于模式标本 SMU 74653），足迹异度为 1:14.6。后者表明 *C. protohadrosaurichnos* 的前足迹极小。所有这些特征都与莲花保寨的标本有一定程度上的差异。

*Caririchnium kyoungsookimi* 是出自韩国 Jindong 组（晚 Aptian）的四足鸟脚类行迹（Lim et al., 2012）。前足迹展示出 3 个非同一般的亚圆形凹痕，排列在一个延长的弧状

结构上，这与其他 *Caririchnium* 足迹种明显不同，虽然也与德国一些早白垩世的鸟脚类足迹有相似之处（Lockley et al., 2004a）。

另外，*Caririchnium* 在美国的科罗拉多州（Lockley, 1987b）、新墨西哥州（Hunt and Lucas, 1996; Kappus et al., 2003）、俄克拉荷马州（Lockley et al., 1992b）、德克萨斯州（Lee, 1997）、弗吉尼亚州（Weems, 2004）和怀俄明州（Lockley et al., 2004b），以及巴西（Leonardi, 1984）、韩国（Huh et al., 2003）、日本（Matsukawa et al., 2005）都有发现。

Lockley et al.（2014b）注意到，所有的 *Caririchnium* 的模式标本都保存了前足迹和后足迹，而不像其他的鸟脚类的模式标本那样通常只有后足迹。因此，*Caririchium* 的造迹者为典型的四足动物。*Caririchnium* 的地质年龄范围大约为 ~ Barremian–Cenomanian（与 *Amblydactylus* 相似），这与莲花保寨标本的年龄（Barremian–Albian）基本一致。

在造迹者方面，*Caririchnium* 和 *Amblydactylus* 的造迹者被归入禽龙类和鸭嘴龙类（hadrosaurid）（Sternberg, 1932; Currie and Sarjeant, 1979; Currie, 1983; Paul, 1987; Lockley, 1985, 1986b, 1987b; Lee, 1997）。不过，夹关组缺失鸟脚类骨骼化石，这妨碍了我们推断其造迹者。一个经常用来区分禽龙类和鸭嘴龙类足迹的标准是它们所在的地质年代，前者主要分布在早白垩世，后者主要分布在晚白垩世。不过，新的研究使得大型鸟脚类系统发生学被更新，其本质变得更清晰，但也更复杂（如 McDonald et al., 2010a, b; Prieto-Marquez, 2010）。从我们当前的认识来看，鸭嘴龙科（Hadrosauridae）的演化支仅出现在晚白垩世晚期（Santonian–Maastrichtian）；早白垩世晚期与晚白垩世早期（也就是白垩纪中期）的大型鸟脚类是鸭嘴龙型类（Hadrosauriformes, 禽龙类 + 鸭嘴龙类）和鸭嘴龙超科（Hadrosauroidea）的成员，而无鸭嘴龙科。夹关组的年龄介于 100.5—145 Ma（Barremian-Albian, Chen, 2009），目前 *C. lotus* 的造迹者被保守地归入鸭嘴龙型类，尽管它也有可能是鸭嘴龙超科的成员。

#### 4.3.2.2 中国的 *Caririchnium*

除了莲花保寨外，在中国其他多个足迹点也发现了 *Caririchnium*（图 4-23）。

（1）河北省下白垩统九佛堂组滦平足迹点的 *Caririchnium* isp.。You and Azuma（1995）最先报告了这些暴露在铁路边的鸟脚类行迹。Matsukawa et al.（2006）提供了该足迹点的足迹分布图，并将足迹归入 *Caririchnium*。这些足迹代表了四足鸟脚类，大部分足迹保存不佳。后足迹展示了四分的形态，中趾前凸的值为 0.29。前足迹呈椭圆形，短轴与后足迹的前外侧边缘相连。有着细长趾的兽脚类足迹（*Asinodopodus*）也发现于该足迹点。

（2）吉林省延吉下白垩统铜佛寺足迹点铜佛寺组的 *Caririchnium* 类足迹（Matsukawa et al., 1995）。这些足迹保存较差。前足迹缺失，后足迹展示了可能的四分形态。细长的兽脚类足迹也发现于该足迹点。2015 年，我们（Xing L D, Lockley M G）再次考察了该

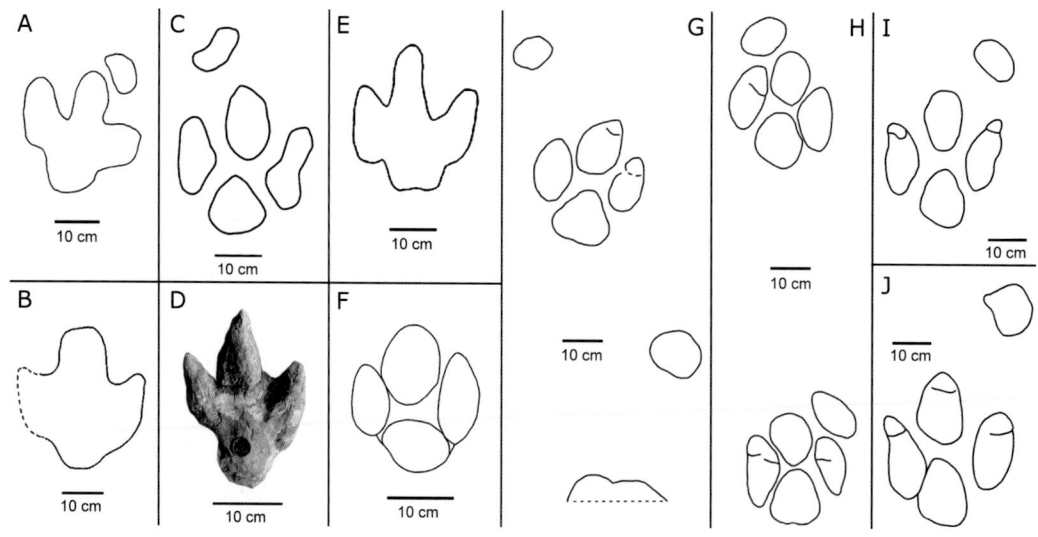

图 4-23 中国的 Caririchnium 足迹

A. 河北九佛堂组滦平足迹点的 Caririchnium isp.（You and Azuma, 1995; Matsukawa et al., 2006）；B. 吉林铜佛寺组铜佛寺足迹点 Caririchnium（Matsukawa et al., 1995）；C. 甘肃河口群盐锅峡二号足迹点 Caririchnium；D. 甘肃河口群盐锅峡一号足迹点 Caririchnium（Zhang et al., 2006）；E. 甘肃河口群盐锅峡 SS1 足迹点 Caririchnium（Xing et al., 2015b）；F. 四川夹关组龙井足迹点 Caririchnium；G 与 H. 昭觉飞天山组三比罗嘎足迹点 Caririchnium；I 与 J. 莲花保寨标本

足迹点，发现了新的大型鸟脚类足迹，目前还在研究中。

（3）甘肃省下白垩统河口群盐锅峡足迹点 Caririchnium 类足迹。在盐锅峡足迹点，鸟脚类的足迹和行迹都保存在原位，为凹型与凸型足迹（Zhang et al., 2006; Xing et al., 2015b）。二号足迹点和六号足迹点的大型鸟脚类行迹为典型的 Caririchnium。中趾前凸的值为 0.30。并列的行迹表明造迹者为群居动物：行迹之间的距离相当规则，约为 1.3 米宽，4 道行迹仅间隔 4 米（Zhang et al., 2006）。这些足迹代表了两足和四足鸟脚类。

盐锅峡 SS1 足迹点的 GDM-Y-SS1-1 标本（Xing et al., 2015b）和一号足迹点的一个凸型足迹（Zhang et al., 2006）都有着相当强烈的中趾前凸，分别达到了 0.38 和 0.41。不过，凸型足迹在总体形态上仍与 Caririchnium 相似，包括四分的形态和椭圆形或三角形、带有二裂片（双叶形）后缘的脚跟。中趾前凸的差异可能是由于不同的个体发育程度或保存因素造成，还需要进一步研究。

（4）四川省下白垩统夹关组龙井足迹点的 Caririchnium。所有龙井足迹点的行迹都保存在河床的砂岩层上，受到流水的持续侵蚀。这批缺失前足迹的鸟脚类行迹被归入 Caririchnium。其中保存最好的 LJ-O1-R1 长 22 厘米，中趾前凸值为 0.34，第 II 趾最短但最深，不过这一特征也可能是侵蚀的结果。总体来说，它与 *Caririchnium lotus* 的形态类型 B 足迹十分相似。

（5）四川省昭觉下白垩统飞天山组三比罗嘎足迹点的 *Caririchnium*。三比罗嘎足迹点 *Caririchnium* 的长度范围在 20—30 厘米之间，为两足或兼四足行走的动物足迹，其中保存最好的 ZJII-O98 和 ZJII-O99 总体上与 *Caririchnium lotus* 相似，中趾前凸为 0.34—0.38。*Caririchnium* 的造迹者几乎可以肯定为群居动物。除了 *Caririchnium*，三比罗嘎足迹点还发现了数量相当多的小型两足鸟脚类足迹 *Ornithopodichnus*。

因此，川滇盆地下白垩统莲花保寨、龙井和三比罗嘎足迹点的大型鸟脚类足迹在形态上都与 *Caririchnium lotus* 相似，可能可归入 *Caririchnium lotus*。而随后发现的石庙沟标本则建立了 *Caririchnium* 这一新种。总体而言，它们都属于 *Caririchnium* 形态类型。这些足迹点表明，早白垩世时期，鸟脚类在川滇盆地很繁荣。同期，中国西北部兰州 – 民和盆地的大型鸟脚类足迹则还需要进一步描述与对比。

值得一提的是，我们需注意韩国白垩系发现了大量的 *Caririchnium* 标本（Lockley et al., 2006a）。在许多情况下，大量的韩国鸟脚类足迹组成了数十道平行的行迹，行迹之间的距离有很强的规律，这强烈暗示了造迹者的群居习性。此外，大部分的韩国 *Caririchnium* 行迹都表明造迹者是两足行走的。

### 4.3.2.3 保存方式

莲花保寨的 *Caririchnium lotus* 足迹包括了不同的保存方式，既有最典型的保存方式（凹型足迹），也有凸型足迹、深的凸型足迹（三维凸型足迹）和幻迹。这些不同的保存方式可以帮助我们了解在不同沉积条件下，同种鸟脚类足迹之间存在的形态学差异。第二层的大部分鸟脚类足迹与行迹保存得特别完好，是其他保存类型的最佳参照物。

#### 4.3.2.3.1 只保存了趾区的足迹

第二层保存了至少 5 个孤立的、仅有趾区的 *Caririchnium* 凹形后足迹，其中 QII-OI10 最清晰（图 4-24）。QII-OI10 有 3 个分离的、圆形的远端趾印，缺失脚跟。将该足迹与两种形态完整、保存完好的 *Caririchnium* 行迹 QII-O5 进行对比与分析，有助于我们了解这些只保存了趾区的足迹。在 QII-O5 行迹中，QII-O5-RP1—QII-O5-RP4 展示了保存完整的、四分的形态，由三个趾和一个被明显的脊所分隔开的脚跟组成，但 QII-O5-RP5 只有趾区。其中缘由是 QII-O5-RP5 被一个蜥脚类后足幻迹所重叠，后者在留存的时候挤压了保存有 QII-O5-RP5 的沉积物，导致 QII-O5-RP5 出现外形态学变化。这样一来，QII-O5-RP5 相对浅的部分就被压平了，足迹因此由四分形态变成只有趾区的形态。不过，QII-OI10 并没有被蜥脚类幻迹所重叠，可能是基底比较坚硬时留下的。它只留下了趾的远端，一般来说，这部分比足迹的其余部分要深一些。但也可能是由于沉积岩暴露而导致重叠在其上的其他足迹（幻迹）消失了。

与 QII-OI10 相似的足迹也见于甘肃省下白垩统盐锅峡足迹点（Li et al., 2006），以及新疆下白垩统黄羊泉足迹点（Xing et al., 2013h）。盐锅峡足迹点的标本被认为是鸟脚类在半水下沉积物面上行走而留下的，造迹者在浮力作用下以趾行走，留下只有脚尖的足迹（Li et al., 2006; Fujita et al., 2012）。不过这种解释太过牵强，我们更倾向于认为只有趾区的足迹是一种特殊的幻迹，即造迹者在上层沉积物（如 QII）行走时，足趾穿透上部岩层，从而在下层（QI）留下趾区的印迹。黄羊泉足迹点的标本则被解释为覆盾甲龙类的幻迹（可能属于 *Deltapodus curriei*）（Xing et al., 2013h）。总之，在莲花保寨发现的只有趾区的 *Caririchnium* 后足迹，为我们了解造迹者的习性和足迹的保存方式提供了良好的机会。

#### 4.3.2.3.2 误导的幻迹

由于保存条件非常适宜，甚至接近完美，此外还有微生物席的存在，所以第二层的大部分 *Caririchnium* 凹形足迹都保存得极好。来自第二层的 *Caririchnium* 在下方 10 厘米处的第一层留下了幻迹。这些幻迹留下了不同的"形态学"（即外形态学）特征。比如 QI-O6-RP3 的第 II 趾至第 IV 趾更狭窄，这与兽脚类足迹相似（图 4–24）。Xing et al.（2007）把 QI-O6-RP3 归入鸟脚类足迹，并且命名为 *Laoyingshanpus torridus*。

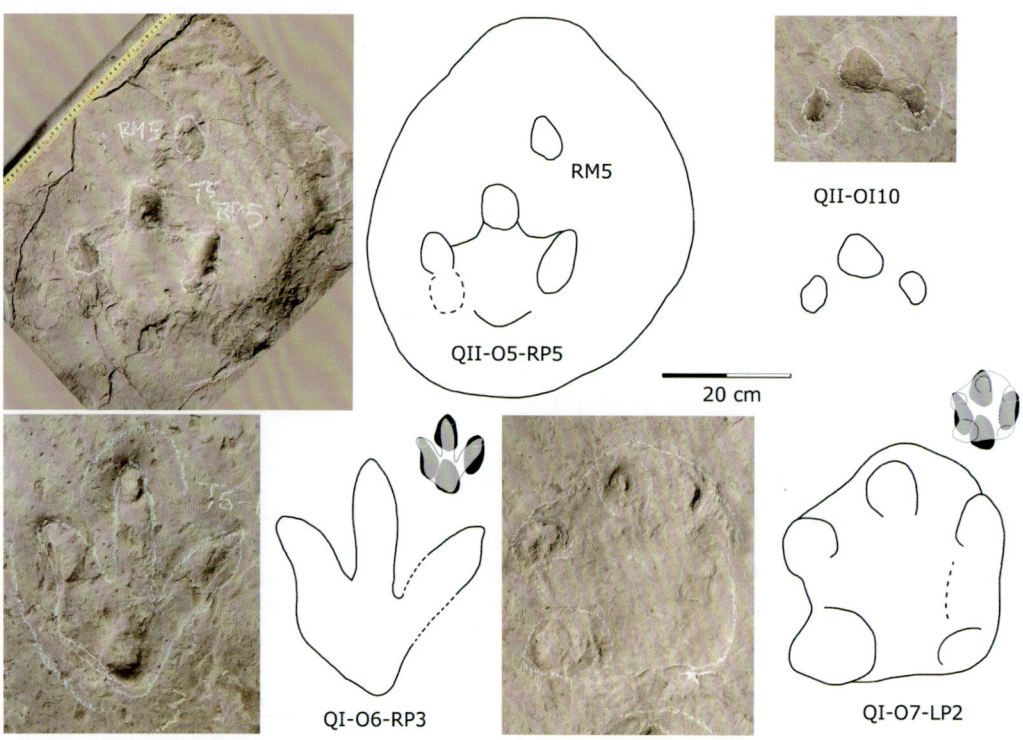

图 4–24　莲花保寨足迹点特异保存的 *Caririchnium lotus* 足迹

QI-O7-LP2 的脚跟相当浅,而外侧趾(尤其第 IV 趾)有深的远端和近端边缘,与第 III 趾一起形成"五趾型"轮廓。这些特征使其在形态上与甲龙类(ankylosaur)足迹相似。Xing et al.(2007)把 QI-O7-LP2 归入甲龙类足迹并命名为 *Qijiangpus sinensis*。

基于目前的研究情况,我们认为这两个足迹分类单元在分类学上是无效的,应为无效名。它们仅仅是鸟脚类的幻迹,推测为 *C. lotus* 足迹在上层沉积物(QII)传递到下层(QI)的幻迹。

4.3.2.3.3 复杂的重叠迹

Xing et al.(2012c)描述了出自莲花保寨第三层(QIII)的大型鸟脚类三维凸型足迹 QIII-OI20(旧标本号为 QJGM-C1)。这个标本提供了一个独特的视角,让我们有机会了解造迹者足部的运动机制,并使得我们可以重建造迹者在留存足迹过程中的步法循环。下文我们将单设一节来详细描述这个有趣的足迹。

此外,第三层还额外保存了两套复杂的重叠迹,分别包括 9 个和 7 个足迹(QIII-OI1—QIII-OI9 和 QIII-OI10—QIII-OI16)(图 4-25、图 4-26)。这两套足迹是多个造迹者以不同方向走过同一个狭小区域时留下的。

我们可以依靠三维彩色外形轮廓图对 QIII-OI1—QIII-OI9 和 QIII-OI10—QIII-OI16 进行排序。例如,QIII-OI1、QIII-OI2 很可能最先被留下;然后是 QIII-OI3、QIII-OI4,前者覆盖了 QIII-OI1、QIII-OI2;接着很可能是 QIII-OI5、QIII-OI6、QIII-OI8 和 QIII-OI9,它们相继重叠并使得先留下的足迹发生更多的外形态学变化。QIII-OI7 则损毁了 QIII-OI3 和 QIII-OI4 的边缘。QIII-OI7 和 QIII-OI8 是保存最好的凸型足迹。前者展示了 *Caririchnium lotus* 的基本形态学,后者则在外侧(右)趾和第 III 趾之间有增大的间距,很可能是由于趾在湿滑的沉积物上向外张开所致。另外,QIII-OI7 和 QIII-OI8 的第 III 趾要比第 II 和第 IV 趾深一些,这个现象在其他一些鸭嘴龙型类足迹上也可以观察到(Currie et al., 2003)。

在 QIII-OI10—QIII-OI16 中,异常浅的 QIII-OI10—QIII-OI13 很可能最先被留下,随后又被 QIII-OI14—QIII-OI16 重叠。有趣的是,保存这些足迹的沉积物可能被整体挤压,导致足迹变平,特别是 QIII-OI14 和 QIII-OI15。在挤压过程中,两层同心轮廓出现在 QIII-OI14 上。QIII-OI16 扁平的脚跟与趾垫则被一个浅浅的区域隔开。

这些有趣的外形态学变化表明,即使是同一足迹种的标本也会由于沉积物变化、保存方式和成岩过程的差异而变得不同。

4.3.2.3.4 一罕见的大型鸭嘴龙型类三维凸型足迹

正如前文所述,三维凸型足迹比起常见的凸型足迹要深得多,有时还带有鳞片刮擦线(Difley and Ekdale, 2002)。一般来说,除非特征非常鲜明,不然三维凸型足迹,或称之为深的凸型足迹,很难鉴定到具体的足迹属种。目前能确认造迹者的三维凸型足迹包括角龙类和鸭嘴龙类(Difley and Ekdale, 2002; Currie et al., 2003)、蜥脚类(Milàn et

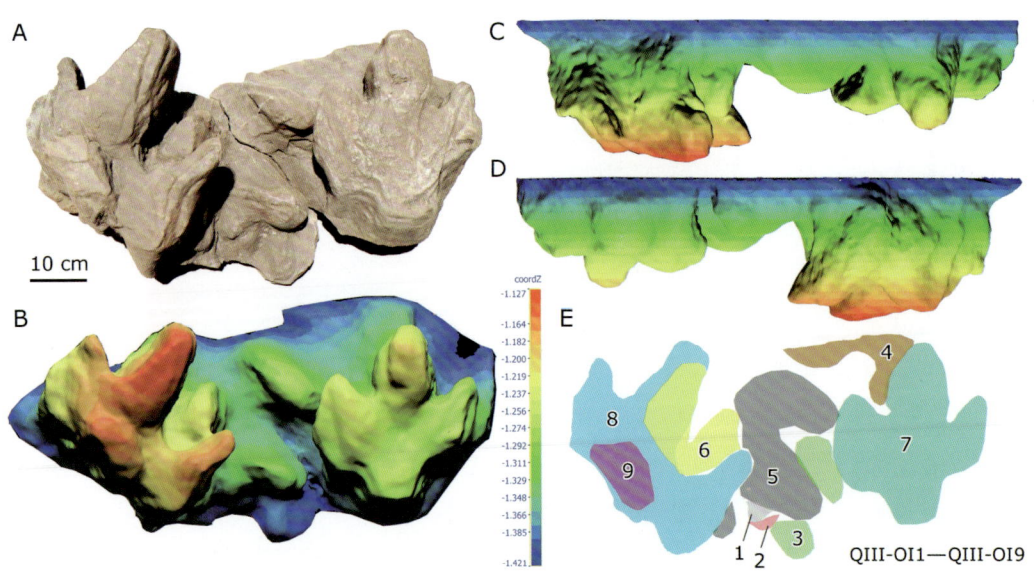

图 4-25 莲花保寨足迹点鸟脚类足迹复杂的重叠迹 QIII-OI1—QIII-OI9

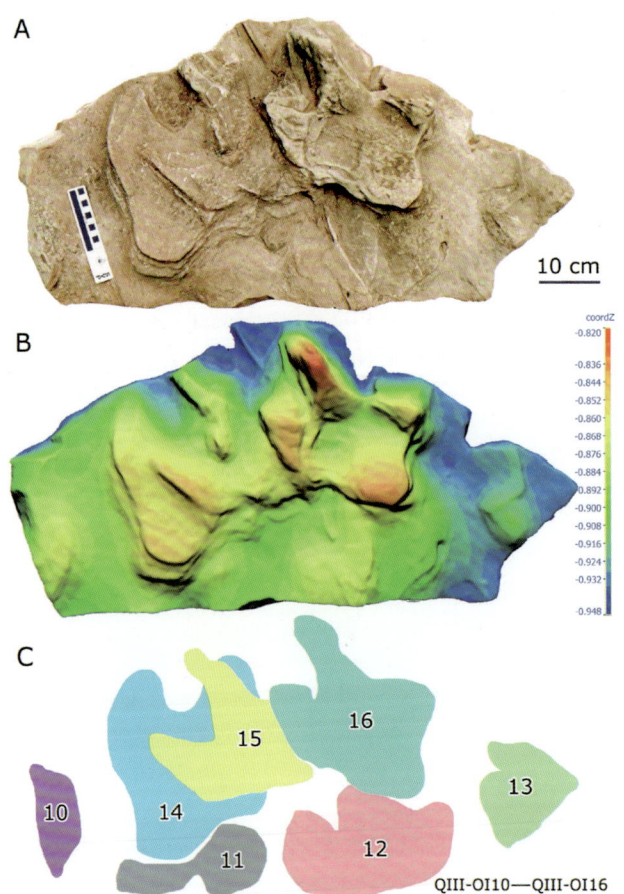

图 4-26 莲花保寨足迹点鸟脚类足迹复杂的重叠迹 QIII-OI10—QIII-OI16

al., 2005; Platt and Hasiotis, 2006; Mateus and Milàn, 2008）和兽脚类（Gatesy et al., 1999; Milàn et al., 2006; Avanzini et al., 2011）。一些特征不多的重荷凸型足迹也被解释为深的蜥脚类足迹（Lockley, 2001b; Hasiotis, 2004; Li et al., 2011）。最重要的是，保存完好的三维凸型足迹为我们提供了造迹者踏足（footfall）、承重（weight-bearing）和提足（kick-off）步法循环的可靠记录，可以帮助我们推断造迹者的运动机制（Thulborn and Wade, 1984; Milàn et al., 2005）。

目前中国发现的三维凸型足迹标本至少有4批，除了莲花保寨的标本，还包括：（1）内蒙古下白垩统查布足迹点的蜥脚类足迹（Li et al., 2011），目前已被简要描述，查布足迹有助于我们重建当地的滨水环境；（2）甘肃下白垩统河口群中铺地区的蜥脚类足迹（Xing et al., 2015b），笔者对其进行了详细的描述，并重新规范了这类足迹的术语；（3）四川夹关组峨眉足迹点保存欠佳的四足类足迹（Lu et al., 2013）。

*Caririchnium* 是常见的鸭嘴龙型类足迹属，广泛分布在整个北美大陆。在巴西、韩国、日本和中国也都有报告。其他典型的鸭嘴龙型类足迹包括 *Amblydactylus*（Sternberg, 1932; Currie and Sargeant, 1979）、*Hadrosauropodus*（Lockley et al., 2003a）、*Ornithopodichnus*（Kim et al., 2009），以及罕见的 *Jiayinosauropus*（Dong et al., 2003; Xing et al., 2009）。而所有这些鸭嘴龙型类足迹化石记录，几乎都是凹型足迹和凸型足迹，三维凸型足迹极为罕见。

绝大多数莲花保寨的 *Caririchnium lotus* 是凹型足迹，凸型足迹较少，主要出现在长凳状的砂岩层底面，而三维凸型足迹目前只发现一个，编号为QIII-OI20（图4-27、图4-28）。QIII-OI20形变区的最大深度为42.5厘米，足迹主体深37.1厘米，这几乎与该层泥岩的厚度相当。三个趾和脚跟都得以保存，由于暴露并不彻底，且是孤立的足迹，因此无法区分内侧趾和外侧趾，本文中用A趾和C趾指代：C趾是指最接近岩层，且部分镶嵌在其中的趾；A趾为外侧的暴露良好的趾。

具体的形态方面，QIII-OI20的脚跟呈柱形，方向垂直。第III趾（B趾）和脚跟之间没有清晰的界限，此地一些 *Caririchnium lotus* 标本上也有类似特征。第III趾留下的垂直趾印达37.4厘米，整体角度向前腹向伸展。C趾达39.5厘米，部分区域被岩石遮挡而不清晰，整体角度与第III趾的平行，也向前腹向伸展，这使得整个趾印从内侧向看有点像梯形。A趾沿着一道49.7厘米的路径伸展，有着非同一般的弯曲角度。前视的话，A趾沿着第III趾向外明显凸出。从腹侧看，A趾显著地向内弯曲，与第III趾最靠近底面的区域相接触。QIII-OI20的脚跟和趾印都保存了延长、平行的鳞片刮擦线。脚跟和弯曲的A趾印每厘米有3—4道刮擦线；第III趾每厘米有2—3道刮擦线。

从骨骼形态学可知，鸭嘴龙型类后足的形态不同于其他恐龙类所表现出的祖征（plesiomorphic）形态（Moreno et al., 2007）。这一情况反映的脚部形态特点（三趾型，爪

图 4-27 莲花保寨足迹点鸟脚类三维凸型足迹（白箭头）与普通的凹型足迹（黑箭头）

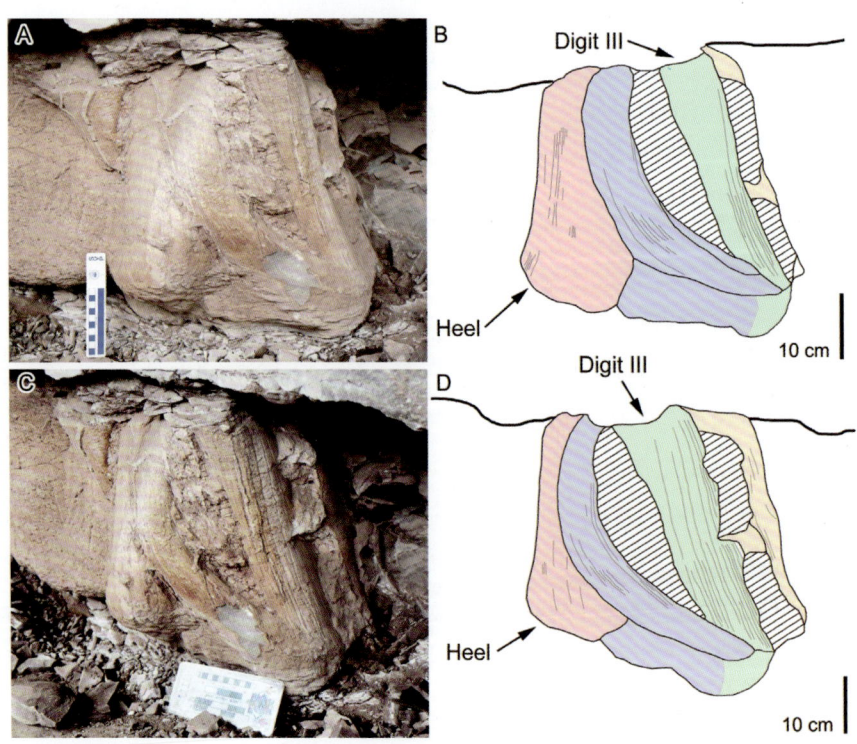

图 4-28 莲花保寨足迹点鸟脚类三维凸型足迹侧视（A 与 B）、前侧视（C 与 D）

变为蹄，趾更宽且背腹向的长度要短于趾长，缺失附属的韧带窝，缺失矢状脊和肌腱附着突，相当扁平的趾关节面）在鸭嘴龙类那近似蹄行式的足部步态中达到顶峰（Moreno et al., 2007）。第 II、第 IV 跖骨与第 III 跖骨的分离，明显阻碍了各趾之间的接触（Horner et al., 2004），并且各趾本身也被认为是相当僵硬的（Moreno et al., 2007）。从关节面来看，鸭嘴龙型类后足各趾的近端及远端关节面大致为梯形，缺失很多基干鸟脚类，如奇异龙（*Thescelosaurus*）和弯龙（*Camptosaurus*）都存在的弯曲和矢状的脊/沟（即屈戍关节，ginglymus）结构。不过，这些特征在非鸭嘴龙类的鸭嘴龙型类中是否普遍还不清楚。显然，更垂直（即近似蹄行式）的立姿与后足承受体重的能力是相对应的（Moreno et al., 2007）。

由足迹长度可估计，QIII-OI20 造迹者的臀高很可能为 2.3 米（系数为 5.9，Thulborn, 1990）。QIII-OI20 那细致、平行的条纹和保存足迹岩层的岩性表明，造迹者踏入了湿润而细密的泥层（Nadon, 1993; Difley and Ekdale, 2002），造迹者提足后，泥层完整地把足迹保存了下来。平行条纹表明后足可能布满直径约 3 毫米的鳞片或粗糙结节（Gatesy, 2001; Milàn et al., 2006; Avanzini et al., 2011）。这一推论被某些鸭嘴龙类标本后足化石上发现的完整皮肤印痕所支持（Osborn, 1912; Brown, 1914）。第 III 趾前缘一些不规则的条纹很可能是由于造迹者角质爪的前缘受到磨损而在泥层中留下刮擦线。

QIII-OI20 中最引人注目的特征，是 A 趾奇特的弯曲路径，这很可能是足部向下接触沉积物和承受体重过程中，趾的横向运动造成的。另外一些可能的解释包括：软沉积物变形，造迹者滑倒，或其后足的病理性改变等。基于保存完好的第 III 趾和 C 趾及其线性路径，以及保存完好的细节，诸如鳞片刮擦线等，我们可以排除软沉积物变形这一假设。任何大尺度的、在沉积物形变之后形成的凸型足迹都会造成整体变形，但现在的情况并非如此。基于同样的原因，造迹者滑倒也不可信：我们没有在其他两趾或脚跟往下的动作路径上观察到任何不寻常的东西。同样，脚跟边缘的鳞片刮擦线与整个足迹的纵轴保持平行和垂直，这表明足部运动主要是在垂直方向。一些反常的恐龙足迹能体现瘸腿行走的个体，或趾的病理性损伤（Lockley et al., 1994b; Tanke and Rothschild, 1998; McCrea et al., 2015），但这些个体甚少被提及，尽管学者也的确发现过一些由"弯曲"的或有着参差不齐间隔的趾所构成的异常足迹（Ishigaki, 1986; Helm, 2008）。假设 QIII-OI20 的底面轮廓（即当造迹者足部达到最深处时）与典型的 *Caririchnium lotus* 形态一致，那么这样的趾印并没有反映出病理性趾的特征。

QIII-OI20 足迹的深度和各趾对应的路径，给我们提供了稀有的线索来了解造迹者的运动机制。脚跟的垂直路径与第 III 趾和 C 趾的前腹向运动截然不同。这种差异可以解释为：假定造迹者向前，也就是体重向足部转移，各趾在地面遇到阻力时，会逐渐向外和向前延展。现生的大型哺乳动物（体重估计也在大型鸟脚类的范围）在落足时也有类似现象（Weissengruber et al., 2006, P. Bell pers. obs.）；其足部骨骼腹面的足垫肥厚，具有弹性，使得足面可以扩展（Weissengruber et al., 2006；Miller et al., 2007）。类似的弹性足垫有时也见于其他一些特化的非承重缓步（non-graviportal）哺乳动物，例如单峰骆驼（*Camelus dromedarius* Arnautovic and Abdalla, 1969; Arnautovic, 1996）。在这种情况下，足垫可以分摊动物的体重，避免动物陷入松软的地面，可以起到缓冲器的作用（Arnautovic and Abdalla, 1969; Arnautovic, 1996; Miller et al., 2007）。学者也认为大型鸟脚类拥有相似的足垫，这一假设已经被足迹和步态的研究成果所支持，它们的足垫很可能也以相似的方式在起作用（Moreno et al., 2007）。QIII-OI20 造迹者踏入沉积物的过程中，各趾伸展，这与现生大型哺乳动物的体重分配的方式相一致。因此，QIII-OI20 张开的趾可以帮助造迹者分散体重，在松软的沉积物上维持身体平衡，并因此提升了运动的机动性。不过，A 趾过于夸张的弯曲度仍与这一假设显得不太协调。

缺失重叠的平行条纹（Difley and Ekdale, 2002）或向前的拖痕（Gatesy et al., 1999; Milàn et al., 2005），意味着造迹者在行走过程的提足阶段中，趾区没有与周围沉积物接触。而足部在从深陷状态提足之前，趾区也完全没有任何方向的水平运动。这种情况下，在承重的最后阶段，趾区必然会随着足部的垂直提起而弯曲，这样它们就不会与周围沉积物作进一步接触。一些孤立的蜥脚类前足迹上发现了类似的垂直踩踏足法循环过程（Milàn et al., 2005）。遗憾的是，孤立的 QIII-OI20（以及上述的蜥脚类足迹）不足以对造迹者的行走特征作出描述，但也记录了一个踏足和提足的独特模式。

QIII-OI20 的步法可以推演如下：

（1）足部开始接触地面，此时后足处于"正常"状态，与 *Caririchnium lotus* 典型的形态学一致（深度为 0 厘米）。

（2）随着体重转移到足部，脚跟垂直挤压地面，各趾开始向外张开，A 趾和第 III 趾的趾间角在 16.5 厘米深的时候达到最大值。

（3）在 16.5 厘米的深度之下，随着 A 趾向第 III 趾靠拢，两者的趾间角急剧减小，并在两趾抵达 34.8 厘米深时达到最小值。同时，第 III 趾和 C 趾则继续向外延伸（前向且横向）。

（4）当后足踏到 37.1 厘米的深度时，第 III 趾和 A 趾保持接触，第 III 趾和 C 趾则达到扩展的最大值。

（5）后足垂直撤回，没有留下更多的脚印。

这一足趾运动模式为我们描绘出一幅画面：鸭嘴龙型类造迹者正小心翼翼地走过河漫滩处的淤积泥地。它与鸭嘴龙型类后足传统的印象——难以弯曲的趾（Moreno et al., 2007）截然不同。造迹者趾区的机动性令人惊讶，特别是 A 趾，这表明其足部的可弯曲性超出了我们先前的想象，这对于重建鸭嘴龙型类的运动模式具有重要意义（Sellers et al., 2009）。

总的来说，莲花保寨的三维凸型足迹为我们了解造迹者的运动机制提供了线索，包

图 4-29　莲花保寨鸟脚类留下三维凸型足迹的复原图（绘图 / 张宗达）

括踏足、承重和提足的步法循环。足迹证明造迹者在足部运动过程中发生了步态的改变（趾之间伸展和增大的趾间角），以提高身体稳定性，并对松软的地面作出承重上的协调。后足提足时没有留下任何痕迹，这表明趾区承重处有某种程度的弯曲。足迹也证明了趾区内外侧向的高机动性，至少在其中的一个趾上是这样，这与我们此前对鸭嘴龙型类足部骨骼特征的认知相矛盾。这些发现证明了 *Caririchnium lotus* 造迹者（或许也包括一般的鸭嘴龙型类）为了适应地面的变化，其足部可以在运动中作出改变，而且这种改变已经不限于我们此前想象的、仅在两足和四足步态之间的转变（Wilson et al., 2009），而是有着新的特性（图 4-29）。

### 4.3.3　蜥脚类足迹

#### 4.3.3.1　幻迹

莲花保寨的蜥脚类足迹有两种保存方式：来自第二层的幻迹和第三层以及第五层到第七层的深凸型足迹。其中第三层的沉积物可能更软一些，因为大部分足迹都很深，例如深达 37.1 厘米的 *Caririchnium lotus* 三维凸型足迹。造迹者的足部穿透了第三层沉积物，从而在第二层留下幻迹。第二层保存了至少 20 个宽、浅的幻迹。其中 3 个形成一道只有后足迹的行迹，编号为 QII-S1，另外 4 个形成清晰的成对的前 - 后足迹，编号为 QII-

图 4-30　莲花保寨足迹点的蜥脚类足迹（A 与 B 来自第一层，其他来自第六层）

SI1p-1m—QII-SI3p-3m（图 4-30，表 4-6）。

　　QII-S1 后足迹呈椭圆形，平均长度 60.3 厘米，长宽比值为 1.2。足迹外旋约 22°。QII-S1 的趾印模糊不清，跖趾区后缘平滑弯曲。QII-SI1p 呈椭圆形，长度为 65.0 厘米，长宽比值为 1.1，与 QII-S1 相似。QII-SI1m 略呈 U 形，长宽比值为 0.6。即使只是幻迹，这些足迹也展示出了典型的蜥脚类前 - 后足迹形态学特征（Farlow et al., 1989; Lockley et al., 2002a）。

表 4-6　莲花保寨足迹点的蜥脚类足迹测量数据（单位：厘米）

| 编号 | ML | MW | R | PL | SL | PA | L/W | WAP | WAP/P'ML |
|---|---|---|---|---|---|---|---|---|---|
| QII–S1–RP1 | — | — | 22° | 183.0 | 256.0 | 116° | — | 86.2 | — |
| QII–S1–LP2 | 66.5 | 52.0 | — | 126.0 | — | — | 1.3 | — | — |
| QII–S1–RP2 | 54.0 | 56.0 | — | — | — | — | 1.0 | — | — |
| Mean | 60.3 | 54.0 | 22° | 154.5 | 256.0 | 116° | 1.2 | 86.2 | 1.4 |
| QII–SI1m | 27.0 | 46.5 | — | — | — | — | 0.6 | — | — |
| QII–SI1p | 65.0 | 57.0 | — | — | — | — | 1.1 | — | — |

　　QII-S1 的后足三角宽 / 后足长比值是 1.4，这个数值介于中等至宽间距之间。另一方面，影响间距的因素可能还包括造迹者的速度和足迹的保存状态（Xing et al., 2010b; Castanera et al., 2013）。后一个因素很重要，正如上文所述，目标足迹是有着完好的轮廓

和陡峭足迹壁的真足迹，还是有着极低角度边缘（或足迹壁）的幻迹？后者很可能会降低行迹的内宽度，并使人错估了间距（Xing et al., 2015e）。如果考虑到 QII-S1 的挤压脊，后足三角宽/后足长比值为 1.1，这个数值就更接近于窄间距。

我们知道，大部分中国的蜥脚类行迹都为中等或宽间距行迹，多数被归入足迹属 *Brontopodus*（Lockley et al., 2002a）。*Brontopodus* 类行迹的宽间距表明足迹是巨龙型类留下的（Wilson et al., 1999; Lockley et al., 2002a）。莲花保寨蜥脚类足迹的特征也与美国早白垩世 *Brontopodus* 类行迹的特征一致。这些特征包括外旋的后足迹长大于宽，以及低的足迹异度（QII-SI1 的 1:2.6 相似于 *Brontopodus birdi* 的 1:3）。但遗憾的是，由于莲花保寨的蜥脚类幻迹太浅、边缘不清，我们很难进行有效的分析。因此，尽管其间距偏窄，这些足迹还是暂时被归入 *Brontopodus* 形态类型。

在莲花保寨的蜥脚类足迹发现之前，夹关组只有兽脚类（含鸟类）足迹，Zhen et al.（1994）描述的鸟脚类足迹而后被厘定为兽脚类。此后，窄-中间距的蜥脚类行迹发现于汉溪、新阳足迹点。前者的后足三角宽/后足长比值为 0.9 到 1.1，后者为 1.4。因此，夹关组的蜥脚类足迹总体为窄或中间距，这与中国西南其他足迹点，如昭觉三比罗嘎足迹点所报告的早白垩世蜥脚类足迹记录基本一致，但与甘肃省盐锅峡足迹点以宽间距为主的蜥脚类行迹明显不同（Zhang et al., 2006）。这很可能意味着下白垩统各盆地的巨龙型类有一定的差异。

#### 4.3.3.2 天然凸型足迹

莲花保寨的蜥脚类凸型足迹是造迹者在黏稠且湿软的地面上留下的深足迹，我们可以借此了解蜥脚类造迹者的足部立体形态和足部运动。在第三层和第五至七层的深凸型足迹中，第六层的足迹保存最好，至少包括了 4 个蜥脚类凸型足迹，编号为 QVI-SI1—QVI-SI4。

对于这些深的凸型足迹，Xing et al.（2015b）提出了更具体的测量和描述方法。但是由于 QVI-SI1—QVI-SI4 没有完全暴露，因此一些数据无法获得。QVI-SI1 的顶面长约 55 厘米，底面长约 41 厘米。QVI-SI1 的前部区域有 3 个清晰的趾，被两个沟槽隔开，外侧趾最大，很可能是第 I 趾，其他的两个趾可能是第 II 趾和第 III 趾；趾区较浅，深 23 厘米，脚跟深 28 厘米。在 QVI-SI1 下部岩层可以看见明显的下凹变形，形成 14 厘米深的幻迹区。与足迹垂直（尤其是第 I 趾区域）的是几道沟槽和凸型的无脊椎动物遗迹化石，前者有着 2—3 厘米宽的间距。这些沟槽很可能是蜥脚类皮肤纹路留下的痕迹，它们由一个个紧密排列的多边形结节/鳞片所组成，每个多边形结构直径为 2—3 厘米。同样宽的皮肤痕迹也出现在其他一些蜥脚类足迹上（Garcia-Ramos et al., 2002）。填充的遗迹化石表明，足迹留下后，无脊椎动物在足迹凹陷处生存或觅食。

QVI-SI2 位于 QVI-SI1 之后，呈椭圆形。它的顶面长约 29 厘米，底面长约 24 厘米，深 17 厘米。基于位置和尺寸，QVI-SI2 很可能是前足迹，并且与 QVI-SI1 属于同一道行迹。

QVI-SI2 的底面与两道约 2.5 厘米深的大型泥裂相交。值得注意的是,约 9 至 10 道宽 1.8—2.5 厘米的沟槽横向分布在凸型足迹的侧边,与顶面和底面形成一个约 10° 的小角度,这些横向沟槽可能是造迹者在沉积物中横向转动足部时,由多边形的皮肤擦刮留下的。另外,还有至少两道无脊椎动物遗迹化石与足迹垂直。

QVI-SI3 和 QVI-SI4 保存完整。前者深约 19 厘米,在形态学和尺寸上与 QVI-SI1 相似,可能为一个凸型后足迹,下部还有一个深约 5 厘米的幻迹。保存不全的 QVI-SI4 深约 23 厘米,有保存完好的擦痕,擦痕宽 1—2 厘米,与凸型足迹垂直。QVI-SI3 和 QVI-SI2 之间缺失一个凸型足迹,但有一个深约 24 厘米的幻迹区。该幻迹区域可能是沉积物被别的后足迹施压时形成。

第六层至少有 6 个鸟脚类凸型足迹。这些鸟脚类足迹深约 7 厘米,总体来说要比蜥脚类凸型足迹浅得多,足迹与发育的泥裂共存。蜥脚类造迹者在湿软的地面留下足迹后,足迹和地面变干,大型泥裂在此时形成,此后鸟脚类来到此地。我们猜测,将来在夹关组的砂岩底面、沉积带、鳍状岩上,以及泥岩层都可能会发现更多的蜥脚类足迹。由于尺寸较大,这些足迹很容易就会被发现。

### 4.3.4 非鸟兽脚类足迹

莲花保寨缺失确凿的非鸟兽脚类足迹,只有 2 个来自第一层和第二层的孤立足迹:QI-BI48(此前认为是鸟足迹)和 QII-OI12(此前认为是鸟脚类足迹)(图 4-31)。

QI-BI48 为三趾型,长 20.7 厘米,长宽比值为 1.16。3 根细长的趾远端带有尖锐的爪印,跖趾垫呈椭圆形。第 III 趾有 3 个趾垫,外侧趾的趾垫不清晰。QI-BI48 与一些 *Wupus agilis* 共生,在形态上与 *W. agilis* 几乎一致,但 QI-BI48 要大得多(*W. agilis* 长约 10 厘米)。QII-OI12 为三趾型足迹,长 19 厘米,长宽比值为 1.39。第 III 趾保存有非常尖锐的爪印,两侧趾则保存较差,趾垫不清晰;发育的跖趾区后缘平滑弯曲。

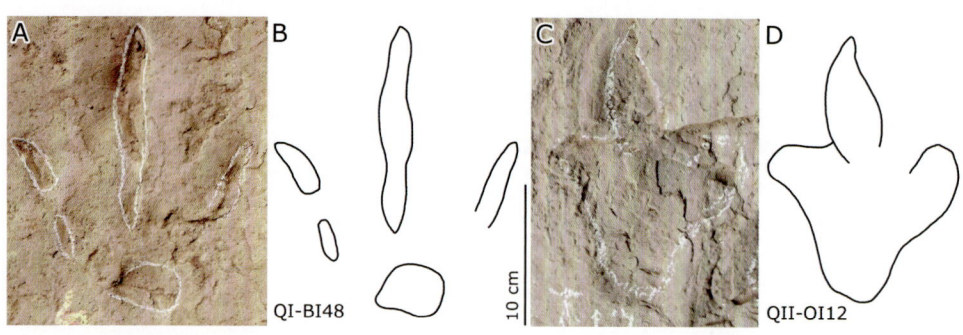

图 4-31　莲花保寨非鸟兽脚类足迹的照片(A 与 C)与轮廓图(B 与 D)

QI-BI48 和 QII-OI12 符合非鸟兽脚类足迹的基本形态学特征（Lockley and Hunt, 1995）。QI-BI48 和 QII-OI12 的中趾前凸分别为 0.47 和 0.58，这与 Eubrontidae 所包含的足迹相近（Lull, 1904）。虽然 QI-BI48 和 QII-OI12 显示了与非鸟兽脚类足迹的亲和性，但标本数量太少以及保存较差等因素都制约了我们进行进一步的对比和讨论。

### 4.3.5 大型鸟类足迹 *Wupus agilis*

Xing et al.（2007）将莲花保寨中的小型三趾型足迹命名为一新属新种 *Wupus agilis*（图 4-32、图 4-33、图 4-34、图 4-35），并将其归入小型非鸟兽脚类。对 *Wupus agilis* 的

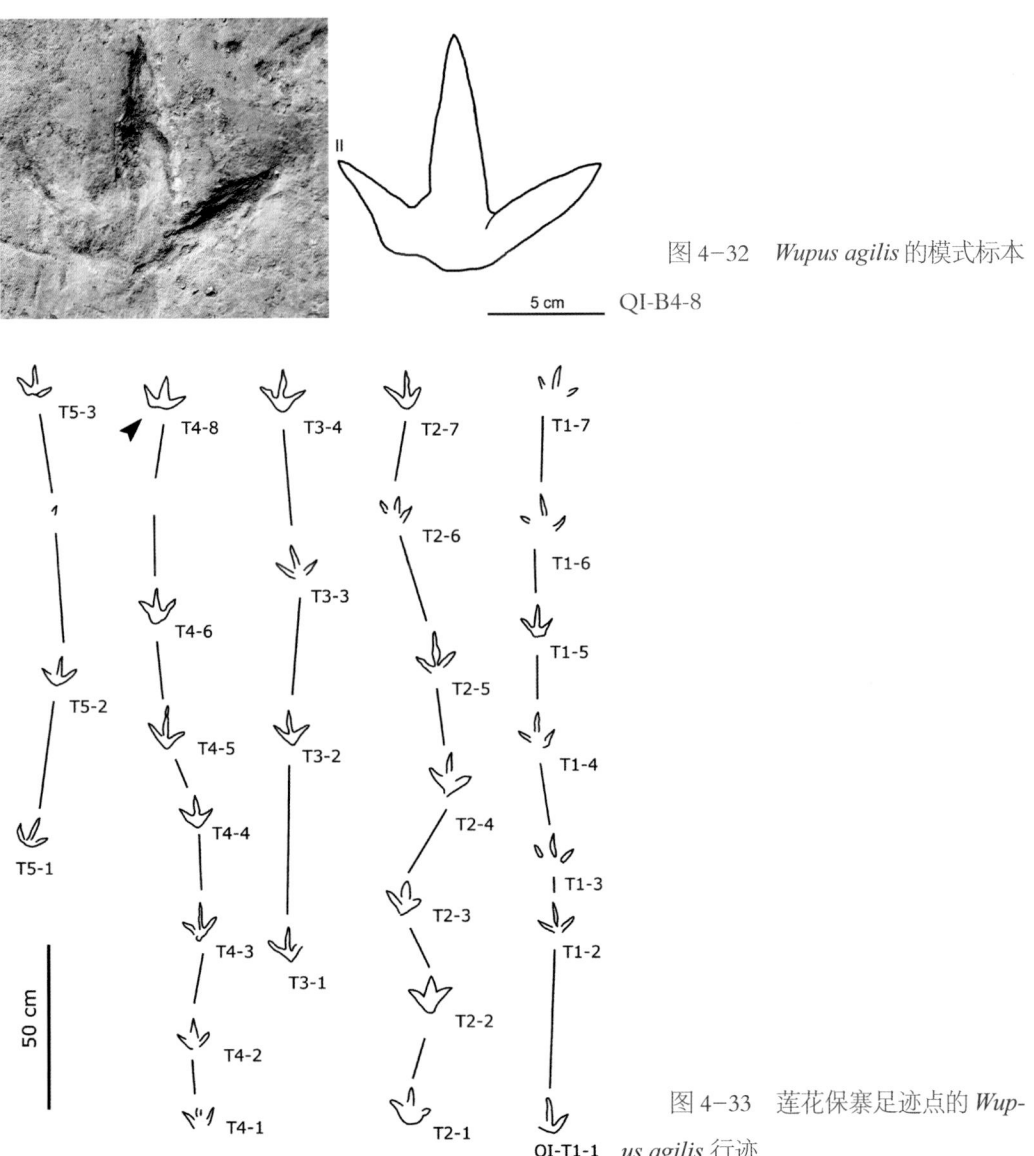

图 4-32 *Wupus agilis* 的模式标本 QI-B4-8

图 4-33 莲花保寨足迹点的 *Wupus agilis* 行迹

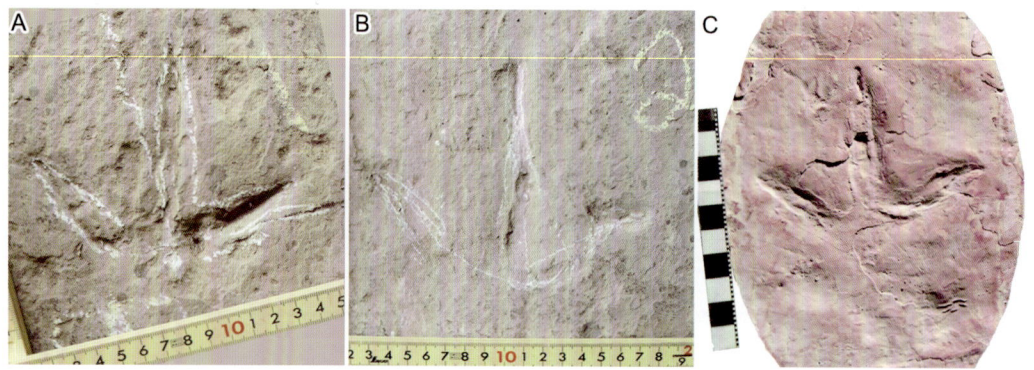

图 4–34 *Wupus agilis* 的副模标本 A6-1/ QI-BI171（A），副模标本 A6-2/ QI-BI170（B），*Limiavipes curriei* RTMP 1998.089.0011（C）

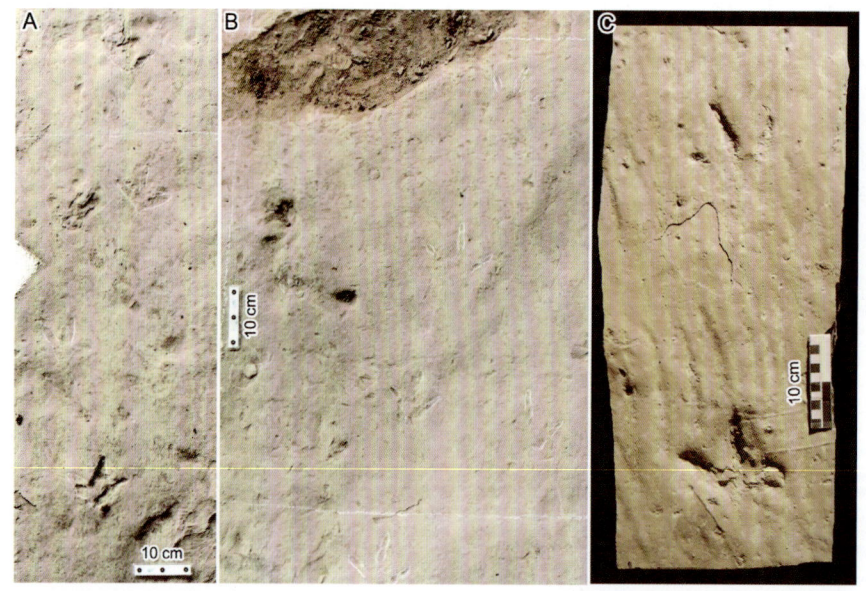

图 4–35 *Wupus agilis* 行迹 QI-B2-2—QI-B2-5（A）、QI-B1-4—QI-B1-7（B），*Limiavipes curriei* 行迹（C）

重新检验表明，其形态与 *Limiavipes curriei* 非常相似，与鸟类有密切的亲缘关系，可将其归入足迹科 Limiavipedidae（McCrea et al., 2014a）。为了进一步论证这一归类的可靠性，我们还进行了简要的定量分析，以帮助我们区别大型鸟类足迹和小型非鸟兽脚类足迹。

### 4.3.5.1 统计学分析

本小节中"非鸟兽脚类"指鸟类以外的兽脚类，而"鸟类"则指兽脚类中的鸟类。为了避免在数据中出现主观的误差，不能归入清晰行迹的足迹将不被鉴定为左足迹或右足迹，与第 III 趾相关的外侧趾作为左边趾和右边趾进行测量。但如果在足迹形态上能清楚识别出第 II 趾和第 IV 趾，我们就使用识别后的形态与数据。

在统计学分析方面，我们运用 PAleontological STatistics（PAST）3.0 版软件对线性（ML、MW、DLII、DLIV、PL、SL）和弧度（II-IV、PA）数据进行二变量和多变量分析（Hammer et al., 2001）(表 4-7、表 4-8）。同时，我们也测量了趾的最大宽度，但在分析中没有使用，因为这个数据在先前的分析中并没有被经常收集或运用，如果将其加入多变量分析会触发大量数据的缺失。其他虽有测量但没有在分析中使用的数据还包括第 III 趾长度、第 II 趾和第 III 趾之间的趾间角、第 III 趾和第 IV 趾之间的趾间角。这是为了弥补数据测量与过去鸟类足迹研究的不一致之处，比如其中的第 III 趾长度有时用来代表整个足迹的长度；而在许多论文中，第 II 趾和第 III 趾之间的趾间角及第 III 趾和第 IV 趾之间的趾间角并没有被提及。就像 *Wupus agilis* 和 *Limiavipes curriei* 的标本都没有记录过第 I 趾一样，包括了第 I 趾的足迹长度在本分析中也没有使用。

在分析前，所有鸟足迹数据用 $\log_{10}$ 转换并去除均值（Farlow et al., 2013），目的是减小绝对尺寸对结果的影响。分析用 t 检验（二变量）判别变量和标准变量。判别分析（DA）突出了在某种程度上归于一个尺寸的多元数据，使先验分开的群体之间的分隔最大化：在这种情况下，先验群体是归于鸟类或非鸟兽脚类足迹的分类群体。两个先验群体之间的 $p_{same}$ 用 Hotelling 的 $t^2$ 检验来确定，用 t 检验（Hammer et al., 2001; Hammer and Harper, 2006）来确定多变量版本是否具有统计学意义（$p \leq 0.05$）。

表 4-7 莲花保寨足迹点 *Wupus agilis* 足迹测量数据（单位：毫米）（数据由加拿大英属哥伦比亚和平区古生物研究中心 Lisa G. Buckley 和 Richard T. McCrea 测量）

| 编号 | ML | ML wPad | MW | L/W | LD L | LD III | LD R | WD L | WD III | WD R | 趾间角（°）L-III | 趾间角（°）III-R | 趾间角（°）II-IV |
|---|---|---|---|---|---|---|---|---|---|---|---|---|---|
| aa07-T01 | 91 | 91 | 97 | 0.9 | 75 | 91 | 64 | — | 14 | 14 | 45 | 40 | 85 |
| aa08-T01 | 90 | 90 | 105 | 0.9 | 77 | 90 | 62 | 13 | 17 | 18 | 48 | 32 | 80 |
| aa08-T02 | 120 | 120 | 117 | 1.0 | 85 | 120 | 83 | — | 17 | 17 | 47 | 47 | 94 |
| aa10-T01 | 100 | 100 | 113 | 0.9 | 71 | 100 | 65 | 10 | 15 | 15 | 51 | 70 | 121 |
| aa10-T02 | 80 | 80 | — | — | 59 | 80 | — | 11 | — | — | 60 | — | — |
| A06-T01 | 99 | 99 | 117 | 0.8 | 80 | 99 | 67 | 10 | 10 | 14 | 53 | 54 | 107 |
| A06-T02 | 116 | 116 | 150 | 0.8 | 101 | 116 | 78 | 10 | 13 | 13 | 51 | 60 | 111 |
| A06-T03 | 81 | 81 | 100 | 0.8 | 63 | 81 | 65 | 9 | 9 | 7 | 62 | 50 | 112 |
| A06-T04 | 110 | 110 | 130 | 0.8 | 90 | 110 | 80 | 15 | 21 | 20 | 50 | 50 | 100 |
| A06-T05 | 100 | 100 | 131 | 0.8 | 85 | 100 | 70 | 15 | 15 | — | 54 | 63 | 117 |
| A07-T01 | 108 | 108 | 92 | 1.2 | 81 | 108 | 75 | — | 9 | 15 | 32 | 38 | 70 |
| A07-T02 | 107 | 107 | 124 | 0.9 | 96 | 107 | 80 | 20 | 25 | 17 | 44 | 40 | 84 |

续表

| 编号 | ML | ML wPad | MW | L/W | LD | | | WD | | | 趾间角（°） | | |
|---|---|---|---|---|---|---|---|---|---|---|---|---|---|
| | | | | | L | III | R | L | III | R | L–III | III–R | II–IV |
| A07–T03 | 110 | 110 | 124 | 0.9 | 80 | 110 | 74 | — | 14 | 12 | 43 | 55 | 98 |
| A07–T04 | 90 | 90 | 122 | 0.7 | 81 | 90 | 78 | 12 | — | 18 | 46 | 51 | 97 |
| A07–T05 | — | — | — | — | — | — | — | — | — | — | — | — | — |
| A07–T06 | 92 | 92 | 128 | 0.7 | 85 | 92 | 90 | — | 15 | 10 | 48 | 46 | 94 |
| A07–T07 | 94 | 94 | 113 | 0.8 | 73 | 94 | 61 | — | 15 | — | 58 | 53 | 111 |
| A07–T08 | 90 | 90 | 110 | 0.8 | 81 | 90 | 60 | 8 | 11 | 12 | 51 | 31 | 82 |
| A07–T09 | 82 | 82 | 95 | 0.9 | 61 | 82 | 60 | 9 | 15 | 14 | 45 | 59 | 104 |
| A08–T01 | — | — | 100 | — | 80 | — | 62 | 12 | 10 | 15 | 54 | 44 | 98 |
| A08–T02 | 97 | 97 | 113 | 0.9 | 70 | 97 | 70 | 17 | 15 | 16 | 46 | 48 | 94 |
| A08–T03 | 100 | 100 | 125 | 0.8 | 85 | 100 | 80 | 15 | 20 | 10 | 53 | 31 | 84 |
| A08–T04 | — | — | — | — | — | — | — | — | — | — | — | — | — |
| A08–T05 | 100 | 100 | 114 | 0.9 | 80 | 100 | 70 | — | 15 | — | 43 | 39 | 82 |
| A08–T06 | 115 | 115 | 123 | 0.9 | 97 | 115 | 73 | 20 | 20 | 15 | 50 | 45 | 95 |
| A08–T07 | 105 | 105 | 115 | 0.9 | 80 | 105 | 80 | 13 | 15 | 16 | 48 | 47 | 95 |
| A08–T08 | 94 | 94 | 106 | 0.9 | 73 | 94 | 75 | 10 | 15 | 17 | 55 | 37 | 92 |
| A08–T09 | 95 | 95 | 112 | 0.8 | 78 | 95 | 70 | — | 16 | 15 | 47 | 34 | 81 |
| A08–T10 | 112 | 112 | 145 | 0.8 | 80 | 112 | 90 | 19 | 15 | — | 53 | 59 | 112 |
| A08–T11 | — | — | — | — | — | — | — | — | — | — | — | — | — |
| A09–T01 | 108 | 108 | 135 | 0.8 | 85 | 108 | 90 | — | 16 | — | 56 | 59 | 115 |
| A09–T02 | 90 | 90 | 130 | 0.7 | — | 90 | — | — | — | — | — | — | — |
| A09–T03 | 85 | 85 | 105 | 0.8 | 67 | 85 | 75 | 14 | 17 | 18 | 45 | 55 | 100 |
| A09–T04 | 110 | 110 | 115 | 1.0 | 85 | 110 | 66 | 20 | 18 | 23 | 46 | 55 | 101 |
| A10–T01 | 137 | 137 | 110 | 1.2 | 110 | 137 | 107 | 12 | 15 | — | 35 | — | — |
| A10–T02 | 116 | 116 | — | — | — | 116 | 83 | — | 10 | 15 | — | 49 | — |
| A10–T03 | 101 | 101 | 132 | 0.8 | 79 | 101 | 80 | 13 | 20 | 17 | 63 | 59 | 122 |
| A11–T01 | 94 | 94 | 116 | 0.8 | 72 | 94 | 68 | 15 | 16 | 10 | 60 | 55 | 115 |
| B05–T01 | 89 | 89 | 113 | 0.8 | 74 | 89 | 62 | 11 | 14 | 19 | 45 | 62 | 107 |
| B06–T01 | 100 | 100 | 100 | 1.0 | 64 | 100 | 70 | 10 | 15 | 12 | 42 | 48 | 90 |
| B06–T02 | 87 | 87 | 105 | 0.8 | 70 | 87 | 70 | 10 | 15 | 11 | 48 | 45 | 93 |
| B07–T01 | 95 | 95 | 87 | 1.1 | 75 | 95 | 55 | 13 | 14 | 14 | 42 | 33 | 75 |
| B07–T02 | 94 | 94 | 100 | 0.9 | 65 | 94 | 65 | 17 | 15 | 19 | 49 | 46 | 95 |
| B07–T03 | 95 | 95 | 97 | 1.0 | 77 | 95 | 74 | 22 | 15 | 11 | 35 | 40 | 75 |
| B07–T04 | 93 | 93 | 90 | 1.0 | 62 | 93 | 62 | 14 | 17 | 11 | 42 | 45 | 87 |
| B07–T05 | — | — | — | — | — | — | — | — | — | — | — | — | — |
| B07–T06 | 77 | 77 | — | — | — | 77 | 62 | — | 14 | 15 | — | 64 | — |

续表

| 编号 | ML | ML wPad | MW | L/W | LD | | | WD | | | 趾间角（°） | | |
|---|---|---|---|---|---|---|---|---|---|---|---|---|---|
| | | | | | L | III | R | L | III | R | L-III | III-R | II-IV |
| B07-T07 | 115 | 115 | 134 | 0.9 | 88 | 115 | 95 | — | 16 | 15 | 51 | 46 | 97 |
| B07-T08 | 112 | 112 | 108 | 1.0 | 88 | 112 | 82 | 13 | 16 | 19 | 44 | 34 | 78 |
| B07-T09 | 118 | 118 | 150 | 0.8 | 100 | 118 | 84 | 16 | 16 | 11 | 45 | 60 | 105 |
| B07-T10 | — | — | — | — | — | — | — | — | — | — | — | — | — |
| B07-T11 | 102 | 102 | 120 | 0.9 | 75 | 102 | 71 | 15 | 14 | 16 | 52 | 53 | 105 |
| B07-T12 | 102 | 102 | 117 | 0.9 | 73 | 102 | 73 | — | — | 12 | 51 | 55 | 106 |
| B07-T13i | 105 | 105 | — | — | — | 105 | — | — | 19 | 15 | — | 45 | — |
| B07-T14 | 72 | 72 | 98 | 0.7 | 70 | 72 | 59 | 1 | 16 | 17 | 48 | 47 | 95 |
| B07-T15 | 110 | 110 | 115 | 1.0 | 85 | 110 | 64 | 14 | 16 | 13 | 41 | 49 | 90 |
| B07-T16 | 87 | 87 | 130 | 0.7 | 77 | 87 | 65 | — | 10 | 11 | 55 | 62 | 117 |
| B07-T17 | 90 | 90 | 100 | 0.9 | 84 | 90 | 74 | 9 | 16 | 12 | 36 | 43 | 79 |
| B08-T01 | 85 | 85 | 103 | 0.8 | 80 | 85 | 70 | 17 | 15 | 20 | 44 | 46 | 90 |
| B08-T02 | 95 | 95 | 90 | 1.1 | 80 | 95 | 83 | — | — | — | 39 | 31 | 70 |
| B08-T03 | 103 | 103 | 134 | 0.8 | 85 | 103 | 75 | 25 | 20 | 22 | 52 | 68 | 120 |
| B08-T04 | 100 | 100 | 114 | 0.9 | 77 | 100 | 73 | 14 | 25 | 15 | 51 | 49 | 100 |
| B08-T05 | 100 | 115 | 105 | 1.0 | 68 | 100 | 72 | 10 | 10 | 12 | 40 | 45 | 85 |
| B08-T06 | — | — | — | — | — | — | 55 | 15 | 20 | 14 | 45 | 40 | 85 |
| B08-T07 | — | — | — | — | — | — | — | — | — | — | — | — | — |
| B09-T01 | 100 | 100 | 112 | 0.9 | 87 | 100 | 78 | 19 | 10 | 16 | 45 | 48 | 93 |
| B09-T02 | — | — | — | — | — | — | — | — | — | — | — | — | — |
| B09-T03 | 106 | 106 | 118 | 0.9 | 82 | 106 | 83 | 12 | 10 | 13 | 41 | 41 | 82 |
| B09-T04 | 92 | 92 | 108 | 0.9 | 75 | 92 | 64 | 10 | 12 | 16 | 47 | 34 | 81 |
| B09-T05 | 109 | 109 | 108 | 1.0 | 82 | 109 | 69 | 10 | 16 | 12 | 42 | 45 | 87 |
| B09-T06 | 112 | 112 | 113 | 1.0 | 86 | 112 | 72 | 13 | 15 | — | 37 | 55 | 92 |
| B09-T07 | 120 | 120 | 132 | 0.9 | 95 | 120 | 92 | 16 | 18 | — | 45 | 45 | 90 |
| B09-T08 | 126 | 126 | 143 | 0.9 | 122 | 126 | 81 | — | 20 | 12 | 40 | 49 | 89 |
| B09-T09 | — | — | 125 | — | — | — | — | 16 | 14 | 51 | 66 | 117 | |
| B09-T10 | — | — | — | — | — | — | — | — | — | — | — | — | — |
| B09-T11 | 115 | 115 | 132 | 0.9 | 86 | 115 | 85 | 20 | 17 | — | 52 | 56 | 108 |
| B09-T12 | 92 | 92 | 115 | 0.8 | 71 | 92 | 69 | 15 | 16 | 15 | 56 | 60 | 116 |
| B10-T01 | 98 | 98 | 115 | 0.9 | 70 | 98 | 79 | 18 | 17 | 27 | 52 | 65 | 117 |
| B10-T02 | 92 | 92 | 105 | 0.9 | 71 | 92 | 71 | 12 | 11 | 12 | 48 | 45 | 93 |
| B10-T03 | 112 | 112 | — | — | — | 112 | 75 | — | 10 | 10 | 53 | — | — |
| B10-T04 | 88 | 88 | 104 | 0.8 | 61 | 88 | 58 | 10 | 10 | 9 | 65 | 59 | 124 |
| B10-T05 | 110 | 110 | 145 | 0.8 | 98 | 110 | 85 | — | — | — | 50 | 67 | 117 |

续表

| 编号 | ML | ML wPad | MW | L/W | LD | | | WD | | | 趾间角（°） | | |
|---|---|---|---|---|---|---|---|---|---|---|---|---|---|
| | | | | | L | III | R | L | III | R | L-III | III-R | II-IV |
| B10-T07 | 102 | 102 | 123 | 0.8 | 85 | 102 | 84 | 14 | 14 | — | 43 | 55 | 98 |
| B10-T08 | 120 | 120 | 145 | 0.8 | 105 | 120 | 84 | 10 | 13 | 10 | 49 | 54 | 103 |
| B11-T01 | 94 | 94 | 102 | 0.9 | 67 | 94 | 70 | 16 | 14 | 20 | 49 | 49 | 98 |
| C04-T01 | 100 | 100 | — | — | — | 100 | 70 | — | 10 | 10 | — | 85 | — |
| C05-T01 | 115 | 115 | 121 | 1.0 | 80 | 115 | 71 | 10 | 12 | 22 | 46 | 52 | 98 |
| C05-T02 | 94 | 94 | 107 | 0.9 | 78 | 94 | 67 | 12 | 10 | 15 | 44 | 46 | 90 |
| C05-T03 | — | — | — | — | — | — | — | — | — | — | — | — | — |
| C06-T01 | 97 | 97 | 110 | 0.9 | 81 | 97 | 80 | 12 | 14 | 15 | 38 | 42 | 80 |
| C06-T02 | 108 | 108 | 152 | 0.7 | 97 | 108 | 82 | 15 | 15 | 10 | 58 | 65 | 123 |
| C06-T03 | 90 | 90 | 90 | 1.0 | 77 | 90 | 87 | 12 | 10 | 15 | 37 | 30 | 67 |
| C06-T04 | — | — | — | — | — | — | — | — | — | — | — | 61 | — |
| C06-T05 | 92 | 92 | 110 | 0.8 | 75 | 92 | 85 | 14 | 17 | 15 | 42 | 50 | 92 |
| C06-T06m | 100 | 100 | 118 | 0.8 | 80 | 100 | 77 | 17 | 23 | 17 | 45 | 36 | 81 |
| C07-T01 | 70 | 70 | 93 | 0.8 | 62 | 70 | 59 | 10 | 9 | 10 | 50 | 53 | 103 |
| C07-T02 | 125 | 125 | 120 | 1.0 | 105 | 125 | 85 | — | 15 | 14 | 44 | 41 | 85 |
| C07-T03 | 100 | 100 | — | — | — | 100 | 80 | — | 15 | 23 | — | 45 | — |
| C07-T04 | 113 | 113 | 125 | 0.9 | 92 | 113 | 83 | 18 | 17 | 15 | 45 | 47 | 92 |
| C07-T05 | 84 | 84 | — | — | — | 84 | 65 | — | 10 | 10 | 37 | — | — |
| C07-T06 | 88 | 88 | 97 | 0.9 | 60 | 88 | 62 | 18 | 13 | 16 | 50 | 52 | 102 |
| C07-T07 | 78 | 78 | 105 | 0.7 | 65 | 78 | 59 | 15 | — | 15 | 65 | 50 | 115 |
| C07-T08 | 80 | 80 | 108 | 0.7 | 75 | 80 | 75 | 15 | 15 | 10 | 47 | 49 | 96 |
| C07-T09 | 105 | 120 | 137 | 0.8 | 95 | 105 | 75 | 12 | 15 | 20 | 50 | 68 | 118 |
| C07-T10 | 105 | 105 | 114 | 0.9 | 85 | 105 | 70 | 15 | 15 | — | 50 | 55 | 105 |
| C07-T11 | 105 | 120 | 137 | 0.8 | 93 | 105 | 72 | 15 | 17 | 17 | 48 | 65 | 113 |
| C07-T12m | 95 | 107 | 135 | 0.7 | 80 | 95 | 85 | 20 | 20 | 17 | 50 | 50 | 100 |
| C07-T13 | 120 | 120 | 135 | 0.9 | 82 | 120 | 87 | 20 | 20 | — | 50 | 50 | 100 |
| C07-T14 | 103 | 103 | 107 | 1.0 | 77 | 103 | 70 | 15 | 15 | 17 | 49 | 41 | 90 |
| C07-T15 | 115 | 115 | 115 | 1.0 | 75 | 115 | 85 | — | 17 | 20 | 48 | 36 | 84 |
| C08-T02 | — | — | — | — | — | — | — | — | — | — | — | — | — |
| C08-T03 | 122 | 122 | 140 | 0.9 | 94 | 122 | 96 | — | 16 | — | 45 | 48 | 93 |
| C08-T04 | 124 | 124 | 150 | 0.8 | 103 | 124 | 106 | 15 | — | — | 38 | 49 | 87 |
| C08-T05 | 114 | 114 | 102 | 1.1 | 80 | 114 | 72 | 12 | 12 | 13 | 40 | 42 | 82 |
| C08-T06 | 120 | 120 | 120 | 1.0 | 97 | 120 | 86 | 17 | 16 | 21 | 40 | 40 | 80 |
| C08-T07 | 70 | 70 | 118 | 0.6 | 65 | 70 | 66 | 12 | 13 | 16 | 70 | 47 | 117 |
| C08-T08 | 110 | 110 | 90 | 1.2 | 65 | 110 | 86 | 11 | 11 | 15 | 35 | 36 | 71 |

续表

| 编号 | ML | ML wPad | MW | L/W | LD | | | WD | | | 趾间角（°） | | |
|---|---|---|---|---|---|---|---|---|---|---|---|---|---|
| | | | | | L | III | R | L | III | R | L-III | III-R | II-IV |
| C08-T09 | 109 | 109 | 92 | 1.2 | 82 | 109 | 72 | 13 | 14 | 14 | 34 | 41 | 75 |
| C08-T10 | 134 | 134 | 130 | 1.0 | 116 | 134 | 106 | — | — | — | 34 | 41 | 75 |
| C09-T01 | 100 | 100 | 108 | 0.9 | 81 | 100 | 78 | 10 | 12 | 15 | 45 | 46 | 91 |
| C09-T02 | 80 | 80 | 104 | 0.8 | 59 | 80 | 64 | 18 | 17 | 20 | 57 | 72 | 129 |
| C09-T03 | 83 | 83 | 118 | 0.7 | 65 | 83 | 69 | — | — | — | 59 | 73 | 132 |
| C09-T04 | 95 | 95 | 120 | 0.8 | 63 | 95 | 77 | 17 | 20 | 20 | 57 | 61 | 118 |
| C09-T05 | 78 | 78 | 108 | 0.7 | 77 | 78 | 73 | 12 | 15 | 19 | 52 | 43 | 95 |
| C09-T06 | 117 | 117 | 155 | 0.8 | 95 | 117 | 84 | 23 | 10 | 25 | 53 | 71 | 124 |
| C09-T07 | 103 | 103 | 125 | 0.8 | 75 | 103 | 75 | — | — | — | 58 | 65 | 123 |
| C09-T08 | 102 | 102 | 128 | 0.8 | 92 | 102 | 75 | 15 | 20 | 20 | 52 | 49 | 101 |
| C09-T09 | — | — | — | — | — | — | — | — | — | — | — | — | — |
| C09-T10 | 118 | 118 | 130 | 0.9 | 75 | 118 | 85 | — | — | — | 57 | 63 | 120 |
| C10-T01 | 89 | 89 | 120 | 0.7 | 76 | 89 | 70 | 15 | 10 | 10 | 54 | 69 | 123 |
| C10-T02 | 82 | 82 | 115 | 0.7 | 78 | 82 | 60 | — | 12 | 15 | 55 | 67 | 122 |
| C10-T03 | 95 | 95 | 130 | 0.7 | 81 | 95 | 80 | 10 | 10 | 11 | 55 | 65 | 120 |
| C10-T04 | 96 | 96 | 122 | 0.8 | 72 | 96 | 72 | 13 | 13 | 15 | 60 | 63 | 123 |
| C11-T01 | 105 | 105 | 120 | 0.9 | 75 | 105 | 85 | 12 | 15 | 14 | 52 | 43 | 95 |
| C11-T02 | 87 | 87 | 94 | 0.9 | 55 | 87 | 55 | 14 | 10 | 11 | 60 | 60 | 120 |
| D05-T01 | 98 | 98 | 132 | 0.7 | 90 | 98 | 80 | 15 | 15 | 14 | 59 | 51 | 110 |
| D05-T02 | 95 | 95 | 97 | 1.0 | 68 | 95 | 68 | 10 | 14 | 10 | 47 | 47 | 94 |
| D06-T01 | 107 | 107 | 125 | 0.9 | 84 | 107 | 100 | — | 19 | 16 | 44 | 43 | 87 |
| D06-T02 | 96 | 96 | 100 | 1.0 | 86 | 96 | 74 | 11 | 20 | 10 | 49 | 45 | 94 |
| D06-T04 | 83 | 83 | — | — | — | 83 | 67 | — | 13 | 14 | 51 | — | — |
| D06-T05 | 96 | 96 | 102 | 0.9 | 74 | 96 | 72 | 10 | 12 | 14 | 45 | 40 | 85 |
| D06-T06 | 97 | 97 | 107 | 0.9 | 82 | 97 | 70 | 20 | 17 | 17 | 37 | 53 | 90 |
| D06-T07 | 116 | 116 | 115 | 1.0 | 87 | 116 | 79 | 12 | 16 | 16 | 41 | 49 | 90 |
| D06-T08 | 125 | 125 | 122 | 1.0 | 102 | 125 | 88 | 22 | 11 | 18 | 39 | 38 | 77 |
| D06-T09 | 108 | 108 | 88 | 1.2 | 60 | 108 | 77 | 20 | 17 | 20 | 27 | 49 | 76 |
| D06-T10 | 103 | 103 | 98 | 1.1 | 72 | 103 | 76 | 12 | 13 | 18 | 39 | 39 | 78 |
| D07-T01 | 114 | 114 | 127 | 0.9 | 84 | 114 | 72 | 18 | 15 | 16 | 48 | 58 | 106 |
| D07-T02 | — | — | — | — | — | — | — | — | — | — | — | — | — |
| D07-T03 | 108 | 108 | 118 | 0.9 | 90 | 108 | 90 | 21 | 22 | 19 | 51 | 57 | 108 |
| D07-T04 | 122 | 122 | — | — | — | 122 | 90 | — | 16 | 16 | — | 42 | — |
| D07-T05 | — | — | — | — | — | — | — | — | — | — | — | — | — |
| D07-T06 | — | — | — | — | — | — | — | — | — | — | — | 37 | — |

续表

| 编号 | ML | ML wPad | MW | L/W | LD | | | WD | | | 趾间角（°） | | |
|---|---|---|---|---|---|---|---|---|---|---|---|---|---|
| | | | | | L | III | R | L | III | R | L-III | III-R | II-IV |
| D08-T02 | 111 | 111 | 125 | 0.9 | 85 | 111 | 90 | 13 | 15 | 21 | 37 | 42 | 79 |
| D08-T03 | 98 | 108 | 117 | 0.8 | 90 | 98 | 86 | 33 | 15 | 19 | 42 | 42 | 84 |
| D08-T04 | 95 | 95 | 130 | 0.7 | 87 | 95 | 80 | 16 | 16 | 15 | 42 | 68 | 110 |
| D08-T05 | 114 | 130 | — | — | — | 114 | 82 | — | 13 | 29 | — | 55 | — |
| D08-T06 | 108 | 108 | 82 | 1.3 | 67 | 108 | 61 | 10 | 14 | 11 | 43 | 38 | 81 |
| D09-T01 | 115 | 115 | 140 | 0.8 | 97 | 115 | 97 | 27 | 33 | 19 | 51 | 47 | 98 |
| D09-T02i | 116 | 116 | — | — | — | 116 | 77 | — | 16 | 14 | — | 43 | — |
| D09-T03 | 103 | 103 | 123 | 0.8 | 90 | 103 | 83 | 15 | 20 | 25 | 41 | 49 | 90 |
| D09-T05 | 125 | 133 | 137 | 0.9 | 90 | 125 | 84 | 21 | 15 | 23 | 50 | 54 | 104 |
| D10-T01 | 92 | 92 | — | — | 75 | 92 | — | 13 | 17 | — | 69 | — | — |
| D10-T02 | 100 | 100 | 113 | 0.9 | 69 | 100 | 80 | 15 | 15 | 16 | 52 | 50 | 102 |
| D10-T03 | 118 | 118 | 129 | 0.9 | 97 | 118 | 90 | 26 | 29 | 26 | 41 | 65 | 106 |
| D10-T04 | 105 | 105 | 119 | 0.9 | 86 | 105 | 86 | 17 | 20 | 22 | 43 | 65 | 108 |
| D10-T05 | 89 | 110 | 122 | 0.7 | 75 | 89 | 80 | 23 | 20 | 20 | 48 | 54 | 102 |
| D10-T06 | — | — | — | — | — | — | — | 17 | 12 | — | 49 | — | — |
| D10-T07 | — | — | — | — | — | — | — | — | — | — | — | — | — |
| D10-T08 | — | — | — | — | — | — | — | — | — | — | — | — | — |
| D10-T09 | 111 | 111 | — | — | — | 111 | 80 | — | 13 | 18 | — | 48 | — |
| E04-T01 | 111 | 111 | 150 | 0.7 | 82 | 111 | 89 | 27 | 23 | 27 | 75 | 54 | 129 |
| E05-T01 | 98 | 98 | 107 | 0.9 | 78 | 98 | 72 | 10 | 15 | 20 | 45 | 47 | 92 |
| E05-T02 | 83 | 83 | 97 | 0.9 | 62 | 83 | 59 | 11 | 10 | 15 | 57 | 48 | 105 |
| E05-T03 | 97 | 97 | 100 | 1.0 | 81 | 97 | 70 | — | 15 | 15 | 40 | 43 | 83 |
| E05-T04 | — | — | 97 | — | 72 | — | 62 | 14 | 17 | 12 | 47 | 46 | 93 |
| E06-T01 | 102 | 102 | 117 | 0.9 | 90 | 102 | 89 | — | — | — | 36 | 41 | 77 |
| E06-T02 | — | — | 90 | — | — | — | — | — | 10 | — | 45 | 35 | 80 |
| E06-T03 | 96 | 96 | 93 | 1.0 | 79 | 96 | 61 | — | 17 | 12 | 42 | 39 | 81 |
| E07-T01 | 98 | 98 | — | — | 82 | 98 | — | 11 | 16 | — | 43 | — | — |
| E07-T02 | — | — | — | — | — | — | — | — | — | — | — | — | — |
| E09-T01 | 105 | 105 | 117 | 0.9 | 92 | 105 | 74 | — | 17 | 20 | 45 | 47 | 92 |
| E09-T02 | 115 | 115 | 136 | 0.8 | 93 | 115 | 82 | 24 | 21 | — | 49 | 51 | 100 |
| E09-T03 | 124 | 124 | 146 | 0.8 | 96 | 124 | 100 | 24 | 17 | 17 | 50 | 44 | 94 |
| E09-T04 | — | — | — | — | — | — | — | — | — | — | — | — | — |
| E09-T05 | 122 | 122 | 134 | 0.9 | 95 | 122 | 87 | 19 | 23 | 17 | 46 | 46 | 92 |
| E10-T01 | 100 | 100 | — | — | 88 | 100 | — | 18 | 15 | — | 48 | — | — |

*MLwPad：包括跟部的总长度

表 4-8　莲花保寨足迹点 *Wupus agilis* 行迹测量数据（单位：毫米）（由加拿大英属哥伦比亚和平区古生物研究中心 Dr. Lisa G. Buckley 和 Dr. Richard T. McCrea 测量）

| 行迹 | 网格 | 足迹 # | 序列* | PL | SL | ML | PL/ML |
|---|---|---|---|---|---|---|---|
| I | D10 | T09 | 1 | — | — | 111 | 0.5 |
| I | C10 | T01 | 2 | 58.5 | — | 89 | 0.7 |
| I | C10 | T04 | 3 | 54.5 | 113.5 | 96 | 0.6 |
| I | B10 | T02 | 4 | 31.5 | 86.0 | 92 | 0.3 |
| I | B10 | T05 | 5 | 30.0 | 61.0 | 110 | 0.3 |
| I | B10 | T07 | 6 | 39.5 | 67.5 | 102 | 0.4 |
| II | E09 | T02 | 1 | — | — | 115 | 0.3 |
| II | D09 | T01 | 2 | 33.5 | — | 115 | 0.3 |
| II | D09 | T03 | 3 | 31.0 | 62.5 | 103 | 0.3 |
| II | D09 | T05 | 4 | 38.5 | 65.0 | 125 | 0.3 |
| II | C09 | T10 | 5 | 35.0 | 70.5 | 118 | 0.3 |
| II | C09 | T05 | 6 | 44.5 | 79.0 | 78 | 0.6 |
| II | C09 | T08 | 7 | 34.5 | 76.5 | 102 | 0.3 |
| III | E08 | — | 1 | — | — | — | — |
| III | D08 | T02 | 2 | 63.0 | — | 111 | 0.6 |
| III | D08 | T04 | 3 | 48.5 | 110.5 | 95 | 0.5 |
| III | C08 | T03 | 4 | 47.5 | 96.5 | 122 | 0.4 |
| III | C08 | T10 | 5 | 50.0 | 97.5 | 134 | 0.4 |
| IV | E06 | T04 | 1 | — | — | 115 | 0.2 |
| IV | E06 | T02 | 2 | 25.5 | — | — | — |
| IV | D06 | T02 | 3 | 23.0 | 48.5 | 96 | 0.2 |
| IV | D06 | T05 | 4 | 31.0 | 54.0 | 96 | 0.3 |
| IV | D06 | T06 | 5 | 32.0 | 63.0 | 97 | 0.3 |
| IV | D06 | T07 | 6 | 27.0 | 57.5 | 116 | 0.2 |
| IV | C06 | T01 | 7 | 34.0 | 60.5 | 97 | 0.4 |
| IV | C06 | T— | 8 | — | — | — | — |
| IV | C06 | T06 | 9 | — | 62.0 | 100 | — |

＊指足迹在行迹中的顺序

#### 4.3.5.2 *Wupus agilis* 归入鸟类足迹

*Wupus agilis* 最初由 Xing et al.（2007）归类为非鸟兽脚类造迹者，这是基于 Thulborn（1990）提出的虚骨龙类足迹特征：足迹长通常不超过 20 厘米，足迹的最大长度通常大于最大宽度，第 II 趾和第 III 趾之间的趾间角与第 III 趾和第 IV 趾之间的趾间角大致相等。*Wupus* 标本的平均长度为 7.89 厘米，平均长宽比值为 0.89，表明足迹宽大于长。在形态上，*Wupus* 与 *Limiavipes curriei*（McCrea et al., 2014a）相似，后者修订自 *Aquatilavipes curriei*（McCrea and Sarjeant, 2001），其发现于下白垩统 Gates 组 Grande Cache 段（Albian）。McCrea et al.（2014）意识到 *Wupus agilis* 和 *Limiavipes curriei* 形态上的相似性，促使我们重新分析原已归入非鸟兽脚类足迹的 *Wupus*，并将 *Wupus* 重新归入鸟类足迹科 Limiavipedidae。

4.3.5.2.1 大型鸟类和小型非鸟兽脚类足迹的区别

即使大型鸟类足迹和小型非鸟兽脚类足迹在形态上相当相似（两足，功能性三趾型，远端有细或尖锐的爪），但依然需要有一个标准来区分它们。

Lockley et al.（1992a）列出了鸟类足迹的鉴定标准：

（1）与现生鸟类（的足迹）有相似性；

（2）体型小（虽然也有许多现生鸟类的体型与小型非鸟兽脚类相当）；

（3）细长的趾，趾垫界限不明显（虽然这涉及到保存方式和沉积物黏稠度，但现生鸟类的行迹也确实有带趾垫或不带趾垫的足迹）；

（4）第 II 趾和第 IV 趾之间有着宽的趾间角（约 110°—120°）（虽然现生鸟类的趾间角有很大差异，许多足迹的趾间角小于 110°）；

（5）后向的第 I 趾；

（6）细长的爪印（Lockley et al., 2007 在鸟类足迹 *Shandongornipes muxiai* 的鉴定中使用了尖爪印）；

（7）远端弯曲的外侧爪印（第 II 趾和第 IV 趾的）偏离足迹中轴；

（8）足迹密度；

（9）相关化石和摄食行为的证据；

（10）保存足迹沉积岩的沉积学证据，例如波痕波峰（水流方向）与行迹方向的关系等。

相比较而言，非鸟兽脚类足迹则拥有以下特征：

（1）第 II 趾和第 IV 趾不等长，第 IV 趾要长于第 II 趾；

（2）外侧趾（第 II 趾和第 IV 趾）之间的趾间角平均不超过 90°；

（3）足迹近端，尤其是第 II 趾与跖趾垫的近端有一个明显的缩进；

（4）第 II 趾和第 III 趾的爪向内弯，第 IV 趾的爪向外弯。

由于 *Wupus agilis* 和 *Limiavipes curriei* 的尺寸都与小型非鸟兽脚类重叠，这就要求 *Wupus agilis* 与相似尺寸的小型、中型和大型非鸟兽脚类，以及大型中生代、新生代、现代鸟类足迹进行比较（表 4-9、表 4-10、表 4-11、表 4-12），其清单如下：

北美白垩纪非鸟兽脚类足迹中的

小型足迹

├- *Irenichnites gracilis* McCrea, 2000

中型足迹

- *Columbosauripus ungulates* McCrea, 2000
- *Magnoavipes lowei* Lee, 1997
- *Magnoavipes caneeri* Lockley et al., 2001b
- *Magnoavipes denaliensis* Fiorillo et al., 2011

大型足迹

- *Irenisauripus mcclearni* McCrea, 2000

中生代大型鸟类

- *Archaeornithopus* isp. Fuentes Vidarte, 1996
- *Sarjeantopes* isp. Lockley et al., 2003a

新生代大型鸟类

- *Gruipeda* isp. Panin and Avram, 1962; Sarjeant and Langston, 1994
- *Culcipeda* isp. Sarjeant and Reynolds, 2001
- *Fuscinapeda* isp. Panin and Avram, 1962; Sarjeant and Langston, 1994
- *Leptoptilostipus* isp. Payros et al., 2000
- *Anatipeda* isp. Panin and Avram, 1962; Sarjeant and Langston, 1994; Sarjeant and Reynolds, 2001
- *Ardeipeda* isp. Panin and Avram, 1962; Sarjeant and Langston, 1994
- *Pavoformipes* isp. Lockley and Delago, 2007
- *Ornothotarnocia* isp. Sarjeant and Reynolds, 2001; Kordos, 1985

这些足迹的长度都在 *Wupus agilis* 和 *Limiavipes curriei* 范围内，此外还分析了大型现生水鸟 *Ardea herodias*（大蓝鹭，PRPRC NI2014.001，PRPRC NI2014.002）足迹和来自加拿大不列颠哥伦比亚省东北部的幼年 *Branta canadensis*（加拿大黑雁，PRPRC NI2014.004）的线性和角坐标数据。

表 4-9　对比 Limiavipedidae、兽脚类足迹、中生代鸟类足迹与现生鸟类的足迹长（单位：毫米）

| 造迹者 | 遗迹分类 | Mean | Min | Max | S-er, N |
|---|---|---|---|---|---|
| Limiavipedidae | *Wupus* | 102.0 | 70.0 | 137.0 | 1.0, 160 |
|  | *Limiavipes* | 78.9 | 63.0 | 101.0 | 1.2, 55 |
| Theropod | *Irenichnites* | 164.1 | 135.0 | 190.0 | 4.7, 11 |
|  | *Magnoavipes* | 196.8 | 170.0 | 230.0 | 3.1, 25 |
|  | *Columbosauripus* | 249.6 | 220.0 | 280.0 | 5.1, 13 |
|  | *Irenesauripus* | 461.3 | 380.0 | 495.0 | 10.1, 13 |
| Mesozoic bird | *Archaeornithipes* | 120.0 | 75.0 | 166.0 | 26.3, 3 |

续表

| 造迹者 | 遗迹分类 | Mean | Min | Max | S-er, N |
|---|---|---|---|---|---|
| Cenozoic bird | Leptoptilostipus | 94.0 | 80.0 | 115.0 | 2.8, 12 |
| | Culcipeda | 91.3 | 61.0 | 105.0 | 10.3, 4 |
| | Anatipeda | 65.5 | 58.0 | 73.0 | 2.7, 5 |
| | Gruipeda | 124.0 | 75.0 | 172.0 | 49.0, 2 |
| | Fuscinapeda | 98.0 | 96.0 | 100.0 | 2.0, 2 |
| Extant bird | Ardea herodias | 120.0 | 115.0 | 123.0 | 0.9, 8 |
| | Branta canadensis | 103.0 | 98.0 | 108.0 | 2.0, 4 |

表 4-10  对比 Limiavipedidae、兽脚类足迹、中生代鸟类足迹与现生鸟类的长宽比

| 造迹者 | 遗迹分类 | Mean | Min | Max | S-er, N |
|---|---|---|---|---|---|
| Limiavipedidae | Wupus | 0.89 | 0.59 | 1.32 | 0.01, 144 |
| | Limiavipes | 0.76 | 0.59 | 0.94 | 0.01, 53 |
| Theropod | Irenichnites | 1.20 | 1.10 | 1.30 | 0.02, 11 |
| | Magnoavipes | 0.87 | 0.74 | 1.00 | 0.02, 24 |
| | Columbosauripus | 1.10 | 0.9 | 1.40 | 0.04, 12 |
| | Irenesauripus | 1.20 | 1.00 | 1.40 | 0.04, 12 |
| Mesozoic bird | Archaeornithipes | 1.00 | 0.99 | 1.00 | 0.01, 3 |
| Cenozoic bird | Leptoptilostipus | 0.95 | 0.89 | 1.02 | 0.01, 12 |
| | Culcipeda | 0.90 | 0.74 | 0.91 | 0.04, 4 |
| | Gruipeda | 1.01 | 0.96 | 1.07 | 0.06, 2 |
| | Fuscinapeda | 1.17 | 1.16 | 1.17 | 0 , 2 |
| | Anatipeda | 0.92 | 0.84 | 1.04 | 0.04, 5 |
| Extant bird | Ardea herodias | 0.89 | 0.59 | 1.32 | 0.01, 144 |
| | Branta canadensis | 0.76 | 0.59 | 0.94 | 0.01, 53 |

表 4-11  对比 Limiavipedidae、兽脚类足迹、中生代鸟类足迹与现生鸟类的第 II 趾至第 IV 趾之间的趾间角（单位：度）

| 造迹者 | 遗迹分类 | Mean | Min | Max | S-er, N |
|---|---|---|---|---|---|
| Limiavipedidae | Wupus | 97.5 | 67.0 | 132.0 | 1.2, 147 |
| | Limiavipes | 125.0 | 107.0 | 150.0 | 2.0, 24 |
| Theropod | Irenichnites | 72.0 | 65.0 | 83.0 | 5.6, 3 |
| | Irenesauripus | 73.3 | 70.0 | 78.0 | 2.4, 4 |
| | Columbosauripus | 80.8 | 65.0 | 89.0 | 4.4, 5 |
| | Magnoavipes | 93.4 | 65.0 | 118.0 | 3.4, 23 |

续表

| 造迹者 | 遗迹分类 | Mean | Min | Max | S-er, N |
|---|---|---|---|---|---|
| Mesozoic bird | Archaeornithipes | 113.0 | 70.0 | 150.0 | 23.0, 3 |
| Cenozoic bird | Leptoptilostipus | — | — | — | —, 12 |
| | Culcipeda | 129.0 | 117.0 | 133.0 | 4.0, 4 |
| | Gruipeda | 96.5 | 72.0 | 121.0 | 24.5, 2 |
| | Fuscinapeda | 105.0 | 105.0 | 105.0 | 0 , 2 |
| | Anatipeda | 92.4 | 84.0 | 98.0 | 3.4, 5 |
| Extant bird | Ardea herodias | 97.7 | 88.0 | 110.0 | 2.6, 9 |
| | Branta canadensis | 92.5 | 90.0 | 95.0 | 1.0, 4 |

表 4-12 对比 Limiavipedidae、兽脚类足迹、中生代鸟类足迹与现生鸟类的足迹长与单步长之比

| 造迹者 | 遗迹分类 | Mean | Min | Max | N |
|---|---|---|---|---|---|
| Limiavipedidae | Wupus | 0.38 | 0.22 | 0.66 | 17 |
| | Limiavipes | 0.34 | 0.23 | 0.45 | 42 |
| Theropod | Irenichnites | 0.19 | 0.12 | 0.27 | 9 |
| | Irenesauripus | 0.31 | 0.27 | 0.40 | 12 |
| | Columbosauripus | 0.23 | 0.18 | 0.25 | 10 |
| | Magnoavipes | 0.18 | 0.14 | 0.21 | 17 |
| Cenozoic bird | Fuscinapeda | 0.44 | 0.43 | 0.45 | 2 |
| Extant bird | Ardea herodias | 0.47 | 0.30 | 0.78 | 5 |
| | Branta canadensis | 0.47 | 0.46 | 0.50 | 3 |

4.3.5.2.2 非鸟兽脚类与鸟类足迹的趾间角

高数值（宽）的趾间角（第 II 趾至第 IV 趾之间）一直是区分大型鸟类足迹和小型非鸟兽脚类足迹的重要特征（Lee, 1997; Lockley et al., 2001b; Fiorillo et al., 2011）。非鸟兽脚类足迹的趾间角往往小于 90°（Wright, 2004），而鸟类足迹的趾间角则大于 100°（Lockley et al., 1992a）。

例如，在现生水鸟中，一道行迹的足迹趾间角介于 75.5°—116.5° 之间，平均值为 96.1°（PRPRC NI2011.003，孤鹬 Tringa solitaria，一种中型涉禽）。大型水鸟 Ardea herodias 的体型与 Limiavipedidae 造迹者相当，趾间角在 88°—110° 之间，平均值为 97.7°。相反地，小型非鸟兽脚类足迹 Irenichnites isp. 的趾间角介于 65°—120° 之间，平均值为 72°；中型非鸟兽脚类足迹 Columbosauripus isp. 和 Magnoavipes isp. 的趾间角为 81° 和 93°；大型非鸟兽脚类足迹 Irenesauripus isp. 的趾间角为 73°。

如果仅基于趾间角特征，一些大型鸟类足迹，例如新生代的 Gruipeda isp. 和 Anatipeda

isp., 现生的 *Ardea herodias* 和 *Branta canadensis*，如果它们出现在中生界沉积岩中，且保存的平均趾间角小于 100° 的话，就将会被归入非鸟兽脚类足迹。一般来说，趾间角是否大于 100°，是区分白垩纪那些保存良好的小型非鸟兽脚类和大型鸟类足迹的重要特征，但如果要套用到新生代和现生鸟类之上，这个趾间角范围就是非常不切实际和不可靠的。由于大型鸟类和小型非鸟兽脚类足迹之间的特征有着巨大的重叠度，所以单凭一个平均趾间角会造成误导。

4.3.5.2.3 足迹长 / 单步长之比

从足迹学的观察结果来看，鸟类行迹的单步要短于相似尺寸的非鸟兽脚类足迹单步。Lockley et al.（2001b）把 *Magnoavipes* isp. 解释为非鸟兽脚类（而不是鸟类）造迹者留下，因为他们注意到 *Magnoavipes* isp. 相当长的单步和低的足迹旋转角度，这些特征使其更倾向于非鸟兽脚类造迹者，尽管其趾间角很宽（这个特征也见于鸟脚类足迹）。为了定量分析是否鸟类行迹的单步要短于非鸟兽脚类的单步，我们计算了那些已有数据的足迹类群的足迹长 / 单步长之比。与北美白垩纪的小型（*Irenichnites* isp., 0.19）、中型（*Columbosauripus* isp., 0.23；*Magnoavipes* isp., 0.18）、大型（*Irenesauripus* isp., 0.31）非鸟兽脚类行迹相比，*Wupus agilis* 的足迹长 / 单步长之比（平均为 0.38）和 *Limiavipes curriei*（0.34）要显得更大一些，虽然其最小和最大值与前述足迹有重叠。*Wupus agilis* 和 *Limiavipes curriei* 的足迹长 / 单步长之比与新生代和现生鸟类的更近。新生代鸟类足迹 *Fuscinapeda* isp. 展示了相当大的足迹长 / 单步长之比（0.44），而现生鸟类 *Ardea herodias* 的足迹长 / 单步长之比为 0.30，*Branta canadensis* 则为 0.47。

这些数值表明，相对造迹者的足迹长度，Limiavipedidae 造迹者和大型水鸟类的单步要比相同足长的非鸟兽脚类更短（既有行为习性的差异，也有生物力学的因素），或者说其腿长要比相似体型的非鸟兽脚类更短。*Limiavipes curriei* 和 *Wupus agilis* 的足迹都保存在细砂岩上，没有任何外形态学变化（例如在 *Magnoavipes* isp. 上可看到的坍塌的趾，以及滑动的印迹等，Matsukawa et al., 2014b），或者表现为非典型或受妨碍的运动所留下的行迹特征（例如强烈内旋的足迹），所有现象都表明造迹者缩短单步的原因与原始沉积物并无关联。

对 *Wupus agilis* 和 *Limiavipes curriei* 足迹形态学和二变量的分析表明，Limiavipedidae 与新生代 – 现生鸟类造迹者相比，两者的共同特征要多于 Limiavipedidae 与中小型非鸟兽脚类的，这支持我们将 Limiavipedidae 归入鸟类足迹。

4.3.5.2.4 多变量统计分析

基于从 Limiavipedidae（*Wupus agilis*、*Limiavipes curriei*）、小型（*Irenichnites* isp.）、中型（*Columbosauripus* isp.、*Magnoavipes* isp.）、大型（*Irenesauripus* isp.）非鸟兽脚类足迹，中生代（*Archaeornithipes* isp.、*Sarjeantopes* isp.）和新生代（*Leptoptilostipus* isp.、*Culcipeda* isp.、*Gruipeda* isp.、*Fuscinapeda* isp.、*Anatipeda* isp.）鸟类足迹，现生大型鸟类足迹（*Ardea herodias*，幼年 *Branta canadensis*）收集的数据，我们分析并得出，Limiavipedidae 与新生代 - 现生鸟类足迹享有更多的共同形态空间，与非鸟兽脚类足迹并没有相同的形态空间，形成独特的"非鸟兽脚类"和"鸟类"形态空间群（$p_{same}$= 1.35 × 10$^{-84}$，97.6% 正确鉴定）。没有一个 Limiavipedidae 足迹被错误地归入非鸟兽脚类，但该分析也将 51 个 Limiavipedidae 足迹错误地归入了几个新生代 - 现生鸟类足迹类群（7 个 *Leptoptilostipus* isp.，11 个 *Gruipeda* isp.，11 个 Anseriformes，10 个 *Culcipeda* isp.，12 个 *Ardea herodias*，还有 3 个足迹鉴定为"鸟类"）（图 4-36，表 4-13、表 4-14）。同时，7 个非鸟兽脚类足迹被错误地归入了 Limiavipedidae（1 个 *Irenesauripus* isp.，6 个 *Magnoavipes* isp.），这些足迹缺失大量关于足迹长度的数据，因此无法进行准确的分析。

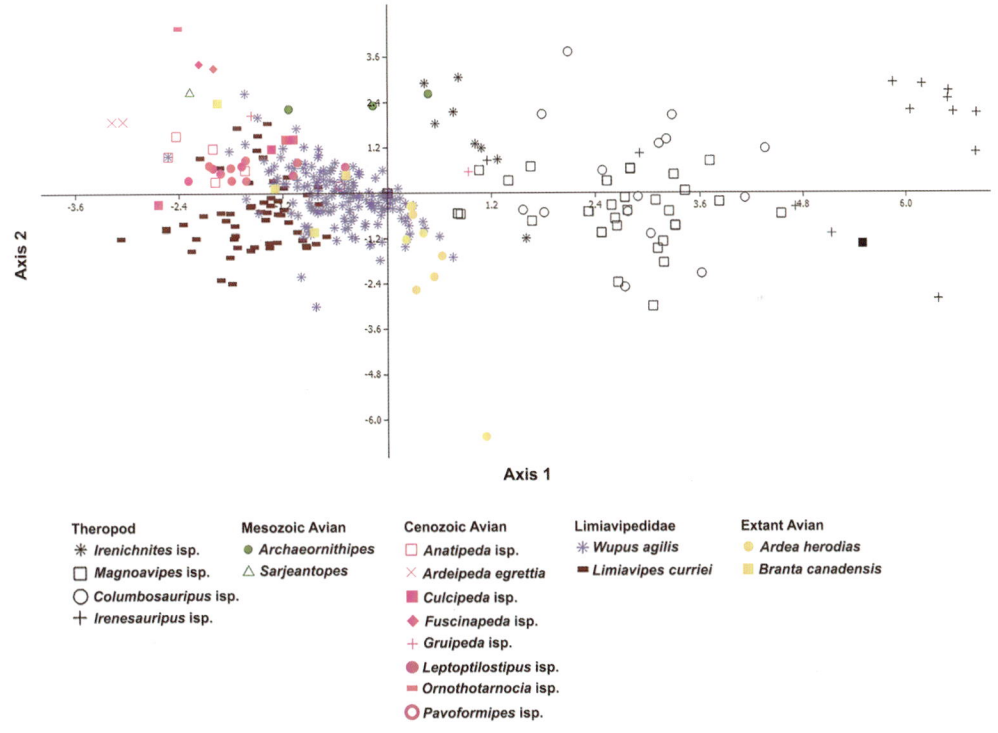

图 4-36 Limiavipedidae（*Wupus* 和 *Limiavipes*）与中小型兽脚类足迹和大型涉禽形态空间的判别分析

表 4-13　判别分析将白垩纪兽脚类足迹和类似尺寸的中生代、新生代足迹和现生的鸟类足迹的变量载荷取 10 为底的对数,并去除均值

| 变量 | Axis 1 | Axis 2 | Axis 3 | Axis 4 | Axis 5 | Axis 6 | Axis 7 | Axis 8 | Axis 9 | Axis 10 |
|---|---|---|---|---|---|---|---|---|---|---|
| ML | 0.09183 | 0.023 | −0.00691 | 0.0092 | −0.02766 | −0.02629 | 0.02272 | −0.01653 | −0.0168 | $2.07 \times ^{-238}$ |
| MW | 0.0765 | −0.01158 | −0.02525 | −0.00322 | −0.00378 | −0.00911 | 0.00965 | 0.02983 | 0.01507 | $-3.09 \times ^{-238}$ |
| L/W | 0.02617 | 0.07674 | 0.0203 | 0.00829 | −0.04501 | 0.01082 | 0.05779 | −0.05761 | 0.03323 | $8.98 \times ^{-237}$ |
| DLII | 0.03428 | −0.04661 | −0.05318 | 0.03537 | −0.02105 | −0.00197 | 0.05343 | −0.02024 | −0.00189 | $-1.81 \times ^{-237}$ |
| DLIV | 0.03449 | −0.05094 | −0.01837 | 0.05394 | −0.01649 | −0.00643 | 0.05654 | −0.00958 | 0.00558 | $-1.63 \times ^{-237}$ |
| II−IV | 0.08207 | 0.05128 | −0.02951 | 0.07749 | 0.0071 | 0.05795 | −0.06175 | −0.04006 | 0.01348 | $6.33 \times ^{-237}$ |
| PL | 0.06178 | 0.01347 | 0.00442 | −0.00742 | 0.09437 | 0.01807 | −0.00463 | −0.08623 | 0.01187 | $1.38 \times ^{-236}$ |
| SL | −2.0329 | 2.3819 | −3.6663 | 1.1274 | 7.3197 | −8.4611 | −0.87416 | 6.8702 | 0.61591 | $7.97 \times ^{-235}$ |
| PA | 0.68402 | −0.2079 | −0.16886 | 0.21129 | −0.32365 | −2.2594 | −2.4202 | −2.1587 | 2.6084 | $2.95 \times ^{-235}$ |

表 4-14　根据 Limiavipedidae,兽脚类足迹,大型中生代、新生代足迹和现生的鸟类足迹判别分析得到的含混矩阵

| | | 先验组 | | | | | | | | | |
|---|---|---|---|---|---|---|---|---|---|---|---|
| 预测组 | | Th | Li | Arc | Le | Gr | An | Cu | Ar | Fu | Ard | Bi | 总计 |
| 给定组 | Th | 61 | 7 | 1 | 0 | 8 | 0 | 0 | 0 | 0 | 3 | 0 | 80 |
| | Li | 0 | 188 | 1 | 7 | 11 | 11 | 10 | 0 | 0 | 12 | 3 | 243 |
| | Arc | 0 | 0 | 1 | 0 | 0 | 1 | 0 | 0 | 0 | 0 | 1 | 3 |
| | Le | 0 | 2 | 0 | 10 | 0 | 0 | 0 | 0 | 0 | 0 | 0 | 12 |
| | Gr | 0 | 1 | 0 | 0 | 0 | 1 | 0 | 0 | 0 | 0 | 0 | 2 |
| | An | 0 | 0 | 0 | 0 | 0 | 7 | 0 | 1 | 0 | 1 | 0 | 9 |
| | Cu | 0 | 0 | 0 | 0 | 0 | 0 | 4 | 0 | 0 | 0 | 0 | 4 |
| | Ar | 0 | 0 | 0 | 0 | 0 | 0 | 0 | 2 | 0 | 0 | 0 | 2 |
| | Fu | 0 | 0 | 0 | 0 | 0 | 0 | 0 | 0 | 2 | 0 | 0 | 2 |
| | Ard | 0 | 2 | 0 | 0 | 0 | 0 | 0 | 0 | 0 | 7 | 0 | 9 |
| | Bi | 0 | 1 | 0 | 0 | 0 | 0 | 1 | 0 | 0 | 0 | 1 | 3 |
| | 总计 | 61 | 201 | 3 | 17 | 19 | 20 | 15 | 3 | 2 | 23 | 5 | 369 |

缩写:Th. *Theropod*;Li. *Limiavipedidae*;Arc. *Archaeornithipes*;Le. *Leptoptilostipus*;Gr. *Gruipeda*;An. *Anseriform*;Cu. *Culcipeda*;Ar. *Ardeipeda*;Fu. *Fuscinapeda*;Ard. *Ardeaherodias*;Bi. Bird

我们对 Limiavipedidae,小、中、大型非鸟兽脚类足迹类群,中生代、新生代鸟类足迹类群,以及与 Limiavipedidae 相似的现生大型鸟类足迹进行多变量分析(MANOVA)。含混矩阵表明,Limiavipedidae 与非鸟兽脚类足迹($p_{same}$= 4.47 × 10$^{-27}$)差异明显,

与 *Leptoptilostipus* isp.（$p_{same}$= 9.03 × $10^{-16}$）, *Culcipeda* isp.（$p_{same}$= 6.61 × $10^{-05}$）, Anseriformes（$p_{same}$= 7.39 × $10^{-04}$）, *Fuscinapeda* isp.（$p_{same}$= 0.04）和现生鸟类（heron; $p_{same}$= 5.58 × $10^{-04}$）也明显不同（虽然差异程度要弱一些）。Limiavipedidae 与足迹 *Ardeipeda* isp.（$p_{same}$= 0.36）或 *Gruipeda* isp.（$p_{same}$= 0.36）并无明显区别。多变量统计分析对比了 *Wupus* 和 *Limiavipes* 与小 – 中型非鸟兽脚类足迹，以及中生代、新生代大型鸟类足迹和现生鸟类足迹，结果显示：

（1）*Wupus* 和 *Limiavipes* 之间具有相似性，这提供了更多的证据来支持前者归入 Limiavipedidae。

（2）归入 Limiavipedidae 的足迹，与大型鸟类足迹的相似性要超过与小 – 中型非鸟兽脚类足迹的相似性，这支持了将 Limiavipedidae 归入大型鸟类足迹。

### 4.3.5.3 系统足迹学

**Class Aves**

**Limiavipedidae, McCrea et al., 2014a**

鉴定特征：大型、长腿的鸟类造迹者留下的行迹。功能性三趾型后足迹，没有明显的蹼。无第 I 趾印。有尖锐的、末端细的爪。趾垫式为 ?-2-3-4-0，第 I 趾很可能没有保存。平均趾间角超过 100°。后足迹宽大于长。相对于尺寸相似的非鸟兽脚类足迹类群，其单步和复步较短，但与中生代鸟类足迹类群相比则较长。平均单步大于 20 厘米，平均复步大于 38 厘米。足迹向行迹中线强烈旋转（McCrea et al., 2014a）。

**Type Ichnogenus *Limiavipes* McCrea et al., 2014a.**

**Ichnogenus *Wupus*, Xing et al., 2007**

鉴定特征（修订）：大型三趾型鸟类足迹，缺失清晰的第 I 趾；趾垫清晰，趾垫式为 ?-2-3-4-0；保存完好的足迹中有亚圆形的跖骨印，相比第 IV 趾，要更靠近第 II 趾；蹼不清晰；足迹长宽比为 0.89；第 II 趾和第 III 趾之间的趾间角约为 50°，第 II 趾和第 IV 趾之间平均趾间角小于 100°，范围为 67°—132°；步幅角为 180°；足迹长与单步长的比为 1:3.62。

位置和地层：中国重庆綦江莲花保寨足迹点，下白垩统夹关组（Barremian–Albian）。

**Ichnospecies *Wupus agilis*, Xing et al., 2007**

鉴定特征（修订）：同足迹属。

讨论：鉴于详细对比了 *Wupus agilis* 和大型鸟类、小型非鸟兽脚类的足迹类群后，我们认为 Xing et al.（2007）最初把 *Wupus agilis* 归为小型非鸟兽脚类足迹的观点是不适宜的。*Wupus agilis* 完全符合 Limiavipedidae 的鉴定特征（McCrea et al., 2014a），且保存完好的第 II 趾至第 IV 趾远端有短且尖锐的爪子，这符合 Lockley et al.（1992a）对鸟类作出的鉴定特征。

*Wupus agilis* 的趾内经常能观察到突出的脊，占了一个或一个以上的趾长。我们认为这些脊是沉积物黏稠度的指示物。造迹者足部底面往往已吸附或黏附了地表的浮土，当足部离地时，这些吸附的浮土从地表被拽起，在趾印里形成这种外形态学的脊状物。这不应该被认为是一种有效的鉴定特征，只是造迹者在潮湿、细砂的地面上行走的结果。这一情况在许多北美洲 *Limiavipes curriei* 标本中都发现过。

尽管 *Wupus agilis* 和 *Limiavipes curriei* 在许多方面都展示了相似性，但也有足够的形态学差异将它们区分为不同的足迹分类单元。*Limiavipes curriei* 的平均足迹长为 7.9 厘米（范围为 6.3—10.1 厘米），而 *Wupus agilis* 则要更大一些，平均足迹长为 10.3 厘米（范围为 7.0—17.0 厘米）。在保存完好的 *Wupus agilis* 中，后足迹近端边缘为非对称二裂片（双叶形）形态，表现为后内侧方向（靠近第 II 趾）的短小突出，可能与消失的第 I 趾或跖骨印有关。不过，我们记录的 187 个 *Wupus* 都缺失第 I 趾。*Wupus agilis* 的平均长宽比值为 0.9（范围为 0.6—1.3），*Limiavipes curriei* 则展示了更张开的角度，长宽比值为 0.75（范围为 0.6—0.9）。*Wupus agilis*（第 II 趾至第 IV 趾）平均趾间角为 96.9°（范围为 67°—132°），这要小于 *Limiavipes curriei* 的平均趾间角（123°）。在 *Wupus* 的 4 道行迹中，平均单步和复步长分别是 38.7 厘米（范围为 23—63 厘米）和 75.9 厘米（范围为 48.5—113.5 厘米），足迹长与单步长之比值为 0.3（范围为 0.2—0.6）。这与 *Limiavipes curriei* 的相似，后者的平均单步和复步长为 23.9 厘米（范围为 18—31.5 厘米）和 46.5 厘米（范围为 36.5—60.0 厘米），足迹长与单步长之比为 0.3（范围为 0.2—0.4）。*Wupus agilis* 造迹者的足迹长和腿长都更大型化，但足部张开度不如 *Limiavipes curriei*。

#### 4.3.5.4 综合讨论

根据足迹形态学、多变量统计分析、对趾间角/足迹张开度（长宽比）、足迹长与单步长之比值的解释都支持 *Wupus agilis* 与 *Limiavipes curriei* 极为接近的观点，因此我们可以确切地把它们归入足迹科 Limiavipedidae。

对 *Wupus agilis* 和 *Limiavipes curriei* 以及白垩纪小型（*Irenichnites* isp.）、中型（*Magnoavipes* isp.、*Columbosauripus* isp.）、大型（*Irenesauripus* isp.）非鸟兽脚类足迹，及新生代大型鸟类足迹和现生鸟类足迹的多变量统计分析表明，Limiavipedidae 与体型相近、归入非鸟兽脚类的小型和中型足迹有明显区别；与新生代鸟类足迹类群 *Leptoptilostipus* isp.、

*Culcipeda*, isp.、*Gruipeda* isp. 和 *Fuscinapeda* isp. 相比，*Limiavipedidae* 有着相近的形态空间。足迹形态、多变量统计分析、对趾间角/足迹张开度、足迹长与单步长之比值的分析都支持将 *Wupus agilis* 和 *Limiavipes curriei* 归入大型水鸟类造迹者。

4.3.5.4.1 如何区分大型鸟类和小型非鸟兽脚类足迹

白垩纪的中小型非鸟兽脚类与大型水鸟类，其后足迹形态的相似性可导致对潜在造迹者的多种解释。如果单个足迹或行迹中存在具有一致的，且仅属于小型兽脚类或大型鸟类的特征，那么我们的研究工作就会简单得多，但大自然并没有这么慷慨。现生动物在运动中的那些巨大的变量，以及各种体征差异都会投射到足迹上，这都是我们分析足迹时需要解决的。当我们尝试区分鸟类足迹和小型非鸟兽脚类足迹时，许多不同的要素都必须要考虑到。非鸟兽脚类恐龙足迹中有许多似鸟的特征，许多试图区分两足三趾型恐龙足迹和鸟类足迹的研究还可能受到两者运动上的相似性的限制（Wright, 2004）（也见于 Gatesy, 1990 和 Farlow et al., 2000 分析鸟类和非鸟兽脚类之间的运动差异）。

简而言之，当前并没有一个特征可以用来 100% 区分开小型非鸟兽脚类足迹和大型水鸟类足迹，尤其是试图去鉴定孤立的足迹或单一的行迹时，因为足迹的张开度和精确的趾长因其保存方式而可能存在大量的变异。所以，需要使用综合的特征（尺寸、趾间角/足迹张开度、足迹长与单步长之比值）来区分小型非鸟兽脚类足迹和大型水鸟类足迹。

4.3.5.4.2 尺寸因素

测量证明，*Wupus agilis* 和 *Limiavipes curriei* 以及新生代鸟类足迹，其尺寸有相当大的重叠，同样重叠的还有小型非鸟兽脚类足迹 *Irenichnites* isp.（McCrea, 2000）。假设尺寸是区别非鸟兽脚类足迹与鸟类足迹、*Limiavipes curriei* 和 *Wupus agilis* 的唯一标准的话，如果新生代鸟类足迹发现于中生代，就会被错误地归为小型非鸟兽脚类足迹。但是，当数据以 $\log_{10}$ 转换，并且除去每个变量的均值，Limiavipedidae 足迹和非鸟兽脚类足迹就并无相同的形态空间（虽然鸟类足迹 *Gruipeda maxima* 的确占据了同样的形态空间，就和小型非鸟兽脚类足迹一样），Limiavipedidae 足迹也就不会由于判别分析而被错误地鉴定为属于非鸟兽脚类。7 个包含大量缺失数据的非鸟兽脚类足迹（其中 1 个为 *Irenesauripus* isp.，6 个为 *Magnoavipes* isp.）被错误鉴定为属于 Limiavipedidae。

4.3.5.4.3 趾间角因素

小型非鸟兽脚类足迹的趾间角最大为 90°，这通常小于相似体型的鸟类足迹。但趾间角不能作为唯一的鉴定特征，因为它在白垩纪小型和中型非鸟兽脚类足迹中高度变化，在白垩纪和现生鸟类中也是如此（Matsukawa et al., 2014b）。例如，*Magnoavipes denalisensis* 趾间角为 100°，达到了将其归入大型鸟类的界限（Fiorillo et al., 2011）；不过，Lee（1997）仅凭着 *Magnoavipes* isp. 的趾间角（而无检验趾间角的整体范围）与白垩纪鸟类足迹类似，就将其归入鸟类足迹，其他学者认为这是一个错误的归类（Lockley et al., 2001b; McCrea et al., 2014a）。同时，Lockley et al.（2001b）和 Matsukawa et al.（2014）都意识到，许多 *Magnoavipes lowei* 行迹的鉴定特征受到了沉积物黏稠度和外形态学变化的影响，而导致保存上的变异。基于较长的单步和复步（与足迹长度相比）、高步幅角，以及低的足迹旋转角度，*Magnoavipes* isp. 的造迹者很可能是 Ornithomimidae（Ornithomimipodidae）（Lockley et al., 2001b; Matsukawa et al., 2014b）。本次分析的结果也支持了这一观点，把 *Magnoavipes* isp. 归入 Ornithomimidae。与其他非鸟兽脚类行迹相比，*Magnoavipes* isp. 行迹有相当低的足迹长与单步长之比值（0.18），所有标本（除了大量缺失数据的）都在非鸟兽脚类形态空间内。同时，*Magnoavipes* isp. 和"非鸟兽脚类"的形态空间群都与鸟类形态空间群有明显差异（Buckley et al., 2015）。只有考虑到所有趾间角的最大值时，我们才能明白大型鸟类足迹确实有着比小型和中型非鸟兽脚类足迹更大的趾间角，这些数值才可与 Wright（2004）的观察结果互相匹配：非鸟兽脚类足迹趾间角小于 90°。

#### 4.3.5.4.4 足迹张开度因素

足迹张开度也不足以区分大型鸟类足迹和小型非鸟兽脚类足迹，虽然先前 McCrea 和 Sarjeant（2001）用这个特征从几个恐龙足迹类群中区分出大型鸟类足迹：*Limiavipes curriei*。但总体来说，非鸟兽脚类足迹的足迹长往往超过宽（长宽比值大于 1，McCrea and Sarjeant, 2001）。McCrea 和 Sarjeant（2001）在研究时还发现：（1）研究区的非鸟兽脚类和鸟类足迹的尺寸和形态只有很少的重叠，这使得它们之间的区别很不明显；（2）新生代鸟类足迹类群的数据为大型鸟类足迹张开度提供了新的信息。本次研究的数据表明，平均长宽比值在小型非鸟兽脚类和大型鸟类中都比较相近。

#### 4.3.5.4.5 平均足迹长与单步长之比值

确证了足迹长与单步长的比值之后，我们发现非鸟兽脚类行迹与鸟类行迹相比，有一个相对于足迹长而言更长的单步。单步长可能受到生物力学的制约。例如，大型水鸟的腿长与相似体型的小型非鸟兽脚类的腿长相近（Farlow et al., 2000），但运动上的生物力学区别可能制约了大型水鸟类的迈步，让其迈出的单步比非鸟兽脚类更短。不过，缩短的单步也有可能有行为学的因素：与进食迹相关的鸟类足迹有着比非进食迹足迹更短的单步（*Ignotornis mcconnelli* Lockley et al., 2009; *Ignotornis gaijiensis* Kim et al., 2012）。进食迹不一定都能保存有证据，但白垩纪许多鸟类足迹所展示的水鸟类行为多多少少都与进食行为有关。

基于足迹形态学检验，*Wupus agilis* 的趾间角/足迹张开度、足迹长与单步长之比值的判别分析都与 *Limiavipes curriei* 最为接近，因而可以确切地归入足迹科 Limiavipedidae。因此 *Wupus agilis* 的造迹者也和 *Limiavipes curriei* 一样，都属于大型水鸟类。

#### 4.3.5.5 早白垩世鸟类的多样性

修订后的 *Wupus agilis* 表明,在早白垩世,中国西南部至少有一种大型水鸟类,这种水鸟的后足为功能性三趾型、(可能)没有蹼。*Wupus agilis* 的造迹者有着更长的腿(单步更长)和更大的足迹(更大的足迹长),因此它比北美洲西部的 *Limiavipes curriei* 造迹者有着更明显的鸟类倾向。*Wupus agilis* 缺失第 I 趾,因此它可能不同于那些在澳大利亚南部 Dinosaur Cove 下白垩统 Eumeralla 组(Albian)发现的相似尺寸的足迹,那是一种有着与现生苍鹭相似的第 I 趾的水鸟类(Martin et al., 2013),*Wupus* 可能有着不同的生活习性。

我们可以下结论,目前的证据表明,早白垩世至少存在着 3 种不同的大型水鸟类,虽然目前还没有发现骨骼化石。假定这些鸟类具有持续飞行的能力,那么它们很可能遍布全球,包括整个冈瓦纳古陆和劳亚古陆,这与现生的白鹭和苍鹭(Ardeidae)相似,这些现生的大型鸟类遍布亚洲、澳大利亚和北美洲。

本研究的结果显示:

(1)*Wupus agilis* 在足迹形态上与 *Limiavipes curriei* 最相似,可归入足迹科 Limiavipedidae。

(2)多变量统计分析表明,Limiavipedidae 明显不同于非鸟兽脚类足迹类群,但与白垩纪、新生代及现生鸟类足迹具有相同的足迹形态特征。

这些分析证明:

(1)大型水鸟类在早白垩世遍布全球。

(2)我们完全有可能运用多重线性证据来区分大型水鸟类和小型非鸟兽脚类足迹。

而且,收集并建立中生代、新生代及现生鸟类足迹,以及小型非鸟兽脚类足迹的完整数据库,做进一步分析,而不是仅仅凭着形态特征和平均值来判定,这会大大改善鸟类和非鸟兽脚类的足迹分类标准,并且增加这些足迹所提供的古动物群信息。

### 4.3.6 翼龙类足迹

#### 4.3.6.1 翼龙类足迹形态学

早白垩世是翼龙快速辐射的巅峰期。中国绝大多数翼龙骨骼化石都出自热河生物群,热河生物群分布在辽宁西部、河北北部和内蒙古东南部的地层里(Wang et al., 2010)。只有极少量的翼龙骨骼化石出自热河生物群以外的地区,因此翼龙足迹可以帮助我们了解翼龙在整个中国的分布情况。

2008 年以前,中国只有一个翼龙足迹点记录,即甘肃省的盐锅峡足迹点(Peng et al., 2004; Zhang et al., 2006; Lockley et al., 2008b)。最近几年,中国的翼龙足迹点数量不断增加,与韩国和日本不断增加的记录遥相呼应,显著地增加了东亚的记录。例如山东即墨(Xing et al., 2012b)、新疆乌尔禾(Xing et al., 2013e; He et al., 2013),以及本项目描述的重庆莲花保寨、四川古蔺石庙沟、昭觉三比罗嘎足迹点等。

莲花保寨是中国白垩纪最重要的翼龙足迹点之一,在其第一层(最底层)岩面发现了 5 道翼龙足迹以及百余个大型三趾型鸟类足迹 *Wupus*,我们称之为 *Wupus–Pteraichnus* 足迹组合。下面我们将对莲花保寨的 *Pteraichnus* 作详细描述,并结合其他东亚的翼龙记录来评价其在古生态学方面的意义。

翼龙行迹共 5 道(图 4–37、图 4–38、图 4–39,表 4–15),其中一号行迹(编号为 QJLI-P1)最长,且保存最完好。Xing et al.(2012)在一份会议摘要中对这道行迹有所描述,Wang (2012)则在《美国国家地理(中文版)》中提供了低角度光源的照片。随后的研究中,我们又鉴定出了 4 道新的翼龙行迹,并称之为二号至五号行迹(编号为 QJLI-P2—QJLI-P5)。这 5 道行迹总计有 30 个翼龙足迹,其造迹者的行走方向各不相同。

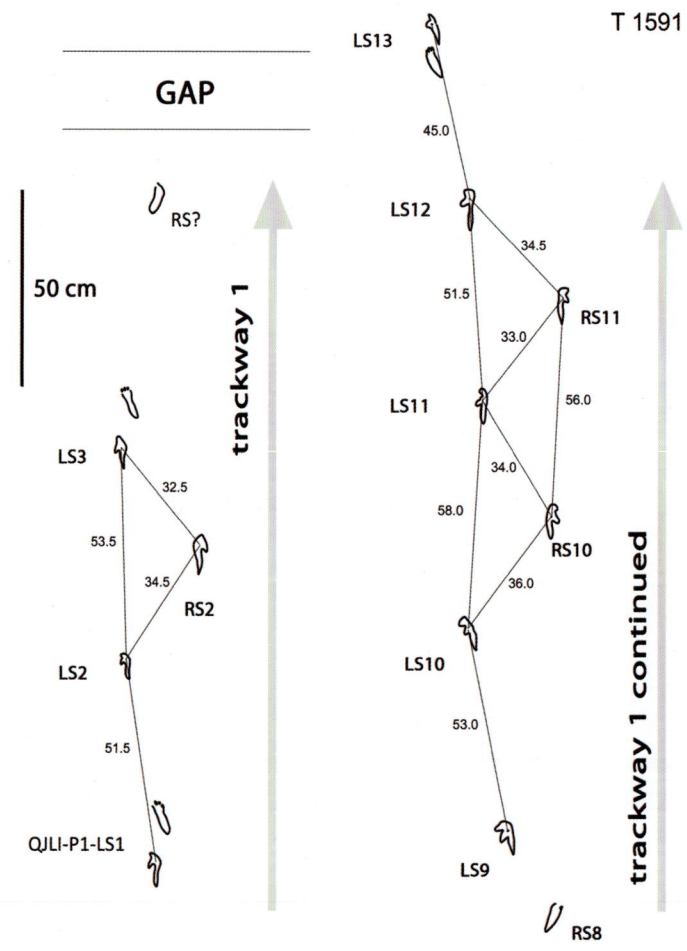

图 4-37　莲花保寨化石点翼龙行迹 QJLI-P1

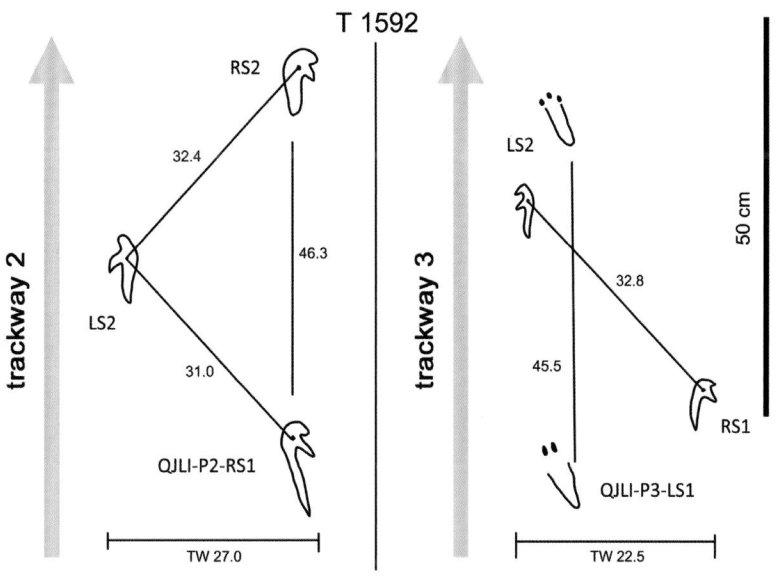

图 4-38 莲花保寨化石点翼龙行迹 QJLI-P2 和 QJLI-P3

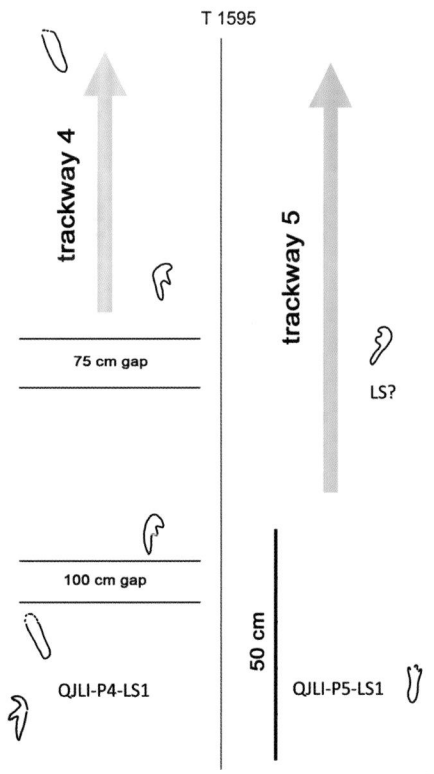

图 4-39 莲花保寨化石点翼龙行迹 QJLI-P4 和 QJLI-P5

表 4-15  莲花保寨足迹点翼龙行迹测量数据（单位：厘米）

| 编号 | ML | MW | PL | SL | PA | TW（内） | TW（外） |
|---|---|---|---|---|---|---|---|
| QJLI-P1-LS1m | 9.0 | 2.7 | — | — | — | — | — |
| QJLI-P1-LS1p | 9.3 | 3.2 | — | — | — | — | — |
| QJLI-P1-LS2m | 7.1 | 2.8 | — | 51.5 | 106° | 20.5 | — |
| QJLI-P1-LS2p | — | — | — | — | — | — | — |
| QJLI-P1-RS2m | 10.5 | 3.9 | 34.5 | — | — | — | — |
| QJLI-P1-RS2p | — | — | — | — | — | — | — |
| QJLI-P1-LS3m | 8.6 | 3.4 | 32.5 | — | — | — | — |
| QJLI-P1-LS3p | 8.5 | 2.7 | — | — | — | — | — |
| QJLI-P1-RS?m | — | — | — | — | — | — | — |
| QJLI-P1-RS?p | 8.0 | 2.8 | — | — | — | — | — |
| QJLI-P1-RS?m | — | — | — | — | — | — | — |
| QJLI-P1-RS?p | 8.3 | 2.8 | — | — | — | — | — |
| QJLI-P1-LS9m | 9.2 | 4.3 | — | — | — | — | — |
| QJLI-P1-LS9p | — | — | — | — | — | — | — |
| QJLI-P1-LS10m | 9.5 | 3.1 | — | 53.0 | — | — | — |
| QJLI-P1-LS10p | — | — | — | — | — | — | — |
| QJLI-P1-RS10m | 9.0 | 3.5 | 36.0 | — | 111° | 20.1 | — |
| QJLI-P1-RS10p | — | — | — | — | — | — | — |
| QJLI-P1-LS11m | 9.0 | 2.8 | 34.0 | 58.0 | 109° | 19.9 | — |
| QJLI-P1-LS11p | — | — | — | — | — | — | — |
| QJLI-P1-RS11m | 9.5 | 3.1 | 33.0 | 56.0 | 96° | 22.8 | — |
| QJLI-P1-RS11p | — | — | — | — | — | — | — |
| QJLI-P1-LS12m | 10.0 | 3.8 | 34.5 | 51.5 | — | — | — |
| QJLI-P1-LS12p | — | — | — | — | — | — | — |
| QJLI-P1-LS13m | 7.7 | 2.8 | — | 45.0 | — | — | — |
| QJLI-P1-LS13p | 8.2 | 2.5 | — | — | — | — | — |
| Mean-m | 9.0 | 3.3 | 34.1 | 52.5 | 106° | 20.8 | — |
| Mean-p | 8.5 | 2.8 | — | — | — | — | 24.0 |
| | | | | | | | |
| QJLI-P2-RS1m | 12.0 | 5.7 | — | — | — | — | — |
| QJLI-P2-LS2m | 8.8 | 3.7 | 31.0 | — | 95° | 22.0 | — |
| QJLI-P2-RS2m | 8.6 | 4.5 | 32.4 | 46.3 | — | — | — |
| Mean-m | 9.8 | 4.6 | 31.7 | — | 95° | 22.0 | 27.0 |
| | | | | | | | |
| QJLI-P3-LS1p | 9.0 | 3.0 | — | — | — | — | — |
| QJLI-P3-RS1m | 7.0 | 3.5 | — | — | — | — | — |
| QJLI-P3-LS2m | 7.0 | 2.7 | 32.8 | — | — | — | — |
| QJLI-P3-LS2p | 7.5 | 3.1 | — | 45.5 | — | — | — |
| Mean-m | 7.0 | 3.1 | — | — | — | — | — |

续表

| 编号 | ML | MW | PL | SL | PA | TW（内） | TW（外） |
|---|---|---|---|---|---|---|---|
| Mean-p | 8.3 | 3.1 | — | — | — | — | 22.5 |
| QJLI-P4-LS1m | 9.5 | 4.0 | — | — | — | — | — |
| QJLI-P4-LS1p | 10.5 | 2.8 | — | — | — | — | — |
| QJLI-P4-LS?m2 | 8.8 | 4.2 | — | — | — | — | — |
| QJLI-P4-LS?m3 | 8.2 | 4.2 | — | — | — | — | — |
| QJLI-P4-LS?p4 | 10.0 | 3.3 | — | — | — | — | — |
| Mean-m | 8.8 | 4.1 | — | — | — | — | — |
| Mean-p | 10.3 | 3.1 | — | — | — | — | — |
| QJLI-P5-LS1p | 8.5 | 3.2 | — | — | — | — | — |
| QJLI-P5-LS?m | 9.0 | 3.5 | — | — | — | — | — |

QJLI-P1行迹几乎为直线，由16个足迹组成（5个前足迹与11个后足迹），保存为同一行迹的两段，中间有约3米的间隔，间隔中没有足迹保存（图4-40）。前段始于一对左前-后足迹（QJLI-P1-LS1），但没有保存对应的右前-后足迹（QJLI-P1-RS1缺失）；QJLI-P1-LS2和QJLI-P1-RS2分别保存了前足迹；QJLI-P1-LS3则是一对完整的前-后足迹。其中QJLI-P1-LS1和QJLI-P1-LS2被我们翻模保存，编号分别为UCM 214.253和UCM 214.254，收藏于美国科罗拉多大学（丹佛）。QJLI-P1-LS3之后的后半段行迹，除了一个孤立的（很可能是右）后足迹之外，没有任何足迹留存在QJLI-P1-RS8后足迹之前，因此，在QJLI-P1-RS3和QJLI-P1-LS8之间有长达约3米的距离没有足迹保存。QJLI-P1-LS9保存了一个前足迹，QJLI-P1-RS9缺失。在QJLI-P1-LS10、QJLI-P1-RS10、QJLI-P1-LS11、QJLI-P1-RS11和QJLI-P1-LS12中仅可观察到前足迹。QJLI-P1-LS11被我们翻模保存，编号为UCM 214.255。QJLI-P1-LS13保存了一个前足迹。QJLI-P1行迹中，前足迹的平均长度和宽度分别为9.0厘米和3.3厘米，后足迹的平均长度和宽度分别为8.5厘米和2.8厘米。平均单步和复步长为34.1厘米和52.5厘米，行迹外宽为24厘米。

QJLI-P2行迹由3个连续的前足迹组成，平均长度和宽度为9.8厘米和4.6厘米，平均单步长为31.7厘米，平均复步长为46.3厘米，行迹外宽27厘米。

QJLI-P3行迹由4个足迹组成，包含2个左后足迹和1个左前足迹、1个右前足迹。前足迹的平均长度和宽度分别为7.0厘米和3.1厘米，后足迹的平均长度和宽度分别为8.3厘米和3.1厘米。单步长为32.8厘米，复步长为45.5厘米，两个前足迹之间的行迹宽为22.5厘米。

QJLI-P4行迹由5个足迹组成，包含第一对左前-后足迹。一个右前足迹被一道约1.1米的间隔隔开。另一个右前足迹和一个左后足迹分别位于约1.3米和47厘米的间隔之后。前足迹的平均长度和宽度为8.8厘米和4.1厘米，后足迹的平均长度和宽度为10.3厘米和

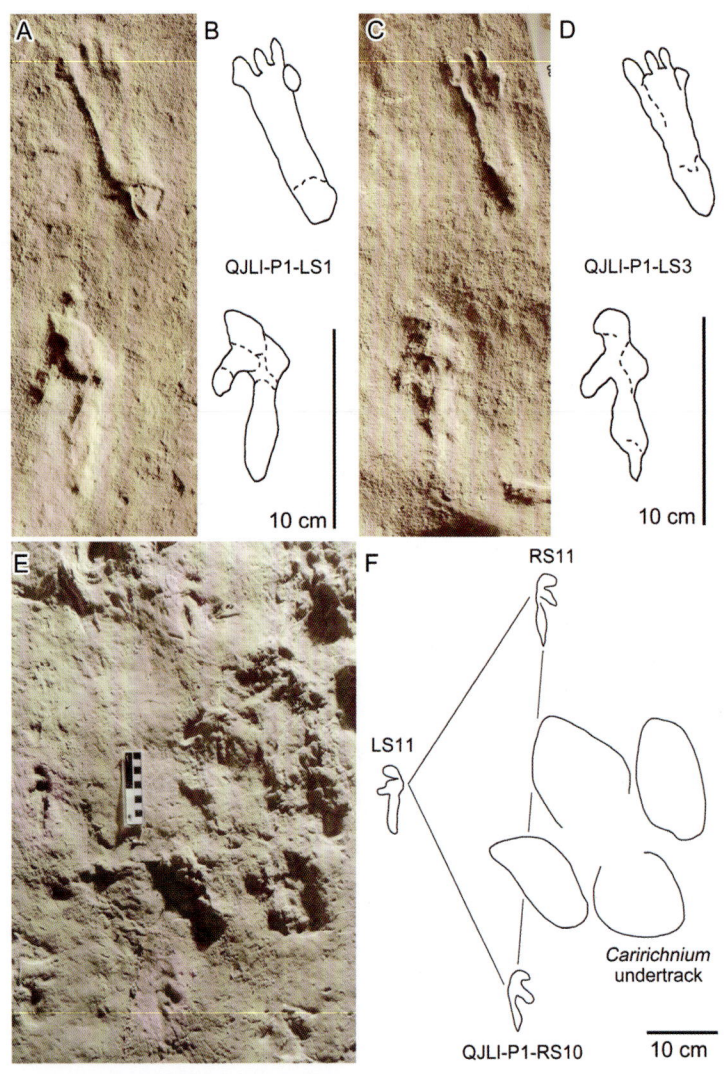

图 4-40 莲花保寨化石点保存最好的翼龙足迹

3.1 厘米。

QJLI-P5 行迹仅由 2 个孤立的足迹组成,一个右后足迹和一个左前足迹,两者中间间隔 67 厘米。前足迹的长度和宽度为 8.5 厘米和 3.2 厘米,后足迹的长度和宽度为 9.0 厘米和 3.5 厘米。

所有这 5 道行迹都可归入翼龙足迹 *Pteraichnus*,基于以下特征:四趾形,近似三角形的后足迹,其第 II 趾和第 III 趾比第 I 趾、第 IV 趾略长;三趾型非对称的前足迹,第 I 趾至第 III 趾的长度逐渐增加,第 III 趾方向向后。每个足迹的尺寸相近,但形状略有不同。QJLI-P1 行迹的两对前 - 后足迹(QJLI-P1-LS1 和 QJLJ-P1-LS3)有着保存较好的后足迹趾印。后足迹的趾印也见于 QJLI-P3 和 QJLI-P5 行迹的足迹。前足迹长度的差异是由于第 III 趾长度不同。QJLI-P1 行迹中，右前足迹的第 III 趾看起来要长于左前足迹的。这些细微的尺寸差异可能反映了造迹者步态的微妙差异。

5 道行迹所有前 – 后足迹的尺寸差异要小于 QJLI-P1 行迹的内部差异。QJLI-P3 行迹的前足迹长度和宽度在 7.0 厘米与 3.1 厘米之间上下波动，QJLI-P1 行迹的前足迹长度和宽度则在 9.0 厘米与 3.3 厘米之间上下波动，但 QJLI-P1 行迹的数值显示其长度和宽度的最小值为 7.1 厘米和 2.8 厘米，最大值为 10.5 厘米和 3.9 厘米。因此，这 5 道行迹的尺寸差异不具有统计学意义。事实上，足迹尺寸差异通常处在造迹者的个体差异范围内。QJLI-P1 行迹的单步长要比 QJLI-P2 和 QJLI-P3 行迹的略长。

一般来说，前足迹要比后足迹保存得更好，数量也更多，这是由于造迹者体重分布的差异造成的，这种差异往往使得前足迹更深一些（Lockley et al., 1995）。这种情况也反映在莲花保寨的标本中，这些标本由 20 个前足迹和 10 个后足迹组成。

#### 4.3.6.2 古生态学意义

*Pteraichnus* 的各个足迹种之间的尺寸变化较大，从 2 厘米至 16.0 厘米不等（Lockley and Harris, in press）。如上所述，莲花保寨的所有翼龙行迹都是由小型造迹者留下，且步态相似，这就产生了 3 种可能的解释：

（1）5 道行迹是由 5 个大小相似的造迹者留下的。
（2）5 道行迹是由少于 5 个，但不止 1 个造迹者留下的。
（3）5 道行迹是由 1 个造迹者留下的。

我们可能无法最终确定哪一种解释是正确的，也无法知晓在目前暴露的足迹区域之外，这些翼龙行迹还延伸了多广。

莲花保寨第一层仅有两个足迹属的真足迹：*Pteraichnus* 和 *Wupus agilis*（图 4-41）。*W. agilis* 属于大型鸟类足迹（McCrea et al., 2013），所以第一层的足迹组合包括较浅的鸟类、翼龙和鸟脚类幻迹，这与第二层的相对更深的鸟脚类足迹形成反差。第一层足迹组合的一个有趣的特征是，*Pteraichnus* 行迹的方向各不相同，但几乎所有的 *Wupus* 行迹都同向且平行，这表明它的造迹者为群居性动物（cf. McCrea, 2000）。虽然这两类行迹的留存次序无法确定，但仍可明显看出这两类在此地频繁活动的造迹者在生活习性上各不相同：一个种群随机行走，另一个种群则朝着一个方向行进。

*Wupus*–*Pteraichnus* 足迹组合保存在一层细砂岩的顶部，这层保存足迹的砂岩则位于更厚的砂岩层上，就像一层约 10 厘米厚的薄层砂质沉积物覆盖在厚厚的砂层上，这代表了该区的沉积过程中，厚厚的泥质粉砂层高度饱和，达到顶峰之后的渐衰阶段。很显然，在这套砂质沉积单位形成之后，鸟类、翼龙类和鸟脚类恐龙被吸引至此，随后又迎来了另

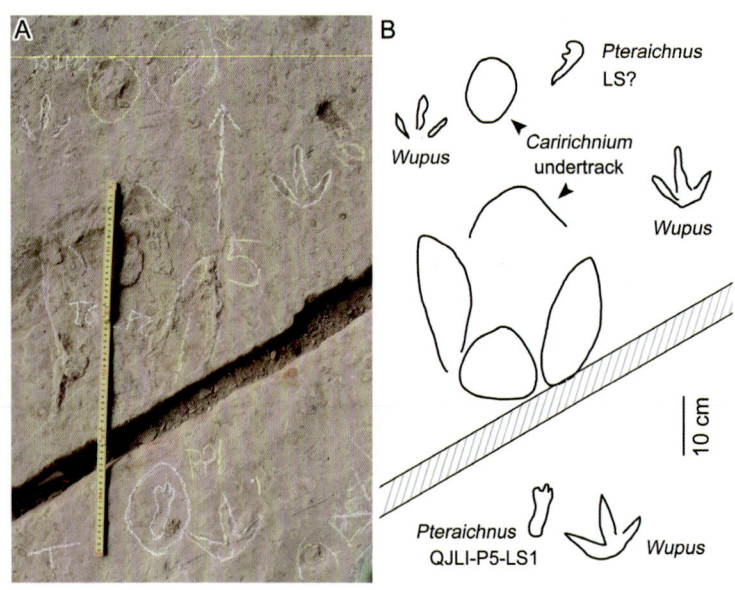

图 4-41 莲花保寨化石点保存翼龙足迹与 *Wupus* 共生照片（A）与轮廓图（B）

一个较小的沉积周期，也就是高能砂质和低能的粉砂和泥质物沉积的交替，其间还夹杂着另外一些足迹层，该层上时不时能观察到大型恐龙留下的脚印。

相对于高度饱和的泥质粉砂层，小型兽脚类和翼龙类可能更偏爱于砂质层，前者会让它们的脚陷得更深，影响行走效率（García-Ramos et al., 2002）。而上部第二层所保存的足迹是该地曾有大型恐龙生存的证据，或许，第一层沉积物对大型恐龙而言仍然太软，或者这个区域其实就是基底临时浮露而形成的小片陆地，它们原本是淹没在水体之下的砂障。在许多情况下，大型恐龙的缺失表明这些地区的环境并不适合它们生存（McCrea, 2001, 2003）。当然，我们也不能排除这样一种巧合：小型鸟类和翼龙类足迹保存在某一层，而大型恐龙足迹保存在另一层。

此外，值得注意的是，翼龙类和小型鸟类足迹与大量无脊椎动物遗迹化石共存。这或许表明鸟类和翼龙类被吸引至此地捕食（García-Ramos et al., 2000; He et al., 2013）。而岩面没有任何泥裂来代表干燥的迹象，加上保存精致的小型鸟类和翼龙类足迹，表明该层水分充足，适合大量无脊椎动物群生存。McCrea 和 Sarjeant（2001）认为，无脊椎动物群的存在与当地占主导地位的鸟类足迹有关联，前者为后者提供食物，不过，他们同时也承认并没有找到"戏水"与"捕食"的证据。

### 4.3.6.3 东亚的 *Pteraichnus*

迄今为止，中国报告的所有翼龙足迹都是出自白垩纪，并归入足迹属 *Pteraichnus*（图

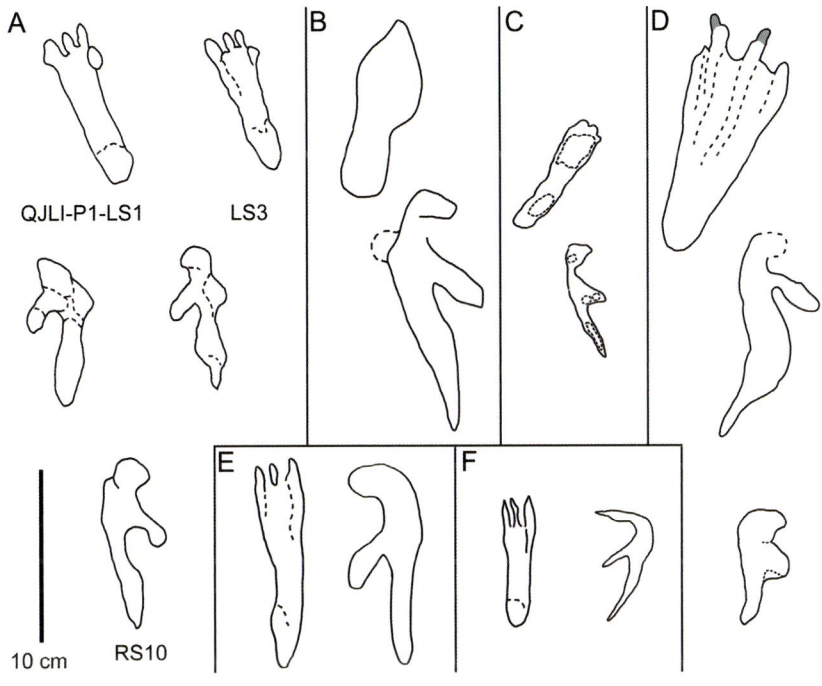

图 4-42　莲花保寨化石点翼龙足迹与其他 *Pteraichnus* 的对比

A. 本文标本；B. 昭觉标本；C. 山东即墨标本（Xing et al., 2012b）；D. 新疆乌尔禾（Xing et al., 2013e）；E. 甘肃刘家峡标本；F. 浙江东阳（Lü et al., 2010）

4-42）。中国首次翼龙足迹记录发现于甘肃省盐锅峡，命名为 *Pteraichnus yangouxiaensis*（Peng et al., 2004; Zhang et al., 2006）。截至目前，*P. yangouxiaensis* 仍然缺乏系统描述、鉴定特征、精确测量并与 *Pteraichnus* 其他足迹种作种内对比等关键信息。相比之下，山东省即墨足迹点的 *Pteraichnus* isp. 则得以详细描述（Xing et al., 2012b）。除了本文描述的西南地区翼龙足迹之外，中国其他翼龙足迹点还包括有浙江省东阳（Lü et al., 2010）、新疆乌尔禾（Xing et al., 2013e; He et al., 2013）足迹点等。这些记录清楚地表明，翼龙在中国的分布要比我们先前所认知的更广泛。

韩国首次发现翼龙足迹是在 1996 年，这也是亚洲首次记录的翼龙足迹（Lockley et al., 1997a）。这些足迹保存在上白垩统 Uhangri 组，被命名为 *Haenamichnus uhangriensis*（Hwang et al., 2002）。此后，韩国各地又发现了许多翼龙足迹，并且归入足迹属 *Pteraichnus*，其中包括中下白垩统顶部 Haman 组的 *Pteraichnus* isp.（Kim et al., 2006）和下白垩统 Hasandong 组的 *Pteraichnus koreanensis*（Lee et al., 2008）。最近还发现了来自 Haman 组的 *Haenamichnus gainensis*（Kim et al., 2012d）。除韩国外，Lee et al.（2010）还命名了小型翼龙足迹 *Pteraichnus nipponensis*，足迹来自日本下白垩统 Kitidani 组。

目前来看，韩国发现翼龙标本的尺寸范围要比中国记录的大得多。例如，*P. koreanensis* 前足迹仅长约 2.56 厘米，日本 *P. nipponensis* 的前足迹还要更小一些（长 2.26 厘米），而 *Haenamichnus* 足迹长达 39.0 厘米。出自 Haman 组的 *Pteraichnus* isp. 的尺寸（10—12 厘米）则与中国多数标本相近。

韩国标本较广的尺寸区间覆盖了已知所有翼龙足迹属种的尺寸（Lockley et al.，2008b）。不过，由于足迹点的数量仍然有限，这些差异很难具体分析。不过，我们仍然可以推测，中国、日本或其他地区翼龙足迹的尺寸区间之所以较为局限，可能是受到古生态和演化条件的限制。然而，下这样的结论还为时过早，除非我们能在全球各处找到足够多的翼龙足迹点来验证。

### 4.3.7 足迹点小结

（1）第一层、第二层和第三层的 *Caririchnium lotus* 足迹组合几乎是世界上任何已知的白垩纪足迹组合中保存最完好的也是最重要的，它们由至少 28 道可精确测量的行迹和数量相似的孤立标本组成。

（2）*Caririchnium lotus* 行迹在形态上与产自巴西、北美和韩国等地的 *Caririchnium* 足迹种相似，但在前足迹结构上有所差异。

（3）和其他地区的常见发现一致，平行的 *Caririchnium lotus* 行迹表明了造迹者的群居性。

（4）足迹组合表明莲花保寨的鸟脚类至少存在两个不同的种群，分别为大型成年个体（形态类型 A）和小型亚成年个体（形态类型 B）。成年个体都以四足行进，可能也只能以四足行走；而小型的亚成年个体既有两足行走，也有四足行走，为兼性的两足动物。

（5）*Caririchnium* 组合与鸟类足迹 *Wupus*–翼龙类足迹 *Pteraichnus* 组合存在一定的关联，*Wupus* 目前只发现于该足迹点，它们和 *Pteraichnus* 一样，都局限于第一层。

（6）厘定了 Xing et al.（2007）命名的 *Laoyingshanpus torridus* 和 *Qijiangpus sinensis*，并认为它们为鸟脚类足迹从第二层传递到第一层的幻迹，因此，外形态学变化的足迹，应为无效名。

（7）大型蜥脚类和鸟脚类的凸型足迹保存在其他岩层，尤其是第四层至第七层。

（8）总共有 7 个赋存足迹的岩层，该地区的造迹者包括了鸟脚类、鸟类（以及可能的非鸟兽脚类）、翼龙类和蜥脚类。而基于造迹者的数量，前两个群体在数量上明显占优势（表 4-16）。

（9）在该地区恐龙骨骼化石极为稀少的情况下，莲花保寨足迹动物群大大拓宽了我们对下白垩统夹关组白垩纪动物群的认知。

表 4-16 莲花保寨足迹点的造迹者丰度以及不同种群的比例

| | 鸟脚类 | | 蜥脚类 | | 兽脚类（鸟） | | 翼龙 | |
|---|---|---|---|---|---|---|---|---|
| | 行迹 | 孤立 | 行迹 | 孤立 | 行迹 | 孤立 | 行迹 | 孤立 |
| Lay I | — | — | — | — | 5 | 175 | 5 | — |
| Lay II | 31 | 38 | — | — | — | — | — | — |
| Lay III | 7 | 17 | 1 | 9 | — | — | — | — |
| Lay IV | — | 2 | — | — | — | — | — | — |
| Lay V | — | 4 | — | — | — | — | — | — |
| Lay VI | 1 | 4 | — | 2 | — | — | — | — |
| Lay VII | — | 9 | — | 5 | — | — | — | — |
| 总计 | 39 | 74 | 1 | 16 | 5 | 25* | 5 | — |

*175 个孤立的鸟类足迹组成了多条难以辨别的行迹，根据目前已识别的 5 道行迹来看，每道行迹平均包括了 7 个足迹。因此，用 175 除以 7 得到造迹者的大致数量

## 4.4 虎山足迹点

恐龙足迹保存的一个重要方式是凸型足迹。世界上许多足迹点都发现了蜥脚类的凸型足迹（Milan et al., 2005; Platt and Hasiotis, 2006; Mateus and Milan, 2008; Romano and Whyte, 2012; Xing et al., 2015b）。蜥脚类凸型足迹，是从砂岩层底面向下层沉积岩突出的圆形凸起（有时也非正式地称之为"Brontosaur 凸"）(Lockley, 2001b; Lockley and Marshall, 2014)。

虽然此前綦江莲花保寨已经有了多个蜥脚类凸型足迹的记录，但这些足迹中，即使保存得最完好的标本也缺失足够的形态学特征，因而难以将其归入到某一特定的足迹分类。

2013 年，重庆市綦江区国土资源和房屋管理局的王丰平在位于莲花保寨东北方向约 1000 米的虎山砂岩层上发现了 2 个蜥脚类凸型足迹。和莲花保寨的鸟脚类足迹被想象为"莲花"一样，这些蜥脚类足迹也一直被当地人认为是"石头开花"，这是又一个足迹化石影响民间传说形成的例证（Xing et al., 2011b）。此外，在距离足迹点约 20 米处还有一块约 30 米高的人面石，与人类侧脸的解剖特征几乎一致，想必这块岩石也对当地的民间传说有一定影响。

虎山足迹点的标本由 2 个凸型足迹组成，编号为 TMSI1p、TMSI2p（图 4-43、图 4-44）。原始标本保存在原位，也即重庆綦江国家地质公园内。这些凸型足迹呈现了非同寻常的保存方式，形状非常不规则，底面有沟槽和裂痕等特征，呈放射状，使得足迹具有锯齿状或粗糙的网状外观。这种放射状石裂（radial cracks）特征，在 Lockley et al.（1989）和 Hwang et al.（2008）的论文中都有详细描述。如同这些研究者所描述的那

图 4-43 虎山足迹点（白色箭头指出恐龙足迹所在，右侧为人面石）

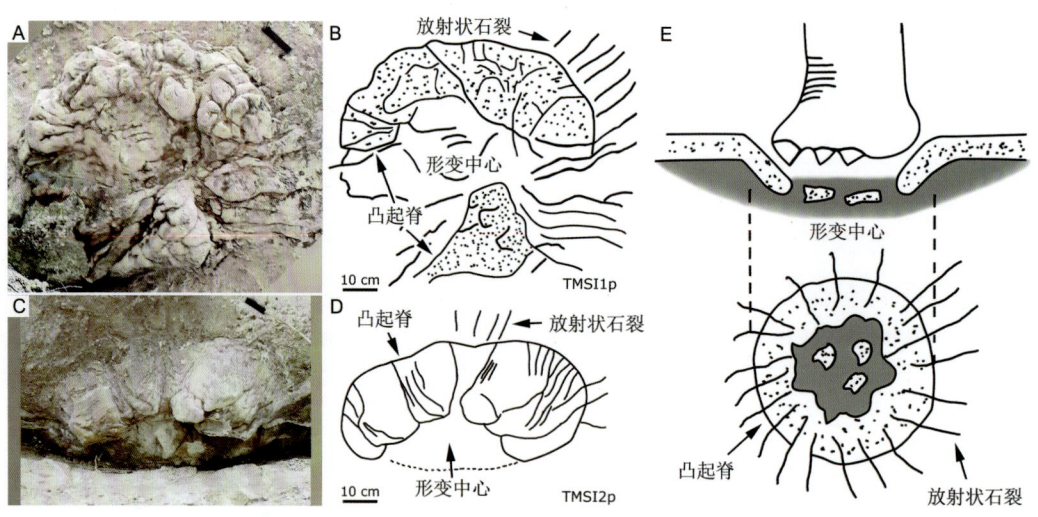

图 4-44 虎山足迹点的凸型足迹照片（A 与 C）、轮廓图（B 与 D），以及造迹示意图（E）

样,这种特征属于典型的幻迹所有。不过,由于这些特征出现在凸型足迹上,我们也可以把它当作幻迹的凸型足迹或者凸型足迹的幻迹。

凸型幻迹 TMSI1p 是 2 个标本中保存得较好的一个,整个标本的外轮廓清晰可见。标本长约 64.5 厘米,宽 70.5 厘米,深 15—20 厘米,长宽比值为 0.9。不规则、沟状和锯齿状的表面是凸型幻迹的典型特征,足迹留存在沉积岩序列中,其形成过程我们将在下文详述。TMSI1p 的外形为亚圆形或粗糙的半圆形,近半的周长都被一个直径约 20 厘米的弓状区所拱起,这个弓状区明显高于凸型幻迹的其他部分(在原始足迹中则更深)。很显然,这一区域的沟和褶皱要比凸型幻迹的其他部分更明显。凸型幻迹还有一个凸起的近似三角形区域,与弓状区的中央相对,也以不规则表面为特征。

TMSI2p 仅有部分暴露,其余部分模糊不清。该凸型幻迹宽约 70 厘米,深 27—30 厘米。同样,TMSI2p 也暴露有一个弓状边缘,可能与爪印相关。

### 4.4.1 足迹成因

就 TMSI1p 和 TMSI2p 标本的保存情况来看,我们尚不能对造迹者进行确切的鉴定。不过,幻迹的尺寸表明造迹者极有可能属于蜥脚类。

TMSI1p 和 TMSI2p 代表了大型恐龙在砂岩层留下的凸型幻迹,足迹暴露在岩层的悬垂上,位于砂岩和其下的泥岩交界面之间。Lockley et al.(1989)在科罗拉多州白垩系 Dakota 群的鸟脚类足迹中发现过这种保存方式,韩国的白垩纪鸟脚类足迹也有类似发现(Hwang et al., 2008)。假设恐龙在如今露头的砂岩和下层泥岩交界面走过的话,我们见到的足迹会更清晰些。不过,就如上文笔者所描述的那样,如果造迹者走过泥质层之上的砂质层,足部对基底的影响就应该会在界面下造成凸起(形成幻迹)(就像莲花保寨的蜥脚类凸型足迹一样),这不是足部接触泥质层,而是足部将砂质层向下推进泥质层里。

由于泥 – 砂交界面在幻迹形成的过程中向外扩展且变形,其表面被外延的力所破坏。此外,假设幻迹影响的区域近似圆形,那么外延的变形部分看起来就会像是一系列环绕着的、面朝下的锥状、放射状石裂(凸型足迹)。这种外观有点像半脆性变形的小型地垒或地堑结构(Hwang et al., 2008)。此外,还有一个同心圆结构参与到变形中,特别是当足迹是由圆形或近似圆形的足部留下的时候。除了幻迹的圆形外轮廓,该结构还形成了与放射状石裂(弓状区)相交的同心变形面,从而产生了彼此分割开的(或格子状),或网状的,或彼此镶嵌的变形图案。如果地表下层的变形很轻微(很浅),并与易延展的薄层沉积物相关联的话,即使没有任何外延的放射状或同心石裂,也会形成一个平滑的向下凸起的碟状结构。不过,如果幻迹很深,而且足迹壁也很深的话(如本文中描述的标本那样),那么放射状石裂会很明显,砂质层会断裂,特别是幻迹中间的区域,这种情况就如 Hwang et al.(2008)所详细描述的那样。在这种情况下,在足迹断裂的中间区域,砂质层会和下层的泥质层混杂在一起。还是如 Hwang et al.（2008）描述的那样，如果这些足迹足够深，足部可能会深入到泥质层，留下完整或不完整的足迹，这主要取决于砂质层被推向两边的程度。在这种情况下，砂质层受到的挤压力更大，会在足迹中间区域断裂，和下层的泥质层混在一起，甚至上升或接近于真足迹的地面。我们可以预想这样一种情况：中间断裂的部分会比幻迹的外缘部分更浅。这种情况看起来就和 TMSI2p 的一样。

因此，我们在 TMSI1p 和 TMSI2p 上观察到的特征与前人报告的凸型幻迹一致，也与其对应的凹型足迹相一致。由于保存原因与数量有限，我们尚不清楚 TMSI1p 和 TMSI2p 的足迹形态细节，但这些幻迹有着典型的、发育良好的放射状石裂，形成的凸型足迹底部有着断裂的、分割开的、呈粗糙的网状镶嵌图案。韩国标本的特征也是如此，幻迹的足迹壁相当陡峭，中间部分则断裂开来（Hwang et al., 2008）。

Hwang et al.（2008）描述的韩国标本独具特色，放射状石裂很明显。这批足迹先前被解释为多种不同的保存方式与造迹者（Huh et al., 2003, 2006; Lee and Huh, 2002; Lee and Lee, 2006; Thulborn, 2004）。由于先入为主地假定标本为真足迹，前人的解释都不尽正确。直到 Hwang et al.（2008）意识到，这些韩国的足迹与来自美国科罗拉多州的 Dakota 群的幻迹（Lockley et al., 1989）非常相似，其他学者亦同意这批足迹与北美白垩纪凸型幻迹有着相似的保存方式（Nadon, 1993），韩国学者 Song（2010）随后也支持这种修正。

### 4.4.2 小结

（1）虎山足迹点是綦江地区第二个报告的足迹点，表明该地的同一地层或相近地层很可能保存有更多的恐龙足迹。

（2）该足迹点为繁荣的下白垩统夹关组恐龙足迹动物群又增添了一个记录，该地层的足迹数量正在不断增加。

（3）这些凸型足迹具有幻迹的特征，与北美和韩国白垩系发现的同类足迹相似。

（4）虎山幻迹具有不同程度的放射状石裂和同心变形图案，使得足迹具有分割开的粗糙镶嵌式的网状外观。

（5）虽说这只是一种足迹的外形态学变化而已，但这些特殊的足迹促成了当地"石头开花"的传说。

## 4.5 汉溪足迹点

本节描述的足迹点位于古蔺县桂花乡汉溪村（原楼阁村）的"石凤窝"。这是一个长748 米，宽 50—100 米的砂岩暴露面。首次发现岩石表面凹坑的村民将其想象成是由神鸟凤凰所留。这又是一个恐龙足迹影响了传说和地名形成的案例（Xing et al., 2011）。

石凤窝的恐龙足迹被首次发现的时间已不可考,但当地一处老屋有一首铭于墙壁的、成于晚清(约1840—1911年)的诗歌提到了"凤凰足迹"。因此,保守估计,此足迹点在100余年前就已被当地人发现并所知。2014年7月,足迹的发现者,桂花乡香楠小学校长徐挺和桂花乡政府邀请笔者等对"凤凰足迹"进行了正式的科学考察。

从区域地质图可知,石凤窝属于夹关组。夹关组在当地暴露出一段300米长的砂岩面,目前我们记录了上面约270个恐龙足迹,但该暴露面目前仅暴露了一部分,其他区域覆盖着厚厚的苔藓和植被,如果全部清除,一定还能发现更多的足迹(图4-45、图4-46)。

汉溪足迹点主要暴露在两个砂岩层表面,整体向北沉降12°—15°。足迹保存最好的是上层面,以模糊的舌状波痕为特征,构成了足迹点表面的大部分区域。上层面最初被厚度不明的泥岩层所覆盖,随着泥岩层的侵蚀,上层面与更上方的厚层砂岩剥离、断裂开来。此后,上层面的部分区域也被剥蚀,露出了下方2—3厘米处的下层面,后者的暴露面积占整个足迹点的1/4,以亚对称小规模波痕(波长约3厘米)为特征,其波峰均朝北北西–南南东。上层面的足迹有时会在下层面形成模糊的幻迹。

### 4.5.1 兽脚类足迹

汉溪足迹点发现了7道兽脚类行迹HX-T1—HX-T7,分别由8个、11个、69个、8个、8个、4个和4个足迹组成,共112个足迹(图4-47、表4-17)。HX-T1—HX-T2可能属于同一行迹,但两道行迹中间缺少约3个足迹。所有足迹都保存在原位。这些行迹可被分为3种不同的形态类型。

形态类型A:保存不佳的大中型三趾型足迹组成了HX-T1、HX-T2、HX-T6和HX-T7行迹,大部分都保留了跖骨印。HX-T1、HX-T2、HX-T6和HX-T7的所有足迹都具有典型的兽脚类足迹形态特征,比如三趾型、明显向前突出的第III趾、高步幅角(162°—175°)和高长宽比值(1.8—2.1)。这些足迹中,第III趾相对清晰且较深,而第II趾和第IV趾通常保存不佳,显得较浅,且具有外形态学变化。一些保存良好的足迹,比如HX-T2-R1、HX-T2-L2、HX-T2-R5,具有棒状跖骨印,其跖骨印最宽处与足迹宽的比值为0.3—0.4。保存不佳的足迹,如HX-T7-R2,具有严重风化的跖骨印,其跖骨印最宽处与足迹宽的比值为0.6。所有足迹的跖趾区和跖骨印之间都没有清晰的界限,这可能是后期风化,或足迹形成于过于湿软的沉积物上所致。

图 4-45 汉溪足迹点局部照片（A）以及足迹整体分布图（B）

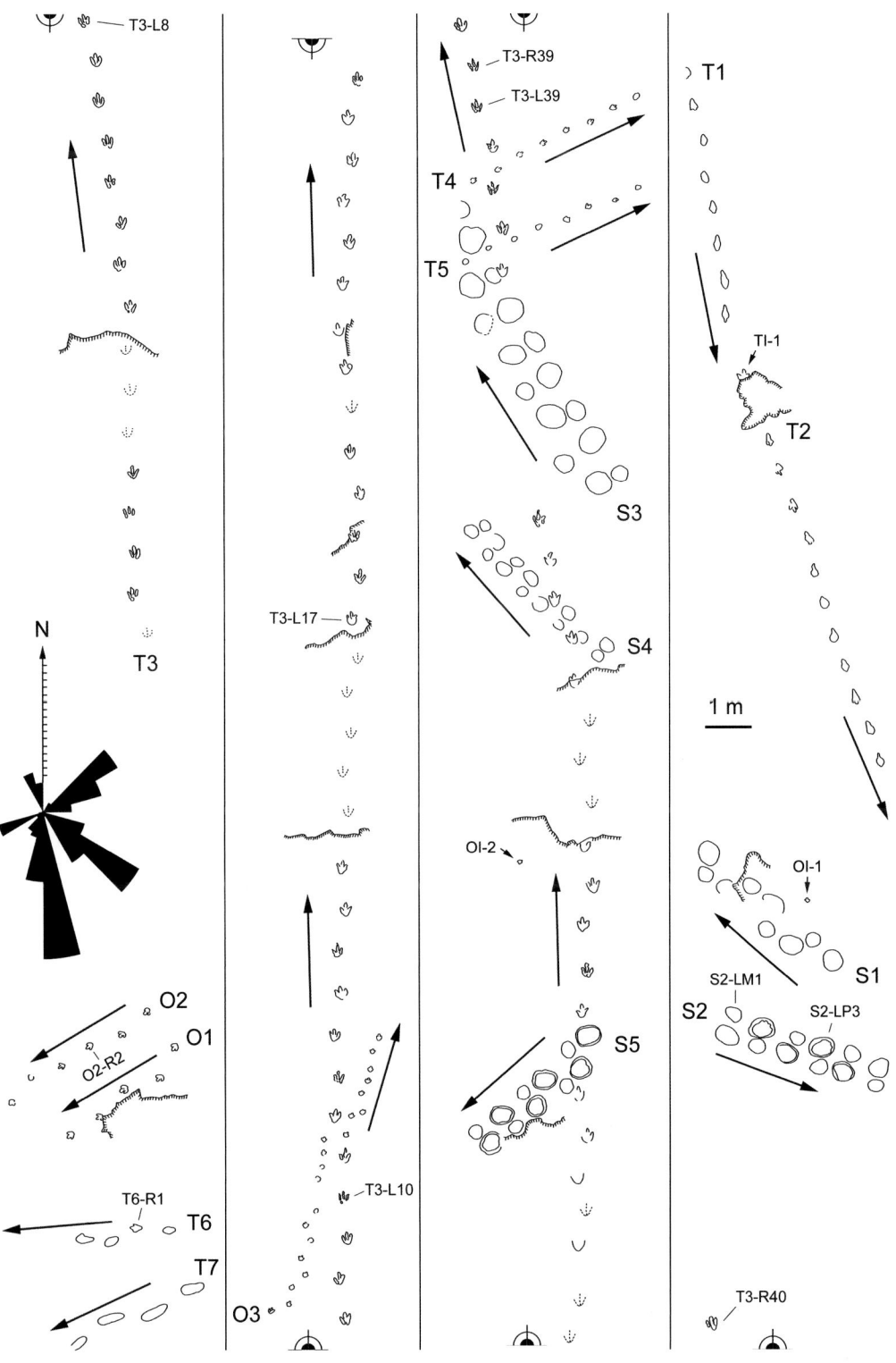

图 4-46 汉溪足迹点分布图

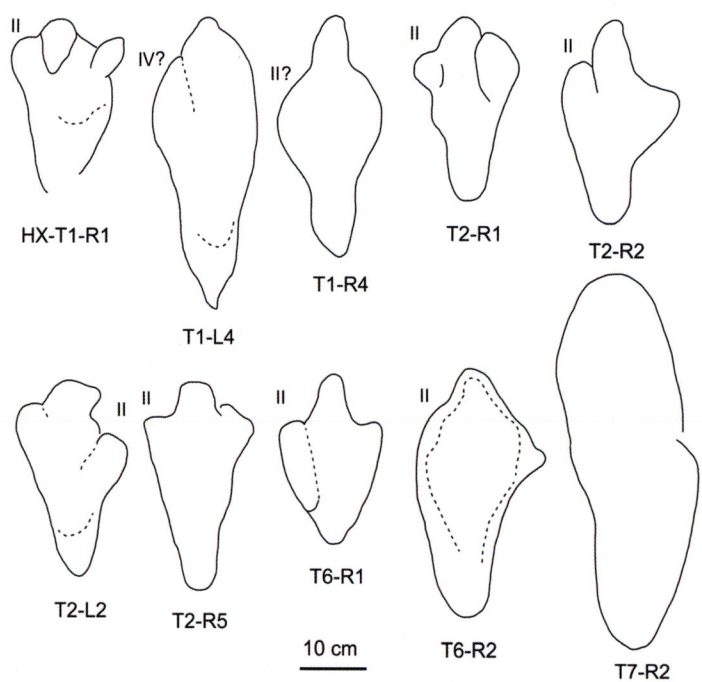

图 4-47　汉溪足迹点的兽脚类足迹形态类型 A

表 4-17　汉溪足迹点兽脚类足迹测量数据（单位：厘米）

| 编号 | ML | MW | II–III | III–IV | II–IV | PL | SL | PA | L/W |
|---|---|---|---|---|---|---|---|---|---|
| HX–T1–R1 | 27.0 | 16.5 | — | — | — | 77.0 | 154.0 | 180° | 1.6 |
| HX–T1–L1 | 24.5 | 14.0 | — | — | — | 77.0 | 142.0 | 180° | 1.8 |
| HX–T1–R2 | 26.0 | 15.5 | — | — | — | 60.0 | 143.0 | 180° | 1.7 |
| HX–T1–L2 | 27.0 | 16.0 | — | — | — | 79.0 | 159.0 | 160° | 1.7 |
| HX–T1–R3 | 33.5 | 15.0 | — | — | — | 83.0 | 150.0 | 161° | 2.2 |
| HX–T1–L3 | 40.0 | 17.0 | — | — | — | 69.0 | — | — | 2.4 |
| HX–T1–R4 | 36.0 | 15.5 | — | — | — | — | — | — | 2.3 |
| Mean | 30.6 | 15.6 | — | — | — | 74.2 | 149.6 | 172° | 2.0 |
| HX–T1–R1 | 28.5 | 16.0 | — | — | — | 65.0 | 147.0 | 180° | 1.8 |
| HX–T1–L1 | 25.0 | 13.0 | 16° | 16° | 38° | 82.0 | 155.0 | 180° | 1.9 |
| HX–T1–R2 | 29.0 | 15.5 | — | — | — | 73.0 | 137.0 | 161° | 1.9 |
| HX–T1–L2 | 29.5 | 16.0 | — | — | — | 66.0 | 137.0 | 180° | 1.8 |
| HX–T1–R3 | 28.0 | 16.0 | — | — | — | 71.0 | 142.0 | 180° | 1.8 |
| HX–T1–L3 | 28.0 | 20.0 | — | — | — | 71.0 | 139.0 | 180° | 1.4 |
| HX–T1–R4 | 28.5 | 19.5 | — | — | — | 68.0 | 138.0 | 180° | 1.5 |
| HX–T1–L4 | 27.5 | 16.0 | — | — | — | 70.0 | 140.0 | 180° | 1.7 |

续表

| 编号 | ML | MW | II–III | III–IV | II–IV | PL | SL | PA | L/W |
|---|---|---|---|---|---|---|---|---|---|
| HX–T1–R5 | 33.0 | 18.0 | — | — | — | 70.0 | 138.0 | 156° | 1.8 |
| HX–T1–L5 | 32.5 | 17.0 | — | — | — | 71.0 | — | — | 1.9 |
| HX–T1–R6 | 28.5 | 15.5 | — | — | — | — | — | — | 1.8 |
| Mean | 28.9 | 16.6 | 16° | 16° | 38° | 70.7 | 141.4 | 175° | 1.8 |
| HX–T3–R0 | — | — | — | — | — | 94.0 | 179.0 | 155° | — |
| HX–T3–L1 | 30.0 | 21.0 | 26° | 20° | 46° | 89.5 | 173.0 | 180° | 1.4 |
| HX–T3–R1 | 30.5 | 19.5 | 22° | 31° | 53° | 83.5 | 170.5 | 171° | 1.6 |
| HX–T3–L2 | 29.0 | 20.0 | 19° | 22° | 41° | 87.5 | 168.0 | 171° | 1.5 |
| HX–T3–R2 | 29.0 | 23.5 | 31° | 36° | 67° | 81.0 | 172.0 | 171° | 1.2 |
| HX–T3–L3 | — | — | — | — | — | 91.5 | — | — | — |
| HX–T3–R3 | — | — | — | — | — | — | — | — | — |
| HX–T3–L4 | — | — | — | — | — | — | — | — | — |
| HX–T3–R4 | 31.0 | 20.5 | 24° | 25° | 49° | 91.5 | 174.5 | 159° | 1.5 |
| HX–T3–L5 | 29.5 | 21.0 | 24° | 26° | 50° | 86.0 | 173.0 | 163° | 1.4 |
| HX–T3–R5 | 29.0 | 23.5 | 37° | 30° | 67° | 89.0 | 172.5 | 163° | 1.2 |
| HX–T3–L6 | 28.0 | 21.5 | 36° | 25° | 61° | 85.5 | 171.5 | 161° | 1.3 |
| HX–T3–R6 | 31.0 | 20.0 | 24° | 26° | 50° | 88.5 | 171.0 | 171° | 1.6 |
| HX–T3–L7 | 31.0 | 18.0 | 24° | 24° | 48° | 83.0 | 167.0 | 167° | 1.7 |
| HX–T3–R7 | 29.0 | 22.0 | 25° | 26° | 50° | 85.0 | 167.0 | 155° | 1.3 |
| HX–T3–L8 | 28.0 | 21.5 | 30° | 29° | 59° | 86.0 | 170.0 | 163° | 1.3 |
| HX–T3–R8 | 29.0 | 23.0 | 32° | 28° | 60° | 86.0 | 167.5 | 155° | 1.3 |
| HX–T3–L9 | 28.0 | 21.0 | 33° | 30° | 63° | 85.5 | 172.0 | 168° | 1.3 |
| HX–T3–R9 | 28.0 | 18.5 | 24° | 23° | 47° | 87.5 | 179.0 | 171° | 1.5 |
| HX–T3–L10 | 28.0 | 22.5 | 30° | 24° | 54° | 92.0 | 173.5 | 159° | 1.2 |
| HX–T3–R10 | 33.0 | 23.5 | 32° | 29° | 61° | 84.5 | 164.0 | 165° | 1.4 |
| HX–T3–L11 | 29.5 | 23.5 | 22° | 35° | 57° | 81.0 | 169.0 | 162° | 1.3 |
| HX–T3–R11 | 29.0 | 21.0 | 28° | 31° | 59° | 90.0 | 180.0 | 168° | 1.4 |
| HX–T3–L12 | 27.0 | 20.5 | 29° | 24° | 53° | 91.0 | 180.0 | 163° | 1.3 |
| HX–T3–R12 | 30.0 | 23.5 | 26° | 28° | 54° | 91.0 | 177.5 | 163° | 1.3 |
| HX–T3–L13 | 30.0 | 22.5 | 28° | 38° | 66° | 88.5 | 174.0 | 163° | 1.3 |
| HX–T3–R13 | 31.0 | 24.0 | 33° | 30° | 63° | 87.5 | — | — | 1.3 |
| HX–T3–L14 | 30.0 | 22.0 | 28° | 27° | 55° | — | — | — | 1.4 |
| HX–T3–R14 | — | — | — | — | — | — | — | — | — |
| HX–T3–L15 | — | — | — | — | — | — | — | — | — |
| HX–T3–R15 | — | — | — | — | — | — | — | — | — |

续表

| 编号 | ML | MW | II–III | III–IV | II–IV | PL | SL | PA | L/W |
|---|---|---|---|---|---|---|---|---|---|
| HX–T3–L16 | — | — | — | — | — | — | — | — | — |
| HX–T3–R16 | — | — | — | — | — | — | — | — | — |
| HX–T3–L17 | 29.0 | 21.5 | 23° | 25° | 48° | 91.0 | 173.0 | 157° | 1.3 |
| HX–T3–R17 | 32.0 | 22.5 | 34° | 29° | 63° | 85.5 | 173.5 | 163° | 1.4 |
| HX–T3–L18 | 27.0 | 22.0 | 29° | 39° | 68° | 90.0 | 178.0 | 165° | 1.2 |
| HX–T3–R18 | 30.5 | 21.0 | 33° | 24° | 57° | 89.5 | — | — | 1.5 |
| HX–T3–L19 | 32.0 | 18.5 | 24° | 24° | 48° | — | 176.0 | — | 1.7 |
| HX–T3–R19 | — | — | — | — | — | — | — | — | — |
| HX–T3–L20 | 32.0 | 22.0 | 30° | 25° | 55° | 76.0 | 174.5 | 168° | 1.5 |
| HX–T3–R20 | 28.5 | — | 26° | — | — | 99.5 | 187.0 | 172° | — |
| HX–T3–L21 | 30.0 | 23.0 | 32° | 25° | 57° | 88.0 | 172.0 | 165° | 1.3 |
| HX–T3–R21 | 30.0 | 22.5 | 33° | 28° | 61° | 85.5 | 172.0 | 163° | 1.3 |
| HX–T3–L22 | 28.5 | 22.0 | — | — | — | 88.5 | 175.5 | 168° | 1.3 |
| HX–T3–R22 | 31.0 | 23.5 | 32° | 27° | 59° | 88.0 | 174.0 | 163° | 1.3 |
| HX–T3–L23 | 33.0 | 24.5 | 32° | 29° | 61° | 88.0 | — | — | 1.3 |
| HX–T3–R23 | 29.5 | 17.0 | 23° | 23° | 46° | — | — | — | 1.7 |
| HX–T3–L24 | — | — | — | — | — | — | — | — | — |
| HX–T3–R24 | — | — | — | — | — | — | — | — | — |
| HX–T3–L25 | — | — | — | — | — | — | — | — | — |
| HX–T3–R25 | — | — | — | — | — | — | — | — | — |
| HX–T3–L26 | — | — | — | — | — | — | — | — | — |
| HX–T3–R26 | 32.0 | 25.0 | — | — | — | 87.0 | — | — | 1.3 |
| HX–T3–L27 | 33.0 | — | — | — | — | — | 170.0 | — | — |
| HX–T3–R27 | — | — | — | — | — | — | — | — | — |
| HX–T3–L28 | 28.5 | 25.0 | 32° | 35° | 67° | 88.0 | 176.0 | 157° | 1.1 |
| HX–T3–R28 | 30.0 | 23.0 | 28° | 35° | 63° | 91.5 | 167.5 | 152° | 1.3 |
| HX–T3–L29 | 31.5 | 22.5 | 29° | 26° | 55° | 81.0 | 164.5 | 151° | 1.4 |
| HX–T3–R29 | 31.0 | 25.0 | 28° | 32° | 60° | 89.0 | — | — | 1.2 |
| HX–T3–L30 | — | — | — | — | — | — | — | — | — |
| HX–T3–R30 | — | — | — | — | — | — | — | — | — |
| HX–T3–L31 | — | — | — | — | — | — | — | — | — |
| HX–T3–R31 | — | — | — | — | — | — | — | — | — |
| HX–T3–L32 | 31.0 | — | — | — | — | 88.0 | 176.0 | 159° | — |
| HX–T3–R32 | 29.5 | 22.0 | 34° | 22° | 56° | 91.0 | 167.0 | 152° | 1.3 |
| HX–T3–L33 | 33.0 | 25.5 | 35° | 23° | 58° | 81.0 | 169.0 | 162° | 1.3 |
| HX–T3–R33 | 29.0 | 23.5 | — | — | — | 90.0 | — | — | 1.2 |

续表

| 编号 | ML | MW | II–III | III–IV | II–IV | PL | SL | PA | L/W |
|---|---|---|---|---|---|---|---|---|---|
| HX–T3–L34 | 35.5 | 23.5 | 32° | 26° | 58° | — | — | — | 1.5 |
| HX–T3–R34 | — | — | — | — | — | — | — | — | — |
| HX–T3–L35 | — | — | — | — | — | — | — | — | — |
| HX–T3–R35 | — | — | — | — | — | — | — | — | — |
| HX–T3–L36 | — | — | — | — | — | — | — | — | — |
| HX–T3–R36 | — | — | — | — | — | — | — | — | — |
| HX–T3–L37 | 30.0 | 23.0 | 32° | 28° | 60° | 86.0 | 170.0 | 163° | 1.3 |
| HX–T3–R37 | 30.5 | 23.0 | 27° | 28° | 55° | 86.0 | 172.5 | 163° | 1.3 |
| HX–T3–L38 | 28.5 | 24.5 | 38° | 24° | 62° | 88.5 | 175.5 | 157° | 1.2 |
| HX–T3–R38 | 28.5 | 24.0 | 28° | — | — | 90.5 | 174.5 | 163° | 1.2 |
| HX–T3–L39 | 30.0 | 21.5 | 30° | 23° | 53° | 86.0 | 173.0 | 168° | 1.4 |
| HX–T3–R39 | 29.5 | 23.5 | 30° | 29° | 59° | 88.0 | 169.0 | 159° | 1.3 |
| HX–T3–L40 | 30.0 | — | 30° | — | — | 84.0 | — | — | — |
| HX–T3–R40 | 29.0 | — | — | 21° | — | — | — | — | — |
| Mean | 30.0 | 22.2 | 29° | 27° | 57° | 87.5 | 172.7 | 163° | 1.4 |
| HX–T4–L1 | 16.0 | 11.0 | — | — | — | 57.0 | 113.0 | 165° | 1.5 |
| HX–T4–R1 | 16.0 | 10.5 | — | — | — | 57.0 | 111.0 | 169° | 1.5 |
| HX–T4–L2 | 16.0 | 11.0 | 26° | 29° | 55° | 54.5 | 107.5 | 180° | 1.5 |
| HX–T4–R2 | 16.5 | 11.0 | 25° | 18° | 43° | 53.0 | 108.0 | 180° | 1.5 |
| HX–T4–L3 | 16.5 | 11.0 | 21° | 24° | 45° | 55.0 | 112.0 | 169° | 1.5 |
| HX–T4–R3 | 15.5 | 9.5 | 19° | 21° | 40° | 57.5 | 112.0 | 180° | 1.6 |
| HX–T4–L4 | 17.0 | 9.0 | 22° | 21° | 43° | 54.5 | — | — | 1.9 |
| HX–T4–R4 | 17.0 | 12.5 | — | — | — | — | — | — | 1.4 |
| Mean | 16.3 | 10.7 | 23° | 23° | 45° | 55.5 | 110.6 | 174° | 1.6 |
| HX–T5–R1 | — | — | — | — | — | 57.0 | 113.0 | 159° | — |
| HX–T5–L1 | — | — | — | — | — | 58.0 | 118.0 | 169° | — |
| HX–T5–R2 | — | — | — | — | — | 60.5 | 121.0 | 165° | — |
| HX–T5–L2 | — | — | — | — | — | 61.5 | 114.0 | 161° | — |
| HX–T5–R3 | 15.0 | 10.5 | — | — | — | 54.0 | 112.0 | 158° | 1.4 |
| HX–T5–L3 | 14.0 | 11.0 | — | — | — | 60.0 | 113.0 | 154° | 1.3 |
| HX–T5–R4 | 14.0 | 7.2 | 27° | 18° | 45° | 56.0 | — | — | 1.9 |
| HX–T5–L4 | 12.0 | 8.2 | 31° | 24° | 55° | — | — | — | 1.5 |
| Mean | 13.8 | 9.2 | 29° | 21° | 50° | 58.1 | 115.2 | 161° | 1.5 |

续表

| 编号 | ML | MW | II–III | III–IV | II–IV | PL | SL | PA | L/W |
|---|---|---|---|---|---|---|---|---|---|
| HX–T6–L1 | 27.0 | 15.0 | — | — | — | 71.0 | 123.5 | 162° | 1.8 |
| HX–T6–R1 | 25.5* | 14.5 | 22° | 26° | 48° | 54.0 | 106.0 | 180° | 1.8 |
| HX–T6–L2 | 33.0 | 17.5 | — | — | — | 52.0 | — | — | 1.9 |
| HX–T6–R2 | 38.0 | 20.5 | — | — | — | — | — | — | 1.9 |
| Mean | 31.0 | 16.9 | 22° | 26° | 48° | 59.0 | 114.8 | 171° | 1.9 |
| HX–T7–R1 | 50.0 | 21.0 | — | — | — | 90.0 | 181.0 | 158° | 2.4 |
| HX–T7–L1 | 60.0 | 20.0 | — | — | — | 94.5 | 184.5 | 165° | 3.0 |
| HX–T7–R2 | 56.0 | 18.0 | — | — | — | 91.5 | — | — | 3.1 |
| HX–T7–L2 | — | 17.0 | — | — | — | — | — | — | 0.0 |
| Mean | 55.3 | 19.0 | — | — | — | 92.0 | 182.8 | 162° | 2.1 |

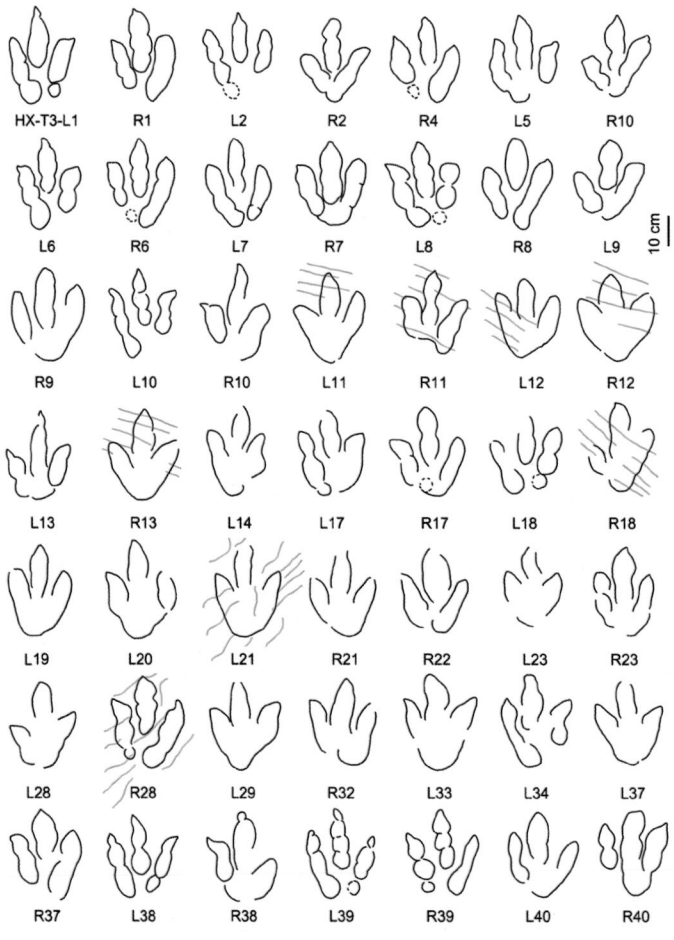

图 4-48　汉溪足迹点的兽脚类足迹形态类型 B 轮廓图

第4章 四川盆地早白垩世恐龙足迹研究

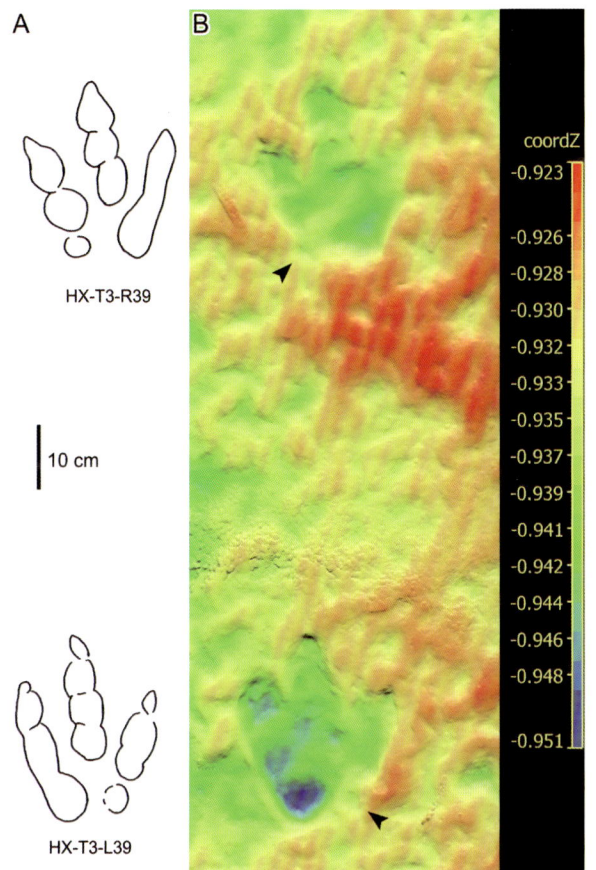

图4-49 汉溪足迹点的兽脚类足迹形态类型B轮廓图(A)及三维图像(B)

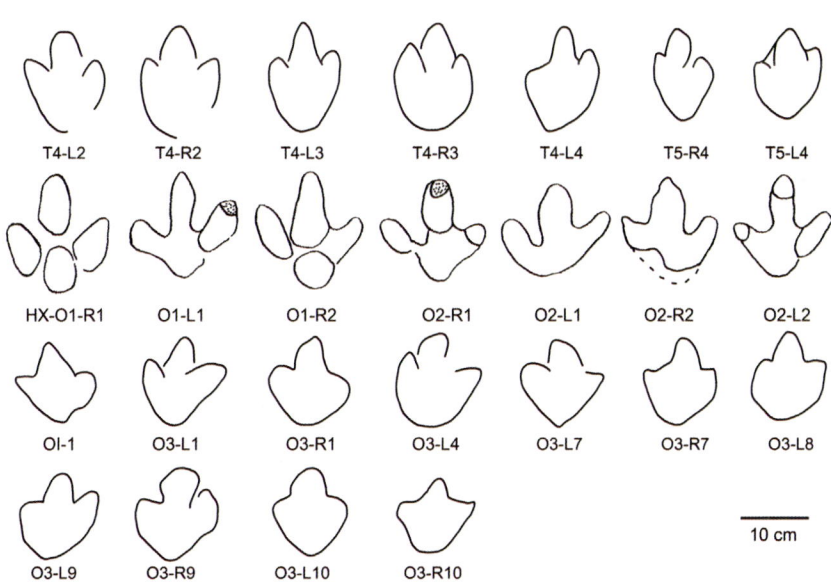

图4-50 汉溪足迹点的兽脚类足迹形态类型C和小型鸟脚类足迹

形态类型 B：大中型的三趾型足迹组成了 HX-T3 行迹。HX-T3 行迹暴露的部分长 69 米，包括了 81 个足迹（图 4-48、图 4-49）。其中 57 个位于上层面的足迹保存良好，而其他足迹基本都是位于下层面的幻迹。足迹平均长宽比值是 1.4，平均步幅角是 163°。

HX-T3-L39 和 HX-T3-R39 保存最佳，分别长 30 厘米和 29.5 厘米。第 III 趾向前突出程度最大，其次为第 IV 趾和第 II 趾。可见 2 个明确的跖趾垫。较小的跖趾垫位于第 II 趾后，较大的位于第 IV 趾后；前者与第 II 趾第 I 趾垫的近端相邻，且和该垫有明确的边界，后者圆钝，位于第 III 趾中轴线附近，但更接近第 IV 趾。趾垫式（包括第 II 和第 IV 趾的跖趾垫）为 x-3-3-4-x。每根趾都具有尖锐的爪印，第 II 趾的爪印最清晰，且最长。第 II 趾和第 IV 趾之间的趾间角较宽，分别为 53° 和 59°。第 II 趾和第 III 趾之间的趾间角略大于第 III 趾和第 IV 趾之间的趾间角。

形态类型 C：小型的三趾型足迹组成了 HX-T4、HX-T5 行迹。HX-T4 和 HX-T5 是平行的行迹（图 4-50）。前者的平均长度较大（16.3 厘米，相比于后者的 13.8 厘米）。将 HX-T4 和 HX-T5 归入兽脚类足迹的主要依据是相对较高的长宽比值（平均 1.6 和 1.5，范围是 1.4—1.9）、高步幅角（174° 和 161°）以及尖锐的爪印。此外，HX-T4 和 HX-T5 的趾垫不清。前三角长宽比值为 0.46（范围在 0.39—0.54 之间）。

#### 4.5.1.1 带跖骨印的兽脚类足迹

发育良好的跖骨印，由造迹者的跖骨接触地面形成，通常见于休息或蹲伏的兽脚类或基干鸟臀类恐龙足迹（如 Milner et al., 2009b; Lockley et al., 2003b）。深且软的沉积物可导致足迹发生一些外形态学变化，比如跖趾垫的存在与否（Gatesy et al., 1999; Xing et al., 2014a）。然而，大部分或全部保存有跖骨印的行迹（如 HX-T1、HX-T2、HX-T6 和 HX-T7）表明，部分两足恐龙至少有时会以跖行或准跖行的方式行走（Kuban, 1989a）。其他保存了跖骨印的行迹还包括巴西 Paraíba 下白垩统 Sousa 组的 *Moraesichnium barberenae*（Leonardi, 1979a）、美国德克萨斯州下白垩统 Glen Rose 组的兽脚类行迹（Kuban, 1986），以及中国宝源下白垩统夹关组的 cf. *Irenesauripus* isp 行迹（Xing et al., 2011f）。这些行迹都具有相似的步幅角。汉溪标本为 162°—175°，*Moraesichnium barberenae* 约为 154°（Leonardi, 1979a），Glen Rose 标本为 140°（平均值，N=13，范围为 119°—167°，Kuban, 1986），宝源标本则为 165°（Xing et al., 2011f）。

与同样来自夹关组的 cf. *Irenesauripus* isp.（Xing et al., 2011f）相比，HX-T1、HX-T2、HX-T6 和 HX-T7 都具有发育良好的跖骨印，不过 cf. *Irenesauripus* isp. 保存的细节更多一些，如可辨认的趾垫和偶有保存的第 I 趾。和保存良好的 HX-T6-R1 相比，宝源足迹点的 cf. *Irenesauripus* isp. 较小[平均 17 厘米，范围为 13.8—19.5 厘米（不包括跖骨印），对比 HX-T6-R1 的 26 厘米]，长宽比值较低（平均为 1.1，范围为 1.0—1.5，对比 HX-

T6-R1 的 1.8)，第 II 趾和第 IV 趾之间的趾间角则相差不大（平均为 55°，范围为 45°—78°，对比 HX-T6-R1 的 48°）。

Kuban（1986）提出，潮湿的泥浆一般会从足迹的各边（包括 3 个趾和脚跟）以同样的速度回流。汉溪标本第 III 趾的保存情况要优于外侧趾，这可能是因为第 III 趾更长且更深的缘故。

如今，部分大型现生鸟类在休息时会将跖骨接触地面，比如非洲秃鹳（*Leptoptilos crumeniferus*）就会经常做出这样的动作（Liebenberg, 1990；笔者在上海动物园的个人观察记录）。然而，鸟类几乎不会在正常行进或身体健康的情况下以这样的姿态行走。传统上，我们将两足恐龙看作严格的趾行式动物，所以这些行迹中持续出现的跖骨印引发了多种猜测，包括足部深陷在软质沉积物中、脚部滑动、足迹塌陷和真迹/幻迹等（Kuban, 1986）。Kuban（1986）对此提出了两种假说：（1）柔软且不稳定的沉积物促使造迹者的跖骨接触到沉积物，以便站立更稳；（2）造迹者可能偶尔以特殊的姿态行走，此时跖骨接触沉积物。

宝源和汉溪带跖骨印的足迹都保存于含水量很高的软质沉积物中，但造迹者能用趾行式或准趾行式/跖行式，以介于行走和慢跑之间的正常速度来运动。例如，"正常"保存的 HX-T6-R1（可分为典型的足迹加上很短的跖骨印），假设臀高为 4 倍足迹长（Henderson, 2003），HX-T6 的相对复步长是 1.44，表明造迹者处于行走步态。然而，如果 HX-T6 的造迹者是跖行式的话，那么它的功能性腿部的长度就会大大减短，Henderson 或其他公式可能都不完全适合，其臀高很可能要小于 4 倍足迹长。基于 Henderson（2003: Fig. 1）的图例，跖行式造迹者的臀高约为 3 倍足迹长（不包括跖骨印），HX-T6 的相对复步长约为 1.91，这表明造迹者依然是行走步态，且速度接近于慢跑。也就是说，HX-T6 的造迹者可能是以某种独特的步态行走在特别柔软的沉积物上，而且这种步态似乎没有影响它的速度。

#### 4.5.1.2 东亚最长的兽脚类行迹

HX-T3 行迹长 69 米，包含 81 个足迹，是中国乃至东亚最长的兽脚类行迹。如上所述，81 个足迹中有 57 个保存良好。HX-T3 的平均前三角长宽比值为 0.37，属于典型的 *Eubrontidae*（Lull, 1953; Lockley, 2009）。HX-T3 足迹保存了独特的第 II 趾跖趾垫。这是 *Eubrontes* 的常见特征，比如模式标本 *Eubrontes* AC 15/3（Olsen et al., 1998）。该特征也存在于非鸟兽脚类足迹 *Jialingpus* 中（Xing et al., 2014c）。晚侏罗世的 *Jialingpus*（模式标本）的平均长宽比值为 1.7（N = 9），平均前三角长宽比值为 0.78（N = 7）；早白垩世 *Jialingpus* 的数据略低（1.3 和 0.61）（Xing et al., 2014c）。很明显，*Jialingpus* 的长宽比值和前三角长宽比值远大于 HX-T3。因此，我们将 HX-T3 足迹暂时归入 *Eubrontes*。我们知道，*Eubrontes* 以及 *Grallator*、*Kayentapus* 和 *Anomoepus* 是北美下侏罗统典型的足

迹组合（Lockley and Hunt, 1995; Olsen et al., 1998）。这种足迹组合同样存在于中国的侏罗系，以及下白垩统（Matsukawa et al., 2006; Lockley et al., 2013; Xing et al., 2014）。

根据恐龙速度的经典公式（Alexander, 1976），HX-T3 的相对复步长为 1.22，行走速度是 4.25 千米/小时。值得注意的是，HX-T3 行迹的步法相当均匀，没有显著变化，这意味着造迹者正在匀速前进。

如果行迹足够长的话，那么它就能提供一些恐龙行为的生物力学线索。比如，英国中部 *Megalosaurus* 行迹的步幅角就会随造迹者速度的改变而改变（Day et al., 2002）。

目前，世界上全长超过 50 米的恐龙行迹包括：

（1）世界最长的恐龙行迹是玻利维亚共和国 Sucre 上白垩统 Cal Orcko 足迹点的一道小型兽脚类行迹，长达 581 米（Lockley et al., 2002b; Meyer and Thüring, 2006）。不过，由于 Cal Orcko 采石场岩壁部分崩塌，该连续的行迹如今已不可见其全貌。

（2）Lockley et al.（1996）、Meyer and Lockley（1997）和 Meyer（1998）描述了土库曼斯坦一道长 311 米的晚侏罗世大型兽脚类行迹（*Megalosauripus*）。这是世界第二长、亚洲第一长的恐龙行迹，也是世界最长的大型兽脚类行迹。Fanti et al.（2011）报道了同一足迹点的 2 道约 220 米长的行迹和 4 道超过 95 米长的行迹。

（3）英国中部 Oxfordshire 的 Ardley 采石场的 2 道暂时归入 *Megalosaurus* 的大型兽脚类行迹（T13 和 T80），其长度都超过 180 米，每道行迹都包括了约 100 个足迹（Mossman et al., 2003; Day et al., 2004）。不幸的是，倾倒的垃圾覆盖了部分采石场，行迹已不可见。

（4）世界上最长的蜥脚类行迹长达 155 米，来自法国 Jura Mountains 上侏罗统 Plagne 足迹点（Département de l'Ain）。里昂大学曾耗时数年来挖掘这道行迹，但目前出于保护目的，他们又回埋了这道行迹。该行迹后足迹直径长超过 1 米，被巨大的挤压脊所包围，使得足迹非常醒目（Mazin and Hantzpergue, 2010, pers. comm., 2012）。

（5）葡萄牙法蒂玛（Fatima）中侏罗统 Galinha 足迹点，保存了世界第二长的蜥脚类行迹（*Polyonyx*），长约 142 米（Santos et al., 1994, 2009）。

（6）葡萄牙上白垩统下部（中 Cenomanian）Carenque 足迹点一道长达 127 米的行迹，由两足恐龙所留，但足迹保存不佳，可能是幻迹（Santos et al., 1992）。

（7）学者在瑞士西北部 Canton Jura 州 Jura Mountains 的 A16 公路沿线进行"A16 古生物"项目考察时，发现了 2 道非常长的且平行的蜥脚类行迹（105 米和 115 米），造迹者为中等体型的蜥脚类恐龙。行迹的露头位于第 515 足迹层（上侏罗统，Kimmeridgian），Courtedoux–Béchat Bovais 足迹点（Marty et al., 2010）。

（8）瑞士西北部上侏罗统 Lommiswil 足迹点保存了一道长 90 米的蜥脚类行迹（*Brontopodus*）（Meyer, 1990）。

（9）德国北部 Münchehagen 足迹点的一道 90 米长的蜥脚类行迹（Fischer, 1998）。

（10）韩国 Chudo 岛上保存了一道长 84 米的白垩纪鸟脚类行迹（Lockley et al., 2012g）。

（11）西班牙东北部 Catalonia 上白垩统 Fumanya 足迹点保存了多道超过 50 米的宽间距行迹（*Brontopodus*），最长的一道长达 80 米（Schulp and Brokx, 1999）。然而，iladrich 更早前拍摄的照片显示这道行迹要更长一些（约 100 米）。后来，该行迹早期暴露的部分被采石场倾倒的碎石所覆盖。Vila et al.（2008）的综述中叙述了此事。

（12）美国科罗拉多州上侏罗统 Purgatoire River 足迹点，保存了 50—60 米长的蜥脚类行迹（*Brontopodus*）（Lockley, 1986c; Lockley et al., 1997b）。

一般来说，长度超过 50 米的行迹便可称为长行迹，而大多数足迹点的面积都难以容纳超过 50 米的长行迹。奇怪的是，中国学者对恐龙行迹的总长度通常不加报道。此前已知的最长的兽脚类行迹是内蒙古下白垩统查布 7 号足迹点的 TT 行迹，长约 65 米（Azuma et al., 2006: Fig. 3）。TT 行迹的足迹长约 35 厘米。但是这个足迹点目前已遭到严重破坏。最长的蜥脚类行迹可能是甘肃省下白垩统的盐锅峡足迹点的 SA 号行迹，长 44 米（Li et al., 2006）。因此，69 米长的 HX-T3 兽脚类行迹毫无疑问地成为中国最长的恐龙行迹，也是东亚最长的兽脚类行迹。

### 4.5.1.3 小型三趾型足迹

中国早白垩世小型兽脚类足迹以 *Grallator* 形态为主，其中也包括了 *Jialingpus*（Xing et al., 2014c）。汉溪兽脚类足迹，HX-T4 和 HX-T5 的长宽比值（1.6 和 1.5）都和常见的早白垩世 *Grallator* 形态类型相似（1.1—1.5，Xing et al., 2014c）。然而 HX-T4 和 HX-T5 的前三角长宽比的值较弱（0.46），略低于中国的 *Grallator* 形态类型（0.54—0.68，Xing et al., 2014c）。

HX-T4 和 HX-T5 足迹类似于来自中国新疆下白垩统吐谷鲁群的 MGCM H5 足迹（长宽比值和前三角长宽比值分别为 1.3 和 0.49）（Xing et al., 2011a），以及来自中国安徽省小洞组的兽脚类足迹形态类型 A（长宽比值和前三角长宽比值分别为 1.3 和 0.49）（Xing et al., 2014b）。安徽省的形态类型 A 标本被归入 coelurosaurs 足迹（Xing et al., 2014b）。Coelurosauria 的骨骼化石记录表明它们曾在晚侏罗世和白垩纪时期遍布中国，为当时主要的兽脚类类群（Huh et al., 2006），而且，这类恐龙拥有较宽足部的个体，成比例地大于其他衍生较少的兽脚类类群（Lockley, 1999; Snively et al., 2004）。因此，我们暂时将 HX-T4 和 HX-T5 归入 ceolursosaurs 足迹。

和鸟脚类、蜥脚类恐龙相比，兽脚类造迹者很少并排/平行地行进。目前，平行的兽脚类行迹包括了来自智利下白垩统的 2 道兽脚类行迹（Rubilar-Rogers et al., 2008）和加拿大不列颠哥伦比亚省上白垩统的暴龙类（Tyrannosaurid）行迹（*Bellatoripes fredlundi*）（McCrea et al., 2014b）。Li et al.（2007）也描述了山东下白垩统莒南足迹点的 6 道平行的驰龙类行迹（*Dromaeopodus*）。

### 4.5.2 鸟脚类足迹

汉溪足迹点发现了 3 道鸟脚类行迹，编号为 HX-O1—HX-O3，分别包括 5 个、6 个和 20 个足迹，共计 31 个足迹。此外还有 2 个孤立的鸟脚类足迹，编号为 HX-OI-1—HX-OI-2（图 4-51、图 4-52；表 4-18）。所有足迹都保存在原位。

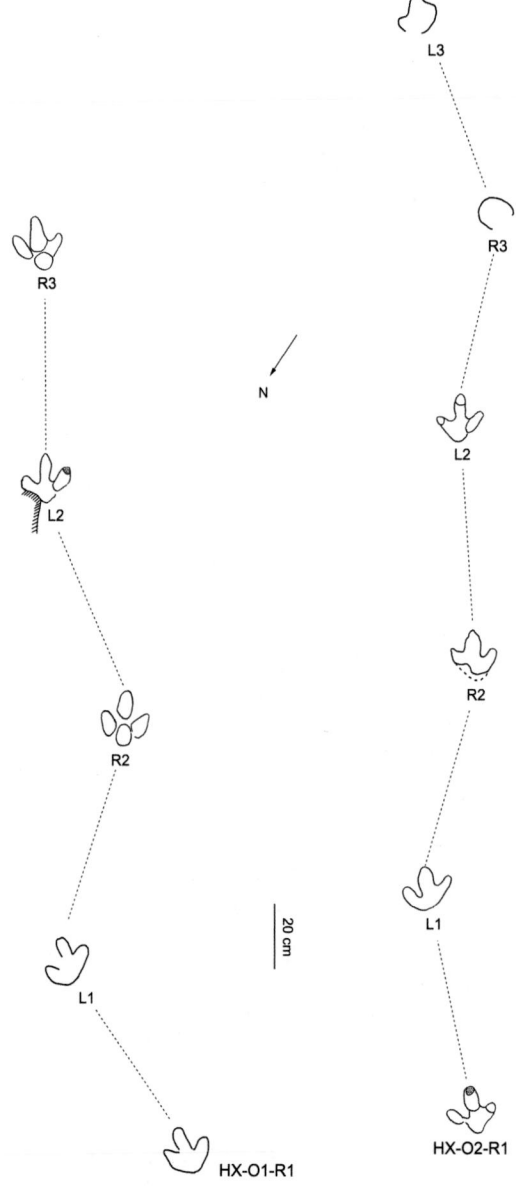

图 4-51　汉溪足迹点的鸟脚类足迹

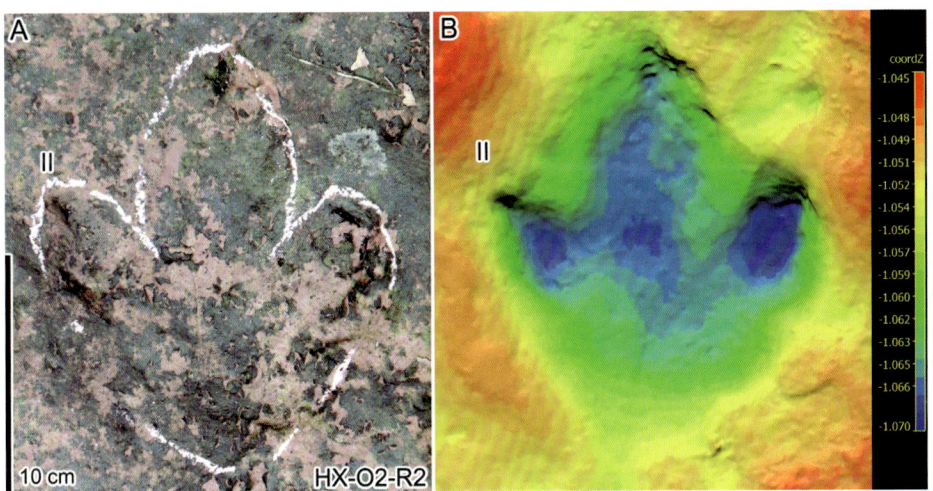

图 4-52　汉溪足迹点鸟脚类足迹照片（A）与三维图像（B）

表 4-18　汉溪足迹点鸟脚类足迹测量数据（单位：厘米）

| 编号 | ML | MW | II–III | III–IV | II–IV | PL | SL | PA | L/W |
| --- | --- | --- | --- | --- | --- | --- | --- | --- | --- |
| HX–O1–R1 | 15.0 | 14.3 | 31° | 43° | 74° | 70.0 | 140.0 | 138° | 1.0 |
| HX–O1–L1 | 14.1 | 14.9 | 44° | 44° | 88° | 80.0 | 153.0 | 154° | 0.9 |
| HX–O1–R2 | 16.9 | 14.5 | 37° | 35° | 72° | 77.0 | 148.0 | 167° | 1.2 |
| HX–O1–L2 | 15.0 | 15.8 | 36° | 37° | 83° | 72.0 | — | — | 0.9 |
| HX–O1–R3 | 16.5 | 15.3 | 33° | 37° | 70° | — | — | — | 1.1 |
| Mean | 15.5 | 15.0 | 35° | 39° | 77° | 74.8 | 147.0 | 153° | 1.0 |
| HX–O2–R1 | 14.4 | 15.3 | 44° | 41° | 85° | 69.5 | 142.0 | 163° | 0.9 |
| HX–O2–L1 | 12.7 | 15.2 | 43° | 46° | 89° | 74.0 | 144.0 | 170° | 0.8 |
| HX–O2–R2 | 13.1 | 13.8 | 40° | 45° | 85° | 70.5 | 137.0 | 170° | 0.9 |
| HX–O2–L2 | 14.5 | 14.5 | 40° | 44° | 84° | 67.0 | 131.0 | 150° | 1.0 |
| HX–O2–R3 | — | — | — | — | — | 68.5 | — | — | — |
| HX–O2–L3 | 11.6 | 13.2 | — | — | — | — | — | — | 0.9 |
| Mean | 13.7 | 14.6 | 42° | 44° | 86° | 69.9 | 138.5 | 163° | 0.9 |
| HX–O3–L1 | 14.0 | 13.0 | 36° | 29° | 65° | 42.3 | 67.2 | 118° | 1.1 |
| HX–O3–R1 | 14.0 | 13.3 | 38° | 43° | 81° | 35.9 | 72.2 | 143° | 1.1 |
| HX–O3–L2 | 13.5 | — | 36° | 24° | 60° | 40.2 | 64.6 | 114° | — |
| HX–O3–R2 | 14.0 | — | — | — | — | 36.8 | 73.0 | 134° | — |
| HX–O3–L3 | 14.0 | — | — | — | — | 42.6 | 71.9 | 128° | — |
| HX–O3–R3 | — | — | — | — | — | 37.3 | 64.4 | 115° | — |

续表

| 编号 | ML | MW | II–III | III–IV | II–IV | PL | SL | PA | L/W |
|---|---|---|---|---|---|---|---|---|---|
| HX-O3-L4 | 14.5 | 12.8 | — | — | — | 39.1 | — | — | 1.1 |
| HX-O3-R4 | — | — | — | — | — | — | 66.5 | — | — |
| HX-O3-L5 | — | — | — | — | — | — | — | — | — |
| HX-O3-R5 | — | — | — | — | — | 27.0 | 59.6 | 171° | — |
| HX-O3-L6 | — | — | — | — | — | 32.8 | 59.4 | 165° | — |
| HX-O3-R6 | 13.8 | — | — | — | — | 27.1 | 64.9 | 104° | — |
| HX-O3-L7 | 12.7 | 12.1 | 43° | 29° | 72° | 52.6 | 79.6 | 114° | 1.0 |
| HX-O3-R7 | 13.0 | 11.3 | 35° | 32° | 67° | 41.9 | 59.1 | 120° | 1.2 |
| HX-O3-L8 | 13.5 | 12.0 | 33° | 31° | 64° | 25.8 | 52.7 | 101° | 1.1 |
| HX-O3-R8 | 13.0 | — | — | — | — | 41.4 | 69.2 | 144° | — |
| HX-O3-L9 | 12.5 | 11.5 | 27° | 36° | 63° | 31.3 | 55.0 | 158° | 1.1 |
| HX-O3-R9 | 14.0 | 12.3 | 34° | 24° | 58° | 25.5 | 62.2 | 169° | 1.1 |
| HX-O3-L10 | 13.0 | 11.5 | 30° | 39° | 69° | 37.0 | — | — | 1.1 |
| HX-O3-R10 | 11.5 | 12.0 | 42° | 35° | 77° | — | — | — | 1.0 |
| Mean | 13.4 | 12.2 | 35° | 32° | 68° | 36.2 | 65.1 | 133° | 1.1 |
| HX-OI-1 | 11.6 | 11.9 | — | — | 86° | — | — | — | 1.0 |
| HX-OI-2 | 10.9 | 10.7 | — | — | 60° | — | — | — | 1.0 |

  HX-O1—HX-O3 后足迹亚中轴对称，功能性三趾型，跖行式，足迹长为 13—15 厘米，长宽比的平均值和中值均为 0.9—1.0。后足迹 HX-O2-R2 是保存最佳的足迹之一，从三维彩色外形轮廓来看，该足迹长宽比值为 0.9，前三角长宽比值为 0.39；第 III 趾最长；第 II 趾比第 IV 趾略短；趾垫缺失，各趾远端均深，爪印圆钝；脚跟为亚三角形。第 II 趾和第 IV 趾之间的趾间角为 85°。后足迹 HX-O1-R2 和 HX-O1-R3 显示出四分形态。HX-O1—HX-O2 的足迹一致向足迹中轴内旋，角度为 15°—20°（平均约 17°）。HX-O1 的平均单步长为 74.8 厘米（足迹长的 4.8 倍），HX-O2 为 69.9 厘米（足迹长的 5.1 倍），HX-O3 为 36.2 厘米（足迹长的 2.7 倍）。HX-O1 行迹中保存良好的足迹的平均步幅角为 153°（范围为 138°—167°），HX-O2 中的为 163°（范围为 150°—170°）。

  和 HX-O1—HX-O2 不同，行迹 HX-O3 保存不佳，但尺寸和 HX-O1 及 HX-O2 相似，长宽比值相近（1.1）。其中保存较好的 HX-O3-L1 和 HX-O3-R9 足迹，与 HX-O1 和 HX-O2 足迹在形态上相似。其他 HX-O3 足迹在形态上具有很大变动，可能是因为原始沉积物过于湿滑的原因。HX-O3 的平均步幅角为 133°（范围为 101°—171°）。在 HX-O3 行迹的中部，HX-O3-R5—HX-O3-L8 的步幅角发生了明显的变化，先是增加（从 115° 到 171°），随后下降（从 165° 到 104°），这可能是因为造迹者在行走时绕开了此地先留下的 HX-T3 兽脚类行迹。由于自然风化和原始沉积物的影响，HX-O3 具有更多外形态学特征，无法进一步对其进行分析并分类到特定的足迹属。

小型兽脚类和鸟脚类的行迹有时很难区分，因为它们都是三趾型足迹。一般来说，区分兽脚类和鸟脚类足迹的标准之一，是有无前足迹，即表明造迹者是否为四足动物（Castanera et al., 2013）。然而，鸟脚类的前足迹通常很浅，也不一定都接触地面，这取决于沉积物的软硬程度与造迹者的特性。当前足迹缺失时，其他能帮助我们区分两者的特征包括长宽比值、前三角长宽比值、单步和后足迹的旋转角度（如 Lockley, 2009; Lockley et al., 2009; Lockley and Wright, 2001; Castanera et al., 2013; Lockley et al., 2014b）。

汉溪鸟脚类足迹的长宽比值为 0.9—1.1，前三角长宽比值为 0.39，第 II 趾和第 IV 趾之间的趾间角为 85°，足迹一致的内旋，这些特征都属于典型的鸟脚类足迹（Lockley, 2009）。汉溪鸟脚类行迹和典型的鸟脚类行迹相似，比如 *Ornithopodichnus*（Lockley et al., 2012f; Xing and Lockley, 2014）或 *Iguanodontipus? oncalensis*（Castanera et al., 2013）。

中国此前发现的早白垩世小型鸟脚类足迹仅有四川省昭觉的 *Ornithopodichnus*（约 15 厘米）（Xing and Lockley, 2014），以及重庆綦江的小型 *Caririchnium lotus*（19—23 厘米）（Xing et al., 2007）。汉溪鸟脚类行迹 HX-O1—HX-O2 的前三角长宽比值（0.38）与小型 *Caririchnium lotus* 类似，但后者的足迹长宽比值（约 1.2）更高，且具有更明显的四分形态（由三个趾和明显分离的脚跟组成），以及第 II 趾和第 IV 趾远端更厚更宽的 U 形爪印。HX-O1—HX-O2 足迹的尺寸和形状都与 *Ornithopodichnus* 相似（平均长宽比值为 0.90，Xing and Lockley, 2014），也和韩国（Kim et al., 2009; Lockley et al., 2012f）以及中国昭觉的 *Ornithopodichnus* 行迹类似。此外，汉溪标本也显示出了横向趋势（长宽比值小于 1）和鸟脚类足迹典型的内旋趋势（Lockley et al., 2012f; Xing and Lockley, 2014）。然而，典型的 *Ornithopodichnus* 的前三角长宽比值（0.21）要明显弱于其他鸟脚类足迹类群（Lockley, 2009），该值与汉溪鸟脚类足迹的（0.39）差异较大。因此，我们暂时将汉溪的鸟脚类足迹归为 cf. *Ornithopodichnus*。

欧洲、北美和东亚的早白垩世鸟脚类行迹并不稀缺。不仅有大型的 *Caririchnium lotus* 和 *Ornithopodichnus*，还有中小型鸟脚类足迹，如 *Dineichnus*（Lockley et al., 1998b），*Neoanomoepus*（Lockley et al., 2009）和 *Iguanodontipus? oncalensis*（Castanera et al., 2013）。其中，*Neoanomoepus* 是四足动物留下的四趾型足迹（Lockley et al., 2009），基本形态明显不同于 HX-O1—HX-O2 足迹。虽然晚侏罗世 *Dineichnus* 的长宽比值（1.0）和早白垩世 *Iguanodontipus? oncalensis* 的长宽比（1.01）都与 HX-O1—HX-O2 相似，但它们的前三角长宽比值（0.45—0.51 和 0.44）高于 HX-O1—HX-O2 足迹。*Dineichnus* 留下的爪印明显比 *I?. oncalensis* 尖锐，其步幅角（155°）和内旋角度（10°—15°）都与 HX-O1—HX-O2 足迹相似。Gierliński and Sabath（2008）认为 *Dineichnus* 具有和弯龙（*Camptosaurus*）足部

相对应的特征。总之,晚侏罗世–早白垩世的中型鸟脚类足迹还需要更多的对比和讨论(Castanera et al., 2013)。因此,我们也不能排除把 HX-O1—HX-O2 归入 cf. *Dineichnus*,甚至是幼年 *Iguanodontipus* 的可能性。

平行的行迹表明,小型鸟脚类造迹者经常成群行动。例如,韩国的小型 *Ornithopodichnus* 行迹记录了由 6 个个体组成的小群体(Lockley et al., 2012f),昭觉的同类行迹记录了至少 4 个个体组成的小群体,而 *Dinehichnus* 则为 6 个个体聚集(Lockley et al., 1998b),小型 *Caririchnium lotus* 为 2—3 个个体聚集(Xing et al., 2007)。汉溪鸟脚类 HX-O1 和 HX-O2 行迹也具有平行的特征。

根据 Thulborn(1990)的系数,汉溪鸟脚类行迹 HX-O1—HX-O2 的相对复步长为 2.06—2.20,表明是慢跑步态。HX-O3 为 1.06,表明是行走步态。使用 Alexander(1976)的速度公式可得出 HX-O1—HX-O2 的速度为 7.96—8.35 千米/小时,HX-O3 为 2.41 千米/小时(表 4-19)。汉溪 O1—O2 的速度要明显高于昭觉的 *Ornithopodichnus* ZJIIN-O1 和 ZJIIN-O2 的(3.31 千米/小时和 3.56 千米/小时)。

**表 4-19　汉溪足迹点鸟脚类行走速度**

| 编号 | SL/h | S (km/h) |
| --- | --- | --- |
| HX–O1 | 2.06 | 7.96 |
| HX–O2 | 2.20 | 8.35 |
| HX–O3 | 1.06 | 2.41 |

此外,本文记录的中国小型鸟脚类行迹可能支持了亚洲早白垩世足迹动物群具有地方特色这一推论(Lockley et al., 2012e)。

### 4.5.3 蜥脚类足迹

汉溪足迹点保存了 8 道大中型四足行迹,编号为 HX-S1—HX-S8,分别包含了 9 个、12 个、15 个、14 个、11 个、4 个、10 个和 20 个足迹,总计 95 个(图 4-53、图 4-54、图 4-55,表 4-20)。所有行迹都保存在原位且被详细记录,除了保存情况非常差的 HX-S6 之外,大部分行迹都保存了易于辨认的前足迹和后足迹,但是存在可辨认的趾区的行迹较少。大部分后足迹的尺寸范围为 40—50 厘米。

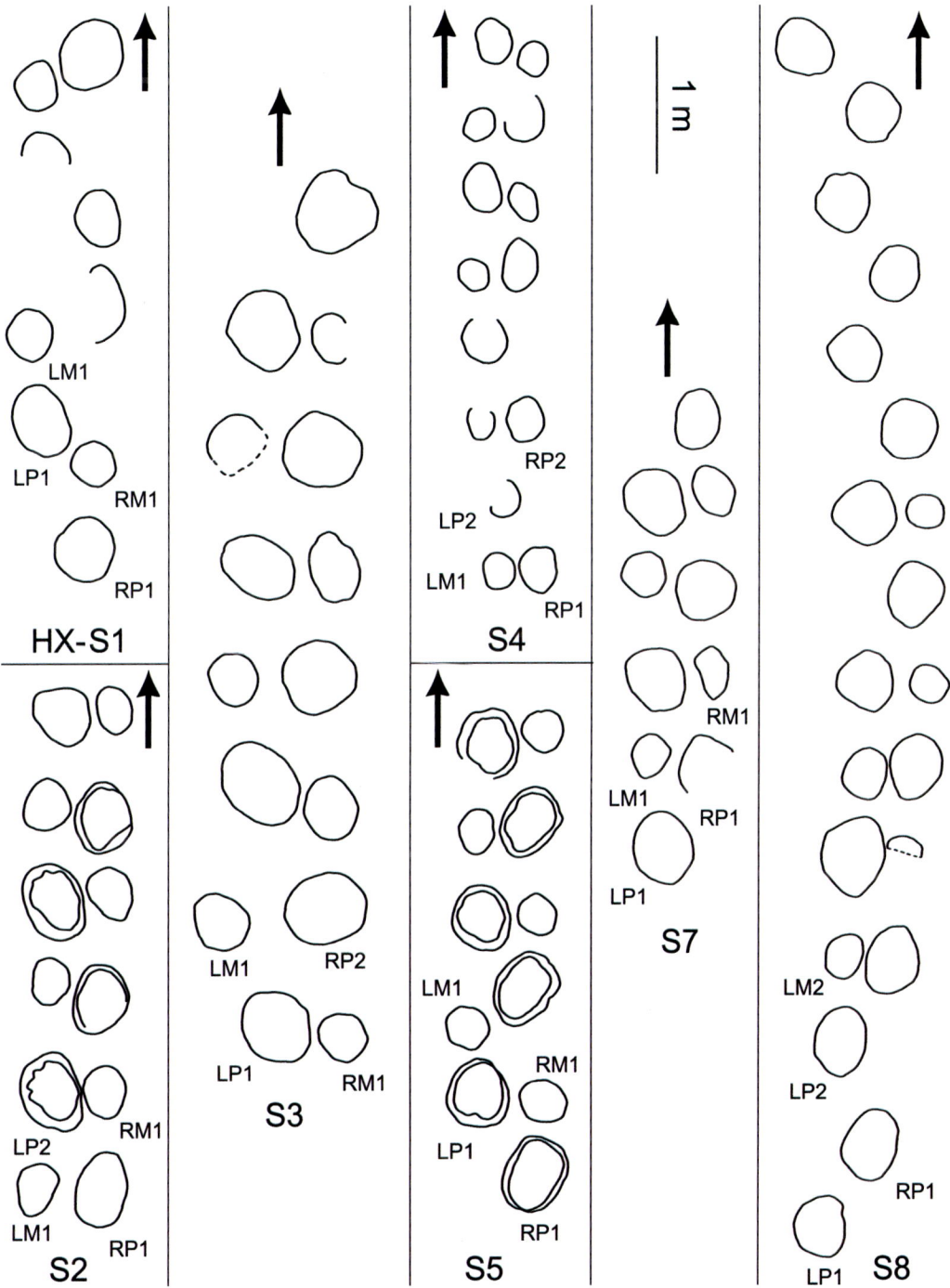

图 4-53 汉溪足迹点蜥脚类足迹

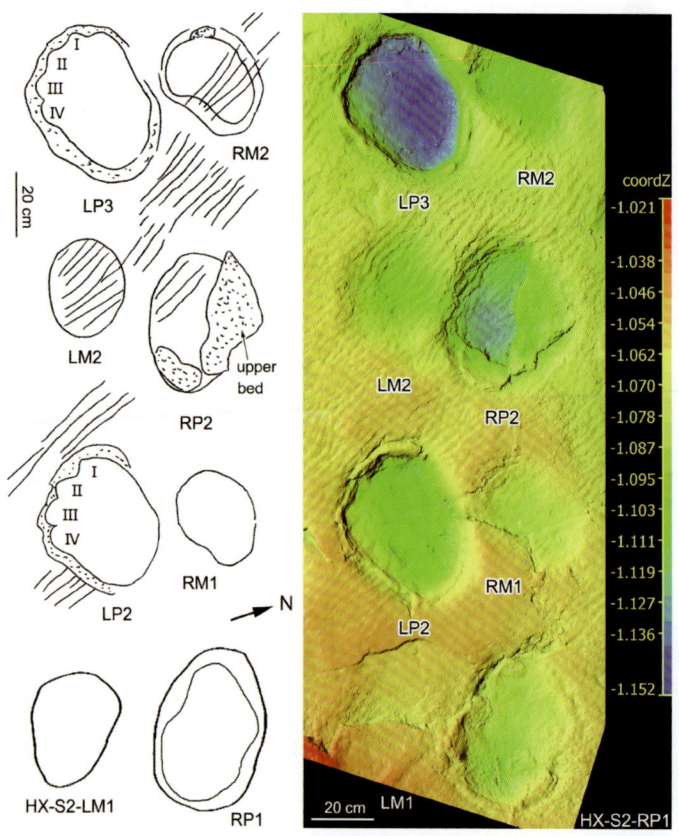

图 4-54 汉溪足迹点蜥脚类足迹 HX-S2 的轮廓图与三维图像

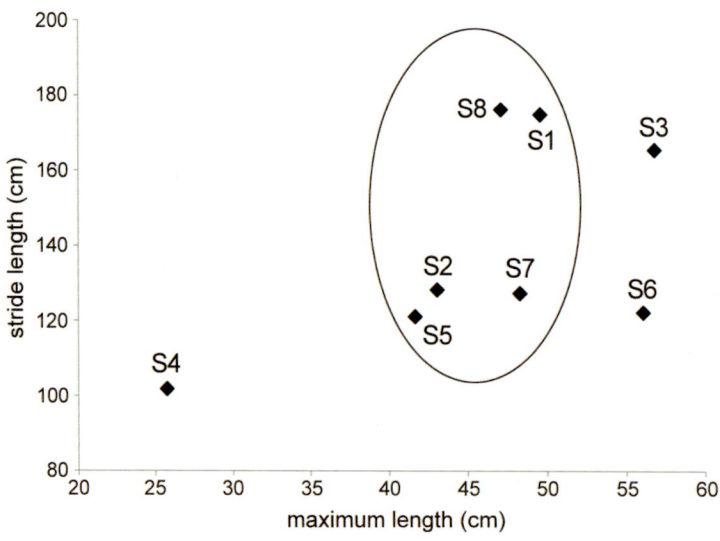

图 4-55 汉溪足迹点蜥脚类足迹的足迹长与复步长散点图

表 4-20 汉溪足迹点蜥脚类足迹测量数据（单位：厘米）

| 编号 | ML | MW | R | PL | SL | PA | L/W | WAP | WAP/P'ML | WAM | WAM/M'MW |
|---|---|---|---|---|---|---|---|---|---|---|---|
| HX-S1-RP1 | 46.0 | 37.0 | 22° | 96.5 | 169.0 | 132° | 1.2 | 40.1 | 0.9 | — | — |
| HX-S1-RM1 | 29.5 | 32.0 | 34° | 102.0 | 173.0 | 121° | 0.9 | — | — | 48.9 | 1.5 |
| HX-S1-LP1 | 50.5 | 39.0 | — | 93.0 | 179.0 | — | 1.3 | — | — | — | — |
| HX-S1-LM1 | 33.0 | 35.0 | 53° | 100.0 | 173.5 | 122° | 0.9 | — | — | 48.5 | 1.4 |
| HX-S1-RP2 | — | — | — | 106.0 | 178.0 | — | — | — | — | — | — |
| HX-S1-RM2 | 32.0 | 40.0 | — | 101.0 | — | — | 0.8 | — | — | — | — |
| HX-S1-LP2 | — | — | — | 90.0 | — | — | — | — | — | — | — |
| HX-S1-LM2 | — | — | — | — | — | — | — | — | — | — | — |
| HX-S1-RP3 | 52.0 | 41.0 | — | — | — | — | 1.3 | — | — | — | — |
| Mean-P | 49.5 | 39.0 | 22° | 96.4 | 175.3 | 132° | 1.3 | 40.1 | 0.9 | — | — |
| Mean-M | 31.5 | 35.7 | 44° | 101.0 | 173.3 | 122° | 0.9 | — | — | 48.7 | 1.5 |
| HX-S2-LP1 | — | — | — | — | — | — | — | — | — | — | — |
| HX-S2-LM1 | 27.0 | 36.5 | 62° | 82.5 | 141.5 | 114° | 0.7 | — | — | 47.9 | 1.3 |
| HX-S2-RP1 | 50.0 | 36.0 | 17° | 75.5 | 128.5 | 114° | 1.4 | 45.3 | 0.9 | — | — |
| HX-S2-RM1 | 31.0 | 36.0 | 64° | 85.0 | 138.0 | 116° | 0.9 | — | — | 46.0 | 1.3 |
| HX-S2-LP2 | 40.0 | 32.0 | 39° | 76.0 | 135.0 | 113° | 1.3 | 46.2 | 1.2 | — | — |
| HX-S2-LM2 | 26.5 | 32.5 | 66° | 77.0 | 124.0 | 102° | 0.8 | — | — | 51.3 | 1.6 |
| HX-S2-RP2 | 42.0 | 32.0 | 31° | 78.5 | 125.0 | 107° | 1.3 | 47.8 | 1.1 | — | — |
| HX-S2-RM2 | 28.5 | 35.5 | 42° | 78.0 | 124.0 | 100° | 0.8 | — | — | 54.1 | 1.5 |
| HX-S2-LP3 | 42.5 | 36.0 | 43° | 72.5 | 126.0 | 110° | 1.2 | 46.8 | 1.1 | — | — |
| HX-S2-LM3 | 32.0 | 30.5 | — | 88.0 | — | — | 1.0 | — | — | — | — |
| HX-S2-RP3 | 42.0 | 35.5 | — | 77.5 | — | — | 1.2 | — | — | — | — |
| HX-S2-RM3 | 27.0 | 34.0 | — | — | — | — | 0.8 | — | — | — | — |
| HX-S2-LP4 | 41.5 | 37.5 | — | — | — | — | 1.1 | — | — | — | — |
| Mean-P | 43.0 | 34.8 | 33° | 76.0 | 128.6 | 111° | 1.3 | 46.5 | 1.1 | — | — |
| Mean-M | 28.7 | 34.2 | 59° | 82.1 | 131.9 | 108° | 0.8 | — | — | 49.8 | 1.4 |
| HX-S3-RP1 | — | — | — | — | — | — | — | — | — | — | — |
| HX-S3-RM1 | 30.7 | 34.3 | 54° | 112.2 | 151.5 | 128° | 0.9 | — | — | 83.9 | 2.4 |
| HX-S3-LP1 | 54.5 | 45.5 | 44° | 93.7 | 172.8 | 109° | 1.2 | 60.9 | 1.1 | — | — |
| HX-S3-LM1 | 42.6 | 36.8 | 72° | 113.7 | 166.5 | 96° | 1.2 | — | — | 74.6 | 2.0 |
| HX-S3-RP2 | 58.0 | 47.0 | 62° | 106.5 | 168.0 | 102° | 1.2 | 63.6 | 1.1 | — | — |
| HX-S3-RM2 | 38.0 | 45.0 | 49° | 115.0 | 170.5 | 98° | 0.8 | — | — | 70.6 | 1.6 |
| HX-S3-LP2 | 62.5 | 48.0 | 53° | 91.0 | 153.0 | 102° | 1.3 | 60.3 | 1.0 | — | — |
| HX-S3-LM2 | — | — | 49° | 109.0 | 170.0 | 97° | — | — | — | 71.3 | — |
| HX-S3-RP3 | 54.5 | 52.5 | 30° | 88.5 | 154.0 | 104° | 1.0 | 60.2 | 1.1 | — | — |

续表

| 编号 | ML | MW | R | PL | SL | PA | L/W | WAP | WAP/P'ML | WAM | WAM/M'MW |
|---|---|---|---|---|---|---|---|---|---|---|---|
| HX-S3-RM3 | 35.0 | 45.0 | 72° | 116.5 | 164.0 | 96° | 0.8 | — | — | 69.9 | 1.6 |
| HX-S3-LP3 | 57.0 | 42.0 | 61° | 93.0 | 172.0 | 111° | 1.4 | 56.6 | 1.0 | — | — |
| HX-S3-LM3 | 37.0 | 42.5 | — | 105.0 | — | — | 0.9 | — | — | — | — |
| HX-S3-RP4 | 56.0 | 53.0 | 39° | 102.5 | 176.0 | 109° | 1.1 | 59.1 | 1.1 | — | — |
| HX-S3-RM4 | 25.0 | 26.5 | — | — | 152.5 | — | 0.9 | — | — | — | — |
| HX-S3-LP4 | 56.0 | 46.5 | — | 101.0 | — | — | 1.2 | — | — | — | — |
| HX-S3-LM4 | — | — | — | — | — | — | — | — | — | — | — |
| HX-S3-RP5 | 55.0 | 52.0 | — | — | — | — | 1.1 | — | — | — | — |
| Mean-P | 56.7 | 48.3 | 48° | 96.6 | 166.0 | 106° | 1.2 | 60.1 | 1.1 | — | — |
| Mean-M | 34.7 | 38.4 | 59° | 111.9 | 162.5 | 103° | 0.9 | — | — | 74.1 | 1.9 |
| HX-S4-LP1 | — | — | — | — | — | — | — | — | — | — | — |
| HX-S4-LM1 | 22.5 | 24.0 | 6° | — | 102.0 | — | 0.9 | — | — | — | — |
| HX-S4-RP1 | 33.5 | 26.5 | 17° | — | 101.0 | — | 1.3 | — | — | — | — |
| HX-S4-RM1 | — | — | — | — | — | — | — | — | — | — | — |
| HX-S4-LP2 | — | — | — | — | — | — | — | — | — | — | — |
| HX-S4-LM2 | 20.0 | 24.5 | 68° | — | 103.5 | — | 0.8 | — | — | — | — |
| HX-S4-RP2 | 32.0 | 28.0 | 22° | 67.5 | 107.0 | 113° | 1.1 | 37.6 | 1.2 | — | — |
| HX-S4-RM2 | — | — | — | — | — | — | — | — | — | — | — |
| HX-S4-LP3 | 35.0 | 30.0 | 55° | 53.5 | 103.0 | 114° | 1.2 | 36.0 | 1.0 | — | — |
| HX-S4-LM3 | 23.5 | 22.0 | 46° | 63.5 | 106.0 | 112° | 1.1 | — | — | 37.2 | 1.7 |
| HX-S4-RP3 | 33.0 | 27.0 | — | 65.0 | 102.0 | — | 1.2 | — | — | — | — |
| HX-S4-RM3 | 19.0 | 28.0 | 46° | 64.0 | 97.5 | 108° | 0.7 | — | — | 39.1 | 1.4 |
| HX-S4-LP4 | 33.5 | 28.0 | 37° | 58.0 | 100.0 | — | 1.2 | — | — | — | — |
| HX-S4-LM4 | 22.0 | 25.5 | — | 58.0 | — | — | 0.9 | — | — | — | — |
| HX-S4-RP4 | 33.0 | 27.5 | — | 58.5 | — | — | 1.2 | — | — | — | — |
| HX-S4-RM4 | 23.0 | 25.5 | — | — | — | — | 0.9 | — | — | — | — |
| HX-S4-LP5 | 31.0 | 25.5 | — | — | — | — | 1.2 | — | — | — | — |
| Mean-P | 25.7 | 25.7 | 33° | 60.6 | 102.0 | 114° | 1.0 | 36.8 | 1.1 | — | — |
| Mean-M | 23.1 | 25.4 | 42° | 60.2 | 102.1 | 110° | 0.9 | — | — | 38.2 | 1.5 |
| HX-S5-RP1 | 49.0 | 35.5 | 33° | 71.0 | 124.0 | 104° | 1.4 | 53.7 | 1.1 | — | — |
| HX-S5-RM1 | 31.0 | 33.0 | 9° | 75.5 | 130.5 | 101° | 0.9 | — | — | 56.3 | 1.7 |
| HX-S5-LP1 | 40.0 | 40.0 | 56° | 80.0 | 125.0 | 108° | 1.0 | 46.0 | 1.2 | — | — |
| HX-S5-LM1 | 30.0 | 32.0 | 51° | 93.0 | 140.0 | 109° | 0.9 | — | — | 50.3 | 1.6 |
| HX-S5-RP2 | 42.5 | 31.5 | 38° | 65.5 | 118.0 | 107° | 1.3 | 46.0 | 1.1 | — | — |

续表

| 编号 | ML | MW | R | PL | SL | PA | L/W | WAP | WAP/P'ML | WAM | WAM/M'MW |
|---|---|---|---|---|---|---|---|---|---|---|---|
| HX-S5-RM2 | 26.0 | 29.5 | 29° | 73.0 | 131.5 | 108° | 0.9 | — | — | 49.3 | 1.7 |
| HX-S5-LP2 | 36.0 | 33.0 | 32° | 76.0 | 119.0 | 107° | 1.1 | 45.6 | 1.3 | — | — |
| HX-S5-LM2 | 26.5 | 32.5 | — | 85.0 | — | — | 0.8 | — | — | — | — |
| HX-S5-RP3 | 44.0 | 31.5 | — | 65.0 | — | — | 1.4 | — | — | — | — |
| HX-S5-RM3 | 29.0 | 28.5 | — | — | — | — | 1.0 | — | — | — | — |
| HX-S5-LP3 | 38.0 | 36.0 | — | — | — | — | 1.1 | — | — | — | — |
| Mean-P | 41.6 | 34.6 | 40° | 71.5 | 121.5 | 107° | 1.2 | 50.4 | 1.1 | — | — |
| Mean-M | 28.5 | 31.1 | 30° | 81.6 | 134.0 | 106° | 0.9 | — | — | 52.0 | 1.6 |
| HX-S6-RP1 | 55.2 | 45.5 | — | 81.0 | 122.5 | 95° | — | — | — | — | — |
| HX-S6-LP1 | 56.8 | 41.5 | — | 86.0 | — | — | — | — | — | — | — |
| HX-S6-RP2 | 56.0 | 43.8 | — | — | — | — | — | — | — | — | — |
| Mean-P | 56.0 | 43.6 | — | 83.5 | 122.5 | 95° | — | — | — | — | — |
| HX-S7-LP1 | 51.0 | 43.5 | 35° | 63.5 | 124.0 | — | 1.2 | — | — | — | — |
| HX-S7-LM1 | 26.5 | 29.5 | 41° | 75.0 | 130.0 | 104° | 0.9 | — | — | 52.5 | 1.8 |
| HX-S7-RP1 | — | — | — | 76.0 | 133.0 | — | — | — | — | — | — |
| HX-S7-RM1 | 22.5 | 37.0 | 62° | 90.0 | 131.0 | 100° | 0.6 | — | — | — | — |
| HX-S7-LP2 | 46.5 | 41.0 | 38° | 75.5 | 128.5 | 105° | 1.1 | 50.1 | 1.1 | — | — |
| HX-S7-LM2 | 32.5 | 34.0 | — | 81.0 | — | — | 1.0 | — | — | 55.5 | 1.6 |
| HX-S7-RP2 | 47.5 | 44.0 | 38° | 77.5 | 125.0 | 107° | 1.1 | 46.8 | 1.0 | — | — |
| HX-S7-RM2 | 30.0 | 40.0 | — | — | — | — | 0.8 | — | — | — | — |
| HX-S7-LP3 | 50.5 | 43.5 | — | 70.0 | — | — | 1.2 | — | — | — | — |
| HX-S7-LM3 | — | — | — | — | — | — | — | — | — | — | — |
| HX-S7-RP3 | 45.5 | 34.0 | — | — | — | — | 1.3 | — | — | — | — |
| HX-S7-RM3 | — | — | — | — | — | — | — | — | — | — | — |
| Mean-P | 48.2 | 41.2 | 37° | 72.5 | 127.6 | 106° | 1.2 | 48.5 | 1.0 | — | — |
| Mean-M | 27.9 | 35.1 | 52° | 82.0 | 130.5 | 102° | 0.8 | — | — | 54.0 | 1.7 |
| HX-S8-LP1 | 44.5 | 39.0 | 40° | 73.5 | 138.0 | 113° | 1.1 | 43.9 | 1.0 | — | — |
| HX-S8-LM1 | — | — | — | — | — | — | — | — | — | — | — |
| HX-S8-RP1 | 48.0 | 41.0 | 30° | 80.5 | 133.0 | 111° | 1.2 | 44.3 | 0.9 | — | — |
| HX-S8-RM1 | — | — | — | — | — | — | — | — | — | — | — |
| HX-S8-LP2 | 52.5 | 40.5 | 25° | 69.5 | 135.5 | 110° | 1.3 | 47.2 | 0.9 | — | — |
| HX-S8-LM2 | 29.0 | 33.5 | 70° | — | — | — | 0.9 | — | — | — | — |
| HX-S8-RP2 | 45.5 | 43.0 | 34° | 85.0 | — | 109° | 1.1 | 49.8 | 1.1 | — | — |

续表

| 编号 | ML | MW | R | PL | SL | PA | L/W | WAP | WAP/P'ML | WAM | WAM/M'MW |
|---|---|---|---|---|---|---|---|---|---|---|---|
| HX–S8–RM2 | — | — | — | — | — | — | — | — | — | — | — |
| HX–S8–LP3 | 55.5 | 48.5 | 23° | 75.0 | 125.0 | 98° | 1.1 | 52.4 | 0.9 | — | — |
| HX–S8–LM3 | 34.0 | 37.0 | — | 89.0 | — | — | 0.9 | — | — | — | — |
| HX–S8–RP3 | 49.0 | 40.0 | 33° | 77.0 | 136.0 | 103° | 1.2 | 48.2 | 1.0 | — | — |
| HX–S8–RM3 | 27.5 | 30.0 | 32° | — | 138.0 | — | 0.9 | — | — | — | — |
| HX–S8–LP4 | 45.0 | 43.0 | 41° | 87.0 | 132.0 | 103° | 1.0 | 47.7 | 1.1 | — | — |
| HX–S8–LM4 | — | — | — | — | — | — | — | — | — | — | — |
| HX–S8–RP4 | 49.0 | 39.5 | 35° | 76.5 | 124.0 | 107° | 1.2 | 43.7 | 0.9 | — | — |
| HX–S8–RM4 | 28.5 | 29.0 | — | — | — | — | 1.0 | — | — | — | — |
| HX–S8–LP5 | 47.0 | 48.0 | 36° | 78.5 | 122.0 | 101° | 1.0 | 44.9 | 1.0 | — | — |
| HX–S8–LM5 | — | — | — | — | — | — | — | — | — | — | — |
| HX–S8–RP5 | 47.0 | 42.0 | 40° | 73.0 | 120.0 | 102° | 1.1 | 44.4 | 0.9 | — | — |
| HX–S8–RM5 | — | — | — | — | — | — | — | — | — | — | — |
| HX–S8–LP6 | 42.5 | 38.0 | 37° | 74.5 | 116.5 | 102° | 1.1 | 44.1 | 1.0 | — | — |
| HX–S8–LM6 | — | — | — | — | — | — | — | — | — | — | — |
| HX–S8–RP6 | 45.0 | 35.0 | 44° | 70.0 | 120.5 | 109° | 1.3 | 41.5 | 0.9 | — | — |
| HX–S8–RM6 | — | — | — | — | — | — | — | — | — | — | — |
| HX–S8–LP7 | 45.5 | 43.0 | 16° | 74.0 | 117.0 | 97° | 1.1 | 49.7 | 1.1 | — | — |
| HX–S8–LM7 | — | — | — | — | — | — | — | — | — | — | — |
| HX–S8–RP7 | 44 | 39.0 | — | 76.0 | — | — | 1.1 | — | — | — | — |
| HX–S8–RM7 | — | — | — | — | — | — | — | — | — | — | — |
| HX–S8–LP8 | 45.0 | 40.0 | — | — | — | — | 1.1 | — | — | — | — |
| Mean–P | 47.0 | 41.3 | 33° | 76.4 | 176.6 | 105° | 1.1 | 46.3 | 1.0 | — | — |
| Mean–M | 29.8 | 32.4 | 51° | 89.0 | 138.0 | — | 0.9 | — | — | — | — |

　　所有行迹中保存最完好的是 HX-S2，其中保存最佳的后足迹（HX-S2-LP2、HX-S2-LP3）的第 I、II 和 III 趾都具有可辨认的爪印，第 IV 趾具有由足部胼胝或小爪形成的凹痕，跖趾区后缘平滑弯曲。前足迹通常为椭圆形或 U 形，带有第 I 趾与第 V 趾的圆形趾印，比如其中保存较好的 HX-S2-RM1。HX-S2 前足平均外旋 59°，后足为 33°。前 – 后足迹的足迹异度约为 1:2。部分前足迹具有可鉴定的半圆轮廓特征，而不是更普遍的椭圆形。很显然，后者是由于行迹形成于上层面，同时在下层面形成幻迹而造成的特性。在足迹部分边缘可观察到上层沉积物的残留物大幅向下弯折进入下层面。还有一些来自上层面的残留物也附着于足迹层。足迹层面有典型的小型波痕。

　　其他四足行迹仅保存了一些椭圆形的后足轮廓，缺乏可辨认的前足迹。除此之外，其他行迹都与 HX-S2 共享相似的形态特征。最小的后足迹出现在 HX-S4 行迹中，长仅 25.7 厘米，可能属于未成年的造迹者。

汉溪标本前-后足迹的形态以及行迹模式都具有蜥脚类的特征（Lockley, 1999, 2001; Lockley and Hunt, 1995）。正如上文反复提到的，中国的大部分蜥脚类行迹都是宽（或中）间距，因此被归入 *Brontopodus*（Lockley et al., 2002a）。汉溪蜥脚类行迹与 *Brontopodus* 相似，比如后足迹长大于宽、大型且外旋，前足迹为 U 形。然而，汉溪蜥脚类行迹的足迹异度（约 1:2）低于 *Brontopodus birdi*（1:3）或 *Parabrontopodus macintoshi*（1:4 或 1:5）（Lockley et al., 1994a）。汉溪蜥脚类行迹均为窄或中间距（后足三角宽/后足长为 0.9—1.1），而 *Brontopodus* 为宽间距，*Parabrontopodus* 为窄间距（Lockley et al., 1994a）。综上，我们暂时将汉溪蜥脚类行迹归入 cf. *Brontopodus*。

很多早白垩世 *Brontopodus* 行迹都具有较低的足迹异度，这是白垩纪蜥脚类行迹的普遍现象（Lockley et al., 1994a）。例如，甘肃省盐锅峡足迹点蜥脚类足迹的足迹异度为 1:2.1（Zhang et al., 2006: Fig.11）、四川省昭觉三比罗嘎足迹点的为 1:2.3、山东省临沭足迹点的为 1:1.15（Xing et al., 2013k）。除了汉溪样本，这些行迹都是中或宽间距行迹。

*Brontopodus* 形态的宽间距行迹暗示其造迹者为巨龙型类（Wilson and Carrano, 1999; Lockley et al., 2002a），而中与窄间距的行迹可能来自更基干的蜥脚类恐龙，但中国西南部至今尚未发现对应的骨骼化石。

根据 Alexander（1976）和 Thulborn（1990）的系数与速度公式，汉溪蜥脚类行迹的相对复步长为 0.37—0.67 和 0.55—0.99，这表明造迹者处于行走步态，其行走速度为 0.97—2.20 千米/小时和 1.55—3.49 千米/小时（表 4-21）。

表 4-21　汉溪足迹点蜥脚类行走速度

| 编号 | F = 5.9 | | F = 4 | |
| --- | --- | --- | --- | --- |
| | SL/h | S (km/h) | SL/h | S (km/h) |
| HX-S1 | 0.60 | 2.05 | 0.89 | 3.24 |
| HX-S2 | 0.51 | 1.44 | 0.75 | 2.27 |
| HX-S3 | 0.50 | 1.58 | 0.73 | 2.52 |
| HX-S4 | 0.67 | 1.80 | 0.99 | 2.81 |
| HX-S5 | 0.50 | 1.37 | 0.73 | 2.16 |
| HX-S6 | 0.37 | 0.97 | 0.55 | 1.55 |
| HX-S7 | 0.45 | 1.26 | 0.66 | 1.98 |
| HX-S8 | 0.64 | 2.20 | 0.94 | 3.49 |

### 4.5.4 小结

综上所述，汉溪足迹点的砂岩层面是目前四川省现存最大的足迹暴露面之一，显然也比昭觉三比罗嘎足迹点更加稳固，后者正在持续的采矿中不断崩塌毁坏。

汉溪足迹点和中国西南多个红层恐龙足迹动物群组合一样，以蜥臀类足迹为主导（兽脚类和蜥脚类），此地的蜥脚类足迹被归入 cf. *Brontopodus*。不过，与昭觉三比罗嘎足迹点的情况类似，此地也存在一些鸟脚类足迹，被暂时归入 cf. *Ornithopodichnus*。大部分兽脚类足迹的保存情况一般，其中一些行迹具有跖骨印，这是原始沉积物因素或奇特步态导致的结果，而并非后期风化所致。汉溪足迹点规模较大，保存有长达 69 米的兽脚类行迹，并且能观察到足迹位于两个不同的、带波痕的层面，这是中国和东亚迄今为止最长的兽脚类行迹。

在四川，以砂岩为主的白垩系正不断涌现出新的足迹点，汉溪便是其中之一，这一切都表明该地区以恐龙为主导的足迹动物群比以前猜想的更加丰富，但这一切直到最近几年才引起重视。

## 4.6 新阳足迹点

目前，中国已记录的大中型、功能性三趾型的白垩纪兽脚类足迹包括：*Asianopodus*、*Eubrontes*、*Irenesauripus*、*Kayentapus*、*Therangospodus*（Lockley et al., 2013; Xing et al., 2011f, 2013k, 2014l）。以 Thulborn（1990）的标准（长度不超过 25 厘米的非鸟兽脚类足迹归为"小型"），我们把诸如 *Grallator*（与 *Paragrallator*）和 *Corpulentapus*（Li et al., 2011a; Lockley et al., 2013）从大中型兽脚类足迹分类单元中剔除出来。

由于缺失保存完好的标本，中国大部分 *Irenesauripus* 类足迹归入了 cf. *Irenesauripus-Kayentapus*（Xing et al., 2011f）。Castanera et al.（2013）重新评估了西班牙 Iberian Range 发现的 *Therangospodus oncalensis* 材料，并认为此地 *Therangospodus* 的造迹者为鸟脚类，不过，这并不影响北美的 *Therangospodus* 形态类型的造迹者属于兽脚类的结论（Lockley et al., 1998c）。但是，Castanera et al.（2013）的工作使得我们有理由对中国所有已归入 *Therangospodus* 的材料与兽脚类造迹者的亲和性提出质疑。*Asianopodus* 是东亚特有的足迹属，其形态与 *Eubrontes* 相似，但跖趾垫更大、更圆，可能真实地反映了早白垩世亚洲兽脚类足部独特的真实形态和后足结构的对应演化（Matsukawa et al., 2005, 2006; Xing et al., 2014l）。

本节描述的，以兽脚类为主导的恐龙足迹来自四川省泸州市叙永县大石乡新阳村的茶马古道路旁（茶马古道存在于中国西南，是以马为主要交通工具的民间国际商贸通道，新阳段是连接叙永和赤水的古道一部,最早建于公元1644—1912年,即清朝年间)的垮石崖(小地名)。2011年6月,叙永县委宣传部新闻中心记者杨涛在途经凤(凰)向(林)公路新阳村境内的垮石崖时,发现岩石上有兽类脚印图案,其图案清晰,形态逼真。2013年6月开始,因新阳村村民张朝贵挖土而暴露出更多足迹。2014年7月和9月,笔者和自贡恐龙博物馆的彭光照、叶勇研究馆员考察了这批足迹。新阳足迹点保存在夹关组一块崩塌的大型岩石底面,所有足迹都为凸型足迹(图4-56)。

图4-56 新阳足迹点(A),箭头指出发育良好的楔形交错层理;足迹点清晰的兽脚类行迹(B)

根据与当地村民交谈,最晚在公元1840年前后的清朝时期,新阳足迹点的局部就已暴露出来,并且有两个对应的民间传说。一些当地村民称足迹为(神)鸭脚印;另外有老人说,古代有仙人居住此山沟头,某日遇虎,仙人逃跑,路经此地,踩垮石崖,老虎则留下脚印,因此得名"垮石崖"。这是中国恐龙足迹与民间传说结合的又一个证据(Xing et al., 2011b)。

### 4.6.1 兽脚类足迹

兽脚类行迹长约5米,由7个三趾型凸型足迹组成,编号为XY-T1-L1—XY-T1-L4(图4-57)。足迹平均长和宽分别为26.4厘米和17.6厘米,深度为2—4厘米。足迹平均长宽比值为1.5,步幅角为164°,第 II 趾和第 IV 趾之间的趾间角平均为48°。第 II 趾和第 III 趾之间的趾间角(25°)略大于第 III 趾和第 IV 趾之间的趾间角(23°)。单步长是足迹长的3倍。

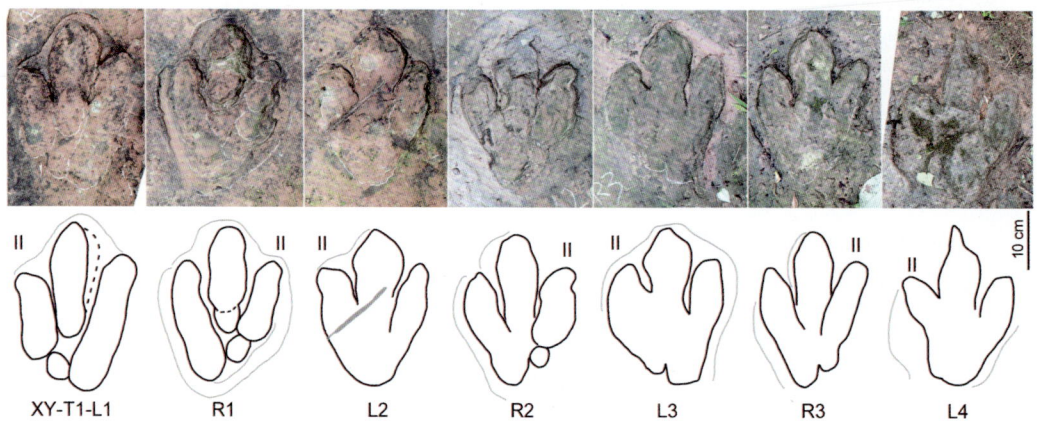

图 4-57　新阳足迹点的兽脚类足迹照片与轮廓图

XY-T1-L1 和 XY-T1-R1 是 XY-T1 行迹中保存最好的足迹,虽然7个足迹的保存状况差异不大(图4-59,表4-22)。在 XY-T1-L1 中,第 II 趾最短,第 III 趾比第 IV 趾略短一些,第 II 趾有2个趾垫,第 III 趾和第 IV 趾的趾垫因保存较差而无法分辨,大部分爪印缺失或模糊不清,可以观察到2个清晰的跖趾垫,较小的一个位于第 II 趾之后,另一个较大的在第 IV 趾之后。前者为椭圆形,与第 II 趾的第 I 趾垫近端相邻,但很明显地与之偏离;后者呈圆钝,略有不清,与第 IV 趾的中轴处于同一直线上,几乎与后者混合,两个跖趾垫彼此接触,靠近第 III 趾的中轴。XY-T1-L1 的3个趾都较深,界限清晰,且有一个"肥胖"的外观。在该凸型足迹以及行迹中,其他足迹的周围都存在深约5毫米的断裂层,它们原本连续于足迹下方,但后来被挤压成上层面的浅凹陷(以及下层面对应的过渡型的凸型足迹或幻迹)。该层遭侵蚀的断裂区域宽约5—20毫米。

其他 XY-T1 足迹的形态与 XY-T1-L1 基本相似(图4-58、图4-59)。XY-T1-L2 的2个跖趾垫之间没有界限,而 XY-T1-R3 与 XY-T1-R4 的更是融入一个大型的单一脚跟中。这些差异很可能是由于沉积物基底的水分含量不均而造成的。正如我们反复强调的,基底的细分情况(不同的区域)对足迹保存的细节有重大影响。

第 4 章 四川盆地早白垩世恐龙足迹研究

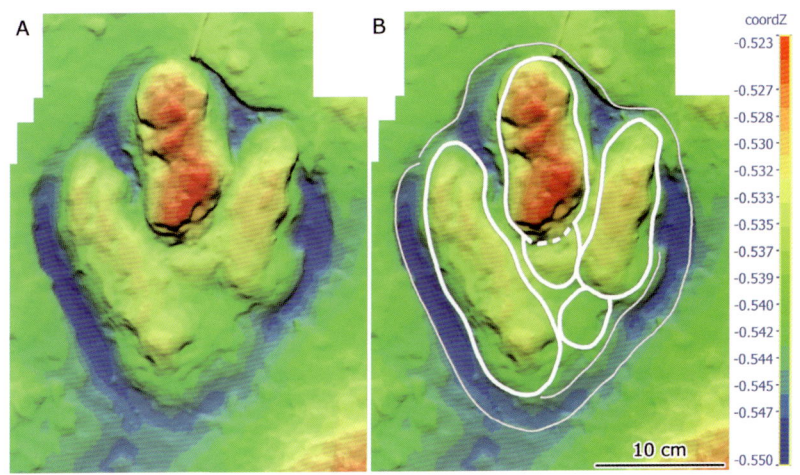

图 4-58 新阳足迹点的兽脚类足迹 XY-T1-R1 的三维图像（A）和轮廓图（B）

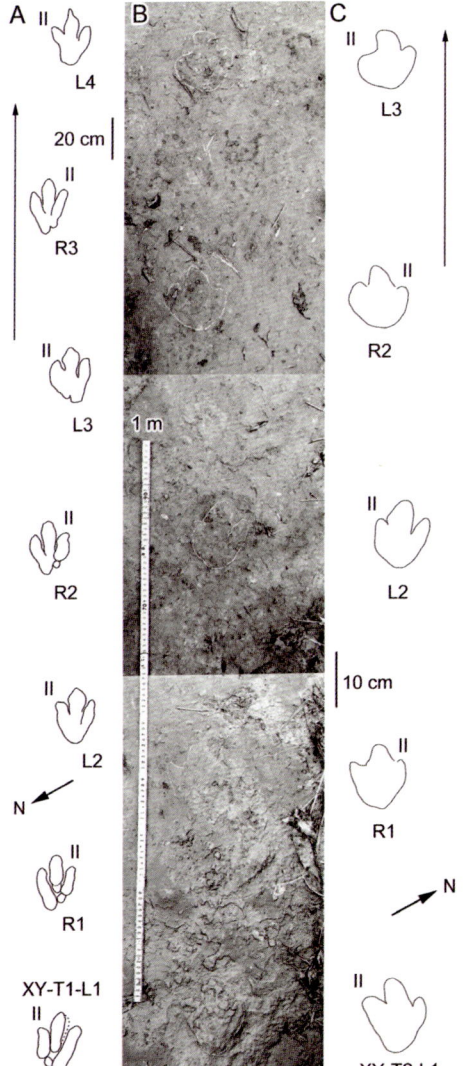

图 4-59 新阳足迹点的兽脚类行迹 XY-T1 轮廓图（A）、XY-T2 照片（B）和轮廓图（C）

表 4-22 新阳足迹点的恐龙足迹测量数据（单位：厘米）

| 编号 | ML | MW | II–III | III–IV | II–IV | PL | SL | PA | M | L/W |
|---|---|---|---|---|---|---|---|---|---|---|
| XY–T1–L1 | 26.0 | 18.0 | 25° | 19° | 44° | 77.5 | 155.0 | 171° | 0.39 | 1.4 |
| XY–T1–R1 | 26.5 | 15.0 | 26° | 23° | 49° | 78.0 | 153.0 | 162° | 0.37 | 1.8 |
| XY–T1–L2 | 26.5 | 18.5 | 26° | 22° | 48° | 77.0 | 155.0 | 158° | 0.38 | 1.4 |
| XY–T1–R2 | 26.5 | 19.0 | 23° | 25° | 48° | 81.0 | 156.0 | 162° | 0.39 | 1.4 |
| XY–T1–L3 | 26.5 | 15.8 | 24° | 21° | 45° | 77.0 | 157.0 | 167° | 0.37 | 1.7 |
| XY–T1–R3 | 26.5 | 17.5 | 26° | 23° | 49° | 81.0 | — | — | 0.36 | 1.5 |
| XY–T1–L4 | 26.5 | 18.5 | 26° | 28° | 54° | — | — | — | 0.38 | 1.4 |
| Mean | 26.4 | 17.5 | 25° | 23° | 48° | 78.6 | 155.2 | 164° | 0.38 | 1.5 |
|  |  |  |  |  |  |  |  |  |  |  |
| XY–T2–L1 | 13.0 | 10.0 | 26° | 29° | 55° | 41.5 | 85.0 | 171° | 0.36 | 1.3 |
| XY–T2–R1 | 11.5 | 9.5 | 26° | 32° | 58° | 44.0 | 85.2 | 165° | 0.34 | 1.2 |
| XY–T2–L2 | 13.0 | 10.5 | 29° | 26° | 55° | 42.0 | 83.7 | 170° | 0.39 | 1.2 |
| XY–T2–R2 | 11.5 | 9.5 | 37° | 22° | 59° | 43.0 | — | — | 0.41 | 1.2 |
| XY–T2–L3 | 11.5 | 11.0 | 43° | 35° | 78° | — | — | — | 0.44 | 1.0 |
| Mean | 12.1 | 10.1 | 32° | 29° | 61° | 42.6 | 84.6 | 169° | 0.39 | 1.2 |
|  |  |  |  |  |  |  |  |  |  |  |
| XY–TI–1 | 11.3 | 7.5 | — | — | 47° | — | — | — | 0.62 | 1.5 |
| XY–TI–2 | 10.5 | 10.0 | — | — | 82° | — | — | — | 0.40 | 1.1 |
|  |  |  |  |  |  |  |  |  |  |  |
| XY–S1–LP1 | 53.0 | 40.0 | — | — | — | 123.0 | 163.0 | 80° | — | 1.3 |
| XY–S1–LM1 | 35.0 | 33.0 | — | — | — | 97.0 | 173.0 | 98° | — | 1.1 |
| XY–S1–RP1 | 51.0 | 45.0 | — | — | — | 130.0 | 192.0 | 94° | — | 1.1 |
| XY–S1–RM1 | 26.0 | 32.0 | — | — | — | 130.0 | 185.0 | 98° | — | 0.8 |
| XY–S1–LP2 | 56.0 | 40.0 | — | — | — | 133.0 | — | — | — | 1.4 |
| XY–S1–LM2 | 28.0 | 34.0 | — | — | — | 114.0 | — | — | — | 0.8 |
| XY–S1–RP2 | 49.0 | 42.0 | — | — | — | — | — | — | — | 1.2 |
| XY–S1–RM2 | 26.0 | 28.0 | — | — | — | — | — | — | — | 0.9 |
| Mean–P | 52.3 | 41.8 | — | — | — | 128.7 | 177.5 | 87° | — | 1.3 |
| Mean–M | 28.8 | 31.8 | — | — | — | 113.7 | 179.0 | 98° | — | 0.9 |

  我们知道，中趾前凸的程度有助于我们区分兽脚类足迹。新阳足迹的中趾前凸为弱到中等（平均值0.38，介于0.36—0.39之间，N=7），这与Eubrontidae（Lull, 1904）的典型足迹 *Eubrontes* 类（0.37—0.58，Lockley, 2009）相近。

  新阳兽脚类足迹最显著的特征是第 II 趾之后有一个清晰可辨的跖趾垫。这个特征在 *Eubrontes* 类足迹中很常见，如 *Eubrontes* 的模式标本（Olsen et al., 1998）。这一特征也使新阳足迹区别于贵州赤水夹关组的 cf. *Irenesauripus* isp.（Xing et al., 2011a），以及甘肃省下白垩统河口群花庄足迹点的 *Asianopodus*（Xing et al., 2014l）。四川省昭觉下白垩统飞天山组的 *Irenesauripus* 足迹也展示了弱到中等的中趾前凸（0.37），但第 II 趾至第 IV 趾之间的趾间角更宽（71°）。就尺寸、跖趾垫、趾间角（第 II 趾至第 IV 趾之间）和步幅角而言，新阳足迹与典型的 *Eubrontes giganteus* 相似，但因为保存的标本数量相当有限，这里暂时将其归入 cf. *Eubrontes*。

根据 Alexander（1976）和 Thulborn（1990）的系数与速度公式，XY-T1 的相对复步长为 1.3，这意味着造迹者处于行走步态，而非奔跑。估算的速度则约为 1.3 米 / 秒或约 4.8 千米 / 小时。

### 4.6.2 中国白垩纪 *Eubrontes* 类足迹

在回顾中国所有的四足类足迹时，Lockley et al.（2013）认为中国白垩纪出现的大量 *Grallator* 类尤其引人注目，这可能是东亚足迹动物群的土著特征。这一推论的源头部分来自 *Grallator* 类传统上被认为是广泛分布在早侏罗世的足迹属（Lucas, 2007）。目前，*Grallator* 类在白垩纪的分布增加了我们分辨侏罗纪和白垩纪 grallatorid 足迹的难度，并减弱了白垩纪兽脚类足迹在全球足迹中的多样性。这一结论是基于我们的观察结果：*Grallator* 类在北美和欧洲较多见于侏罗系，却大量发现于中国的白垩系，例如辽宁上侏罗统 – 下白垩统土城子组羊山足迹点的 *Grallator ssatoi*（Yabe et al., 1940）、四川下白垩统夹关组峨眉足迹点的 *Grallator emeiensis*（Zhen et al., 1994）、山东省诸城下白垩统杨家庄组黄龙沟足迹点的 grallatorid 类 *Paragrallator yangi*（Li and Zhang, 2000; Li et al., 2011a），以及陕西省鄂尔多斯盆地下白垩统洛河组的 *Jialingpus*（也属 grallatorid 形态类型）（Xing et al., 2014c）。

其他经典的侏罗纪兽脚类足迹分类单元也出现在中国的白垩系，例如出自北京上侏罗统 – 下白垩统土城子组延庆千家店足迹点的 *Eubrontes* 类足迹（Xing et al., 2015f）、内蒙古下白垩统查布足迹点的 *Chapus* 和 *Asianopodus*（亦是较普遍的 *Eubrontes* 类足迹，Xing et al., 2014l）（Li et al., 2006, 2011b）、甘肃下白垩统河口群花庄足迹点的 *Asianopodus*（Xing et al., 2014l），以及安徽省上白垩统小岩组的 *Eubrontes* 类足迹（Xing et al., 2014b）。新阳足迹点的 *Eubrontes* 类足迹则给我们提供了另一个例子。

不过，中国的白垩纪兽脚类足迹记录也包括了一些非常独特且保存较好的标本，例如 *Corpulentapus*（Li et al., 2011a）、*Velociraptorichnus*（Zhen et al., 1994）、*Minisauripus*（Zhen et al., 1994）、*Dromaeopodus*（Li et al., 2007）和 *Paracorpulentapus*（Xing et al., 2014b）。总而言之，中国的白垩纪兽脚类足迹组合不仅以典型的侏罗纪足迹动物群延续到更晚的年代为特征（例如 *Grallator–Eubrontes*），还包括其他一些独具特色的、较多样化的形态类型。

新阳足迹点的 cf. *Eubrontes* 记录，增强了夹关组兽脚类足迹的多样性。该组地层发现的兽脚类足迹还包括了峨眉地区的 *Grallator*、*Velociraptorichnus* 和 *Minisauripus*（Zhen et al., 1994）；石庙沟的 *Dromaeopodus*；赤水地区的 cf. *Irenesauripus* isp.（Xing et al., 2011f）等。

### 4.6.3 小型三趾型足迹

一道行迹由 5 个足迹组成，编号为 XY-T2-L1—XY-T2-L3，以及 2 个孤立的足迹，编号为 XY-TI-1 和 XY-TI-2（图 4–60，表 4–22）。XY-T2 是一道保存较差的行迹，足迹平均长 12.1 厘米，长宽比值为 1.2。弱到中等的中趾前凸（平均值为 0.39，介于 0.34—0.44 之间，N=5），属于典型的 Eubrontidae（Lull, 1904; Lockley, 2009）。足迹缺失清晰的爪印和趾垫，这很可能是风化的结果。步幅角为 169°，与 XY-T1 的步幅角接近。考虑到保存的状态，对 XY-T2 作进一步的鉴定会很困难。不过，考虑到中趾前凸和步幅角，XY-T2 可能与 XY-T1 是同一类造迹者的幼年个体所留下的。基于经典的 Thulborn（1990）和 Alexander（1976）公式，XY-T2 的相对复步长为 1.55，表明造迹者处于行走步态，速度约为 1.2 米 / 秒或 4.4 千米 / 小时。

XY-TI-1 和 XY-TI-2 是保存较差的孤立足迹，也不能排除幻迹的可能性。XY-TI-1 被蜥脚类前足迹 XY-S1-RM1 重叠。这样的重叠现象并不罕见，比如鸟类足迹（*Koreanaornis hamanensis*）出现在蜥脚类的后足迹（*Brontopodus pentadactylus*）之中（Kim and Lockley, 2012）。XY-TI-1 展示出相当强的中趾前凸（0.62），这不同于新阳其他的三趾型足迹，而类似于中国早白垩世常见的 *Grallator* 类（Xing et al., 2014e）。XY-TI-2 具有强烈的外形态学特征，如异常细的右外侧趾。

### 4.6.4 蜥脚类足迹

新阳足迹点保存了一道大型的四足行迹，编号为 XY-S1（图 4–60、图 4–61，表 4–22），行迹包括了 4 对前 - 后足迹，都是表现为幻迹的凸型足迹，也可以称之为过渡足迹（transmitted tracks）。一薄层砂岩层（约 5 毫米）暴露在岩石表面，代表了蜥脚类行迹下方的地层，该层下陷形成向下凸出构造（过渡足迹的凸型足迹），就像兽脚类足迹 XY-T1 那样。不过，在一些蜥脚类足迹中，这一薄层砂岩并没有破裂，或者是仅在足迹最深（表现为最顶部）的区域破裂。而这些足迹（幻迹）中都没有被侵蚀到足迹边缘，因此，"真足迹"的轮廓并没有暴露出来。

XY-S1 的前足迹位于后足迹的前内侧。前 - 后足迹的平均长宽比分别为 0.9 和 1.3。XY-S1-LP1—XY-S1-LM1 是其中保存最好的一对前 - 后足迹，呈 U 形的前足迹保存有第 I 趾和第 V 趾的圆形印迹。后足迹呈椭圆形，各趾模糊而无法确切辨认，跖趾区后缘平滑弯曲。行迹左侧的前足迹要比右侧的清楚得多，它们从行迹中线向外旋转约 57°，这

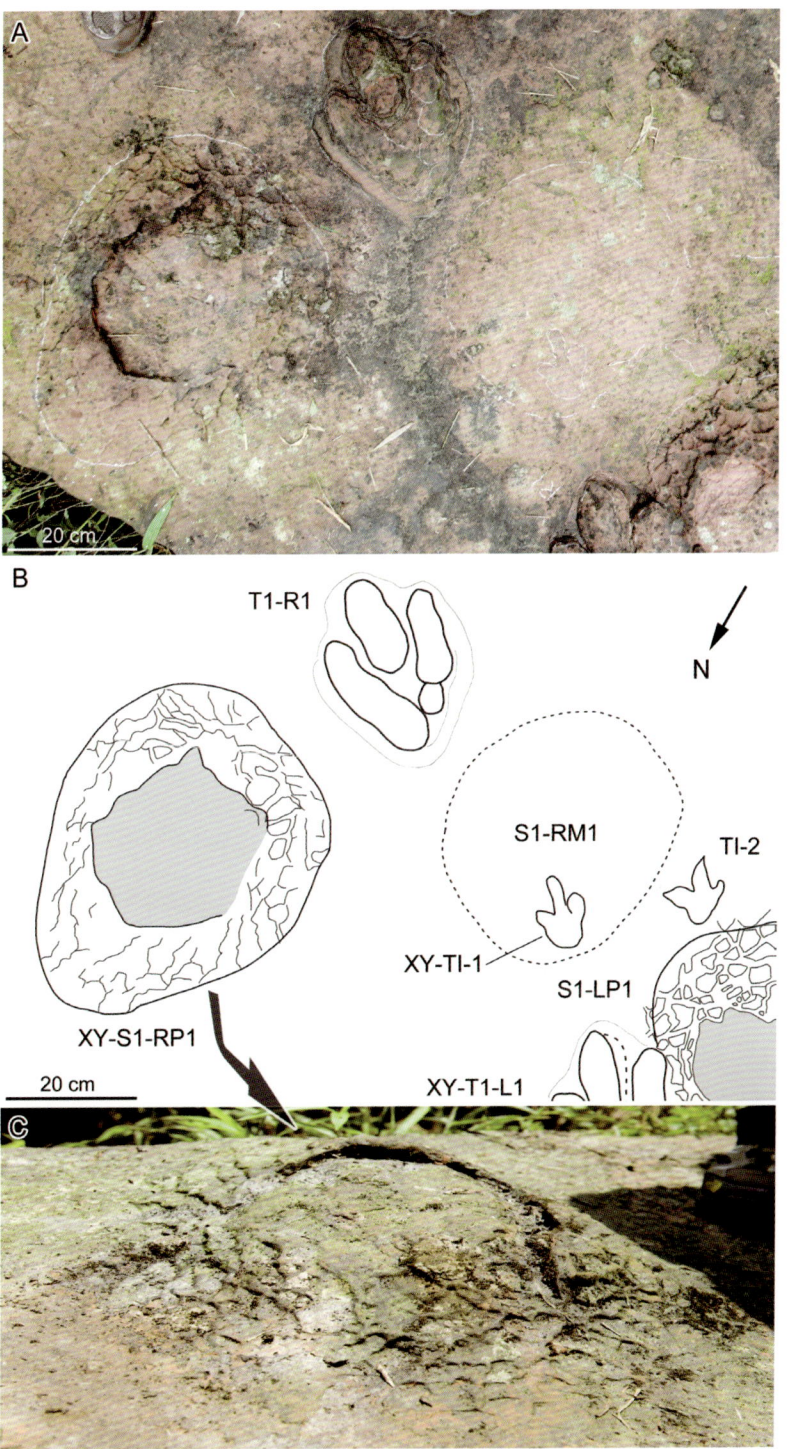

图4-60 新阳足迹点的孤立兽脚类足迹与蜥脚类足迹

兽脚类足迹照片(A)、轮廓图(B)以及蜥脚类足迹上泥裂的低角度照片(C)

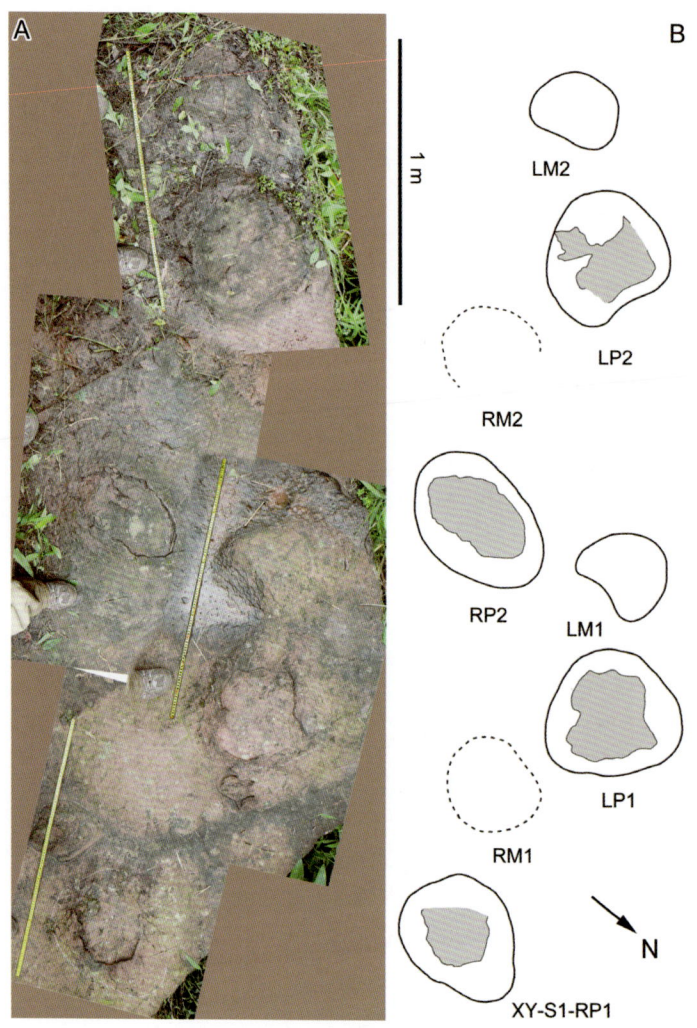

图 4-61　新阳足迹点蜥脚类行迹照片（A）、轮廓图（B）

要大于后足迹向外旋转的角度（约 44°）。前足迹平均步幅角为 87°，后足迹平均步幅角为 98°。

XY-S1 行迹的后足三角宽 / 后足长比的值是 1.4，这个值接近于宽间距。不过，就如上文所述，目前暴露出的行迹是底面的幻迹 / 过渡足迹，这让行迹间距的鉴定变得有些不确定。

大多数中国的蜥脚类行迹是宽或中间距，归入足迹属 *Brontopodus*（Lockley et al., 2002a）。XY-S1 足迹与美国早白垩世的 *Brontopodus* 类足迹的特征相一致（Farlow et al., 1989; Lockley et al., 1994a），这些特征包括：后足迹的长大于宽，前足迹呈 U 形，方向向外，以及低的足迹异度（XY-S1 为 1:2.5）。后者接近于 *Brontopodus birdi* 的 1:3。XY-S1 大致上是宽间距行迹，但与其形态相似却为窄间距的行迹发现于汉溪足迹点。影响间距的因素可能包括造迹者的速度（Xing et al., 2010b；Castanera et al., 2012），以及足迹的保存情况。后者需要区分有着清晰轮廓和陡峭足迹壁的真足迹，以及有着极低角度边缘的幻迹，而幻迹可能会减少行迹的间距。遗憾的是，我们难以对单道行迹 XY-S1 进行更具体的有效计算，因此我们依然把这些蜥脚类行迹暂时归入 cf. *Brontopodus*。

### 4.6.5 特异的保存方式

发育良好的泥裂出现在 XY-S1 所有后足迹中，但它们在足迹之间的层面上（既与足迹同层，且没有保存足迹的岩面）并不明显。这种情形引起了我们的兴趣：足迹是否集存了湿润的泥浆，而这些泥很容易变干、开裂？凸型足迹的中心区域缺失泥裂面，这表明后者所在的岩层相当薄（5—10 毫米），并且很可能在岩石崩塌落下后被侵蚀掉，之后再翻转。我们可以推断出事件的过程：

（1）蜥脚类造迹者在砂质层面留下浅浅的"前足迹"和"后足迹"幻迹。留下真足迹的岩层很可能处于目前崩塌体的顶层，已不可见。

（2）沉积带来上覆的一套薄层，分为细粉砂质和泥质沉积物，属于一个向上的低能细腻沉积序列（泥 — 粉砂 — 泥）。在这套沉积的间隙，造迹者在沉积物顶部留下了足迹。

（3）由于造迹者的踩压，形成足迹的区域很可能更深、更湿润（雨水或其他水源的进入）。

（4）足迹区域慢慢变干，干燥的泥裂出现在一些足迹的内部。

（5）沉积继续，大量砂质沉积物陆续到来，足迹所在的泥质层遭到压实，干燥且坚固的泥裂被压入下方的粉砂 - 泥质薄层。

（6）成岩后，随着岩层崩塌，最靠近泥裂层（或缺少抗风化力的细砂层）的区域崩塌，岩石块落下，翻转，开始接受风化。

（7）在最初形成浅的、层面下凸型足迹的含泥裂沉积岩薄层上，幻迹现已变为上凸，其最高点的风化最严重。这就形成了现在呈现出来的面貌：足迹（最顶部）的泥裂中央区域遭到严重的侵蚀，而在损毁岩层（泥裂层）的下方砂岩上却没有泥裂，因为这套砂质层是原泥裂层上方的沉积物（图 4-62）。

这种解释和足迹的形态一致：如此之浅的蜥脚类本是幻迹。和兽脚类足迹一样，蜥脚类足迹也形成于泥质沉积层，这些沉积岩属于向上的细腻序列，其中泥质薄层暴露于最低处。假定薄层内凹成了过渡幻迹，上方泥层中的大型蜥脚类足迹相对小的兽脚类足迹而言，可以灌进更多的水。因此，大型蜥脚类足迹环状区域应该会存在足以穿透下方的粉砂 - 泥质薄层的干燥泥裂。其实，要形成这种特征只需要造迹者在此种沉积的间隙中一次造迹，该间隙发生于细粒化、低能的砂质 - 细粉砂质 - 泥质沉积之后。

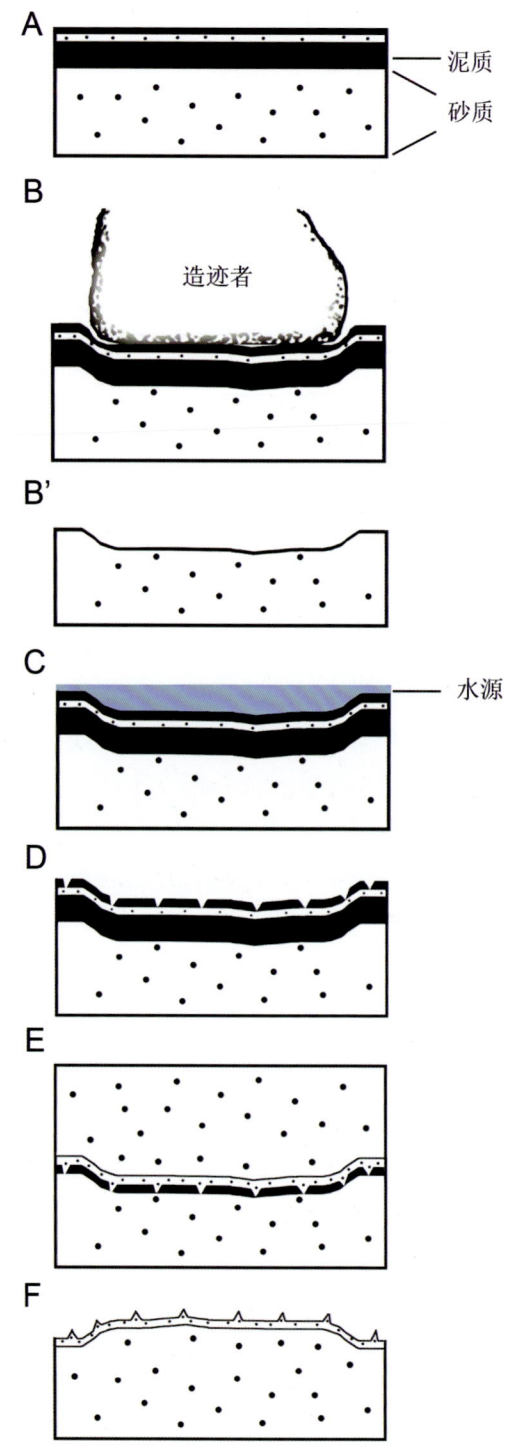

图 4-62　新阳足迹点蜥脚类造迹示意图
A. 沉积物分层；B. 造迹者留下真足迹和幻迹；C. 水源进入；D. 泥裂出现；E. 压实；F. 翻转风化

而此地的兽脚类足迹，它们也和这块颠倒岩块上的其他足迹一样呈突起状，这使得我们可以进一步观察其保存方式：

（1）凸型足迹保存相当完好，展示了上述的 *Eubrontes* 类足迹的三趾型特征，因此这些足迹很可能是在最适宜（既不太湿也不太干）的地面留下的。

（2）凸型足迹有着相当宽或者相当"肥胖"的趾。

（3）凸型足迹最初从泥质层下压，使粉砂质薄层变形为浅的下凹印痕（现在变成了上凸），因此形成了过渡幻迹。

（4）虽然足迹最初上凸的部分大多都遭到了侵蚀，但并没有发现蜥脚类足迹那样的泥裂。

（5）凸型足迹被侵蚀区域环绕，该处原本更柔软的沉积物很可能已经被风化。

兽脚类凸型足迹由于沉积物负载过重而变扁平的现象（Lockley and Xing, 2015）会在下文详细描述。在这里，我们只需要注意此类相当微妙的变宽趾印，以及导致足迹形成后发生外形态学形变的原因，而这些足迹在形成时很可能还是具有清晰形态的真足迹。

鉴于以上关于蜥脚类造迹者留下足迹后的回填等一系列事件，我们可以对这些足迹与保存在同一岩面上的兽脚类足迹之间的关系作出结论：

（1）干燥的泥裂出现在蜥脚类足迹（而非兽脚类足迹）内的薄层中，说明泥裂是前者留下之后，湿软的沉积物回填的结果。这意味着兽脚类足迹要晚一些出现在此地，造迹者在更坚实的沉积物上留下了足迹。

（2）这个推论被兽脚类凸型足迹那清晰的轮廓所支持，此外还有一个证据：它们被砂质回填，而没有受到泥裂的影响。

（3）缺失完好的趾区表明蜥脚类足迹并没有兽脚类足迹保存得那么好，也支持了足迹不是在相同地面条件下留存的猜想。不过，我们很难对兽脚类足迹和蜥脚类足迹留存脚印的时间间隔进行估计（见以下第5点）。

（4）保存较差的蜥脚类足迹和干燥的泥裂，这两点与足迹成因推断相一致：蜥脚类足迹很可能是在浸湿、饱和、垮塌的沉积物影响下产生了外形态学变化。

（5）不过，就前文的推论来看（第3、4点），如果蜥脚类造迹时对每单位面积施加的压力更大，那么它们对沉积物性质的改变就可能大于兽脚类，或许对砂土产生了液化作用。如果情况是这样，那么兽脚类和蜥脚类足迹也有可能是同时留下的，而不需要经过一段时间的间隔来让地面条件发生改变。

## 4.7 新阳二号足迹点

2015年4月21日，四川省叙永县委宣传部新闻中心记者杨涛在大石乡新阳村采风时再次发现恐龙足迹,该足迹点距离垮石崖约 500 米。然而,足迹位于小河涧中竖立的坍塌落石上,青苔等植被覆盖了整个岩面,使得工作难度极大,目前只能落至底部人力勉强得以触及的地区进行作业。我们在两块落石上共观察到 4 个足迹,所有足迹均为凸型足迹(图 4-63、图 4-64)。

新阳二号足迹点所有足迹的长度都在 10 厘米左右,长宽比的平均值和中值都为 1.5(1.3—1.5,N=4),足迹前三角长宽比平均值为 0.36(0.33—0.40,N =4),中值为 0.35。

记录的 4 个足迹中,XYII-T1-L1 保存最好,长宽比值为 1.3,第 II 趾最短,第 III 趾最长;跖趾垫与足迹中轴基本成一直线,略偏向第 II 趾;趾垫不清;第 II 和第 III 趾的爪印较明显。第 II 趾和第 IV 趾之间的趾间角较宽(58°),第 II 趾和第 III 趾之间的趾间角(26°)小于第 III 趾和第 IV 趾之间的趾间角(32°)。XYII-T1-L1 和 XYII-T1-R1 形成一个单步,足迹略向行迹中线内旋,单步长约为足迹长的 3 倍。前三角长宽比值为 0.40。XYII-T1-R1 以及 2 个孤立的足迹(XYII-TI1 和 XYII-TI2)的形态学特征与 XYII-T1-L1 基本一致。

整体而言,XYII 足迹的前三角长宽比属于弱或中等的中趾前凸,这是 Eubrontidae 的典型特征(Lull, 1904),普遍存在的爪印和较高的长宽比也表明了其与兽脚类足迹的亲和性。不过,由于材料非常有限,我们无法将其归入具体的足迹分类单元,仅将其归入小型兽脚类足迹。

图 4-63　新阳二号足迹点(黑色箭头指出足迹所在)

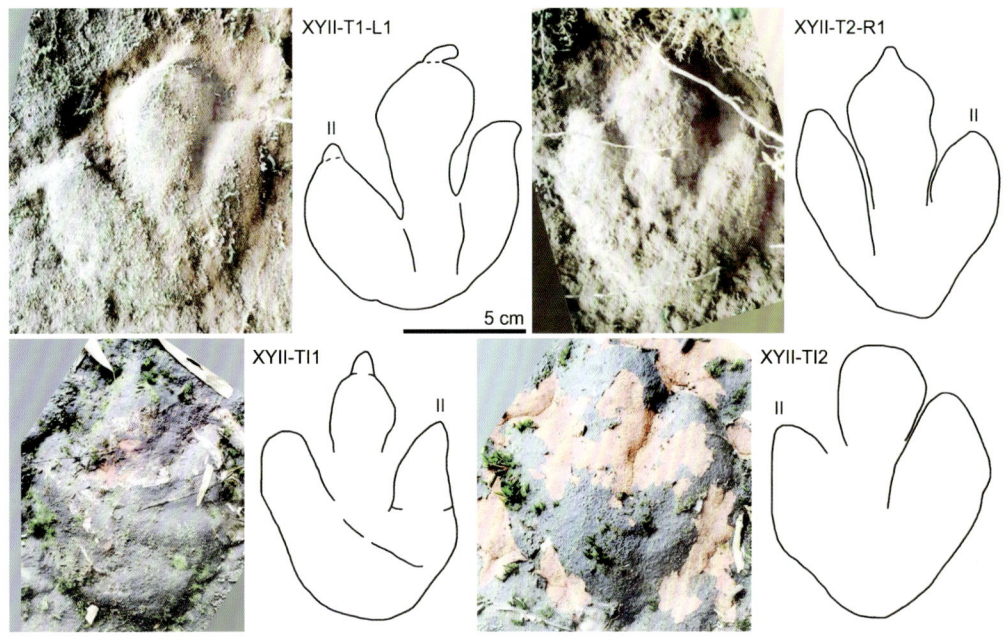

图 4-64 新阳二号足迹点的兽脚类足迹照片与轮廓图

值得说明的是,所有 XYII 兽脚类足迹第 III 趾的远端都大为增宽,这是一种典型的由于沉积物负载过重而使得趾扁平化的现象,是埋藏因素导致,而非形态学特征,该现象已经在笔者的其他论文中详细描述过(Lockley and Xing, 2015)。

新阳二号足迹点发现的足迹虽然数量有限,品种单一,但仍然表明了新阳区域还有更多的足迹记录的可能性,但因植被过于茂盛,且河川溪涧较多,此地发现大面积足迹点的难度较大。此地发现的兽脚类足迹形态类似小型 Eubrontidae 类,这些三趾型足迹的形态与新阳一号点的相似,暗示着此类造迹者在该区域有着更大的活跃度。

## 4.8 龙井足迹点

四川盆地夹关组恐龙足迹组合的记录日益增多,这些信息对研究中国西南部白垩纪恐龙动物群帮助甚大,这些四足类足迹包括了恐龙中的鸟脚类、蜥脚类、兽脚类、鸟类和翼龙类。本节增加一个记录,龙井足迹点(图 4-65),位于汉溪足迹点西北方 23.5 千米处,新阳足迹点则位于龙井足迹点西北 3.5 千米处。2011 年描述的宝源足迹点(Xing et al., 2011a)大致位于汉溪足迹点和龙井足迹点中点的位置。

有趣的是,这 3 个新发现的足迹点,它们的恐龙足迹种类都各不相同。汉溪足迹点的足迹类型为蜥脚类、大型兽脚类(*Eubrontes*)和小型鸟脚类(cf. *Ornithopodichnus*)。新

图 4-65　龙井足迹点照片（A）及行迹分布（B）

阳足迹点为蜥脚类、大型兽脚类（*Eubrontes*）和小型兽脚类足迹。龙井足迹点则为蜥脚类和中型鸟脚类。这表明该地区恐龙动物群具有较高的多样性。另一方面，这种差异或许也说明了沉积物对脊椎动物造迹者的潜在影响。例如，基于对加拿大西部的足迹群的研究，McCrea et al.（2014a）认为，四足动物与两足动物的竞争关系中，四足动物主要占据高有机质的低能环境，那里的两足动物很少，甚至是完全消失；两足动物则占据着低有机质的高能环境，但四足动物数量则不少。

2013年，叙永县委宣传部新闻中心记者杨涛在大石乡龙井村（小地名牛呃洞、犀牛沱）采风时，听到当地村民李锦勤说河流中发现有犀牛的脚印。当地村民从小在这些坑坑洼洼的地方嬉戏，也很奇怪这里为什么会有这么多"坑"，每当问起长辈，长辈们总说这是犀牛脚印。得知这一线索的杨涛将消息报告给自贡恐龙博物馆。2014年9月，笔者与自贡恐龙博物馆的彭光照、叶勇研究馆员考察了该足迹点，确定这批"犀牛脚印"是恐龙足迹。这是民间传说受到足迹化石启发的另一个重要例子（Xing et al., 2011e）。溪水流过犀牛沱，一直冲刷着恐龙足迹，最终汇入奔腾的沙湾河。这些四足类足迹由蜥脚类或中型鸟脚类所留。

在犀牛沱，足迹群易被快速流动的浅水覆盖，因此我们在上游用竹枝、树叶、泥土和石头临时搭建了一个小水坝来改变水流方向，便于我们对足迹进行测量和拍照。

### 4.8.1 蜥脚类足迹

龙井足迹点至少暴露了3道大型的四足行迹，编号为LJ-S1—LJ-S3（图4-66、图4-67，表4-23）。所有足迹都保存在原位。LJ-S1是其中最长的行迹，超过10米，包含了20个后足迹。长期受河水侵蚀，使得后足迹各趾模糊不清，足迹整体为平滑的圆形或扁碟形的形态，这是幻迹的特征。不过，由于几乎无法找到上覆岩层的露头（那里很可能保存着真足迹），这种假设也无法得到证实，只是根据足迹平滑的形态来推断。

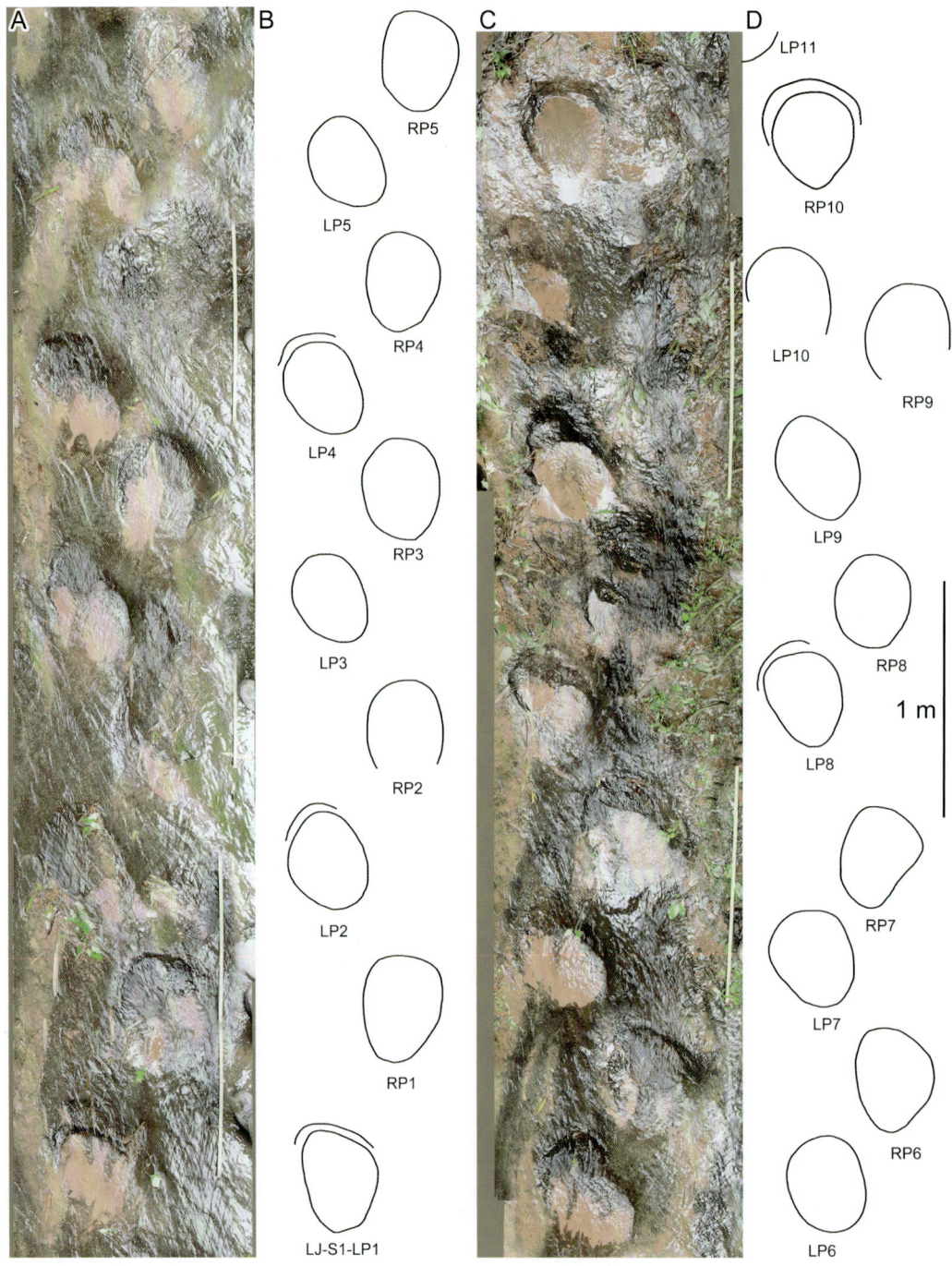

图 4-66 龙井足迹点蜥脚类足迹照片（A 与 C）与轮廓图（B 与 D）

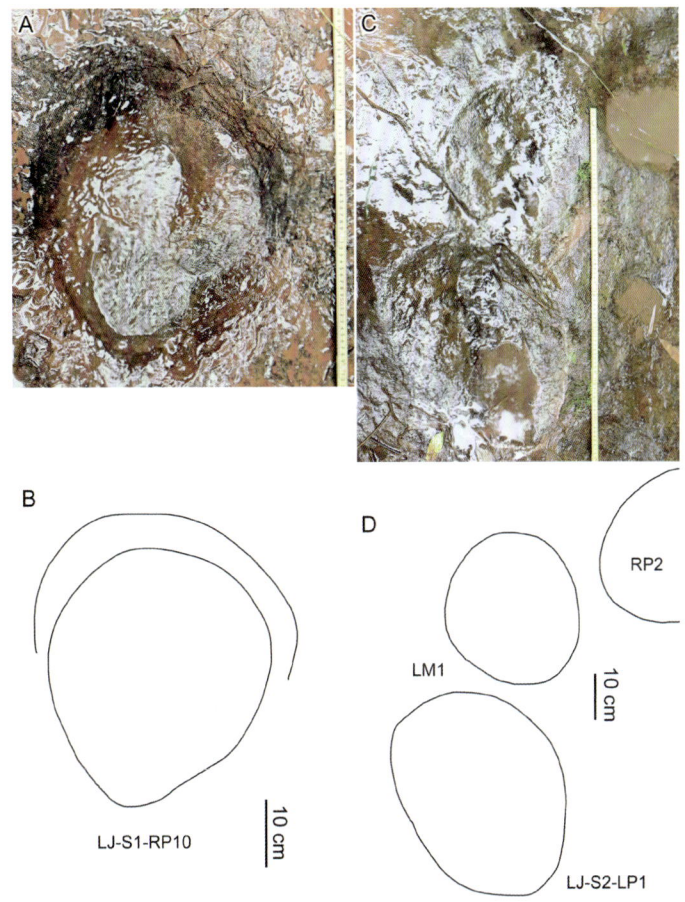

图 4-67 龙井足迹点蜥脚类足迹特写照片（A 与 C）与轮廓图（B 与 D）

表 4-23 龙井足迹点蜥脚类足迹测量数据（单位：厘米）

| 编号 | ML | MW | R | PL | SL | PA | L/W |
|---|---|---|---|---|---|---|---|
| LJ-S1-LP1 | 42.0 | 35.0 | 10° | 83.0 | 139.0 | 127° | 1.2 |
| LJ-S1-RP1 | 44.0 | 36.0 | 15° | 72.0 | 131.0 | 119° | 1.2 |
| LJ-S1-LP2 | 45.0 | 38.0 | 41° | 80.0 | 118.0 | 104° | 1.2 |
| LJ-S1-RP2 | 44.0 | 39.0 | 12° | 70.0 | 108.0 | 105° | 1.1 |
| LJ-S1-LP3 | 45.0 | 38.0 | 39° | 66.0 | 101.0 | 102° | 1.2 |
| LJ-S1-RP3 | 45.0 | 40.0 | 18° | 64.0 | 99.0 | 91° | 1.1 |
| LJ-S1-LP4 | 46.0 | 38.0 | 43° | 74.0 | 110.0 | 87° | 1.2 |
| LJ-S1-RP4 | 45.0 | 38.0 | 9° | 85.0 | 127.0 | 110° | 1.2 |
| LJ-S1-LP5 | 50.0 | 40.0 | 40° | 70.0 | 116.0 | 112° | 1.3 |
| LJ-S1-RP5 | 45.0 | 40.0 | 19° | 70.0 | 121.0 | 123° | 1.1 |

续表

| 编号 | ML | MW | R | PL | SL | PA | L/W |
|---|---|---|---|---|---|---|---|
| LJ–S1–LP6 | 48.0 | 42.0 | 19° | 68.0 | 117.0 | 115° | 1.1 |
| LJ–S1–RP6 | 46.0 | 40.0 | 19° | 71.0 | 116.0 | 114° | 1.2 |
| LJ–S1–LP7 | 48.0 | 39.0 | 30° | 67.0 | 123.0 | 126° | 1.2 |
| LJ–S1–RP7 | 45.0 | 39.0 | 26° | 71.0 | 104.0 | 98° | 1.2 |
| LJ–S1–LP8 | 46.0 | 38.0 | 22° | 67.0 | 111.0 | 99° | 1.2 |
| LJ–S1–RP8 | 43.0 | 39.0 | 17° | 79.0 | — | — | 1.1 |
| LJ–S1–LP9 | 48.0 | 38.0 | — | — | 105.0 | — | 1.3 |
| LJ–S1–RP9 | — | — | — | — | — | — | — |
| LJ–S1–LP10 | 46.0 | 36.0 | — | 73.0 | — | — | 1.3 |
| LJ–S1–RP10 | 45.0 | 42.0 | — | — | — | — | 1.1 |
| Mean | 45.6 | 38.7 | 24° | 72.4 | 115.4 | 109° | 1.2 |
| LJ–S2–LP1 | 49.5 | 35.6 | — | — | — | — | 1.4 |
| LJ–S1–LM1 | 33.4 | 32.3 | — | — | — | — | 1.0 |

  LJ-S1 的后足迹长宽比值约为 1.2，并向行迹中线外旋约 24°，平均步幅角为 109°。LJ-S1 包括了多个极浅的前足迹，遗憾的是，这些前足迹已经被流动的河水所侵蚀，乏善可陈的形态学细节使得它们几乎无法鉴别。初始的保存方式（该行迹很可能为幻迹）加上河水长期侵蚀，使得足迹的保存质量达不到最佳。不过，行迹的模式已足以让我们把这些蜥脚类行迹与鸟脚类行迹区分开来。

  LJ-S2 行迹的长度短于 LJ-S1，只保存了两三个前足迹。LJ-S2 的前足迹位于后足迹的前中缘。以保存最好的前 – 后足迹 LJ-S2-LP1—LJ-S2-LM1 为例，前足迹和后足迹的长宽比值分别是 1.0 和 1.4。圆形的前足迹能观察到模糊的趾印。后足迹呈椭圆形，各趾模糊不清，跖趾区后缘平滑弯曲。LJ-S2-LP1—LJ-S2-LM1 有相当低的足迹异度（1:1.7）。LJ-S3 仅保存了两个后足迹，在形态上与 LJ-S1 相似。

  基于经典的 Thulborn（1990）和 Alexander（1976）公式，龙井蜥脚类行迹的相对复步长介于 0.43—0.63 之间，表明动物处于行走步态，造迹者的平均运动速度估计为 1.12—1.76 千米 / 小时。

  我们知道，中国大部分蜥脚类行迹是宽或中间距，被归入 *Brontopodus*（Lockley et al., 2002a）。汉溪足迹点和新阳足迹点的蜥脚类行迹，其特征也与美国早白垩世 *Brontopodus* 类足迹（Farlow et al., 1989; Lockley et al., 1994a）一致（例如长宽比、足迹异度等），但为窄间距，我们暂时把它归入 cf. *Brontopodus*。

  沉积岩的压力分布一般是自上而下，然后向外散开（Allen, 1989; Manning, 2004,

p104），据此可推断幻迹会宽于上层位的真足迹。这个结论是那么显而易见，却很少被明确地阐述。不过，有些研究者（Thulborn, 1990; Lockley, 1991b）已经注意到幻迹会随着深度增加而扩张其边缘。这可能就是龙井蜥脚类行迹在外形与尺寸上相似于汉溪和新阳足迹点标本的原因。龙井标本的后足迹长宽比在 *Brontopodus* 的范围内，不过，行迹为窄间距，部分足迹则显示出相当低的足迹异度。这是早白垩世恐龙行迹综合了典型 *Brontopodus* 和 *Parabrontopodus* 特征的另一个例子，这种现象有待于将来做进一步研究。我们把龙井足迹点的蜥脚类足迹暂时归入 cf. *Brontopodus*。

### 4.8.2 鸟脚类足迹

龙井足迹点保存了至少一道清晰的鸟脚类行迹，这道行迹仅保存有后足迹，编号为 LJ-O1，后足迹共 11 个（图 4-68、图 4-69，表 4-24）。另外还有一道三趾型足迹组成的行迹，但由于水流太急，无法靠近，难以做进一步鉴定。LJ-O1 行迹同样遭到持续的水流带来的严重侵蚀。所有足迹都保存在原位。

LJ-O1 的后足迹为亚中轴对称，功能性三趾型，跖行式，平均长 22.8 厘米，长宽比的平均值和中值都为 1.4（介于 1.2—1.5 之间）。LJ-O1 中保存最好的后足迹是 LJ-O1-R1，呈四分形态，由三个趾和一个被明显的脊所分隔开的脚跟组成；长宽比值为 1.4，前三角长宽比值为 0.34。第 II 趾最短，第 IV 趾最长；爪印缺失或模糊不清；脚跟为横向椭圆形；三个趾和跖骨印之间有清晰的间距；第 II 趾至第 IV 趾的趾间角为 46°。LJ-O1 的平均步幅角为 149°（介于 138°—157° 之间）；后足迹一致内旋，平均角度为 9°—10°。

LJ-O1 的相对复步长为 0.91，表明动物处于行走步态。运用 Alexander（1976）的速度公式，LJ-O1 的速度为 2.48 千米 / 小时，这要略慢于昭觉标本 3.02—6.01 千米 / 小时。

早白垩世鸟脚类行迹多发现于欧洲、北美和东亚。迄今为止，学者已经命名了 4 个有效的早白垩世鸟脚类足迹属：*Amblydactylus*（2 个足迹种），*Caririchnium*（3 个足迹种），*Iguanodontipus*（单一足迹种）和 *Ornithopodichnus*（单一足迹种）（Lockley et al., 2014b）。

*Amblydactylus* 是四足或兼两足的鸟脚类行迹，最初由 Sternberg（1932）基于加拿大 Gething 组的材料描述而命名。其后足迹约为 *Iguantodontipus* 的两倍大小，后者是与 *Amblydactylus* 形态相似的足迹属，由 Sarjeant et al.（1998）基于英国下白垩统的一批足迹描述而命名。Lucas et al.（2011）认为后者是 *Amblydactylus* 的同物异名（synonymous），Lockley et al.（2014b）则认为 *Iguanodontipus* 是有效的足迹属，我们同意后一个观点。*Ornithopodichnus* 最早由 Kim et al.（2009）根据韩国白垩系 Jindong 组的标本描述命名，包括小至大型的后足迹。与 *Amblydactylus*、*Iguanodontipus* 和 *Caririchnium* 相比，它的中趾前凸很微弱，其他鸟脚类足迹的中趾前凸都为中等程度。已知的 *Ornithopodichnus*

既有两足动物,也有四足动物留下的行迹。

图 4-68　龙井足迹点鸟脚类足迹照片(A)与轮廓图(B)

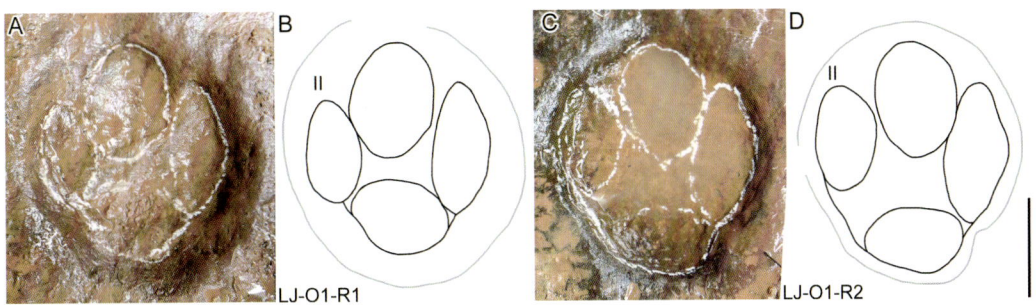

图 4-69 龙井足迹点鸟脚类足迹照片（A 与 C）与轮廓图（B 与 D）

表 4-24 龙井足迹点鸟脚类足迹测量数据（单位：厘米）

| 编号 | ML | MW | II–IV | PL | SL | PA | M | L/W |
|---|---|---|---|---|---|---|---|---|
| LJ-O1-R1 | 22.0 | 19.5 | 47° | 52.0 | 98.0 | 157° | 0.34 | 1.1 |
| LJ-O1-L2 | 23.0 | 23.0 | — | 48.0 | 97.0 | 157° | — | 1.0 |
| LJ-O1-R2 | 23.5 | 20.0 | 45° | 51.0 | 99.0 | 152° | 0.30 | 1.2 |
| LJ-O1-L3 | 22.0 | 20.5 | — | 51.0 | 96.0 | 147° | — | 1.1 |
| LJ-O1-R3 | 23.0 | 21.0 | — | 49.0 | 90.0 | 146° | — | 1.1 |
| LJ-O1-L4 | 22.5 | 20.5 | — | 45.0 | 93.0 | 138° | — | 1.1 |
| LJ-O1-R4 | 23.0 | — | — | 54.5 | 98.0 | 146° | — | — |
| LJ-O1-L5 | 23.0 | — | — | 48.0 | — | — | — | — |
| LJ-O1-R5 | 23.0 | — | — | — | — | — | — | — |
| Mean | 22.8 | 20.8 | 46° | 49.8 | 95.9 | 149° | 0.32 | 1.1 |

LJ-O1 的形态与 *Caririchnium* 相似，后者是 Leonardi（1984）根据巴西 Antenor Navarro 组的标本命名的足迹属。Lockley et al.（2014b）回顾了 *Caririchnium* 的后足迹特征，具有亚对称、四分形态（由三个趾和一个被明显的脊所分隔开的脚跟组成）；在恐龙活着的时候，该特征代表着边界清晰、由向上凹入的皱褶分隔开的、向下凸出的脚垫；后足迹要么是功能性跖行式，要么是脚跟在相当软质的沉积物上留下了印记。Leonardi（1984）描述的 *Caririchnium* 爪印位于第 II 趾至第 IV 趾的趾内部，而非最远端。

LJ-O1 的长宽比和中趾前凸值与 *Caririchnium* 的各个足迹种（Lockley et al., 2014b）和昭觉三比罗嘎足迹点形态类型 A 相近。其中，綦江莲花保寨的 *Caririchnium lotus* 同样发现于夹关组（Barremian–Albian），昭觉标本则出自略早一些的飞天山组（Berriasian–Barremian）（Xing et al., 2014）。这表明 *Caririchnium* 类型在中国西南部下白垩统有相当广泛的分布。

莲花保寨的 *Caririchnium lotus* 分成大型和中小型两种形态类型，后者的后足迹长度多数集中在 20—24 厘米区间。在形态类型 B 标本中，只有小部分行迹缺失前足迹，如果不是由两足行走造成的，那就很可能是因为前足迹太浅而没有被保存下来。Xing et al.（2007）认为还有这样一种可能性，即亚成年的造迹者通常只用后肢行走（Shipman, 1986; Norman, 1988）。虽然确实存在这种可能性，但目前并没有非常确凿的足迹学或骨学证据支持这种解释。

LJ-O1 足迹的平均长度为 22.8 厘米，没有观察到相应的前足迹。与数量众多的昭觉标本长度相近（20—30 厘米），后者只保存了有 3 对前－后足迹，其余的都只有后足迹。除了保存因素之外，LJ-O1 缺失前足迹也可能由倾向两足行走的亚成年个体留下的。值得注意的是，这个假说并不能排除它们属于另一种未命名的 *Caririchnium* 足迹种的可能性，我们将在石庙沟足迹点的对应小节中详述。

最后，LJ-O1 造迹者的运动速度（2.48 千米 / 小时）略慢于昭觉鸟脚类的速度（3.02—6.01 千米 / 小时）。

### 4.8.3 小结

龙井足迹点发现的恐龙足迹由 3 道蜥脚类行迹和 1 道鸟脚类行迹组成。保存较好的蜥脚类行迹较长，间距相当窄。窄间距是由于造迹者的步态造成，还是由于幻迹因素，目前仍无法确认。从某种程度上，它们与附近汉溪和新阳足迹点的同年代蜥脚类行迹很相似，因此一起被归入 cf. *Brontopodus*。

基于足迹形态学和行迹模式，鸟脚类行迹可归入早白垩世独具特色的、常见的足迹属 *Caririchnium*。*Caririchnium* 同样出自重庆莲花保寨的夹关组地层。龙井鸟脚类行迹的前足迹缺失，这可能是保存的因素造成，也可能是两足行走的亚成年造迹者所致。

## 4.9 石庙沟足迹点

广泛分布的侏罗系湖相沉积蕴藏着大量的恐龙化石，使得四川盆地成了中国恐龙研究的重镇之一（Peng et al., 2005）。白垩纪的骨骼记录稀少且零散，这使研究者产生了误判，认为该时期四川盆地的恐龙种类不多，可能是因为当时的栖息地条件不佳（Wang et al., 2008）。2007 年以来，四川盆地下白垩统夹关组不断出现的恐龙足迹点改变了这个观点，它们证明了四川盆地的白垩纪恐龙动物群十分繁荣。夹关组陆续发现的恐龙足迹点包括宜宾官元冲（Young, 1960）、峨眉川主（Zhen et al., 1994; Matsukawa et al., 2006; Lockley et al., 2008a, 2013）、重庆綦江莲花保寨（Xing et al., 2007）和虎山、贵州赤水宝源（Xing et al., 2011f）、古蔺汉溪、叙永新阳和龙井足迹点。本项目对这些足迹点都做了介绍和描述。

起初，夹关组的足迹记录十分稀少，主要包括 *Yangtzepus*（Young, 1960）、*Velocirap-*

*torichnus*（Zhen et al., 1994）、*Minisauripus*（Zhen et al., 1994; Lockley et al., 2008a）、*Koreanaornis*（Zhen et al., 1994; Lockley and Harris, 2010）等蜥臀类（含鸟类）足迹。自 2007 年起，莲花保寨足迹点发现了大量鸟脚类足迹，以及相关的蜥脚类、鸟类、翼龙足迹（Xing et al., 2007）。汉溪足迹点发现了东亚最长的兽脚类行迹，以及丰富的蜥脚类、兽脚类和鸟脚类足迹组合。

石庙沟足迹点是夹关组的第 9 个记录，令人感到意外的是，与汉溪近在咫尺（约 3.5 千米）的石庙沟（楼阁村二组）竟保存了多样化程度如此之高的恐龙–翼龙足迹动物群，这再次刷新了我们对夹关组四足类的丰度与广度的认识。

2014 年 11 月，桂花乡香楠小学校长徐挺发现了该足迹点。我们于 2015 年 4 月考察了这个足迹点。总的来说，石庙沟足迹点的恐龙足迹组合类似于汉溪足迹点，但额外还有恐爪龙类和翼龙类足迹。我们将在下文讨论这些足迹的分类学，并介绍一种新的鸟臀类足迹种。另外，我们还记录了一道可能能够反映出特殊行为和行走模式的蜥脚类行迹。

足迹点中至少有 15 块大型落岩，分布于长约 105 米的林中小路沿线。大部分足迹都是凹型足迹，也有小部分为凸型足迹。足迹点位于湿热的森林，这表明足迹通常会受雨淋或被苔藓覆盖。清理足迹表面后，我们对它们进行了编号、拍照和测量。足迹点有 8 块保存良好的含足迹岩板，上面的足迹容易辨认且适合记录，本文按发现顺序将它们称为"岩板"1—8（图 4-70、图 4-71、图 4-72、图 4-73、图 4-74、图 4-75、图 4-76，表 4-25）。其中，岩板 1 保存的足迹及行迹最多（分别为 53 个和 9 道），包括了 3 种形态类型。岩板 4 保存了 4 种形态类型。其他 6 块岩板分别保存了 1 种或 2 种形态类型。总的来说，这些岩板有 30 道行迹，132 个足迹，它们可分为 5 种不同的形态类型。

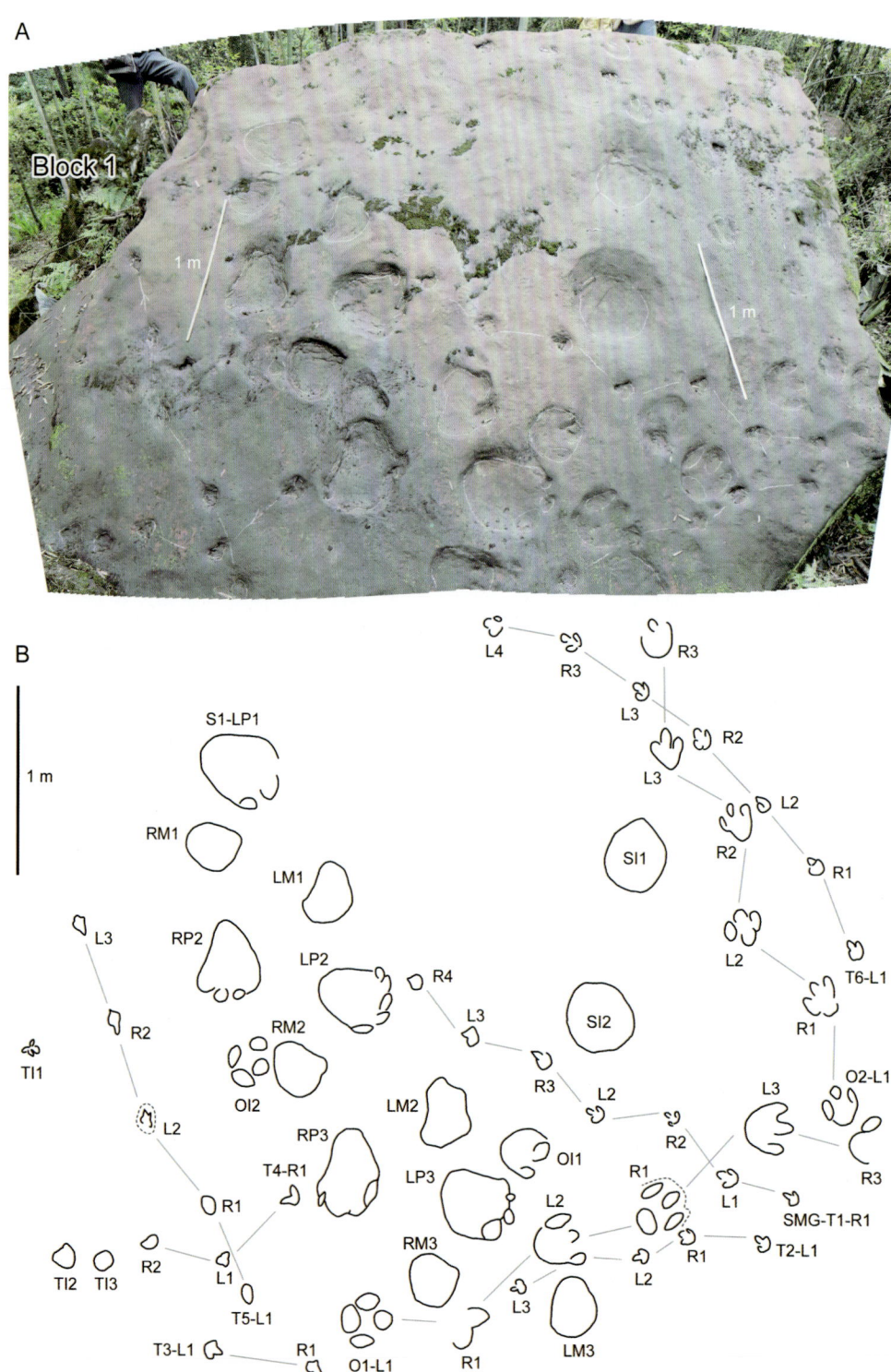

图 4-70 石庙沟足迹点岩板 1 的照片（A）与足迹分布图（B）

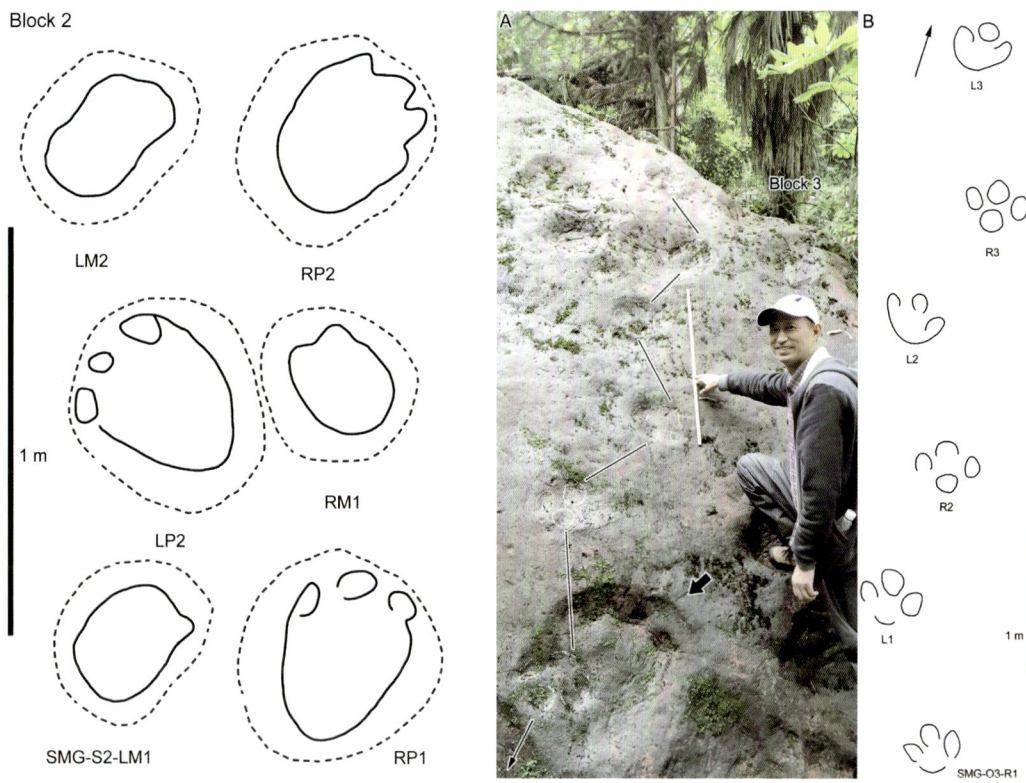

图 4-71 石庙沟足迹点岩板 2 的足迹分布图

图 4-72 石庙沟足迹点岩板 3 的照片（A）与足迹分布图（B）（图中人物为刘建先生）

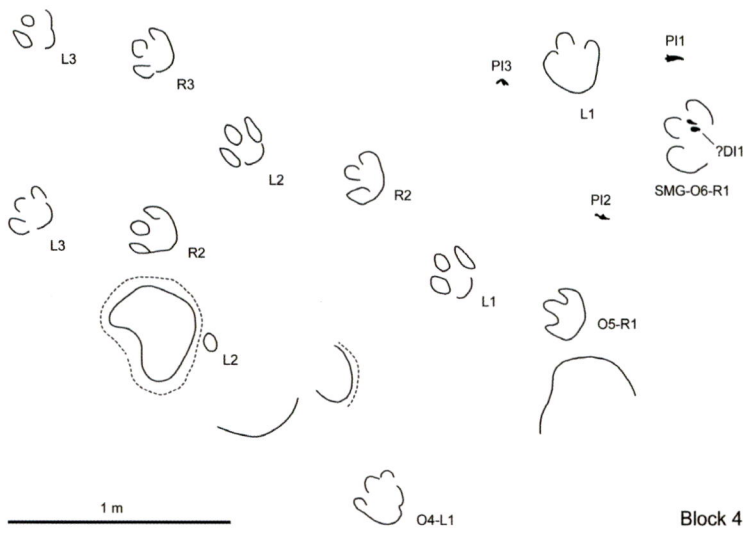

图 4-73 石庙沟足迹点岩板 4 的足迹分布图

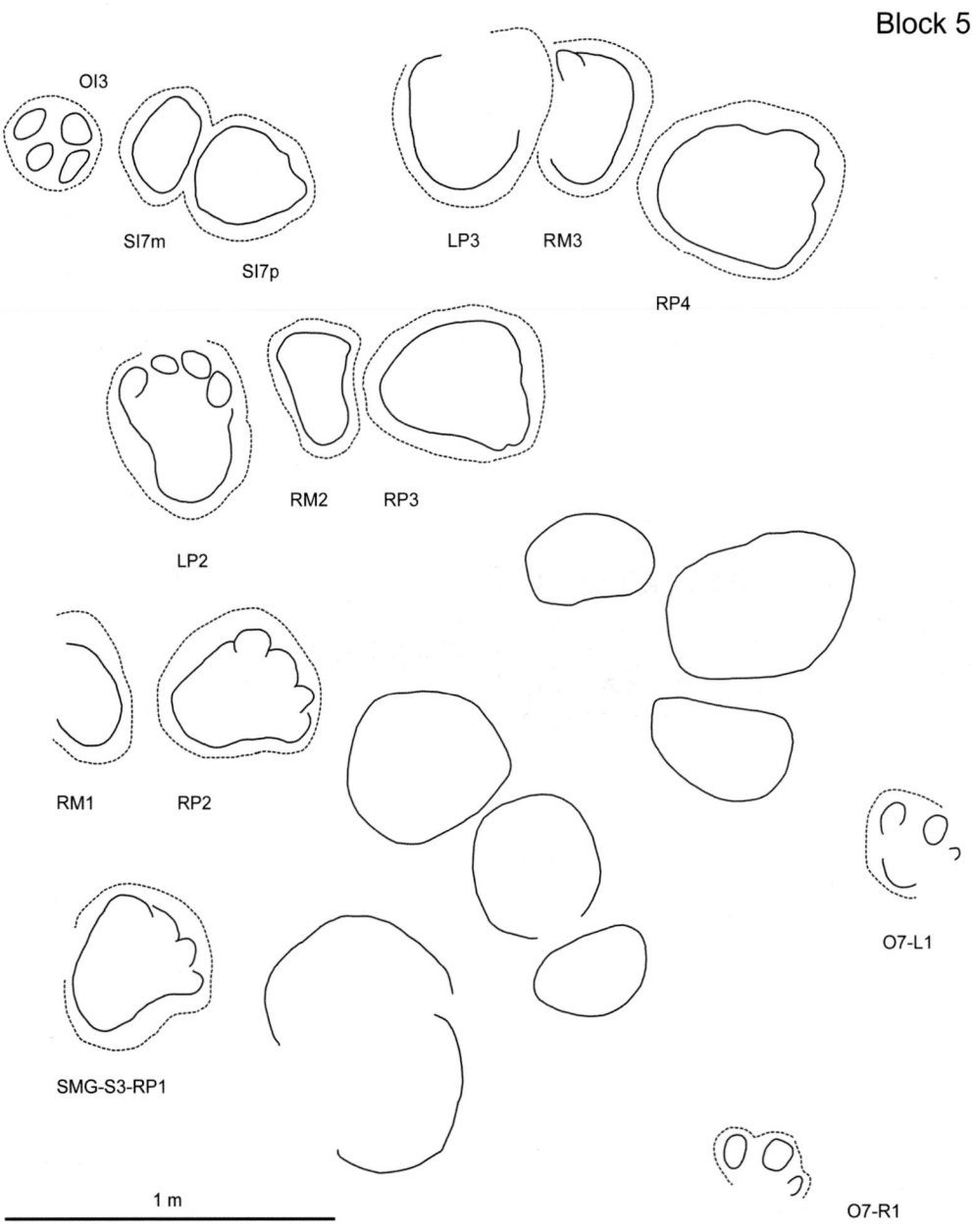

图 4-74 石庙沟足迹点岩板 5 的足迹分布图

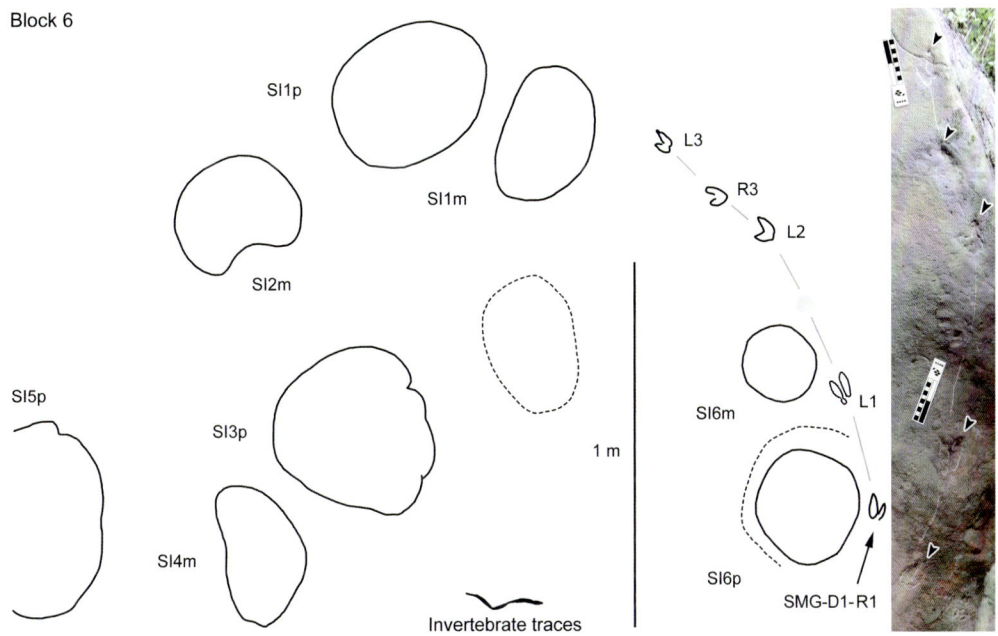

图 4-75 石庙沟足迹点岩板 6 的足迹分布图与两趾型足迹组成的行迹照片

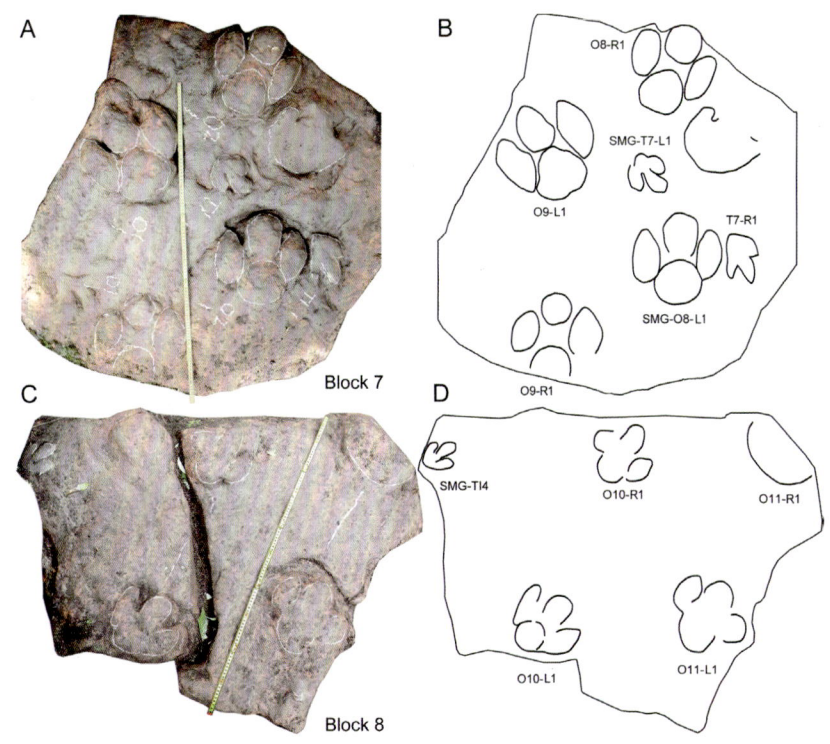

图 4-76 石庙沟足迹点岩板 7 的照片（A）及足迹分布图（B）、岩板 8 的照片（C）及足迹分布图（D）

表 4-25 石庙沟足迹点的足迹概况

| 岩板 | 足迹/行迹 | 造迹者 | | | | |
|---|---|---|---|---|---|---|
| | | Th | Dr | Sa | Or | Pt |
| 1 | 53/9 | 6 | — | 1 | 2 | — |
| 2 | 6/1 | — | — | 1 | — | — |
| 3 | 8/2 | — | — | 1 | 1 | — |
| 4 | 20/6 | — | 1 | 1 | 3 | 2 |
| 5 | 21/4 | — | — | 2 | 2 | — |
| 6 | 14/2 | — | 1 | 1 | — | — |
| 7 | 6/3 | 1 | — | — | 2 | — |
| 8 | 4/3 | 1 | — | — | 2 | — |
| 总计 | 132/30 | 8 | 2 | 7 | 12 | 2 |

缩写：Th. 非鸟兽脚类；Dr. 恐爪龙类；Sa. 蜥脚类；Or. 鸟脚类；Pt. 翼龙类

### 4.9.1 兽脚类足迹

#### 4.9.1.1 小型三趾型足迹

石庙沟足迹点的小型三趾型足迹（后足长 7—18 厘米）共 31 个，组成了至少 7 道行

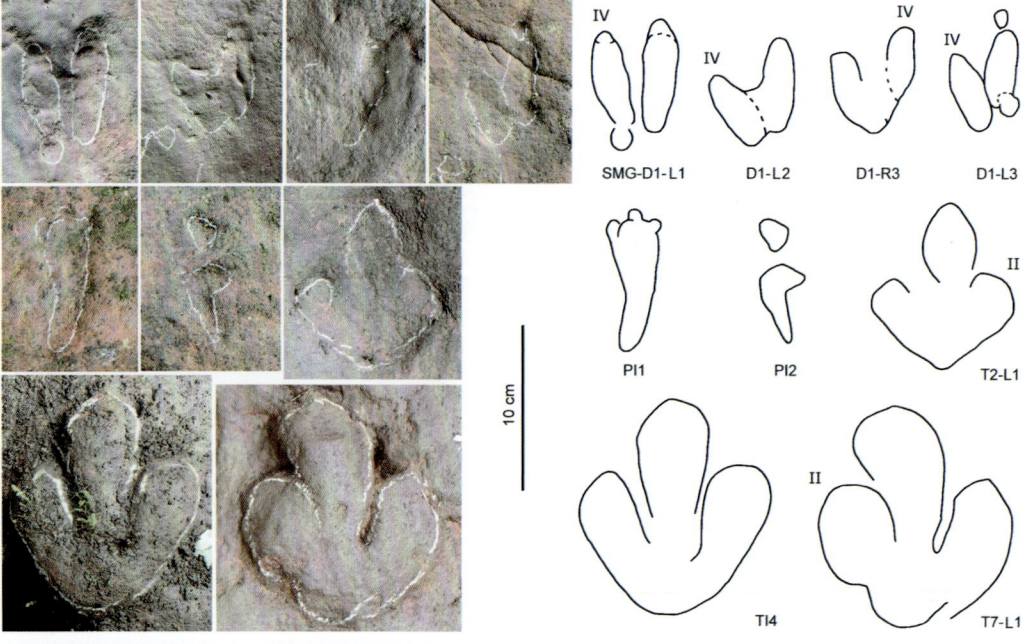

图 4-77 石庙沟足迹点的兽脚类足迹特写照片与轮廓图

迹，编号为SMG-T1—SMG-T7。另外还有4个孤立的足迹（图4-77，表4-26）。大部分足迹为天然凹型足迹，只有行迹SMG-T7和孤立的SMG-TI4是天然凸型足迹。所有凹型足迹都因初始保存不佳和严重风化而没有可辨认的趾垫。

表4-26 石庙沟足迹点兽脚类和鸟脚类足迹测量数据（单位：厘米）

| 编号 | ML | MW | II-IV | PL | SL | PA | L/W |
|---|---|---|---|---|---|---|---|
| SMG-T1-R1 | 11.0 | 8.0 | 73° | 39.0 | 80.0 | 152° | 1.4 |
| SMG-T1-L1 | 13.5 | 10.5 | 65° | 43.5 | 80.0 | 134° | 1.3 |
| SMG-T1-R2 | 9.0 | 8.9 | 77° | 43.5 | 82.0 | 139° | 1.0 |
| SMG-T1-L2 | 10.5 | 9.0 | 77° | 44.0 | 82.5 | 150° | 1.2 |
| SMG-T1-R3 | 14.5 | 10.5 | — | 41.5 | 82.5 | 145° | 1.4 |
| SMG-T1-L3 | 12.0 | 10.8 | — | 45.0 | — | — | 1.1 |
| SMG-T1-R4 | 10.5 | 9.5 | — | — | — | — | 1.1 |
| Mean | 11.6 | 9.6 | 73° | 42.8 | 81.4 | 144° | 1.2 |
| SMG-T2-L1 | 11.0 | 9.8 | 76° | 43.5 | 72.0 | 156° | 1.1 |
| SMG-T2-R1 | 11.0 | 10.0 | 65° | 30.0 | — | — | 1.1 |
| SMG-T2-L2 | 10.5 | 9.0 | 71° | — | 72.0 | — | 1.2 |
| SMG-T2-R2 | — | — | — | — | — | — | — |
| SMG-T2-L3 | 9.0 | 9.0 | — | — | — | — | 1.0 |
| Mean | 10.4 | 9.5 | 71° | 36.8 | 72.0 | 156° | 1.1 |
| SMG-T3-L1 | 11.5 | 11.0 | 77° | 60.0 | — | — | 1.0 |
| SMG-T3-R1 | 11.0 | 9.0 | — | — | — | — | 1.2 |
| Mean | 11.3 | 10.0 | 77° | 60.0 | — | — | 1.1 |
| SMG-T4-R1 | 12.5 | 13.0 | — | 48.5 | 82.5 | 125° | 1.0 |
| SMG-T4-L1 | 9.5 | 9.0 | — | 44.5 | — | — | 1.1 |
| SMG-T4-R2 | 11.0 | 9.0 | — | — | — | — | 1.2 |
| Mean | 11.0 | 10.3 | — | 46.5 | 82.5 | 125° | 1.1 |
| SMG-T5-L1 | 11.5 | — | — | 53.0 | 111.0 | 165° | — |
| SMG-T5-R1 | 11.5 | — | — | 59.0 | 114.0 | 159° | — |
| SMG-T5-L2 | 11.5 | 7.5 | — | 57.0 | 110.0 | 165° | 1.5 |
| SMG-T5-R2 | 16.0 | 9.0 | — | 54.0 | — | — | 1.8 |
| SMG-T5-L3 | 12.0 | 8.0 | — | — | — | — | 1.5 |
| Mean | 12.5 | 8.2 | — | 55.8 | 111.7 | 163° | 1.6 |
| SMG-T6-L1 | 12.0 | 9.0 | 47° | 49.0 | 93.0 | 180° | 1.3 |
| SMG-T6-R1 | 12.0 | 9.6 | — | 44.0 | 95.5 | 180° | 1.3 |

| 编号 | ML | MW | II–IV | PL | SL | PA | L/W |
|---|---|---|---|---|---|---|---|
| SMG-T6-L2 | 9.2 | 7.5 | — | 51.5 | 93.0 | 168° | 1.2 |
| SMG-T6-R2 | 13.5 | 11.6 | 58° | 42.0 | 90.0 | 180° | 1.2 |
| SMG-T6-L3 | 11.5 | 10.0 | 58° | 48.0 | — | — | 1.2 |
| SMG-T6-R3 | 13.0 | 11.0 | 74° | — | — | — | 1.2 |
| SMG-T6-L4 | 11.5 | 12.0 | — | — | — | — | 1.0 |
| Mean | 11.8 | 10.1 | 59° | 46.9 | 92.9 | 177° | 1.2 |
| SMG-T7-L1 | 13.5 | 9.3 | 56° | 42.0 | — | — | — |
| SMG-T7-R1 | 18.0 | 12.0 | 56° | — | — | — | — |
| Mean | 15.8 | 10.7 | 56° | 42.0 | — | — | — |
| SMG-D1-R1 | 7.5 | 4.5 | 39° | 33.0 | — | — | 1.7 |
| SMG-D1-L1 | 7.5 | 4.5 | 27° | — | 48.5 | — | 1.7 |
| SMG-D1-R2 | — | — | — | — | — | — | — |
| SMG-D1-L2 | 6.5 | 5.0 | 45° | 17.0 | 38.0 | 161° | 1.3 |
| SMG-D1-R3 | 7.0 | 4.0 | 45° | 21.5 | — | — | 1.8 |
| SMG-D1-L3 | 7.0 | 4.0 | 37° | — | — | — | 1.8 |
| Mean | 7.1 | 4.4 | 39° | 23.8 | 43.3 | 161° | 1.7 |
| SMG-TI1 | 11.0 | 8.0 | — | — | — | — | 1.4 |
| SMG-TI2 | 14.5 | 12.0 | — | — | — | — | 1.2 |
| SMG-TI3 | 12.0 | 9.5 | — | — | — | — | 1.3 |
| SMG-TI4 | 13.0 | 10.0 | 63° | — | — | — | — |
| SMG-O1-L1 | 30.5 | 30.0 | 60° | 56.0 | 116.0 | 140° | 1.0 |
| SMG-O1-R1 | — | — | — | 67.5 | 127.5 | 160° | — |
| SMG-O1-L2 | 27.0 | 30.0 | 53° | 62.0 | 135.5 | 170° | 0.9 |
| SMG-O1-R2 | 32.5 | 31.0 | 47° | 74.0 | 127.5 | 157° | 1.0 |
| SMG-O1-L3 | 29.5 | 28.5 | 57° | 56.0 | — | — | 1.0 |
| SMG-O1-R3 | — | — | — | — | — | — | — |
| Mean | 29.9 | 29.9 | 54° | 63.1 | 126.6 | 157° | 1.0 |
| SMG-O2-L1 | 22.5 | 21.0 | 49° | 57.0 | 109.5 | 149° | 1.1 |
| SMG-O2-R1 | 22.0 | 22.5 | 52° | 56.5 | 105.0 | 135° | 1.0 |
| SMG-O2-L2 | 21.0 | 22.0 | 51° | 57.0 | 106.5 | 146° | 1.0 |
| SMG-O2-R2 | 22.5 | 20.0 | 47° | 54.5 | 106.5 | 149° | 1.1 |
| SMG-O2-L3 | 23.0 | 19.5 | 51° | 56.0 | — | — | 1.2 |

续表

| 编号 | ML | MW | II–IV | PL | SL | PA | L/W |
|---|---|---|---|---|---|---|---|
| SMG-O2-R3 | 20.5 | 19.0 | 51° | — | — | — | 1.1 |
| Mean | 21.9 | 20.7 | 50° | 56.2 | 106.9 | 145° | 1.1 |
| SMG-O3-R1* | 21.0 | 24.0 | 76° | 70.5 | 124.5 | 142° | 0.9 |
| SMG-O3-L1 | 24.0 | 27.0 | 80° | 61.0 | 121.5 | 149° | 0.9 |
| SMG-O3-R2 | 22.5 | 29.0 | 73° | 65.0 | 117.0 | 135° | 0.8 |
| SMG-O3-L2 | 22.0 | 26.5 | 79° | 61.5 | 122.0 | 140° | 0.8 |
| SMG-O3-R3 | 22.5 | 28.0 | 71° | 68.5 | — | — | 0.8 |
| SMG-O3-L3 | 22.0 | 25.0 | 73° | — | — | — | 0.9 |
| Mean | 22.3 | 26.6 | 75° | 65.3 | 121.3 | 142° | 0.9 |
| SMG-O4-L1 | 23.5 | 23.0 | 55° | 61.0 | 101.5 | — | 1.0 |
| SMG-O4-R1 | 23.0 | 21.0 | — | — | 107.0 | — | 1.1 |
| SMG-O4-L2 | — | — | — | 56.0 | 104.0 | 127° | — |
| SMG-O4-R2 | 23.0 | 22.5 | 48° | 60.0 | — | — | 1.0 |
| SMG-O4-L3 | 19.0 | 22.5 | 62° | — | — | — | 0.8 |
| Mean | 22.1 | 22.3 | 55° | 59.0 | 104.2 | 127° | 1.0 |
| SMG-O5-R1 | 20.5 | 23.0 | 58° | 56.0 | 111.0 | 158° | 0.9 |
| SMG-O5-L1 | 23.5 | 20.5 | 52° | 57.0 | 114.0 | 156° | 1.1 |
| SMG-O5-R2 | 20.5 | 23.0 | 65° | 59.5 | 114.0 | 156° | 0.9 |
| SMG-O5-L2 | 22.0 | 21.5 | 57° | 57.0 | 107.5 | 151° | 1.0 |
| SMG-O5-R3 | 25.5 | 23.0 | 64° | 54.0 | — | — | 1.1 |
| SMG-O5-L3 | 18.0 | — | — | — | — | — | — |
| Mean | 21.7 | 22.2 | 59° | 56.7 | 111.6 | 155° | 1.0 |
| SMG-O6-R1 | 28.0 | 32.0 | 70° | 63.0 | — | — | 0.9 |
| SMG-O6-L1 | 28.0 | 26.5 | 58° | — | — | — | 1.1 |
| Mean | 28.0 | 29.3 | 64° | 63.0 | — | — | 1.0 |
| SMG-O7-R1 | 23.0 | 25.5 | — | 110.0 | — | — | 0.9 |
| SMG-O7-L1 | 25.0 | 26.0 | 58° | — | — | — | 1.0 |
| Mean | 24.0 | 25.8 | 58° | 110.0 | — | — | 1.0 |
| SMG-O8-R1 | 28.0 | 29.5 | 50° | 60.5 | — | — | 0.9 |
| SMG-O8-L1 | 26.0 | 25.0 | 51° | — | — | — | 1.0 |
| Mean | 27.0 | 27.3 | 51° | 60.5 | — | — | 1.0 |

续表

| 编号 | ML | MW | II–IV | PL | SL | PA | L/W |
|---|---|---|---|---|---|---|---|
| SMG-O9-R1 | 29.8 | 30.0 | — | 59.0 | — | — | 1.0 |
| SMG-O9-L1 | 29.5 | 30.0 | 46° | — | — | — | 1.0 |
| Mean | 29.7 | 30.0 | 46° | 59.0 | — | — | 1.0 |
| SMG-O10-L1 | 22.0 | 23.5 | 59° | 58.5 | — | — | 0.9 |
| SMG-O10-R1 | 21.0 | 21.5 | 67° | — | — | — | 1.0 |
| Mean | 21.5 | 22.5 | 63° | 58.5 | — | — | 1.0 |
| SMG-O11-L1 | 24.3 | 26.3 | 60° | 60.0 | — | — | 0.9 |
| SMG-OI1 | 29.0 | 27.0 | 53° | — | — | — | 1.1 |
| SMG-OI2 | 26.0 | 29.5 | 63° | — | — | — | 0.9 |
| SMG-OI3 | 22.0 | 23.0 | 55° | — | — | — | 1.0 |

SMG-T2-L1 是其中保存最完好的足迹，属于典型兽脚类足迹。其长宽比值为 1.1；第 III 趾最长，外侧的两根趾几乎等长；第 IV 趾的跖趾区位于第 III 趾的长轴上；第 II 趾和第 IV 趾之间的趾间角很宽（76°）。

和凹型足迹不同，所有凸型足迹都保存良好，主要特征类似于 SMG-T2-L1。SMG-TI4 和 SMG-T7-L1 比 SMG-T2-L1 具有更发达的跖趾区。SMG-T7-L1 在第 II 趾后面具有明显的缩进，这是兽脚类足迹的主要特征之一（Lockley, 1991b）。大部分行迹的步幅角为 144°—177°。

足迹 SMG-T2-L1、SMG-TI4 和 SMG-T7-L1 以弱至中等的中趾前凸为特征（0.64、0.45 和 0.49），这是 Eubrontidae（Lull, 1904）以及 *Jialingpus*（0.56—0.68, Xing et al., 2014l）等部分中国早白垩世兽脚类足迹的典型特征。由于保存情况不是非常理想，这些足迹难以归入特定的足迹属，因此我们将它们视为分类不定的兽脚类足迹。

SMG-T1、SMG-T2、SMG-T4 和 SMG-T6 的相对复步长为 1.54—1.75，表明造迹者处于行走步态；SMG-T5 的相对复步长为 1.99，接近慢跑步态。利用 Alexander（1976）的速度公式估算出 SMG-T1、SMG-T2、SMG-T4—SMG-T6 的速度为 3.96—6.66 千米/小时，其中 SMG-T5 的速度最快。

#### 4.9.1.2 恐爪龙类足迹

行迹 SMG-D1 有 5 个足迹，足迹编号为 SMG-D1-R1—SMG-D1-L3（图 4-77，表 4-26）。除了缺失的 SMG-D1-R2，其他足迹很可能具有连续的步态。另一个孤立的足迹编号为

SMG-DI1。SMG-D1 是一道由保存不佳的二趾型足迹组成的行迹,足迹平均长 7.1 厘米,长宽比值为 1.7,步幅角为 161°,大部分足迹没有可辨认的爪印和趾垫,这可能是风化导致的。

SMG-D1-L3 是其中保存最完好的足迹,其第 II 趾为短且圆的印记,位于第 III 趾的近内侧;第 IV 趾略长于第 III 趾(不包括爪印);第 IV 趾的跖趾区后缘平滑弯曲,与其他脚趾之间有清晰的界限;第 III 趾和第 IV 趾之间的趾间角为 37°。其他足迹的形态基本和 SMG-D1-L3 相同,但缺乏第 II 趾印。SMG-D1-L1 具有窄的趾间角(27°),而其他足迹的趾间角较大(39°—45°)。SMG-D1-R1–L1 的单步(33 厘米)明显长于 SMG-D1-R3–L3 的单步(21.5 厘米),这表明造迹者正在减速(从 3.2 千米/小时降至 2.12 千米/小时,据 Alexander, 1976 的速度公式计算)。

恐爪龙类的二趾型足迹是最与众不同的兽脚类足迹之一(图 4-78)。恐爪龙类足迹包括了 4 个足迹属(*Velociraptorichnus*、*Dromaeopodus*、*Dromaeosauripus* 和 *Menglongipus*)(Xing et al., 2013k; Lockley et al, in press)。Xing et al.(2013k)根据尺寸将恐爪龙类足迹分为 3 类,石庙沟标本属于其中的小型足迹(平均后足迹长 10 厘米),这个尺寸的足迹

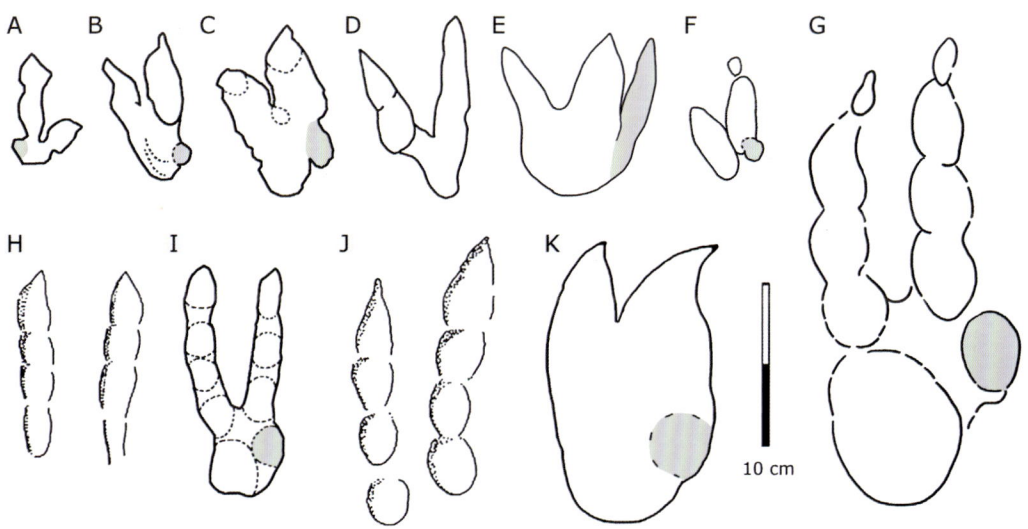

图 4-78 世界上各种恐爪龙类足迹轮廓图

A. *Menglongipus*(Xing et al., 2009a); B. *Velociraptorichnus* isp.(Li et al., 2007); C. *Velociraptorichnus sichuanensis*(Zhen et al., 1994; Xing et al., 2009a); D. 母脚吾标本(Xing et al., 2015n); E. *Velociraptorichnus zhangi*(Xing et al., 2015n); F. 石庙沟标本; G. *Dromaeopodus shandongensis*(Li et al., 2007); H. *Dromaeo-sauripus jinjuensis*(Kim et al., 2012a); I. *Dromaeosauripus yongjingensis*(Xing et al., 2013b); J. *Dromaeosauripus hamanensis*(Kim et al., 2008); K. 岚山 *Dromaeosauripus* isp.(Xing et al., 2013k)

包括 *Velociraptorichnus sichuanensis*（Zhen et al., 1994; Xing et al., 2009a）、*Velociraptorichnus* isp.（Li et al., 2007）、*Velociraptorichnus zhangi*（Xing et al., 2015n）、*Menglongipus sinensis*（Xing et al., 2009a）和 *Dromaeosauripus jinjuensis*（Kim et al., 2012a）。

SMG-D1 在形态上明显区别于缺乏发达跖趾区的 *D. jinjuensis*（Kim et al., 2012a）、有第 II 趾大型爪印的 *V. zhangi*（Xing et al., 2015n）、具有较长第 IV 趾的 *M. sinensis*（Xing et al., 2009a）。但是，SMG-D1 与 *V. sichuanensis* 相似。它们都具有大致等长的第 III 趾和第 IV 趾，趾垫模糊或缺失，第 II 趾在近内侧缘部分嵌入第 III 趾，长宽比相似（1.8，相对于 SMG-D1 的 1.7）。但是 SMG-D1 的第 III 趾更加向前突出，爪印不发达。鉴于保存质量较差，标本较少，我们暂时将 SMG-D1 归入 cf. *Velociraptorichnus*。

#### 4.9.2 蜥脚类足迹

##### 4.9.2.1 普通蜥脚类行迹

石庙沟足迹点至少发现了 3 道保存良好且确凿的蜥脚类行迹，编号为 SMG-S1—SMG-S3，分别由 11 个、6 个和 9 个前-后足迹组成（图 4-79，表 4-27）。

中国的大部分蜥脚类行迹都是宽或中间距行迹，因此被归入 *Brontopodus*（Lockley et al., 2002a）。行迹 SMG-S1 和 SMG-S2 的特征符合北美早白垩世 *Brontopodus* 足迹类型（Farlow et al., 1989; Lockley et al., 1994a），都体现在以下几个方面：行迹中或近宽间距（SMG-S1 和 SMG-S2 的后足三角宽/后足长分别为 1.3 和 1.2），后足迹长大于宽（SMG-S1 后足迹长宽比值为 1.3），外旋的半圆形前足迹，以及足迹异度低（SMG-S1 为 1:1.5—2.3，SMG-S2 为 1:1.7—2.1）。在 SMG-S1 中，前足迹向行迹中线外旋约 46°，大于后足迹的外旋程度（约 35°）。前足迹步幅角平均为 96°，后足迹步幅角平均为 103°。基于以上特征，本文暂时将这些蜥脚类足迹归入 cf. *Brontopodus*。此外，部分保存较好的后足迹能观察到各个趾印，它们的尺寸从第 I 趾至第 IV 趾逐渐变小，大部分标本都保留了 4 个趾，但有一个标本具有 5 个趾。

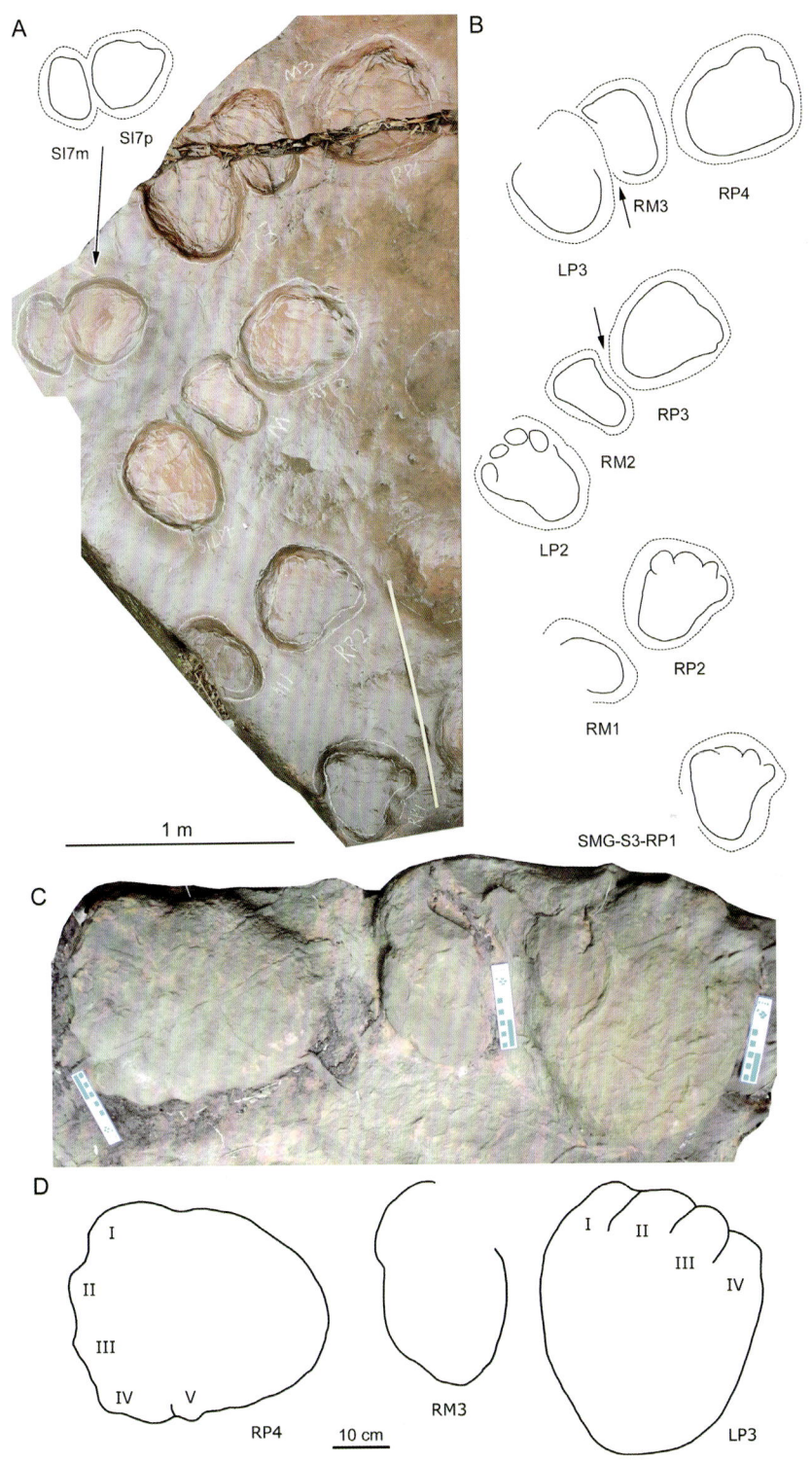

图4-79 石庙沟足迹点蜥脚类行迹照片（A）、分布图（B）、对应的凸型足迹特写（C与D）

表 4-27 石庙沟足迹点蜥脚类足迹测量数据（单位：厘米）

| 编号 | ML | MW | R | PL | SL | PA | L/W | WAP | WAP/P'ML | WAM | WAM/M'MW |
|---|---|---|---|---|---|---|---|---|---|---|---|
| SMG-S1-LP1 | 48.5 | 39.0 | 39° | — | 138.0 | — | 1.2 | — | — | — | — |
| SMG-S1-LM1 | 26.0 | 32.0 | 29° | 96.0 | 134.0 | — | 0.8 | — | — | 52.0 | 1.6 |
| SMG-S1-RP1 | — | — | — | — | — | — | — | — | — | — | — |
| SMG-S1-RM1 | 25.5 | 32.0 | 42° | 74.0 | 129.0 | 103° | 0.8 | — | — | — | — |
| SMG-S1-LP2 | 44.5 | 35.0 | 41° | 95.0 | 132.0 | 103° | 1.3 | 58.0 | 1.3 | — | — |
| SMG-S1-LM2 | 26.0 | 34.0 | 51° | 90.0 | 126.0 | 89° | 0.8 | — | — | 57.0 | 1.7 |
| SMG-S1-RP2 | 45.0 | 37.0 | 25° | 73.0 | 133.0 | — | 1.2 | 59.0 | 1.3 | — | — |
| SMG-S1-RM2 | 26.0 | 31.0 | 63° | 90.0 | 138.0 | — | 0.8 | — | — | 62.5 | 2.0 |
| SMG-S1-LP3 | 44.0 | 35.0 | — | — | — | — | 1.3 | — | — | — | — |
| SMG-S1-LM3 | 26.0 | 30.0 | — | 83.0 | — | — | 0.9 | — | — | — | — |
| SMG-S1-RP3 | 47.0 | 36.0 | — | 74.0 | — | — | 1.3 | 61.5 | 1.3 | — | — |
| SMG-S1-RM3 | 27.0 | 29.0 | — | — | — | — | 0.9 | — | — | 56.5 | 1.9 |
| Mean (M) | 26.1 | 31.3 | 46° | 86.6 | 131.8 | 96° | 0.8 | — | — | 57.0 | 1.8 |
| Mean (P) | 45.8 | 36.4 | 35° | 80.7 | 134.3 | 103° | 1.3 | 59.5 | 1.3 | — | — |
| SMG-S2-LM1 | 22.0 | 30.5 | 44° | 85.0 | 130.0 | 97° | 0.7 | — | — | — | — |
| SMG-S2-RP1 | 44.0 | 32.5 | 18° | 80.0 | 131.0 | 105° | 1.4 | — | — | — | — |
| SMG-S2-RM1 | 25.5 | 27.0 | — | 89.0 | — | — | 0.9 | — | — | 56.5 | 2.1 |
| SMG-S2-LP2 | 44.0 | 33.0 | — | 85.0 | — | — | 1.3 | 51.0 | 1.2 | — | — |
| SMG-S2-LM2 | 20.0 | 36.0 | — | — | — | — | 0.6 | — | — | — | — |
| SMG-S2-RP2 | 42.0 | 23.5 | — | — | — | — | 1.8 | — | — | — | — |
| Mean (M) | 22.5 | 31.2 | 44° | 87.0 | 130.0 | 97° | 0.7 | — | — | 56.5 | 2.1 |
| Mean (P) | 43.3 | 29.7 | 18° | 82.5 | 131.0 | 105° | 1.5 | 51.0 | 1.2 | — | — |
| SMG-S3-RP1 | 40.0 | 38.0 | 22° | 90.0 | 119.0 | — | 1.1 | — | — | — | — |
| SMG-S3-RM1 | 20.0 | 32.5 | 15° | — | — | — | 0.6 | — | — | — | — |
| SMG-S3-LP1 | — | — | — | — | — | — | — | — | — | — | — |
| SMG-S3-LM1 | — | — | — | — | — | — | — | — | — | — | — |
| SMG-S3-RP2 | 40.0 | 37.0 | 32° | 85.0 | 117.0 | — | 1.1 | — | — | — | — |
| SMG-S3-RM2 | 19.0 | 35.0 | 27° | — | 116.0 | — | 0.5 | — | — | — | — |
| SMG-S3-LP2 | 46.0 | 33.0 | 52° | 85.0 | 134.0 | 105° | 1.4 | 68.5 | 1.5 | — | — |
| SMG-S3-LM2 | — | — | — | — | — | — | — | — | — | — | — |
| SMG-S3-RP3 | 42.0 | 39.0 | 26° | 84.0 | 106.0 | 78° | 1.1 | 61.5 | 1.5 | — | — |
| SMG-S3-RM3 | 23.0 | 39.0 | — | — | — | — | 0.6 | — | — | — | — |
| SMG-S3-LP3 | 42.0 | 33.0 | — | 84.0 | — | — | 1.3 | 73.7 | 1.8 | — | — |
| SMG-S3-LM3 | — | — | — | — | — | — | — | — | — | — | — |
| SMG-S3-RP4 | 48.0 | 41.0 | — | — | — | — | 1.2 | — | — | — | — |

续表

| 编号 | ML | MW | R | PL | SL | PA | L/W | WAP | WAP/P'ML | WAM | WAM/M'MW |
|---|---|---|---|---|---|---|---|---|---|---|---|
| Mean (M) | 20.7 | 35.5 | 21° | — | 116.0 | — | 0.6 | — | — | — | — |
| Mean (P) | 42.0 | 36.0 | 33° | 85.6 | 119.0 | 92° | 1.2 | 67.9 | 1.6 | — | — |
| SMG–SI1m | 26.0 | 38.5 | — | — | — | — | 0.7 | — | — | — | — |
| SMG–SI1p | 38.0 | 45.5 | — | — | — | — | 0.8 | — | — | — | — |
| SMG–SI2m | 29.0 | 28.0 | — | — | — | — | 1.0 | — | — | — | — |
| SMG–SI3p | 45.5 | 44.0 | — | — | — | — | 1.0 | — | — | — | — |
| SMG–SI4m | 22.5 | 33.5 | — | — | — | — | 0.7 | — | — | — | — |
| SMG–SI5p | — | 53.0 | — | — | — | — | — | — | — | — | — |
| SMG–SI6m | 21.0 | 21.0 | — | — | — | — | 1.0 | — | — | — | — |
| SMG–SI6p | 34.0 | 30.0 | — | — | — | — | 1.1 | — | — | — | — |
| SMG–SI7m | 17.5 | 28.0 | — | — | — | — | 0.6 | — | — | — | — |
| SMG–SI7p | 34.0 | 28.5 | — | — | — | — | 1.2 | — | — | — | — |

### 4.9.2.2 具有特殊行走模式的蜥脚类足迹

SMG-S3 行迹保存完好，至少保存了 6 个后足迹和 3 个前足迹。其中 3 个足迹具有互相对应的凸型足迹。SMG-S3-RP4 保存最佳，除了上述 *Brontopodus* 特征外，它还具有明显的第 I 到第 IV 趾。足迹异度低（1:2.2—2.3），相似于 SMG-S1、SMG-S2，来自昭觉三比罗嘎足迹点的蜥脚类足迹（1:2.3），以及 *Brontopodus birdi* 的模式标本（1:3, Lockley et al., 1994a）。

不过，SMG-S3 具有不同寻常的行走模式。该行迹仅保存了右足的前足迹，而缺失左前足迹。这些前足迹从行迹中线外旋约 21°，小于后足迹的外旋程度（约 33°）。右前足迹位于行迹内侧，几乎处于左右后足迹之间。另外，SMG-S3-RM2 的远端边缘和 SMG-S3-RM3 的近端边缘分别受到随后造迹的 SMG-S3-RP3 和 SMG-S3-LP3 的影响而略有变形。基于这些特征，我们认为 SMG-S3 不同于中国早白垩世其他具有特殊行走模式的蜥脚类足迹。

保存 SMG-S3 的原始沉积物非常理想，足迹深约 7 厘米，并保存了足够的细节，这排除了足迹为幻迹的可能性。行迹中左前足迹的缺失，原因可能如下：

（1）左前足迹没有保存下来或者被其他足迹重叠。

足迹保存的面积不大，行迹长度较短。其中，孤立的一对蜥脚类前 – 后足迹（SMG-SI7m 和 SMG-SI7p）是否属于行迹 SMG-S3，或重叠了 SMG-S3 一部分左前足迹？这些说法都有些牵强，因为 SMG-SI7m 和 SMG-SI7p 保存完好，附近没有任何存在同行迹以外的足迹的线索，而且 SMG-SI7m 和 SMG-SI7p 的前进方向也不同于 SMG-S3。

孤立的 SMG-SI7m 和 SMG-SI7p 的成因更可能是造迹者在更高层面上留下了真足迹，而且恰好在不均匀的、非常软的沉积物小区域里留下了这对深深的足迹，足迹穿透原始层位并在下层（SMG-S3 的层面）留下了 SMG-SI7m 和 SMG-SI7p 幻迹。甘肃省盐锅峡 1 号足迹点就有这种方式形成的行迹，即特殊的 YSI-S3 行迹（Xing et al., 2015b）。

（2）右后足迹重叠在左前足迹上。

在一些蜥脚类转弯行迹中有时会出现这种情况（图 4-80），比如山东省棠棣戈庄足迹点的行迹（Xing et al., 2015l）。不过 SMG-S3 保存良好的后足迹中并没有出现任何重叠的迹象，逐渐减小的步幅也表明造迹者在逐渐降低行走速度，造迹者在转弯时可能会造成这种速度变化（sensu Ishigaki and Matsumoto, 2009; Castanera et al., 2012; Xing et al.,

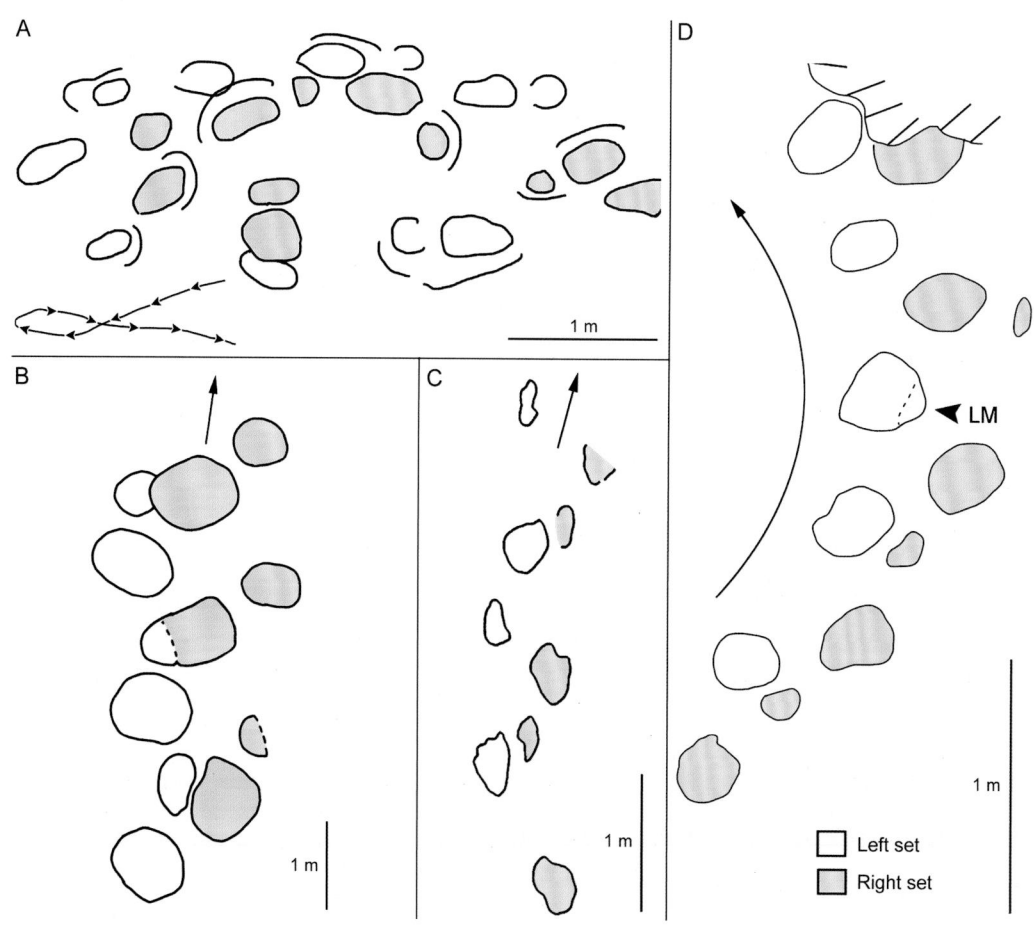

图 4-80 世界各地的蜥脚类转弯行迹

A. 昭觉三比罗嘎一号点；B. 山东清泉寺（Xing et al,. in press d）；C. 昭觉三比罗嘎北二号点；D. 山东棠棣戈庄足迹点（Xing et al,. 2015l）

2014j, 2015a, l, In press d; Torcida Fernández–Baldor et al., 2015）。

（3）左右前足迹相互重叠。

对行迹详细观察后排除了这种可能性，因为右足的前足迹没有出现任何重叠的迹象。

（4）古病理学因素。

四足类的足迹可能存在着病理性的步态和形态异常的前－后足，这些病理特征都会直接体现在行迹之中（McCrea et al., 2015）。例如，特殊的行迹和足迹模式可以反映出造迹者的肢体可能存在肢体损伤或疾病。不过，这有时很难与足迹的外形态学变化或基底影响而导致的足迹变形相区别。事实上，反映出恐龙病理的异常步态或足迹形态非常少见。McCrea et al.（2015）报道了北美西部等地各种具有异常形态的恐龙足迹，并梳理了其中的足迹病理证据，这些异常包括：肿胀、极度弯曲、脱位或骨折，以及断肢。

SMG-S3 造迹者的左前肢可能带伤，甚至部分截断，因此该肢体没有接触地面，右前肢在行进中会更加靠近行迹中线，以保持三足平衡。这个场景有些难以想象，而且以三足行走的方式来重建行迹似乎有些投机。但目前的情况是，后足迹（SMG-S3-RP1—SMG-S3-RP4）的形态与行走模式比较正常，显得奇怪的只有前足迹。

动物的运动系统（四肢）会在肢体缺失或失能后发生改变。以四足机器人模拟三足行走的结果表明，三足步态的速度更慢、效率更低（Smith and Jivraj, 2010）。Gross and Seyfarth（2010）则提出，失去一条前肢的狗在奔跑时，其尚在的前肢需要承担着更高的负载因数和单步频率。

根据 Alexander（1976）和 Thulborn（1990）所提出的系数，SMG-S3 的相对复步长为 0.43—0.5，这表明造迹者处于行走步态，速度为 1.08—1.44 千米/小时，该估算值和典型的蜥脚类行迹所算出的速度基本一致。例如 SMG-S1 和 SMG-S2，相对复步长为 0.5—0.51，速度为 1.44—1.48 千米/小时。总之，假使 SMG-S3 是三足步态，也似乎没有对其日常运动产生显著的影响。

### 4.9.3 鸟脚类足迹（*Caririchnium liucixini*）

鸟脚类足迹是石庙沟足迹点中最常见的类型。除岩板 6 外，所有已描述的岩板中都保存有这类足迹。而且，这些足迹都具有典型的 *Caririchnium* 四分形态，很可能都代表着两足步态。保存方式有天然凹型足迹和凸型足迹，岩板 7 和岩板 8 上的天然凸型足迹特别清晰，足以进行详细的足迹分类学分析。

**Iguanodontopodidae Vialov, 1988 sensu Lockley et al., 2014b**

鉴定特征：大型的、亚对称的三趾型后足迹，缺乏趾垫，但有时候被足迹内的皱褶分成四分形态，即三个近椭圆形的肉质趾和一个脚跟，有时具有宽爪印。圆形或远端二裂片（双叶形）的脚跟。前足迹较小，为圆形、椭圆形至半圆形，或新月形，通常位于后足迹的前方或前外侧。行迹通常表现为短的单步，后足迹内旋（Lockley et al., 2014b）。

### *Caririchnium* Leonardi, 1984

鉴定特征：后足迹符合 Iguanodontipodidae 的特征，还具有居中的、宽大（宽于第 III 趾近端）的圆形脚跟，以及短且宽的各趾（Díaz–Martínez et al., 2015）。

### *Caririchnium liucixini* Xing et al., 2016b.

模式标本：石庙沟足迹点岩板 7 一道行迹中的一个天然凸型足迹，编号为 SMG-O9-L1（图 4–76）。标本仍保存在原位。复制品保存于古蔺县国土资源局，编号为 GCBLR-SMG-O9-L1。另一个天然凸型足迹 SMG-O9-R1 是和 SMG-O9-L1 在同一道行迹中的、位于前方的足迹。

副模标本：鸟脚类行迹 SMG-O1—SMG-O8，SMG-O10—SMG-O11，以及至少 3 个孤立的鸟脚类足迹 SMG-OI1—SMG-OI3（岩板 1、岩板 3—岩板 5、岩板 8），总共 41 个足迹。SMG-O8 和 SMG-O10—SMG-O11 为天然凸型足迹，其他足迹则为天然凹型足迹。所有足迹均保存在原位。

位置和地层：中国四川省古蔺县石庙沟足迹点，下白垩统夹关组（Barremian–Albian）。

鉴定特征：只保存有后足迹的中型 *Caririchnium* 足迹，长宽比基本相等（1.0）。四分形态，包括三个带钝爪印的脚趾和一个三角形脚跟。表现为弱的中趾前凸（0.23 和 0.28），这与其他 *Caririchnium* 足迹不同。第 II 趾和第 IV 趾之间的趾间角为 46°。单步较短，为足迹长的两倍。

描述：石庙沟鸟脚类足迹都没有前足迹。后足迹长 21.5—30 厘米，小于其他 *Caririchnium* 足迹种（约 35—40 厘米）。

SMG-O9-L1 是石庙沟中保存最完好的鸟脚类足迹。模式标本后足迹 SMG-O9-L1 长 29.5 厘米，亚中轴对称，功能性三趾，功能性跖行式；在行迹序列中位于 SMG-O9-R1 的后方。SMG-O9 足迹的长宽比的平均值和中值均为 1.0。两个后足迹都为四分形态，包括三个趾和一个脚跟，彼此之间由明显的沟槽分开（造迹者足部应该也有此形态），沟槽在天然凹型足迹中则表现为脊。前三角长宽比为 0.23。第 III 趾最短，第 II 趾和第 IV 趾基本等长。每个趾都具有发育的钝爪印。脚跟为近圆形到三角形。脚跟和 3 个脚趾之间有明显的界限。第 II 趾和第 IV 趾之间的趾间角为 46°。单步是后足迹长的 2 倍。

石庙沟足迹点中其他鸟脚类行迹的形态和 SMG-O9-L1 基本相同,长宽为 0.8—1(中值为 0.9,平均值为 0.9),中趾前凸的值为 0.22—0.3(中值为 0.27,平均值为 0.26,根据保存良好的 SMG-O3、SMG-O8 和 SMG-O9 行迹得出)。这些行迹的平均步幅角为 127°—157°。就 SMG-O3 行迹而言,后足迹表现出一致的内旋:12°—14°(右后足)和 4°—8°(左后足)。

对比和讨论:虽然各种大型鸟脚类恐龙足迹有些难以区分,但研究者近年来开始试图解决这个问题,如 Lucas et al., 2011; Lockley et al., 2014b; Díaz–Martínez et al., 2015。这里,我们再次强调,所有的足迹分类都必须以模式标本的详细研究结论为依据。本文采用了 Lockley et al.(2014b)提出的分类标准。

正如我们反复提到的,早白垩世鸟脚类行迹主要来自欧洲、北美和东亚。迄今为止已有 4 个有效的早白垩世鸟脚类足迹属:*Amblydactylus*、*Caririchnium*、*Iguanodontipus*,以及 *Ornithopodichnus*(Lockley et al., 2014b)。石庙沟鸟脚类足迹在形态上与 *Caririchnium* 非常相似。足迹属 *Caririchnium* 最初发现于巴西的 Antenor Navarro 组(Leonardi, 1984),目前包括 *C. magnificum*(Leonardi, 1984)、*C. leonardii*(Lockley, 1987b)、*C. protohadrosaurichnos*(Lee, 1997)、*C. lotus*(Xing et al., 2007)和 *C. kyoungsookimi*(Lim et al., 2012)。Díaz–Martínez et al.(2015)对足迹分类的有效性进行了讨论。Lockley et al.(2014b)回顾并描述了 *Caririchnium* 的后足迹:具有亚对称的四分形态,由三个趾和一个被明显的脊所分隔开的脚跟组成,该特征在恐龙活着的时候,代表着边界清晰、由向上凹入的皱褶分隔开的、向下凸出的脚垫,就像那些凸型足迹所展示的足部大致形态一样。

大部分正式命名的 *Caririchnium* 足迹种都是以四足行走时留下的行迹为依据。因此,石庙沟足迹这种两足行迹模式显得有些例外,可能是其行为的差异所致。前足迹的存在与否会不会影响其属种的鉴定?这个问题一直在足迹分类学中充满争议(Currie, 1995; Lockley et al., 2014b; Díaz–Martínez et al., 2015),在后足迹相似的情况下尤其如此。大型白垩纪鸟脚类恐龙包括了很多可以两足行走的四足动物。比如同样属于夹关组的莲花保寨足迹点也保存着大量鸟脚类足迹。所有鸟脚类足迹形态类型 A(长度大于 30 厘米,范围为 33—37 厘米)和大部分形态类型 B 都为四足行走所留,只有 17%(N=18)的形态类型 B(长度小于 30 厘米,范围为 20—24 厘米)没有保存前足迹(Xing et al., 2015o)。反观石庙沟标本,即便保存最好的鸟脚类足迹(如岩板 1、岩板 7、岩板 8)也都不具有前足迹。因此我们几乎可以肯定,石庙沟鸟脚类前足迹的缺失并非风化、恐龙扰动或重叠所致(如 Castanera et al., 2013)。

我们对石庙沟的标本进行了双变量分析(图 4-81),结果表明它们宽于其他较大型的 *Caririchnium*,前三角长宽比则短于其他 *Caririchnium*。这与典型的三趾型足迹(例如 *Grallator–Eubrontes* 组合等兽脚类足迹)的趋势相反,其较小足迹的中趾前凸更强且更明

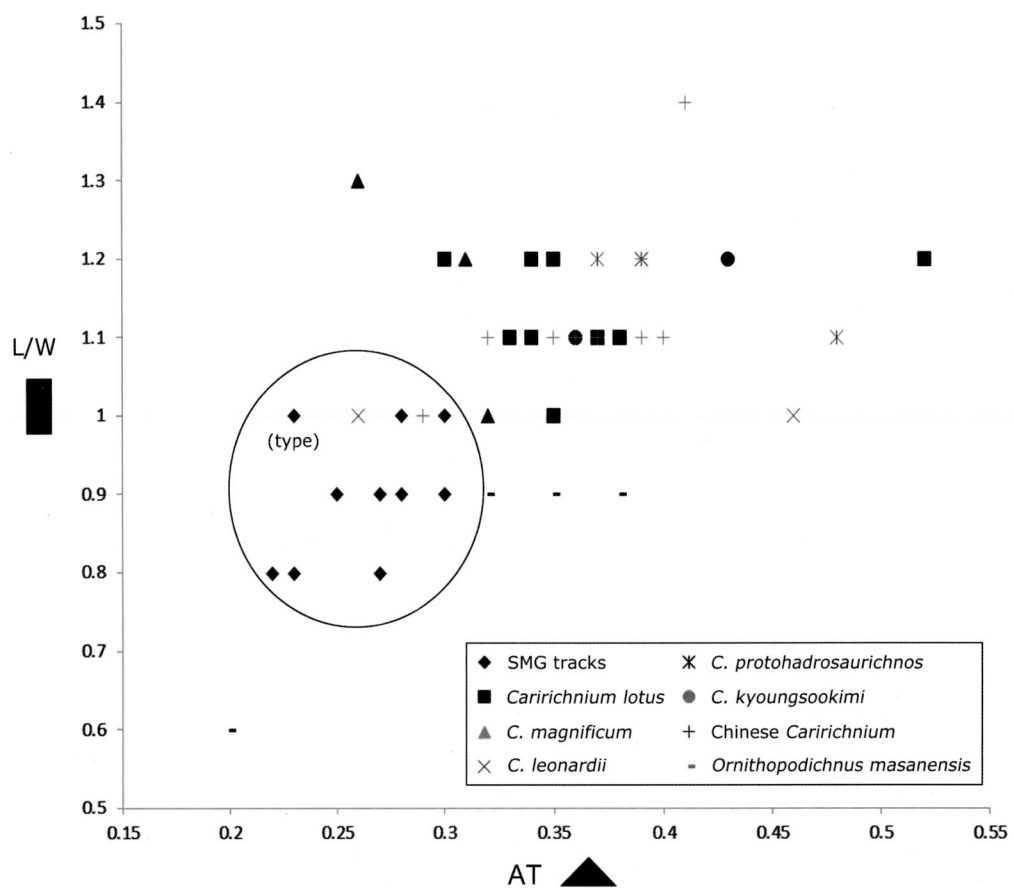

图 4-81　石庙沟足迹点鸟脚类足迹长宽比（L/W）与中趾前凸（AT）散点图

显（Lockley, 2009）。这表明石庙沟标本（以及造迹者）的自身形态便是如此，而不是特殊的保存条件所致。我们也排除了足迹被严重压扁的可能（sensu Lockley and Xing, 2015），因为这批标本并不存在"扁平化足迹"的特征，特别是缺失菱形的第 III 趾。Lockley et al.（2012f）将韩国长宽比较小的白垩纪鸟脚类足迹归入 *Ornithopodichnus*，不过这些足迹并没有 *Caririchnium* 那明显的四分形态。

除了缺乏前足迹、弱中趾前凸，石庙沟标本还因平均单步为后足迹长的 3 倍而区别于 *Caririchnium* 其他足迹种（图 4-82）。在后足迹长度大于石庙沟标本的 *C. magnificum*（Leonardi, 1984）和 *C. leonardii*（Lockley, 1987b）中，它们的单步为 2 倍后足迹长。另外，石庙沟标本的脚跟在四分形态中占了非常大的比例，这不同于同样来自夹关组的 *C. lotus*（Xing et al., 2007）。石庙沟标本的各趾（尤其是外侧趾）明显比 *C. protohadrosaurichnos*（Lee, 1997）更发达。此外，石庙沟标本也缺乏 *C. kyoungsookimi*（Lim, 2012）的二裂片脚跟。

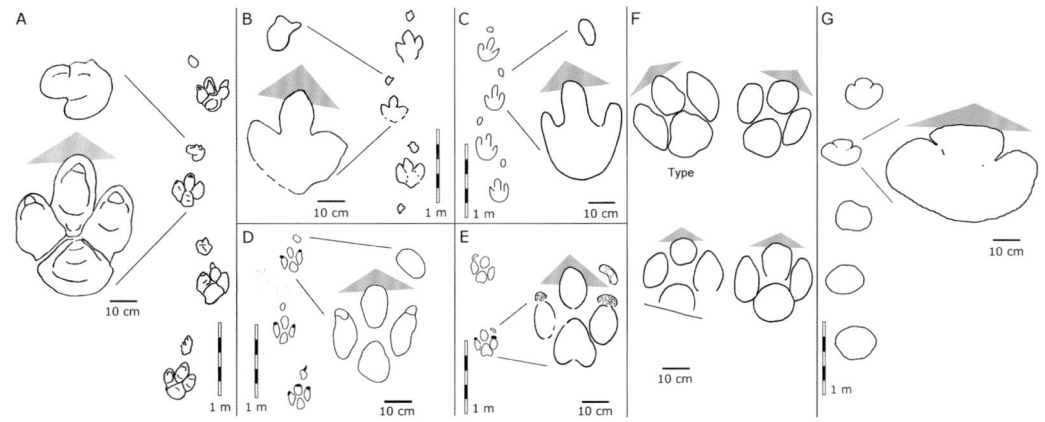

图 4-82　*Caririchnium* 各个足迹种的对比（改自 Lockley et al., 2014b）

A. *Carirchnium magnificum*（Leonardi. 1984）；B. *Caririchnium leonardii*（Lockley et al., 2001a）；C. *Caririchnium protohadrosaurichnos*（Lee. 1997）；D. *Caririchnium lotus*（Xing et al., 2007）；E. *Caririchnium kyoungsookimi*（Lim et al., 2012）；F. 石庙沟标本；G. *Ornithopodichnus*（Kim et al., 2009）

对石庙沟鸟脚类足迹、*Caririchnium* 其他足迹种，以及未命名的中国 *Caririchnium*（Xing et al., 2015o, in press i）的双变量分析（足迹长宽比与前三角长宽比）（Lockley et al., 2014b; Xing et al., 2015o）表明，石庙沟鸟脚类足迹不同于 *Caririchnium* 所有其他足迹种，因为它们虽然尺寸较小，但宽度大于长度，且中趾前凸较弱。如上所述，其中趾前凸的特性与其他鸟脚类足迹以及其他三趾型足迹所预期的异速生长趋势相反。

Kim et al.（2009）依据来自韩国下白垩统的大型鸟脚类足迹命名了 *Ornithopodichnus*。该属亚中轴对称，有着很宽的横向后足迹，其宽度大于长度。石庙沟鸟脚类足迹的弱中趾前凸和 *Ornithopodichnus* 类似，但是明显的四分形态和三角形脚跟更接近 *Caririchnium*。很多来自韩国和中国的小型鸟脚类足迹，都根据其长宽比和弱中趾前凸的特征而归入 *Ornithopodichnus*（Lockley et al., 2012f; Xing and Lockley, 2014）。在这些不同的足迹点中，只有很少数小型 *Ornithopodichnus* 足迹具有初始的四分形态，但不如 *Caririchnium* 般明确。而长宽比并不能视为鉴定足迹属的决定性特征。

总的来说，石庙沟的鸟脚类足迹在整体形态上接近其他 *Caririchnium* 足迹，而其足迹种一级的差异则足以建立一新种：*Caririchnium liucixini*（Xing et al., 2016b）。

根据 Thulborn（1990）和 Alexander（1976）的系数和速度公式，石庙沟鸟脚类行迹的相对复步长为 0.72—0.92，表明造迹者处于行走步态，速度为 2.16—2.81 千米/小时。这些结果与中国大部分 *Caririchnium* 行迹的速度相符合，比如来自莲花保寨足迹点和昭觉三比罗嘎足迹点的 *Caririchnium* 记录。

### 4.9.4 翼龙足迹

石庙沟足迹点只保存了 3 个孤立的翼龙足迹，包括 1 个后足迹和 2 个前足迹，编号为 SMG-PI1—SMG-PI3。所有足迹都保存在原位。虽然翼龙足迹受到一定程度的风化，但主要的形态学特征仍可辨认。跖行式后足迹 SMG-PI1（长 8.5 厘米）狭窄且具有 U 形的脚跟，远端的 3 个凹陷可能代表着第 I 趾至第 III 趾的近端，所有后足迹都没有第 IV 趾。SMG-PI2（长 7.5 厘米）是不对称的趾行式前足迹，保存了 3 个趾，各趾近端聚集于足迹中心的凹陷处并向外延伸，其中第 III 趾最深。前足迹各趾的所有足垫和爪印都很模糊，第 I 趾和第 III 趾之间的趾间角很大（131°）。

中国的翼龙足迹并不丰富，目前发现的翼龙足迹点都来自白垩系，包括甘肃盐锅峡地区（2 个足迹点）（Zhang et al., 2006; Li et al., 2015）和重庆綦江莲花保寨等。其中，綦江莲花保寨足迹点发现的足迹较多。此外，中国新疆、山东等地也发现了翼龙足迹（Xing et al., 2013e）。

中国所有翼龙足迹的形态都与足迹属 *Pteraichnus* 极为相似。最初建立 *Pteraichnus* 的模式标本是来自美国亚利桑那州阿帕奇郡（Apache）上侏罗统莫里森组的翼龙行迹（Stokes, 1957）。随后，*Pteraichnus* 类成了最常见且保存最好的翼龙足迹类（Lockley and Harris, in press）。

石庙沟翼龙足迹很可能也属于 *Pteraichnus* 类足迹，主要依据有：延长的、近三角形的、跖行式四趾型后足迹，延长且不对称的趾行式三趾型前足迹，第 III 趾指向后，各趾向外延伸（Lockley et al., 1995; Billon–Bruyat and Mazin, 2003）。根据足迹的相对位置来看，SMG-PI2 和 SMG-PI3 可能属于同一行迹。因此，这些足迹可能代表着至少 2 个不同的造迹者，而其他消失了的翼龙足迹可能是被周围较多的鸟脚类足迹所重叠。

### 4.9.5 小结

石庙沟足迹点保存有至少 132 个足迹，它们代表着约 30 个造迹者。造迹者属于至少 5 个不同的造迹类群：三趾型兽脚类、二趾型恐爪龙类、蜥脚类、鸟脚类和翼龙类。

夹关组红层中的足迹点正在迅速增加。大部分夹关组足迹点都以蜥臀类恐龙（兽脚类＋蜥脚类）为主，只有 2 个足迹点以鸟脚类足迹为主导，石庙沟便是其中之一。而莲花保寨足迹点则是夹关组所有足迹点中，鸟脚类足迹比重最大的足迹点。

石庙沟鸟脚类足迹属于 *Caririchnium*，但行迹显示其为两足而非四足步态，这不同于该属的其他足迹种。石庙沟 *Caririchnium* 在形态上也区别于该属的其他足迹种，包括较小的尺寸，成比例增宽，以及弱中趾前凸，因此 Xing et al.（2016b）以这批标本建立了一新足迹种 *Caririchnium liucixini*。

我们还记录了一道特殊步态（缺失左前足迹）的蜥脚类足迹，显示了独特的行走方式（可能是病理因素或在转弯）。

## 4.10 雷背足迹点

2015年秋，继石庙沟的发现之后，桂花乡香楠小学校长徐挺又在该乡的雷背、石花湾这两个地点发现了一批恐龙足迹。2015年11月，徐挺和桂花乡政府再次邀请笔者等对新发现的足迹进行科学考察。

雷背足迹点位于古蔺县桂花乡汉溪村雷背，属于桂花河流域。大量足迹发现于溪畔坍塌的岩石上，但我们在10米开外的道路边岩层剖面上可以追到足迹的原始层位（图4-83）。

雷背足迹点的坍塌物颇多，全部散落在溪流一侧的公路边上。由于水体旁长期是潮湿的环境，多数岩石都布满青苔，使得工作难度陡增。据不完全统计，目前至少有4块较大的岩石上分布有足迹。此外，原始层位上可见3个足迹。

### 4.10.1 扁平化足迹

雷背足迹点的所有足迹都为天然凸型足迹，其中大部分足迹都带有扁平化足迹的特征。正如Lockley and Xing（2015）所描述的那样，这些扁平化足迹最显著的特点是其第Ⅲ趾的远端都大为增宽，这是一种典型的由于沉积物负载过重而使得趾扁平化的现象，是埋藏因素导致，而非形态学特征。

在原始的层位上，可观察到雷背足迹的凸型足迹位于厚层砂岩（Ⅲ层）底部，足迹的厚度约为3.5厘米，下层（Ⅱ层）为一层相当薄（约1厘米）的、含泥较多（意味着较软且易延展）的砂岩层，而该薄层的下层（Ⅰ层）则是厚层砂岩。造迹者在Ⅱ层的层面上留下足迹，Ⅱ层的原始厚度大于1厘米，足迹当时为真足迹，并在Ⅰ层上留下幻迹。随后，厚层砂质沉积物充填了真足迹。在后期成岩作用中，夹在厚层（Ⅰ层和Ⅲ层）砂质沉积物之间的、较软的Ⅱ层在重负载下被压扁，这就使得该层面上的足迹充填体出现扁平化的现象。

从目前由于修路或自然坍塌而暴露出来的原始层位看来，已经被压扁的Ⅱ层非常脆弱，呈现破碎化，即便有条件非常合适的露头，也很难确保凹型足迹能完整地保存下来，在大部分的情况下应该会风化破碎。而压实的扁平化凸型足迹此时则体现出非常优秀的抗风化性，有利于长时间保存。因此，我们在雷背足迹点并没有发现任何Ⅱ层的凹型足迹，Ⅰ层偶见幻迹。

图 4-83　雷背足迹点概貌（A）、足迹原始层位（B）与层位中的凸型足迹（C）

### 4.10.2 三趾型兽脚类足迹

绝大多数雷背足迹点的足迹都为三趾型的兽脚类足迹。其中保存较好的分布在 4 块落石上。本文按发现顺序将它们称为岩板 1— 岩板 4（图 4-84、图 4-85、图 4-86、图 4-87、图 4-88，表 4-28）。

第 4 章 四川盆地早白垩世恐龙足迹研究

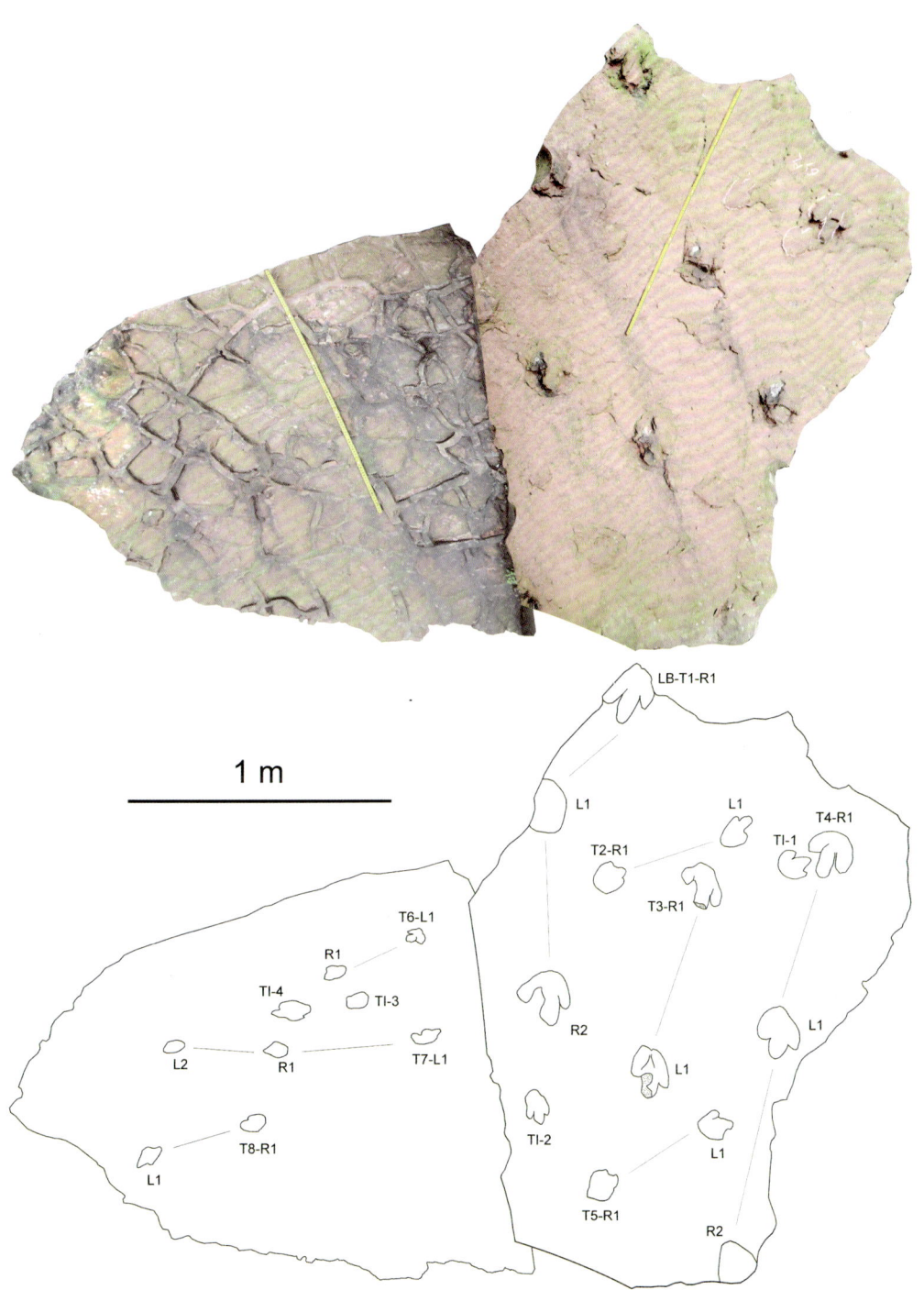

图 4-84 雷背足迹点岩板 1 的照片与足迹分布图

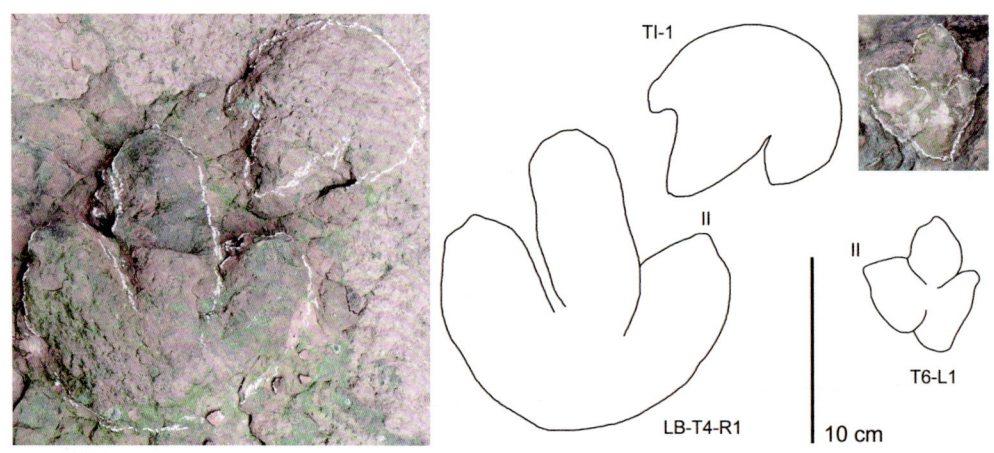

图 4-85　雷背足迹点岩板 1 的三趾型足迹特写照片与轮廓图

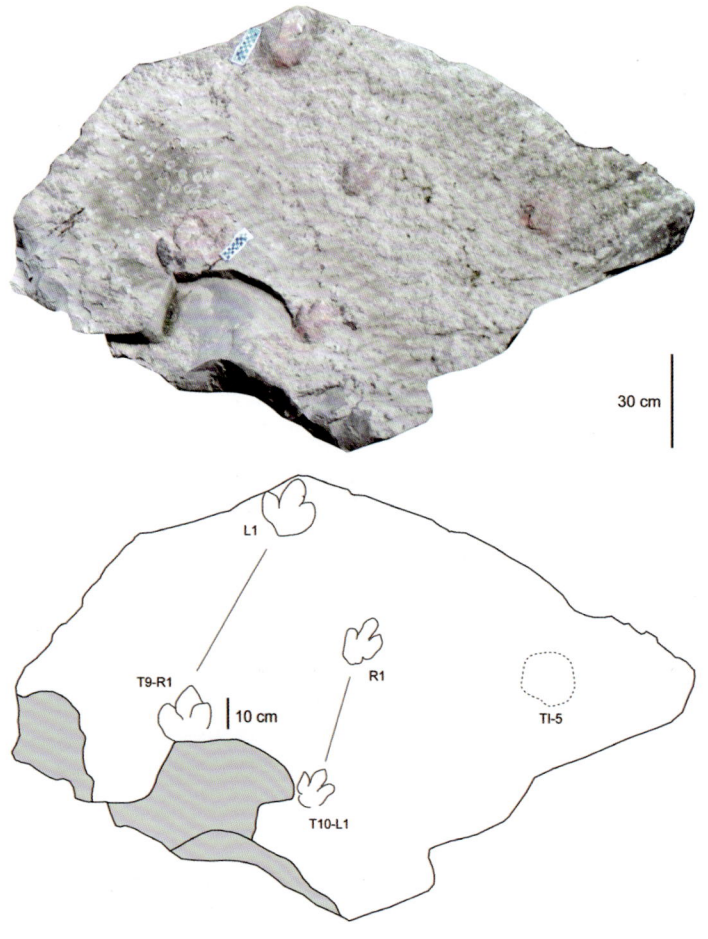

图 4-86　雷背足迹点岩板 2 的照片与足迹分布图

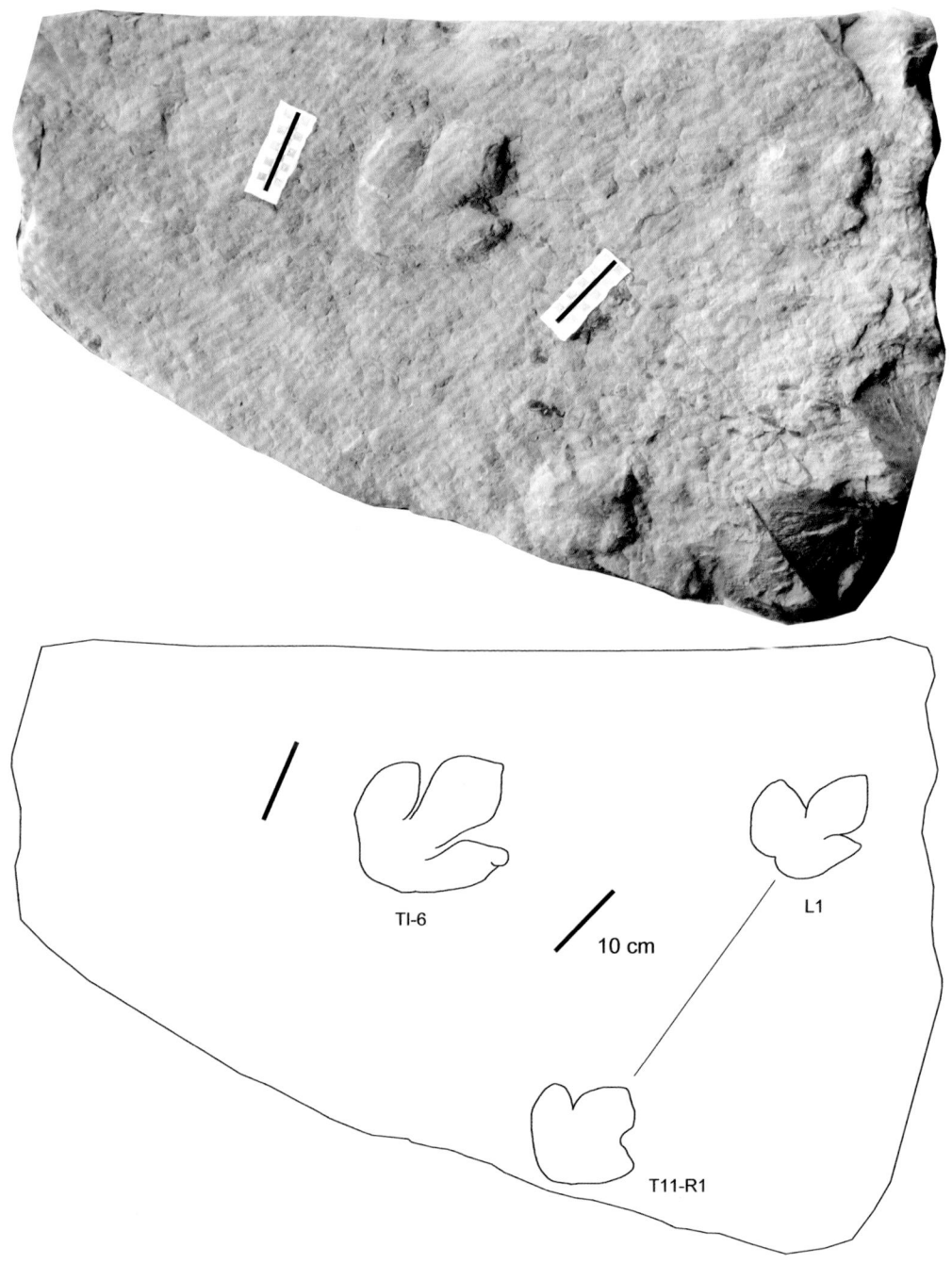

图 4-87 雷背足迹点岩板 3 的照片与足迹分布图

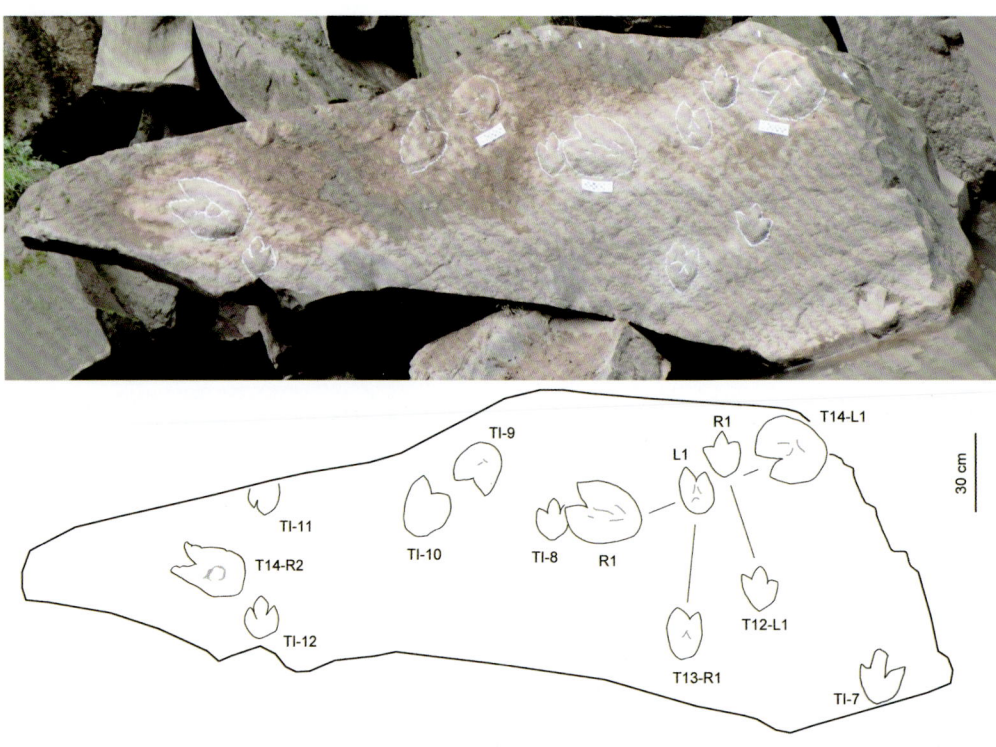

图 4-88　雷背足迹点岩板 4 的照片与足迹分布图

表 4-28　雷背足迹点兽脚类足迹测量数据（单位：厘米）

| 编号 | ML | MW | II–IV | PL | SL | M | L/W |
|---|---|---|---|---|---|---|---|
| LB–T12–L1 | 16.5 | 15.0 | 61° | 54.0 | — | 0.38 | 1.1 |
| LB–T12–R1 | 17.5 | 14.5 | 60° | — | — | 0.35 | 1.2 |
| Mean | 17.0 | 14.8 | 61° | 54.0 | — | 0.37 | 1.2 |
| | | | | | | | |
| LB–T13–R1 | 20.0 | 9.0 | 26° | — | — | — | 2.2 |
| LB–T13–L1 | 19.0 | 8.5 | 26° | 55.5 | — | — | 2.2 |
| Mean | 19.5 | 8.8 | 26° | 55.5 | — | — | 2.2 |
| | | | | | | | |
| LB–T14–L1 | 29.5 | 10.5 | 21° | 81.0 | — | — | 2.8 |
| LB–T14–R1 | 30.5 | 11.0 | 20° | — | 163.0 | — | 2.8 |
| LB–T14–R2 | 29.5 | 10.5 | 21° | — | — | — | 2.8 |
| Mean | 29.8 | 10.7 | 21° | 81.0 | 163.0 | — | 2.8 |
| | | | | | | | |
| Tl–7 | 20.5 | 17.0 | 60° | — | — | 0.41 | 1.2 |
| Tl–8 | 16.0 | 11.5 | 47° | — | — | 0.35 | 1.4 |

续表

| 编号 | ML | MW | II-IV | PL | SL | M | L/W |
|------|-----|------|-----|----|----|------|-----|
| TI-9 | 21.0 | 13.0 | 39° | — | — | — | 1.6 |
| TI-10 | 22.0 | 12.0 | 33° | — | — | — | 1.8 |
| TI-12 | 16.5 | 9.5 | 43° | — | — | 0.44 | 1.7 |

岩板1分为两层,较高(在岩层翻转之前为下层岩层)的层面上保存了14个足迹,并组成了5道行迹,编号为LB-T1—LB-T5,分别包括了3个、2个、2个、3个、2个足迹;较低的(在岩层翻转之前为上层岩层)的层面有着非常发育的泥裂,共保存9个足迹,组成了3道行迹,编号为LB-T6—LB-T8,分别包括了2个、3个、2个足迹。岩板2保存了5个足迹,其中4个足迹分别组成了2个单步,编号为LB-T9、LB-T10。岩板3保存了3个足迹,其中2个足迹组成了1个单步,编号为LB-T11。岩板4保存了13个足迹,其中4个足迹分别组成了2个单步,编号为LB-T12、LB-T13。还有3个足迹组成了一道行迹,编号为LB-T14。在所有27个三趾型足迹中,保存较好的有LB-T4-R1、LB-T6-R1和LB-TI-6。

LB-T4-R1长16.2厘米,长宽比值为1.2,第II趾最短,第III趾最长;跖趾垫与足迹中轴基本成一直线,略偏向第IV趾;趾垫不清;第II和第IV趾的爪印比较明显。第II趾和第IV趾之间的趾间角较宽(61°),第II趾和第III趾之间的趾间角(36°)大于第III趾和第IV趾之间的趾间角(25°)。足迹略向行迹中线内旋,单步长约为足迹长的4倍。前三角长宽比值为0.39。

LB-T6-R1长7.3厘米,长宽比值为1.2,第III趾最短,第IV趾最长;跖趾垫偏向第IV趾;趾垫不清;各趾爪印明显。第II趾和第IV趾之间的趾间角较宽(71°),第II趾和第III趾之间的趾间角(43°)大于第III趾和第IV趾之间的趾间角(28°)。足迹略向行迹中线内旋,单步长约为足迹长的4.8倍。前三角长宽比值为0.52。

孤立的LB-TI-6长21厘米,是雷背足迹点最大的三趾型足迹。LB-TI-6的长宽比值为1.3,第II趾最短,第III趾最长;跖趾垫与足迹中轴基本成一直线,略偏向第IV趾;趾垫不清;第II和第IV趾的爪印较明显。第II趾和第IV趾之间的趾间角较宽(58°),第II趾和第III趾之间的趾间角(27°)小于第III趾和第IV趾之间的趾间角(31°)。前三角长宽比值为0.54。

LB-T1的单步为67厘米与68厘米,复步为132厘米;LB-T3的单步为69厘米;LB-T4的单步为57厘米与69厘米,复步为120厘米。基于经典的Thulborn(1990)和Alexander(1976)的系数与速度公式,LB-T1的相对复步长为1.81,表明造迹者为行走步态,速度约为6.48千米/小时。

雷背三趾型足迹的兽脚类足迹特征还包括:长大于宽;第II趾后面有一个显著的缩进;尖锐的爪印近端聚敛或在趾垫交界处收缩(如LB-TI-6和LB-T10);第IV趾后有明

显的跖趾垫,而鸟脚类足迹没有这个特征,它们往往是在第 III 趾后出现一个巨大的中心垫或脚跟(Castanera et al., 2013)。雷背足迹的前三角长宽比为弱或中等的中趾前凸,这是 Eubrontidae 的典型特征(Lull, 1904)。综上,我们将雷背三趾型足迹归入 *Eubrontes* 形态类型。

雷背足迹点发现的足迹虽然数量较少,但体现了造迹者体型的多样性,包括了小于 10 厘米、10—20 厘米、大于 20 厘米的 3 个足迹长度区间,这表明中小型 Eubrontidae 类足迹在此地占主导地位。其中 LB-T1、LB-T3、LB-T4 行迹有着平行的趋势,其间距分别为 30 厘米与 45 厘米,这可能表明了一种兽脚类造迹者群体活动的行为。

### 4.10.3 恐爪龙类足迹

岩板 4 上有 8 个两趾型足迹,其中 5 个分别构成了 2 道行迹,编号为 LB-T13 和 LB-T14(图 4-88、图 4-89、表 4-28)。

LB-T14 包含 3 个足迹,平均长度为 30 厘米,平均长宽比值为 2.8。其中保存最好的足迹是 LB-T14-R2,足迹长度为 29.5 厘米,长宽比值为 2.8,有着 2 个粗壮的、延长的、近似平行的第 III 趾和第 IV 趾,没有第 II 趾的趾印;趾垫不清;足迹的跟部与趾区没有界限;

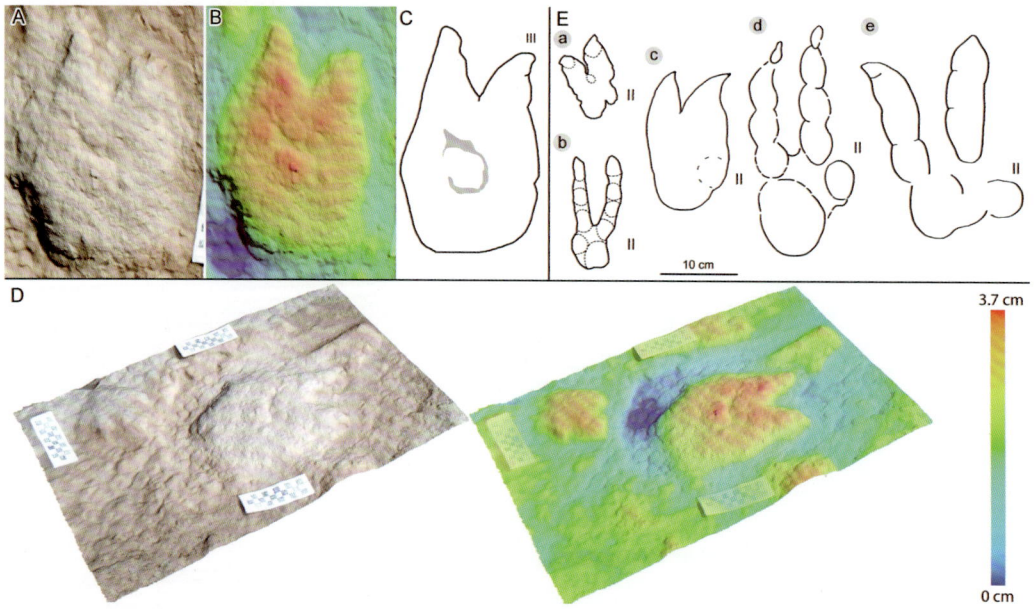

图 4-89 雷背足迹点恐爪龙类足迹(A)、三维图像(B)、轮廓图(C)、低角度视图(D)以及与同类足迹的对比(E):a. *Velociraptorichnus sichuanensis*(Zhen et al., 1994; Xing et al., 2009a); b. *Dromaeosauripus yongjingensis*(Xing et al., 2013b); c. 崀山 *Dromaeosauripus* isp.(Xing et al., 2013k); d. *Dromaeopodus shandongensis*(Li et al., 2007); e. 巴久 cf. *Dromaeopodus*

第 III 趾与第 IV 趾几乎等长；有尖锐的爪印。其他两个足迹 LB-T14-R1 和 LB-T14-L1 保存较差，其形态与 LB-T14-R2 相似。单步长是足迹长的 2.7 倍。足迹明显偏向足迹中线，内旋约 30°。

LB-T13 有 2 个足迹，它们和孤立的足迹 TI-9、TI-10、TI-11 都保存不佳。LB-T13 足迹的长度约为 20 厘米（范围为 19—22 厘米），长宽比值为 1.6—2.2，小于 LB-T14 行迹的。其他特征与 LB-T14 足迹基本一致。

雷背所有两趾型足迹都带有扁平化足迹的特征。正如 Lockley and Xing（2015）所描述的那样，这些扁平化足迹最显著的特点是第 III 和第 IV 趾的远端都大为增宽，这是一种典型的由于沉积物负载过重而使得趾扁平化的现象，是埋藏因素导致，而非形态学特征。有趣的是，足迹的中央区域出现明显的凹陷，这可能是第 III 和第 IV 趾之间存在较大的间隙所致。

LB-T14 从形态上类似典型的恐爪龙类足迹。恐爪龙类足迹目前包含 4 个足迹属（*Velociraptorichnus*、*Dromaeopodus*、*Dromaeosauripus* 和 *Menglongipus*）（Xing et al., 2013b）。其中中等 – 大型足迹包括 *Dromaeosauripus hamanensis*（Kim et al., 2008）、*Dromaeosauripus yongjingensis*（Xing et al., 2013b）和 *Dromaeopodus shandongensis*（Li et al., 2007）。LB-T14 在尺寸上与山东莒南点的 *Dromaeopodus shandongensis* 和四川巴久足迹点的 cf. *Dromaeopodus*（BJB-TI1）最相近；而且，LB-T14 的长度和跖趾区位置与 *D. shandongensis* 相似（图 4–90）。由于雷背足迹点标本的扁平化特征影响了形态学特征，我们无法进行更详细的对比和讨论，因此我们暂时把 LB-T14 归入 cf. *Dromaeopodus*。

LB-T14 的单步为 81 厘米，复步为 163 厘米。基于经典的 Thulborn（1990）和 Alexander（1976）的系数和速度公式，LB-T14 的相对复步长为 1.12，表明动物是在行走步态，速

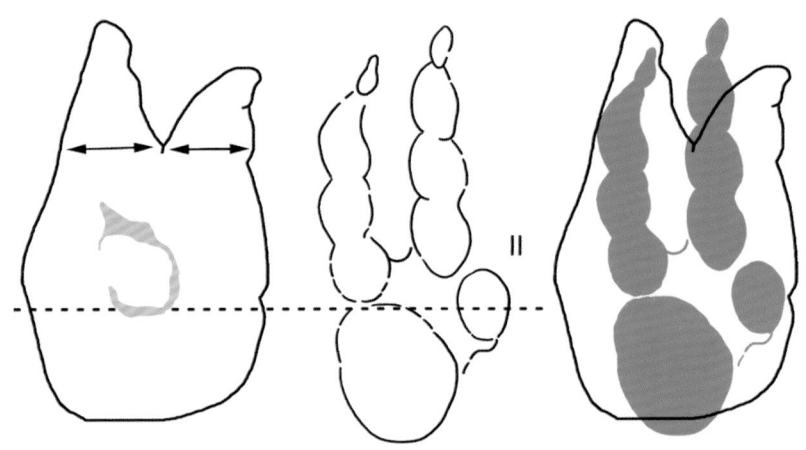

图 4–90　雷背足迹点恐爪龙类足迹与 *Dromaeopodus shandongensis*（Li et al., 2007）的重叠对比

度约为 4.1 千米/小时。

恐爪龙类足迹在夹关组有两处记录，都被划分到 *Velociraptorichnus* 足迹属。cf. *Dromaeopodus* 在雷背足迹点的记录，是夹关组首次发现大型恐爪龙类足迹，这表明夹关组很可能与山东地区田家楼组（Barremian–Albian, Kuang et al., 2013）拥有同样极具东亚土著特色的 *Dromaeopodus–Velociraptorichnus–Minisauripus* 足迹组合（以及鸟类足迹 *Koreanornis*）。此外，韩国南部 Haman 组（Aptian–Albian, Houck and Lockley, 2006）也发现了中型恐爪龙类足迹和 *Minisauripus* 足迹。这意味着，在早白垩世中晚期，四川盆地与山东沂沭断裂带，乃至韩国南部有着非常相似的兽脚类恐龙动物群，而且 *Dromaeopodus–Velociraptorichnus–Minisauripus* 组合很可能可作为 Barremian–Albian 的"标准足迹化石"。

## 4.11 石花湾足迹点

石花湾足迹点由桂花乡香楠小学校长徐挺发现，位于古蔺县桂花乡田坝村二组后山石花湾。足迹点发现于夹关组上段的长石石英砂岩岩层一坍塌体上，由于坍塌体滚落距离颇远，其原始层位难以追溯（图 4-91）。

值得一提的是，石花湾这个小地名中的"石花"，是当地人看到恐龙足迹的特殊形态

图 4-91　石花湾足迹点照片与足迹分布图（箭头为行迹方向）

"石生花"后口耳相传而流传下来的名称。这个现象再次表明中国恐龙足迹参与了各地的小地名与民间传说的形成(Xing et al., 2011e, 2011f)。那些带有特定关键词(石花、金鸡、鸡爪等)的地名,尤其是小地名,是寻找恐龙足迹的重要线索。

### 4.11.1 蜥脚类足迹

SHW-S1-RP2 为凸型足迹(图 4-92),长度为 67.8 厘米,长宽比值为 1.1。这个后足迹有几个非常明显的特征,包括 5 个明显的趾,以及与趾区界限明显的、大型的跖趾垫。除了第 II 和第 III 趾与趾区有相对明显的界限之外,其他各趾与趾区的界限模糊。5 个趾的最大宽度分别为 19.5 厘米、21 厘米、21 厘米、16 厘米、14.6 厘米,可见第 I 趾至第 III 趾最为发育。第 I 趾至第 IV 趾的远端圆钝,而第 V 趾的远端呈二裂片状,这可能是造迹者个体脚部的小胼胝所造。跖趾垫为椭圆形,最大长度 32 厘米,最大宽度 36.5 厘米,后缘平滑弯曲。SHW-S1-RM1 为凹型足迹(图 4-93),整体呈 U 形,长约 37.8 厘米,长宽比值为 0.8。除了第 I 和第 V 趾之外,缺失清晰的爪印,跖趾区呈凹形。

以上 2 个足迹的形态与常见的蜥脚类前后足形态无异(如 *Brontopodus birdi* Farlow et al., 1989)。与该前足迹关联的 SHW-S1-RP1 仅保存了前缘的极小部分。而行迹的信

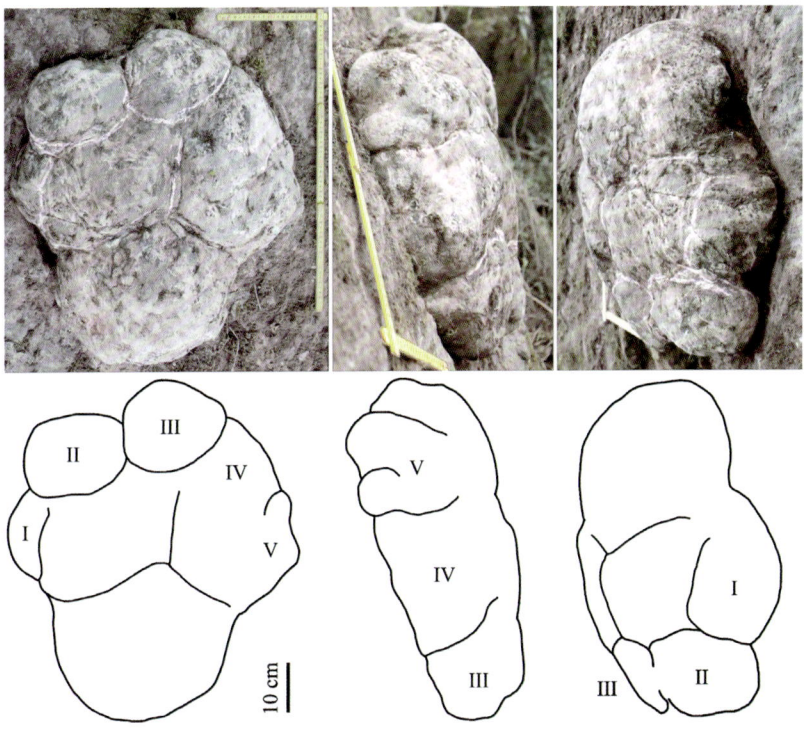

图 4-92 石花湾足迹点的蜥脚类后足迹 SHW-S1-RP2 照片与轮廓图

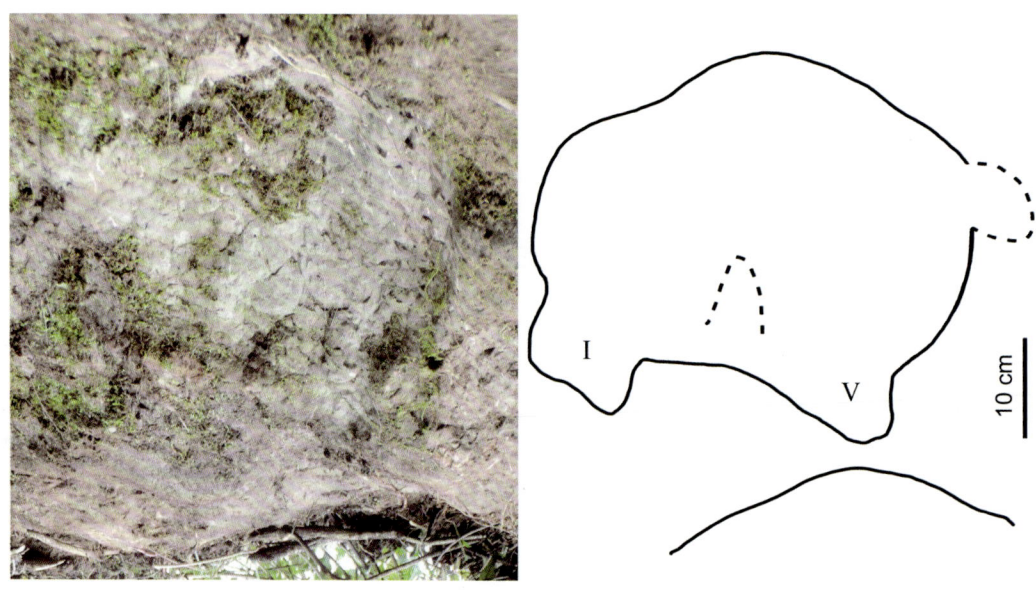

图 4-93　石花湾足迹点的蜥脚类前足迹 SHW-S1-RM1 照片与轮廓图

息并不多，仅保存了右侧的行迹，难以判断是否为宽或窄间距。

正如上文多次提到的，大部分中国的蜥脚类足迹，尤其是大型蜥脚类足迹目前都被归入足迹属 *Brontopodus*（Lockley et al., 2002a）。虽然石花湾标本缺乏间距等信息，但其前后足形态与 *Brontopodus birdi* 非常相似（Farlow et al., 1989），且考虑到该地区的其他大型蜥脚类足迹也都属于本足迹分类，故本文亦将其归入 *Brontopodus* 类。

### 4.11.2　特殊的保存方式

一般而言，凸型足迹是凹型足迹的填充体，岩层翻转后暴露出来的凸型足迹展示的都是足迹的底面。而一些很深的凹型足迹，即天然三维凸型足迹，其顶面和底面都有可能暴露，或仍"嵌"在岩层之间（Xing et al., 2015b）。SHW-S1-RP2 的趾区保存得非常好，第 I 趾到第 V 趾都清晰可辨。虽然这种凸型足迹并不非常罕见，但是，这个凸型足迹仍有一部分在凹型足迹中，也就是说，我们可以同时在凸型足迹的四周看到凹型足部与沉积物的接触面。这明确表明造迹者的足部穿透了底层砂质层上方的泥质层，并将足底的泥质层压入下方的砂质层，从而在这个泥砂交界面形成一个凹型足迹/真足迹。不过足迹的侧壁也显示出了一个交界面，是造迹者足部穿过泥质层发生的接触。随后，足迹被砂质沉积物充填，泥质层与上砂质层形成了新的交界面。泥质层后来受到了侵蚀，可能完全消失，或在真足迹的底面，也就是泥砂交界面上保留了薄薄的一层。该薄层的存在，可能使得凸型足迹更容易掉落。如果凸型足迹掉落，就余下最初底层砂岩上的凹型足迹

/ 真足迹，如 SHW-S1-RM1；如果凸型足迹仍在层面上，凸型足迹的底面就与凹型足迹 / 真足迹直接接触，并有明显的交界面，如 SHW-S1-RP2。

此外，我们有可能根据凸型足迹的高度（SHW-S1-RP2 为 20 厘米）来推测出原始泥质层的厚度，因为颗粒 – 颗粒接触方式让砂质沉积物难以被大幅度压缩，但泥质沉积物则相反。所以我们推测 SHW-S1 蜥脚类造迹者最初踩入的泥质层至少有 20 厘米深。SHW-S1-RP2 凸型足迹底下凹型足迹的深度由于没有暴露而不得而知，但 SHW-S1-RM1 的深度为 6—7 厘米，能提供一定的参考。

这种一个足迹同时具备凹型足迹与凸型足迹的情况相当罕见，而且这两种足迹保存状态都能提供有鉴定价值的形态学特征。相似的情况目前只见于临沭岌山足迹点的兽脚类足迹上，但保存得不如石花湾标本完整（Xing et al., 2013k）。

石花湾标本虽然数量稀少，但仍增加了该地区的恐龙足迹分布。其特殊的保存方式则对我们日后判断凹型与凸型足迹有一定启发。

# 第 5 章

# 四川盆地和米市 – 江舟盆地的古生态学

## 5.1 古环境背景与骨骼化石记录

根据四川盆地下白垩统的发育程度、岩相及古生物面貌的差异,四川盆地可划分为北部的梓潼 – 巴中、西部的成都 – 雅安、西南部的宜宾 – 习水 3 个区(CGCMS, 1982)。

在早白垩世中晚期,四川盆地的沉积主要发生在西部的成都 – 雅安区和西南部的宜宾 – 习水区(Wang et al., 2008),其中,西部区有峨眉足迹点(Zhen et al., 1994),眉山仁寿乡发现了数块小型兽脚类恐龙的骨骼碎片(Wang et al., 2008)。西南部区有綦江、宝源、汉溪、新阳和龙井等足迹点,泸州纳溪乡发现了数块小型兽脚类和鸟脚类骨骼碎片(Wang et al., 2008)。北部区没有足迹记录,仅有少数骨骼记录,包括简阳三星镇的一些小型兽脚类和蜥脚类恐龙的肢骨碎片(Wang et al., 2008)。

四川盆地西部和西南部的下白垩统主要为夹关组(广义)。多数学者认为这套夹关组主要为河流相沉积(Cao et al., 2008; Chen, 2009),但也有学者认为,西南部的大部分区域在早白垩世中期具有沙漠环境下的风成砂岩堆积,发育平行层理及巨型交错层理,夹间歇河流沉积,而西部只有靠近西南部的一小部分区域有沙漠沉积(Jiang et al., 2003; Wang et al., 2008),这可能是因为盆地西部的龙门山前迎风坡地带仍然保持季节性降雨,季节性洪水流入北部和西部,维持了该地区的河流 – 洪泛湖沉积环境(Wang et al., 2008)。西南部的沙漠环境气候炎热干燥,局部为间歇性河流和少量绿洲(Wang et al., 2008)。此外,基于孢粉的证据,Chen(2009)认为西部夹关组的古气候主要以热带 – 亚热带半干旱气候为主,出现过两次短暂的极端干旱。

攀西地区位于喜马拉雅山脉东端和青藏高原东南角,是四川省除四川盆地之外,白垩系分布最广的区域。该区域最大的盆地为米市－江舟盆地（Luo, 1999）。米市－江舟盆地白垩系飞天山组整体以河流相沉积为主（Chen, 1979），具体而言，下部属于河流和湖泊三角洲相，上部属于湖泊三角洲相（Xu et al., 1997）。该组并没有发现骨骼化石，只发现了一些足迹点，如昭觉三比罗嘎足迹点、解放沟足迹点和央摩祖足迹点等。飞天山组上部的小坝组为冲积扇、河流相和湖相系统（Chang et al., 1990），该组也没有骨骼化石记录，但发现了蜥脚类和兽脚类行迹。

## 5.2 主要足迹点恐龙动物群概述

**昭觉三比罗嘎一号足迹点**：中国四川省下白垩统三比罗嘎一号点展示了足迹群的多样性，足迹类型包括蜥脚类、小型和中型兽脚类、翼龙类，以及可能的大型鸟脚类。其中，蜥脚类足迹属于 *Brontopodus* 类型，很可能是中等体型的巨龙型类所留。兽脚类行迹由小型和中等体型的造迹者留下，足迹形态相似于足迹属 *Grallator* 和 *Eubrontes*。带有钝趾的大型三趾型足迹暂时归入鸟脚类足迹中的 *Caririchnium* 类。翼龙类足迹归入 *Pteraichnus*。翼龙类足迹和小型兽脚类足迹同时出现的情况相当罕见。该足迹点进一步证实了大型鸟脚类在内陆环境频繁出现，而且大型鸟脚类还与蜥脚类在内陆环境中共存，进一步证明了两者较高的生态学适应性。

三比罗嘎一号恐龙足迹点发现了一道极为罕见的蜥脚类掉头行迹，其造迹者做了一个相当窄的角度的转弯，前足迹的转向超过180°，相对后足迹出现了明显的"行迹偏离"，如此不寻常的行迹对于重建蜥脚类的运动十分重要，也清楚地阐明了宽间距巨龙型类、可能的造迹者、蜥脚类整体行为习性和运动方式之间的关系。很显然，巨龙型类的机动性可能要比我们之前的认知更加灵活。

**昭觉三比罗嘎二号和北二号足迹点**：在面积近1000平方米的昭觉三比罗嘎二号和北二号足迹点，大量的恐龙足迹展示了良好的多样性。造迹者至少包括兽脚类、蜥脚类和鸟脚类，其中鸟脚类留下的足迹数量最多，蜥脚类足迹也相当丰富，而在这两个足迹点都没有发现翼龙类足迹。蜥脚类足迹被归入常见的 *Brontopodus*，造迹者属于巨龙型类，其中一道行迹的潜在造迹者体现了与 brachiosaur 高度的亲和性。中型鸟脚类足迹则归属于 *Caririchnium*，造迹者为四足或兼两足动物；小型鸟脚类足迹 *Ornithopodichnus* 则对应于小型两足动物。兽脚类足迹 *Grallator*、*Eubrontes/Irenesauripus* 形态类型和 *Siamopodus xui* 一同出现，表明了当地兽脚类较高的多样性。如果算上一号点的翼龙类足迹，说明在早白垩世时期，昭觉地区生活着数量相当多，品种相当丰富的恐龙动物群。

三比罗嘎二号足迹点发现了中国第一例确凿的兽脚类游泳迹（足迹属 *Characichnos*），标本来自下白垩统飞天山组。这些游泳迹有助于证明，非鸟兽脚类可以进入一定深度的水里活动或觅食。同一层面还保存有典型的蜥脚类行迹（足迹属 *Brontopodus*），该行迹与兽脚类游泳迹相当接近，可能暗示着某种关联性。此外，我们利用兽脚类游泳迹推断了造迹区的水深，而同层保存的"正常"兽脚类行迹与游泳迹表明，该地区的水深在不同时间范围内有波动。

三比罗嘎北二号足迹点发现的 *Ornithopodichnus* 显示出特有的弱中趾前凸、长宽比小于1等特征，其造迹者属于群居性的小型两足鸟脚类恐龙。无论从形态、尺寸、行为模式还是移动速度，昭觉标本都跟韩国 Hwasun *Ornithopodichnus* 一一对应。目前来看，*Ornithopodichnus* 的记录仅见于东亚，这种现象可能和该地区的古生态学及生物地理学特性有关。

**解放沟足迹点**：四川省昭觉县解放沟足迹点发现的行迹属于蜥脚类。重要的是，它向我们展示了一个罕有的形态组合。这是一道窄间距行迹，但又带有宽间距行迹的典型特征，如相当低的足迹异度。显然，这个发现扩大了 *Brontopodus* 类行迹及其造迹者在四川盆地白垩系的分布范围和形态学的多样性。

**央摩祖足迹点**：小型兽脚类的骨骼化石非常稀有，于是小或微小的足迹化石具备论证造迹者体型的重要价值。发现于亚洲的足迹属 *Minisauripus* 是目前最典型的小足迹，对论证上述问题有重要帮助。研究这种足迹最大的挑战来自于区别它们是由成年造迹者留下的还是由幼年造迹者留下的。

我们在四川省昭觉县下白垩统飞天山组央摩祖足迹点发现了至少65个兽脚类足迹，构成了约20道行迹，分别属于不同体型的造迹者。其中3道行迹由10个足迹（足迹长2.5—2.6厘米）组成，归入 *Minisauripus*。其余的17道行迹代表中型兽脚类（足迹长9.9—19.6厘米），包括其中一道暂时被归入 cf. *Jialingpus* 的行迹。

迄今为止，已确认的 *Minisauripus* 足迹来自韩国（5个足迹点）和中国（3个足迹点），尺寸范围在1.0—6.0厘米。假设其为小型成年造迹者，*Minisauripus* 造迹者的臀高介于5—28.0厘米，体长约12—72.0厘米。经过详细的讨论，我们认为造迹者很可能是一种小型的成年兽脚类，但依然无法完全排除大型兽脚类的幼年个体。

**巴久足迹点**：位于飞天山组顶部的巴久足迹点，记录了以蜥臀类为主的足迹动物群，包括了4道蜥脚类和至少8道兽脚类行迹。蜥脚类行迹为巨龙型类所留，行迹有着中等宽度间距等特征。兽脚类行迹可分为2种不同的形态类型，其中一种与足迹属 *Eubrontes* 相似，另一个种归入 cf. *Dromaeopodus*，代表了功能性两趾型的恐爪龙类。新发现的一个游泳迹很可能属于龟类或鳄类造迹者。这些恐爪龙类，龟类或鳄类足迹大大增强了飞天山组的足迹多样性。此外，这种以蜥脚类-兽脚类为主导的足迹动物群一向是该地区红层足迹群的典型代表，典型的侏罗纪 *Eubrontes-Megalosauripus* 形态类型也广泛发现于中国其他白垩系足迹点，这似乎反映了东亚兽脚类动物群的特性。

**母脚吾足迹点**：母脚吾足迹点是下白垩统小坝组首次记录恐龙足迹，其中包括 *Velociraptorichnus*、*Eubrontes* 类、*Brontopodus* 类和 cf. *Anomoepus*。这种足迹组合也出现在夹关组，表明四川盆地和米市－江舟盆地的早白垩世恐龙动物群具有较高的相似性。该足迹点首次记录了世界首例三趾型的恐爪龙类足迹（*Velociraptorichnus zhangi*），这种特殊的形态不同于世界上其他十余个同类足迹点的足迹。同样，在母脚吾足迹点也发现了两趾型恐爪龙类足迹。我们把这两种足迹解释为同一足迹属的不同表现形式，这是由于造迹者足部的第 II 趾在留下趾印时，特殊的沉积物条件或爪子回缩较少造成的。虽说这样的三趾型恐爪龙类足迹形态在我们预料之内，但从目前的足迹化石证据来看，这仅仅是一个特例，而非常态。

**川主化石点**：与骨骼化石不同，甲龙类（覆盾甲龙类）行迹在中国的白垩纪红层以及亚洲其他地区都非常罕见。我们从一份首次记录夹关组足迹的重要区调报告（20 世纪 70 年代）中发现了一张可能属于甲龙类行迹的插图。从 2007 年开始，夹关组发现了多个以蜥臀类为主的足迹点，这意味着这份记录有甲龙类足迹的报告很不寻常。从报告分析，行迹的造迹者为大型恐龙，后足宽约 41 厘米，具有横向形态（长宽比值约 0.8）。行迹因没有保存前足迹而显得独特，其原因可能是保存问题。这种行迹的形态在中国十分少见，因为保存有白垩纪甲龙类行迹的沉积相通常都是富含有机物的滨海平原基底，多见于北美，后者发现有以甲龙类为主的足迹相。

**莲花保寨足迹点**：具有浓厚人文色彩的重庆綦江莲花保寨足迹点，高耸于近乎垂直的丹霞砂岩悬崖之上，为一道长 200 余米，高 1.5—3.0 米的大型水平沟槽，层位为下白垩统夹关组。自从 13 世纪以来，该足迹点就是一个用来抵抗外来侵略者的防御工事。该点有 7 个保存着四足类足迹的岩层，最下两层构成了莲花保寨的地面，保存着完好的鸟脚类、鸟类（鸟兽脚类）和翼龙类足迹组合。行迹数量以鸟脚类为主（69%），至少有 165 个造迹者，接下来是鸟类（18%）、蜥脚类（10%）和翼龙类（3%）。

2007 年，根据莲花保寨标本命名的 *Caririchnium lotus* 和 *Wupus agilis* 被再次确认为有效的足迹分类单元。多道平行的 *Caririchnium lotus* 行迹可解释为鸟脚类种群的群居行为。此地的 *Caririchnium lotus* 有两个不同年龄区间的群体，亚成年群体有时以两足行走，有时以四足行走，成年群体都以四足行走。此前命名的 *Laoyingshanpus torridus* 和 *Qijiangpus sinensis* 被认为是 *Caririchnium lotus* 的幻迹，属于无效名。

和中国最近几年不断增加的重要四足类足迹点一样，莲花保寨为我们提供了诸多新信息，尤其是该足迹点在蜥臀类为主导的地区出现了数量众多的鸟脚类足迹——*Caririchnium*。这种以鸟脚类为主导的足迹组合，在川滇盆地低纬度的下白垩统河湖相环境中显得不同寻常，说明在这种环境中，鸟脚类种群的数量在某些时候至少与蜥脚类一样多。

在全世界许多地方，早白垩世鸟类的唯一记录就是其足迹化石。大型鸟类造迹者的鉴定很困难，因为它们的体型和三趾型脚部都与小型非鸟兽脚类很相似。莲花保寨的 *Wupus* 最初被鉴定为小型非鸟兽脚类的足迹，但对其重新分析后，我们认为 *Wupus* 的造迹者是大型鸟类，与现生的鹭相似。*Wupus* 足迹和行迹的特征都与加拿大西部早白垩世的大型鸟类足迹 *Limiavipes curriei* 相似。新的分析揭示了 *Wupus* 和 *Limiavipes* 都区别于中小型非鸟兽脚类足迹（如 *Irenichnites*、*Columbosauripus*、*Magnoavipes*），它们之间的差异包括相对高的足迹长与单步长之比和更大的趾间角。*Wupus* 和 *Limiavipes* 具有相当多的共同特征，被归入足迹科 Limiavipedidae。区分大型鸟类和小型非鸟兽脚类足迹的方法使得我们能为早白垩世鸟类多样性提供更多的证据。分析还表明，尽管当前缺乏足够的骨骼化石证据，但还是可以说明大型涉水鸟类在早白垩世时期曾遍布劳亚古陆和冈瓦纳古陆。

莲花保寨足迹点是中国最重要的白垩纪翼龙足迹点之一，该点发现了数量众多的翼龙足迹 *Pteraichnus*（5 道行迹，30 个足迹），且与鸟类足迹 *Wupus* 共存。这些翼龙足迹被解释为同一类或体型相近的翼龙类所留。和中国其他的 *Pteraichnus* 一样，莲花保寨的 *Pteraichnus* 造迹者极可能为中小型的 pterodactyloid，不过也不能完全排除非 pterodactyloid 造迹者的可能性，因为其后足迹第 V 趾很浅且不清晰。

莲花保寨一三维凸型足迹为其造迹者的运动力学提供了独特的解释。这个孤立的大型鸭嘴龙型类足迹可归入 *Caririchnium lotus*，它提供了一个脚部动态复原过程，即踏足、承重、提足的步法循环。这个后足迹在步法循环中做出了大尺度的改变，这表明 *Caririchnium lotus* 的造迹者有能力在意外遇到黏稠沉积物时，切换两足与四足的运动姿势。该足迹外侧趾不寻常的弯曲指示了一次重要的横向运动，伴随着踏足的伸展，剩下各趾受横向运动影响程度较低。足迹的鳞片刮擦线和趾头拖痕并无重叠现象，与足迹垂直踏足以及随后的各趾弯曲状态相符。该足迹表明 *Caririchnium lotus* 造迹者的足部机动性超出此前预期，并影响了对鸭嘴龙型类恐龙运动姿态的重建。

**虎山足迹点**：中国重庆綦江虎山足迹点发现了 2 个大型天然凸型足迹化石，化石赋存于砂质富集的夹关组地层的一悬崖底面。它们属于一种罕见的幻迹，同类足迹也发现于韩国和北美白垩系足迹点。放射状、同心，以及半脆性形变使这些幻迹具有"切断状"或网状的外观，有时也呈现出类似菜花的形态，这正是当地"石头开花"民间传说的来源。这些特征清晰地展现了其外形态学变化。考虑到时代背景，造迹者必然是恐龙，可能属于蜥脚类。

**汉溪足迹点**：四川下白垩统夹关组汉溪足迹点大型砂岩面上发现了大型足迹群，足迹约 270 个，包括至少 18 道可辨认的行迹。该足迹点产出了中国乃至东亚最长的兽脚类行迹（cf. *Eubrontes*），行迹由 81 个足迹组成，长约 69 米。这些足迹保存程度中等，包括了"上"表面的真足迹和间隔 2—3 厘米的下层面暴露出的幻迹。此外还辨识出了包括小型兽脚类足迹（*Grallator*-like）在内的 6 道其他兽脚类行迹、8 道蜥脚类行迹（cf. *Brontopodus*）和 3 道鸟脚类行迹（cf. *Ornithopodichnus*）。这些密集的足迹表明该地区以恐龙为主的足迹动物群比以前猜想的更丰富。

**新阳足迹点**：新阳足迹点发现了蜥臀类（兽脚类和蜥脚类）足迹，这些足迹以凸型的形式暴露，但又与幻迹或过渡（凸型）足迹相关。其中的兽脚类足迹由不同体型的造迹者留下。大中型的兽脚类恐龙留下了 26.4 厘米长的后足迹，组成保存完好的行迹。基于中趾前凸和第 II 趾的小型跖趾垫、第 IV 趾的大型跖趾垫等特征而将其归入 cf. *Eubrontes*。一些小型足迹（长 12.1 厘米）以更强烈的中趾前凸展示了其与 *Grallator* 的相似性。这个组合是典型早侏罗世足迹组合出现在白垩纪的另一个案例，表明该组合在东亚各地层有着更广泛的分布。蜥脚类行迹保存较差，难以对其间距和足迹归类下结论，基于部分足迹形态和近似宽间距的特征把它们暂时归入 cf. *Brontopodus*。这一地区的四足类足迹报告再一次成为我们了解中国西南部恐龙动物群的重要线索。

**龙井足迹点**：龙井足迹点位于四川下白垩统夹关组，暴露出了至少 4 道可鉴定的行迹，其中 3 道归入蜥脚类，1 道归入鸟脚类。所有行迹都暴露于河床的砂岩面上，接受河水不断地侵蚀。每个足迹都为圆形到椭圆的碟状，或许是在被侵蚀和暴露之前就已经是幻迹。不过，行迹模式依然足以区分造迹者。蜥脚类行迹展示了四足行迹的特征，相比之下，鸟脚类行迹则为典型的两足行迹。从足迹分类学上看，蜥脚类足迹无法确切鉴定，但其基本形态与附近汉溪和新阳足迹点的 cf. *Brontopodus* 非常相似。鸟脚类行迹缺失前足迹，被归入 *Caririchnium*，这是早白垩世的一个独特但常见的鸟脚类足迹属。

**石庙沟足迹点**：石庙沟足迹点与汉溪足迹点相邻，同样来自下白垩统夹关组，却展示了差异颇大的足迹动物群：恐龙-翼龙足迹组合。该组合共包括 132 个足迹，组成了至少 30 道三趾和二趾型兽脚类、蜥脚类、鸟脚类和翼龙行迹。从足迹分类学上看，小型三趾型兽脚类（足迹长 7—18 厘米）的行迹难以明确分类，而小型二趾型恐爪龙类行迹（足迹最长 7.5 厘米）暂时归入 cf. *Velociraptorichnus*。蜥脚类行迹具有中至近宽间距、U 形前足和明显的足迹异度等特征，被归入 cf. *Brontopodus*。其中一道蜥脚类行迹表现出了特殊的步态，其缺少左前足迹，而右前足迹具有不寻常的位置和旋转，我们提出了出现这种步态的多种可能性和相对应的解释。

石庙沟足迹点中最常见的是鸟脚类行迹，它们为中小型两足动物的后足迹，本文将这些后足迹归入新的足迹种 *Caririchnium liucixini*。该足迹种以极宽（横向）的形态和弱的中趾前凸为特征。针对 *Caririchnium* 不同足迹种的双变量分析发现，该属的中趾前凸会随足迹的增大而增大。这个趋势和典型的兽脚类足迹类截然相反，后者的大型足迹往往具有较弱的中趾前凸。

在一个单独的崩塌面上，我们发现了 3 个孤立的翼龙足迹（2 个前足迹和 1 个后足迹），它们的形态与广泛分布的 *Pteraichnus* 极为相似。

该足迹点代表了至今为止，夹关组中多样性最丰富的足迹组合之一。二趾型恐爪龙类足迹、蜥脚类和鸟脚类足迹共存于同一个化石点，这是非常罕见的。这些足迹代表了一种干旱气候下的河流相沉积环境。

**雷背足迹点**：雷背足迹点发现了一批尺寸各异的三趾型足迹，被归入 *Eubrontes* 形态类型，同时发现的还有大尺寸的两趾型足迹，被归入 cf. *Dromaeopodus*。恐爪龙类足迹在夹关组的两处记录，此前都被划归 *Velociraptorichnus*。cf. *Dromaeopodus* 是夹关组首次发现大型恐爪龙类足迹，这表明夹关组很可能与山东地区田家楼组（Barremian–Albian）拥有同样的、极具东亚土著特色的 *Dromaeopodus–Velociraptorichnus–Minisauripus* 足迹组合（以及鸟类足迹 *Koreanornis*）。此外，韩国南部 Haman 组（Aptian–Albian）也发现了中型恐爪龙类足迹和 *Minisauripus*。这意味着在早白垩世中晚期，四川盆地与山东沂沭断裂带，乃至韩国南部有着非常相似的兽脚类恐龙动物群，而且 *Dromaeopodus–Velociraptorichnus–Minisauripus* 组合很可能可以被认为是 Barremian–Albian 的"标准"足迹化石。

## 5.3 古生态学

### 5.3.1 恐龙动物群对比

古生态学是古生物学、沉积学及生态学等学科相交叉的综合产物，其研究对象是古生物与古代环境之间的相互关系。如前文所述，夹关组和飞天山组都属于热带-亚热带半干旱气候下的河流相沉积。在缺乏可鉴定骨骼化石的情况下，恐龙足迹组合可以为我们恢复当时当地的古生态系统。

从地层学和地质年代来看，飞天山组（Berriasian–Barremian Tamai et al., 2004）要早于夹关组（Barremian–Albian Chen, 2009）。因此，米市-江舟盆地的白垩纪恐龙记录从早白垩世最早期就出现了，整体历史要比四川盆地的更久远一些，其时间跨度长于目前从四川盆地中推测出的数据。

整体而言，四足类足迹的化石记录显示，四川盆地和米市-江舟盆地的足迹群组合非常相似，都包括了恐龙类（鸟脚类、蜥脚类、非鸟兽脚类）以及翼龙类（表 5-1）。其中夹关组还有覆盾甲龙类与鸟类足迹，飞天山组则可能存在龟类足迹。小坝组四足类足迹记录的多样性大为逊色，只有兽脚类和蜥脚类足迹。所有盆地与层位都没有发现北美同期常见的鳄类足迹。

表 5-1　夹关组、飞天山组、小坝组的动物群对比

| 造迹者 | 夹关组 | 飞天山组 | 小坝组 |
|---|---|---|---|
| 非鸟兽脚类 | *Grallator* | *Grallator*– type | *Grallator*– type |
|  | *Eubrontes* | *Eubrontes*– type | *Eubrontes*– type |
|  | *Minisauripus* | *Minisauripus* | — |
|  | cf. *Irenesauripus* | — | — |
|  | *Velociraptorichnus* | — | *Velociraptorichnus* |
|  | cf. *Dromaeopodus* | cf. *Dromaeopodus* | — |
|  | coelurosaurs tracks | — | — |
|  | — | *Siamopodus* | — |
| 鸟兽脚类（鸟类） | *Koreanornis* | — | — |
|  | *Wupus* | — | — |
| 蜥脚类 | *Brontopodus* | *Brontopodus* | *Brontopodus* |
| 覆盾甲龙类 | *Tetrapodosaurus* | — | — |
| 鸟脚类 | *Caririchnium* | *Caririchnium* | — |
|  | cf. *Ornithopodichnus* | *Ornithopodichnus* | — |
| 翼龙类 | *Pteraichnus* | *Pteraichnus* | — |
| 龟类 | — | cf. *Emydipus* | — |

四川盆地和米市-江舟盆地都保存了高度多样化的兽脚类足迹，包括大型、中型、小型的三趾型足迹，大多都归入 *Grallator* 和 *Eubrontes* 形态类型；还有重要的两趾型恐爪龙类足迹。夹关组和飞天山组发现了 cf. *Dromaeopodus*，夹关组和小坝组发现了 *Velociraptorichnus*。恐爪龙类足迹的频繁出现表明，在早白垩世，恐爪龙类在沉积物所代表古环境中取得了成功。此外，夹关组还发现了一些独特的足迹，包括世界上最小的兽脚类足迹 *Minisauripus*，以及鸟足迹 *Koreanornis* 和 *Wupus*。飞天山组则发现了 *Siamopodus*。

飞天山组的 *Brontopodus* 是四川白垩系中首批得到详细描述的蜥脚类足迹记录。*Brontopodus* 类足迹在夹关组和小坝组都有发现。所有这些蜥脚类足迹都归入 *Brontopodus* 形态类型。但从普遍较窄的行迹间距来看，夹关组的蜥脚类恐龙似乎比飞天山组的更原始。鸟臀类方面，四川盆地和米市-江舟盆地都发现有大中型鸟脚类足迹 *Caririchnium* 和小型鸟脚类足迹 *Ornithopodichnus*。鸟脚类足迹在很多情况下都形成了平行的行迹，表明了其造迹者群居的特点。四川盆地还保存着覆盾甲龙类足迹 *Tetrapodosaurus*，但非常罕见，且不典型。两个盆地都发现了翼龙足迹 *Pteraichnus*。飞天山组还发现了一个可能属于龟类的孤立足迹。总的来说，相比飞天山组和小坝组，夹关组的足迹群有着更多的足迹属。

夹关组一些足迹点体现出了一个重要的古生态学特征：这些足迹点记录了极具东亚土著特色的 *Dromaeopodus*、*Velociraptorichnus*、*Minisauripus* 足迹，以及鸟类足迹 *Koreanornis sensu*（Lockley et al., 2013, 2014），其足迹群的构成模式和山东的田家楼组的足迹群非常相似，后者由 Li et al.（2015）描述，形成于 Barremian–Albian（Kuang et al., 2013）。有趣的是，韩国的 Haman 组（Aptian–Albian）也具有中型恐爪龙类足迹和 *Minisauripus* 足迹（Aptian–Albian, Houck and Lockley, 2006）。这意味着当地以兽脚类为主的足迹群和四川盆地和山东田家楼组的动物群类似。因此，我们推断，在早白垩世中晚期，四川盆地、山东沂沭断裂区（莒南 Li et al., 2015）以及韩国南部，可能都存在着可追溯至 Barremian–Albian 的 *Dromaeopodus–Velociraptorichnus–Minisauripus* 组合。

### 5.3.2 主导的恐龙类群

蜥脚类足迹通常保存在低纬度热带或亚热带的、碳酸盐岩地区的海岸带沉积物和湖滨沉积物中，或保存在更偏向半干旱的内陆盆地的河湖沉积物中。鸟脚类足迹则常保存在具煤层的潮湿环境中，通常为海岸带平原（Lockley 1991; Lockley et al., 1994, Mannion and Upchurch, 2010）。

四川盆地的侏罗系红层是古动物群与古环境互相关联的一个范例。盆地的蜥脚类非常繁盛，而鸟脚类较少（Peng et al., 2005）。但这个情况到了早白垩世就发生了一定的变化（表 5–2）。

表 5–2　夹关组、飞天山组与小坝组的四足类动物群的构成

| 组 | 足迹点 | Tm | The | Bi | Sa | Thy | Or | Pt | Tur |
|---|---|---|---|---|---|---|---|---|---|
| 夹关组 | 官元冲 | 3 | 100% | — | — | — | — | — | — |
| | 峨眉 | 24 | 87% | 5% | — | 8% | — | — | — |
| | 莲花保寨 | 165 | <1% | 18% | 10% | — | 68% | 3% | — |
| | 虎山 | 2 | — | — | 100% | — | — | — | — |
| | 宝源 | 9 | 100% | — | — | — | — | — | — |
| | 新阳 | 5 | 80% | — | 20% | — | — | — | — |
| | 新阳二号 | 3 | 100% | — | — | — | — | — | — |
| | 龙井 | 4 | — | — | 75% | — | 25% | — | — |
| | 汉溪 | 20 | 35% | — | 40% | — | 25% | — | — |
| | 石庙沟 | 38 | 32% | — | 26% | — | 37% | 5% | — |
| | 雷背 | 27 | 100% | — | — | — | — | — | — |
| | 石花湾 | 1 | — | — | 100% | — | — | — | — |
| | 合计 | 301 | | | | | | | |

续表

| 组 | 足迹点 | Tm | The | Bi | Sa | Thy | Or | Pt | Tur |
|---|---|---|---|---|---|---|---|---|---|
| 飞天山组 | 三比罗嘎*（I, II, IIN） | 76 | 25% | — | 24% | — | 42% | 9% | — |
|  | 解放沟 | 1 | — | — | 100% | — | — | — | — |
|  | 央摩祖 | 22 | 100% | — | — | — | — | — | — |
|  | 巴久 | 24 | 63% | — | 33% | — | — | — | 4% |
|  | 合计 | 123 | — | — | — | — | — | — | — |
| 小坝组 | 母脚吾 | 10 | 90% | — | 10% | — | — | — | — |
|  | 吉尔博石一号 | 32 | 97% | — | 3% | — | — | — | — |
|  | 吉尔博石二号 | 3 | 100% | — | — | — | — | — | — |
|  | 足谷 | 4 | — | — | 100% | — | — | — | — |
|  | 依子 | 6 | — | — | 100% | — | — | — | — |
|  | 合计 | 55 | — | — | — | — | — | — | — |

缩写：Tm. 造迹者；The. 非鸟兽脚类；Bi. 鸟类；Sa. 蜥脚类；Thy. 覆盾甲龙类；Or. 鸟脚类；Pt. 翼龙类；Tur. 龟类

整体而言，夹关组的12个足迹点里有9个（75%）产出兽脚类足迹，可见这类足迹的分布最为广泛；7个足迹点（约58%）产出蜥脚类足迹；4个（约33%）产出鸟脚类足迹，其中鸟脚类为主导的足迹点有2个；此外分别有2个足迹点（约17%）产出鸟类和翼龙足迹。飞天山组的4个足迹点里有3个产出兽脚类和蜥脚类足迹，还有一个足迹点同时产出鸟脚类、翼龙或龟类足迹。而小坝组仅产出兽脚类足迹（3个足迹点）和蜥脚类足迹（4个足迹点）。

如果将一道行迹和每个孤立的足迹都视为一个造迹者的话，我们就可以估计出各足迹点的造迹者丰度以及不同种群的比例。夹关组莲花保寨和石庙沟足迹点都以鸟脚类为主导，分别占各自足迹点造迹者总数的69%和37%。米市－江舟盆地的昭觉三比罗嘎足迹点也是以鸟脚类为主（占42%）。然而，这种早白垩世鸟脚类主导的足迹点在中国非常少见。其他以恐龙为主的重要足迹组合都主要由蜥臀类组成，例如兽脚类为主导（约90%）的田家楼组后左山足迹点（Li et al., 2015），甘肃省盐锅峡足迹点的蜥臀类占70%（蜥脚类38%，兽脚类32%），内蒙古下白垩统泾川组查布足迹点没有确凿的鸟脚类足迹，以蜥脚类－非鸟兽脚类足迹组合为主，也有相当数量的鸟类足迹（Li et al., 2011a）。

不但多数足迹记录以蜥臀类主导，骨骼记录似乎也是如此。对于后者，我们选择了一个最重要的样本。要研究中国早白垩世恐龙动物群的组成，就不得不研究其中最具多样性的热河生物群（Zhou and Wang, 2010）。热河生物群发现了极大量的标本，且散落在许多不同的机构，因此要完全统计其标本的组成几乎是不可能的。我们取其中一个最典型的收藏机构——山东天宇自然博物馆之样本，山东天宇自然博物馆是拥有标本数最多的单位（约 3500 件恐龙与翼龙化石标本），其馆藏的热河生物群标本显示，鸟脚类仅占 1.1%，而角龙类占 11.4%，甲龙类占 0.5%，翼龙类占 3%，鸟类与非鸟兽脚类则各占 64.6% 和 19.3%。这些差异或许出于许多方面原因，对其解释会被认为存在一定的投机性。但总体而言，热河生物群的主导因子还是蜥臀类。

以上各个足迹组合中的成分差异颇大，部分原因是样本抽自不同的地区和沉积相，它们都使化石记录产生了一定程度的偏倚。不过我们至少可以得出这样的结论：虽然鸟脚类在四川盆地和米市-江舟盆地部分足迹组合中占主导地位，但这并非典型的低纬度（夹关组位于古北纬 25.5°，飞天山组为古北纬 24°，Jiang et al., 2000）下白垩统河湖足迹相。这些足迹组合的证据至多表明，在河湖相环境中，鸟脚类的丰度在某些时候与蜥脚类一样高。

Lockley et al.（2014）认为中国早白垩世恐龙足迹群的构成暗示了强烈的区域特色，如上述的 *Dromaeopodus–Velociraptorichnus–Minisauripus* 组合就为东亚所特有。如果从更大的视角来看，四川盆地和米市-江舟盆地都属于大型的川滇盆地，只因汉源-昭觉一带的水下隆起而将其分隔开。而川滇盆地以北，由于遇到古秦岭-大别山山脉的阻隔（Wang, 1985），鄂尔多斯盆地的恐龙足迹组合可能产生了变化，比如禽龙类的足迹或骨骼化石迄今都没有被发现。然而，临近鄂尔多斯盆地的河西走廊盆地（包括了兰州-民和盆地），以及中国东部山东省的沂沭断裂带地区，鸟脚类足迹（和骨骼）的记录则比较丰富，其中兰州-民和盆地的盐锅峡恐龙足迹组合与川滇盆地的恐龙足迹组合相似。这其中缘由包括了大型恐龙的足迹更有可能（更容易）被保存下来，而小型动物的足迹，例如鸟类和翼龙类，或许更易受保存因素的影响，例如沉积物的粗细程度及其黏性。古秦岭-大别山山脉以北的盆地群落，都与当时非常繁盛的热河生物群有着密切的关系，其恐龙组合面貌基本一致（Chen, 1988）。因此，川滇盆地的足迹组合，比如较丰富的恐爪龙类记录，表明此地的早白垩世恐龙动物类可能和热河生物群的辐射有更加密切的关系。如果确实如此，也说明了由山脉的形成而导致的生物地理阻隔可能并不如我们之前猜测的那么严重。

对于造迹者所在的、时常往来的古区域而言，足迹是其保存在原地的证据。因此，足迹记录也足以反映出一个地区中恐龙动物群的古生态信息。

如表 5-1 所示，广泛分布于夹关组、飞天山组和小坝组的 23 个足迹点中，包括至少 17 个具有明确鉴定特征的四足类足迹的足迹点。值得注意的是，该大区域中仅有 3 个骨骼化石点。这些足迹点的足迹代表了多样化的恐龙类群（包括鸟兽脚类）、龟类和翼龙。因此，虽然四足类的骨骼化石十分稀少，甚至在飞天山组和小坝中都没发现过，但足迹群也显示了中等多样化的造迹者,其中非鸟恐龙类就有 13 种。此外,足迹点的行迹数量也很可观。若将一道行迹或孤立足迹视为一个造迹者,那么迄今为止,该大区域已发现了约 479 个造迹者,这 479 个造迹者中有 301 个来自夹关组,123 个来自飞天山组,55 个来自小坝组。

在几乎完全缺失骨骼化石的红层中具有如此丰富的足迹化石,这对古生态学而言,有着极其重要的意义。有学者曾经根据足迹和骨骼的相对丰度将沉积组合分为 5 类(Lockley, 1991; Lockley and Hunt, 1994):

1 类沉积,仅保存有足迹。

2 类沉积,以足迹为主导。

3 类沉积,骨骼和足迹的数量不相伯仲。

4 类沉积,以骨骼为主导。

5 类沉积,仅保存有骨骼。

西南地区的足迹群属于 1 类或 2 类。这些数据不仅强调了足迹在缺乏或没有骨骼化石的地区中具有重要意义,还有助于证明同一地区中,不同足迹点的各个足迹组合是否具有一致的成员组成。本文的数据表明,上述三个组中的绝大多数足迹群都以蜥臀类(非鸟兽脚类和蜥脚类)为主。

在以蜥臀类足迹为主导的地区中,下白垩统下部(Neocomian 阶,包括 Berriasian、Valanginian 和 Hauterivian)的足迹点主要产出鸟类、非鸟兽脚类及蜥脚类足迹,同时也有大量翼龙足迹。少量的鸟臀类足迹直到 Neocomian 阶之后(下白垩统上部)才陆续出现。中国东北部和韩国的后 Neocomian 阶鸟臀类足迹组合的丰度证明了这个说法。四川盆地在 Gallic 阶(其中的 Barremian、Aptian 和 Albian)出现了较多的鸟臀类足迹,但整体依然以蜥臀类足迹为主。米市 – 江舟盆地的情况也与此相近。

此外,最近我们还发现,中国和韩国的白垩系足迹点几乎没有确凿的鳄类足迹证据。这可能反映了这些地区缺乏适合鳄类的栖息地。不过,不少足迹点存在着少量的龟类足迹。

# 第 6 章

# 结论与展望

## 6.1 主要结论

近年来，中国中生界四足类足迹点的迅速增加给我国的足迹学研究带来了新的发展机遇。1989 年，中国四足类足迹点仅有 27 个，截至 2015 年，足迹点已超过 200 个。这些足迹点保存了大量的足迹，使得古生物学者有足够的材料来研究和分析各个四足类动物群的足迹形态学、古生态学等方面的信息。

在中国白垩系足迹点中，西南部的下白垩统红层发现了 23 个以恐龙足迹为主的重要足迹点。这些足迹点中有 12 个属于四川盆地的夹关组，其余属于米市 – 江舟盆地的飞天山组和小坝组。除了官元冲和川主足迹点之外，其余的足迹点均是我们从 2007 年开始陆续发现与描述的。

本文从西南部四足类足迹点的普查数据入手，全面重审了此前描述过的旧足迹点，并系统研究了新发现的足迹点。基于对足迹形态进行统一测量所获得的大量数据，利用激光扫描和摄影测量学等技术构建的高分辨率三维图像，我们对中国西南部下白垩统四足类足迹群的形态学、古行为学、古生态学和足迹对所在地层动物群组合的影响都做了详细的研究，相较前人对该地区的四足类动物群组合有了更全面的认识，为进一步认识中国西南地区的早白垩世古生态面貌提供了丰富的资料。该研究取得的主要认识如下：

形态学方面。描述了 3 个新的足迹种：小型兽脚类 *Siamopodusxui*、三趾型恐爪龙类足迹 *Velociraptorichnus zhangi*、鸟脚类足迹 *Caririchnium liucixini*。重新描述了 *Caririchnium lotus*，此前（2007 年）由笔者命名的 *Laoyingshanpus torridus* 和 *Qijiangpus sinensis* 被认为是 *C. lotus* 的幻迹，属于无效名。厘定了一个错误归属的遗迹属 —— *Wupus*，从非鸟兽脚类足迹修订为大型鸟类足迹。在四川盆地和米市 – 江舟盆地各个组首次发现了新的足迹形态：

大型恐爪龙类(*Dromaeopodus*)、疑似甲龙类(*Tetrapodosaurus*?)、翼龙类(*Pteraichnus*)和小型两足鸟脚类(*Ornithopodichnus*)的恐龙足迹。

笔者还提出了一种新的恐龙足迹保存方式：扁平化足迹。这是一种典型的由于沉积物负载过重而使得各趾扁平化的现象，是埋藏因素，而非形态学特征。这种因素在此后鉴定足迹特征时需要格外注意。

行为学方面。描述了世界第一例蜥脚类掉头行迹，更新了此前对蜥脚类的机动性的认知；描述了中国第一例确凿的兽脚类游泳迹，古环境的水深得以恢复；描述了东亚最长的兽脚类行迹，行迹全长 69 米，共 81 个足迹。根据新发现的世界最小恐龙足迹 *Minisauripus* 的材料，解析其造迹者很可能是一种小型的成年兽脚类。描述了罕见的大型鸭嘴龙型类三维凸型足迹，为研究其造迹者的运动力学提供了独特的见解。

在交叉学科领域，本研究还尝试利用视频和老照片生成正射纠正相片来重建已经坍塌的足迹点，并运用古生物考古学的知识来搜寻恐龙足迹，一些民间传说启发并引导我们发现了解放沟和虎山足迹点。这些成功的经验表明，通过阅读历史文献（如民间故事集、县志等），关注当地居民及部落的历史传说，可以从中得到包括恐龙足迹在内的古生物学线索。

古生态学是本次研究的重点，以上所述的形态学和行为学的成果最终都为重建当时当地的古生态系统服务。

中国西南部各足迹点共发现了至少 13 种不同的非鸟恐龙足迹形态，2 种鸟兽脚类（鸟类）足迹形态，以及翼龙和龟类足迹。共 17 种形态类型的足迹包括了 479 道行迹（与孤立足迹），它们可能代表着同等数量的造迹者。

四足类足迹显示，四川盆地和米市－江舟盆地的恐龙足迹群组合非常相似。两个盆地都包括了鸟脚类、蜥脚类、非鸟兽脚类和翼龙类。而夹关组还有覆盾甲龙类与鸟类足迹，飞天山组则可能存在龟类足迹。小坝组足迹记录的多样性则大为逊色，只有兽脚类和蜥脚类足迹。

四川盆地和米市－江舟盆地 3 个组的足迹群都以蜥臀类（兽脚类和／或蜥脚类）为主导，其中仅有 2 个足迹点以鸟脚类为主导。而蜥臀类中的兽脚类足迹组合至少涉及了 6 至 8 个足迹属，包括 *Grallator-Eubrontes* 组合中的小型和大型三趾型足迹、2 种两趾型足迹(*Velociraptorichnus* 和 *Dromaeopodus*)和独特的小恐龙足迹 *Minisauripus*。可见，这些足迹群不仅以兽脚类足迹为主，还体现出了该区域兽脚类演化支较强的多样性。

本研究还表明，中国西南早白垩世足迹群的构成暗示了强烈的区域特色，如兽脚类 *Dromaeopodus–Velociraptorichnus–Minisauripus* 组合为东亚所特有，发现地包括中国西南、山东和韩国南部的 Barremian–Albian 地层。

中国西南部足迹组合中新记录的、相对丰富的恐爪龙类足迹，表明此地的早白垩世恐龙组合受热河生物群辐射的影响可能比之前推测的更为密切，也可能表明由山脉形成的生物地理阻隔并不如我们之前猜测的那般严重。

综上所述，中国西南部下白垩统红层沉积中，笔者发现并记录了数千个四足类足迹，形成了一个相对全面的足迹数据库。这些足迹数据蕴含了高丰度、强多样性和广泛分布等古生态学信息，对恢复古生态的作用远超当地极为贫乏的骨骼记录。这也让我们得以了解在早白垩世时期，该地区活跃着包括非鸟兽脚类、鸟类、蜥脚类、鸟脚类、甲龙类在内的恐龙，还有翼龙和龟类动物。这些动物以蜥臀类为主，其中的兽脚类呈现高度的多样性，很可能包括了多个带毛恐龙（手盗龙类）演化支。而且，这些足迹组合的面貌完全可与山东和韩国南部 Barremian–Albian 的足迹群相对比。

## 6.2 存在的问题与研究展望

在研究开始时，我们提出过中国恐龙足迹研究存在的 4 个问题，包括了描述缺失、种属混乱与对比匮乏、层位不准、产地破坏与保护缺位。经过本项目的研究与重审，这些问题在西南地区已经得到了一定程度的改善，但限于时间与不可抗拒力因素，还有一些问题有待解决。

（1）西南地区恐龙足迹数据库还需要更多的数据

尽管四川盆地和米市－舟盆地目前发现的所有足迹点都得以全面的描述、对比与研究，但是，基于本研究可推断，这些盆地的巨厚红层中，恐龙足迹极有可能还有巨大的发现潜力，后续还需要组织队伍继续进行野外探索。

（2）缺乏精确定年数据

西南地区主要的足迹产出层位（夹关组、飞天山组和小坝组）并无精确的年代数据。该区目前的地质年龄主要依靠生物地层的结论，这存在一定的不确定性。未来工作应该设法将生物地层与同位素年代学、磁性地层、旋回地层、化学地层和定量地层学结合起来，使地质年龄达到更高的时间精度和分辨率，使该区标本能与国际地层、恐龙动物群进行准确对比，从而更好地与重大地质事件、古生态古气候古环境突变等重要科学研究相整合。

（3）跨区域对比仍显不足

由于中国其他地区的早白垩世足迹群尚未整理完成，因此西南片区与其他区域的对比还存在不足，未来工作将进一步完善西南之外其他地区同时代恐龙足迹群的研究工作，并在更大的时空范围内进行横向与纵向的对比。

（4）足迹点的保护仍然缺位，需要用更多的技术手段来弥补

四川盆地和米市－江舟盆地的诸多足迹点中，除了綦江莲花保寨足迹点得以妥善保

护之外，其他绝大部分足迹点都还暴露在野外，其中三比罗嘎的 3 个足迹点存在严重的威胁——当地的铜矿厂迄今还在施工。尽管我们已经从多个渠道敦促地方主动保护，并申报保护区，但目前收效甚微。如果保护难以到位，破坏日益加重，我们未来的工作方式就要适当调整，会适当采集一些标本，并更加广泛地使用三维扫描等方法来记录数据。

# 致 谢

鲁迅先生在《华盖集·忽然想到(四)》中评论文人笔下的历史时说过："正如通过密叶投射在莓苔上面的月光,只看见点点的碎影。"我们从化石记录中看古世界的境况难道不也是如此?古生物学者都深知残缺不全的化石记录是多么令人遗憾,所以常为偶有的发现而额手相庆。

中国西南早白垩世恐龙足迹群之概貌,若说如今已经拨云见日可能是托大了,但至少也能够窥一斑而知全豹。研究成果如此,研究之路注定不平坦。从2006年初次见到西南首批足迹材料,至今已有十年。人生又能有几个十年?这其中要感谢的人实在太多,挂一漏万在所难免。但有一些片段,却在此刻涌上心头。

自我高中开始,北京自然博物馆的甄朔南先生(1925—2012)和中国科学院古脊椎动物与古人类研究所的董枝明先生(1937—)便是我的启蒙之师。不能忘记甄先生带着我看马门溪龙,而董先生则笑眯眯地向我展示他办公桌上中加恐龙考察挖得的原角龙大头骨。他们呵护着少年心中对恐龙学的憧憬与向往,并屡屡添柴加火。

我的第一次野外挖掘,是大学期间,跟随古脊椎所辽西队的周忠和院士、徐星研究员和汪筱林研究员等老师去了热土辽西。此后,周忠和院士对我的发展方向给出了诸多重要的建议,汪筱林研究员多次带我奔赴野外进行实地考察,徐星老师则一直对我的古生物之道倍加关心和支持,与人为善和严谨治学是徐老师的为人处世原则之一,我也取之用之。

2010年,我在大雪暴中降落加拿大埃德蒙顿,来到坐落于龙骨之上的艾伯塔大学,攻读硕士学位,加入了"恐龙拼命三郎",电影《侏罗纪公园》主角原型 —— 菲利普·柯里(Philip Currie)院士的团队,并尽受导师和师门 Victoria Arbour、W. Scott Persons, IV、Tetsuto Miyashita、Michael E. Burns 等的悉心指导与关照。

2011年暑假,中国地质大学(北京)的张建平教授一个电话邀我回国,和他一道奋战在延庆绝壁的恐龙足迹面上。张建平教授师从我国古生态学和古遗迹学的奠基人 —— 杨式溥先生(1925—2002),并尽得真传。初次交往,张教授对古遗迹学的热情与严谨,以及虚怀若谷的

# 中国西南早白垩世恐龙及其他四足类足迹
Early Cretaceous dinosaur and other tetrapod tracks of southwestern China

胸襟便深深吸引了我。次年，我便进入中国地质大学（北京）攻读博士学位，拜张建平教授为师，系统学习古生物学。

万晓樵教授在我读博期间也提供了极大的帮助。1982年是我出生的年份，也是万老师留校任教的时间。这漫漫30余年的经验，他对我并无保留。短短数载，无论是学识还是处事，我都收获极大。

我的副导师，甘肃农业大学的李大庆教授（原甘肃地质博物馆副馆长），几乎是用溺爱的方式一直照顾着我。在野外，他手把手地帮我补地质学短板；在实验室，他以自己的勤奋为我做出了最好的表率。李老师把中国最好的足迹学材料毫无保留地交给我，他说："让中国最棒的恐龙足迹——甘肃的恐龙足迹成为你施展抱负的舞台！"一句话让我感动不已。

哈里森·施密特奖获得者，恐龙足迹学领域的世界级大腕——马丁·洛克利（Martin G. Lockley）教授，早在我撰写第一篇足迹学论文的时候就寄来大捆单行本，并将他在近700篇四足类足迹研究论文上取得的经验倾囊相授。此外还有对我提供诸多帮助的国外同行，包括Alberto Cobos、Anthony Romilio、Daniel Marty、Diego Castanera、Gerard D. Gierliński、Hendrik Klein、Jerry Harris、Jeong Yul Kim、Jong Deock Lim、Julien Divay、Kyung Soo Kim、Laura Piñuela、Lisa G. Buckley、Luis Alcalá、Masaki Matsukawa、Matteo Belvedere、Mike Benton、Octávio Mateus、Peter Falkingham、Spencer Lucas、Susanna Kümmell 和 Richard T. McCrea 等。

在多年的野外考察与科学研究中，我也不曾忘记，綦江国土局王丰平副局长早在十年前便和我一起一步三滑地爬上莲花保寨。而后我年年相访，他每每相陪，节假日都是浮云，连端午节都在化石点一道度过。某次过劳发烧，在H1N1疫情中只有他敢搀着我去门诊。

我也不曾忘记，四年来，《华西都市报》首席记者刘建大哥以及蒋峻、肖兵等四川救援队的兄弟，带我奋战在西南广袤的绝壁上，手把手教我攀岩，在拉拉拽拽中披荆斩棘，排除万难，取得了完美的数据。

此外，还有许多许多的人儿，一直在帮助着我，鼓励着我。

张弥曼院士常常帮我琢磨韩国等地的恐龙足迹材料；尤海鲁研究员一直勉励我："千里之行，始于足下，好好研究足迹学"；同属足迹学研究者的北京自然博物馆李建军研究馆员，中国地质调查局青岛海洋地质研究所李日辉研究员也对我非常照顾，在化石材料上对我帮助极大，也常有使我颇受启发的讨论。

在西南地区的野外考察中，自贡恐龙博物馆的彭光照前馆长、叶勇研究馆员，四川地矿局区调队杨更副队长，环资所总工曹俊和沈洪江、郑小敏、尹显娅、秦永超等骨干，在艰苦的野外工作中付出了极大的努力。那些被山洪冲断的山路，山前的塌方，湿滑的石坑，甚至累累伤痕，都一同谱写着我们的《勘探队员之歌》。

此外，还有同道好友张宗达（中国香港）、曾国维（中国台湾）、吉川藤三郎（日本）、邱骥（澳大利亚)、王艳红、夏宇、江华、颜璨、黄国超、李锐媛等在各方面对我的帮助,以及一些科学传播机构,如美国国家地理学会及其旗下媒体、《新发现》杂志、三思科学网、科学松鼠会、果壳网等机构诸多同仁的协力。

正是你们,使恐龙学最终演化成一种让我终生对之虔诚、为之疯狂的爱好。

还要深深感谢中国地质大学(北京)的各位领导和老师,是你们莫大的信任给予了我在科研上极大的自由度,尤其是多次关心支持我工作的王成善院士,万力、王训练、雷涯邻三位副校长,以及王根厚、张寿庭、史晓颖、田明中、武法东、张世红、高金汉、陈建平、程捷、李国彪、李全国等老师。而师门的诸多弟妹们,更是多次不辞辛苦,在野外、在实验室协助我考察与整理数据,几乎每篇论文都有你们的汗水。

最后要感谢我的家人们,虽然最初有些许不情愿,但最终还是支持我心无旁骛地奔向那想象中的恐龙世界,我也捧回了包括地学学子的最高荣誉——李四光优秀学生奖、北京市三好学生、国家奖学金以及校内各级奖励。我知道你们为我骄傲,但我仍觉得这份回报还是来得太晚了。而我的太太,则放弃了自己熟悉的一切,只为给我提供一个永远亮着灯的港湾,这种牺牲,我几乎是做不到的。

正如挚友、地大青年教师吴晨博士在《你会到野外看我吗》中唱过的:

"我想说的话还没有说够,想陪你做的事都还是承诺。从一座山到下个村庄,寻找能给你发短信的地方。每个应该浪漫的日子,我们相隔千山万里。我们离开校园的时候,都已经写下地质的传奇。"

2016 年 6 月 1 日

# 参考文献

Abbassi N, Lockley M G. Eocene bird and mammal tracks from the Karaj Formation, Tarom Mountains, northwestern Iran. Ichnos, 2004, 11: 349–356.

Agnolín F L, Novas F E. Avian ancestors: A review of the Phylogenetic relationships of the theropods Unenlagiidae, Microraptoria, *Anchiornis* and Scansoriopterygidae. SpringerBriefs in Earth System Sciences, 2013, 96 pp.

Alexander R. Estimates of speeds of dinosaurs. Nature, 1976, 261: 129–130.

Aluoxingde. King Zhigaalu: Yi Nationality Epic. Guizhou Nationality Press, Guizhou, 1994, 211p.

Ames L, Tilton G R, Zhou G. Timing of collision of the Sino–Korean and Yangtse cratons: U–Pb zircon dating of coesite–bearing eclogites. Geology, 1993, 21: 339–342.

Anderson A. Fish trails from the Early Permian of South Africa. Palaeontology, 1976, 19: 397–409.

Anfinson O A, Lockley M G, Kim S H, et al. First report of the small bird track *Koreanaornis* from the Cretaceous of North America: implications for avian ichnotaxonomy and paleoecology. Cretaceous Research. 2009, 30(4): 885–894.

Antunes M T, Mateus O. Dinosaurs of Portugal. Comptes Rendus Palevol, 2003, 2: 77–95.

Allen J R L. Fossil vertebrate tracks and indenter mechanics. Journal of the Geological Society, London, 1989, 146: 600–602.

Allen P, Wimbledon W A. Correlation of NW Purbeck–Wealden (non–marine Lower Cretaceous) as seen from the English type areas. Cretaceous Research, 1991, 12: 511–526.

Apesteguia S, Gallina P A. Tunasniyoj, a dinosaur tracksite from the Jurassic-Cretaceous boundary of Bolivia. Annals of the Brazilian Academy of Sciences, 2011, 83(1): 267–277.

Arnautovic I. A contribution to the study of some structures and organs of camel (Camelus dromedarius). Journal of Camel Practice and Research, 1996, 4: 287–293.

Arnautovic I, Abdalla O. Elastic structures of the foot of the camel. Acta Anatomica, 1969, 72: 411–428.

Avanzini M, Garcia-Ramos J C, Lires J, et al. Turtle tracks from the Late Jurassic of Asturias, Spain. Acta Paleontologica Polonica, 2005, 50 (4): 743–755.

Azuma Y R, Li P J, Currie Z, et al. Dinosaur footprints from the Lower Cretaceous of Inner Mongolia, China. Memoir of the Fukui Prefectural Dinosaur Museum, 2006, 5:1–14.

Avanzini M, Piñuela L, García-Ramos J C. Late Jurassic footprints reveal walking kinematics of theropod dinosaurs. Lethaia. 2011, 45(2): 238–252.

Bai S Y. General history of China. Shanghai People's Press, Shanghai, 1999, Vol. 1–12.

Baird D. Triassic reptile footprint faunules from Milford, New Jersey. Bulletin of the Museum of Comparative Zoology, 1957, 117, 449–520.

Bartholomai A, Molnar R E. *Muttaburrasaurus*, a new iguanodontid (ornithischia: ornithopoda) dinosaur from the Lower Cretaceous of Queensland. Memoirs of the Queensland Museum, 1981, 20, 319–349.

Bassoullet J P. Découverte d'empreintes de pas de Reptiles dans l'Infra-Lias de la région d'Aïn Séfra (Atlas saharien, Algérie). C. R. Somm. Soc. géol. France, Paris, 1971, (7): 358–359.

Baucon A, Bordy E, Brustur T, et al. A history of ichnological research. In Knaust D. and Bromley R G. (Eds.), Trace fossils as indicators of sedimentary environments: Developments in sedimentology. Elsevier, Amsterdam, 2012, 3–43.

Beckles S H. On supposed casts of footprints in the Wealden. Quarterly Journal of the Geological Society, 1851, 7: 117.

Beckles S H. On the ornithoidichnites of the Wealden. Quarterly Journal of the Geological Society, 1854, 10: 456–464.

Beckles S H. On some natural casts of footprints from the Wealden of the Isle of Wight and Swanage. Quarterly Journal of the Geological Society of London, 1862, 18: 443–447.

Bellair P, Lapparent A-F. Le Crétacé et les empreintes de pas de Dinosauriens d'Amoura (Algérie). Bulletin de la Société d'Histoire Naturelle de l'Afrique du Nord, 1948, 39: 168–175.

Belvedere M, Jalil N-E, Breda A, et al. Vertebrate footprints from the Kem Kem beds (Morocco): a novel ichnological approach to faunal reconstruction. Palaeogeography, Palaeoclimatology, Palaeoecology, 2013,383–384: 52–58.

Bensalah M, Adaci M, Hebib H, et al. Presence d'empreintes de pas de dinosauriens dans le Cretace au nord d'el Bayadh (Djebel Amour, Algerie). Sciences and Technologie, 2005, 23:

107–109.

Bessedik M, Mammeri C, Belkebir L, et al. Nouvelles données sur les ichnites de dinosaures de la région d'El Bayadh (Crétacé inférieur, Algérie). Palaeovertebrata, Montpellier, 2008, 36 (1–4): 7–35.

Billon–Bruyat J P, Mazin J M. The systematic problem of tetrapod ichnotaxa: the case study of *Pteraichnus* Stokes, 1957 (Pterosauria, Pterodactyloidea). In: Buffetaut, E, Mazin, J.M. (Eds.), Evolution and Palaeobiology of Pterosaurs, 217. Geological Society, London, 2003, 315–324.

Bohlin B. Fossil reptiles from Mongolia and Kansu. Reports from the Scientific Expedition to the North-western Provinces of China under Leadership of Dr. Sven Hedin. VI. Vertebrate Palaeontology 6. The Sino-Swedish Expedition Publications, 1953, 37, 113 pp.

Bralower T J, CoBabe E, Clement B, et al. The record of global change in mid–Cretaceous (Barremian–Albian) sections from the Sierra Madre, Northeastern Mexico. Journal of Foraminiferal Research, 1999, 29, 418–437.

Brett–Surman M K. Phylogeny and palaeobiogeography of hadrosaurian dinosaurs. Nature, 1979, 277: 560–562.

Brown B. *Corythosaurus casuarius*, skeleton, musculature, and epidermis. Bulletin of the American Museum of Natural History, 1914, 35: 709–716.

Buatois L A, Mangano M G. Trace fossils from a Carboniferous turbiditic lake: implication for the recognition of additional nonmarine ichnofacies. Ichnos. 1993, 2: 237–258.

Buatois L A, Mangano M G. Trace fossils from Carboniferous flood–plain deposits in western Argentina: implication for ichnofacies models of continental environments. Palaeogeography, Palaeoclimatology, Palaeoecology, 2002, 183: 71–86.

Buckley L G, McCrea R T, Lockley M G. in press. Analysing and resolving Cretaceous avian ichnotaxonomy using multivariate statistical analyses: approaches and results, in Richter A (ed.) Dinosaur Tracks Volume, Indiana University Press, Bloomington, Indiana, USA: 39p.

Buffetaut E, Ingavat R. The Mesozoic vertebrates of Thailand. Scientific American, 1985, 253, 80–89.

Buffetaut E, Ingavat R, Sattayarak N, et al. First dinosaur footprints from southeast Asia: Carnosaur tracks from the lower Cretaceous of Thailand. Comptes Rendus de l' Acade´mie des Sciences, Paris, 1985, 301, 643–648.

Buffetaut E, Suteethorn V, Le Loeuff J, et al. The dinosaur fauna from the Khok Kruat formation (Early Cretaceous) of Thailand. In: Wannakao L, Youngme W, Srisuk K, Lertsirivorakul R. (Eds.), Proceedings of the International Conference on Geology,

Geotechnology and Mineral Resources of Indochina. Khon Kaen University, 2005, 575–581.

Buffetaut E, Suteethorn V, Tong H, et al. New dinosaur discoveries in the Jurassic and Cretaceous of northeastern Thailand. In: The International Conference on Stratigraphy and Tectonic Evolution of Southeast Asia and the South Pacific. 19–24th August, Bangkok, Thailand, 1997, 177–187.

Bureau of Geology and Mineral Resources of Hunan Province. Regional geology of Hunan Province. China University of Geosciences Press, Beijing, 1988, 272pp.

Cai X F, Li C A, Gu Y S. First record of dinosaur footprints fromLanzhou–Minhe Basin. Earth Science – Journal of China University of Geosciences, 1999a, 24, 216.

Cai X F, Li C A, Zhan C S, et al. The construction and signif–icance of the Yanguoxia Formation on the southern margin of the Minhe Basin, Gansu. Sedimentary Facies and Palaeogeography, 1999b, 19(3), 16–20.

Cai X F, Li C A, Zhan C S, et al. Analysis of environment–faciesand process–facies of the Honggucheng Formation in the Minhe Basin, Gansu Province, China. Acta Sedimentologica Sinica, 2000, 18 (1), 89–91.

Cai X F, Li C A, Zhan C S. Characteristics of dinosaur footprint fos–sils in the Lanzhou–Minhe basin and their relation to the environment andtectonism. Regional Geology of China, 2001, 20 (1), 62–66.

Cai X F, Chen B, Li C A, et al. Further discussion on the functionof basic sequence and facies analysis in the regional stratigraphic division–take Lower Cretaceous Hekou Group in Minhe Basin of Gansu as example. Journal of Stratigraphy, 2002, 26 (3), 230–231.

Calvo J O. Dinosaur and other vertebrates of the Lake Ezequiel Ramos Mexía area, Neuquén–Patagonia–Argentina. Proceedings of the Second Gondwanan Dinosaur ymposium (Eds Tomida Y, Rich T H, Vickers–Rich P.), National Science Museum Monographs, Tokyo, 1999, 15, 13–45.

Calvo J O, Moratalla J J. First record of pterosaur tracks in southern continents. III Encuentro Argentino de Icnología y Primera Reunion de Icnología del Mercosur, Resumenes, 1998, 7–8.

Calvo J O, Lockley M G. The first pterosaur track record in Gondwana. Cretaceous Research, 2001, 22: 585–590.

Cao K. Late Mesozoic red beds and ancient climate in Sichuan Basin. Master Thesis, Chengdu University of Technology, China, 2007, 74pp.

Cao K, Li X H, Wang C S. The Cretaceous Clay Minerals and Paleoclimate in Sichuan Basin. Acta Geologica Sinica, 2008, 28(1): 115–123.

Carvalho I S. Geological environments of dinosaur footprints in the intracratonic basins from Northeast Brazil during the South Atlantic opening (Early Cretaceous). Cretaceous Research, 2000, 21, 255–267.

Carvalho I S, Viana M S S, Lima Filho M F. Bacia de Cedro: a icnofauna cretácica de vertebrados. Anais da Academia Brasileira de Ciências, Rio de Janeiro, 1995, 67(1): 25–31.

Carvalho I S, Borghi L, Leonardi G. Preservation of dinosaur tracks induced by microbial mats in the Sousa Basin (Lower Cretaceous), Brazil. Cretaceous Research, 2013, 44, 112–121.

Castanera D, Pascual C, Canudo J I, et al. Ethological variations in gauge in sauropod trackways from the Berriasian of Spain. Lethaia, 2012, 45(4), 476–489.

Castanera D, Pascual C, Razzolini N L, et al. Discriminating between medium– sized tridactyl trackmakers: tracking ornithopod tracks in the base of the Cretaceous (Berriasian, Spain). PLoS ONE, 2013, 8: e81830.

Cavin L, Tong H, Boudad L, et al. Vertebrate assemblages from the early Late Cretaceous of southeastern Morocco: an overview. Journal of African Earth Sciences, 2010, 57(5), 391–412.

Chang Y H, Luo Y N, Yang C X. Panxi Rift and Its Geodynamics. Geological Publishing House, Beijing, 1990, 421 pp.

Chen H X. Research of Paleoenvironment and Paleoclimate of Cretaceous in Ya'an Area of Western Sichuan Basin. Master Thesis. Chengdu University of Technology, China, 2009, 86pp.

Chen L. Ichnofabrics Research of the Upper Cretaceous Jiaguan Fomation in E'mei, Sichuan. M.Sc. Thesis, Southwest Petroleum University. 2014.

Chen J. Sedimentary Characteristics and Paleogeography of the Hekou Group in Lanzhou–Minhe Basin in the Early Cretaceous. Master Thesis. China University of Geosciences (Beijing), 2013, 73p.

Chen P J. An outline of Palaeogeography during the Jurassic and Cretaceous periods of China–with a discussion on the origin of Yantze River. Acta Scientiarum Naturalium Universitatis Pekinensis, 1979, 3, 90–109.

Chen P J. Distribution and migration of Jehol fauna with reference to nonmarine Jurassic–Cretaceous boundary in China. Acta Palaeontologica Sinica, 1988, 27, 659–683.

Chen P J. Classification and correlation of Cretaceous in South China. In: Chen P J, Xu K D, Chen J H, Zhu X G (Eds.), Selected Papers for Symposium on Cretaceous of South China. Nanjing University Press, Nanjing, 1989, 25–40.

Chen P J. Cretaceous biostratigraphy of China. In: Zhang W T, Chen P J, Palmer A R. (Eds.), Biostratigraphy of China. Science Press, Beijing, 2003, 465–523.

Chen P J, Dong Z, Zhen S. An exceptionally well-preserved theropod dinosaur from the Yixian Formation of China. Nature, 1998, 391, 147–152.

Chen P J, Li J, Matsukawa M, et al. Geological ages of dinosaur-track-bearing formations in China. Cretaceous Research, 2006, 27(1): 22–32.

Chen S, Huang X. Preliminary study of dinosaur tracks in Cangling, Chuxiong Prefecture. Yunnan Geology, 1993, 12(3): 267–276.

Cohen A S, Halfpenny J, Lockley M G, et al. Modern vertebrate tracks from Lake Manyara, Tanzania and their paleobiological implications. Paleobiology, 1993, 19 (4), 433–458.

Choiniere J N, Xu X, Clark J M, et al. A basal alvarezsauroid theropod from the Early Late Jurassic of Xinjiang, China. Science, 2010, 327, 571–574.

Colbert E H, Merrilees D. Cretaceous dinosaur footprints from Western Australia. Journal of the Royal Society of Western Australia, 1967, 50: 21–25.

Compiling Group of Continental Mesozoic Stratigraphy and Palaeontology in Sichuan Basin of China (CGCMS). Continental Mesozoic Stratigraphy and Palaeontology in Sichuan Basin of China. Chengdu: People's Publishing House of Sichuan, 1982, 405pp.

Compilation Committee of Geological Atlas of China. Geological Atlas of China. Geological publishing house, Beijing, 2002, 348 pp.

Contessi M, Fanti F. First record of bird tracks in the late Cretaceous (Cenomanian) of Tunisia. Palaios, 2012, 27: 455–464.

Cornet A. Carte géologique au 1/200 000 de Géryville. Service de la carte géologique, Algérie. 1950.

Cowan J, Lockley M G, Gierliński G. First dromaeosaur trackways from North America: new evidence from a large site in the Cedar Mountain Formation (Early Cretaceous), eastern Utah. Journal of Vertebrate Paleontology, 2010, 30: 75A.

Currie P J. Bird footprints from the Gething Formation (Aptian, Lower Cretaceous) of northeastern British Columbia, Canada. Journal of Vertebrate Paleontology, 1981, 1, 257–264.

Currie P J. Hadrosaur Trackways from the Lower Cretaceous of Canada. In: Kielan-Jaworowska Z, Osmolska H. (Eds.), Second Symposium on Mesozoic Terrestrial Ecosystems, Jadwisin, 1981. Acta Palaeontologica Polonica, 1983, 28(1–2), 63–73.

Currie P J. Ornithopod trackways from the lower Cretaceous of Canada, in Sarjeant W A S, ed, Vertebrate Fossils and the Evolution of Scientific Concepts: Singapore: Gordon and Breach Publishers, 1995, 431–443.

Currie P J, Sarjeant W A S. Lower Cretaceous dinosaur footprints from the Peace River canyon, British Columbia, Canada: Palaeogeography, Palaeoclimatology, Palaeoecology, 1979, 28: 103–115.

Currie P J, Chen P J. Anatomy of *Sinosauropteryx prima* from Liaoning, northeastern China. Canadian Journal Of Earth Sciences, 2001, 38, 705–727.

Currie P J, Nadon G, Lockley M G. Dinosaur footprints with skin impressions from the Cretaceous of Alberta and Colorado. Canadian Journal Of Earth Sciences, 1991, 28: 102–115.

Currie P J, Badamgarav D, Koppelhus E B. The first Late Cretaceous footprints from the Nemegt locality in the Gobi of Mongolia. Ichnos2003, 10: 1–13.

Dai H, Xing L D, Marty D, et al. Microbially–induced sedimentary wrinkle structures and possible impact of microbial mats for the enhanced preservation of dinosaur tracks from the Lower Cretaceous Jiaguan Formation near Qijiang (Chongqing, China). Cretaceous Research, 2015, 53: 98–109.

Dal Sasso C, Maganuco S. *Scipionyx samniticus* (Theropoda: Compsognathidae) from the Lower Cretaceous of Italy, osteology, ontogenetic assessment, phylogeny, soft tissue anatomy taphonomy and palaeobiology. Memorie, 2011, 37, 1–281.

Dalla Vecchia F M. A sauropod footprint in a limestone block from the Lower retaceous of northeastern Italy. Ichnos, 1999, 6: 269–275.

Dalla Vecchia F M. The impact of dinosaur palaeoichnology in palaeoenvironmental and palaeogeographic reconstructions: the case of the Periadriatic carbonate platforms. Oryctos, 2008, 8: 89–106.

Day J J, Upchurch P, Norman D B, et al. Sauropod trackways, evolution, and behavior. Science, 2002, 296 (5573): 1659–1659.

Day J J, Norman D B, Gale A S, et al. A Middle Jurassic dinosaur trackway site from Oxfordshire, UK. Palaeontology, 2004, 47(2), 319–348.

DeBlieux D D, Kirkland J I, Smith J A, et al. An overview of the vertebrate paleontology of Late Triassic and Early Jurassic rocks in Zion National Park, Utah. The Triassic/Jurassic terrestrial transition, abstracts volume, 2005, 2.

DeBlieux D D, Smith J A, McGuire J A, et al. A paleontological inventory of Zion National Park, Utah and the use of GIS to create Paleontological Sensitivity Maps for use in resource management. Journal of Vertebrate Paleontology, 2003, 23: 45A.

Delair J B. A history of dinosaur footprint discoveries in the British Wealden. In: Gillette D D, Lockley M G, eds. Dinosaur tracks and traces. Cambridge: Cambridge University Press, 1989, 19–25.

de Sigoyer J, Chavagnac V, Blichert-Toft J, et al. Dating Indian continental subduction and collisional thickening in the northwest Himalaya: multichronology of the Tso Morari eclogites. Geology, 2000, 28: 487-490.

Díaz-Martínez I, Pereda-Superbiola X, Pérez-Lorente F, et al. Ichnotaxonomic review of large ornithopod dinosaur tracks: temporal and geographic implications. PLoS ONE, 2015, 10(2): e0115477.

Difley R L, Ekdale A A. Footprints of Utah's last dinosaurs: track beds in the Upper Cretaceous (Maastrichtian) North Horn Formation of the Wasatch Plateau, central Utah. Palaios, 2002, 17: 327-346.

D'Orazi Porchetti S, Nicosia U. Re-examination of some large early Mesozoic tetrapod footprints from the African collection of Paul Ellenberger. Ichnos, 2007, 14: 219-245.

Dong Z M. Dinosaurs from Wuerho. Memoirs of the Institute of vertebrate paleontology and paleoanthropology, 1973, 11: 45-52.

Dong Z M. On the dinosaurian remains from Turpan, Xinjiang. Vertebrata PalAsiatica, 1977, 15: 59-65.

Dong Z M. A new genus of Pachycephalosauria from Laiyang, Shantung. Vertebrata PalAsiatica, 1978, 16(4): 225-228.

Dong Z M. Dinosaurian Faunas of China. Springer-verlag, Berlin, 1992, 188pp.

Dong Z M. Contributions of new dinosaur materials from China to dinosaurology. Memoir of the Fukui Prefectural Dinosaur Museum, 2003, 2: 123-131.

Dong Z M, Paik I S, Kim H J. A preliminary report on a sauropod from the Hasandong Formation (Lower Cretaceous), Korea. Proceedings of the Eighth Annual Meeting of the Chinese Society of Vertebrate Paleontology (Eds.: Deng T, Wang Y). China Ocean Press, Beijing, 2001, 41-53.

Dong Z M, Zhou Z L, Wu S Y. Note on hadrosaur footprint from Heilongjiang River area of China. Vertebrate PalAsiatica, 2003, 41: 324-326.

Du Y, Li D Q, Peng B L, et al. Dinosaur footprints of Early Cretaceous in Site 1, Yanguoxia, Yongjing County, Gansu Province. Journal of China University of Geosciences, 2001, 12: 2-9.

Dutuit J M, Ouazzou A. Découverte d'une piste de dinosaure sauropode sur le site d'empreintes de Demnat (Haut-Atlas marocain). Mémoires de la Société Géologique de France, Nouvelle Série, 1980,139, 95-102.

Editorial Committee of Liangshan Yi Autonomous Prefecture Local Records. Liangshan Yi Autonomous Prefecture Local Records (1840-1990). Fangzhi Publishing House, Beijing, 2002, 3023pp.

Ellenberger P. Contribution à la classification des pistes de vertébrés du Trias: les types du Stormberg d'Afrique du Sud (I): Paleovertebrata, Mémoire Extraordinaire, 1972, 152pp.

Ellenberger P, Mosmann D L, Mossman A, et al. Bushmen cave paintings of ornithopod dinosaurs: Paleolithic trackers interpret Early Jurassic footprints. Ichnos, 2005, 12: 223–226.

Enkin R J, Yang Z Y, Chen Y, et al. Paleomagnetic constraints on the geodynamic history of the major blocks of China from the Permian to the Present. Journal of Geophysical Research, 1992, 97(B10): 13953–13989.

Ezquerra R, Doublet S, Costeur L, et al. Were non–avian theropod dinosaurs able to swim? Supportive evidence from an Early Cretaceous trackway, Cameros Basin (La Rioja, Spain). Geology, 2007, 35: 507–510.

Falkingham P L. Acquisition of high resolution three–dimensional models using free, open–source, photogrammetric software. Palaeontologia Electronica, 2012, 15 (1) 1T: 15p.

Fanti F, Contessi M, Nigarov A. New data on two large dinosaur tracksites from the Middle Jurassic of Eastern Turkmenistan, Central Asia. SVP Annual Meeting, Program and Abstracts, 2011, 107.

Farlow J O. Sauropod tracks and trackmakers: Integrating the ichnological and skeletal record. Zubia, 1992, 10, 89–138.

Farlow J O. *Acrocanthosaurus* and the maker of the Comanchean large theropod footprints. In: Carpenter K, Tanke D. (Eds.), Mesozoic Vertebrate Life. Indiana University Press, Bloomington, 2001, 408–427.

Farlow J O, Pittman J G, Hawthorne J M. *Brontopodus birdi*, Lower Cretaceous sauropod footprints from the U.S. Gulf Coastal Plain. In: Gillette D D, Lockley M G (Eds.). Dinosaur Tracks and Traces,Cambridge University Press, Cambridge, U.K, 1989, 371–394.

Farlow J O, Gatesy S M, Holtz T R Jr, et al. Theropod locomotion. American Zoologist. 2000, 40: 640–663.

Farlow J O, O'Brien M, Kuban G J, et al. Dinosaur Tracksites of the Paluxy River Valley (Glen Rose Formation, Lower Cretaceous), Dinosaur Valley State Park, Somervell County, Texas. Proceedings of the V International Symposium about Dinosaur Palaeontology and their Environment, 2012, 41–69.

Feng Y W. Le'eteyi. Sichuan Nationality Press, Chengdu, 1986, 157p.

Fiorillo A R. The dinosaurs of Arctic Alaska. Scientific American, 2004, December, 84–91.

Fiorillo A R, Hasiotis S T, Kobayashi Y, et al. Bird tracks from the Upper Cretaceous Cantwell Formation of Denali National Park, Alaska, USA: a new perspective on ancient northern polar vertebrate biodiversity. Journal of Systematic Palaeontology. 2011, 9: 33–49.

First regional geological survey team of Sichuan Provincial Geological Bureau (SPGB-FRGST), Panxi regional geological team of Sichuan Province Metallurgy Geological Bureau (SPMGB-PRGT). The regional geological investigation report (1:200 000) of the Xichuan, (internal publications). 1965.

Fischer R. Das Naturdenkmal Saurierfährten Münchehagen. Mitteilungen aus dem Geologischen Institut der Universität Hannover, 1998, 37, 125 pp.

Forster C A, Sampson S D, Chiappe L M, et al. The theropod ancestry of birds: new evidence from the Late Cretaceous of Madagascar. Science, 1998, 279, 1915-1919.

Foster J R, Chure D J. Hindlimb allometry in the Late Jurassic theropod dinosaur *Allosaurus*, with comments on its abundance and distribution. New Mexico Museum of Natural History and Science Bulletin, 2006, 36, 119-122.

Frey R W, Pemberton S G, Fagerstrom J A. Morphological, ethological and environmental significance of the ichnogenera Scoyenia and Anchorichnus. Journal of Paleontology, 1984, 58, 511-528.

Fuentes Vidarte C. Primeras huellas de aves en el Weald De Soria (España), Nuevo icnocenero, *Archaeornithipus* y nueva icnospecie *A. meijidei*. Estudios Geológicos, 1996, 52: 63-75.

Fujita M, Azuma Y, Lee Y N, et al. New theropod track site from the Upper Jurassic Tuchengzi Formation of Liaoning Province, northeastern China. Memoir of the Fukui Prefectural Dinosaur Museum, 2007, 6: 17-25.

Fujita M, Lee Y N, Azuma Y, et al. Unusual tridactyl trackways with tail traces from the Lower Cretaceous Hekou Group, Gansu Province, China. Palaios, 2012, 27, 560-570.

Fujita M, Azuma Y, Goto M, et al. First Ankylosaur footprints from Japan and their significance. Journal of Vertebrate Paleontology, 2003, 23, 52A.

Gangloff R A, May K C, An early Late Cretaceous dinosaur tracksite in central Yukon Territory, Canada. Ichnos, 2004, 11: 299-309.

Gangloff R A, Storer J E, May K C. Recently discovered dinosaur tracksites in the Yukon Territory, an example of cross-border cooperation: 51st Arctic Science Conference, American Association for the Advancement of Science and Yukon Science Institute Program and Abstracts, 2000, 88p.

García-Ramos J C, Piñuela L, Lires J, et al. Icnitas de reptiles voladores (pterosaurios) con impresiones de la piel en el Jurásico Superior de Asturias (N. de España), In Diez J B, Balbino A C. (Eds.) I Congresso Iberico de Paleontologia XVI Jornadas de la Sociedad Española de Paleontologia, 2000, 87-88.

García–Ramos J C, Piñuela L, Lires J. Terópodos precavidos y refugios para saurópodos. Hipótesis basadas en icnitas de dinosaurios del Jurásico de Asturias. Libro Abstract book Congreso internacional sobre dinosaurios y otros reptiles mesozoicos de España, 2002, 24.

García-Ramos J C, Piñuela L, Lires J, et al. Icnitas de reptiles voladores (pterosaurios) con impressions de la peil en el Jurassic Superior de Asturias (N. de Espana). In: Diez J B, Balbino A C. (Eds.), Primero Congresso Iberico de Paleontologia XVI Journadas de la Socieded Espanola de Paleontologica Evora (Portugal), 2000, 87–88.

Garcia-Ramos J C, Lires J, Piñuela L. Dinosaurios: rutas por el Jurásico de Asturias. La Voz de Asturias, Lugones, Asturias, Spain, 2002.

Gao C, Morschhauser E M, Varricchio D, et al. A second soundly sleeping dragon: new anatomical details of the Chinese troodontid *Mei long* with implications for phylogeny and taphonomy. PLoS ONE, 2012, 7(9): e45203.

Gao S Y, Li B S, Dong G R. The footprint Fossils in Chabu, Inner Mongolia. Vertebrata PalAsiatica, 1981, 19 (2): 193.

Gao Z J, Chen K Q. The Lithostratigraphic Dictionary of China, China Geological University Press, Beijing, 2000, 628p.

Gaston R, Lockley M G, Lucas S G, et al. *Grallator*–dominated fossil footprint assemblages and associated enigmatic footprints from the Chinle Group (Upper Triassic), Gateway area, Colorado. Ichnos, 2003, 10: 153–163.

Gatesy S M Caudofemoral musculature and the evolution of theropod locomotion. Paleobiology, 1990, 16: 170–186.

Gatesy S M, Middleton M K, Jenkins Jr F A, et al. Three–dimensional preservation of foot movements in Triassic theropod dinosaurs. Nature, 1999, 399: 141–144.

Gauthier J. Saurischian monophyly and the origin of birds. Memoirs of the California Academy of Sciences, 1986, 8, 1–55.

Ge T M, Liu J, Fan L M, et al. Magnetostratigraphy of the red beds in the Hengyang Basin. Acta Geologica Sinica, 1994, 68(4): 379–388.

Gierliński G D. New dinosaur ichnotaxa from the Early Jurassic of the Holy Cross Mountains, Poland. Palaeogeography, Palaeoclimatology, Palaeoecology, 1991, 85: 137–148.

Gierliński G D. Dinosaur ichnotaxa from the Lower Jurassic of Hungary. Geological Quarterly, 1996, 40: 119–128.

Gierliński G D, Ahlberg A. Late Triassic and Early Jurassic dinosaur footprints in the Höganäs Formation of southern Sweden. Ichnos, 1994, 3: 99–105.

Gierliński G D. New dinosaur tracks in the Triassic, Jurassic and Cretaceous of Poland.

in IV Jornadas Internacionales sobre Paleontología de Dinosaurios y su Entorno Libros de Resúmenes. Salas de los Infantes, Burgos. 2007, 13–16.

Gierliński G D. Late Cretaceous dinosaur tracks from the Roztocze Hills of Poland. in Uchman, A. (ed.). Second International Congress on Ichnology Abstract Book. Polish Geological Institute, Warszawa, 2008, 44.

Gierliński G D. A preliminary report on new dinosaur tracks from the Triassic, Jurassic and Cretaceous of Poland. in Colectivo Arqueológico–Paleontológico de Salas (ed.), *Actas de las IV Jornadas Internacionales sobre Paleontologia de Dinosaurios y su Entorno*. Colectivo Arqueológico–Paleontológico de Salas de los Infantes, Burgos, 2009, 75–90.

Gierliński G D, Lockley M G. A trackmaker for *Saurexallopus*: ichnological evidence for oviraptosaurid tracks from the Upper Cretaceous of western North America. In: Titus A, Lowen M A. (Eds.), Top of the Grand Staircase. The Late Cretaceous of Southern Utah. Indiana University Press, Bloomington, 2013, 526–529.

Gierliński G D, Niedźwiedzki G, Pieńkowski G. Tetrapod track assemblage in the Hettangian of Sołtyków, Poland, and its paleoenvironmental background. Ichnos, 2004, 11: 195–213.

Gierliński G D, Ploch, I, Gawor–Biedowa, E, Niedzwiedzki, G. The first evidence of dinosaur tracks in the Upper Cretaceous of Poland. Oryctos, 2008, 8, 107–113.

Gilmore C W. On the dinosaurian fauna of the Iren Dabasu Formation. Bulletin of the American Museum of Natural History, 1933, 68(2–3): 23–78.

Godefroit P, Cau A, Hu D Y, et al. A Jurassic avialan dinosaur from China resolves the early phylogenetic history of birds. Nature, 2013, 498, 359–362.

González Riga B J. Speeds and stance of titanosaur sauropods: analysis of Titanopodus tracks from the Late Cretaceous of Mendoza, Argentina. Anais da Academia Brasileira de Ciências, 2011, 83(1), 279–290.

Gou Z H, Zhao B. The Cretaceous and Tertiary systems in Dayi and Chongzhou Regions, Sichuan. Journal of Stratigraphy, 2001, 25: 28–33.

Graham J R, Pollard J E. Occurrence of the trace fossil *Beaconites antarcticus* in the Lower Carboniferous fluviatile rocks of County Mayo, Ireland. Palaeogeography, Palaeoclimatology, Palaeoecology, 1982, 38, 257–268.

Gross M, Seyfarth A. Strategies of three legged locomotion. Annual Main Meeting of the Society for Experimental Biology 2010, June 30 – July 02, Prague, Czech Republic, 2010.

Gu X D, Liu X H. Stratigraphy (Lithostratic) of Sichuan Province. China University of Geosciences Press, Wuhan, 1997, 417p.

Gunga H C, Kirsch K A, Baartz F, et al. New data on the dimensions of *Brachiosaurus brancai* and their physiological implications. Naturwissenschaften, 1995, 82, 190–192.

Hagadorn J W, Bottjer D J. Wrinkle structures: microbially mediated sedimentary structures in siliciclastic settings at the Proterozoic–Phanerozoic transition. Geology, 1997, 25, 1047–1050.

Hammer Ø, Harper D A T. Paleontological data analysis. Malden: Wiley–Blackwell Publishing Ltd, 2006.

Hammer Ø, Harper D A T, Ryan P D. PAST: Paleontological statistics software package for education and data analysis. Palaeontologia Electronica, 2001, 4: 1–9.

Hao Y C, Su D Y, Li Y G, et al. The Chinese Cretaceous. The Geological Publishing House, Beijing, 1986, 301p.

Hasiotis S T. Reconnaissance of Upper Jurassic Morrison Formation ichnofossils, Rocky Mountain Region, USA: paleoenvironmental, stratigraphic, and paleoclimatic significance of terrestrial and freshwater ichnocoenoses. Sedimentary Geology, 2004, 167: 177–268.

Haubold H. Archosaur foot prints at the terrestrial Triassic–Jurassic transition. In: Padian K. (Ed.), The Beginning of the Age of Dinosaurs: Faunal Change across the Triassic–Jurassic Boundary. Cambridge University Press, Cambridge, 1986, 189–201.

He Q, Xing L D, Zhang J P, et al. New Early Cretaceous pterosaur–bird track assemblage from Xinjiang, China – palaeoethology and palaeoenvironment. Acta Geologica Sinica (English edition), 2013, 87(6): 1477–1485.

He Q, Zhang J P, Xing L D, et al. Sedimentary environment analysis of Tuchengzi Formation dinosaur tracksite in Qianjiadian area, Yanqing County, Beijing Municipality. Geological Bulletin of China, 2015, 34(9): 1726–1734.

Heim A. Bergsturz und Menschenleben. Zürich, Fretz und Wasmuth. 1932, 218: (English translation by Skermer NA. 1989. Landslide and human lives. BiTech Publishers, Vancouver, B.C., 195).

Helm C. Exploring Tumbler Ridge. Publishing Division, Tumbler Ridge News, Tumbler Ridge, BC. 2008.

Helm C, Crause K, McCrea R. Mokhali Cave revisited. Dinosaur rock art in Lesotho. The Digging Stick, 2012, 29: 6–10.

Helsley C E, Steiner M B. Evidence for long intervals of normal polarity during the Cretaceous period. Earth and Planetary Science Letters, 1969, 5, 325–332.

Henderson D M. Footprints, trackways, and hip heights of bipedal dinosaurs – testing hip height predictions with computer models. Ichnos, 2003, 10: 99–114.

Herman A B, Spicer R A. Palaeobotanical evidence for a warm Cretaceous Arctic Ocean. Nature, 1996, 380: 330–333.

Hitchcock E. Ornithichnology–Description of the footmarks of birds (Ornithichnites) on New Red Sandstone in Massachusetts. American Journal of Science, 1836, 29: 327.

Holtz T R Jr. A new phylogeny of the carnivorous dinosaurs. Gaia, 1998, 15, 5–61.

Hone D, Tsuihiji T, Watabe M, et al. Pterosaurs as a food source for small dromaeosaurs. Palaeogeography, Palaeoclimatology, Palaeoecology, 2012, 27, 331–332.

Horner J R, Weishampel D B, Forster C A. Hadrosauridae. In: Weishampel D B, Dodson P, Osmolska H. (Eds.), The Dinosauria, 2nd edition. University of California Press, Berkeley, CaLi 2004, 438–463.

Hornung J J, Reich M. Metatetrapous valdensis Nopcsa, 1923 and the presence of ankylosaur tracks (Dinosauria: Thyreophora) in the Berriasian (Early Cretaceous) of northwestern Germany. Ichnos, 2014, 21: 1–18.

Houck K, Lockley M G. Life in an active volcanic arc: petrology and sedimentology of the dinosaur track beds of the Jindong Formation (Cretaceous), Gyeongsang basin, South Korea. Cretaceous Research, 2006, 27: 102–122.

Hu B, Wu X T, Pan L M. Ichnocoenoses of the Late Paleozoic and Mesozoic fluvial deposits of Emei Area, Western Sichuan, China. Acta Sedimentologica Sinica. 1991, 9: 128–135.

Hu B, Wu X T. Ichnocoenosis of alluvial Jiaguan Formation (Upper Cretaceous), Emei, Sichuan, China. Acta Palaeontologica Sinica, 1993, 32: 478–489.

Hu D Y, Hou L H, Zhang L J, et al. A pre-*Archaeopteryx* troodontid from China with long feathers on the metatarsus. Nature, 2009, 461, 640–643.

Hu S M, Xing L D, Wang C F, et al. Early Cretaceous Large Theropod Footprints from the Shangluo City, Shaanxi Province, China. Geological Bulletin of China, 2011, 30(11): 1697–1700.

Huang T, Huang C, Lin Q, et al. Exploring dinosaur strata of Yunnan via rare earth element analyses. Western Pacific Earth Sciences, 2009, 9, 15–36.

Hwang K G, Huh M, Lockley M G, et al. New pterosaur tracks (Pteraichnidae) from the Late Cretaceous Uhangri Formation, Southwestern Korea. Geological Magazine, 2002, 139, 421–435.

Hwang K G, Lockley M G, Huh M. et al. A reinterpretation of dinosaur footprints with internal ridges from Cretaceous Uhangri Formation, Korea. Paleogeography, Paleoclimatology, Paleoecology, 2008, 258: 59–70.

Huh M, Hwang K. G, Paik, S. I, et al. Dinosaur tracks from the Cretaceous of South Korea: distribution, occurrences and paleobiological significance. Island Arc, 2003, 12: 132–144.

Huh M, Paik, I.S, Lockley M G, et al. Well preserved theropod tracks from the Upper Cretaceous of Hwasun County, southwestern South Korea, and their paleobiological implications. Cretaceous Research, 2006, 27 (1): 123–138.

Huh M, Lockley M G, Kim J Y, et al. Recent Advances in Korean Dinosaurs: The KCDC Comes of Age. In: Xing L D, Lockley M G. eds. Abstract Book of Qijiang International Dinosaur Tracks Symposium, Chongqing, China. Taibei: Boulder–Publishing, 2012, 33–37.

Hunt A P, Lucas S G. A reevaluation of the vertebrate Ichnofauna of the Mesa Rica Sandstone and Pajarito Formations (Lower Cretaceous: Late Albian), Clayton Lake State Park, New Mexico. New Mexico Geology, 1996, 18: 57.

Hunt A P, Lucas S G. Tetrapod ichnofacies: a new paradigm. Ichnos, 2007, 14: 59–68.

Ibrahim N, Varricchio D J, Sereno P C, et al. Dinosaur footprints and other ichnofauna from the Cretaceous Kem Kem Beds of Morocco. PLoS ONE, 2014, 9: e90751.

Ishigaki S. Dinosaur footprints of the Atlas Mountains. Nature Study, 1986, 32: 6–9.

Ishigaki S, Matsumoto Y. "Off–Tracking"– like phenomenon observed in the turning sauropod trackway from the Upper Jurassic of Morocco. Memoir of the Fukui Prefectural Dinosaur Museum, 2009, 8, 1–10.

Jackson S J, Whyte M A, Romano M. Range of experimental dinosaur (*Hypsilophodon foxii*) footprints due to variation in sand consistency: How wet was the track?. Ichnos, 2010, 17, 197–214.

Jacobs L J, Flanagan K M, Brunet M, et al. Dinosaur footprints from the Lower Cretaceous of Cameroon, West Africa. In: Gillette D D, Lockley M G, eds. Dinosaur tracks and traces. Cambridge: Cambridge University Press, 1989, 349–351.

Ji Q, Norell M A, Makovick P J, et al. An early ostrich dinosaur and implications for ornithomimosaur phylogeny. American Museum Novitates, 2003, 3420, 1–19.

Ji Q, Chen W, Wang W L, et al. Mesozoic Jehol Biota of Western Liaoning, China. Geological Publishing House, Beijing, 2004, 375 pp.

Ji Y, Wang X, Liu Y, et al. Systematics, behavior and living environment of *Shantungosaurus giganteus* (Dinosauria: Hadrosauridae). Acta Geologica Sinica (English Edition), 2011, 85(1): 58–65.

Jiang X S, Pan Z X, Fu Q P. The pattern of general atmospheric circulation in eastern Asia through Cretaceous. Science in China: Series D, 2000, 30 (5): 587–591.

Jiang X S, Xu J S, Pan Z X. The surface features of the quartz sandgrains from the

Cretaceous desert in the Sichuan Basin. Sedimentary Geology and Tethyan Geology, 2003, 23(1), 60–65.

Kappus E J, Cornell W C. A new Cretaceous dinosaur tracksite in Southern New Mexico. Paleonto Electron. 2003, 6: 1–6.

Kappus E J, Lucas S G, Hunt A P, et al. Dinosaur Footprints from the Lower Cretaceous Sarten Member of the Mojado Formation at Cerro de Cristo Rey, Dona Ana County, New Mexico. Ichnos, 2003, 10: 263–267.

Karhu A A, Rautian A S. A new family of Maniraptora (Dinosauria: Saurischia) from the Late Cretaceous of Mongolia. Paleontological Journal Russian Academy of Sciences, 1996, 30, 583–592.

Kim B K. Astudy of several sole marks in the Haman Formation. Journal of the Geological Society of Korea, 1969, 5: 243–258.

Kim J Y, Lockley M G. New sauropod tracks (*Brontopodus pentadactylus* ichnosp. nov.) and from the Early Cretaceous Haman Formation of Jinju area, Korea: implications for sauropods manus morphology. Ichnos, 2012, 19: 84–92.

Kim J Y, Kim S H, Kim K S, et al. The oldest record of webbed bird and pterosaur tracks from South Korea (Cretaceous Haman Formation, Changseon and Sinsu islands): more evidence of high avian diversity in East Asia. Cretaceous Research, 2006, 27: 56–69.

Kim J Y, Lockley M G, Kim, H.M, et al. New Dinosaur Tracks from Korea, *Ornithopodichnus masanensis* ichnogen. et ichnosp. nov. (Jindong Formation, Lower Cretaceous): implications for polarities in ornithopod foot morphology. Cretaceous Research, 2009, 30, 1387–1397.

Kim J Y, Kim K S, Lockley M G. New didactyl dinosaur footprints (*Dromaeosauripus hamanensis* ichnogen. et ichnosp. nov.) from the Early Cretaceous Haman Formation, south coast of Korea. Palaeogeography, Palaeoclimatology, Palaeoecology, 2008, 262: 72–78.

Kim J Y, Kim K S, Lockley M G, et al. Dinosaur skin impressions from the Cretaceous of Korea: New insights into modes of preservation. Palaeogeography, Palaeoclimatology, Palaeoecology, 2010, 293, 167–174.

Kim J Y, Lockley M G, Woo J O, et al. Unusual didactyl traces from the Jinju Formation (Early Cretaceous, South Korea) indicate a new ichnospecies of Dromaeosauripus. Ichnos, 2012a, 19: 75–83.

Kim J Y, Lockley M G, Seo S J, et al. A paradise of Mesozoic birds: the world's richest and most diverse Cretaceous bird track assemblage from the Early Cretaceous Haman Formation of the Gajin tracksite, Jinju, Korea. Ichnos, 2012b, 19: 84–92.

Kim J Y, Lockley M G, Kim K S, et al. Enigmatic giant pterosaur tracks and associated ichnofauna from the Cretaceous of Korea: implications for bipedal locomotion. Ichnos, 2012d, 19: 50–65.

Kim J Y, Chun H Y, Oh M S, et al. Discovery of quadrupedal ornithopod tracks and theropod tracks with tail drag impressions from the Cretaceous Saniri Formation of Yeongdong area, Korea. In: Xing L D, Lockley M G. eds. Abstract Book of Qijiang International Dinosaur Tracks Symposium, Chongqing, China. Taibei: Boulder–Publishing, 2012e, 41–43.

Kim J Y, Kim M K, Oh M S, et al. A new semipalmate bird track, Gyeongsangornipes lockelyi ichnogen. et ichnosp. nov, and Koreanaornis from the Early Cretaceous Jindong Formation of Goseong County, southern coast of Korea. Ichnos, 2013, 20: 72–80.

Kim K S, Lockley M G, Kim J Y, et al. The smallest dinosaur tracks in the world: occurrences and significance of Minisauripus. Ichnos, 2012c, 19: 66–74.

Kobayashi, Y, Lü, J.C. A new ornithomimid dinosaur with gregarious habits from the Late Cretaceous of China. Acta Paleontologica Polonica. 2003, 48, 235–259.

Kordos L. Lábnyomok az ipolytarnóci alsó–miocén korú homokkőben [Footprints in Lower Miocene sandstone at Ipolytarnóc, N. Hungary]. Geologica Hungarica, ser. Palaeontologica, 1985, 46: 259–415.

Kuang H W, Liu Y Q, Wu Q Z, et al. Dinosaur track sites and palaeogeography of the late Early Cretaceous in Shuhe Rifting Zone of Shandong Province. Journal of Palaeogeography, 2013, 15 (4), 435–453.

Kuban G J. A summary of the Taylor Site evidence. Creation/Evolution, 1986, 6 (1): 10–18.

Kuban G J. Elongate dinosaur tracks. In: (Gillette D D, Lockley M G, Eds.). Dinosaur Tracks and Traces, Cambridge University Press, Cambridge, U.K, 1989 a, 57–72.

Kuban G J. Color distinctions and other curious features of dinosaur tracks near Glen Rose, Texas. In: (Gillette D D, Lockley M G, Eds.). Dinosaur Tracks and Traces, Cambridge University Press, Cambridge, U.K, 1989b, 427–440.

Kuhn O. Die Fährten der vorzeitlichen Amphibien und Reptilien. Bamberg: Verlagshaus Meisenbach KG, 1958, 64.

Kulle–Battermann S. The dinosaur tracksite of Münchehagen (North–west Germany, the rural district of Nienburg/Weser). Förderkreis Saurierfährten Münchehagen e.V, Nienburg, 1989, 12 p.

Kurtz B Jr, Lockley M G, Engard D. Dinosaur tracks in the Plainview Formation, Dakota Group (Cretaceous, Albian) near Cañon City, Colorado: a preliminary report on another "dinosaur ridge." in Lockley M.G. and Taylor, A. (eds) Dinosaur Ridge: celebrating a decade of discovery. Mountain Geologist, 2001, 38: 155–164.

Kuypers M M M, Pancost R D, Sinninghe Damste J S. A large and abrupt fall in atmospheric CO2 concentrations during Cretaceous times. Nature, 1999, 399: 342–345.

Langston W. Non-mammalian Comanchean tetrapods. Geoscience and Man, 1974, 8, 77–102.

Larson R L, Erba E. Onset of the mid-Cretaceous greenhouse in the Barremian-Aptian: igneous events and the biological, sedimentary, and geochemical responses. Paleoceanography, 1999, 14, 663–678.

Lavocat R. Sur les dinosauriens du Continental Intercalaire des Kem-Kem de la Daoura. Comptes Rendus 19th International Geological Congress 1954, 1: 65–98.

Le Loeuff J, Khansubha S, Buffetaut E, et al. Dinosaur footprints from the Phra Wihan Formation (Early Cretaceous of Thailand). Comptes Rendus Paleovol, 2002, 1, 287–292.

Le Loeuff J, Suteethorn V, Buffetaut E, et al. The first dinosaur footprints from the Khok Kruat Formation (Aptian of northeastern Thailand). In: Ist International Conference on Palaeontology of Southeast Asia, ahasarakham University Journal, 2003, 23, 83–91.

Le Loeuff J, Lauptasert K, Suteethorn S, et al. Late Early Cretaceous crocodyliform trackways from Thailand. In: Milàn J, Lucas S G, Lockley M G, Spielmann J A. (Eds.), Crocodyle tracks and traces. New Mexico Museum of Natural History and Science Bulletin, 2010, 51: 99–108.

Lee Y N. Bird and dinosaur footprints in the Woodbine Formation (Cenomanian), Texas. Cretaceous Research, 1997, 18: 849–864.

Lee Y N, Huh M. Manus-only sauropod tracks in the Uhangri Formation (Upper Cretaceous), Korea and their paleontologicalimplications. Journal of Paleontology, 2002, 76: 558–564.

Lee Y N, Lee H J. A sauropod trackway in Donghae-Myeon, Goseong County, South Gyeongsang Province, Korea and its paleobiological implications of Uhangri manus-only sauropod tracks. Journal of the Paleontological Society of Korea, 2006, 22: 1–14.

Lee Y N, Azuma Y. Lee H J, et al. The First pterosaur tracways from Japan. Cretaceous Research, 2010, 31, 263–273.

Lee Y N, Lee H J, Lu J, et al. New pterosaur tracks from the Hasandong Formation (Lower Cretaceous) of Hadong, County, South Korea. Cretaceous Research, 2008, 29, 345–353.

Leonardi, G. Ichnological rarity of young in Northeast Brazil Dinosaur Populations. Annals Acad Brasil Ciencias, 1981, 53: 345–346.

Leonardi G. Le impronte fossili di dinosauri. In: Bonaparte J F, Colbert E H, Currie P J, de Rocles A, Kielan-Jaworowska Z, Leonardi G, Morello N, Taquet P, editors. Sulle ormi de dinosauri. Venice: Editio Editrice, 1984, 165–186.

Leonardi G. Glossary and manual of tetrapod footprint palaeoichnology: Departamento Nacional de Producão Mineral. Brazil, 1987, 75.

Leonardi G. Nota preliminar sobre seis pistas de dinossauros Ornithischia da Bacia do Rio do Peixe, em Sousa, Paraiba, Brasil. Anais Academia Brasileira de Ciencias, 1979a, 51: 501–516.

Leonardi G. New archosaurian trackways from the Rio do Peixe Basin, Paraíba. Annali dell'Università di Ferrara Sezione 9, Scienze Geologiche e Paleontologiche, 1979b, 5: 239–249.

Leonardi G. Inventory and statistics of the South American dinosaurian ichnofauna and its paleobiological interpretation. In: Gillette D D, Lockley M G, eds. Dinosaur tracks and traces. Cambridge: Cambridge University Press, 1989, 165–178.

Leonardi G. Annotated Atlas of South America Tetrapod Footprints (Devonian to Holocene). Rio de Janeiro: República Federativa do Brasil, Ministério de Minas e Energia, Companhia de Pesquisa de Recursos Minerais, 1994, 1–247.

Leonardi, G. Problemática actual de las icnitas de los dinosaurios. Revista Sociedad Geológica de España, 1997, 10 (3–4), 341–353.

Li D Q, Du Y S, Gong S Y. New discovery of dinosaur footprints of the Early Cretaceous from Yanguoxia, Yongjing County, Gansu Province. Earth Sciences Journal of China University of Geosciences, 2000, 25: 498–525.

Li D Q, Azuma Y, Arakawa Y. A new Mesozoic bird track site from Gansu Province, China. Memoir of the Fukui Prefectural Dinosaur Museum, 2002, 1: 92–95.

Li D Q, Azuma Y, Fujita M, et al. A preliminary report on two new vertebrate track sites including dinosaurs from the early Cretaceous Hekou Group, Gansu province, China. Journal of the Paleontological Society of Korea, 2006, 22: 29–49.

Li D Q, Xing L D, Lockley M G, et al. A manus dominated pterosaur track assemblage from Gansu, China: implications for behavior. Science Bulletin, 2015, 60(2): 264–272.

Li J H. Stratigraphy (lithostrat) of Hunan Province. China University of Geosciences Press, Wuhan, 1997, 292pp.

Li J J, Bater M, Zhang W H, et al. A new type of dinosaur tracks from Lower Cretaceous Otog Qi, Inner Mongolia. Acta Palaeontologica Sinica, 2006, 45(2): 221–234.

Li J J, Lockley M G, Bai Z, et al. New bird and small theropod tracks from the Lower

Cretaceous of Otog Qi, Inner Mongolia, P. R. China. Memoirs of the Beijing Museum of Natural History, 2009, 61: 51–79.

Li J J, Lockley M G, Zhang Y, et al. An important ornithischian tracksite in the Early Jurassic of the Shenmu Region, Shaanxi, China. Acta Geologica Sinica, 2012, 86(1).1–10.

Li J J, Bai Z Q, Wei Q Y. On the Dinosaur Tracks from the Lower Cretaceous of Otog Qi, Inner Mongolia. Geological Publishing House, Beijing, 2011, 109 pp.

Li J J. The Paleoenviromental and Paleoecological Importance of the Dinosaur Tracks from the Lower Cretaceous of Otog Banner, Inner Mongolia, China. In: Xing L D, Lockley M G. eds. Abstract Book of Qijiang International Dinosaur Tracks Symposium, Chongqing, China. Taibei: Boulder–Publishing, 2012, 54–57.

Li K, Yang C Y, Liu J, et al. A new sauropod dinosaur from the Lower Jurassic of HuiLi Sichuan, China. Vertebrata PalAsiatica, 2010, 48 (3): 185–202.

Li R H, Zhang G. New dinosaur Ichnotaxon from the Early Cretaceous Laiyang Group in the Laiyang Basin, Shandong Province. Geological Review, 2000, 46, 605–610.

Li R H, Lockley M G. Dromaeosaurid trackways from Shandong Province China. Journal of Vertebrate Paleontology, 2005, 25 (suppl, 3): 84A.

Li R H, Liu M W, Matsukawa M. Discovery of fossilized tracks of Jurassic dinosaur in Shandong. Geological Bulletin of China, 2002, 21(8–9): 596–597.

Li R H, Liu M W, Lockley M G. Early Cretaceous dinosaur tracks from the Houzuoshan Dinosaur Park in Junan County, Shandong Province, China. Geological Bulletin of China, 2005a, 24, 277–280.

Li R H, Lockley M G, Liu, M. A new ichnotaxon of fossil bird track from the Early Cretaceous Tianjialou Formation (Barremian–Albian), Shandong Province, China. Chinese Science Bulletin, 2005b, 50(11): 1149–1154.

Li R H, Lockley M G, Makovicky P J, et al. Behavioral and faunal implications of Early Cretaceous deinonychosaur trackways from China. Naturwissenschaften, 2007, 95(3): 185–191.

Li R H, Lockley M G, Matsukawa M, et al. An unusual theropod track assemblage from the Cretaceous of the Zhucheng area, Shandong Province, China. Cretaceous Research, 2011, 32(4): 422–432.

Li R H, Lockley M G, Matsukawa M, et al. Important Dinosaur–dominated footprint assemblages from the Lower Cretaceous Tianjialou Formation at the Houzuoshan Dinosaur Park, Junan County, Shandong Province, China. Cretaceous Research, 2015, 52: 83–100.

Li Y L. Daxi conglomerate and its geological time. Journal of Chengdu University of

Technology, 1995, 22(2): 11–14.

Liebenberg L. A Field Guide to the Animal Tracks of Southern Africa. David Phillips Publishers, Cape Town, 1990, 320pp.

Liu Y S, He Z W, Long X J, et al. Characteristics and geological significance of geological relics in Qijiang geopark, Chongqing City. Chinese Journal of Geological Hazard and Control, 2010, 21(2): 118–124.

Li Y W, Wang X H, Gao Y R. The ostracods and the age of Jiading Group, Sichuan. Proceeding of Chinese Academy of Geological Sciences. 1983, 6: 107–124.

Lim J.D, Martin L D, Zhou Z, et al. The significance of Early Cretaceous bird tracks. In: Zhou Z, Zhang F, (Eds.), Proceeding of the 5th Symposium of the Society of Avian Paleontology and Evolution. Science Press, Beijing, 2002, 157–163.

Lim J D, Lockley M G, Kong D Y. The trackway of a quadrupedal ornithopod from the Jindong Formation (Cretaceous) of Korea. Ichnos, 2012, 19: 101–104.

Lim S K, Yang S. Y, Lockley M G. Large dinosaur footprintassemblages from the Cretaceous Jindong Formation of southern Korea. In Gillette D D. and Lockley M G. (Eds.), Dinosaur Tracks and Traces. Cambridge University Press, Cambridge, UK, 1989, 333–336.

Lim S K, Lockley M G, Yang S Y, et al. Preliminary report on Sauropod Tracksites from the Cretaceous of Korea, Gaia: Revista de Geociencias, Museu Nacional de Historia Natural, Lisbon, Portugal, 1994, 10: 109–117.

Liu J, Li K, Yang C Y, et al. Research and significance of dinosaur tracks in Zhaojue, Sichuan Province. Abstract Volume, The 10th National Congress of Palaeontological Society of China (PSC). The 25th Annual Conference of PSC October 2009, Nanjing, China. 195–196.

Liu J, Li K, Yang C Y, et al. Preliminary study on fossils of dinosaur footprints and its significance from Zhaojue area of Xichang County in Sichuan Province. Marine and non-marine Jurassic–short papers for the 8th International Congress on the Jurassic System, 2010, 230–231.

Liu Y, He Z W, Long X J, et al. Characteristics and geological significance of geological relics in Qijiang Geopark, Chongqing City. The Chinese Journal of Geological Hazard and Control, 2010, 21: 118–124.

Liu Y Q, Ji Q, Jiang X J, et al. U–Pb Zircon Ages of Early Cretaceous Volcanic Rocks in the Tethyan Himalaya at Yangzuoyong Co Lake, Nagarze, Southern Tibet, and Implications for the Jurassic/Cretaceous Boundary. Cretaceous Research, 2013, 40: 90–101.

Long J. Dinosaurs of Australia and New Zealand. Sydney: UNSW Press, 1998.

Lockley M G. Vanishing tracks along Alameda Parkway. In: Environments of Deposition (and Trace Fossils) of Cretaceous Sandstones of the Western Interior. Society of Economic Paleontology Museum Field Guide, 2nd Annual Meeting, Golden, Colorado, 1985, 131–142.

Lockley M G. The Paleobiological and Paleoenvironmental Importance of Dinosaur Footprints. Palaios, 1986a, 1, 37–47.

Lockley M G. A guide to dinosaur tracksites of the Colorado Plateau and American southwest. University of Colorado Denver Geology Department MagazineSpecial Issue, 1986b, 1: 1–56.

Lockley M G. North America's largest trackway site: Implications for Morrison Formation paleoecology. Geological Society of America Bulletin, 1986c, 97, 1163–1176.

Lockley M G. Dinosaur tracks symposium signals a renaissance in vertebrate ichnology. Paleobiology, 1987a, 13, 246–252.

Lockley M G. Dinosaur footprints from the Dakota Group of eastern Colorado. The Mountain Geologist, 1987b, 24, 107–122.

Lockley M G. Tracks and traces: new perspectives on dinosaur behavior, ecology and biogeography. In: Padian K, Chure D J. (Eds.), The age of dinosaurs, Paleontological Society Short Courses in Paleontology, Knoxville, Tennessee, 1989, 2, 134–135.

Lockley M G. Tracking the Rise of Dinosaurs in Eastern Utah. Canyon Legacy, 1990, 2, 2–8.

Lockley M G. The dinosaur footprint renaissance. Modern Geology, 1991a, 16, 139–160.

Lockley M G. Tracking dinosaurs–a new look at an ancient world. Cambridge University Press, New York, 1991b, 238pp.

Lockley M G. Cretaceous dinosaur–dominated footprint assemblages: their stratigraphic and palaeoecological potential. In: Mateer N J, Chen P J, editors. Aspects of nonmarine Cretaceous geology. Beijing: China Ocean Press, 1992, 269–282.

Lockley M G. Dinosaur ontogeny and population structure: Interpretations and speculations based on footprints. In: Carpenter K, Hirsch K, Horner J, editors. Dinosaur Eggs and Babies, Cambridge University Press 1994, 347–365.

Lockley M G. The vertebrate track record. Nature, 1998, 396, 429–432.

Lockley M G. The eternal trail: a tracker looks at evolution. Perseus Books, Cambridge MA, 1999, 334p.

Lockley M G. Trackways and dinosaur locomotion. In: Briggs D E G, Crowther P. (Eds.), Palaeobiology II: a synthesis. Blackwell Science, Oxford, 2001a, 412–416.

Lockley M G. A Field Guide to Dinosaur Ridge: Denver, Colorado. Friends of Dinosaur Ridge and University of Colorado at Denver Dinosaur Trackers Research Group, 2001b, 34p.

Lockley M G. Variation in mesaxonic bird and dinosaur footprints: clues to widespread convergence in developmental dynamics. In: Uchman A. (Ed.), The Second International Congress on Ichnology, Cracow Poland, Aug 29–Sept. 8. Polish Geological Institute, 2008, 70p.

Lockley M G. New perspectives on morphological variation in tridactyl footprints: clues to widespread convergence in developmental dynamics. Geological Quarterly, 2009, 53, 415–432.

Lockley M G. Putting the best foot forward: a single case of 'toe extension' has implications for the broader concept of 'toe extension' in theropod dinosaur feet and footprints. New Mexico Museum of Natural History and Science Bulletin. 2011, 53, 301–305.

Lockley M G. Tracking Dinosaurs in China. In: Xing L D, Lockley M G. eds. Abstract Book of Qijiang International Dinosaur Tracks Symposium, Chongqing, China. Taibei: Boulder-Publishing, 2012, 16–22.

Lockley M G, Rice A. Did Brontosaurus ever swim out to sea? Evidence from brontosaur and other dinosaur footprints. Ichnos, 1990, 1, 81–90.

Lockley M G, Hunt A P. Fossil Footprints of the Dinosaur Ridge Area. Denver: A joint publication of the Friends of Dinosaur Ridge and the University of Colorado at Denver. 1994, 53p.

Lockley M G, Hunt A P. Dinosaur tracks and other fossil footprints of the western United States. Columbia University Press, New York, 1995, 360 pp.

Lockley M G, Meyer C A. Dinosaur Tracks and other fossil footprints of Europe. Columbia University Press, New York, 2000, 323pp.

Lockley M G, Wright J L. The trackways of large quadrupedal ornithopods from the Cretaceous: a review. In: Carpenter K, Tanke D, eds. Mesozoic vertebrate life. New research inspired by the Paleontology of Philip J. Currie. Bloomington, IN: Indiana University Press, 2001, 428–442.

Lockley M G, Wright J. Pterosaur swim tracks and other ichnological evidence of behavior and ecology. In: Buffetaut E, Mazin J M. (Eds.), Evolution and paleobiology of pterosaurs. Cromwell Press, Trowbridge, UK, 2003, 297–313.

Lockley M G, Delago C R. Tracking an ancient turkey: a preliminary report on a new Miocene ichnofauna from near Durango, Mexico. New Mexico Museum of Natural History Bulletin, 2007, 42: 67–72.

Lockley M G, Matsukawa M. A review of vertebrate track distributions in east and southeast Asia. Journal of the Paleontological Society of Korea, 2009, 25: 17–42.

Lockley M G, Gierliński G. Notes on a new ankylosaur track from the Dakota Group (Cretaceous) of northern Colorado. New Mexico Museum of Natural History and Science Bulletin, 2014, 62: 301–306.

Lockley M G, Harris J D. On the trail of early birds: a review of the fossil footprint record of avian morphological and behavioral evolution. In: Ulrich P K, Willett J H, eds. Trends in ornithology research. Hauppauge: Nova Publishers, 2010, 1–63.

Lockley M G, Lucas S G. *Evazoumgatewayensis* a new Late Triassic archosaurian ichnospecies from Colorado: implications for footprints in the ichnofamily Otozoidae. New Mexico Museum of Natural History and Science Bulletin, 2013, 61: 345–353.

Lockley M G, Lucas S G. Tracking dinosaurs and other tetrapods in the wild west of North America. In: Lockley M G. Lucas S G, (Eds.), Fossil footprints of western North America: NMMNHS Bulletin, 2014, 62: 1–4.

Lockley M G, Marshall C A. Field Guide to the Dinosaur Ridge Area, 4th edition. Denver: Friends of Dinosaur Ridge, Morrison Colorado, 2014, 1–40.

Lockley M G, Xing L D. Flattened fossil footprints: implications for paleobiology. Palaeogeography, Palaeoclimatology, Palaeoecology, 2015, 426: 85–94.

Lockley M G, Matsukawa M, Obata I. Dinosaur tracks and Radial Cracks: Unusual Footprint Features. Bulletin of the Natural Science Museum ser C, 1989, 15: 151–160.

Lockley M G, Yang, S. Y, Matsukawa M, et al. The track record of Mesozoic birds: Evidence and implications. Philosophical Transactions of the Royal Society of London, 1992a, 336: 113–134.

Lockley M G, Holbrook J, Hunt A P, et al. The Dinosaur Freeway: a preliminary report on the Cretaceous megatracksite, Dakota Group, Rocky Mountain Front Range and Highplains, Colorado, Oklahoma and New Mexico. In: Mesozoic of the Western Interior, SEPM Midyear Meeting Fieldtrip Guidebook, 1992b, 39–54.

Lockley M G, Farlow J O, Meyer C A. *Brontopodus* and *Parabrontopodus* ichnogen nov. and the significance of wide–and narrow–gauge sauropod trackways. Gaia, 1994a, 10, 135–145.

Lockley M G, Hunt A P, Moratalla J, et al. Limping dinosaurs? Trackway evidence for abnormal gaits. Ichnos, 1994b, 3: 193–202.

Lockley M G, Logue T J, Moratalla J J, et al. The fossil trackway *Pteraichnus* is pterosaurian, not crocodilian: implications for the global distribution of pterosaur tracks. Ichnos, 1995, 4, 7–20.

Lockley M G, Meyer C A, Schultz–Pittman R, et al. Late Jurassic dinosaur tracksites from central Asia: a preliminary report on the world's longest trackways. In: Morales M. (ed.), The Continental Jurassic. Museum of Northern Arizona Bulletin 60. Museum of Northern Arizona, Flagstaff, 1996, 137–140.

Lockley M G, Huh M, Lim S K, et al. First report of pterosaur tracks from Asia, Chollanam Province, Korea. Journal of the Paleontological Society of Korea (Special. Publ.), 1997a, 2, 17–32.

Lockley M G, Fillmore B J, Marquardt L. Dinosaur Lake – The Story of the Purgatoire Valley Dinosaur Tracksite Area, Colorado Geological Survey, Special Publication, 1997, No. 40.

Lockley M G, Meyer C A, dos Santos V F. *Megalosauripus* and the problematic concept of megalosaur footprints. Gaia, 1998a, 15, 313–337.

Lockley M G, Santos V F, Meyer C, et al. A new dinosaur tracksite in the Morrison Formation, Boundary Butte, Southeastern Utah. In: Carpenter K, Chure D, Kirkland K. The Upper Jurassic Morrison Formation: An interdisciplinary study. Modern. Geology, 1998b, 23 (2), 317–330.

Lockley M G, Meyer C A, Moratalla J J. *Therangospodus*: trackway evidence for the widespread distribution of a Late Jurassic theropod dinosaur with well–padded feet. Gaia, 1998c, 15: 339–353.

Lockley M G, Hook N, Taylor A. A Brief History of Paleontological Research and Public Education on Dinosaur Ridge. In: Lockley M G, Taylor A. (Eds.), Dinosaur Ridge: celebrating a decade of discovery. Mountain Geologist, 2001a, 38, 87–9.

Lockley M G, Wright J L, Matsukawa M. A new look at *Magnoavipes* and so–called "big bird" tracks from Dinosaur Ridge (Cretaceous, Colorado). Mountain Geologist, 2001b, 38: 137–146.

Lockley M G, Wright J, White D, et al. The first sauropod trackways from China. Cretaceous Research, 2002a, 23, 363–381.

Lockley M G, Schulp A S, Meyer C A, et al. Titanosaurid trackways from the Upper Cretaceous of Bolivia: evidence for large manus widegauge locomotion and gregarious behaviour. Cretaceous Research, 2002b, 23: 383–400.

Lockley M G, Nadon G, Currie P J, et al. A diverse dinosaur–bird footprint assemblage from the Lance Formation, Upper Cretaceous, Eastern Wyoming: Implications for ichnotaxonomy. Ichnos, 2003a, 11: 229–249.

Lockley M G, Matsukawa M, Li J J. Crouching theropods in taxonomic jungles: ichnological and ichnotaxonomic investigations of footprints with metatarsal and ischial impressions. Ichnos, 2003b, 10: 169–177.

Lockley M G, Wright J L, Thies D. Some observations on the dinosaur tracks at Münchehagen (Lower Cretaceous), Germany. Ichnos, 2004a, 11: 261–274.

Lockley M G, White D, Kirkland J, et al. Dinosaur tracks from the Cedar Mountain Formation (Lower Cretaceous), Arches National Park, Utah. Ichnos, 2004b, 11: 285–293.

Lockley M G, Houck K, Yang S Y, et al. Dinosaur dominated footprint assemblages from the Cretaceous Jindong Formation, Hallayo Haesang National Park, Goseong County, South Korea: Evidence and implications. Cretaceous Research, 2006a, 27: 70–101.

Lockley M G, Matsukawa M, Ohira H, et al. Bird tracks from Liaoning Province, China: new insights into avian evolution during the Jurassic–Cretaceous transition. Cretaceous Research, 2006b, 27: 33–43.

Lockley M G, Matsukawa M, Sato Y, et al. A distinctive new theropod dinosaur track from the Cretaceous of Thailand: implications for ichnological diversity. Cretaceous Research, 2006c, 27: 139–145.

Lockley M G, Gierliński G D, Titus A L, et al. An introduction to thunderbird footprints at the Flag Point pictograph–track site– preliminary observations on Lower Jurassic theropod tracks from the Vermillion Cliffs area, southwestern Utah. New Mexico Museum of Natural History and Science Bulletin, 2006d, 37: 310–314.

Lockley M G, Lucas S G, Hunt A P. *Evazoum* and the renaming of Northern Hemisphere "*Pseudotetrasauropus*": implications for tetrapod ichnotaxonomy at the Triassic–Jurassic boundary. New Mexico Museum of Natural History and Science Bulletin, 2006e, 37: 199–206.

Lockley M G. Milner A R C, Slauf D, et al. Dinosaur tracksites from the Kayenta Formation (Lower Jurassic), 'Desert Tortoise site,' Washington County, Utah. New Mexico Museum of Natural History and Science Bulletin, 2006f, 37: 269–275.

Lockley M G. Holbrook J, Kukihara R, et al. An ankylosaur–dominated dinosaur tracksite in the Cretaceous Dakota Group of Colorado and its paleoenvironmental and sequence stratigraphic context. New Mexico Museum of Natural History and Science, Bulletin, 2006g, 35: 95–104.

Lockley M G, Li R, Harris J, et al. Earliest zygodactyl bird feet: evidence from Early Cretaceous Road Runner–like traces. Naturwissenschaften, 2007, 94, 657–665.

Lockley M G, Kim, S.H, Kim J Y, et al. *Minisauripus*–the track of a diminutive dinosaur from the Cretaceous of China andKorea: Implications for stratigraphic correlation and theropod foot morphodynamics. Cretaceous Research, 2008a, 29: 115–130.

Lockley M G, Harris J D, Mitchell L. A global overview of pterosaur ichnology: tracksite distribution in space and time. Zittel B. 2008b, 28: 187–198.

Lockley M G, McCrea R T, Matsukawa M. Ichnological evidence for small quadrupedal ornithischians from the basal Cretaceous of southeast Asia and North America: implications for a global radiation, in Buffetaut E, Cuny G, Le Loeuff J, Suteethorn V, eds, Late Palaeozoic and Mesozoic Ecosystems in SE Asia: London, The Geological Society, Special Publication, 2009, 315, 255–269.

Lockley M G, Fanelli D, Honda K, et al. Crocodile waterways and dinosaur freeways: implications of multiple swim track assemblages from the Cretaceous Dakota Group, Golden area, Colorado. New Mexico Museum of Natural History and Science Bulletin, 2010a, 51: 137–156.

Lockley M G, Li R, Matsukawa M, et al. Tracking Chinese crocodylians: *Kuangyuanpus*, *Laiyangpus*, and implications for naming crocodylian and crocodylian–like tracks and associated ichnofacies. In: Milàn J, Lucas S G, Lockley M G, Spielmann J A. (Eds.), Crocodyle tracks and traces. New Mexico Museum of Natural History and Science Bulletin, 2010b, 51: 99–108.

Lockley M G, Li J, Matsukawa M, et al. A new avian ichnotaxon from the Cretaceous of Nei Mongol, China. Cretaceous Research, 2011, 34: 84–93.

Lockley M G, Huh M, Kim J Y, et al. Recent Advances in Korean vertebrate ichnology: the KCDC comes of age. Ichnos, 2012a, 19: 1–5.

Lockley M G, Huh M, Kim J Y. Mesozoic terrestrial ecosystems of the Korean Cretaceous Dinosaur Coast: a field guide to the excursions of the 11th Mesozoic Terrestrial Ecosystems Symposium (August 19–22). A publication supported by the Korean Federation of Science and Technology Societies, 2012b, 81p.

Lockley M G, Li R, Matsukawa M, et al. The importance of the Huanglonggou or 'Yellow Dragon Valley' dinosaur tracksite (Early Cretaceous) of the Zhucheng area, Shandong Province China. In: Huh M, Kim H J, Park J Y, eds. The 11th Mesozoic Terrestrial Ecosystems. Abstracts volume (August 15–18), Kwangju: Korea Dinosaur Research Center, Chonnam National University, 2012c, 315–317.

Lockley M G, Xing L D, Li J, et al. First records of turtle tracks in the Cretaceous of China. In: Huh M, Kim H J, Park J Y, eds. The 11th Mesozoic Terrestrial Ecosystems. Abstracts volume (August 15–18), Kwangju: Korea Dinosaur Research Center, Chonnam National University, 2012d, 311–313.

Lockley M G, Lucas S G, Matsukawa M, et al. Cretaceous tetrapod footprint biostratigraphy, biochronology and ichnofacies. Journal of Stratigraphy, 2012e, 36: 503–550.

Lockley M G, Huh M, Kim B S. *Ornithopodichnus* and pes–only sauropod trackways from the Hwasun tracksite Cretaceous of Korea. Ichnos, 2012f, 19: 93–100.

Lockley M G, Huh M, Gwak S G, et al. Multiple tracksites with parallel trackways from the Cretaceous of the Yeosu City area Korea: implications for gregarious behavior in ornithopod and sauropod dinosaurs. Ichnos, 2012g, 19: 105–114.

Lockley M G, McCrea R T, Haines P. Tracking dinosaur in western Australia: a 21st Century update, 2012h, 427–429. In, Huh, M., Kim, H-J and Park, J.Y., (eds.), The 11th Mesozoic Terrestrial Ecosystems Abstracts volume (August 15–18), Korea Dinosaur Research Centre, Chonnam National University.

Lockley M G, Li J J, Li R H, et al. A review of the tetrapod track record in China, with special reference to type ichnospecies: implications for ichnotaxonomy and paleobiology. Acta Geologica Sinica (English edition), 2013a, 87(1): 1–20.

Lockley M G, Xing L D, Kim J Y, et al. Tracking Early Cretaceous Dinosaurs in China: a new database for comparison with ichnofaunal data from Korea, the Americas, Europe, Africa and Australia. Biological Journal of the Linnean Society, 2014a, 113, 770–789.

Lockley M G, Xing L D, Lockwood J A F, et al. A review of large Cretaceous ornithopod tracks, with special reference to their ichnotaxonomy. Biological Journal of the Linnean Society, 2014b, 113, 721–736.

Lockley M G, Gierliński G D, Dubicka Z, et al. A preliminary report on new dinosaur Tracksite in the Cedar Mountain Formation (Cretaceous) of Eastern Utah. New Mexico Museum of Natural History and Science Bulletin, 2014c, 62: 279–285.

Lockley M G, Gierliński G D, Houck K, et al. New excavations at the Mill Canyon Dinosaur Track site (Cedar Mountain Formation, Lower Cretaceous) of Eastern Utah. New Mexico Museum of Natural History and Science Bulletin, 2014d, 62: 287–300.

Lockley M G, Cart K, Martin J, et al. A bonanza of new tetrapod tracksites from the Cretaceous Dakota Group, western Colorado: implications for paleoecology. New Mexico Museum of Natural History and Science Bulletin, 2014e, 62: 393–409.

Lockley M G, Li R H, Matsukawa M, et al. Tracking the yellow dragons: implications of China's largest dinosaur tracksite (Cretaceous of the Zhucheng area, Shandong Province, China). Palaeogeography, Palaeoclimatology, Palaeoecology, 2015a, 423: 62–79.

Lockley M G, Xing L D, Matsukawa M, et al. The Utility of tracks in paleoecological census studies: case studies from the Cretaceous of China. 2015b, 175–177, In Zhang Y, Wu S Z, and Sun G (ed.) The 12th Symposium on Mesozoic Terrestrial, Ecosystems, Abstracts vol., Shenyang China, Aug, 16-20th 2015.

Lockley M G, McCrea R, Buckley L, et al. Tracking crocodiles and turtles in the Cretaceous: comparisons between North America and east Asia. 2015c, 193–195, In Zhang Y, Wu S Z, and Sun G. (ed.) The 12th Symposium on Mesozoic Terrestrial, Ecosystems, Abstracts vol., Shenyang China, Aug, 16-20th 2015.

Lockley M G, Harris J D, In press. Pterosaur tracks and tracksites: Pteraichnidae. In: Martill D, Unwin D, Loveridge R. (Eds.), The Pterosauria. Cambridge University Press, Cambridge, ISBN: 9780521518956.

Lockley M G, Harris J D, Li R, et al. In press. Two–toed tracks through time: on the trail of raptors and their allies, In Richter A, Manning P. (Eds.) Dinosaur Tracks, Next Steps, Indiana University Press.

Lockley M G, Xing L D, Matthews N A, et al. In press b, Didactyl raptor tracks from the Cretaceous, Plainview Sandstone at Dinosaur Ridge, Colorado. Cretaceous Research.

Lockwood J A F, Lockley M G, Pond S. A review of footprints from the Wessex Formation (Wealden Group, Lower Cretaceous) at Hanover Point, the Isle of Wight, southern England. Biological Journal of the Linnean Society, 2014, 113: 707–720.

Look A L. Hopi Snake Dance. Grand Junction. Crown Point Inc, Colorado, 1981, 64p.

Lu T Q, Zhang X L, Chen L. Dinosaur tracks in vertical sections from the Upper Cretaceous Jiaguan Formation of Emei, Sichuan Province. Acta Geologica Sinica, 2013, 52:518–525.

Lucas S G. Tetrapod Footprint Biostratigraphy and Biochronology. Ichnos, 2007, 14: 5–38.

Lucas S G, Hunt A P. Alamosaurus and the sauropod hiatus in the Cretaceous of the North American Western Interior. Geological Society of America Special Paper, 1989, 238: 75–85.

Lucas S G, Sullivan R M, Jasinski S E, et al. Hadrosaur footprints from the Upper Cretaceous Fruitland Formation, San Juan Basin, New Mexico, and the ichnotaxonomy of large ornithopod footprints. New Mexico Museum of Natural History Bulletin, 2011, 53: 357–362.

Lull R S. Fossil footprints of the Jura–Trias of North America. Memoirs of the Boston Society of Natural History, 1904, 5, 461–557.

Lull R S. Triassic life of the Connecticut Valley. Bulletin of the Connecticut Geology and Natural History Survey, 1953, 181, 1–331.

Luo C D. The Danxia landforms in southwest Sichuan. Economic Geographya, 1999, 19: 65–70.

Lü J C, Chen R J, Azuma Y, et al. New pterosaur tracks from the early Late Cretaceous of

Dongyang City, Zhejiang Province, China. Acta Geoscientica Sinica, 2010, 31, 46–48.

Lü J C, Currie P J, Xu L, et al. Chicken–sized oviraptorid dinosaurs from central China and their ontogenetic implications. Naturwissenschaften, 2013, 100, 165–175.

Mahboubi M, Bessedik M, Belkebir L, et al. Découverte des premières empreintes digitales de dinosauriens crétacés dans la région d'El Bayadh. Colloque international Terre et eau, Annaba, 2004, 92–95.

Mahboubi M, Bessedik M, Belkebir L, et al. – Première découverte d'empreintes de pas de dinosaures dans le Crétacé inférieur de la région d'El Bayadh (Algérie). Mém. Bull. Serv. Géol, National, Algérie, 2007, 18, 2: 127–139.

Makovicky P J, Apesteguía S, Agnolín F L. The earliest dromaeosaurid theropod from South America. Nature, 2005, 437, 1007–1011.

Mannion P D, Upchurch P. Completeness metrics and the quality of the sauropodomorph fossil record through geological and historical time. Paleobiology, 2010, 36(2): 283–302.

Manning P L. A new approach to the analysis and interpretation of tracks: examples from the Dinosauria. In: McIlroy (ed.), The Application of Ichnology to Palaeoenvironmental and Stratigraphical Analysis, 2004, 93–128.

Manning P L, Morris P M, McMahon A, et al. Mineralized soft–tissue structure and chemistry in a mummified hadrosaur from the Hell Creek Formation, North Dakota (USA). Proceedings of the Royal Society of London B, 2009, 276: 3429–3437.

Marsh O C. Principal characters of American Jurassic dinosaurs. Part V. American Journal of Science, Series 3, 1881, 21, 417–423.

Martin A J, Vickers–Rich P, Rich T H, et al. Oldest known avian footprints from Australia: Eumeralla Formation (Albian), Dinosaur Cove, Victoria. Palaeontology, 2013, 57: 7–19.

Martin A J, Vickers–Rich P, Vazquez–Propkopec G. A polar dinosaur–track assemblage from the Eumeralla Formation (Albian), Victoria, Australia. Alcheringa, 2012, 36: 171–188.

Marty D. Sedimentology, taphonomy, and ichnology of Late Jurassic dinosaur tracks from the Jura carbonate platform (Chevenez–Combe Ronde tracksite, NW Switzerland): insights into the tidal–flat palaeoenvironment and dinosaur diversity, locomotion, and palaeoecology. PhD Thesis University of Fribourg, Fribourg, GeoFocus 21, 2008, 278 p.

Marty D, Meyer C A, Billon–Bruyat, J.P. Sauropod trackway patterns expression of special behaviour related to substrate consistency? An example from the Late Jurassic of northwestern Switzerland. Hantkeniana, 2006, 5, 38–41.

Marty D, Strasser A, Meyer C. Formation and taphonomy of human footprints in microbial mats of presentday–tidal–flat environments: Implications for the study of fossil footprints.

Ichnos, 2009, 16, 127–142.

Marty D, Belvedere, M, Meyer C A, et al. Comparative analysis of Late Jurassic sauropod trackways from the Jura Mountains (NW Switzerland) and the central High Atlas Mountains (Morocco): implications for sauropod ichnotaxonomy. Historical Biology, 2010, 22 (1–3), 109–133.

Masrour M, Pérez–Lorente F, Ferry S, et al. First dinosaur tracks from the Lower Cretaceous of the Western High Atlas (Morocco). Geogaceta, 2013, 53: 33–36.

Mateus O, Antunes M T. A new dinosaur tracksite in the Lower Cretaceous of Portugal. Ciências da Terra (UNL), 2003, 15: 253–262.

Mateus O, Milàn J. Sauropod forelimb flexibility deduced from deep manus tracks. In: 52th Paleontological Association Annual Meeting. 18th–21st December 2008, University of Glasgow, 2008, 67–68.

Matsukawa M, Futakami M, Lockley M G, et al. Dinosaur footprints from the Lower Cretaceous of eastern Manchuria, northeast China: evidence and implications. Palaios. 1995, 10: 3–15.

Matsukawa M, Lockley M G, Hunt A P. Three age groups of ornithopods inferred from footprints in the mid Cretaceous Dakota Group, eastern Colorado, North America. Palaeogeography, Palaeoclimatology, Palaeoecology, 1999, 147: 39–51.

Matsukawa M, Shibata K, Kukihara R, et al. Review of Japanese dinosaur track localities: implications for ichnotaxonomy, paleogeography and stratigraphic correlation. Ichnos, 2005, 12: 201–222.

Matsukawa M, Lockley M G, Li J. Cretaceous terrestrial biotas of East Asia, with special reference to dinosaur–dominated ichnofaunas: towards a synthesis. Cretaceous Research, 2006, 27, 3–21.

Matsukawa M, Lockley M G. Speculations on Cretaceous ornithopod trackway distribution in East Asia: comparisons with extant ungulate migration patterns. Haenam-gun, Jeollanam-do, southwestern Korea. In Proceedings of the Haenam Uhangri International Dinosaur Symposium, 2007, 177–206.

Matsukawa M, Shibata K, Sato K, et al. The Early Cretaceous terrestrial ecosystems of the Jehol Biota based on food–web and energy–flow models. Biological Journal of the Linnean Society, 2014a, 113: 836–853.

Matsukawa M, Hayashi K, Korai K, et al. First report of the ichnogenus *Magnoavipes* from China: new discovery from Lower Cretaceous inter–mountain basin of Shangzhou, Shaanxi Province, central China. Cretaceous Research, 2014b, 47: 131–139.

Maxwell W D, Ostrom J H. Taphonomy and paleobiological implications of *Tenontosaurus–Deinonychus* associations. Journal of Vertebrate Paleontology, 1995, 15: 707–712.

Mayor A. Fossil legends of the first Americans. Princeton University Press, Princeton, 2005, 488p.

Mayor A, Sarjeant W A S. The folklore of footprints in stone: From classical antiquity to the present. Ichnos, 2001, 8: 143–163.

Mayr G, Pohl B, Peters S. A well–preserved *Archaeopteryx* specimen with theropod features. Science, 2005, 310, 1483–1486.

Mazin J M, Hantzpergue P. Les traces de dinosaures des sites jurassiques français (Coisia, Loulle, Plagne). La frontière franco–suisse: un petit pas pour les dinosaures. Colloque scientifique, Porrentruy 29.–30.10.2010, abstract book, Billon–Bruyat, J.–P. (coord.), Porrentruy, 2010, 15–16.

McCrea R T. Vertebrate palaeoichnology of the Lower Cretaceous (Albian) Gates Formation near Grande Cache, Alberta. Unpublished M.Sc. Thesis, University of Saskatchewan, 2000, 204 pp.

McCrea R T. The distribution of vertebrate ichnotaxa from Lower Cretaceous (Albian) Gates Formation tracksites near Grande Cache, Alberta: implications for habitat preference and functional pedal morphology. Alberta Palaeontological Society Fifth Annual Symposium Abstracts Volume, 2001, 42–46.

McCrea R T. Fossil vertebrate tracksites of Grande Cache, Alberta. Canadian Palaeobiology, 2003, 9: 11–30.

McCrea R T, Currie P J. A preliminary report on dinosaur tracksites inthe lower Cretaceous (Albian) Gates Formation near Grande Cache, Alberta: New Mexico Museum of Natural History and Science Bulletin, 1998, 14: 155–162.

McCrea R T, Sarjeant W A S. New ichnotaxa of bird and mammal footprints from the Lower Cretaceous (Albian) Gates Formation of Alberta, in, Tanke D H, Carpenter K, Skrepnick M W, eds, Mesozoic vertebrate life: New research inspired by the paleontology of Philip J. Currie: Bloomington and Indianapolis, University of Indiana Press, 2001, 453–478.

McCrea R T, Buckley L G. Preliminary palaeontological survey of vertebrate tracks and other fossils from Kakwa Provincial Park (NTS 93I/01): Unpublished report for B.C. Parks, November 11, 2005, 16p.

McCrea R T, Lockley M G, Currie P J, et al. Avian footprint occurrences from the Mesozoic of western Canada: Journal of Vertebrate Paleontology, 2001, 21, 79A.

McCrea R T, Lockley M G, Meyer C A. Global distribution of purported ankylosaur track occurrences; in Carpenter K., ed., The armored dinosaurs: Bloomington and Indianapolis, University of Indiana Press, 2001b: 413–454.

McCrea R T, Pemberton G S, Currie P J. New ichnotaxa of mammalian and reptile tracks from the Upper Palaeocene of Alberta, Ichnos, 2004, 323–339.

McCrea R T, Currie P J, Pemberton S G. Canada's largest dinosaurs: ichnological evidence of the northernmost record of sauropods in North America: Journal of Vertebrate Paleontology, 2005, 25, 91A.

McCrea R T, Lockley M G, Haines P W, et al. Palaeontology Survey of the Broome Sandstone – Browse LNG Precinct Report. Department of State Development, Government of Western Australia, 2011, 120p.

McCrea R T, Buckley L G, Plint A G, et al. A review of vertebrate track–bearing formations from the Mesozoic and earliest Cenozoic of western Canada with a description of a new theropod ichnospecies and reassignment of an avian ichnogenus. New Mexico Museum of Natural History and Science Bulletin, 2014a, 62: 5–93.

McCrea R T, Buckley L G, Farlow J O, et al. A 'Terror of Tyrannosaurs': The First Trackways of Tyrannosaurids and Evidence of Gregariousness and Pathology in Tyrannosauridae. PLoS ONE, 2014b, 9(7): e103613.

McCrea R T, Buckley L G, Plint G, et al. Vertebrate ichnites from the Boulder Creek Formation (Lower Cretaceous: middle to ?upper Albian) of northeastern British Columbia, with a description of a new avian ichnotaxon, *Paxavipes* babcockensis ichnogen. et isp. nov. Cretaceous Research, 2015a, 55: 1–18.

McCrea R T, Tanke D H, Buckley L G, et al. Vertebrate ichnopathology: pathologies inferred from dinosaur tracks and trackways from the Mesozoic. Ichnos, 2015b, 22: 3–4, 235–260.

McDonald A T, Kirkland J I, DeBlieux D D, et al. New basal iguanodonts from the Cedar Mountain Formation of Utah and the evolution of thumb–spiked dinosaurs. PLoS ONE, 2010, 5(11): e14075.

Mcdonald A T, Wolfe D G, Kirkland J I. A new basal hadrosauroid (Dinosauria: Ornithopoda) from the Turonian of New Mexico. Journal of Vertebrate Paleontology, 2010, 30: 799–812.

McKee E D, Wier G W. Terminology for stratification and cross stratification in sedimentary rocks. Geological Society of America Bulletin, 1953, 64: 381–390.

McLearn F H. Environment of dinosaur tracks in the Peace River Canyon: Bulletin of the Geological Society of America, 1931, 42: 362.

McLearn F H. Peace River Canyon coal area, B.C. Geological Survey of Canada Summary Report, Part B, 1923, 1–46.

Mehl M G. Additions to the vertebrate record of the Dakota Sandstone. American Journal of Science, 1931, 21: 441–452.

Meyer C A. Sauropod tracks from the Upper Jurassic Reuchenette Formation (Kimmeridgian, Lommiswil, Kt. Solothurn) of Northern Switzerland. Eclogae Geologicae Helvetiae, 1990, 82, 389–397.

Meyer C A. A sauropod dinosaur megatracksite from the Late Jurassic of Northern Switzerland. Ichnos, 1993, 3, 29–38.

Meyer C A, Pittman J G. A comparison between the *Brontopodus* ichnofacies of Portugal, Switzerland and Texas. Gaia, 1994, 10, 125–133.

Meyer C A. Jura–und kreidezeitliche Dinosaurierfährten aus Zentral–Asien (Usbekistan, Turkmenistan), Natur und Museum, 1998, 128/12, 393–402.

Meyer C A, Lockley M G. Jurassic and Cretaceous dinosaur tracksites from central Asia (Usbekistan and Turkmenistan). In: Yang S Y, Huh M, Lee Y N, Lockley M G. (Eds.), International Dinosaur Symposium for Uhangri Dinosaur Center and Theme Park in Korea. Journal of the Paleontological Society of Korea Special Publication 2. Paleontological Society of Korea, Chonnam, 1997, 77v92.

Meyer C A, Thüring B. A marriage between geotechnique and paleontology: three dimensional visualization of a geological monument for scientific exploration and geotechnical conservation (Cal Orcko, Sucre, Bolivia). 4th Swiss Geoscience Meeting, 25.11.2006, Berne, Switzerland, abstract volume, 2006, 133–134.

Meyer C A, Lockley M G, Robinson J W, et al. A comparison of well–preserved Sauropod tracks from the Late Jurassic of Portugal and the western United States: Evidence and implications. Gaia, 1994, 10, 57–64.

Mezga A Z. Bajraktarevic. Cenomanian dinosaur tracks on the islet of Fenoliga in southern Istria, Croatia. Cretaceous Research, 1999, 20, 735–746.

Meyer C A. Thüring B. Dinosaurs of Switzerland. Comptes Rendus Paleovol, 2003a, 2, 103–117.

Meyer C A, Thüring B. The first iguanodontid dinosaur tracks from the Swiss Alpes (Schrattenkalk Formation, Aptian). Ichnos, 2003b, 10: 221–228.

Milàn J, Bromley R G. The impact of sediment consistency on track– and undertrack morphology: experiments with emu tracks in layered cement. Ichnos, 2008, 15, 18–24.

Milàn J, Bromley R G. True tracks, undertracks and eroded tracks, experimental work with tetrapod tracks in laboratory and field. Palaeogeography, Palaeoclimatology, Palaeoecology. 2006, 231: 253–264.

Milàn J, Christiansen P, Mateus O. A three–dimensionally preserved sauropod manus impression from the Upper Jurassic of Portugal: implications for sauropod manus shape and locomotor mechanics. Kaupia. 2005. 14: 47–52.

Milàn J, Christiansen P, Mateus O. A three–dimensionally preserved sauropod manus impression from the Upper Jurassic of Portugal: implications for sauropod manus shape and locomotor mechanics. Kaupia, 2005, 14: 47–52.

Miller C E, Ren L, Hutchinson J R. An integrative analysis of elephant foot biomechanics. Journal of Morphology, 2007, 268: 1107.

Milner A R C, Lockley M G, Kirkland J I. A large collection of well–preserved theropod dinosaur swim tracks from the Lower Jurassic Moenave Formation, St. George, Utah. New Mexico Museum of Natural History and Science Bulletin, 2006, 37: 315–328.

Milner A R C, Spears S Z, Foss S E, et al. Urban interface paleontology in Washington County, Utah. In: Foss S E, Cavin J L, Brown T, et al, eds. Proceedings of the Eighth Conference on Fossil Resources, St. George, Utah, 2009a. 131–151.

Milner A R C, Harris J D, Lockley M G, el al. Bird–like anatomy, posture, and behavior revealed by an Early Jurassic theropod dinosaur resting trace: PLoS One, 2009b, e4591.

Mo J Y, Wang W, Huang Z, et al. A basal Titanosauriform from the Early Cretaceous of Guangxi, China. Acta Geologica Sinica, 2006, 80(4): 486–489.

Moodie R L. Vertebrate footprints from the red–beds of Texas. II. Journal of Geology, 1930, 38: 548–565.

Moratalla J J. Restos indirectos de dinosaurios del registro espanol: paleoicnologia de la Cuenca de Cameros (Jurasico Superior–Cretacico Inferior) y paleoologia del Cretacico Superior. PhD Thesis. Universidad Autonoma de Madrid, Departamento de Biologia, 1993, 727 pp.

Moratalla J J, Hernán J. Probable palaeogeographic influences of the Lower Cretaceous Iberian rifting phase in the Eastern Cameros Basin (Spain) on dinosaur trackway orientations. Palaeogeography, Palaeoclimatology, Palaeoecology, 2010, 295: 116–130.

Moreno K. Carrano M T, Snyder R. Morphological changes in pedal phalanges through ornithopod dinosaur evolution: a biomechanical approach. Journal of Morphology, 2007, 268: 50–63.

Mossman D J, Brüning R, Powell H P. Anatomy of a Jurassic theropod trackway from Ardley, Oxfordshire, U. K. Ichnos, 2003, 10, 195–207.

Mudroch A, Richter U, Joger U, et al. Didactyl tracks of paravian theropods (Maniraptora) from the ?Middle Jurassic of Africa. PLoS ONE, 2011, 6(2): e14642.

Naish D, Sweetman S C. A tiny maniraptoran dinosaur in the Lower Cretaceous Hastings Group: evidence from a new vertebrate-bearing locality in south-east England. Cretaceous Research. 2011, 32, 464–471.

Nicosia U, Loi M. Triassic footprints from Lerici (La Spezia, northern Italy). Ichnos, 2003, 10: 127–140.

Nadon G C. The association of anastomosed fluvial deposits and dinosaur tracks, eggs, and nests: implications for the interpretation of floodplain environments and a possible survival strategy for ornithopods. Palaios, 1993, 8: 31–44.

Noffke N, Knoll A H, Grotzinger J P. Sedimentary controls on the formation and preservation of microbial mats in siliciclastic deposits: a case study from the Upper Neoproterozoic Nama Group, Namibia. Palaios, 2002, 17, 533–544.

Nopcsa F. Die Familien der Reptilien: Fortschritte der Geologie und Paleontologie, 1923, 2, 210pp.

Norell M A, Makovicky P J. Important features of the dromaeosaur skeleton: information from a new specimen. American Museum Novitates, 1997, 3215: 1–28.

Norell M A, Clark J M, Makovicky P J. Phylogenetic relationships among coelurosaurian dinosaurs. In: Gauthier J, Gall L F. (Eds.), New Perspectives on the Origin and Evolution of Birds. Yale University Press, New Haven, 2001, 49–67.

Norman D B. On the ornithischian dinosaur Iguanodon bernissartensis of Bernissart (Belgium). Institut Royal des Sciences Naturelles de Belgique, 1980, 178, 1–103.

Norman D B. On the anatomy of Iguanodon atherfieldensis (Ornithischia, Ornithopoda). Bulletin Institut Royal Sciences Naturelle Belgique Sciences de la Terre, 1986, 56, 281–372.

Norman D B. The illustrated encyclopedia of Dinosaurs. New York: Gramercy Books, 1988.

Norman D B. Basal Iguanodontia. In: Weishampel, D.B, Osmólska H, Dodson P. (Eds.). The Dinosauria. Berkeley: University of California Press. 2004, 413–437.

Novas F E. The Age of Dinosaurs in South America Bloomington, IL: Indiana University Press, 2009, 480p.

Novas F E, Puerta P F. New evidence concerning avian origins from the Late Cretaceous of Patagonia. Nature, 1997, 387 (6631), 390–392.

Olsen P E. Fossil great lakes of the Newark Supergroup in New Jersey. In: W. Manspeizer (ed.), Field studies in New Jersey geology and guide to field trips, 52nd Ann. Meeting. New

York State Geological Association, Newark College of Arts and Sciences. Newark, Rutgers University, 1980, 2–39.

Olsen P E, Schlische R W, Gore P J W. (Eds.). Tectonic, Depositional, and Paleoecological History of Early Mesozoic Rift Basins, Eastern North America. Vol. T351. American Geophysical Union, Washington, D.C, 1989.

Olsen P E, Smith J B, McDonald N C. Type material of the type species of the classic theropod footprint genera *Eubrontes*, *Anchisauripus* and *Grallator* (Early Jurassic, Hartford and Deerfield Basins, Connecticut and Massachusetts, U.S.A.). Journal of Vertebrate Paleontology, 1998, 18(3), 586–601.

Olsen P E, Rainforth E C. The Early Jurassic ornithischian dinosaurian ichnogenus *Anomoepus*. In: LeTourneau P M, Olsen P E. (Eds.), The Great Rift Valleys of Pangea in Eastern North America, vol. 2: Sedimentology and Paleontology. Columbia University Press, New York, 2003, 314–368.

Osborn H F. Integument of the iguanodont dinosaur *Trachodon*. Memoirs of the American Museum of Natural History, 1912, 2: 33–54.

Ostrom J H. Were some dinosaurs gregarious? Palaeogeography, Palaeoclimatology, Palaeoecology. 1972, 11: 287–301.

Ostrom J H. Osteology of *Deinonychus antirrhopus*, an unusual theropod from the Lower Cretaceous of Montana. Bulletin of the Peabody Museum of Natural History, 1969, 30: 1–165.

Ostrom J H. Dromaeosauridae. in Weishampel D B, Dodson P, Osmálka H. (Eds.). The Dinosauria. University of California Press, Berkeley, CA. 1990, 269–279.

Paik I S, Kim H J, Lee Y I. Dinosaur track–bearing deposits from the Cretaceous Jindong formation, Korea: occurrence, paleoenvironments and preservation. Cretaceous Research. 2001, 22: 79–92.

Paik I S, Lee Y I, Kim H J, Huh M. Time, space and structure on the Korea Cretaceous Dinosaur Coast: Cretaceous stratigraphy, geochronology and paleoenvironments. Ichnos, 2012, 19: 6–16.

Pan Y H, Sha J G, Zhou Z H, et al. The Jehol Biota: Definition and distribution of exceptionally preserved relicts of a continental Early Cretaceous ecosystem. Cretaceous Research, 2013, 44: 30–38.

Panin N, Avram E. No eurme de vertebrate in Miocenul Subcarpatilor Ruminęsti. Studii si Cercetari de Geologie, 1962, 7: 455–484.

Payros A, Astibia H, Cearreta A, et al. The Upper Eocene South Pyrenean coastal deposits (Liedena Sandstone, Navarre): sedimentary facies, benthic foraminifera and avian ichnology. Facies, 2000, 42: 19–23.

Paul G S. The science and art of restoring the life appearance of dinosaurs and their relatives: a rigorous how–to guide. In: Czerkas S J, Olson E E. (Eds.), Dinosaurs Past and Present. Volume II. Los Angeles County Museum of Natural History/University of Washington Press, Seattle, 1987, 4–49.

Paul G S. Predatory Dinosaurs of the World. Simon and Schuster, New York, NY. 1988.

Paul G S. The many myths, some old, some new of dinosaurology. Modern Geology, 1991, 16: 69–99.

Paul G S. A revised taxonomy of the iguanodont dinosaur genera and species. Cretaceous Research, 2008, 29 (2): 192–216.

Peng B X, Du Y S, Li D Q, et al. The first discovery of the Early Cretaceous pterosaur track and its significance in Yanguoxia, Yongjing County, Gansu Province. Journal of China University of Geosciences (Earth Science), 2004, 29, 21–24.

Peng G Z, Ye Y, Gao Y H, et al. Jurassic Dinosaur Faunas in Zigong. People's Publishing House of Sichuan, Chengdu, 2005, 236p.

Petti F M, D'Orazi Porchetti S, Sacchi E, et al. A new purported ankylosaur trackway in the Lower Cretaceous (lower Aptian) shallow–marine carbonate deposits of Puglia, southern Italy. Cretaceous Research, 2010, 31: 546–552.

Piubelli D, Avanzini M, Mietto P. The Early Jurassic ichnogenus Kayentapus at Lavino de Marco ichnosite (NE Italy). Global distribution and paleogeographic implications. Bolletino della Societa Paleontologica Italiana, 2005, 124: 259–267.

Platt B F, Hasiotis S T. Newly discovered sauropod dinosaur tracks with skin and foot–pad impressions from the Upper Jurassic Morrison Formation, Bighorn Basin, Wyoming, U.S.A. Palaios, 2006, 21, 249–261.

Price L I. Sobre os dinossáurios do Brasil. Anais da Academia Brasileira de Ci-ências, 1961, 33(3–4): xxviii–xxix.

Prieto–Márquez A. Global phylogeny of Hadrosauridae (Dinosauria: Ornithopoda) using parsimony and Bayesian methods. Zoological Journal of the Linnean Society, 2010, 159: 435v502.

Qin Y, Zhou C Z. Major types, geological features, prospecting criteria and metallogenetic prognosis for Cu deposits in the Panzhihua–Xichang Region, Sichuan. Acta Geologica Sichuan, 2009, 29 (4), 422–425.

Qiu L. Research on feet rules of Chinese I. Basic feet rules of Chinese adults. Chinese Leather, 2005, 18, 135–139.

Rainforth E C. Revision and re-evaluation of the Early Jurassic dinosaurian ichnogenus *Otozoum*. Palaeontology, 2003, 46: 803–838.

Rainforth E C, Lockley M G. Tracks of diminutive dinosaurs and hopping mammals from the Jurassic of North and South America. In: Morales M. (Ed.), The Continental Jurassic. Museum of Northern Arizona Bulletin, 1996, 60, 265–269.

Rich T H. Vickers-Rich P. A century of Australian dinosaurs, Queen Victoria Museum and Art Gallery, Launceston, Australia, 2003, 124 pp.

Riisager P, Hall S, Antretter M, et al. Paleomagnetic paleolatitude of Early Cretaceous Ontong Java Plateau basalts: implications for Pacific apparent and true polar wander, Earth and Planetary Science Letters, 2003, 208(3–4), 235–252.

Roach B T, Brinkman D B. A reevaluation of cooperative pack hunting and gregariousness in *Deinonychus antirrhopus* and other nonavian theropod dinosaurs. Bulletin of the Peabody Museum of Natural History, 2007, 48: 103–138.

Romano M, Whyte M A, Jackson S J. Trackway ratio: a new look at trackway gauge in the analysis of quadrupedal dinosaur trackways and its implications for ichnotaxonomy. Ichnos, 2007, 14, 257–270.

Romano M, Whyte M A. Information on the foot morphology, pedal skin texture and limb dynamics of sauropods: evidence from the ichnological record of the Middle Jurassic of the Cleveland Basin, Yorkshire, UK. Zubia, 2012, 30: 45–92.

Romilio A, Salisbury S W. A reassessment of large theropod dinosaur tracks from the mid–Cretaceous (late Albian–Cenomanian), Winton Formation of Lark Quarry, central–western Queensland, Australia: a case for mistaken identity. Cretaceous Research, 2011, 32(2), 135–142.

Romilio A, Tucker R T, Salisbury S W. Reevaluation of the Lark Quarry dinosaur Tracksite (late Albian–Cenomanian Winton Formation, central–western Queensland, Australia): no longer a stampede?, Journal of Vertebrate Paleontology, 2013, 33: 1, 102–120.

Rubilar–Rogers D, Moreno K, Blanco N, et al. Theropod dinosaur trackways from the Lower Cretaceous of the Chacarilla Formation, Chile. Revista Geológica de Chile, 2008, 35 (1): 175–184.

Russell D A, Dong Z M. A nearly complete skeleton of a new troodontid dinosaur from the Early Cretecuous of Ordos Basin, Inner Mongolia. Peoper's Republic China. Canadian Journal Of Earth Sciences, 1993, 30: 2163–2173.

Sacchi E, Conti M A, D'Orazi Porchetti S, et al. Aptian dinosaur footprints from the Apulian platform (Bisceglie, Southern Italy) in the framework of periadriatic ichnosites.

Palaeogeography, Palaeoclimatology, Palaeoecology, 2009, 271: 104–116.

Santos V F, Lockley M G, Moratalla, J J, et al. The longest dinosaur trackway in the world? Interpretations of Cretaceous footprints from Carenque, near Lisboa, Portugal. Gaia, 1992, 5, 18–27.

Santos V F, Lockley M G, Meyer C A, et al. A new sauropod tracksite from the Middle Jurassic of Portugal. Gaia, 1994, 10: 5–13.

Santos V F, Moratalla J J, Royo-Torres R. New sauropod trackways from the Middle Jurassic of Portugal. Acta Palaeontologica Polonica, 2009, 54, 3: 409–422.

Sarjeant W A S, Langston W Jr. Vertebrate footprints and invertebrate traces from the Chadronian (Late Eocene) of Trans-Pecos Texas. Texas Memorial Museum Bulletin, 1994, 36: 1–86.

Sarjeant W A S, DelairJ B, Lockley M G. The footprints of *Iguanodon*: a history and taxonomic study. Ichnos, 1998, 6(3): 183–202.

Sarjeant W A S, Reynolds R E. Bird footprints from the Miocene of California, in Reynolds RE (ed.), The changing face of the east Mojave Desert: abstracts from the 2001 Desert Symposium, California State University, Fullerton, California, 2001, 21–40.

Sánchez-Hernández B, Przewieslik A G, Benton M J. A reassessment of the Pteraichnus ichnospecies from the Early Cretaceous of Soria Province, Spain. Journal of Vertebrate Paleontology, 2009, 29, 487–497.

Santos V F, Moratalla J J, Royo-Torres R. New sauropod trackways from the Middle Jurassic of Portugal. Acta Palaeontologica Polonica, 2009, 54 (3), 409–422.

Schulp A, Brokx W A. Maastrichtian sauropod footprints from the Fumanya site, Bergueda, Spain. Ichnos, 1999, 6(4), 239–250.

Seeley H G. On the classification of the fossil animals commonly named Dinosauria. Proceedings of the Royal Society of London, 1888, 43: 165–171.

Sellers W I, Manning P L. Estimating dinosaur maximum running speeds using evolutionary robotics. Proceedings of the Royal Society of London B. 2007, 274, 2711–2716.

Sellers W I, Manning P L, Lyson T, et al. Virtual palaeontology: gait reconstruction of extinct vertebrates using high performance computing. Palaeontologica Electronica, 2009, 12: 11A 1–26.

Sellers W I, Margetts L, Coria R A, et al. March of the Titans: The Locomotor Capabilities of Sauropod Dinosaurs. PLoS ONE 8(10), 2013, e78733.

Senter P, Kirkland J I, DeBlieux D D, et al. New dromaeosaurids (Dinosauria: Theropoda) from the Lower Cretaceous of Utah, and the evolution of the dromaeosaurid tail. PLoS ONE,

2012, 7 (9), e36790.

Sereno P C. The evolution of dinosaurs. Science, 1999, 284, 2137–2147.

Shi P J. Atlas of natural disaster system of China. Science Press, Beijing, 2003, 218p.

Shikama T. Footprints from Chinchou, Manchoukuo, of *Jeholosauripus*, the Eo–Mesozoic Dinosaur. Central National Museum of Manchoukuo, 1942(3): 21–31.

Shipman P. How a 125–million year–old dinosaur evolved in 160 million years. Discover Mag. 1986, 10: 94–102.

Shuler E W. Dinosaur tracks mounted in the bandstand at Glen Rose, Texas. Field and Laboratory, 1935,9, 9–13.

Sichuan Provincial Bureau of Geology aviation regional Geological Survey team. Geological Map of the People's Republic of China, Xuyong Map Sheet 1:200 000 (H–48–XXXIV), 1976.

Sichuan Bureau of Geology and Mineral Resources (SBGMR). Regional Geology of Sichuan Province. Geological Publishing House, Beijing, 1991, 264 pp.

Sichuan Bureau of Geological Exploration and Development of Mineral Resources (SBGED). Reports of 1:50 000 Lianghekou, Bier, Mishi and Zhaojue regional geological surveys mapping of Wumengshan Area, Sichuan, China, 2014 (internal publications).

Smith J A, Jivraj J. Preliminary Energetics of Tripedal and Quadrupedal Gaits Using the GARP–4 Robot, Symposium on Brain, Body and Machine, Montreal, Canada, Nov. 2010.

Snively E, Russell A P, Powell G L. Evolutionary morphology of the coelurosaurian arctometatarsus: descriptive, morphometric and phylogenetic approaches. Zoological Journal of the Linnean Society, 2004, 142: 525–553.

Song J Y. A reinterpretation of unusual Uhangri dinosaur tracks from the view of functional morphology. Journal of the Paleontological Society of Korea, 2010, 26: 95–105.

Stanford R, Lockley M G, Weems R. Diverse dinosaur dominated ichnofaunas from the Potomac Group (Lower Cretaceous) Maryland. Ichnos, 2007, 14: 155–173.

Sternberg C M. Lower Cretaceous dinosaur tracks in Peace River canyon, British Columbia: Bulletin of the Geological Society of America, 1931, 42, 362.

Sternberg C M. Dinosaur tracks from Peace River, British Columbia: National Museum of Canada Annual Report, 1932, 59–85.

Stoll H M, Schrag D P. Evidence for glacial control of rapid sea level changes in the Early Cretaceous. Science, 1996, 272: 1771–1774.

Stokes W L. Pterodactyl tracks from the Morrison Formation. Journal of Paleontology, 1957, 31(5), 952–954.

Stovall J W, Langston W Jr. *Acrocanthosaurus atokensis*, a new genus and species of Lower Cretaceous Theropoda from Oklahoma. American Midland Naturalist, 1950, 43: 696–728

Sullivan C, Hone D W E, Cope T D, et al. A new occurrence of small theropod tracks in the Tuchengzi Formation of Hebei Province, China. Vertebrata PalAsiatica, 2009, 47(1): 35–52.

Swanson B A, Carlson K J. Walk, wade or swim? Vertebrate traces on an Early Permian lakeshore. Palaios, 2002, 17: 123–133.

Tagert E. On markings in the Hastings sands near Hastings, supposed to be the footprints of birds. Quarterly Journal of the Geological Society of London. 1846, 2: 267.

Tamai M, Liu Y, Lu L Z, et al. Palaeomagnetic evidence for southward displacement of the Chuan Dian fragment of the Yangtze Block. Geophysical Journal International, 2004, 158(1): 297–309.

Tanke D H, Rothschild B M. Paleopathology. In: Currie P J. and Padian, K. (Eds.), the Encyclopedia of Dinosaurs. Academic Press, San Diego, Calif, 1998, 525–530.

Tejada M L G, Mahoney J J, Neal C R, et al. Basement geochemistry and geochronology of Central Malaita, Solomon Islands, with implications for the origin and evolution of the Ontong Java Plateau. Journal of Petrology, 2002, 43, 449–484.

The author team of Continental Mesozoic Stratigraphy and Paleontology in Sichuan Basin of China, (CMSPSC). Continental Mesozoic Stratigraphy and Paleontology in Sichuan Basin of China. Sichuan people's Publishing House, Chengdu, 1982, 1–120.

The No. 2 Territorial Survey Team of Sichuan Geological Bureau. Report on survey of geological and mineral resources in Emei. Bejing: Geological Publishing House, 1971.

Thulborn R A, Wade M. Dinosaur trackways in the Winton Formation (Mid–Cretaceous) of Queensland. Memoirs of the Queensland Museum, 1984, 21: 413–517.

Thulborn R A. The gaits of dinosaurs In: Gillette D D, Lockley M G, eds. Dinosaur Tracks and Traces. Cambridge: Cambridge University Press, 1989, 39–50.

Thulborn T. Dinosaur Tracks, Chapman & Hall, London, 1990, 410p.

Thulborn T. Extramorphological feature of sauropod dinosaur tracks in the Uhangri Formation (Cretaceous), Korea. Ichnos, 2004, 11: 295–298.

Thulborn T. Impact of Sauropod Dinosaurs on Lagoonal Substrates in the Broome Sandstone (Lower Cretaceous), Western Australia. PLoS ONE, 2012, 7(5): e36208.

Torcida Fernández–Baldor F, Díaz–Martínez I, Contreras R, et al. Unusual sauropod tracks in the Jurassic–Cretaceous transition. Cameros Basin (Burgos, Spain). Journal of Iberian Geology, 2015, 41(1): 141–154.

TSRGST (The Third Team of the Second Regional Geological Survey Team), Bureau of Geology of Sichuan Province, 1971, Geological Map of the People's Republic of China. Emei Map Sheet 1:200 000 (H-48-20) (in Chinese) (internal publications).

Turner A H, Pol D, Clarke J A, et al. A basal dromaeosaurid and size evolution preceding avian flight. Science, 2007, 317, 1378–1381.

Turner A H, Makovicky P J, Norell M A. A review of dromaeosaurid systematics and paravian phylogeny. Bulletin of the American Museum of Natural History, 2012, 371: 1–206.

Twitchett D, Fairbank J K. Cambridge History of China Vol. 1: The Ch'in and Han Empires, 221 BC–AD 220. Cambridge University Press, Cambridge, 1978, 1023p.

van der Lubbe T A, Richter A, Böhme A. *Velociraptor's* sisters: first report of troodontid tracks from the Lower Cretaceous of northern Germany. Journal of Vertebrate Paleontology, 2009, 29(suppl. 3): 194A–195A.

van der Lubbe T A, Richter A, Böhme A, et al. Sorting out the sickle claws: how to distinguish between dromaeosauruid and troodontid tracks. in Richter, A. and Reich, M. (Eds.), Dinosaur Tracks 2011: an International Symposium, Obernkirchen, April 14–17, 2011 Abstract Volume and Field Guide to Excursions. Göttingen, Universiätsverlag Göttingen 2012, 35.

Varricchio D, Yang C W, Zhong S M, et al, Sauropod trackways from the Middle Jurassic of Yunnan, China: Journal of Vertebrate Paleontology, v. 26, supplement to n. 3, Sixty–sixth annual meeting, Society of Vertebrate Paleontology, Canadian Museum of Nature, Ottawa, Ontario, Canada, October 18–21, 2006, 135a.

Vialov O S. On the classification of dinosaurian traces. Ezhegodnik Vsesoyuznogo Paleontologicheskogo Obshchestva, 1988, 31: 322–325.

Vila B, Oms O, Marmi J, et al. Tracking Fumanya Footprints (Maastrichtian, Pyrenees): historical and ichnological overview, Oryctos, 2008, 8, 115–130.

Wan X Q, Chen P J, Wei M J.The Cretaceous system in China. Acta Geologica Sinica, 2008, 81(6): 957–983.

Wang C S. First record of Cretaceous dinosaur from Sichuan. Vertebrata PalasiAtica, 1976, 14: 78.

Wang C Z, Hu B, Yang K. Ichnofossils and sedimentary environments of the Upper Cretaceous Qiupa Formation in Tantou Basin of western Henan. Acta Sedimentologica Sinica, 2014, 32: 1007–1015.

Wang H. (Ed). Chinese Palaeogeography Atlas. Sinomaps Press, Beijing, 1985, 130p.

Wang B H, Liu Y Q, Kuang H W, et al. New discovery and its significance of dinosaur footprint fossils in the late Early Cretaceous at Tangdigezhuang Village of Zhucheng County,

Shandong Province. Journal of Palaeogeography (Chinese Edition), 2013a, 15 (4): 454–466.

Wang M W, Kuang H W, Liu Y Q, et al. New discovery of dinosaur footprint fossils and palaeoenvironment in the late Early Cretaceous at Tancheng County, Shandong Province and Donghai County, Jiangsu Province. Journal of Palaeogeography (Chinese Edition), 2013b, 15 (4): 489–504.

Wang R Z. (Ed.). The Sedimentary Cover and its History of Geologi–cal Development in Xichang–Central Yunnan Area. Chongqing Publishing House, Chongqing, 1988, 301p.

Wang S N. Dinosaur tracks on the cliff, the great dinosaur discoveries in Qijiang, Chongqing Municipality, China. National Geographic (Simplified Chinese Version), 2012, 138–151.

Wang Q W, Liang B, Kan Z Z, et al. Paleoenvironmental reconstruction of mesozoic dinosaurs fauna in Sichuan basin Geological University Press, Beijing, 2008, 197p.

Wang X, Jiang S X, Meng X, et al. Recent Progress in the Study of Pterosaurs from China. Bulletin of the Chinese Academy of Sciences, 2010, 24, 86–88.

Wang Y Q, Sha J G, Pan Y H, et al. Non–marine Cretaceous Ostracod assemblages in China: a preliminary review. Journal of Stratigraphy, 2012, 36(2): 291–301.

Weems R E. A re–evaluation of the taxonomy of Newark Supergroup saurischian dinosaur tracks, using extensive statistical data from a recentlyexposed tracksite near Culpeper Virginia. In: Sweet P C. (Ed.), Proceedings of the 26th Forum on the geology of industrial minerals. Division of Mineral Resources, Virginia, 1992, 113–127.

Weems R E. A new dinosaur ichnotaxa on from the Lower Cretaceous Patuxent Formation of Maryland and Virginia. Geological Society of America Abstracts with Programs, 2004, 36(2): 116.

Weems R E, Bachman J M. A dinosaur–dominated ichnofauna from the Lower Cretaceous (Aptian) Patuxent Formation of Virginia. Geological Society of America Abstracts with Programs, Denver 2004, 116.

Wei M, Xie S J. Jurassic and Early Cretaceous ostracods from Xichang area, Sichuan. Bulletin of the Chengdu Institute of Geology and Mineral Resources, The Chinese Academy of Geological Sciences, 1987, 17–31.

Weissengruber G E, Egger G F, Hutchinson J R, et al. The structure of the cushions in the feet of African elephants (*Loxodonta africana*). Journal of Anatomy, 2006, 209: 781.

White D, Lockley M G. Probable dromaeosaur tracks and other dinosaur footprints from the Cedar Mountain Formation (Lower Cretaceous), Utah. Journal of Vertebrate Paleontology, 2002, 22(suppl. 3): 119A.

Whyte M A, Romano M. A dinosaur ichnocoenosis from the Middle Jurassic of Yorkshire, UK. Ichnos, 2001, 8: 233–234.

Wilson J A, Carrano M T. Titanosaurs and the origin of "wide-gauge" trackways: A biomechanical and systematic perspective on auropod locomotion. Paleobiology, 1999, 25: 252–267.

Wilson J A, Marsicano C A, Smith R M H. Dynamic locomotor capabilities revealed by early dinosaur trackmakers from South Africa. PLoS ONE, 2009, 4(10): e7331.

Wiman C. Die Kreide-Dinosaurier aus Shantung, Palaeontologia Sinica, Series C, 1929, 6(1): 1–67.

Wright J L. Bird-like features of dinosaur footprints, in Currie P J, Koppelhus E B, Shugar M A, Wright J L (Eds.), Feathered dragons: studies on the transition from dinosaurs to birds, Indiana University Press, Bloomington, Indiana, 2004, 167–181.

Xing L D. Report on Dinosaur Trackways from Early Jurassic Ziliujing Formation of Gulin, Sichuan Province, China. Geological Bulletin of China, 2010a, 29(11): 1730–1732.

Xing L D. Dinosaur Tracks. Shanghai: Shanghai Press of Scientific and Technological Education, 2010b, 1–255.

Xing L D, Lockley M G. First Report of Small *Ornithopodichnus* Trackways from the Lower Cretaceous of Sichuan, China. Ichnos, 2014, 21(4): 213–222.

Xing L D, Wang F P, Pan S G, et al. The Discovery of Dinosaur Footprints from the Middle Cretaceous Jiaguan Formation of Qijiang County, Chongqing City. Acta Geologica Sinica (Chinese edition), 2007, 81(11): 1591–1602.

Xing L D, Peng G Z, Shu C K. Stegosaurian skin impressions from the Upper Jurassic Shangshaximiao Formation, Zigong, Sichuan, China: A new observation. Geological Bulletin of China, 2008, 27(7): 1049–1053.

Xing L D, Harris J D, Sun D H, et al. The Earliest Known Deinonychosaur Tracks from the Jurassic–Cretaceous boundary in Hebei, China. Acta Palaeontologica Sinica, 2009a, 48(4): 662–671.

Xing L D, Harris J D, Dong Z M, et al. Ornithopod (Dinosauria: Ornithischia) Tracks from the Upper Cretaceous Zhutian Formation in Nanxiong Basin, China and General Observations on Large Chinese Ornithopod Footprints. Geological Bulletin of China, 2009b, 28(7): 829–843.

Xing L D, Harris J D, Feng X Y, et al. Theropod (Dinosauria: Saurischia) tracks from Lower Cretaceous Yixian Formation at Sihetun, Liaoning Province, China and Possible Track Makers. Geological Bulletin of China, 2009c, 28(6): 705–712.

Xing L D, Harris J D, Toru S, et al. Discovery of Dinosaur Footprints from the

Lower Jurassic Lufeng Formation of Yunnan Province, China and New Observations on *Changpeipus*. Geological Bulletin of China, 2009d, 28(1): 16–29.

Xing L D, Harris J D, Wang K B, et al. An Early Cretaceous Non–avian Dinosaur and Bird Footprint Assemblage from the Laiyang Group in the Zhucheng Basin, Shandong Province, China. Geological Bulletin of China, 2010a, 29(8): 1105–1112.

Xing L D, Harris J D, Jia C K. Dinosaur tracks from the Lower Cretaceous Mengtuan Formation in Jiangsu, China and morphological diversity of local sauropod tracks. Acta Palaeontologica Sinica, 2010b, 49(4): 448–460.

Xing L D, Harris J D, Jia C K, et al. Early Cretaceous Bird–dominated and Dinosaur Footprint Assemblages from the Northwestern Margin of the Junggar Basin, Xinjiang, China. Palaeoworld, 2011a, 20: 308–321.

Xing L D, Harris J D, Currie P J. First Record of Dinosaur Trackway from Tibet, China. Geological Bulletin of China, 2011b, 30(1): 173–178.

Xing L D, Mayor A, Chen Y. Lianhua Baozhai (Lotus Mountain Fortress, Qijiang County of Chongqing City): A Direct Evidence of Co–existing Ancient Chinese and Dinosaur Tracks. Geological Bulletin of China, 2011c, 30(10): 1530–1537.

Xing L D, Harris J D, Gierliński G D. *Therangospodus* and *Megalosauripus* track assemblage from the Upper Jurassic–Lower Cretaceous Tuchengzi Formation of Chicheng County, Hebei Province, China and Their Paleoecological Implications. Vertebrata PalasiAtica, 2011d, 49(4): 423–434.

Xing L D, Mayor A, Chen Y, et al. The Folklore of Dinosaur Trackways in China: Impact on Paleontology. Ichnos, 2011e, 18: 4, 213–220.

Xing L D, Harris J D, Gierliński G D, et al. Middle Cretaceous Non–avian Theropod trackways from the Southern Margin of the Sichuan Basin, China. Acta Palaeontologica Sinica, 2011f, 50(4): 470–480.

Xing L D, Gierliński G D, Harris J D, et al. A Probable Crouching Theropod Dinosaur Trace from the Jurassic–Cretaceous Boundary in Hebei, China. Geological Bulletin of China, 2012a, 31(1): 20–25.

Xing L D, Harris J D, Gierliński G D, et al. Early Cretaceous Pterosaur tracks from a buried dinosaur tracksite in Shandong Province, China. Palaeoworld, 2012b, 21: 50–58.

Xing L D, Bell P R, Harris J D, et al. An unusual, three–dimensionally preserved, large hadrosauriform pes track from mid–Cretaceous Jiaguan Formation of Chongqing, China. Acta Geologica Sinica (English edition), 2012c, 86: 304–312.

Xing L D, Lockley M G, He Q, et al. Forgotten Paleogene Limulid Tracks: *Xishuangbanania* from Yunnan, China. Palaeoworld, 2012d, 21: 217–221.

Xing L D, Lockley M G, Falk A. First Record of Cenozoic Bird Footprints from East Asia (Tibet, China). Ichnos, 2013a, 20: 19–23.

Xing L D, Li D.Q, Harris J D, et al. A new deinonychosaurian track from the Lower Cretaceous Hekou Group, Gansu Province, China. Acta Palaeontologica Polonica, 2013b, 58 (4): 723–730.

Xing L D, Lockley M G, Zhang J P, et al. A new Early Cretaceous dinosaur track assemblage and the first definite non–avian theropod swim trackway from China. Chinese Science Bulletin (English version), 2013c, 58: 2370–2378.

Xing L D, Lockley M G, Chen W, et al. Two Theropod Track Assemblages from the Jurassic of Chongqing, China, and the Jurassic Stratigraphy of Sichuan Basin. Vertebrata PalasiAtica, 2013d, 51(2): 107–130.

Xing L D, Lockley M G, Klein H, et al. Dinosaur, bird and pterosaur footprints from the Lower Cretaceous of Wuerhe asphaltite area, Xinjiang, China, with notes on overlapping track relationships. Palaeoworld, 2013e, 22(1–2): 42–51.

Xing L D, Lockley M G, Li Z D, et al. Middle Jurassic theropod trackways from the Panxi region, Southwest China and a consideration of their geologic age. Palaeoworld, 2013f, 22(1–2): 36–41.

Xing L D, Klein H, Lockley M G, et al. *Chirotherium* trackways from the Middle Triassic of Guizhou, China. Ichnos, 2013g, 20: 2, 99–107.

Xing L D, Lockley M G, McCrea R T, et al. First Record of *Deltapodus* tracks from the Early Cretaceous of China. Cretaceous Research, 2013h, 42: 55–65.

Xing L D, Klein H, Lockley M G, et al. Earliest records from China of theropod and mammal–like tetrapod footprints in the Late Triassic of Sichuan Basin. Vertebrata PalasiAtica, 2013i, 51(3): 184–198.

Xing L D, Roberts E M, Harris J D, et al. Novel insect traces on a dinosaur skeleton from the Lower Jurassic Lufeng Formation of China. Palaeogeography, Palaeoclimatology, Palaeoecology, 2013j, 388: 58–68.

Xing L D, Lockley M G, Marty D, et al. Diverse dinosaur ichnoassemblages from the Lower Cretaceous Dasheng Group in the Yishu fault zone, Shandong Province, China. Cretaceous Research, 2013k, 45, 114–134.

Xing L D, Lockley M G, Piñuela L, et al. Pterosaur trackways from the Lower Cretaceous Jiaguan Formation (Barremian–Albian) of Qijiang, Southwest China. Palaeogeography, Palaeoclimatology, Palaeoecology, 2013l, 392: 177–185.

Xing L D, Persons W S IV, Bell P R, et al. Piscivory in the feathered dinosaur Microraptor. Evolution, 2013m, 67(8): 2441–2445.

Xing L D, Klein H, Lockley M G, et al. Changpeipus (theropod) tracks from the Middle Jurassic of the Turpan Basin, Xinjiang, Northwest China: review, new discoveries, ichnotaxonomy, preservation and paleoecology. Vertebrata PalasiAtica, 2014a, 52(2): 233–259.

Xing L D, Lockley M G, Zhang J P, et al. Upper Cretaceous dinosaur track assemblages and a new theropod ichnotaxon from Anhui Province, eastern China. Cretaceous Research, 2014b, 49: 190–204.

Xing L D, Lockley M G, Klein H, et al. The non-avian theropod track *Jialingpus* from the Cretaceous of the Ordos Basin, China, with a revision of the type material: implications for ichnotaxonomy and trackmaker morphology. Palaeoworld, 2014c, 23, 187–199.

Xing L D, Liu, Y.Q, Kuang H W, et al. Theropod and possible ornithopod track assemblages from the Jurassic–Cretaceous boundary Houcheng Formation, Shangyi, northern Hebei, China. Palaeoworld, 2014d, 23, 200–208.

Xing L D, Peng G Z, Ye Y, et al. Sauropod and small theropod tracks from the Lower Jurassic Ziliujing Formation of Zigong City, Sichuan, China with an overview of Triassic–Jurassic dinosaur fossils and footprints of the Sichuan Basin. Ichnos, 2014e, 21, 119–130.

Xing L D, Avanzini M, Lockley M G, et al. Early Cretaceous turtle tracks and skeletons from the Junggar Basin, Xinjiang, China. PALAIOS, 2014f, 29, 137–144.

Xing L D, Lockley M G, Wang Q F, et al. Earliest records of dinosaur footprints in Xinjiang, China. Vertebrata PalasiAtica, 2014g, 52(3): 340–348.

Xing L D, Klein H, Lockley M G, et al. First chirothere and possible grallatorid footprint assemblage from the Upper Triassic Baoding Formation of Sichuan Province, southwestern China. Palaeogeography, Palaeoclimatology, Palaeoecology, 2014h, 412: 169–176.

Xing L D, Li D Q, Lockley M G, et al. Theropod and sauropod track assemblages from the Lower Cretaceous Hekou Group at Zhongpu, Gansu Province, China. Acta Palaeontologica Sinica, 2014i, 53(3): 381–391.

Xing L D, Lockley M G, Zhang J P, et al. Diverse sauropod-, theropod-, and ornithopod-track assemblages and a new ichnotaxon *Siamopodus xui* ichnosp. nov. from the Feitianshan Formation, Lower Cretaceous of Sichuan Province, southwest China. Palaeogeography, Palaeoclimatology, Palaeoecology, 2014j, 414: 79–97.

Xing L D, Belvedere M, Buckley L, et al. First Record of Bird Tracks from Paleogene of China (Guangdong Province). Palaeogeography, Palaeoclimatology, Palaeoecology, 2014k, 414: 415–425.

Xing L D, Niedźwiedzki G, Lockley M G, et al. *Asianopodus* type footprints from the Hekou Group of Honggu District, Lanzhou City, Gansu, China and the heel of large theropod tracks. Palaeoworld, 2014l, 23: 304–313.

Xing L D, Lockley M G, Miyashita T, et al. Large sauropod and theropod tracks from the Middle Jurassic Chuanjie Formation of Lufeng County, Yunnan Province and palaeobiogeography of the Middle Jurassic sauropod tracks from southwestern China. Palaeoworld, 2014m, 23: 294–303.

Xing L D, Peng G Z, Ye Y, et al. Large theropod trackway from the Lower Jurassic Zhenzhuchong Formation of Weiyuan County, Sichuan Province, China: Review, new observations and special preservation Palaeoworld, 2014n, 23: 285–293.

Xing L D, Peng G Z, Marty D, et al. An unusual trackway of a possibly bipedal archosaur from the Late Triassic of the Sichuan Basin, China. Acta Palaeontologica Polonica, 2014o, 59 (4): 863–871.

Xing L D, Lockley M G, Marty D, et al. Re–description of the partially collapsed Early Cretaceous Zhaojue dinosaur tracksite (Sichuan Province, China) by using previously registered video coverage. Cretaceous Research, 2015a, 52: 138–152.

Xing L D, Li D Q, Lockley M G, et al. Dinosaur natural track casts from the Lower Cretaceous Hekou Group in the Lanzhou–Minhe Basin, Gansu, Northwest China: ichnology track formation, and distribution. Cretaceous Research, 2015b, 52: 194–205.

Xing L D, Lockley M G, Tang Y G, et al. Theropod and Ornithischian Footprints from the Middle Jurassic Yanan Formation of Zizhou County, Shaanxi, China. Ichnos, 2015c, 22(1): 1–11.

Xing L D, Lockley M G, Yang G, et al. Tracking a legend: An Early Cretaceous sauropod trackway from Zhaojue County, Sichuan Province, southwestern China. Ichnos, 2015d, 22(1): 22–28.

Xing L D, Peng G Z, Lockley M G, et al. Early Cretaceous sauropod and ornithopod trackways from a stream course in Sichuan Basin, Southwest China. New Mexico Museum of Natural History and Science Bulletin, 2015e, 68: 319–325.

Xing L D, Zhang J P, Lockley M G, et al. Hints of the early Jehol Biota: important dinosaur footprint assemblages from the Jurassic–Cretaceous Boundary Tuchengzi Formation in Beijing, China. PLOS ONE, 2015f, 10(4): e0122715

Xing L D, Buckley L G, McCrea R T, et al. Reanalysis of *Wupus agilis* (Early Cretaceous) of Chongqing, China as a large avian trace: differentiating between large bird and small non–avian theropod tracks. PLOS ONE, 2015g, 10(5): e0124039.

Xing L D, Lockley M G, Wang F P, et al. Stone flowers explained as dinosaur undertracks: unusual ichnites from the Lower Cretaceous Jiaguan Formation, Qijiang District, Chongqing, China. Geological Bulletin of China, 2015h, 34(5): 885–890.

Xing L D, Lockley M G, Zhang J P, et al. The longest theropod trackway from East Asia, and a diverse sauropod–, theropod–, and ornithopod–track assemblage from the Lower Cretaceous Jiaguan Formation, southwest China. Cretaceous Research, 2015i, 56: 345–362.

Xing L D, Yang, G, Cao, J, et al. Cretaceous saurischian tracksites from southwest Sichuan Province and overview of Late Cretaceous dinosaur track assemblages of China. Cretaceous Research, 2015j, 56: 458–469.

Xing L D, Lockley M G, Bonnan M F, et al. Late Jurassic–Early Cretaceous trackways of small-sized sauropods from China: New discoveries, ichnotaxonomy and sauropod manus morphology. Cretaceous Research, 2015k, 56: 470–481.

Xing L D, Marty D, Wang K B, et al. An unusual sauropod turning trackway from the Early Cretaceous of Shandong Province, China. Palaeogeography, Palaeoclimatology, Palaeoecology, 2015l, 437: 74–84.

Xing L D, Zhang J P, Klein H, et al. Dinosaur tracks, myths and buildings: The Jin Ji (Golden Chicken) stones from Zizhou area, northern Shaanxi, China. Ichnos, 2015m, 22: 3–4, 227–234.

Xing L D, Lockley M G, Yang G, et al. Unusual deinonychosaurian track morphology (*Velociraptorichnus zhangi* n. ichnosp.) from the Lower Cretaceous Xiaoba Formation, Sichuan Province, China. Palaeoworld, 2015n, 24(3): 283–292.

Xing L D, Lockley M G, Marty D, et al. An ornithopod–dominated tracksite from the Lower Cretaceous Jiaguan Formation (Barremian–Albian) of Qijiang, South–Central China: new discoveries, ichnotaxonomy, preservation and palaeoecology. PLOS ONE, 2015o, 10(10): e0141059.

Xing L D, Lockley M G, Yang G, et al. A diversified vertebrate ichnite fauna from the Feitianshan Formation (Lower Cretaceous) of southwestern Sichuan, China. Cretaceous Research, 2016a, 57: 79–89.

Xing L D, Lockley M G, Marty D, et al. A diverse saurischian (theropodesauropod) dominated footprint assemblage from the Lower Cretaceous Jiaguan Formation in the Sichuan Basin, southwestern China: A new ornithischian ichnotaxon, pterosaur tracks and an unusual sauropod walking pattern. Cretaceous Research, 2016b, 60: 176–193.

Xing L D, Lockley M G, Zhang J P, et al. A theropod–sauropod track assemblage from the ?Middle–Upper Jurassic Shedian Formation at Shuangbai, Yunnan Province, China, reflecting different sizes of trackmakers: review and new observations. Palaeoworld, 2016c, 25: 84–94.

Xing L D, Lockley M G, Zhang J P, et al. In press b. Theropod tracks from the Lower Jurassic of Gulin area, Sichuan Province, China. Palaeoworld.

Xing L D, Lockley M G, Zhang J P, et al. In press c. First Early Jurassic Ornithischian and theropod footprint assemblage and a New Ichnotaxon *Shenmuichnus wangi* ichnosp. nov. from Yunnan Province, Southwestern China. Historical Biology.

Xing L D, Liu Y Q, Marty D, et al. In press d. Sauropod trackway reflecting an unusual walking pattern from the Early Cretaceous of Shandong Province, China. Ichnos.

Xing L D, Lockley M G, Klein H, et al. In press e. A tetrapod footprint assemblage with possible swim traces from the Jurassic–Cretaceous boundary, Anning Formation, Konglongshan, Yunnan, China. Palaeoworld.

Xing L D, Marty D, You H L, et al. In press f. Complex in–substrate dinosaur (Sauropoda, Ornithopoda) foot pathways revealed by deep natural track casts from the Lower Cretaceous Xiagou and Zhonggou formations, Gansu Province, China. Ichnos.

Xing L D, Lockley M G, Zhang J P, et al. In press g. A new sauropodomorph ichnogenus from the Lower Jurassic of Sichuan, China fills a gap in the track record. Historical Biology.

Xing L D, Lockley M G, Yang G, et al. In press h. Evidence of the smallest theropod dinosaurs: new *Minisauripus* tracks from the Lower Cretaceous of China.

Xing L D, Peng G Z, Lockley M G, et al. In press i. Saurischian (theropod–sauropod) track assemblages from the Jiaguan Formation in the Sichuan Basin, Southwest China: Ichnology and indications to differential track preservation. Historical Biology.

Xing L D, Parkinson A H, Ran H, et al. In press j. The earliest fossil evidence of bone boring by terrestrial invertebrates, examples from China and South Africa. Historical Biology.

Xing L D, Li D Q, Falkingham P L, et al. In press k. Digit–only sauropod pes trackways from China – evidence of swimming or a preservational phenomenon?

Xu H, Liu Y Q, Kuang H W, et al. Ages of the Tuchengzi Formation in northern China and the terrestrial Jurassic–Cretaceous boundary in China. Frontiers of Earth Science, 2014, 21(2): 203–215.

Xu X. Non–avian Coelurosaurian Fossils from the Jehol Group of Western Liaoning the Comments on Origin of Birds. In Rong J Y et al. (Eds.), Originations, Radiations and Biodiversity Changes – Evidences from the Chinese Fossil Record. Beijing: Science Press, 2006, 627–642, 927–930.

Xu X, Wang X L, Wu X C. A dromaeosaurid dinosaur with a filamentous integument from the Yixian Formation of China. Nature, 1999, 401 (6750), 262–266.

Xu X, Zhou Z H, Wang X.L. The smallest known non–avian theropod dinosaur. Nature,

2000, 408, 705–708.

Xu X, Norell MA. A new troodontid dinosaur from China with avian–like sleeping posture. Nature, 2004, 431, 838–841.

Xu X, Zhao Q, Norell M, et al. A new feathered maniraptoran dinosaur fossil that fills a morphological gap in avian origin. Chinese Science Bulletin, 54, 430–435.

Xu X, Wang D Y, Sullivan C, et al. A basal parvicursorine (Theropoda: Alvarezsauridae) from the Upper Cretaceous of China. Zootaxa, 2010, 2413, 1–19.

Xu X, You H L, Du K, et al. An *Archaeopteryx*–like theropod from China and the origin of Avialae. Nature, 2011, 475, 465–470.

Xu X S, Liu B J, Xu Q. Analysis of the large scale basins in western China and geodynamics. Geological Publishing House, Beijing, 1997.

Xue X, Zhang Y, Bi Y, et al. The Development and Environmental Changes of the Intermontane Basins in the Eastern Part of Qinling Mountains. Geological Publshing House, Beijing, 1996, 181 pp.

Yabe H, Inai Y, Shikama T. Discovery of dinosaurian footprints from the Cretaceous (?) of Yangshan, Chinchou. Preliminary note. Proceedings of the Imperial Academy (of Japan), 1940, 16(10): 560–563.

Yang S Y. On the dinosaur's footprints from the upper Cretaceous Gyeongsang Group, Korea. Journal of the Geological Society of Korea, 1982, 18: 138–142.

Yang S, Zhang J, Yang M. Trace Fossils of China. Science Press, Beijing, 2004, 353 pp.

Yang X, Yang D. Dinosaur Footprints from Mesozoic of Sichuan Basin. Chengdu City: Science and Technology Publications, 1987, 30.

Yao D S, Yao W Y, Li C Y. Geological map of Sichuan and Chongqing (1:2 500 000) In: Ma L F. (Ed.). Geological Atlas of China. Geological Publishing House, Beijing, 2002, 277–284.

Young C C. Note on some fossil footprints in China. Bulletin of the Geological Society of China, 1943, 13(3–4): 151–154.

Young C C. Fossil footprints in China. Vertebrata PalAsiatica, 1960, 4(2): 53–67.

Young C C. The dinosaurian remains of Laiyang, Shantung. Palaeontologia Sinica, New Series C, 1958, 16, 1–138.

Young C C. Two footprints from the Jiaoping Coal Mine of Tungchuan, Shensi. Vertebrata PalAsiatica, 1966, 10(1): 68–71.

Young C C. Footprints from Jinghong, Yunnan. Vertebrata PalAsiatica, 1979, 17(2): 116–117.

Young C C. Fossil Footprints in China. Vertebrata PalAsiatica. 1960(4): 53–66.

You H L, Azuma Y. Early Cretaceous dinosaur footprints from Luanping, Hebei Province, China. Sixth Symposium on Mesozoic Terrestrial Ecosystems and Biotas. Beijing: China Ocean Press, 1995.

You H L, Ji Q, Li D Q. *Lanzhousaurusmagnidens* gen. et sp. nov.from Gansu Province, China, the largest –toothed herbivorous dinosaur in the world. Geological Bulletin of China, 2005, 24(9): 787–794.

You H L, Azuma Y, Wang T, et al. The first well–preserved coelophysoid theropod dinosaur from Asia. Zootaxa, 2014, 3873, 233–249.

Zeng X Y. Dinosaur footprints found in red beds of the Yuan Ma Basin, west of Hunan, Xingxi. Hunan Geology, 1982, 1: 57–58.

Zhang F, Zhou Z, Xu X, et al. A juvenile coelurosaurian theropod from China indicates arboreal habits. Naturwissenschaften, 2002, 89, 394–398.

Zhang F, Zhou Z, Xu X, et al. A bizarre Jurassic maniraptoran from China with elongate ribbon–like feathers. Nature, 2008, 455, 1105–1108.

Zhang J, Li D, Li M, et al. Diverse dinosaur, pterosaur and bird-track assemblages from the Hakou Formation, Lower Cretaceous of Gansu Province, northwest China. Cretaceous Research, 2006, 27: 44–55.

Zhang J P, Xing L D, Gierliński G D, et al. First record of dinosaur trackways in Beijing, China. Chinese Science Bulletin (Chinese version), 2012, 57: 144–152.

Zhang X. Prehistoric Lives and Palaeo–Environment: The Stars Far Away, Series of Archaeological Work in Gansu, Lanzhou: Dunhuang Literature & Art Press, 2004, 300.

Zhao X J, Li D, Han G, et al. *Zhuchengosaurus maximus* from Shandong Province. Acta Geoscientia Sinica, 2007, 28(2): 111–122.

Zhen S N, Li J, Zhen B. Dinosaur footprints of Yuechi, Sichuan. Memoirs of the Beijing Natural History Museum, 1983, 25: 1–19.

Zhen S N, Li J, Rao C. Dinosaur footprints of Jinning, Yunnan. Memoirs of the Beijing Natural History Museum, 1986, 33(5): 1–19.

Zhen S N et al. Bird and dinosaur footprints from the Lower Cretaceous of Emei County, Sichuan. Abstracts, First International Symposium on Nonmarine Cretaceous Correlations, 1987, 37–38.

Zhen S N, Li J J, Chen W, et al. Dinosaur and bird footprints from the Lower Cretaceous of Emei County, Sichuan. Memoirs of the Beijing Natural History, 1994, 54: 105–120.

Zhen S N, Li J, Han Z, et al. The Study of Dinosaur Footprints in China. Chengdu: Sichuan Scientific and Technological Publishing House, 1996, 110p.

Zhen S N, Li J J, Rao C G, et al. A review of dinosaur footprints in China. Gillette D D, Lockley M G (Eds.), Dinosaur Tracks and Traces. Cambridge University Press, Cambridge, 1989, 187–197.

Zhang S X. Geological Formation Names of China (1866–2000). Beijing: Higher Education Press, 2009, 1537.

Zhou Z H. Radiation and environmental setting of Jehol Biota vertebrate. Chinese Science Bulletin, 2004, 49(8): 718–720.

Zhou Z H, Wang Y. Vertebrate diversity of the Jehol Biota as compared with other Lagerstätten. Science China (Earth Sciences), 2010, 53: 1894–1907.

Zhou Z H, Wang X L, Zhang F C, et al. Important features of *Caudipteryx* – evidence from two nearly complete new specimens. Vertebrata PalAsiatica. 2000, 38, 241–254.

Zhou Z H, Barrett P M, Hilton J. An exceptionally preserved Lower CretaceOus ecosystem. Nature, 2003, 421: 807–814.

Zhou Z H, He H, Wang X. The continental Jurassic–Cretaceous boundary in China. Acta Paleontologica Sinica, 2009, 48(3): 541–555.

Zhou, Z, Barett P M. Hilton J. An exceptionally preserved Lower Cretaceous ecosystem. Nature, 2003, 421: 807–814.